| 제3판 |

표준 **열역학**

THERMODYNAMICS

장태익 지음

공학도를 위한 알기 쉬운 열역학 이론서

머리말

열역학이 정식으로 학문적 분야로 불리기 시작한 것은 19세기부터이고, 20세기에 이르러 공학적 응용분야로 넓게 적용되면서 인간의 삶과 매우 밀접하게 되었다. 그것이 운송 및 전기와 같은 동력발전, 그리고 건축물의 냉난방과 관련된 분야가 발전하면서 관심이 높아졌다.

21세기에는 20세기에 대두된 분야의 비약적 발전과 함께 화석연료뿐만 아니라 원자력 분야, 신에너지 및 재생에너지 분야까지 그 영역이 확대되면서 열역학의 중요성이 어느 분야보다 커지고 있다. 21세기인 지금은 열을 잘 관리하는 것뿐만 아니라 지구의 온난화 문제, 대기 및 수질오염 문제의 해결방법까지 다루어야 하는 중요한 시기에 봉착하였다. 발전적인 측면으로는 생명공학과 의료 시스템 분야, 그리고 나노기술 분야가 새롭게 대두되면서 열공학적 접근방법이 더욱 발전해 나가야 할 분야로 그 영역이 확장되고 있다.

열역학은 이와 같이 기계공학분야(기계설계 · 자동차 · 항공우주 등)의 가장 기본이 되는 과목 중의 하나이다. 그러나 그 중요성에도 불구하고 대부분의 학생들은 이 분야에 어느 정도 거리감을 가지고 있는 것 같다. 그것은 아마도 "열"이라는 에너지 자체가 눈에 보이지 않는 현상이고 또한 열역학 제 법칙들이 추상적인 현상으로부터 유도해 낸 상태량들인 내부 에너지, 엔탈피, 엔트로피 등의 개념을 구체적으로 파악하기가 쉽지 않기 때문이라 여겨진다. 이 과목을 어느 범위에서 어느 정도의 깊이로 가르치고 또 배워야 할 것인가 하는 질문에 정확하고 명백한 답을 말하기는 쉽지 않다.

최근 열역학 분야에서는 내용과 깊이에 따라 다양한 교재들이 출간되고 있다. 그러나 그 수에 비해, 열역학의 이론적 기초를 충실히 다루면서 동시에 응용 범위까지 아우른 교재는 많지 않다. 이에 본서는 기본 이론을 정확히 이해할 수 있도록 구성함과 더불어, 실무에서 열역학 이론을 적용하고 활용할 수 있도록 하기 위해 마지막 장(제12장)에 열전달의 일부 내용을 추가하였다. 본서를 통해 독자들이 열역학의 원리를 체계적으로 습득하고, 이를 실제 공학 문제에 효과적으로 응용할 수 있기를 기대한다.

이러한 의미에서 다음과 같은 내용으로 기초 수준의 열역학을 집필하게 되었다.

1. 기본적인 정의와 개념을 알기 쉽게 표현하였고, 최대한 간단명료하게 정리하였다.
2. 기초적인 지식을 토대로 하여 기술하고 필요에 따라 높은 수준의 내용도 포함시켰다.
3. 각 절마다 다양한 예제를 두어 학습한 이론을 응용할 수 있도록 하였다.
4. SI 단위계를 기본으로 사용하여 기술하였고, 필요할 경우 다른 단위계도 함께 사용하였다.

위와 같은 특징을 가지고 집필하였으나 어디까지나 독자들의 부단한 노력과 충분한 연구와 연습을 통하여 문제의 응용력을 키워야만 소기의 목적을 달성할 수 있을 것이다. 독자 여러분들의 진심어린 충고와 더불어 본서의 집필 과정 중 표현에 있어서의 오류와 내용상 미비한 점이 발견되면 수정 · 보완해 나갈 것을 약속드리는 바이다.

끝으로 본 교재의 출간을 위해 물심양면으로 공헌해주신 성안당 이종춘 회장님께 감사드리며, 편집부 여러분과 영업부 담당자의 노고에도 감사한 마음을 전한다.

저자 **장태익**

차례

제 1 장   서론

제 2 장   일과 열

제 3 장　이상기체

제 4 장　열역학 제2법칙

제 5 장　기체의 압축

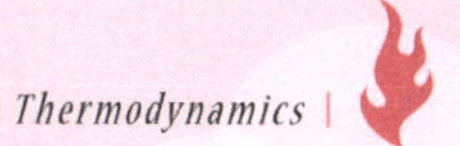

제 6 장 — 가스동력 사이클

제 7 장 — 순수물질과 증기의 성질

제 8 장 — 단순 증기동력 사이클

CONTENTS

제 9 장 　냉동사이클

제 10 장 　열유체의 유동

제 11 장   연소

제 12 장   열역학 응용 열전달

Appendix   부록

Thermodynamics

  열역학이란 어떤 물질이 열에 의하여 한 형태로부터 다른 형태로 변화할 때 일어나는 상호관계를 연구하는 학문이다. 즉, 열역학은 에너지와 엔트로피에 관한 학문으로 정의될 수 있다. 다시 말해 열역학은 일과 열 및 이들과 관계를 갖는 물질의 성질을 다루는 과학이라 할 수 있다. 이러한 열역학의 기초는 다른 학문과 마찬가지로 어디까지나 실험적 관찰로부터 시작된다. 이러한 관찰의 결과가 기본 법칙으로 공식화되어 제1법칙, 제2법칙, 제3법칙 및 제0법칙까지 확립되어 사용되고 있다. 따라서 열역학(thermodynamics)은 열(heat)을 하나의 물리량으로 취급하여, 열과 일 그리고 일과 열의 관계를 물질의 물리량인 상태량과의 관계로부터 조사하여 과학적으로 체계화시킨 학문이다.

  우리가 열역학을 배우는 최종 목적은 기초 원리를 충분히 이해하여 열역학적 문제에 응용하고 적용하여 열에너지(heat energy)를 경제적이고 효율적으로 사용, 일(work)로 변환하는 것에 두고 있다.

  본 1장에서는 열역학에서 경험적인 법칙과 물질의 물리적 관계를 취급하기 위해 필요로 하는 기본용어 및 정의 그리고 물질을 다루는 데 있어서 필요한 단위 등을 소개한다.

1.2 계와 동작물질

계(system)

  열역학에서 계(system)란 연구대상이 되는 일정량의 물질과 동일성질(identity)을 갖는 어떤 공간의 물질이라고 정의된다. 계를 제외한 외부 전체를

주위(surroundings)

주위(surroundings)라 하고, 계는 계의 경계(system boundaries)에 의하여 주위와 구분된다. 이때 이들 경계는 고정적일 수도 있고 유동적일 수가 있다.

개방계(open system)

  계는 크게 밀폐계, 개방계, 고립계로 구분되며, 개방계(open system)는 [그림 1.1]과 같은 엔진 블록에서 밸브가 열려 있을 때 계의 경계를 통하여 질량의 이동이

밀폐계(closed system)

있는 계를 말한다. 이러한 계를 유동계(flow system)라고도 한다. 또 밀폐계(closed system)란 [그림 1.1]에서 밸브가 닫혀 있을 때 열이나 일은 전달되나 동작물질인 작업물질이 유동하지 않는 계를 말하며, 이때 질량은 변화하지 않는다. 일명 비유동

고립계(isolated system)

계(nonflow system)라고도 한다. 그리고 고립계(isolated system)는 계가 경계를

통하여 어떤 방식으로도 영향을 받지 않는 계를 말하며, 이것은 열 또는 일이 계의 경계를 넘지 않는다는 것을 뜻한다. 이러한 계를 고립계 또는 절연계(insulation system)라고도 한다.

이와 같이 해석에 필요한 일정 절차상의 고려대상의 장치를 둘러싸고 있는 검사체적(control volume)을 고려하게 되고, [그림 1.2]와 같은 장치로의 또는 장치로부터의 질량유동을 포함하는 경우에 대하여 이루어지며, 이 검사체적의 면을 검사면(control surface)이라고 한다. 이때 검사면을 통하여 열 및 일 그리고 질량도 이동할 수가 있다. 검사면이 질량유동에 대하여 밀폐되어 있어 질량이 검사체적으로 유입 또는 유출될 수 없을 때 이를 검사질량(control mass)이라 하며, 이 검사질량에는 항상 동일한 물질이 들어 있다.

검사체적(control volume)

검사면(control surface)

검사질량(control mass)

열기관에서 열을 변환시킬 때 또는 냉동기에서 온도가 낮은 곳의 열을 높은 곳으로 이동시키는 매개물질, 즉 에너지를 저장 또는 이동 운반시키는 유체를 동작물질이라고 한다. 이 유체는 열에 의하여 압력이나 체적이 쉽게 변하고, 액화증발이 용이하게 이루어지는 물질이다. 예를 들면, 내연기관에서 연소가스인 공기와 연료의 혼합기체, 외연기관에서 증기, 그리고 냉동기에서 냉매증기는 모두 동작물질이며 작업유체(working fluid)라고 부른다.

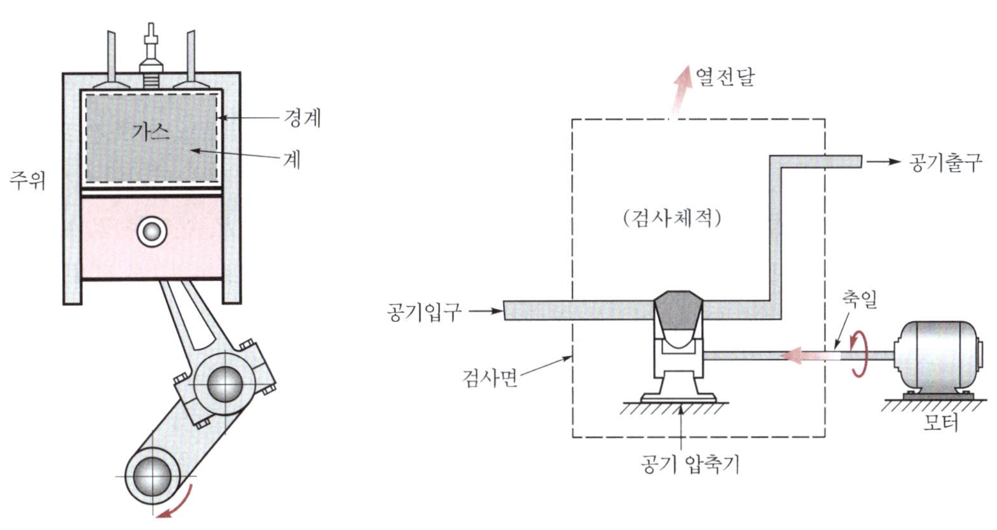

[그림 1.1] 엔진 블록   [그림 1.2] 검사체적과 검사면

상태(state)

물질은 각 상(phase)에서 여러 가지 압력 및 온도하에 존재할 수 있고, 열역학에서 물질은 각종의 상태(state)로 존재할 수가 있다. 즉, 어느 계가 일정한 압력과 온도하에 놓여 있을 때 이 계(물질)는 어떤 상태에 있다라고 표현한다. 이 상태는 관찰 가능한 거시적인 상태량(또는 성질)에 의해 구별될 수 있다. 여기서 상태량(quantity of state)이란, 압력·체적·온도와 같이 물질의 상태를 표시하는 양으로 상태의 과거의 변화에는 무관하고 현재의 상태에 의해서만 정해지는 양이다. 반대로 말하면 상태는 상태량에 의해서 정의되거나 기술된다.

상태량(quantity of state)

상태량에는 위의 것 이외에도 내부에너지(internal energy), 엔탈피(enthalpy) 및 엔트로피(entropy) 등이 있는데, 이들 상태량들은 서로 독립적으로 변화할 수 있는 것이 아니며 일정한 관계를 가지고 있다. 이러한 상태량들은 열량적 상태량(calorific quantity of state)이라고도 하고, 감각에 의해서 인식될 수는 없으나 열역학에는 중요한 상태량이다. 또, 질량과 체적·내부에너지·엔탈피·엔트로피와 같은 물체의 양에 비례하는 크기를 갖는 상태량을 종량성 상태량(extensive quantity of state), 온도나 압력 및 밀도와 같이 물체의 양과 무관한 상태량을 강도성 상태량(intensive quantity of state)이라고 한다.

종량성 상태량
(extensive quantity of
state)
강도성 상태량
(intensive quantity of state)

상태에 따라 값이 달라지는 함수를 점함수(point function) 또는 상태함수라 하며, 과정의 경로에 따라 달라지는 함수를 경로함수(path function) 또는 도정함수라 한다. 많은 상태량 가운데 독립해서 변화할 수 있는 것은 임의의 2개뿐으로 2개가 정해지면 제3의 상태량도 결정된다. 따라서 압력을 P, 온도를 T, 비체적을 v라 하면, v는 P와 T의 함수 $v = f(P, T)$로 표시된다. 또는 $F(P, V, T) = 0$으로 쓸 수도 있다. 이것을 상태식(equation of state)이라 한다.

경로함수(path function)

상태식(equation of state)

물질은 종종 시스템의 상태량을 언급할 때가 있다. 이 시스템의 상태량은 전체 시스템에 걸쳐 의미가 있는 상태량을 뜻하며, 이는 시스템의 평형(equilibrium)관계를 암시한다. 예를 들어 검사질량이 포함된 시스템을 구성하는 기체가 열평형(thermal equilibrium)에 있다고 하면 전 시스템에 걸쳐 온도는 같으며, 이때 시스템의 상태량으로 온도를 말하게 될 것이다. 또, 시스템에서 역학적 평형(mechanical equilibrium)도 생각할 수 있는데, 이는 압력과 관계가 있다. 즉, 시스템이 역학적 평형 상태에 있다면 시스템이 주위와 고립되어 있는 한 시스템 안의 어떠한 위치에서도 압력이 시간에 따라 변화하지 않게 된다. 이때 중력의 영향으로 압력은 높이에 따라 변화할 것이나 많은 열역학 문제에서는 높이에 따른 압력의 변화는 작아서 무시할 수가 있다. 그리고 시스템 평형에서 화학적 평형(chemical equilibrium)도 중요한 부분이다. 이렇게 모든 가능한 상태 변화에 대하여 시스템이 평형 상태에 있을 때 우리는 그 시스템이 열역학적 평형(thermodynamic equilibrium)에 있다고 한다.

1.4 비체적, 밀도, 비중량, 비중

어느 물질의 비체적(specific volume)은 단위 질량당의 체적, 즉 밀도의 역수로 정의된다. 기호는 v로 표기하고, 시스템의 미소 체적이 δV이며 미소 질량이 δm일 때 비체적은 다음 식 (1.1)의 정의와 같고, 이때 $\delta V'$은 질량을 연속체로 가정할 경우 최소 체적이며, 비체적은 강도성 상태량이다. 중력장에서 비체적은 각 점마다 위치에 따라 변할 수 있으나 우리가 고려하는 계는 비교적 작으며 높이에 따라 비체적이 크게 다르지는 않다. 따라서 비체적의 정의에는 시스템 안의 한 점에서의 비체적이라는 의미가 내포되어 있다.

비체적(specific volume)

$$v = \lim_{\delta V \to \delta V'} \frac{\delta V}{\delta m} \tag{1.1}$$

물질의 단위 체적당 질량을 밀도(density)라 한다. 미소 질량을 δm, 미소 체적을 δV, 밀도를 ρ라 하면 식 (1.2)로 정의된다.

밀도(density)

$$\rho = \lim_{\delta V \to \delta V'} \frac{\delta m}{\delta V} \tag{1.2}$$

이 밀도는 단위 체적당 질량으로 정의되므로 비체적의 역수이다. 즉, $v = \dfrac{1}{\rho}$로 표기한다. 밀도도 비체적과 같이 강도성 상태량이다. 만약, 물의 밀도를 ρ_w라 하면 그 크기는 단위 체적(m^3)에 대하여 SI 단위와 중력단위계로 나타내면 다음과 같다.

$$\rho_w = 1{,}000\,\text{kg/m}^3 \ \text{또는} \ 1{,}000\,\text{N} \cdot \text{sec}^2/\text{m}^4 : \text{SI 단위}$$
$$= 102\,\text{kgf} \cdot \text{sec}^2/\text{m}^4 : \text{중력단위}$$

또한 단위 체적당 물질의 중량을 비중량(specific weight)으로 정의한다. 무게를 W, 중력가속도를 g, 비중량을 γ라 하면 식 (1.3)으로 정의된다.

$$\gamma = \frac{중량(무게)}{단위\ 체적} = \frac{W}{V}\ [\mathrm{kgf/m^3},\ \frac{N}{m^3}\ :\ \text{SI 단위}] \tag{1.3}$$

따라서 뉴턴(Newton)의 법칙에 의해서 밀도 ρ와 비중량 γ와의 관계는 다음 식 (1.4)와 같다.

$$\rho = \frac{\gamma}{g} \tag{1.4}$$

상온에서 물의 비중량을 γ_w라 하면 물의 단위 체적당 무게는 다음과 같이 중력단위와 SI 단위로 나타낼 수 있다.

$$\gamma_w = 1,000\mathrm{kgf/m^3}\ :\ 중력단위$$
$$= 9,800\mathrm{N/m^3}\ :\ \text{SI 단위}$$

이 책에서 v와 ρ는 질량 기준과 몰(mol) 기준으로 하며, 기호로 구분되어 소문자 기호 위에 바(bar)가 있으면 몰(mol) 기준의 상태량 값이다. 즉, $\bar{v}$나 $\bar{\rho}$는 몰 비체적과 몰 밀도(molal specific volume & molal density)가 된다.

또 같은 체적을 가진 물의 질량 또는 무게에 대한 어떤 물질의 질량비 또는 무게비를 비중(specific gravity)이라 정의하고 식 (1.5)와 같이 정의식을 만들 수 있다. 이때, 비중은 무차원이며 물의 비중은 1이다. 즉, S_w가 1값을 갖는다.

$$S = \frac{대상물질의\ 비중량}{물의\ 비중량} = \frac{\gamma}{\gamma_w} = \frac{\rho}{\rho_w} \tag{1.5}$$

여기서, ρ_w : 물의 밀도

γ_w : 물의 비중량

예제 1.1

어떤 기름의 체적이 $0.3\mathrm{m^3}$이고 무게가 $360\mathrm{N}$일 때 이 기름의 밀도는 얼마인가?

풀이 비중량(단위 체적당의 중량)을 γ라 하면,

$$\gamma = \frac{W}{V} = \frac{360\,\mathrm{N}}{0.3\,\mathrm{m^3}} = 1,200\mathrm{N/m^3}$$

밀도를 ρ 라 하면,

$$\rho = \frac{\gamma}{g} = \frac{1,200}{9.81} = 123.0 \mathrm{N} \cdot \mathrm{s}^2/\mathrm{m}^4$$

이다.

예제 1.2

공학단위에서 밀도의 단위를 유도하라.

풀이 $\gamma = \rho g$ 로부터

$$\rho = \frac{\gamma}{g} \, [\mathrm{kgf} \cdot \mathrm{s}^2/\mathrm{m}^4]$$

1.5 압력(Pressure)

보통 유체(fluid)를 취급할 때는 압력(pressure)에 대하여, 고체(solid)를 취급할 때는 응력(stress)에 대하여 말하게 된다. 압력이란 단위 면적당 작용하는 수직방향의 힘을 말한다. 물리학상으로 압력의 단위는 $\mathrm{N/m}^2$, $\mathrm{dyne/cm}^2$, Pa 등을 사용하고 있으나, 열역학에서는 $\mathrm{N/m}^2 = \mathrm{Pa}$(Pascal)을 주로 사용하고, 압력게이지에서도 사실상 파스칼(Pa)을 많이 사용한다. 정지 유체 내의 한 점에 작용하는 압력은 방향에 관계 없이 동일하다. 다시 말하면 작은 미소 면적을 δA, 그리고 δF를 δA의 수직성분의 힘이라면 압력 P는 다음과 같다. 즉,

$$P = \lim_{\delta A \to 0} \frac{\delta F}{\delta A} \tag{1.6}$$

가 된다. 따라서 전면적 A에 작용하는 평균압력 P는 전체 힘 F에 대하여 다음 식과 같이 된다.

$$P = \frac{F}{A} \; : \; 평균압력(\mathrm{N/m}^2) \tag{1.7}$$

이때, 전압력(total pressure)은 $\underline{P} = F = P \times A$로 계산할 수 있다. 국제 단위계(SI)에서 압력의 단위로 파스칼(Pascal)을 사용하고, 1Pa은 1의 단위 면적 $1\mathrm{m}^2$

압력(pressure)

파스칼(Pa)

전압력(total pressure)

에 작용하는 1N의 힘을 말한다. 즉, 1Pa=1N/m^{2}의 크기이다. 유도단위로는 bar가 널리 이용되고 있고, 1bar의 크기는 1bar=10^{5}Pa=0.1MPa이다. 또, 대기압은 크게 표준대기압과 국소대기압으로 나누어진다. 이때, 국소대기압은 대기의 압력이 습도, 온도, 고도에 따라 달리 측정될 때의 대기의 압력을 말하며, 표준대기압(standard atmospheric)은 바다 수면 위의 대기의 압력을 말한다. 표준대기압의 표시는 atm으로 쓰고, 이 1atm의 크기는 다음과 같다.

표준대기압
(standard atmospheric)

$$1\text{atm}=760\text{mmHg}=10.332\text{mAq}$$
$$=1.0332\text{kgf/cm}^2$$
$$=1013.25\text{mbar}=1.01325\text{bar}$$
$$=101,325\text{Pa}$$
$$=1013.25\text{HPa}$$
$$=0.101325\text{MPa}$$

절대압력
(absolute pressure)

열역학 연구에서는 절대압력(absolute pressure)을 주로 사용한다. 절대압력이란 완전진공상태로부터 측정되어 나타난 압력의 크기로서 완전진공은 절대압력 0(zero)값을 갖는다. 그리고 대부분의 압력계 또는 진공계는 절대압력과 그 계기가 설치된 곳의 국소대기압과의 차이를 나타내어 눈금을 읽게 되고, 이 게이지에 나타난 압력의 크기를 게이지압력(gage pressure)이라고 부른다. 그 압력들의 관계를 식으로 나타내면 식 (1.8)과 같고, 하나의 그래프로 표현하면 [그림 1.3]과 같이 된다.

게이지압력(gage pressure)

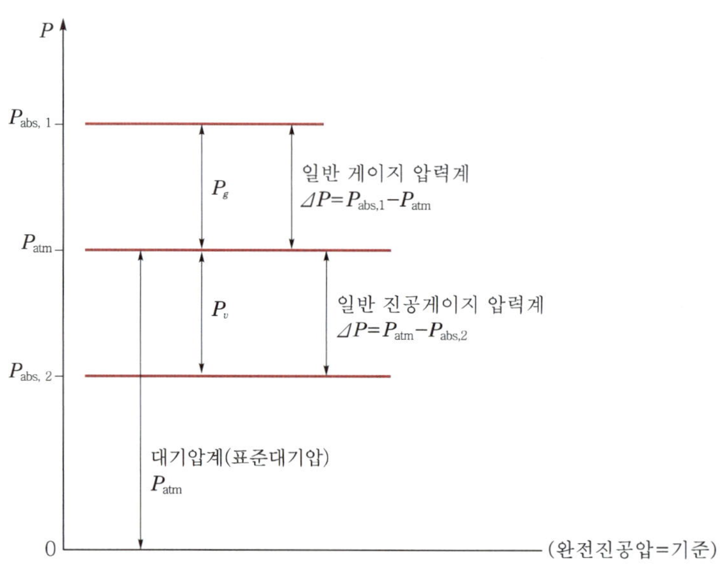

[그림 1.3] 절대압력과 대기압력 및 게이지압력과의 관계

$$P_{abs} = P_o + P_g$$
$$= P_o - P_v \tag{1.8}$$

따라서 [그림 1.3]에서 $P_{abs,\,1} \neq P_{abs,\,2}$이다. 또, 진공의 정도는 국소대기압과 비교하였을 때의 진공화 정도를 말하며 백분율(%)로 진공도는 다음과 같다.　　진공도

$$진공도[\%] = \frac{진공압}{국소대기압} \times 100$$

특히, 공압으로는 at를 많이 사용하고 있고, 1at의 공압 기압의 크기는 다음과 같다.

$$1at = 1kgf/cm^2 = 735.6mmHg = 10mAq$$
$$= 0.9807bar[SI] = 14.22psi = 0.9678atm$$

예제 1.3

대기압이 750mmHg이고, 보일러의 압력계가 120kPa을 차지하고 있을 경우, 이 압력을 절대압력으로 환산하라.

풀이 보일러 압력이 지시하는 압력 크기는 게이지압력(gage pressure)이다.

먼저, 750mmHg를 kPa로 나타낼 경우

$$750mmHg = \frac{750}{760} \times 101.325kPa = 100kPa$$

이다. 따라서, 보일러 내의 압력을 절대압력(absolute pressure)으로 나타내면 다음과 같다.

$$\therefore \ P_{abs} = P_o + P_g = 100 + 120 = 220kPa$$

예제 1.4

복수기의 진공 압력계가 0.9atg를 지시할 때 복수기 내의 절대압력(kPa) 및 진공도(%)를 구하라. 이때, 대기압은 750mmHg이다.

풀이 절대압(abs) = 국소대기압(local atmospheric)
　　　　　　　　　　 − 진공압(vacuum pressure)의 관계식으로 구한다.

위 [예제 1.3]으로부터 750mmHg는 100kPa이다. 또 0.9atg는 $0.9kgf/cm^2$이므로 다음과 같다.

$$0.9\text{kgf/cm}^2 = \frac{0.9}{1.0332} \times 101.325 = 88.26\text{kPa}$$

$$\therefore \ P_{abs} = 100 - 88.26 = 11.74\text{kPa}$$

또, 0.9atg는 662mmHg이므로 진공도는 다음 계산으로부터 구한다. 즉,

$$진공도(\%) = \frac{662}{750} \times 100 = 88.26 ≒ 88.3\%이다.$$

$$또는, \ 진공도(\%) = \frac{88.26}{100} \times 100 = 88.26 ≒ 88.3\%이다.$$

예제 1.5

대기압이 752mmHg일 때

(1) 게이지압력이 52.3kg/cm^{2}인 증기의 절대압력(at)은 얼마인가?

(2) 대기압이 760mmHg일 때 180mmHg 진공은 절대압력 mmHg로 얼마인가?

풀이 (1) $P_{abs} = P_o + P_g = \left(\dfrac{752}{760} \times 1.033\right) + 52.3 = 53.3\text{kgf/cm}^2$

(2) $P_{abs} = P_o - P_v = 760 - 180 = 580\text{mmHg}$

1.6 온도(Temperature)

온도(temperature)

섭씨 척도(Celsius scale)

화씨 척도
(Fahrenheit scale)

온도 측정

온도는 물질에 손을 댈 때 뜨겁거나 찬 정도를 말하며 물질분자들의 운동의 결과이다. 온도 측정에는 섭씨 척도(Celsius scale)와 화씨 척도(Fahrenheit scale)의 두 가지가 주로 사용된다. 섭씨 척도는 백분도 척도(centigrade scale)이며, 이를 고안한 스웨덴의 천문학자 Anders Celsius(1701~1744)의 성을 딴 것이다. SI 단위계에서 온도 측정의 척도는 섭씨 척도이고 기호로 ℃가 사용된다. 즉, 표준대기압(760mmHg, 101.325kPa)하에서 빙점을 0℃, 비등점을 100℃로 하여 100등분한 것이다. 또 온도 측정에는 화씨 척도도 있다. 화씨 척도는 Gabriel Fahren-heit(1686~1736)의 성을 딴 것으로 영국 공학 단위계에서 온도이고 기호는 °F가 사용된다. 이것은 빙점을 32°F, 비등점을 212°F로 하여 두 점 사이를 180등분한 것이다. 이 책에서 척도에 관계없이 온도는 기호 t로 나타낸다. 섭씨온도를 $t[℃]$, 화씨온도를 $t[°F]$라 할 때 관계식은 다음과 같다.

$$\frac{t[\text{℃}]}{100} = \frac{t[\text{℉}] - 32}{180} \text{에서}$$

$$t[\text{℃}] = \frac{100}{180}(t[\text{℉}] - 32) = \frac{5}{9}(t[\text{℉}] - 32)$$

$$t[\text{℉}] = \frac{180}{100}t[\text{℃}] + 32 = \frac{9}{5}t[\text{℃}] + 32$$

$$(1.9)$$

다음은 1954년에 제정한 절대온도(absolute temperature)의 개념이다. 이 방법은 물의 3중점(triple point)에서 0.01℃의 값이 주어지고 수증기 점은 실험적으로 100℃가 확인된다. 따라서 섭씨 척도와 일치됨을 알 수가 있고, 절대온도는 열역학적으로 물체가 도달할 수 있는 최저 온도를 기준으로 하여 물의 3중점을 273.15K으로 정한 온도를 말한다. 이때의 온도를 절대온도의 두 가지 표현방법인 T[K] 켈빈온도와 T[R] 랭킨온도로 나타내면 다음과 같다.

절대온도
(absolute temperature)

물의 3중점(triple point)

$$T[\text{K}] = (t[\text{℃}] + 273.15)[\text{K}] \fallingdotseq (t[\text{℃}] + 273)[\text{K}]$$

$$T[\text{R}] = (t[\text{℉}] + 459.67)[\text{R}] \fallingdotseq (t[\text{℉}] + 460)[\text{R}]$$

$$(1.10)$$

여기서, T[K]는 켈빈(Kelvin)의 절대온도이고, T[R]는 랭킨(Rankine)의 절대온도이다. 이 온도 눈금을 [K], [℃], [℉], [R]의 상호관계로 표시하면 [그림 1.4]와 같다.

켈빈(Kelvin)의 절대온도

랭킨(Rankine)의 절대온도

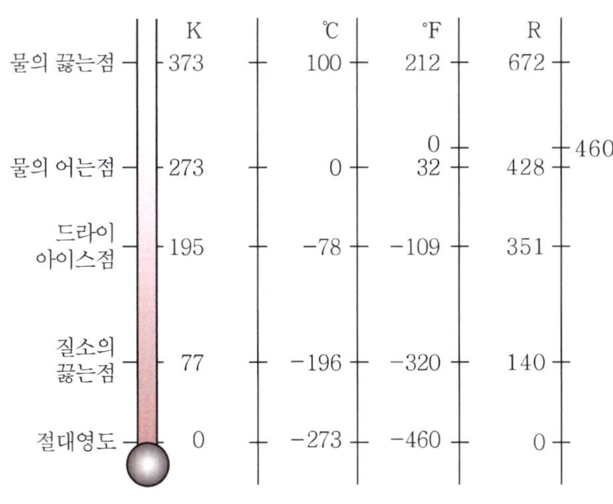

[그림 1.4] 온도 눈금의 비교

Fixed point of the temperature	Fahrenheit	Celsius
Ice pt(triple pt)	32	0
Boiling pt	212	100
Temperature scale	1/180	1/100
Absolute temperatures K＝℃+273.15 R＝°F+459.67	°F	℃

예제 1.6

다음 온도를 섭씨 또는 화씨로 환산하라.

(1) 100°F

(2) −40°F

(3) 20℃

풀이 (1) $t[℃] = \dfrac{5}{9}[t[°F] - 32] = \dfrac{5}{9}(100 - 32) = 37.8℃$

(2) $t[℃] = \dfrac{5}{9}[t[°F] - 32] = \dfrac{5}{9}(-40 - 32) = -40℃$

(3) $t[°F] = \dfrac{9}{5}t[℃] + 32 = \dfrac{9}{5} \times 20 + 32 = 68°F$

예제 1.7

섭씨(℃)와 화씨(°F)의 양편의 눈금이 같게 되는 온도는 몇 ℃인가?

풀이 구하는 온도를 x라 하면, $t[°F] = \dfrac{9}{5}t[℃] + 32$의 관계식으로부터 구하고

자 하는 $t[°F]$와 $t[℃]$를 x로 놓고 계산하면 다음과 같다.

$$x = \frac{9}{5}x + 32$$

$$\therefore \ x = -40℃$$

1.7 주요 단위와 SI 단위

1 절대 단위계

길이(length), 질량(mass), 시간(time)의 단위를 기본으로 하고, 이것을 기본 양으로 물리량의 단위를 유도할 때 길이(m), 질량(kg), 시간(sec)의 단위로 나타낼 경우 이 절대 단위계를 MKS 단위계라 한다. 또 CGS 단위계에서 힘의 단위는 1gr의 물체에 $1cm/sec^2$의 가속도를 생기게 하는 힘을 1dyne($1dyne=1gr\times1cm/sec^2$, $10^{-3}newton$)이라 한다. 만약 MKS 단위계에서 길이, 질량, 시간의 단위를 각각 m : kg : s를 기본 단위로 유도할 경우 힘의 단위로 질량 1kg의 물체에 $1m/sec^2$의 가속도를 생기게 하는 힘을 1Newton, 즉 $1N=1kg\times m/sec^2=1kg\cdot m/sec^2(=10^5dyne)$이라 한다.

절대 단위계

2 중력 단위계

길이, 힘, 시간을 기본 단위로 하고 이것을 기본 양으로 하여 물리량의 단위를 유도하는 데 있어서 힘의 단위로 물체에 미치는 중력, 즉 질량 1kg의 물체에 무게를 1kg중 또는 kgf로 표시한다. 보통 공학에서는 힘을 kgf으로 표시하는데 이를 중력 단위계 또는 공학 단위계라고도 한다. 즉, 1kgf의 크기는 절대 단위계로 $1kgf=1kg\times9.81m/sec^2=9.81N$이 된다.

중력 단위계

3 국제 단위계(System International D'unit)

현재 국제적으로 널리 사용하는 단위계는 국제 미터계(metric international system)이다. 간단히 SI 단위계(Le Systeme International d'Units)라고 하며, SI 단위계에서는 초, 미터 및 킬로그램을 각각 시간(time), 길이(length), 질량(mass)을 기본 단위로 사용하여 힘의 단위는 Newton의 제2법칙으로부터 직접 정의한다. 이렇게 하면 비례상수가 필요하지 않게 되므로 힘을 N(Newton)으로 쓸 수 있다. 즉, 힘의 kgf과 Newton의 관계는 $1kgf=9.8Newton$이 된다.

SI 단위계
(Le Systeme
International d'Units)

[표 1-2] SI 단위에서 기본 단위와 보조 단위의 정의

양	단위의 명칭	단위 기호	정의
길이	미터	m	1m는 빛이 진공에서 299,792,458분의 1초 동안 진행한 경로의 길이다.
질량	킬로그램	kg	킬로그램은 질량의 단위이며, 1kg은 킬로그램 국제원기의 질량과 같다.
시간	초	s	1초는 세슘-133 원자의 바닥 상태에 있는 두 초미세 준위 사이의 전이에 대응하는 복사선의 9,192,631,770주기의 지속시간이다.
전류	암페어	A	1A는 진공 중에 1m의 간격으로 평행하게 놓여 있는 무한히 작은 원형 단면적을 갖는 무한히 긴 2개의 직선 모양의 도체의 각각에 일정한 전류를 통하게 하여 이들 도체의 길이 1m당 2×10^{-7} 뉴턴의 힘이 미치는 전류를 말한다.
열역학적 온도	켈빈	K	1켈빈은 물의 삼중점에서 열역학적 온도의 1/273.15이다.
물질량	몰	mol	1몰은 탄소-12의 0.012킬로그램에 존재하는 원자 수와 같은 수의 요소 입자(원자, 분자, 이온, 전자, 그 밖의 입자) 또는 요소 입자의 집합체(조성이 명확하지 않는 것에 한함)로서 구성된 계의 물질량이다.
광도	칸델라	cd	1칸델라는 주파수 540×10^{12}헤르츠의 단색 복사를 방출하고, 소정의 방향에서 복사 강도가 매 스테라디안당 1/683와트일 때의 광도이다.
평면각	라디안	rad	라디안은 원의 원주상에서 반지름의 길이와 같은 길이의 호를 잘랐을 때 이루는 두 개의 반지름 사이에 포함된 표면각이다.
입체각	스테라디안	sr	스테라디안은 구의 중심을 꼭지점으로 하여 그 구의 반지름을 일변으로 하는 정방향 면적과 같은 면적을 그 구의 표면에서 절취한 입체각이다.

SI 기본 단위

접두어

　　여러 SI 기본 단위와 보조 단위는 [표 1-2]와 같고, 공학에서 매우 큰 수 또는 매우 작은 수를 표기할 때 과학적인 표기법인 10의 지수형태로 나타내는 방법으로 접두어를 사용하여 편리하게 이용하는 경우가 있다. 따라서 SI 단위에 사용되는 주요 접두어는 [표 1-3]과 같다.

[표 1-3] 주요 접두어

배수	접두어	기호	배수	접두어	기호
10^{12}	tera	T	10^{-3}	milli	m
10^{9}	giga	G	10^{-6}	micro	μ
10^{6}	mega	M	10^{-9}	nano	n
10^{3}	kilo	k	10^{-12}	pico	p

즉, SI 기본 단위는 편의상 독립적으로 간주되는 단위를 선정하고 이를 SI 단위
의 기본으로 정의하며 7가지의 단위를 말한다. 또 SI의 보조 단위는 1960년 제
11차 국제 도량형 총회의 결의에 의하여 라디안과 스테라디안의 두 가지가 정해
져 사용되고 있으며, 이들은 차원을 갖지 않는다. 그 밖의 단위는 모두 이들 기
본 단위와 보조 단위를 조합하여 만든 유도 단위가 된다.

보조 단위

　SI 유도 단위는 기본 단위 및 보조 단위를 사용하여 대수적인 방법으로 나타낸
단위를 말하고, 면적(m^2), 체적(m^3), 속도(m/sec), 주파수와 진동수(Hz), 힘(N),
압력(Pa), 일과 열(J), 동력(W), 전기량(C), 전위(V), 전기용량(F) 등의 고유명칭이
부여되어 사용되고 있다.

SI 유도 단위

예제 1.8

1kWh와 1PSh를 열량으로 환산하라.

풀이
$$1kWh = (102kgf \cdot m/s) \times (3,600s) \times \left(\frac{1}{427}kcal/kgf \cdot m\right) \fallingdotseq 860kcal$$
$$= 3,600kJ$$
$$1PSh = (75kgf \cdot m/s) \times (3,600s) \times \left(\frac{1}{427}kcal/kgf \cdot m\right) \fallingdotseq 632kcal$$
$$= 2,646kJ$$

예제 1.9

10ton 트럭이 수평면에서 50km/h의 속력으로 달린다. 이 트럭의 운동에너지를
열로 환산하라. 단, 노면마찰 등은 무시한다.

풀이 1ton = 1,000kgf이므로 10ton은 10,000kgf이다.
　또, 1km/h = 1,000/3,600m/sec이므로
　다음과 같이 계산된다.

$$\therefore KE = \frac{Gv^2}{2g} = \frac{10,000 \times (50,000/3,600)^2}{2 \times 9.8}$$

$$= 98418.997kgf \cdot m$$

$$= 964506.17N \cdot m \fallingdotseq 964.50kJ$$

또, $Q = A(KE) = \dfrac{1}{427} \times 98418.997 \fallingdotseq 230.49kcal (= 964.50kJ)$

단, $A = \dfrac{1}{427}kcal/kgf \cdot m$, 1kcal = 4.187kJ

무게 $W = 100\text{kgf}$인 물체에 가속도 $a = 2.5\text{m/s}^2$를 주기 위한 힘 F를 구하라.

풀이 무게 100kg인 물체의 공학 단위계 질량 M과 SI 단위계 M으로부터 힘 F를 계산하면 다음과 같다.

$$M = \frac{W}{g} = \frac{100}{9.8} = 10.2 \left[\frac{\text{kgf}}{\text{m/s}^2} \right] = 10.2\text{kgf} \cdot \text{s}^2/\text{m}$$

이므로

$$\therefore F = M \cdot a = 10.2 \times 2.5 = 25.5 \left[\frac{\text{kgf} \cdot \text{s}^2}{\text{m}} \times \frac{\text{m}}{\text{s}^2} \right]$$

$$= 25.5\text{kgf} = 249.9\text{N}$$

1.8 과정과 사이클

1 과정(process)

계 내의 동작유체가 한 상태에서 다른 상태로 변화하는 것을 상태변화라 하며, 이 계가 통과하는 상태의 연속적인 경로를 과정(process)이라 한다. 계가 상태변화를 할 때 평형을 고려하게 되고 이 평형조건에 따라 다음과 같이 구분될 수 있다. 즉, 가역과정, 비가역과정과 그리고 준평형과정이 그것이다.

가역과정(reversible process)은 과정 도중의 임의의 점에 있어서 열역학적 (역학적, 화학적, 열적) 평형이 유지되며, 어떤 마찰도 수반하지 않으며, 따라서 계가 경로를 통하여 운동할 때 주위에 하등의 영향을 남기지 않는 변화로서 실제로는 존재하지 않는 이상과정이다.

비가역과정(irreversible process)은 현재 사용되고 있는 모든 사이클 과정이 비가역과정이고, 이것은 계의 주위에 영향을 미치며 평형이 유지되지 않는 실제 과정을 말한다.

준정적과정(quasi-static process) 또는 준평형과정(quasi-equilibrium process) 은 과정 중 각 단계에 있어서 비평형이 극히 작아서 평형을 유지해가면서 조금씩 변화해 가는 과정으로, 그 과정 간의 상태가 평형으로부터 크게 벗어나지 않아 평형상태로 생각할 수 있는 과정이다. 이에는 등(iso-)이라고 표현하고, 등적과정 또는 정적과정의 체적이 일정한 과정($V = c$, isometric process), 등압과정 또는 정압과정의 압력이

과정(process)

가역과정 (reversible process)

비가역과정 (irreversible process)

준평형과정 (quasi-equilibrium process)

일정한 과정 ($P=c$, isobaric process), 등온과정 또는 정온과정의 과정 동안 온도가 일정한 과정($T=c$, isothermal process)과, 과정 동안 열 출입이 없는 절연과정의 등엔트로피 과정($S=c$, isentropic process)인 단열과정($Q=c$, adiabatic process)이 있다.

2 사이클(cycle)

계가 주어진 최초 상태에서 다수의 상이한 상태변화 과정을 겪고 과정이 시작되기 전의 상태로 돌아오는 과정을 사이클(cycle)이라 하고, 사이클 간 계의 상태는 변화하지만, 사이클이 완성되면 계가 원래의 상태로 돌아오기 때문에 모든 열역학적 성질의 값은 최초의 상태와 같아진다. 이와 같은 표현을 열역학적 사이클(thermodynamics cycle)이라 부른다. 이때 사이클 동안 각 사이클이 가역과정으로만 이루어진 사이클을 가역 사이클(reversible cycle), 한 사이클이라도 비가역 과정으로 이루어진 사이클을 비가역 사이클(irreversible cycle)이라 한다.

사이클에는 열역학적 사이클과 역학적 사이클로 구분할 수 있다. 즉, 증기 동력 발전소에서 순환하는 수증기(물)의 경우는 열역학적 사이클을 이룬다고 볼 수 있으나, 4행정(four stroke) 내연기관(internal combustion engine)의 경우 매 2회전마다 역학적 사이클을 거치지만 공기와 연료가 연소되어 연소 생성물로 바뀌어 대기로 배출되는 과정에서 작동유체는 완전히 열역학 사이클을 거치지는 않는다.

사이클(cycle)

가역 사이클 (reversible cycle)

비가역 사이클 (irreversible cycle)

1.9 비열, 열량, 열효율

1 비열(specific heat)

어떤 물질 단위 질량 1kg을 단위 온도 1℃만큼 올리는 데 필요한 열량의 크기를 비열이라 하고 다음과 같이 표시한다. 즉, 비열은 상태변화과정에 따라 그 값이 다르고, 고체의 경우 열팽창에 따른 일량은 무시되므로 비열 C는 일정하다고 생각할 수 있다. 만약 어느 물질의 일정 중량 G[kg]에 가한 열량이 δQ일 때, 온도상승 dt가 있다면 식 (1.11)이 성립하고 열량과 온도는 비례관계임을 알 수 있다.

비열(specific heat)

$$\delta Q \propto G\,dt$$

$$\delta Q = GC\,dt \tag{1.11}$$

식 (1.11)을 적분하여 다시 쓰면 식 (1.12)와 같고, 이때 비열은 일정한 균질물 질로 가정한 것이다. 따라서 물질의 열용량의 크기는 $_1Q_2$로 나타내면 다음과 같은 식으로부터 구할 수가 있다.

$$\int_1^2 \delta Q = GC \int_1^2 dt$$

$$_1Q_2 = GC(t_1 - t_2) = GC\triangle t \tag{1.12}$$

물질이 균질하지 못한 경우는 평균비열을 식 (1.13)으로부터 구한 후 물질의 온도 t_1으로부터 t_2까지의 열용량의 크기는 식 (1.14)로부터 구할 수가 있다. 이때, 평균비열 C_m은

$$C_m = \frac{\int_{t_1}^{t_2} C\,dt}{t_2 - t_1} \tag{1.13}$$

이다. 따라서 식 (1.13)을 식 (1.12)에 적용할 경우 평균비열로 나타낸 열용량은 식 (1.14)와 같다.

$$\therefore \ _1Q_2 = GC_m(t_2 - t_1) = G\frac{\int_{t_1}^{t_2} C\,dt}{t_2 - t_1}(t_2 - t_1) \tag{1.14}$$

한편 여러 가지 물질의 혼합 시 평균온도 t_m은 다음과 같다. [그림 1.5]에서 2가지 물질의 혼합을 가정하여, 1물질의 최초 온도가 2물질의 최초 온도보다 낮다고 가정하여 혼합했을 때, 2물질의 열이 1물질로 흡수되고 열적 평형에 도달할 때까지 각 물질 사이에는 열을 주고 받아 결국 평균온도 t_m에 이르게 된다. 따라서 열용량 식을 두 물질에 적용하면 아래와 같은 식 (1.15)를 찾을 수 있고, n가지 물질이 혼합된 경우는 식 (1.16)으로 표현될 수가 있다. 즉, 두 물질의 혼합 시 평균온도 t_m은

$$Q_1 = -Q_2$$

$$G_1 C_1 (t_m - t_1) = -G_2 C_2 (t_m - t_2)$$

$$\therefore \ t_m = \frac{G_1 C_1 t_1 + G_2 C_2 t_2}{G_1 C_1 + G_2 C_2} \tag{1.15}$$

로부터 찾을 수가 있다. 따라서 n개 물질의 혼합의 경우 t_m은 다음 식으로 구할
수 있다.

$$t_m = \frac{\displaystyle\sum_{i=1}^{n} G_i C_i t_i}{\displaystyle\sum_{i=1}^{n} G_i C_i} \tag{1.16}$$

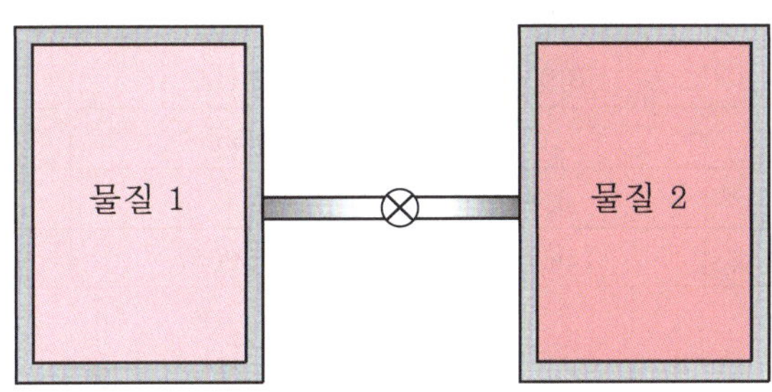

[그림 1.5] 두 가지 물질의 혼합

2 열량(quantity of heat)

열이란 물질입자의 분자운동에 의한 에너지의 한 형태이다. 물체가 보유하는
열의 양, 즉 열에너지의 양을 열량(quantity of heat)이라 한다. 열량의 단위로
는 kJ, kcal, Btu, Chu가 있다. 여기서, kcal는 kilogram-calorie의 약칭으로,
1kcal는 표준대기압하에서 순수한 물 1kg의 온도를 1℃(14.5℃에서 15.5℃까지)
높이는 데 필요한 열량을 말하며 1kcal는 약 4.2kJ이 된다. Btu는 British
thermal unit의 약칭이며, 1Btu는 순수한 물 1lb의 온도를 32°F로부터 212°F까
지 상승시키는 데 필요한 열량의 1/180을 말한다. Chu는 Centigrade heat unit
의 약칭으로, kcal와 Btu를 조합한 단위로 1lb의 순수한 물을 14.5℃에서 15.5℃
로 1℃ 높이는 데 필요한 열량을 말하는 것으로, 이 Chu를 Pcu(Pound celsius
unit)로 표시하기도 한다. 각 단위 열량의 크기를 비교하면 다음과 같고, 하나의
비교표로 나타내면 [표 1-4]와 같다.

열량(quantity of heat)

$$1\text{lb} \fallingdotseq 453.6\text{g} = 0.4536\text{kg}$$

$$1\text{kg} = \frac{1}{0.4536} \fallingdotseq 2.205\text{lb}$$

$$1\text{K} = \frac{9}{5}\text{R}, \quad 1\text{R} = \frac{5}{9}\text{K}$$

$$1\text{kcal} = 1\text{kg} \cdot \text{kcal/kg℃} \times ℃$$

$$\fallingdotseq 3.968\text{Btu}$$

$$\fallingdotseq 2.205\text{Chu}$$

$$1\text{Btu} = 1\text{lb} \times \text{Btu/lb℉} \times 1℉ \fallingdotseq 0.252\text{kcal}$$

$$1\text{Chu} = 1\text{lb} \times \text{Chu/lb℃} \times 1℃ \fallingdotseq 0.4536\,\text{kcal}$$

[표 1-4] 열량단위 비교환산표(평균값)

kJ	Btu	Chu	kcal(평균)
4.18673	3.968	2.205	1
1.05504	1	0.5556	0.252
1.89908	1.8	1	0.4536
1	0.94783	0.52657	0.23885

3 열효율(thermal efficiency)

열기관에 대한 열효율의 개념을 도입하면, 열효율은 일반적으로 내부에서 어떤 과정이 일어나는 정도를 말하는 것으로 주어진 조건하에서 운전되는 기계의 실제 성능과 이상 과정에서 얻을 수 있는 성능을 비교하는 것이다. 그 예로는 자동차와 가스터빈의 내연기관, 증기동력 발전소의 외연기관 등이 있다. 즉, 열효율은 출력으로부터 구하고자 하는 순일(정미일) W_{net}에 대하여 입력에서 소비된 에너지(열) Q_H의 비(rate)라고 정의될 수 있다. 다시 말하면 열기관으로부터 구하고자 하는 것은 일에너지이고, 그 대가로 지불되는 것이 고온부로부터 전달된 열에너지이다. 따라서 열효율 정의 식 η_{th}는 다음 식 (1.17)과 같이 된다. 이때, H_ℓ은 연료가 갖는 저위 발열량으로 연소과정 중 가스의 온도가 200~300℃ 이상의 온도에서 기체상의 수증기를 포함할 때 배출될 경우의 발열량이며, 이것의 단위는 단위질량 당 소비하여 발생한 열량(kJ/kg)의 크기이다. 그리고 f_b는 연료 소모량으로 연료가 단위 시간당 소모된 양(kg)을 의미한다. 따라서 발생된 전열량은 $H_e \times f_b$라 할 수 있다. 이 값에 대하여 출력으로 나타난 동력의 비의 관계를 다음과 같이 일반적인 이론 열효율 식으로 사용할 수가 있다.

$$\eta_{th} = \frac{\text{얻은 성취 에너지}}{\text{소비 에너지}} = \frac{W_{net}}{Q_H}$$

$$= \frac{\text{PS(or kW)}}{H_\ell \times f_B} \tag{1.17}$$

다음, 열효율의 개념을 냉동사이클에 적용할 때, 냉동기의 '효율'은 성능계수 (coefficient of performance) COP라는 용어로 나타내며 기호 ε_R로 쓰기도 한 다. 냉동기의 목적은 냉동 공간으로부터 흡수하고자 하는 열량 Q_L이다. 이를 위 하여 입력한 에너지는 냉매에 압축기로부터 투입된 일 W_C이다. 따라서 성능계 수 ε_R은 다음의 식 (1.18)과 같이 정의하여 사용할 수 있다.

성능계수
(coefficient of performance)

$$\varepsilon_R = \text{COP} = \frac{\text{필요 에너지}}{\text{투입 에너지}} = \frac{Q_L}{W_C}$$

$$= \frac{Q_L}{Q_H - Q_L} \tag{1.18}$$

만약, 열펌프로 사용되는 경우 취할 수 있는 필요 에너지가 Q_H라면 성능계수 는 $\varepsilon_H = Q_H / W_C$이다. 보통은 가정용 냉장고의 성능계수(COP)는 대략 2.5 정도 이고, 저온 공간의 온도가 낮을수록, 고온 공간의 온도가 높을수록 COP 값은 작 아진다. 또 일반적인 온도 범위에서 작동하는 열펌프의 경우는 성능계수가 대략 4 정도이고, 저온과 고온의 온도 차가 증가하면 성능계수는 급격히 감소한다.

예제 1.11

90℃의 물 500kg과 30℃의 물 1,000kg을 혼합하면 이 혼합된 물의 온도는 몇 ℃가 되는가?

풀이 $t_1 = 90℃$, $G_1 = 500$kg, $t_2 = 30℃$, $G_2 = 1,000$kg, 혼합된 물의 온도 t_m [℃]이 고, 고온의 물은 그 온도가 $(t_1 - t_m)$[℃]만큼 하강하고, 저온의 물은 그 온도가 $(t_m - t_2)$[℃]만큼 상승하므로 다음 관계로부터 구할 수가 있다.

$$G_1 C(t_1 - t_m) = G_2 C(t_m - t_2)$$

$$\rightarrow G_1 t_1 + G_2 t_2 = t_m (G_1 + G_2)$$

$$\therefore\ t_m = \frac{G_1 t_1 + G_2 t_2}{G_1 + G_2} = \frac{(500 \times 90) + (1,000 \times 30)}{(500 + 1,000)}$$

$$= \frac{45,000 + 30,000}{1,500} = 50\,\text{℃}$$

100g인 동으로 된 열량계 내의 용기에 물 150g이 들어 있다. 100℃의 물속에서 꺼낸 75g의 납 구슬을 이 물속에 넣었더니 수온이 18.8℃에서 20.0℃로 되었다. 납 구슬 비열은 얼마인가? 단, 동의 비열은 0.385kJ/kg·℃이고, 물의 비열은 4.18kJ/kg·℃이다.

풀이 $W_1 = 100$, $W_2 = 150$, $t = 100$, $t_1 = 18.8$, $t_2 = 20$이라 하면, 열평형관계로부터 다음 관계가 성립한다.

납 구슬이 잃은 열량 : $Q = W \cdot C(t - t_2)$

용기가 얻은 열량 : $Q_1 = W_1 C_1 (t_2 - t_1)$

물이 흡수한 열량 : $Q_2 = W_2 C_2 (t_2 - t_1)$

열평형으로부터 $Q = Q_1 + Q_2$이므로 다음 식이 성립한다.

$$WC(t - t_2) = W_1 C_1 (t_2 - t_1) + W_2 C_2 (t_2 - t_1)$$

$$= (t_2 - t_1)(W_1 C_1 + W_2 C_2)$$

$$\therefore\ C = \frac{(t_2 - t_1)(W_1 C_1 + W_2 C_2)}{W(t - t_2)}$$

$$= \frac{(20.0 - 18.8)(100 \times 0.385 + 150 \times 4.18) \times 10^{-3}}{75 \times (100 - 20) \times 10^{-3}}$$

$$= 0.1331\,\text{kJ/kg·℃}$$

예제 1.13

완전하게 보온되어 있는 그릇에 중량 $G = 0.7\text{kg}$의 물을 넣고 온도를 측정하였더니 $t = 13℃$로 되었다. 그릇의 비열 $C = 0.234\text{kJ/kg} \cdot ℃$, 중량 $G = 0.35\text{kg}$, 그 속에 온도 $120℃$, 중량 $G = 0.4\text{kg}$의 알루미늄 조각을 넣어 열평형에 도달한 후의 온도 $t_m = 18.22℃$이었다면, 알루미늄의 비열 C_{Al}은 얼마인가?

풀이 열평형관계로부터 Q_1(알루미늄 조각이 잃은 열량)$= Q_2$(물이 얻은 열량 + 그릇이 얻은 열량)가 된다.

$$Q_1 = GC_{Al}(t_2 - t_1) = 0.4 \times C_{Al} \times (120 - 18.22)$$

$$Q_2 = [0.35 \times 0.234 \times (18.22 - 13)] + [0.7 \times 4.18 \times (18.22 - 13)]$$

$$Q_1 = Q_2$$

$$\therefore \ C_{Al} = \frac{(18.22 - 13)(0.35 \times 0.234 + 0.7 \times 4.18)}{0.4 \times (120 - 18.22)}$$
$$= 0.3846 \ \text{kJ/kg} \cdot ℃$$

예제 1.14

공기가 압력이 일정한 상태에서 변화할 때, 그 비열이 $C = 1.0053 + 0.0000794t$의 식으로 주어질 경우 3kg의 공기가 $0℃$로부터 $300℃$까지 가열하는 데 요하는 열량을 구하라. 또, 이 사이의 평균비열은 얼마인가?

풀이 이 경우 비열은 온도의 함수이므로 가열에 요하는 열량은 다음과 같다.

$$Q = G \int_{t_1}^{t_2} C dt = 3 \int_0^{300} (1.0053 + 0.0000794\,t) dt$$

$$= 3\left(1.0053 \times 300 + 0.0000794 \times \frac{300^2}{2}\right) = 915.42\text{kJ}$$

평균비열 C_m은

$$C_m = \frac{1}{t_2 - t_1} \int_{t_1}^{t_2} C dt = \frac{1}{300} \int_0^{300} (1.0053 + 0.0000794\,t) dt$$

$$= \frac{1}{300}\left(1.0053 \times 300 + 0.0000794 \times \frac{300^2}{2}\right)$$

$$= 1.017133\text{kJ/kg} \cdot ℃$$

이다. 또는, $C_m = \dfrac{915.42}{3 \times 300} = 1.017133\text{kJ/kg} \cdot ℃$이다.

0℃일 때 길이 10m, 단면의 지름 3mm인 철선을 100℃로 가열하면 늘어나는 길이는 몇 mm인가? 단, 단면적의 변화는 무시되고, 철의 선팽창계수는 1.2×10^{-5}℃이다.

풀이 ℓ : 100℃일 때의 길이, ℓ_0 : 0℃일 때의 길이라고 할 경우 늘어난 길이는 다음과 같다.

$$\ell = \ell_0 (1 + \alpha \, \Delta t)$$

$$\ell - \ell_0 = \Delta \ell = \ell_0 \alpha \, \Delta t$$

$$\Delta \ell = \ell - \ell_0 = (10 \times 10^3) \times (1.2 \times 10^{-5}) \times 10^2 = 12\,\mathrm{mm}$$

발열량 43,890kJ/kg인 경우를 사용하여 연료 소비율 185g/PS–h로 운전하는 디젤기관의 열효율은 얼마인가?

풀이 출력 1PS–h당 연료의 발열량 Q는 다음과 같다. 즉,
$Q = H_L \times B_e$ [kJ/h]로부터 (단, H_L: 연료의 저위 발열량 kJ/kg, B_e: 연료소비량 kg/h)

$$\therefore \; Q = 43,890 \times 0.185 = 8119.65 \,\mathrm{kJ/h}$$

이다. 그러므로 이것을 PS동력으로 다시 나타낼 경우,

$$8119.65 \times \frac{1}{3,600} \times \frac{1}{0.735} = 3.068\,\mathrm{PS}. \; 단, \; 1\mathrm{PS} = 0.735\mathrm{kW}$$

가 된다. 따라서 열효율을 구하면 다음과 같다.

$$\eta_{th} = \frac{1}{3.068} \times 100 = 32.6\%$$

[특별해] $\eta = \dfrac{632.5}{B_e \times H_L} \times 100 = \dfrac{632.5}{185 \times 10,500} \times 100 = 32.6\%$

여기서, B_e: 연료소비율(g/PS–h)

H_L : 연료의 저위 발열량(kcal/kg)

예제 1.17

1kL인 기름을 100m의 높이까지 빨아올리는 데 요하는 일량은 얼마인가? 단, 기름의 비중량은 9,114N/m³이고, 마찰이나 그 밖의 손실은 생각하지 않는다.

풀이 1kL=1m³이므로 기름의 무게는 $G = \gamma V = 9{,}114\text{N/m}^3 \times 1\text{m}^3 = 9{,}114\text{N}$이 된다. 따라서 일의 크기는 $W = GH = 9{,}114\text{N} \times 100\text{m} = 911{,}400\text{N} \cdot \text{m} = 911.4\text{kJ}$이다.

예제 1.18

1kW는 몇 kg·m/sec인가?

풀이 $1\text{J} = 1\text{Watt} \times 1\text{sec} = 1\text{W} \cdot \text{sec}$

$1\text{kg} \cdot \text{m} = 9.8\text{N} \cdot \text{m} = 9.8\text{J} = 9.8\text{W} \cdot \text{sec}$

$1\text{W} = \dfrac{1}{9.8}\text{kg} \cdot \text{m/sec} \fallingdotseq 0.10204\text{kg} \cdot \text{m/sec}$

$\therefore \ 1\text{kW} = 102.04\text{kg} \cdot \text{m/sec} \fallingdotseq 102\text{kg} \cdot \text{m/sec}$

예제 1.19

600W의 전열기로서 3kg의 물을 15℃에서 100℃까지 가열하는 데 요하는 시간을 구하라. 단, 전열기의 발생열은 모두 물의 온도상승에 사용되는 것으로 생각한다.

풀이 3kg의 물을 15℃에서 100℃로 온도를 상승시키는 데 요하는 열량 Q는 다음과 같다. 즉, $Q = Gc\Delta t = 3\text{kg} \times 4.18\text{kJ/kg} \cdot ℃ \times (100-15)℃ = 1065.9\text{kJ}$이다. 이때, 1kWh=3594.8kJ(=860kcal)이므로, 600W의 전열기가 1시간당 발생하는 열량 Q_0는 다음과 같다.

$$Q_0 = 3594.8\text{kJ} \times \frac{600}{1{,}000} = 2156.88\text{kJ}(\text{또는 } 860 \times \frac{600}{1{,}000} = 516\text{kcal})$$

따라서 가열에 요하는 시간은 다음과 같다.

$$\therefore \ \text{시간(time)} = \frac{1065.9}{2156.88} = 0.4942\text{hour} = 29.65\text{min}$$

예제 1.20

중량 20kg인 물체를 로프와 활차를 써서 수직 30m 아래까지 내리는 데 손과 로프 사이의 마찰로 에너지를 흡수하면서 일정한 속도로 약 1분이 걸렸다. 손과 로프 사이에서 단위 시간에 발생하는 열량은 몇 W에 상당하는가?

풀이 20kg인 물체가 30m의 높이에서 가지고 있는 위치에너지는 $EP = GH = 20 \times 30 = 600\text{kg} \cdot \text{m}$이다.

이것을 1분간에 흡수하므로 $600/60 = 10\text{kg} \cdot \text{m/s} = 98\text{N} \cdot \text{m/s}$이고, 이것을 watt로 환산하면 98W이고, 또는 $\dfrac{98}{1{,}000} = 0.098\text{kW}$가 된다.

온도가 서로 다른 두 물질이 열교환 후 온도가 같다면 그 두 물질은 서로 열평형상태에 있게 된다. 이것을 열역학 제0법칙(the zeroth law of thermodynamics)이라고 한다. 따라서 열역학 제0법칙은 온도 측정의 기본법칙이다. 이때 열평형(thermal equilibrium)이란, 온도가 높은 물질과 낮은 물질을 접촉시킬 때 온도가 높은 물질에서 낮은 물질로 열이 이동하여 두 물질이 동일한 온도가 되는 상태를 말한다. 따라서 열역학 제0법칙은 온도평형의 법칙이고 열평형의 법칙이라고 부른다. 이 법칙은 기본적으로 인지되었던 것이나 열역학 제1, 2법칙보다 늦게 열법칙에 포함되었기 때문에 열역학 제0법칙이 되었고, 다른 법칙으로부터 유도할 수 없으므로 열역학의 논리적 접근방법으로 볼 때 열역학 제1법칙과 제2법칙보다 우선하므로 이를 열역학 제0법칙이라고 부른다.

[그림 1.6]을 보면, A의 물질과 B의 물질, 그리고 C의 물질은 최초에 온도가 서로 다르다. 처음 A의 물질과 B의 물질을 접촉시키고 온도가 같아질 때 다시 제3의 물질인 C의 물질과도 접촉시켜 온도가 같아진다. 이때, 이 세 가지 물질은 온도가 서로 같다고 할 것이다. 이와 같이 온도가 다른 물질이 열평형에 도달하고 온도가 같아질 때 이 3개의 물질은 온도가 서로 같고 열평형에 도달하였다고 할 수 있다.

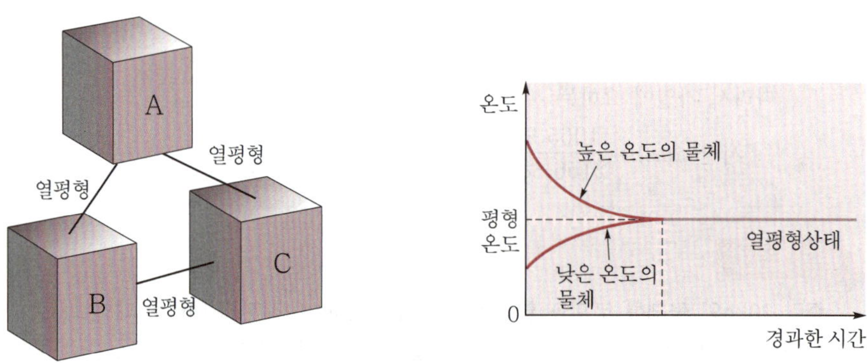

[그림 1.6] 열역학 제0법칙의 도식화

예제 1.21

그림과 같이 복합 평면벽의 단열재와 외장재가 서로 결합상태로 밀착되어 있을 때 정상상태 열전달이 있을 경우 다음 질문에 답하라.

(1) 두 재료의 접촉면에서 온도 $T_2[℃]$를 구하라?

(2) 단위면적당 벽을 통한 열전달 $\dot{q}_c[\text{W/m}^2]$를 계산하라?

풀이

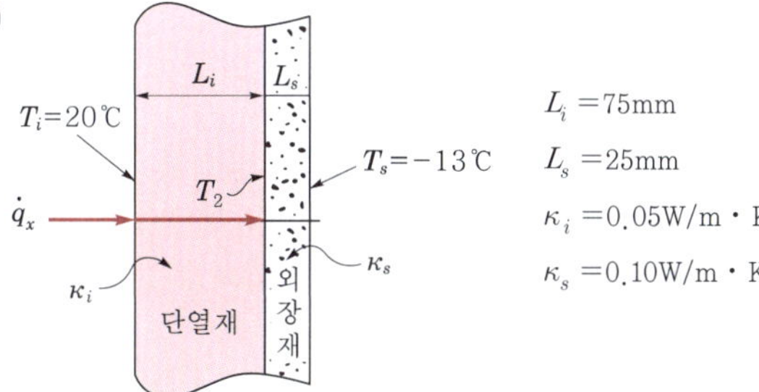

(1) 정상상태 열전달이 발생할 경우 열유동 크기는 어느 곳이든 같다.

즉, $\dot{q}_x = \dfrac{\dot{Q}_x}{A} = C$(일정)이고 따라서 다음 식이 성립한다.

$$\dot{q}_x = \frac{\dot{Q}_x}{A} = -\kappa_i \frac{(T_2 - T_1)}{L_i} = -\kappa_s \frac{(T_s - T_2)}{L_s}$$

$$\rightarrow T_2 = \frac{\left(\dfrac{\kappa_i}{L_i}\right)T_1 + \left(\dfrac{\kappa_s}{L_s}\right)T_s}{\left(\dfrac{\kappa_i}{L_i}\right) + \left(\dfrac{\kappa_s}{L_s}\right)}$$

단, $\dfrac{\kappa_i}{L_i} = \dfrac{0.05\text{W/m}\cdot\text{K}}{0.075\text{m}} = \dfrac{2}{3}\text{W/m}^2\cdot\text{K}$,

$\dfrac{\kappa_s}{L_s} = \dfrac{0.10\text{W/m}\cdot\text{K}}{0.025\text{m}} = 4\text{W/m}^2\cdot\text{K}$

$$\therefore T_2 = \frac{\dfrac{2}{3}\text{W/m}^2\cdot\text{K}\times298\text{K} + 4\text{W/m}^2\cdot\text{K}\times260\text{K}}{\left(\dfrac{2}{3}+4\right)\text{W/m}^2\cdot\text{K}}$$

$$= 264.7\text{K}\,(-8℃)$$

(2) 단위면적당 벽을 통한 열전달 $\dot{q}_c[\text{W/m}^2]$를 계산하면 다음과 같다.

$$\dot{q}_x = \frac{\dot{Q}_x}{A} = C\text{(일정)}$$

$$\frac{\dot{Q}_x}{A} = \frac{\dot{Q}_x}{A}\Big)_i = \frac{\dot{Q}_x}{A}\Big)_s = -\frac{\kappa_i}{L_i}(T_2 - T_1) = -\frac{\kappa_s}{L_s}(T_s - T_2)$$

$$\therefore \dot{q}_x = \frac{\dot{Q}_x}{A} = -\frac{2}{3}\text{W/m}^2\cdot\text{K}\times(264.7-298)\text{K} = 18.8\text{W/m}^2$$

$$\text{또는 } \dot{q}_x = \frac{\dot{Q}_x}{A} = -4\text{W/m}^2\cdot\text{K}\,(260-264.7)\text{K} = 18.8\text{W/m}^2$$

01 다음의 열역학의 표현에서 사용되는 주요 용어에 대하여 간단히 기술하라.
  (1) 거시적 관점과 미시적 관점
  (2) 강도성 상태량과 종량성 상태량
  (3) 과정과 사이클
  (4) 순수물질과 단순압축성 물질

02 SI 단위에 대하여 다음을 기술하라.
  (1) SI 기본단위의 종류는?
  (2) SI 유도단위 중 1N, 1J, 1W, 1Pa의 크기는?

03 섭씨온도계의 절대온도 T[K]과 화씨온도계의 절대온도 T[R] 사이의 관계에 대하여 설명하라.

04 30℃의 물 1,000kg과 90℃의 물 500kg을 혼합하면 물은 몇 ℃가 되는가?

05 그림과 같은 용기에 U자형 마노미터가 한쪽이 대기 중에 노출된 상태로 설치되어 있다. 대기압의 크기는 표준대기압으로 하고, U자관 내부의 유체는 수은(밀도 13.5961g/cm^3)이다. 만약, 높이 h가 40cm일 때 용기 내 유체의 절대압력 (P_{abs})은 몇 kPa인가? 단, $g = 9.8067$m/s^{2}이다.

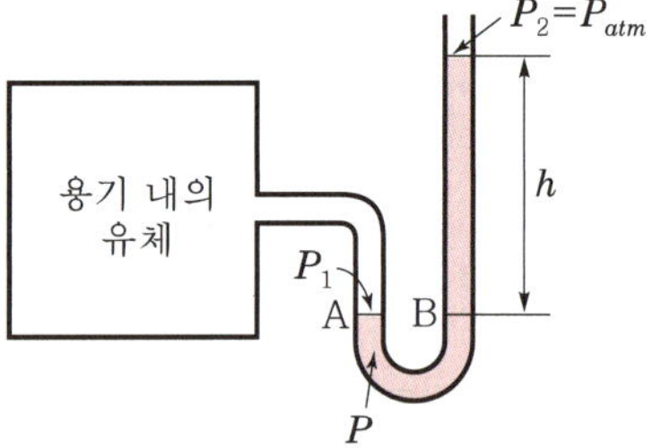

06 650W 커피포트로서 0.6kg의 물을 15℃로부터 가열하여 모두 증발시키는 데 필요한 시간은? 단, 가열량은 모두 물의 상승온도에 사용된 것으로 하며 물의 증발 비열은 2,253kJ/kg이다.

07 어떤 기체의 정압비열이 다음 식으로 주어질 때, 이 기체 1,500g을 120℃에서 680℃까지 가열하는 데 몇 kJ의 열량이 필요한가? 단, 상수값은 표 A-6(부록)을 이용한다.
$$C_p = C_0 + C_1\theta + C_2\theta^2 + C_3\theta^3 \, [\text{kJ/kg} \cdot \text{K}]$$

08 진공계의 눈금이 170mmHg를 가리키고 있다. 이때 대기압이 750mmHg라면 절대압력은 몇 kPa인가?

09 기체가 들어있는 용기에 설치된 진공게이지압이 150mmHg일 때 대기압의 크기가 100kPa일 때 다음을 계산하라.

  (1) 용기 내부 기체의 절대압력은 몇 hPa인가?

  (2) 진공도는 몇 %인가?

10 대기압이 753mmHg일 때 용기 내 기체의 진공도 90%의 진공압력과 용기 내 기체의 절대압력은 몇 kPa인가?

11 분자량 28.5인 완전가스압력이 3atm이라면 온도 100℃일 때의 비체적은?

12 지름 148mm의 실린더 내를 피스톤이 160mm 움직여서 중량 45g의 작동유체를 흡입할 때 작동유체의 비체적은 몇 m^3/kg인가?

13 크레인으로 무게 980N을 수직으로 10m 올리는 데 요하는 일은 몇 J인가?

14 60° 경사진 면을 따라서 400kg의 물체를 90m 끌어올렸다. 이때 면과의 마찰을 무시하면 위치에너지는 몇 kJ인가?

15 용기의 체적이 $0.78m^3$, 압력이 180kPa, 온도가 20℃인 공기가 용기 속에 들어있을 때, 다음을 계산하라. 단, 용기 속의 공기는 이상기체로써 분자량 28.97kg/kmol이다.

  (1) 공기의 질량(kg)과 비체적(m^3/kg)은?

  (2) 진공상태의 용기에 공기를 채우는 데 200초 걸린다면 공기의 체적변화율 $\dot{V}\,[m^3/s]$와 질량변화율 $\dot{m}\,[kg/s]$는?

16 용기에 기체가 들어있다. 용기에 설치된 진공게이지압이 12.5kPa일 때 대기압의 크기는 0.96bar였다.

  (1) 용기 내 기체의 절대압력은 몇 MPa인가?

  (2) 진공도는 몇 %인가?

17 그림과 같이 분리막으로 나누어져 있는 용기의 공간 A는 0.5kg의 공기가 $0.75m^3$의 체적으로, 공간 B는 1kg의 공기가 $0.8\,m^3$의 체적으로, 공간 C는 밀도 $\rho_c = 1.12\,kg/m^3$의 공기가 체적 $0.80m^3$로 채워져 있다. 분리막을 제거한 후 균일상태의 공기가 되었을 때 평균 밀도는 몇 kg/m^3인가?

18 체적이 $1.2\,\mathrm{m}^3$인 용기에 화강암 500kg, 모래 250kg, 25℃의 물을 $0.25\mathrm{m}^3$만큼 채웠다. 공기의 질량과 체적을 제외한 평균 비체적 $v\,[\mathrm{m}^3/\mathrm{kg}]$과 밀도 $\rho\,[\mathrm{kg}/\mathrm{m}^3]$를 각각 구하라. 단, 물의 밀도는 $\rho_w = 997\mathrm{kg}/\mathrm{m}^3$이다.

19 매 분당 회전수 $N = 3{,}600\mathrm{rpm}$으로 5,000kW를 전달하는 둥근 축에 걸리는 회전모멘트 혹은 회전력 $T\,[\mathrm{N}\cdot\mathrm{m}]$를 구하라.

20 출력 12,500kW의 화력발전소에서 연소하는 석탄의 발열량이 25,200kJ/kg, 발전소의 열효율이 37%라면 1시간당 석탄의 필요량은 몇 kg인가?

21 그림과 같이 두 개의 실린더에 피스톤이 설치되어 있다. 피스톤 A의 질량이 35kg이고, 피스톤 B가 바닥에 닿지 않을 때 피스톤 B의 질량은 몇 kg인가? 단, $P_0 = 100\mathrm{kPa}$, 중력가속도 $g = 9.81\,\mathrm{m/s}^2$이다.

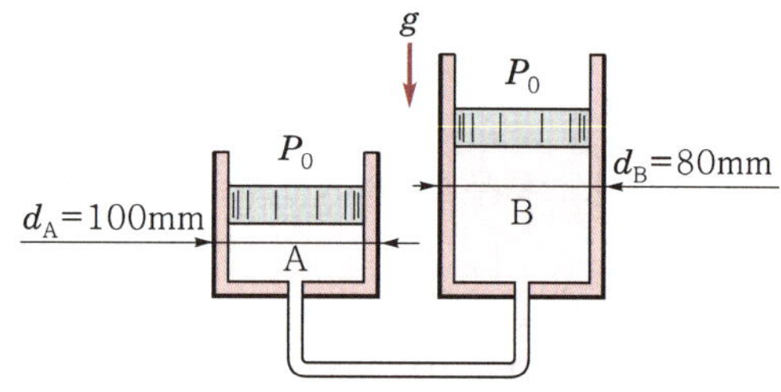

01 절대단위, 중력단위, SI단위(기본단위와 유도단위)의 차이를 설명하라?

02 그림과 같이 두 개의 실린더에 피스톤이 연결되어 있다. 실린더 A에 유압(오일)장치를 설치하여 승강기로 사용하려고 압력 650kPa로 가압하였다. 피스톤의 질량은 30kg, 중력가속도는 $g = 9.81 \text{m/s}^2$, 대기압은 101kPa일 때, 실린더 B의 기체 압력은 몇 bar인가?

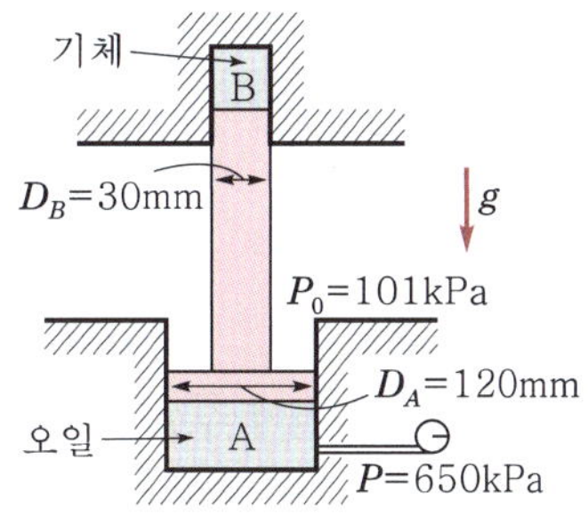

03 그림과 같은 용기에 U자관 마노미터가 한쪽이 대기에 노출된 상태로 설치되어 있다. 대기압의 크기는 표준대기압으로 하고, U자관 내부의 유체는 물이며 높이 $H = 100\text{mm}$일 때 다음을 구하라. 단, 표준대기압은 101.325kPa, $g = 9.81 \text{m/s}^2$ 이다.

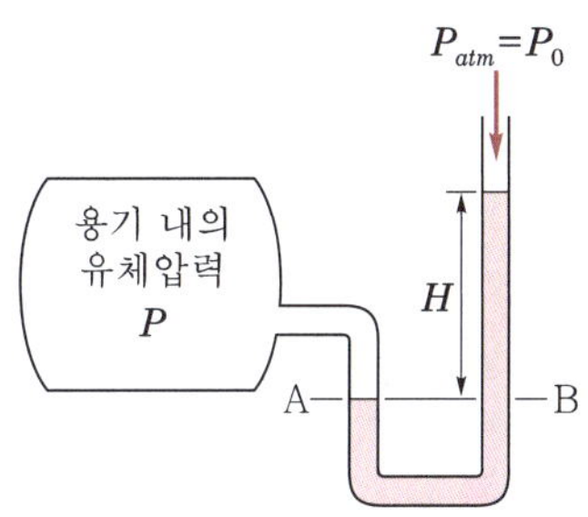

(1) 용기 내의 압력과 대기압과의 차가 $\Delta P = \rho g H$임을 보여라.

(2) 용기 내의 유체가 갖는 절대압력 P_{abs}는 몇 kPa인가?

(3) 만약, 이 용기에 설치된 진공게이지압이 150mmHg일 때 용기 내의 절대압력 P_{abs}[kPa]과 진공도(%)를 구하시오.

04 그림과 같이 수직관에 20℃의 물이 흐르고 있고 관내 A점에서 유체의 압력을 측정하기 위하여 마노미터를 설치하였다. B에 설치된 압력계의 눈금이 97kPa일 때 A점 압력(kPa)을 계산하라. 단, U튜브(마노미터) 내의 유체는 수은(Hg)이고 B관 내의 유체는 비중 $s = 0.89$인 오일(oil)이며, $g = 9.80 \text{m/s}^2$이다.

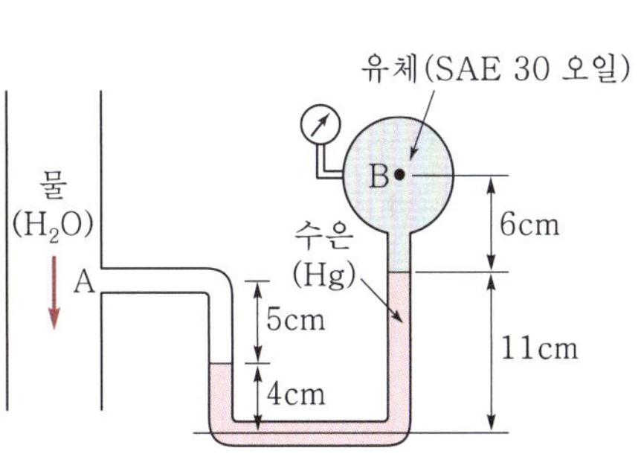

 그림과 같이 분리막으로 나누어져 있는 용기의 공간 A는 0.85kg의 공기가 $0.85m^3$의 체적으로, 공간 B는 1kg의 공기가 $1.0m^3$의 체적으로, 공간 C는 공기가 체적 $1.25m^3$로 채워져 있다. 분리막을 제거한 후 균일상태의 공기가 되었을 때 평균 밀도가 $\rho_{av} = 1.048kg/m^3$일 때 공간 C에 있는 공기의 밀도 ρ_c는 몇 kg/m^3인가?

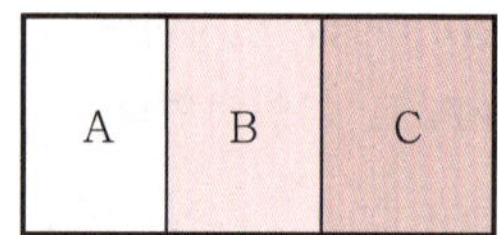

06 가솔린엔진에 수동력계를 직결시켜서 3,600rpm으로 운전하고 제동토크는 143.08J이었다. 동력계를 흐르는 수량이 0.2L/sec, 입구수온은 30℃이고, 제동 일량이 모두 물의 온도상승에 사용되었다면 출구의 수온은 몇 ℃인가? 단, 물의 비열은 4.184kJ/kg·K이다.

07 공기 1kg의 압력 1atm하에서 체적이 $0.85m^3$이면 공기의 온도(℃)는? 단, 공기의 기체상수 $R=0.287kJ/kg·K$이다.

08 100m 높이에서 물이 낙하하고 있다. 이 물의 낙하 전 에너지가 손실 없이 모두 열로 바뀌었다면 물의 상승온도는 몇 ℃가 되는가? 단, 물의 비열은 4.1868kJ/kg·℃이다.

09 무게 5kg, 비열 $C=0.418kJ/kg·℃$인 물질 위에 무게 854kg인 추를 높이 1.0m에서 떨어뜨렸다. 이때 마찰 손실을 무시한다면 이 물질의 온도상승(℃)은?

10 그림과 같이 두 개의 실린더–피스톤 장치가 유압관으로 연결되어 있다. 유압관 내 유체의 비중은 $SG=0.9$, 작은 피스톤에 작용하는 순압력 $P_1=2,500kPa$이고, 작은 실린더의 면적은 $0.01m^2$, 큰 실린더의 면적은 $0.08\,m^2$이다. 만약 큰 실린더–피스톤 장치를 $H=10m$ 더 높은 위치에 설치하여 구동시키려고 할 때 큰 피스톤에 작용할 수 있는 힘 F_2는 몇 kN인가? 단, 물의 비중은 1이고, 대기압은 101kPa, 중력가속도 $g=9.8\,m/s^2$로 한다.

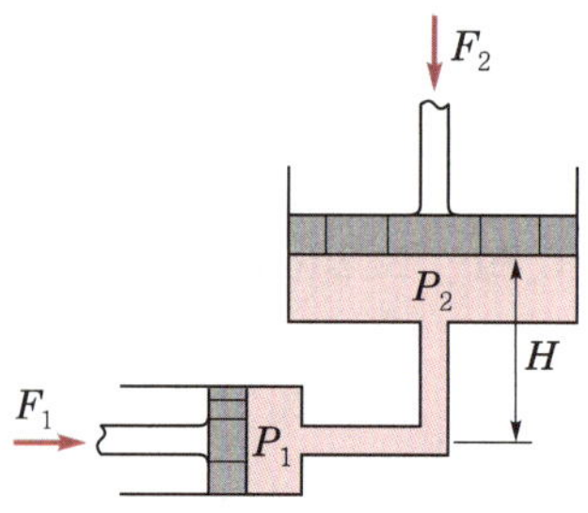

11 어느 물질의 무게가 147,590N일 때 체적은 150m^{3}이다. 다음을 구하라. 단, $g = 9.8\,\text{m/s}^2$이다.

(1) 비중량 $\gamma[\text{kN/m}^3]$는?

(2) 밀도 $\rho[\text{kg/m}^3]$는?

(3) 이 물질의 비중 SG는?

12 그림과 같이 용기 내의 압력을 측정하기 위해 게이지를 부착한 후 압력을 측정하였더니 $P_g = 100\text{kPa}$이었다. 다음을 구하라.

(1) 액주계를 설치하였을 때 높이 $H[\text{mm}]$는 얼마인가? 단, 액주계 내의 유체는 수은이며 $\rho = 13,600\,\text{kg/m}^3$이다.

(2) 대기압을 1atm으로 할 때 용기 내의 절대압 P_{abs}는 몇 kPa인가? 단, $g = 9.81\,\text{m/s}^2$이다.

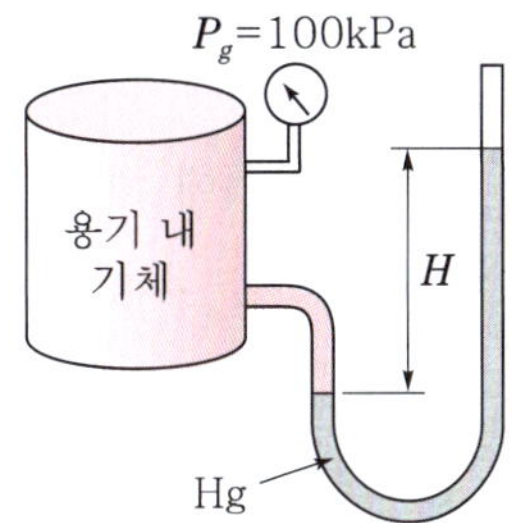

13 다음을 계산하라.

(1) 지구상에서 질량 100kg의 무게(W)는 몇 N인가? 단, $g = 9.81\,\text{m/s}^2$이다.

(2) 밀도 $\rho = 850\,\text{kg/m}^3$의 오일로 채워진 용기가 있다. 용기의 체적 $V = 2\text{m}^3$일 때 오일의 질량(kg)과 비체적(m^3/kg)을 구하라.

(3) 대기압이 100kPa인 지역에서 기체가 들어있는 용기에 진공 게이지를 설치한 후 압력을 측정하였더니 40kPa을 나타내었다. 이 용기 내 기체의 절대압(mmHg)의 크기와 진공도(%)를 구하라.

14 0.08m^{3}의 물속에 700℃의 쇠뭉치 3kg을 넣었더니 평균온도가 18℃로 되었다. 물의 온도 상승을 구하라. 단, 쇠의 비열은 0.6061kJ/kg·℃이고, 물과 용기와의 열교환은 없다.

15 50PS를 발생하는 기관의 1시간 동안의 일을 kJ로 나타냈을 때의 값은?

16 500W의 전열기로 1L의 물을 10℃에서 100℃까지 가열할 경우 가열에 사용된 유효열량이 34%라면 가열에 필요한 시간은?

17 −5℃의 얼음 10g을 16℃의 물로 만드는 데 필요한 열은?

18 공기가 압력 일정하에서 변화할 때 그 비열이 $C=1.004+0.0000795t$ [kJ/kg·℃]의 식으로 주어진다. 이 경우 3kg의 공기를 0℃에서 300℃까지 가열할 경우에 열량과 평균 비열은 얼마인가?

19 중량이 3kg의 철제 그릇에 22℃의 물이 0.02m³ 들어 있다. 이 물그릇에 200℃의 알루미늄 덩어리 4kg을 넣었더니 열평형에 달한 후의 온도가 29.22℃가 되었다. 알루미늄의 비열은 얼마인가? 단, 철의 비열은 0.4436kJ/kg·℃이고, 물의 비열은 4.1868kJ/kg·℃이다.

20 어느 용기에 체적 0.085m³, 초기온도 20.2℃인 물이 들어있다. 여기에 온도 850℃, 질량 $m_s=3$kg인 강철을 넣어 열교환 후 평균온도에 도달하여 열평형을 유지할 때 평균온도 t_m은 몇 ℃인가? 단, 강철의 비열 $C_s=0.607$kJ/kg·K, 물의 비열 $C_w=4.2$kJ/kg·K이다.

21 어느 용기에 체적 0.065m³, 초기온도 20.2℃인 물이 들어있다. 여기에 질량 $m_s=2.5$kg인 강철을 넣어 열교환 후 평균온도 $t_m=25$℃에 도달하여 열평형을 유지하고 있다면 강철의 초기온도는 몇 ℃인가? 단, 강철의 비열 $C_s=0.607$kJ/kg·K, 물의 비열 $C_w=4.2$kJ/kg·K , 밀도 $\rho_w=1,000$kg/m³이다.

22 중량이 G_1[kg]이고 온도가 t_1[℃]인 금속을 중량이 G_2[kg]이고 온도가 t_2[℃]인 물속에 넣은 후 전체가 균일한 온도 t'이 되었다면, 이 금속의 비열은 어떻게 되겠는가? 단, 외부와의 열 수수는 없고 $t_1>t_2$이다.

23 U−관 액주계를 사용하여 압력을 측정하고자 한다. 관의 한쪽은 측정부에 연결하고 다른 쪽 관은 대기에 노출되어 있을 때 압력 측정방법을 설명하라.

24 열역학 계산에서 압력과 온도란?

25 대기 중에 있는 지름 5cm인 실린더의 피스톤 위에 50kg의 추를 얹어 놓을 때 실린더 내의 가스의 절대압력은 몇 Pa인가? 단, 피스톤의 중량은 무시하고, 대기압은 1atm으로 한다.

26 어떤 가솔린의 밀도가 750kg/m³이다. 이 가솔린의 비체적은 얼마인가?

27 동작물질에 대하여 설명하라.

28 어느 연료 1kg의 발열량이 28,500kJ이다. 이 열이 전부 일로 바뀌었다고 하고 1시간 마다 35kg의 연료가 소비된다고 하면 발생하는 동력은 몇 PS[마력]인가?

29 중량 8.16kg의 물체가 공중에서 자유 낙하하여 20m 위치에 도착했을 때 물체의 속도는 몇 m/sec인가?

30 −5℃일 때 길이 500m인 강제 레일이 25℃로 되면 몇 cm 늘어나는가? 단, 레일의 선팽창계수는 $\alpha = 1.17 \times 10^{-5}\,℃^{-1}$이다.

31 1PS는 몇 kW인가. 또 1kW는 몇 PS인가?

32 연료의 발열량이 28,450kJ/kg이고 열효율이 30%인 열기관에서 연료소비량이 35kg/hr라면 발생 동력(PS)은?

33 매시 19.14kg의 가솔린을 소비하는 출력 80PS인 기관의 열효율을 구하라. 단, 연료의 저위발열량은 $H_\ell = 43,680$kJ/kg이다.

34 15인승 정원의 엘리베이터에서 1인당 중량을 60kg으로 하고 운전속도를 120m/min으로 할 경우에 필요한 동력(PS)을 구하라.

35 열역학 제0법칙이란?

제2장

일과 열

일의 정의

1 일의 정의

공학에서는 일을 다음과 같이 정의한다. 물질에 힘의 방향으로 변위가 발생했을 때 일을 하였다고 하며, 에너지의 한 형태가 일이다. 즉, 일=(힘)×(힘의 방향으로 이동한 거리)로서, W로 나타내며, 단위는 Joule[J]이다. 그리고 밀폐계가 주위와 서로 역학적 평형을 유지하면서 체적변화가 일어날 때 우리는 계와 주위 간에는 일의 주고 받음이 이루어졌다고 말한다. 이와 같은 일의 종류에는 변위일 (displacement work), 절대일, 팽창일 그리고 공업일로 구분한다. 만약에 힘의 방향으로 미소변위 dx가 있을 경우 일의 크기는 식 (2.1)과 같이 정의한다.

$$_1W_2 = \int_1^2 F\,dx\,[\text{SI 단위} : \text{J} = \text{N} \cdot \text{m}] \tag{2.1}$$

열역학에서는 거시적으로 일을 정의할 때 계, 상태량, 과정 등과 결합하여 생각해야 보다 유리한 표현이다. 즉, 주위에 미치는 유일한 효과가 어떤 무게를 들어 올리는 것으로 표현되면 계에 의해 일이 행하여졌다고 할 수 있다. 추를 들어 올리는 것은 실제로 일정거리에 걸쳐서 힘이 작용하였음을 의미한다. 반면, 일의 정의에 있어서 추가 실제로 들어 올렸거나 힘이 실제로 일정거리에 걸쳐 작용했음을 의미하지는 않는다. 단지 시스템의 주위에 대한 유일한 영향이 추를 들어 올리는 것과 같을 때라고만 말한 것에 주의하여야 한다. 그 예는 [그림 2.1] (a), (b)로부터 다음과 같이 정의될 수가 있다. [그림 2.1] (a)와 같이 배터리와 모터로 구성된 시스템에서 모터가 팬을 회전시킨다고 하자. 이때 일이 시스템의 경계를 통과하는가이다.

앞서 주어진 일의 정의에 따라 정리하면 [그림 2.1] (a)에 있는 시스템에서 계의 주위에 대한 유일한 영향이 추를 들어 올리는 것이므로 일이 시스템 경계를 통과했다고 할 수 있다. 따라서 [그림 2.1] (b)처럼 팬을 도르래와 추로 대치해 보면 알 수 있다. 즉, 모터의 회전에 따라 추가 올라가며, 시스템의 주위에 대한 유일한 영향은 추를 들어 올리는 것이 된다. 이때 계가 한 일은 양(+, positive)으로 취급하고, 계에 대하여 행해진 일의 경우는 음(-, negative)으로 취급한다. [그림 2.2]와 같이 물체에 힘을 가하여 변위가 발생하였을 때의 일은 변위일이 되며, 미소일량 δW는 다음 식과 같다.

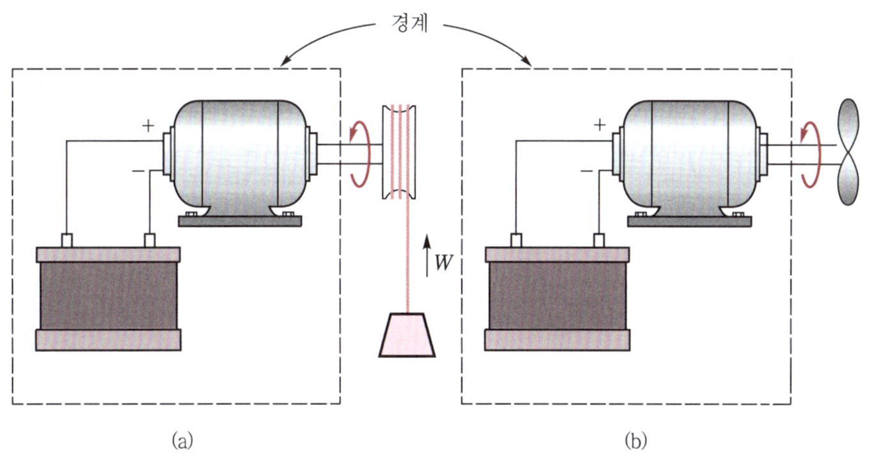

[그림 2.1] 시스템 경계를 통과하는 일의 예

$$\delta W = \boldsymbol{F} \cdot d\boldsymbol{S}$$

$$\delta W = F_x \, dx$$

$$\qquad = F\cos\theta \, dx \qquad\qquad\qquad\qquad (2.2)$$

$$단, \ F_x = F\cos\theta$$

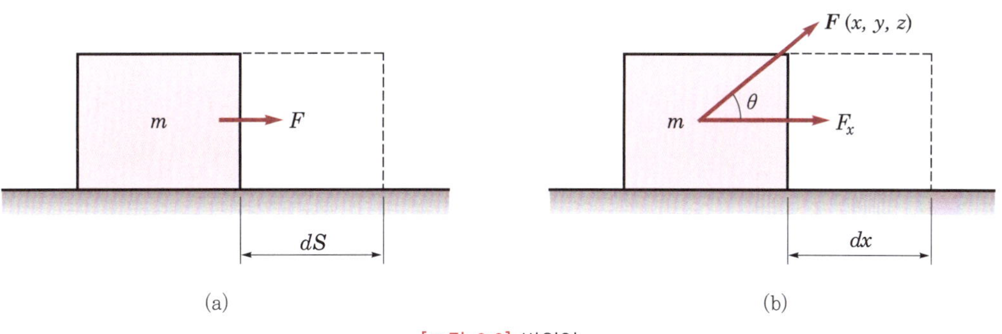

[그림 2.2] 변위일

다음은 단순 압축성 계가 행한 일에 대하여 살펴보자. [그림 2.3]으로부터 단순 압축성 계의 일은 다음 두 가지 경로로 생각할 수 있다. 그 첫 번째는 실린더와 피스톤으로 된 장치 내에서 가스인 기체를 계로 본다. 피스톤 1에서 압축되어 2까지의 압력(P)−체적(V)선도에 표시된다. 이 압축이 준평형과정이라고 가정하고, 이 압축과정 중 공기에 대하여 가한 일은 식 (2.3)과 같이 적분하여 구할 수 있다.

단순 압축성 계가 행한 일

$$_1W_2 = \int_1^2 \delta W$$

$$= \int_1^2 P\,dV \tag{2.3}$$

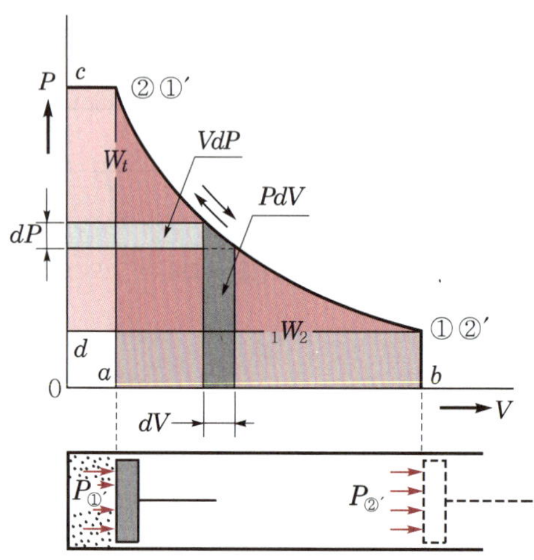

[그림 2.3] $P-V$선도에 표시된 절대일과 공업일

위 식 (2.3)에서 구한 일의 크기는 $P-V$선도의 면적 ①-②-c-d-①과 같다. 만약, 이 과정이 팽창하여 ①′로부터 상태 ②′로 동일 경로로 행하여졌다면 같은 면적으로 계가 주위에 대하여 한 일의 크기는 다음 식으로부터 구한다.

$$\delta W = F\,dx = PA\,dx$$

$$= P\,dV$$

$$\therefore \ _1W_2 = \int_1^2 P\,dV \tag{2.4}$$

경로함수(path function)

점함수(point function)

따라서 상태 1에서 2로 변하는 데는 여러 경로를 따를 수가 있다. 이와 같이 일은 경로함수(path function)가 되고 점함수(point function)는 아니다. [그림 2.4]는 두 상태 사이에서 일이 경로함수임을 보여주고 있다. 이 경로함수의 미분은 불완전미분이고 일에 대한 적분은, $\int_1^2 \delta W = {}_1W_2$ 또는 W_{12}로 표시한다.

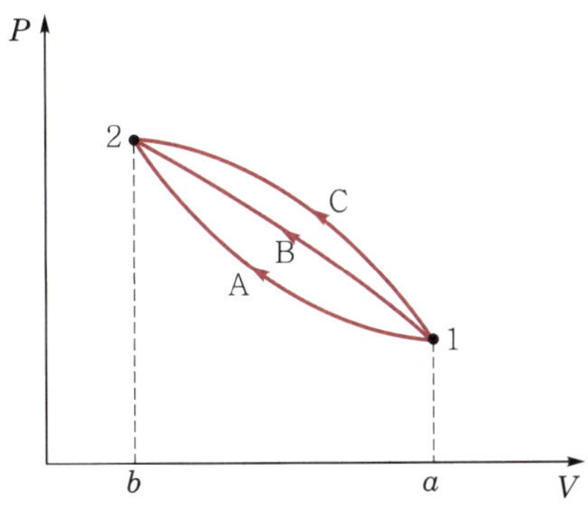

[그림 2.4] 경로에 따른 일의 크기

또 상태함수에서 점함수는 경로와는 무관하고 현재 상태에서 그 점에 해당하는 상태량 값만을 가지는 함수로 대표적인 온도, 압력, 체적 등이 이에 속한다. 이러한 점함수는 상미분이고 체적에 대한 적분은, $\int_1^2 dV = V_2 - V_1$ 으로 쓴다.

동작물질이 개방계(open system)를 통과할 때 생기는 계의 외부 일을 우리는 공업일(technical work) δW_t로 표시하며, 개방계의 압축일 또는 유동일이라 부른다. 반대로 밀폐계가 주위에 대하여 행한 일을 절대일(absolute work) δW로 표시하고 팽창일 또는 비유동계의 압축일이라 한다. 따라서 절대일과 공업일의 미분정의는 다음 식과 같다.

공업일(technical work)

절대일(absolute work)

$$\delta W = P\,dV$$
$$\delta W_t = -V\,dP \tag{2.5}$$

식 (2.5)에서 공업일은 계가 받은 일로서 절대일에 대하여 반대이므로 부호는 부(−)가 되며, [그림 2.5]와 같이 일의 부호규약을 정하여 사용하고 있다.

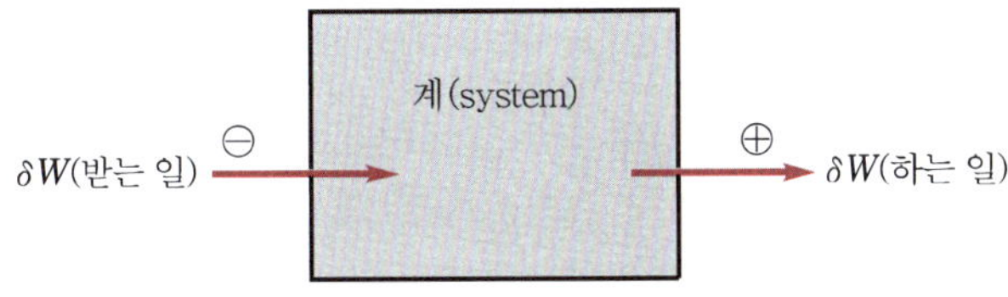

[그림 2.5] 일의 부호규약

2 일의 단위

　[그림 2.5]를 통하여 알 수 있는 바와 같이 계가 팽창하면서 주위에 행하여진 일을 +(positive)로 규약하고, 계가 외부로부터 압축되는 계의 압축일은 −(negative)로 생각한다. 이것은 양(+)의 일이 계로부터 에너지가 빠져나감을 말해주고, 음(−)의 일은 계에 에너지가 더해짐을 말해준다. 일은 앞서 정의된 바와 같이 계에 힘을 가하여 힘의 방향으로 변위가 발생했을 때 일을 하였다고 하고, 크기는 힘과 변위의 곱을 말해준다. 따라서 일의 단위로는 SI 단위계에서 단위 일의 크기 1 Joule(J)은 다음과 같다.

$$1J = 1N \cdot m$$

　동력(power)은 일의 시간율(time rate)을 말하며 watt(W)로 쓰고, 단위 시간당 일의 크기는 다음 식 (2.6)과 같다.

$$\dot{W} = \frac{\delta W}{dt} \quad [\text{W, watt}] \tag{2.6}$$

　따라서 단위 동력일 1W는 1J/sec이며, 계에서는 계의 단위 질량이나 단위 중량당 동력의 크기를 많이 사용한다. 이 동력의 표시는 소문자 w로 쓰고 그 표현은 다음과 같다.

$$w = \frac{\dot{W}}{\dot{m}} \quad \text{또는} \quad w = \frac{\dot{W}}{\dot{G}} \, [\text{J/kg}] \tag{2.7}$$

　다음은 축일에 관한 것이다. [그림 2.6]과 같은 축에 힘이 작용하여 축이 dx의 거리만큼 이동한 일의 크기는 토크 $T = r \cdot F$가 작용하여 해당하는 각도만큼 회전한 것과 같다. 이 경우 동력은 힘과 변위 변화율(속도)의 곱이 다음 식 (2.8)과 같이 토크와 각속도의 곱과 같게 된다.

$$\left. \begin{aligned} \dot{W} &= \frac{\delta W}{dt} = F\frac{dx}{dt} = FV \\ &= Fr\frac{d\theta}{dt} = T\omega \end{aligned} \right\} \tag{2.8}$$

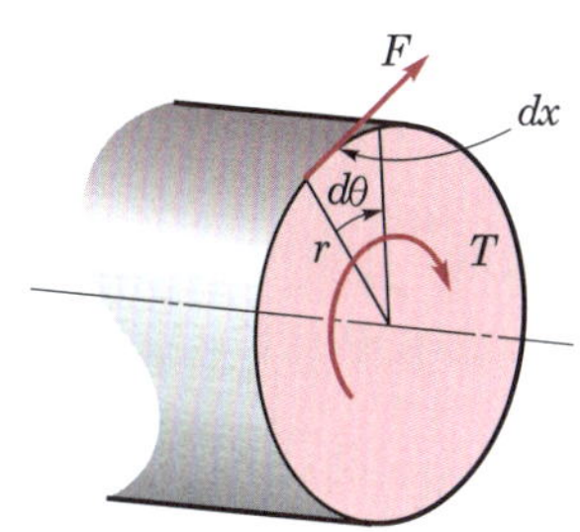

[그림 2.6] 축에 토크(torque)가 작용할 경우 축일(shaft work)과 동력

또 동력에서 마력이란 개념은 1PS와 1kW가 쓰이고 있으며, 각 동력 일의 크기는 중력 단위계로 다음과 같이 단위 시간[sec]당 일의 크기 정도로 사용된다.

마력

$$1PS = 75kg \cdot m/sec$$
$$1kW = 102kg \cdot m/sec$$

따라서 1PS는 약 0.735kW이고, 1kW는 1.36PS 정도의 비교값이다.

2.2 열의 정의와 열역학 제1법칙

1 열의 정의

열에 대한 정의는 열역학에서는 일상적인 정의와는 표현방법에 있어 많이 다르다. 즉, 열은 물질 입자들의 운동의 결과로써 열 크기의 척도는 온도이다. 이러한 열은 보다 높은 온도의 계로부터 보다 낮은 온도의 계로 전달되는 에너지의 한 형태로 정의할 수 있다. 그러므로 열은 주어진 온도에 있는 계의 경계를 통하여 보다 온도가 낮은 다른 계로 온도차에 의해 이동하는 경계현상이다. 다시 말하면 열은 경계를 넘어설 때에만 구별될 수 있다. 그러므로 열은 일시적이고 과도적이라고 말할 수가 있다. 일의 단위와 부호규약은 그림을 통하여 알아볼 수 있다. 즉, 열을 일과 같이 계로 또는 계로부터 전달되는 에너지로 정의되므로 열의 단위와 일의 단위는 SI 단위계에서는 같다고 할 수 있다. 즉 SI 단위계에서는 역시 Joule(J)이 된다.

열에 대한 정의

경계현상

열은 일시적

그리고 열의 부호규약에 있어서, 계로 전달되는 열을 양(+, positive)으로, 계로부터 빠져나가는 열은 음(−, negative)으로 정하여 본 책에서 사용하기로 한다. 문자 기호로는 열의 전체 양은 $Q[J]$로 단위질량당 열은 $q[J/kg]$로 표시하여

열의 부호규약

사용된다. 열의 적분은 일과 같이 경로함수이므로 불완전미분에 대한 적분이며,

$$\int_1^2 \delta Q = {}_1Q_2 = Q_{12}$$

로 쓴다.

이 식에서 ${}_1Q_2$ 는 상태 1과 2 사이에 주어진 상태변화 과정 동안 전달된 열의 크기이며, 단위 시간당 시스템으로 전달되는 열의 양은 $\dot{Q}$로 표시한다. 또 계의 단위 질량당 열전달 q[J/kg]를 이용하는 것이 편리한 경우가 많다. 이 q를 비열전달(specific heat transfer)이라고도 부르고 다음과 같이 정의하여 사용된다. 즉, $q = \dfrac{Q}{m}$[kJ/kg, J/kg]이다.

비열전달
(specific heat transfer)

2 열전달 방식의 대표적인 예

열전달은 에너지 이동의 한 방식으로 서로 다른 물질 사이의 온도차에 의해 이루어진다. 물질 분자는 병진(translational), 회전(rotational), 그리고 진동(vibrational) 에너지를 가진다. 이러한 형태의 에너지는 상호작용(충돌) 또는 평균적으로 더 많은 에너지(보다 높은 온도)를 소유하는 분자들과 더 적은 에너지(보다 낮은 온도)를 소유하는 분자들의 교환에 의해 주변의 분자에게 전달될 수 있고, 온도차와 물질의 전달 특성에 따라 그 크기는 달라진다.

이러한 분자 상호간의 에너지 교환의 대표적인 것으로 [그림 2.7]과 같이 전도, 대류, 복사가 있고, 전도(conduction)의 열전달 방식은 온도가 서로 다른 고체와 고체 그리고 고체와 유동하지 않는 유체 사이의 열전달현상으로, Fourier 열전도 법칙으로 표현하면 열전달률 $\dot{Q}$ 는 다음 식 (2.9)와 같다. 그 크기에 있어서는 열전도율(thermal conductivity) κ, 열전달 면적(heat transfer area) A, 온도 구배(temperature gradient) dT/dx에 비례한다.

전도, 대류, 복사

열전도율
(thermal conductivity)

온도 구배
(temperature gradient)

$$\dot{Q} = -\kappa A \frac{dT}{dx}[\text{kW, W}] \tag{2.9}$$

이때, (−)부호는 열전달이 높은 온도에서 낮은 온도로 전달된다는 것을 의미한다. 열전도율 κ의 값은 상온(300K)에서 순철이 80.2W/m·K 정도 크기를 갖고, 비금속 고체인 유리나 얼음 또는 암석의 경우 1~10W/m·K 정도 크기이며, 단열재는 비교적 낮아 대략 0.1W/m·K, 기체의 경우는 0.1~0.01W/m·K 미만의 크기이다.

다음의 열전달 방식으로는 온도가 서로 다른 매체가 유동하는 유체와 유체, 유동하는 유체와 고체 사이의 열전달 방식의 대류(convection)가 있다. 즉, 특정 에너지 값을 가진 유동 유체가 온도가 다른 고체 표면의 위 또는 주위를 흐르게 될 때 전도에 의한 열전달보다 두 물질을 접촉시키거나 가깝게 만드는 유동이 더 지배적일 때 이러한 열전달현상을 대류 열전달이라고 한다. 대표적인 예로 건물 주위에 부는 바람이나, 방열기(radiator) 주위로 흐르는 공기, 관(piping) 내부에 흐르는 물과 같은 유체 등의 열교환기(heat exchanger)를 생각할 수가 있다. 이때 대류에 의한 총열전달률 $\dot{Q}$ 는 일반적으로 Newton의 냉각 법칙을 따라 다음 식으로 표현된다.

$$\dot{Q} = A\,h\,\triangle T [\text{kW, W}] \tag{2.10}$$

위 식 (2.10)의 열전달 특성은 대류 열전달 계수(heat transfer coefficient) $h [\text{W/m}^2 \cdot \text{K}]$가 포함되어 있는데, 이 값은 유동하는 매체의 상태량, 유동현상, 물체의 기하학적 형상의 함수가 된다. 주어진 상황에 대해 열전달 계수를 계산하기 위해서는 전체 유동과 열전달과정에 대한 상세한 역학적 요소들을 고려해야 함을 말해준다. 이 열전달 계수의 대표적 값으로는 자연대류의 기체유동에서는 $h = 5 \sim 25 \text{W/m}^2 \cdot \text{K}$ 정도이고, 액체유동에서는 $h = 50 \sim 1{,}000 \text{W/m}^2 \cdot \text{K}$ 정도이다. 강제대류의 기체유동에서는 $h = 25 \sim 250 \text{W/m}^2 \cdot \text{K}$ 정도이고, 액체유동에서는 $h = 50 \sim 20{,}000 \text{W/m}^2 \cdot \text{K}$ 이며, 증발과정의 상변화의 경우는 $h = 2{,}500 \sim 100{,}000 \text{W/m}^2 \cdot \text{K}$ 정도이다.

마지막으로 열전달 방식의 하나로 열복사(radiation)가 있다. 이 방식은 전·자기파(electro-magnetic wave)에 의한 에너지 전달방식이며, 중간에 어떠한 열전달 매체도 사용하지 않고 비어 있는 공간(진공)에서도 열 이동이 가능한 것으로, 공업상으로 살펴보면 복사과정의 열방사(생산)와 열흡수(소비)과정에는 물질의 존재가 필요하다. 이때, 방사 또는 흡수하는 물체가 있을 경우 스테판-볼츠만 법칙(Stefan-Boltzmann law)에 의하여 완전한 흑체표면으로부터 방사량의 크기 $E_b [\text{W/m}^2]$는 다음 식 (2.11)과 같다. 이때 T_b는 흑체의 표면온도(K)이다.

$$E_b = \sigma\, T_b{}^4 \,[\text{W/m}^2] \tag{2.11}$$

일반적인 표면방사에서는 완전한 흑체방사에 대한 상대적인 비율인 방사율(emissivity) ε을 사용할 때 방사체(복사체, 회체)로부터 전체 면적 $A [\text{m}^2]$에 대한 복사 열전달의 크기 $\dot{Q} [\text{watt}]$는 다음 식 (2.12)와 같다.

대류(convection)

대류 열전달 계수
(heat transfer coefficient)

열복사(radiation)

스테판-볼츠만 법칙
(Stefan-Boltzmann law)

흑체방사

방사율(emissivity)

$$\dot{Q} = \varepsilon\,\sigma\,A\,T_s^{\,4}\,[\text{W}] \tag{2.12}$$

여기서, $T_s\,[\text{K}]$: 방사체 표면온도

$\sigma = 5.6696 \times 10^{-8}\,\text{W/m}^2 \cdot \text{K}^4$: 스테판–볼츠만 상수(Constant of Stefan Boltzmann)

$\varepsilon = 0 \sim 1$: 방사율(emissivity)

스테판–볼츠만 상수
(Constant of Stefan–
Boltzmann)

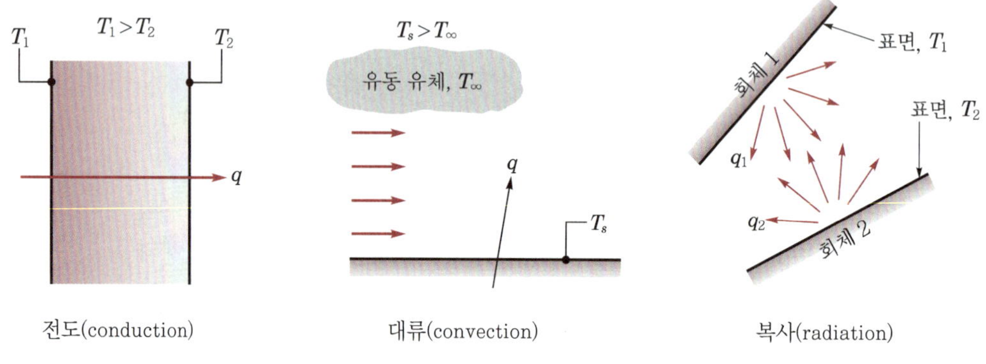

[그림 2.7] 열전달 방식의 대표적인 예

3 사이클 과정의 열역학 제1법칙

열역학 제1법칙

앞서 열에 대한 정의와 개념 그리고 열전달 방식에 대하여 간단하게 알아보았다. 이제는 밀폐계에 대한 열역학 제1법칙에 대하여 논하고자 한다. 영국의 J. Watt가 소형 증기기관을 발명한 이후, 여러 장치를 통하여 열에너지를 기계적 에너지로 바꿀 수 있음을 경험적으로 알고 있었으나 이의 실현을 위해서 열변환 장치를 통한 실험으로부터 그에 대한 확증을 얻어낼 수가 있었다. 그 후 영국의 J. P. Joule은 [그림 2.8]의 간단한 장치를 통하여 열상당량을 구할 수 있는 실험을 하였고, 이것으로부터 열의 관계를 양적으로 나타냈다. "즉, 열과 일은 본질적으로 같으며 에너지의 일종으로 열은 일로 변환시킬 수가 있고, 또 반대로 일을 열로 변환시킬 수도 있다. 따라서 밀폐계가 임의의 사이클을 이룰 때 열전달의 총화는 이루어진 일의 총화와 같다."라고 표현할 수가 있었다. 이것을 열역학 제1법칙(the first law of thermodynamics)이라 하고, 에너지 보존의 법칙(law of conservation of energy)이라고도 한다.

에너지 보존의 법칙
(law of conservation of
energy)

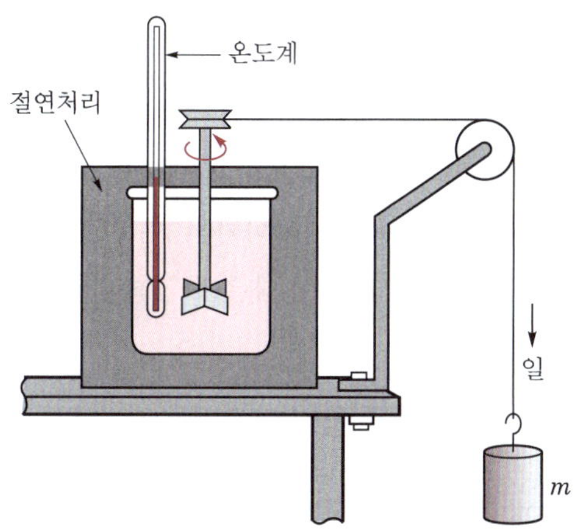

[그림 2.8] 줄(Joule)의 실험장치

[그림 2.8]과 같은 줄의 실험을 통하여 열과 일의 양적 관계를 구하면 일(work)= 힘(force)×x(힘을 받아 힘의 방향으로 이동한 거리)로 표시하고 공학 단위는 kgf·m 이다. 이 공학 단위에서 기계적 일은 W[kgf·m]가 열량 Q[kcal]로 바뀌고, 열량 Q[kcal]가 일량 W[kgf·m]로 변환될 때 다음 관계식 (2.13)이 성립한다.

$$J \oint \delta Q = \oint \delta W \tag{2.13}$$

여기서, $J = \dfrac{1}{A} = 427$kgf·m/kcal : 열의 일상당량   **열의 일상당량**

$$\qquad\qquad \text{(mechanical equivalent of heat)}$$

$A = \dfrac{1}{J} = \dfrac{1}{427}$ kcal/kgf·m : 일의 열상당량   **일의 열상당량**

$$\qquad\qquad \text{(thermal equivalent of work)}$$

을 나타낸다. 따라서 전 사이클에 대하여 위 식의 적분값은, $W = JQ$ [kgf·m] 또는 $Q = AW$[kcal]가 된다.

SI 단위계에서는 J와 A는 1로 같은 크기이며 따라서 식 (2.13)은 다음과 같이 식 (2.14)와 같게 되고, 그 적분값의 크기는 $W = Q$[kJ, J]이 된다.

$$\oint \delta Q = \oint \delta W \tag{2.14}$$

4 계의 검사질량의 상태변화에 대한 열역학 제1법칙

검사질량이 상태변화를 하는 과정에 대한 열역학 제1법칙을 살펴보기로 한다. 시스템이 [그림 2.9]와 같이 상태 1로부터 상태 2로 과정 A에 따라 변화하고, 상태 2로부터 1로 과정 B에 따라서 되돌아가는 사이클을 겪는 계에서 열역학 제1법칙으로부터 식 (2.14)를 다시 쓰면 다음과 같다.

$$\oint \delta Q = \oint \delta W \tag{a}$$

[그림 2.9]와 같이 2개의 분리된 과정을 생각하면 식 (a)는 식 (b)와 같이 쓸 수 있다. 즉,

$$\int_{1A}^{2A} \delta Q + \int_{2B}^{1B} \delta Q = \int_{1A}^{2A} \delta W + \int_{2B}^{1B} \delta W \tag{b}$$

를 얻는다.

또 다른 경로는 계가 상태 1로부터 상태 2로 과정 A를 따라 변화하고, 과정 C에 따라서 상태 1로 되돌아가는 사이클을 생각하면 식 (c)와 같다. 즉,

$$\int_{1A}^{2} \delta Q + \int_{2C}^{1} \delta Q = \int_{1A}^{2} \delta W + \int_{2C}^{1} \delta W \tag{c}$$

이 된다. 위의 두 식 (a), (b)를 정리하면 다음과 같은 식 (d)가 된다.

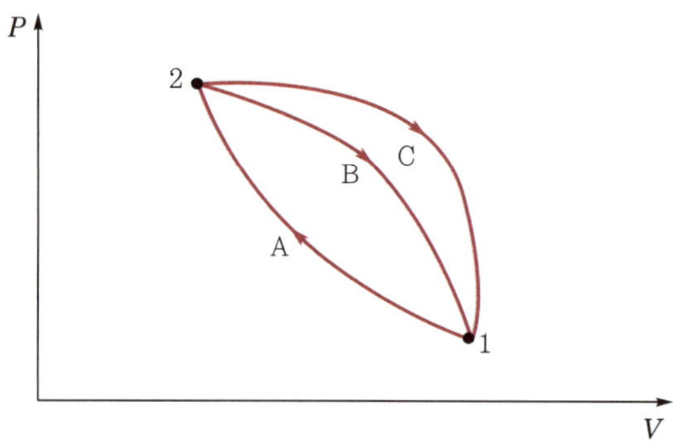

[그림 2.9] 계의 상태변화의 경로

$$\int_{2B}^{1} \delta Q - \int_{2C}^{1} \delta Q = \int_{2B}^{1} \delta W - \int_{2C}^{1} \delta W \qquad \text{(d)}$$

이 식 (d)를 이항하여 정리하면 식 (e)와 같다.

$$\int_{2B}^{1} (\delta Q - \delta W) = \int_{2C}^{1} (\delta Q - \delta W) \qquad \text{(e)}$$

이때, 경로 B와 C는 상태 1과 2 사이의 임의의 과정을 표시하고 $(\delta Q - \delta W)$
라는 양은 상태 1, 2 사이의 모든 과정에 대하여 같다는 결론을 얻는다. 따라서
$(\delta Q - \delta W)$ 차이는 최초와 최종 상태에만 좌우되며, 둘 사이의 경로는 좌우되지
않는 점함수이다. 이 차이를 다음과 같이 사이클 동안 에너지변화에 대한 미분
으로 쓰고, dE는 주어진 상태에서 시스템이 갖는 모든 에너지변화를 나타낸다.   에너지변화

$$dE = \delta Q - \delta W \qquad (2.15)$$

따라서 E(모든 에너지)$= U$(내부에너지)$+ KE$(운동에너지)$+ PE$(위치에너지)이   모든 에너지
다. 이들의 에너지변화를 구성하는 모든 항들은 점함수이므로

$$dE = dU + d(KE) + d(PE) \qquad (2.16)$$

의 미분식이 가능하며 내부에너지(dU), 운동에너지($d(KE)$), 위치에너지($d(PE)$)
의 미분 합으로 쓸 수가 있다. 각 에너지 관계식을 적용하여 양변 적분하면 다음과
같은 식 (2.17)의 결과를 얻는다.

$$_1Q_2 = U_2 - U_1 + \frac{m(V_2^{\,2} - V_1^{\,2})}{2} + mg(Z_2 - Z_1) + {}_1W_2 \qquad (2.17)$$

위 식들에 관해 몇 가지 관찰을 해보면, 첫째로 계의 에너지를 표시하는 상태
량 E가 존재한다는 것이 밝혀진 것이고, 상태변화에 대한 제1법칙만을 적용할
수 있다는 것이다. 둘째로 위 식은 사실상 에너지 보존에 관한 진술이 된다. 즉,
계의 에너지 정미변화는 항상 열과 일로써 계의 경계를 넘어서는 정미 에너지
전달과 같다. 셋째로 위 식들은 내부에너지, 운동에너지, 위치에너지의 변화만
을 줄 수 있음을 관찰로 알 수 있다.

만약, $(V_2 \fallingdotseq V_1)$이고 $U_2 - U_1 \gg (\Delta KE), (\Delta PE)$이라면 (2.17)식은 다음
과 같다.

$$_1Q_2 = (U_2 - U_1) + {_1}W_2 \text{ [kJ]} \tag{2.18}$$

또, 위 식을 단위 질량, 단위 중량당으로 쓰면 다음과 같다.

$$_1q_2 = (u_2 - u_1) + {_1}w_2 \text{ [kJ/kg]} \tag{2.19}$$

이 식 (2.18)와 (2.19)를 공학 단위로 고쳐 쓰면, $_1Q_2 = (U_2 - U_1) + A{_1}W_2$ 또는 $_1q_2 = (u_2 - u_1) + A{_1}w_2$가 되며 A는 일의 열상당량 값으로 $\dfrac{1}{427}$ kcal/kgf · m이다. 만약, 반대로 식 (2.18)과 식 (2.19)를 미분식으로 다시 쓴다면 다음과 같다. 아래 식 (2.20)을 열역학 제1법칙에 대한 일반식이라 부른다.

$$\begin{aligned} \delta Q &= dU + \delta W \\ \delta q &= du + \delta w \end{aligned} \tag{2.20}$$

다음은 에너지 E에 대하여 깊이 있게 알아보자. 앞서 E는 크게 내부에너지(U)와 위치에너지(PE), 운동에너지(KE)의 합으로 나타낼 수 있었다. 이 에너지는 일을 할 수 있는 능력을 말하며 일의 단위와 같고, 다음과 같이 설명할 수가 있다. 즉, 내부에너지는 한 계에 외부로부터 열이나 일을 가할 때 그 계가 외부와 열의 수수 없이 외부에 일을 하지 않았다면 이들 에너지는 그 계의 내부에 축적된다고 생각할 수 있다. 이와 같이 계의 내부에 저장된 에너지를 내부에너지(internal energy)라고 하며, 보통 U[kJ] 또는 u[kJ/kg]로 표시한다. 다시 말하면 내부에너지는 계의 총 에너지에서 기계적 에너지를 뺀 나머지를 말하는 것으로, 이때 기계적 에너지(역학적 에너지)는 외부에너지(external energy)를 말한다. 따라서 에너지는 식 (2.21)과 같이 내부에너지와 외부에너지의 합으로 쓸 수가 있다.

$$\therefore \text{ 총 에너지}(E) = \text{내부에너지}(IE) + \text{외부에너지}(EE) \tag{2.21}$$

또한 보통은 분자가 분자력에 의해서 서로 위치에너지를 가지며 또한 운동에너지를 가진다. 이와 같은 분자의 집단인 물질의 내부에 보유되는 에너지가 그 물질의 내부에너지가 된다. 따라서 물질의 내부에너지는 분자의 현재의 집합상태와 운동상태에만 관련되기 때문에 물질의 과거의 상태와는 무관하고 물질의 현재의 상태에 의해서만 정해지는 상태량이라고 할 수 있다. 그리고 내부에너지에는 분자의 운동에너지로 온도를 상승시키는 잠열과 분자 상호간의 힘에 저항하여 융해 또는 증발에 이용되는 잠열이 포함된다.

다음은 위치에너지와 운동에너지에 대하여 알아보자. 위치에너지(potential energy) PE의 크기는 다음과 같다.

위치에너지
(potential energy)

$$PE = mgZ \, [\text{J}] \tag{2.22}$$

여기서, $mg = W$: 무게[N], Z : 높이[m]이다.

또, 운동에너지(kinetic energy) KE의 크기는 다음과 같이 표현된다.

운동에너지
(kinetic energy)

$$KE = m\frac{V^2}{2} = W\frac{V^2}{2\text{g}} \, [\text{J}] \tag{2.23}$$

여기서, m : 질량[kg], V : 물질의 속도[m/sec]이다.

2.3 열과 일의 비교

앞서 우리는 일과 열, 열과 일에 대하여 알아보았다. 살펴본 바와 같이 일과 열은 유사점이 많다는 것을 알게 되었다. 먼저, 부호의 규약은 시스템으로 전달되는 열을 $+Q$, 즉 시스템에 외부로부터 가해지는 에너지를 나타내며, 시스템이 하는 일은 $+W$, 즉 시스템에서 외부로 보내지는 일에너지를 나타낸다는 것에 대하여 주의해야 한다.

[그림 2.10]과 같이 기체가 들어 있는 실린더에 움직이는 피스톤이 끼워져 있는 상태에서 열과 일에 대하여 살펴보면 분명하게 알 수 있다. 경계 내의 계인 기체에 열이 가해지면 온도는 증가하고 따라서 기체의 압력도 증가할 것이다. 이때 압력은 이동 경계의 외력 F_{ext}에 의해 그 크기가 다르게 나타난다. 만약, 압력이 일정하게 유지된다면 체적은 대신 증가해야만 한다. 열이 계로부터 경계를 통해 외부로 전달되면, 반대의 현상을 보일 것이다. 또 계에 열이 가해지면서 동시에 외력 F_{ext}가 감소하는 경우는 기체의 압력은 감소되어 동시에 온도는 낮아질 것이다. 이와 같이 온도 변화의 방향이 서로 반대인 경우 두 가지 효과가 작용함을 알 수가 있다.

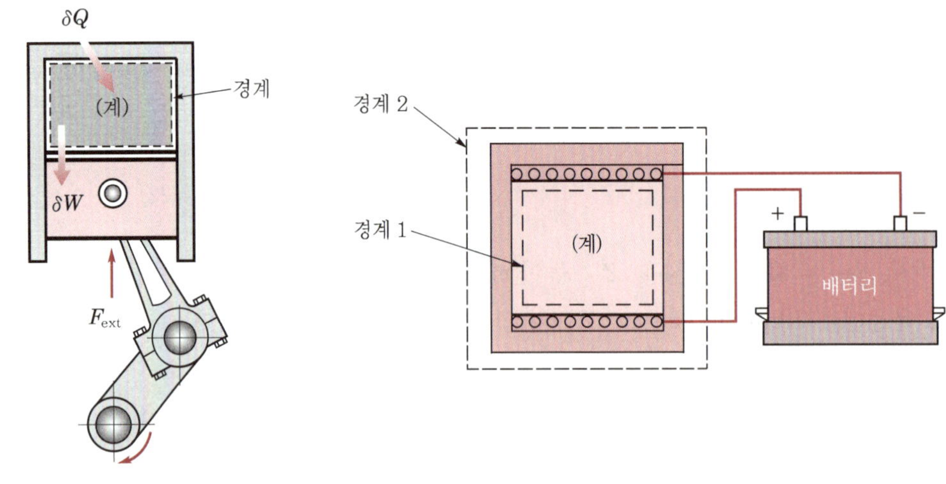

[그림 2.10] 가열에 의해 외부로 일을 하는 경계효과

[그림 2.11] 계의 경계에 따른 열과 일의 관계

[그림 2.11]은 견고한 용기에 계인 기체가 들어 있고 용기 내 계의 외부에는 저항 코일이 감겨져 있다. 코일에 전류가 흐르면 열이 발생하여 열전달에 의해 기체의 온도가 상승하는 경우이다. 그림과 같이 계의 경계를 통과한 것이 열인가 일인가를 살펴보기 위하여 두 가지 경계로 구분하였다. 즉, 경계 1의 경우는 오로지 기체가 하나의 계이고, 배터리로부터 전류가 흐를 때 코일이 가열된다면 경계를 통해 기체로 열이 전달되어 계와 주위의 상호작용하는 것은 열뿐이다. 따라서 열이 계(시스템)의 경계 1을 통과한다고 할 수 있다. 다음 경계 2로 이루어진 계를 살펴보면, 용기와 저항코일까지 합하여 계로 구분한 경우이므로 경계 2일 때는 전기적 일이 경계를 통해 계로 전달되는 경우이다. 이때는 경계 2를 통과하는 것이 오로지 전기적일 뿐이다. 따라서 열과 일은 경계에 따라 현상이 다르게 되므로 경계현상임을 알 수가 있다.

이상으로부터 열과 일에 대하여 정리하면 다음과 같다.

경계현상
(boundary phenomena)

1. 열과 일은 모두 경계현상(boundary phenomena)이다. 즉, 열과 일 모두 계의 경계에서만 구분되며 계의 경계에 따라 통과하는 에너지는 다르게 나타난다.

과도현상
(transient phenomena)

2. 열과 일은 모두 과도현상(transient phenomena)이다. 즉, 계는 열과 일을 보유할 수 없으며, 일시적 현상으로 시스템(계)의 상태가 변할 때 이 중 하나 혹은 모두가 경계를 통과한다.

경로함수(path function)

3. 열과 일은 모두 경로함수(path function)이므로 불완전미분(inexact diff-erential)으로 쓴다.

다음, 열과 일로 인하여 전달된 에너지의 양을 계산하려면, 순간 전달률 $\dot{Q}$ 와 순간 발생된 일 $\dot{W}$ 에 대하여 다음 식 (2.24)와 같이 시간에 대해 적분해야 그 크기를 알 수가 있다.

순간 전달률

순간 발생된 일

$$_1Q_2 = \int_1^2 \dot{Q}\, dt, \quad _1W_2 = \int_1^2 \dot{W}\, dt \tag{2.24}$$

위 적분을 수행하기 위해서는 시간에 따른 각 시간 전달률 $\dot{Q}$와 $\dot{W}$의 변화를 알아야 한다. 전달률이 크게 변화하지 않는 시간 동안에는 전달률은 단순평균의 값을 사용하여도 충분히 정확하다고 할 수 있다. 즉, $_1Q_2 = \dot{Q}_{avg}\,\triangle t$와 $_1W_2 = \dot{W}_{avg}\,\triangle t$으로 가능하다.

예제 2.1

실린더에 밀폐된 8kg의 공기가 그림과 같이 P_1 =800kPa, V_1 =0.27m^{3}에서 P_2 =350kPa, 체적 V_2 =0.80m^{3}로 직선 변화하였다. 이 과정에서 공기가 한 일은 약 몇 kJ인가?

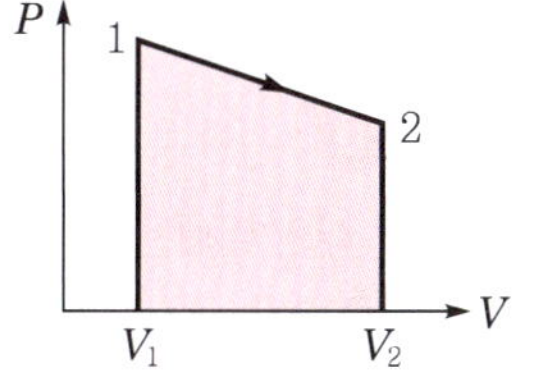

풀이 팽창일$=P-V$선도의 면적

$$= \frac{1}{2}(P_1 - P_2)(V_2 - V_1) + P_2(V_2 - V_1)$$

$$= \frac{1}{2} \times (800-350)\text{kPa} \times (0.80-0.27)\text{m}^3 + 350\text{kPa} \times (0.80-0.27)\text{m}^3$$

$$= 304.75\text{kJ} \fallingdotseq 305\text{kJ}$$

예제 2.2

밀폐용기에 비내부에너지가 200kJ/kg인 기체 0.5kg이 있다. 이 기체를 용량이 500W인 전기 가열기로 2분 동안 가열한다면 최종상태에서 기체의 내부에너지는? (단, 열량은 기체로만 전달된다고 한다.)

풀이 $U_1 = m\,u_1 = 0.5\text{kg} \times 200\text{kJ/kg} = 100\text{kJ}$

$\triangle Q = \triangle U = 500\text{J/s} \times 2 \times 60\text{sec} = 60,000\text{J} = 60\text{kJ}$

$\therefore\ U_2 = U_1 + \triangle U = (100+60)\text{kJ} = 160\text{kJ}$

30℃에서 비체적이 0.001m³/kg인 물을 100kPa의 압력에서 800kPa의 압력으로 압축한다. 비체적이 일정하다고 할 때 이 펌프가 하는 일[J/kg]을 구하면?

풀이 $\delta w_t = -vdP$

$$w_t = -v\int_1^2 dP = -v(P_2 - P_1)$$

$$= -0.001 \times (800-100) \times 10^3 = -700\text{J/kg}(- : \text{압축일})$$

내부에너지 130kJ을 보유하는 물질에 열을 가했더니 내부에너지가 200kJ로 증가하였다. 이 물질이 외부에 7,000N·m의 일을 하였을 때 가해진 열량은 몇 kJ인가?

풀이 $Q = (U_2 - U_1) + {}_1W_2 = (200-130) + (7,000 \times 10^{-3}) = 77\text{kJ}$

실린더 내의 밀폐된 가스를 피스톤으로 압축하는 과정에 13.32kJ의 열량을 방출하였고, 압축일의 크기는 22,000N·m이다. 이 가스의 내부에너지 증가량을 구하라.

풀이 $Q = (U_2 - U_1) + {}_1W_2$에서 ${}_1W_2 = -22,000\text{N}\cdot\text{m}$, $Q = -13.32\text{kJ}$이므로

[부호 (−)는 압축일과 방출열량을 뜻함]

$$\therefore (U_2 - U_1) = {}_1Q_2 - {}_1W_2 = -13.32 - (-22,000 \times 10^{-3})$$

$$= 8.68\text{kJ}(\text{내부에너지 증가})$$

압력 250kPa 체적 0.4m³의 기체가 일정한 압력하에서 팽창하여 체적이 0.6m³로 되었다. 이때 84kJ의 내부에너지가 증가되었다면 기체에 의한 일과 열량은 얼마인가?

풀이 ① 압력이 일정하므로 팽창에 의한 일은 일에 대한 관계식으로부터 다음과 같다.

$$_1W_2 = \int_1^2 PdV = P(V_2 - V_1) = (2.5 \times 10^5)(0.6-0.4)$$

$$= 50,000\text{N}\cdot\text{m} = 50\text{kJ}$$

② 팽창하면서 일정한 압력을 유지하기 위한 필요 열량은 다음과 같다.

$$_1Q_2 = (U_2 - U_1) + {_1}W_2 = 84\text{kJ} + 50\text{kJ} = 134\text{kJ}$$

예제 2.7

두께 1cm, 면적 0.5m^2 석고판의 뒤에 가열판이 부착되어 1,000W의 열을 전달한다. 가열판의 뒤는 완전히 단열되어 열은 앞면으로만 전달된다. 석고판 앞면의 온도는 100℃이다. 석고의 열전도율이 $k = 0.79\text{W/m}\cdot\text{K}$일 때 가열판에 접하는 석고면의 온도는 약 몇 ℃인가?

풀이

$$\dot{Q} = -kA\frac{\Delta T}{\Delta t} = -kA\frac{T_2 - T_1}{L}$$

$$T_1 - T_2 = \frac{\dot{Q}L}{kA}$$

$$\therefore \ T_1 = T_2 + \frac{\dot{Q}L}{kA}$$

$$= 100℃ + \frac{1,000 \times 0.01}{0.79 \times 0.5} = 125.3℃$$

2.4 엔탈피(Enthalpy)

상태변화의 특별한 과정을 해석하다보면 열역학상태량의 몇 개가 합해져서 새로운 형태의 상태량으로 나타내는 경우를 볼 수 있다. [그림 2.12]와 같이 검사질량에 대한 준평형 과정의 정압가열 과정의 경우를 살펴보면, 상태 1에서 상태 2로 팽창할 때 계에 대한 열역학 제1법칙 식을 적용할 때 다음과 같이 됨을 알 수 있다. 즉, 위치에너지와 운동에너지를 무시한다면 앞서 살펴본 바와 같이 밀폐계의 열역학 제1법칙 식은 다음과 같다.

$$_1Q_2 = U_2 - U_1 + {_1}W_2 \tag{a}$$

일의 변화는 1–2과정이 정압이면 다음과 같다.

$$_1W_2 = \int_1^2 PdV = P(V_2 - V_1)$$

$$= P_2V_2 - P_1V_1 \tag{b}$$

따라서 (a)식은 (b)식을 적용할 때 다음 표현이 가능하다.

$$_1Q_2 = U_2 - U_1 + P_2V_2 - P_1V_1$$

$$= (U_2 + P_2V_2) - (U_1 + P_1V_1) \tag{c}$$

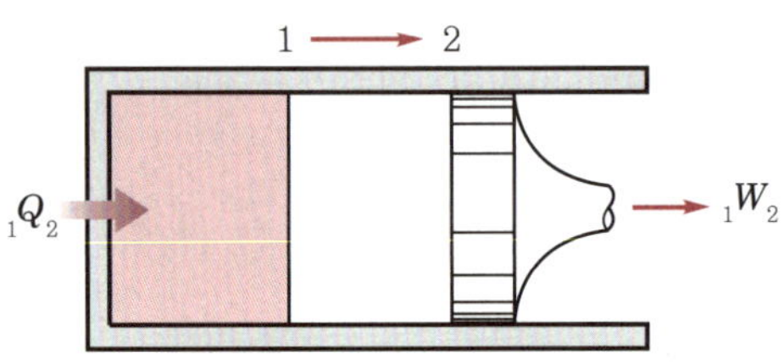

[그림 2.12] 피스톤-실린더 장치

엔탈피(enthalpy)

위 식에서와 같이 계가 정압과정 상태변화와 같은 특수한 경우에 대하여 새로운 형태의 $U+PV$라는 양의 변화 항을 얻을 수가 있고, 그것을 엔탈피(enthalpy) H로 부른다. 이 엔탈피는 종량성 상태량이다. 결국, 엔탈피란 열역학적 상태량을 나타내는 중요한 인자이며 내부에너지 U와 유동과정의 에너지인 가역일 PV의 합이 된다. 따라서 H는

$$H = U + PV[\text{kJ}] \tag{2.25}$$

이고, 단위 질량당의 엔탈피 h는 다음 식으로 쓸 수가 있다.

$$h = u + Pv[\text{kJ/kg}] \tag{2.26}$$

비엔탈피
(specific enthalpy)

단위 질량당 내부에너지 u처럼 단위 질량당 엔탈피 h를 비엔탈피(specific enthalpy)라고 하고, 전체 질량의 엔탈피 H를 총엔탈피(total enthalpy)라고 한다. 앞뒤 문맥에 따라 그 의미가 명백한 경우 두 가지 모두 엔탈피라고 해도 된다. 여기서 u, P, v는 모두 어느 상태에 의해 정해지는 상태량 값이며, h 역시 어느 상태에 의하여 정해지게 되는 상태함수이다. 따라서 엔탈피도 내부에너지와 같이 상태변화의 과정에는 관계없고 물질의 어느 상태에 따라 그때의 물질

의 상태량으로 결정된다. 위에서 살펴보았듯이 엔탈피는 특별한 정압과정에서만 정의되는 값으로 식 (2.25)를 식 (c)에 적용할 경우 정압과정에 대한 열량변화와 엔탈피변화는 같음을 알 수가 있다.

이번에는, 에너지 식을 다른 형태로 표현하는 일반식으로 만들어 보자. 어느 물질이 외부에서 열량 δQ[kJ]를 받아 내부에너지가 dU[kJ]가 증가하고, 외부에 δW[kJ]의 일을 하였다면 열역학 제1법칙에 의해서 다음과 같은 관계가 성립된다.

$$\delta Q = dU + \delta W \tag{a}$$

이 식은 어떠한 변화에도 성립되는 식이며 보통은 일반에너지식이라 한다. 이 식을 적분하면,

일반에너지식

$$\int_1^2 \delta Q = \int_1^2 dU + \int_1^2 \delta W$$

$$\therefore\ _1Q_2 = (U_2 - U_1) + {_1}W_2 \tag{b}$$

이 된다. 또한 물체 1kg에 대한 비에너지식(specific energy)으로 다시 쓰면 식 (a)는 다음과 같다.

비에너지식
(specific energy)

$$\delta q = du + \delta w \tag{c}$$

가역과정의 경우 유동일은 $w = Pv$가 되므로 위 식은 다음과 같이 쓸 수가 있다. 즉,

$$\delta q = du + d(Pv) \tag{d}$$

식 (d)의 미분과정을 다시 나타내면 $\delta q = du + d(Pv) - vdP = d(u + Pv) - vdP$ 가 되고, 식 (2.25)와 (2.26)을 적용했을 때 일반에너지식은 다음과 같다.

$$\therefore\ \delta q = dh - v\, dP\,[\text{kJ/kg}]$$
$$\delta Q = dH - V\, dP\,[\text{kJ}] \tag{2.27}$$

우리는 식 (2.27)로부터 정압과정으로 팽창하는 경우 $dP = 0$이 되어 열량변화는 엔탈피변화와 같게 됨도 알 수가 있다.

[그림 2.13]과 같이 열이 공급되고 외부에 일을 행하는 장치를 생각해 보자. 점선으로 나타내는 범위가 검사체적이고, 아래첨자 1은 입구를 2는 출구를 말하며, 이 검사체적에 에너지방정식을 나타내면 아래의 식 (2.28)과 같다. 만약, 정상상태 정상유동의 경우라면 에너지 방정식으로부터 식 (2.29)와 같은 질량보존법칙으로부터의 가정과 식 (2.30)의 관계로부터 단위 질량당 일반 에너지방정식 (2.33)을 얻을 수 있다. 여기서 정상유동(steady flow)이란 임의의 한 점에 있어 유체의 속도, 내부에너지, 밀도, 비체적의 열역학적 상태량이 시간에 따른 변화율이 없는 흐름을 말한다. 따라서 정상유동과정은 임의의 시간 동안 질량 유동률이 일정하여 계 내의 저장된 에너지가 없는 과정을 말한다. 이때는 $\dfrac{dE_{c.v}}{dt} = 0$ 이다.

정상유동(steady flow)

정상상태 정상유동의 대표적인 경우가 터빈, 냉동기, 증기보일러와 같은 것들이다. 증기를 사용하는 화력발전소에서는 보일러 주위와 터빈 주위를 정상상태 정상유동으로 생각할 수 있고, 에너지방정식을 적용할 수가 있다.

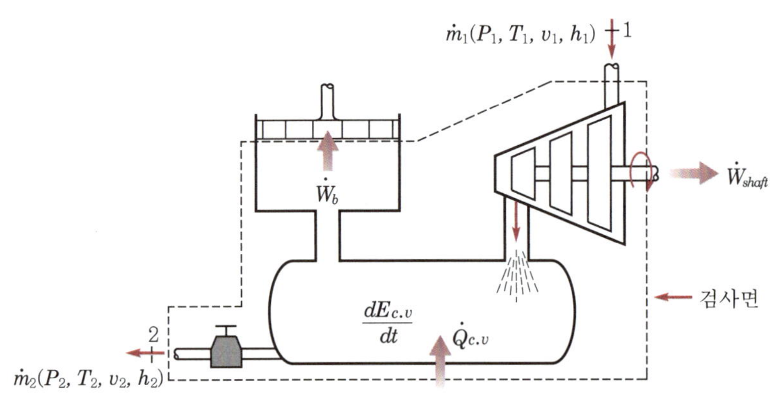

[그림 2.13] 특정 검사체적에 있어서 정상상태 정상유동의 예

검사체적에 대한 에너지방정식 :

$$
\begin{aligned}
&\dot{Q}_{c.v} + \sum \dot{m}_1\left(h_1 + \frac{V_1^{\,2}}{2} + gz_1\right) \\
&= \frac{dE_{c.v}}{dt} + \sum \dot{m}_2\left(h_2 + \frac{V_2^{\,2}}{2} + gz_2\right) + \dot{W}_{c.v}
\end{aligned}
\tag{2.28}
$$

정상상태 정상유동(SSSF)의 경우 질량보존의 법칙과 에너지방정식은 다음과 같이 된다.

정상상태 정상유동에서의 가정과 질량관계 :

$$\frac{dm_{c.v}}{dt} = 0, \quad \frac{dE_{c.v}}{dt} = 0 \tag{2.29}$$

$$\sum \dot{m}_1 = \sum \dot{m}_2 \tag{2.30}$$

유동계의 일반 에너지방정식 :

$$q_{c.v} + h_1 + \frac{V_1^{\,2}}{2} + gz_1 = h_2 + \frac{V_2^{\,2}}{2} + gz_2 + w_{c.v} \tag{2.31}$$

유동계의 일반 에너지방정식

2.6 정상상태(steady state) 정상유동(steady flow)의 예

어느 관로의 한 점에 대한 흐름의 상태가 시간에 관계없이 일정한 것을 정상유동이라 한다. 이 유동과정 중의 에너지변화 식을 구하기 위하여 [그림 2.13]과 같은 관로의 두 단면에서 유체 1kg이 흐르게 되는 경우를 생각해 보자. 단면 1에서의 압력 $P_1[\text{N/m}^2]$, 비체적 $v_1[\text{m}^3/\text{kg}]$, 내부에너지 $u_1[\text{J/kg}]$, 속도 $V_1[\text{m/s}]$, 위치 $z_1[\text{m}]$라 하고, 그림의 단면 2에서의 압력 $P_2[\text{N/m}^2]$, 비체적 $v_2[\text{m}^3/\text{kg}]$, 내부에너지 $u_2[\text{J/kg}]$, 속도 $V_2[\text{m/s}]$, 위치 $z_2[\text{m}]$라 할 때, 단면 1에 유입되는 단위질량당 에너지 e_1은 다음과 같이 나타낼 수가 있다.

정상유동

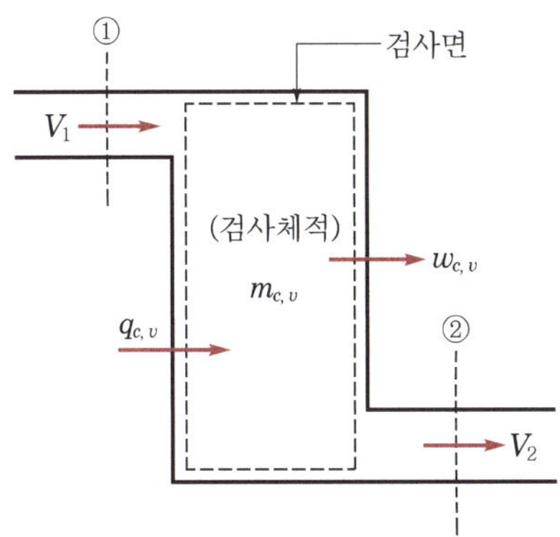

[그림 2.14] 유동계의 검사체적

$$e_1 = u_1 + P_1 v_1 + \frac{V_1{}^2}{2} + gz_1 \qquad\qquad \text{(a)}$$

또, 단면 2에서의 비에너지 e_2는 다음과 같다.

$$e_2 = u_2 + P_2 v_2 + \frac{V_2{}^2}{2} + gz_2 \qquad\qquad \text{(b)}$$

여기서, u_1, u_2: 내부에너지

$\qquad\quad$ $P_1 v_1$, $P_2 v_2$: 기계적 에너지

$\qquad\quad$ $\dfrac{V_1{}^2}{2}$, $\dfrac{V_2{}^2}{2}$: 운동에너지

$\qquad\quad$ gz_1, gz_2 : 위치에너지

이다.

이때, 단면 1과 2 사이에서 외부로부터 계에 $q_{c.v}$[J/kg]의 열을 가하였고, 또 계가 외부에 $w_{c.v}$[J/kg]의 일을 했다고 한다면, 열역학 제1법칙에 의하여 한 계에 흘러 들어온 에너지와 흘러나간 에너지는 같게 되므로 다음과 같이 쓸 수 있다.

$$e_1 + q_{c.v} = e_2 + w_{c.v} \qquad\qquad \text{(c)}$$

앞의 식 (a)와 식 (b)를 (c)식에 각각 대입하면 다음과 같은 식 (2.32)를 얻을 수 있다. 즉,

$$q_{c.v} + u_1 + P_1 v_1 + \frac{V_1{}^2}{2} + gz_1$$
$$= u_2 + P_2 v_2 + \frac{V_2{}^2}{2} + gz_1 + w_{c.v} \qquad\qquad \text{(2.32)}$$

이 되며, 식 (2.32)에 $h = u + pv$를 적용하여 표기하면 다음 식 (2.33)과 같은 정상유동계의 에너지 방정식을 얻을 수 있다.

정상유동계의
에너지 방정식

$$q_{c.v} + h_1 + \frac{V_1{}^2}{2} + gz_1 = h_2 + \frac{V_2{}^2}{2} + gz_1 + w_{c.v} \tag{2.33}$$

만약, 위치 차이가 크지 않을 때라면 z_1, z_2는 양변에서 무시할 수가 있다. 또한 위치에너지뿐만 아니라 입구와 출구의 속도차가 크지 않을 경우, 즉 유속이 30~50m/sec 이하로 양변에서 운동에너지를 무시해도 큰 문제가 없을 때는 위 식 (2.29)는 $q_{c.v} - w_{c.v} = h_2 - h_1$가 된다. 여기에 단열유동인 경우는 $q_{c.v} = 0$으로 가정하게 되고 구간 1~2 동안 발생된 일의 크기는 결국 $w_{(c.v)} = h_1 - h_2$가 된다.

1 보일러(boiler) 주위

[그림 2.15]와 같이 보일러 주위를 하나의 검사체적으로 설정하여 정상유동과정을 겪는다면 에너지방정식은 다음과 같이 간단하게 정의될 수 있다. 즉, 입구를 1 출구를 2로 하고 보일러에서 운동에너지(KE)와 위치에너지(PE)는 무시되며 또한 보일러에서는 일의 변화가 없으므로 결국은 다음 식과 같이 된다.

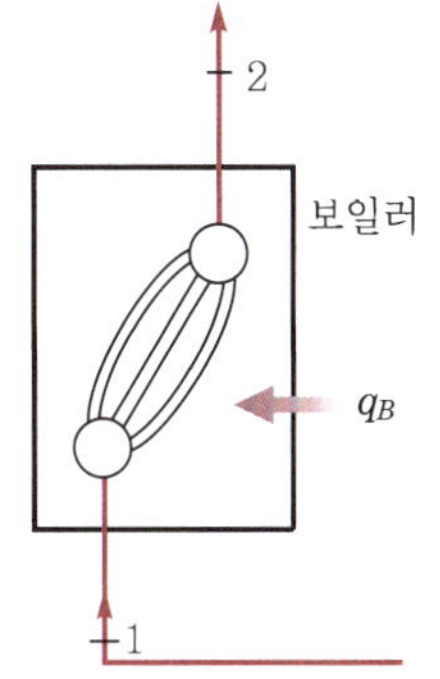

[그림 2.15] 보일러 주위

$V_1 \fallingdotseq V_2$, $gz_1 \fallingdotseq gz_2$, $w_{c.v} \fallingdotseq 0$ 유동과정의 에너지 식을 다시 쓰고, 이 결과를 위 (2.33)식에 적용하면 다음과 같다. 즉, $q_{c.v} + h_1 + \dfrac{V_1{}^2}{2} + gz_1 = h_2 + \dfrac{V_2{}^2}{2} + gz_2 + w_{c.v}$ 로부터 가정을 정리하면 다음 식이 된다.

$$\therefore\ q_{c.v} = q_B = h_2 - h_1\ [\text{kJ/kg}] \tag{2.34a}$$

이와 같이 보일러에 가한 열량은 출구 엔탈피와 입구 엔탈피의 차와 같게 된다. 다시 말해 보일러에 가한 열량의 변화량은 엔탈피 변화량과 같다.

보일러에 가한 열량

또 보일러 전 유동질량에 대하여는 다음 식과 같다. 이때 단위 시간에 대하여,

$$\therefore\ \dot{Q}_B = \dot{m}(h_2 - h_1)[\text{kJ/sec} = \text{kW}] \tag{2.34b}$$

이다.

2 터빈(Turbine) 주위

[그림 2.16]과 같이 터빈 주위를 검사체적으로 놓고 터빈으로부터 발생한 일이 발전기에 행하여진다면 정상유동과정으로 놓고 에너지 식을 정리하면 다음과 같다. 이때 열은 계로 출입이 없다고 가정하며, 위치에너지(PE)와 운동에너지(KE)차는 무시된다. 실제 과정에서 열은 계로부터 손실된다. 따라서 터빈에서 얻은 일은 다음과 같다.

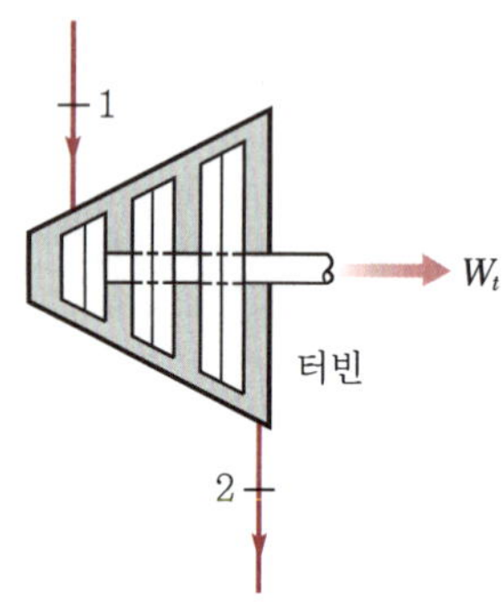

[그림 2.16] 터빈 주위

이 터빈 과정에서 $V_1 = V_2$, $gz_1 = gz_2$, $q_{c.v} = 0$으로 가정할 수 있으므로, 아래의 정상유동에 대한 에너지 식을 터빈 주위의 가정 관계를 적용할 경우 다음과 같다. 즉, $q_{c.v} + h_1 + \dfrac{V_1{}^2}{2} + gz_1 = h_2 + \dfrac{V_2{}^2}{2} + gz_2 + w_{c.v}$에 가정을 적용하여 정리하면 다음과 같다.

$$\therefore\ w_t = h_1 - h_2 [\text{kJ/kg}] \tag{2.35a}$$

터빈 일의 크기 결국 터빈에서 발전기를 돌리는 터빈 일의 크기는 정상유동의 경우 입구와 출구의 엔탈피 차로 구해지고, 이 식에 터빈을 통과하는 유체의 양을 곱하면 터빈에서 얻은 전 유동질량에 대한 일의 크기인 전기 생산량(kW)을 구할 수 있다. 따라서 터빈 전 유동질량에 대하여 단위 시간당 터빈 일은 다음 식과 같다.

$$\dot{W}_t = \dot{m}(h_1 - h_2)[\text{kJ/sec}] \tag{2.35b}$$

3 압축기(compressor) 주위

[그림 2.17]과 같이 압축기 주위를 하나의 검사체적으로 보고 정상유동에 대한 일반 에너지식을 적용할 수 있다. 이때 압축기 주위로 열의 출입은 없다고 가

정하고, 위치에너지(PE), 운동에너지(KE) 변화도 없는 것으로 하여 다음과 같이 압축기에 가한 일을 구할 수 있다. 실제과정에서는 열은 냉각수의 복수과정으로부터 손실이 있게 된다.

압축기 주위에서 가정은 $V_1 \fallingdotseq V_2$, $gz_1 \fallingdotseq gz_2$, $q_{c.v} = 0$이며, 아래의 정상유동 에너지 식을 압축기 주위에 대한 가정 관계를 적용할 경우 다음과 같다. 즉, $q_{c.v} + h_1 + \dfrac{V_1{}^2}{2} + gz_1 = h_2 + \dfrac{V_2{}^2}{2} + gz_2 + w_{c.v}$에 가정을 적용할 경우 다음 식이 된다.

$$\therefore\ w_c = h_1 - h_2 [\text{kJ/kg}] \tag{2.36a}$$

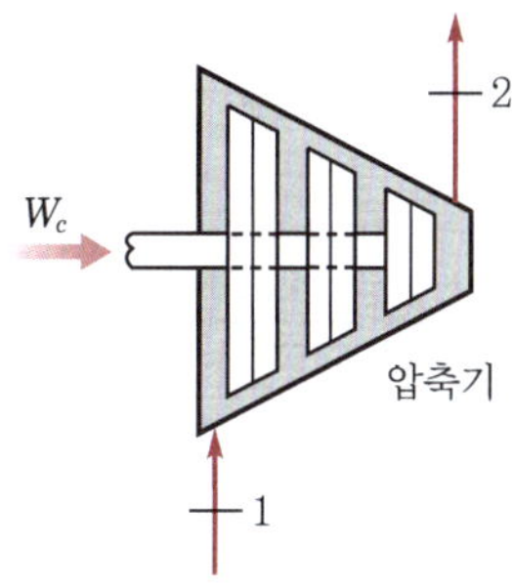

[그림 2.17] 압축기 주위

따라서 압축기 내의 유체에 가해진 압축기 일의 크기는 정상유동의 경우 출구 엔탈피와 입구 엔탈피 차이로 구할 수가 있다.

또 압축기 전 유동질량에 대한 단위 시간당 압축 일의 크기는 다음 식과 같다.

압축기 일의 크기

$$\dot{W}_c = \dot{m}(h_1 - h_2)[\text{kJ/sec}] \tag{2.36b}$$

4 줄-톰슨계수(μ_J)와 교축(throttling)과정

줄-톰슨계수(Joule-Thomson coefficient : μ_J)는 단면적이 돌연 좁혀진 곳에서 유체가 정상상태, 정상유동의 과정으로 지날 때 압력저하를 수반하는 교축과정(throttling process)에 대하여 설명할 수 있다. 그 예가 밸브 또는 관로가 좁혀지는 곳의 유동이다. 이때, 줄-톰슨계수(μ_J)의 정의식은 다음과 같고, 이 양은 열역학적 상태량에 의해 정의되고 그 자신도 어느 물질의 상태량임을 말해준다.

줄-톰슨계수
(Joule–Thomson
coefficient)

교축과정
(throttling process)

$$\mu_J = \left(\frac{\partial T}{\partial P}\right)_{h=c} \tag{2.37}$$

식 (2.37)의 줄-톰슨계수가 의미하는 것은, 양(+)의 값을 가지면 교축 중에 온도가 내려감을 의미하고, 음(−)의 값을 가지면 교축 중에 온도가 올라감을 말해준다.

[그림 2.18]과 같이 관로가 좁혀지는 곳을 검사체적으로 놓고 정상유동 에너지 관계식을 적용하여 보자. 이때 유체를 매우 빠르게 검사체적을 지나게 되어 열을 전달할 충분한 시간이 없고, 열전달 면적이 아주 작아 이 과정을 단열과정으로 본다. 또 수행한 일과 받은 일이 없으며, 위치에너지 변화도 무시된다. 만약 유체가 기체이면 이와 같은 과정에서 비체적은 증가하며, 관로가 일정 단면을 유지한다면 운동에너지의 변화도 무시한다.

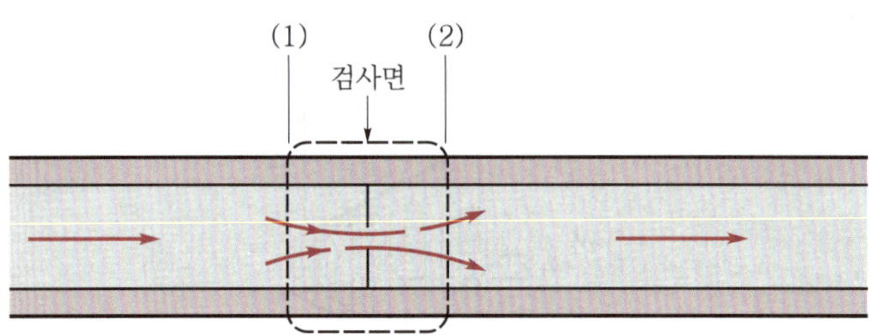

[그림 2.18] 교축과정과 검사면

이러한 교축과정의 대표적인 예로는 판에 뚫려 있는 작은 구멍이나 유동 통로에 부분적으로 닫혀 있는 밸브, 또는 냉장고에 보통 사용되는 매우 작은 지름의 관인 모세관(capillary tube) 등의 유동이 교축(throttling)의 대표적인 경우이다. 따라서 이 과정에 정상유도 에너지 식을 적용하면 등엔탈피 과정(isoenthalpic process)이 됨을 알 수가 있다.

모세관(capillary tube)

등엔탈피 과정
(isoenthalpic process)

이 경우 검사면에 대한 가정은 $q_{c.v} = 0$, $V_1 \fallingdotseq V_2$, $gz_2 = gz_1$, $w_{c.v} = 0$이므로, 아래의 에너지 식으로부터 위 가정 관계를 적용할 때 다음과 같다. 즉,

$$q_{c.v} + h_1 + \frac{V_1^{\,2}}{2} + gz_1 = h_2 + \frac{V_2^{\,2}}{2} + gz_2 + w_{c.v}$$

에 가정 관계를 적용할 경우 다음 식이 된다.

$$\left. \begin{array}{l} \Rightarrow h_1 = h_2 \\[4pt] \therefore\ h = c(\text{일정}) \end{array} \right\} \tag{2.38}$$

따라서 교축과정은 등엔탈피 과정이고, 정상유동의 실제과정에서 엔탈피는 약간의 변화는 있을 수 있으나 그 값의 오차범위는 크지가 않다.

2.7 정적변화와 정압변화에서의 일반 에너지관계식

1 정적변화

비유동계의 정적변화에서는 $dv = 0$이므로 에너지 방정식 $\delta q = du + Pdv$로부터 $\delta q = du$가 된다. 이것을 적분하면,

정적변화

$$_1q_2 = u_2 - u_1 \tag{a}$$

이다. 즉, 정적과정에서 상태량의 변화는 외부로부터 얻은 열량 크기만큼 질량계의 내부에너지가 증가되므로 정적비열의 정의는 다음 식과 같게 됨을 알 수 있다.

$$C_v = \left(\frac{\partial q}{\partial T}\right) = \left(\frac{\partial u}{\partial T}\right)_v \tag{2.39}$$

따라서 내부에너지 변화는 다음 식과 같이 정적비열이 일정하다는 가정이면 온도에 대하여 적분하여 그 크기를 구할 수 있고, 이 내부에너지 변화량은 이 정적변화에서의 열량의 변화 값이 된다.

$$(u_2 - u_1)_v = \int_{T_1}^{T_2} C_v \, dT = {}_1q_2 \tag{b}$$

2 정압변화

정압변화에서는 $dP = 0$이므로 에너지 방정식 $\delta q = du + Pdv$로부터 질량계의 열량 변화는 엔탈피변화와 같다. 즉, 앞서 밝힌 새로운 상태량 $h = u + Pv$ 관계로부터 $\delta q = dh$가 되므로 다음 결과식이 성립됨을 알 수 있다. 단, 정압과정이므로 $P = P_1 = P_2$이다.

정압변화

$$_1q_2 = (u_2 + P_2 v_2) - (u_1 + P_1 v_1) = h_2 - h_1 \tag{c}$$

이것은 정압과정에서 계가 주위와 주고받은 열량의 크기는 계의 엔탈피 증감으로 나타남을 말해준다. 이 관계식으로부터 정압비열의 정의가 다음 식과 같게 됨을 알 수가 있다.

$$C_p = \left(\frac{\partial q}{\partial T}\right) = \left(\frac{\partial h}{\partial T}\right)_p \tag{2.40}$$

따라서 엔탈피변화는 다음 식과 같이 정압비열의 온도에 대하여 적분하여 그 크기를 구할 수 있고, 이 정압과정에서는 엔탈피변화가 계의 열량의 변화 값이 됨을 알 수가 있다.

$$(h_2 - h_1)_p = \int_{T_1}^{T_2} C_p\, dT = {}_1q_2 \tag{d}$$

예제 2.8

어느 물질의 정압비열이 다음 식으로 주어졌다.

$$C_p = 0.2 + \frac{5.7}{t+73}\ \text{kcal/kg} \cdot ℃ \,[t : 온도\ ℃]$$

이 물질 1kg이 1atm하에서 0℃, 1m³로부터 100℃, 2m³까지 팽창할 경우의 가열량과 내부에너지 및 엔탈피의 변화를 구하라.

풀이 가열량은 정압과정에서 엔탈피 증가와 같다. 따라서 열량변화의 크기는 다음과 같다.

$$
\begin{aligned}
{}_1q_2 &= h_2 - h_1 = \int_{t_1}^{t_2} C_p dt = \int_0^{100}\left(0.2 + \frac{5.7}{t+73}\right)dt \\
&= 0.2\,[t]_0^{100} + 5.7\,[\ln(t+73)]_0^{100} \\
&= 24.9\,\text{kcal/kg} = 104.1\,\text{kJ/kg}
\end{aligned}
$$

따라서, 내부에너지 증가는 관계식으로부터 다음과 같이 된다.

$$
\begin{aligned}
u_2 - u_1 &= (h_2 - h_1) - P(v_2 - v_1) \\
&= 104.1\,\text{kJ/kg} - 101.3\,\text{kPa} \times (2-1)\text{m}^3/\text{kg} \\
&= 2.8\,\text{kJ/kg}
\end{aligned}
$$

예제 2.9

760mmHg, 15℃에서 공기의 비체적은 0.816m^3/kg이다. 10PS의 공기 압축기를 사용하여 매분 5m^{3}의 공기를 압축하고 있다. 지금 냉각수에 공기 1kg당 54.34kJ의 열을 방열한다면 공기가 배출할 때의 엔탈피는 얼마나 증가되는가?

풀이 $\dot{V} = 5\text{m}^3/\text{min}$, $v = 0.816\text{m}^3/\text{kg}$, $q = 54.34\text{kJ}/\text{kg}$의 값이 주어진 경우이다. 이때는 다음 관계가 성립한다.

$$\delta Q = dH - VdP \rightarrow {}_1Q_2 = \Delta H + {}_1W_{c2} = \Delta H + m\,{}_1w_{c2}$$

여기서 $V = mv$, $m = \dfrac{V}{v}$, $\delta W_c = -VdP$

따라서, 압축기의 일량＝(엔탈피의 증가량)＋(냉각수를 통한 방출량)이 된다. 따라서 계산결과는 다음과 같다. (단, 1PS＝0.735kW)

$$-(-10 \times 60 \times 0.735) = \Delta \dot{H} - \left(-\frac{5}{0.816} \times 54.34\right)$$

$$\therefore \ \Delta \dot{H} = 108.03\text{kJ}/\text{min}$$

예제 2.10

어느 증기터빈에 매시 1,350kg의 증기가 공급되어 80PS의 출력을 낸다. 이 터빈의 입구 및 출구에서의 증기의 속도가 각각 820m/s, 120m/s이다. 터빈의 매시간의 열손실은 얼마인가? 입구 및 출구에서의 엔탈피가 각각 3,055kJ/kg, 2630.5kJ/kg이다.

풀이 증기는 터빈 내에서 정상적인 흐름을 한다고 하고, $Z_1 = Z_2$라 할 때 1PS＝0.735kW이므로 다음과 같이 구할 수가 있다.

$$\dot{Q}_t = \dot{m}(h_2 - h_1) + \dot{m}\left(\frac{V_2{}^2 - V_1{}^2}{2}\right) + \dot{W}_t$$

$$= 1,350 \times (2630.5 - 3,055) + 1,350 \times \left(\frac{120^2 - 820^2}{2 \times 1,000}\right)$$

$$+ 0.735 \times 80 \times 3,600$$

$$= -805,545\text{kJ}/\text{h}$$

여기서 (−)부호는 열손실을 의미한다.

압력 3,100kPa, 온도 460℃, 엔탈피 $h_1 = 3364.7$kJ/kg인 증기가 유입하여서 압력 1,000kPa, 온도 310℃, 엔탈피 $h_2 = 3071.7$kJ/kg의 상태로 유출된다. 노즐 내의 유동을 정상유동으로 보고 증기의 출구속도 V_2를 구하라. 단, 노즐 내에서의 열손실은 없으며, 초속 V_1은 생략한다.

풀이 유량을 m[kg]이라 하면 관계식으로부터 아래와 같이 노즐 출구의 속도를 구할 수 있다. 이때, $V_1 = 0$, $_1Q_2 = 0$, $W_n = 0$으로 가정한다.

$$\dot{m}\left(h_1 + \frac{V_1^{\,2}}{2}\right) = \dot{m}\left(h_2 + \frac{V_2^{\,2}}{2}\right)$$

$$\therefore\ V_2 = \sqrt{2\left(h_1 - h_2\right)}$$

$$= \sqrt{2 \times (3364.7 - 3071.7) \times 1,000} = 765.5\text{m/s}$$

단, 정상유동에서 $\dot{m}_1 = \dot{m}_2 = \dot{m}$, 1kJ = 1,000J이다.

01 체적이 일정한 용기에 연소가스 1kg이 들어 있다. 연료가 연소한 후 초기상태가 되려면 열을 방출하여야 한다. 이때 내부에너지 감소의 방출열이 3,000kJ일 경우 줄어드는 가스의 질량은 몇 kg인가? 단, 빛의 속도는 $a = 2.9979 \times 10^8$ m/sec이다.

02 45마력을 발생하는 열기관이 1시간 동안에 한 일을 열량으로 환산하면 몇 kJ인가?

03 윈치로 15ton의 하중을 마찰 제동하여 10m 아래에서 정지시켰다. 이때 베어링의 마찰 및 그 밖의 손실을 무시하면 제동기로부터 방산하는 열량(kJ)은 얼마인가?

04 문제 3에서 이 하중을 내리는 데 30초 걸렸다면 제동기로 흡수되는 일은 몇 마력[PS]인가?

05 1kWh의 열당량은 얼마인가?

06 피스톤을 가진 실린더 내에 0.2kg의 가스가 들어 있다. 이것을 압축하기 위하여 12,000N·m의 일을 소비하고, 이때 8.5kJ의 열을 주위에 방출한다면 가스 1kg당 내부에너지의 증가(kJ)는 얼마인가?

07 실린더 피스톤 장치 내의 계에 열량 δQ를 공급할 때 계 내에 내부에너지가 dU만큼 증가하고, 동시에 외부로 dL만큼 일을 행했을 때 일반 관계식은?

08 단위질량의 기체에 정적과정으로 열이 전달되어 온도 및 내부에너지 변화가 각각 ΔT 및 Δu이다. 열전달 q를 나타낸 식을 C_v와 C_p를 사용하여 쓰라. 단, C_v는 정적비열, C_p는 정압비열이다.

09 그림과 같은 제트엔진의 연소실에서 연소된 후 터빈을 지난 연소가스는 온도 1,050K, 압력 100kPa, 속도 30 m/s 상태로 노즐 입구에 들어가 온도 800K, 압력 90kPa로 출구에서 나온다. 노즐 출구에서 연소가스의 속도는 몇 m/sec인가? 단, 노즐 입구와 출구의 엔탈피는 교재의 부록 [표 A7] 값을 사용하고, 이 과정에서 엔진 몸체로의 열손실은 없는 것으로 한다.

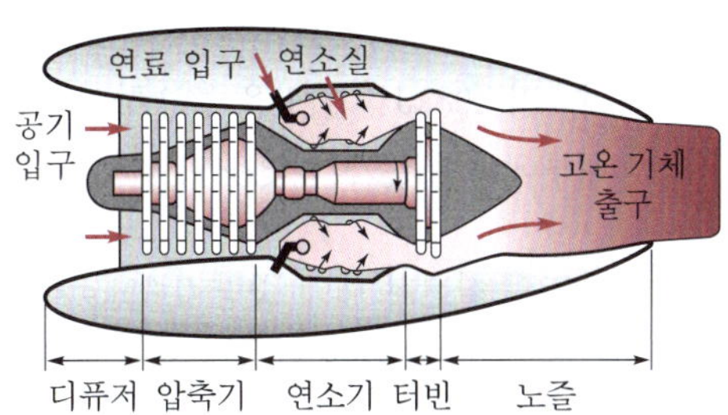

10 냉장고가 0.20kW의 전기를 사용하여 응축기에서 주위의 공기로 0.50kW의 열을 방출할 때 다음을 구하라.

(1) 증발기를 통해 저온공간으로부터 제거되는 냉각열량 Q_L[kW]를 구하라.

(2) 냉동 사이클의 성능계수 β는?

(3) 1RT(1냉동톤)의 크기가 약 3.5kW일 때 이 냉장고는 몇 RT인가?

11 건축물의 창이 유리로 되어 있다. 유리의 두께 $L=0.02$m이고, 전열면적 $A=0.5\text{m}^2$, 방 안의 온도가 35℃, 방 밖의 온도가 -10℃일 때 이 창을 통한 전도에 의한 전열량 (Q)은 몇 J/s인가? 단, 열전도율 $\kappa=70$W/m · ℃이다.

12 회전날개를 사용하여 밀폐용기 속의 유체가 잘 섞이도록 시스템이 만들어져 있다. 용기로부터 방출열은 4,000kJ이고, 검사체적 내로 회전날개에 가한 일의 크기가 5,350kJ이라면 계의 내부에너지 변화(kJ)는? 단, 운동에너지와 위치에너지의 변화는 무시한다.

13 다음 질문에 대하여 간략하게 기술하라.

(1) 정상상태 정상유동이란?

(2) 교축과정(throttling process)에서 검사체적 내의 유동질량의 상태량이 $h=c$(일정) 임을 설명하라.

(3) 열기관과 냉동기관을 비교하여 간단하게 기술하라.

14 건축물의 창이 유리로 되어 있다. 유리의 두께 $L=0.03$m이고, 전열면적 $A=15.0\text{m}^2$, 실내의 온도가 30℃, 실외의 온도가 -15℃일 때, 전도에 의한 전열량(Q)은 몇 kJ/s $(=\text{kW})$인가? 단, 유리의 열전도율 $\kappa=72$W/m · K이다.

15 어느 개방계가 20kJ의 열을 외부로부터 공급받아 이 계가 외부에 29,000N · m의 일을 하였다. 이 계의 엔탈피 변화량은 몇 kJ인가?

16 가스가 168kJ의 열량을 흡수하여 팽창에 의해 50,000N · m의 일을 하였을 때 가스의 내부에너지 증가는 몇 kJ인가?

17 단열된 실린더 내에 중량 0.05kg의 가스가 0.02m³ 들어 있으며, 단면적 0.1m인 피스톤에는 200kPa의 외부압력이 작용하고 있다. 이 가스에 27kJ의 열을 가하였더니 체적이 0.06m³로 팽창하였다. 이때 가스의 내부에너지 증가 Δu[kJ/kg]를 구하면?

18 유체가 30m/sec의 유속으로 노즐에 들어가서 500m/s로 유출할 때 마찰이나 열교환을 무시한다면 엔탈피 변화량은 얼마인가?

19 겨울철에 두께 0.3m인 콘크리트 벽의 온도가 외부 표면은 −10℃, 내부 표면은 25℃로 유지되고 있다. 다음을 구하라.

(1) 콘크리트의 열전도율 $\kappa = 1.5\,\text{W/m}\cdot\text{K}$일 때 벽을 통한 열손실량($q_x$)은 몇 W/m^{2}인가?

(2) 벽의 폭(W)×높이(H)=10.0m×3.0m일 때 전열손실량 Q_x[W]는?

20 일정 압력 3.0MPa로 3,000kg/h씩 수증기를 발생하는 증기발생장치의 개방시스템이 있다. 발생기 입구의 온도는 40℃이고 유속은 4m/s의 포화액체상태로 급수되며, 출구는 과열증기의 상태인 300℃, 유속 60m/s로 배출될 때 증기발생기에 공급해야 할 열($\dot{Q}_{c.v}$)은 몇 kW인가? 단, 유체의 입구와 출구의 높이차는 3m, 과열증기상태의 엔탈피는 과열 상태량 수증기표에서 2,994.3kJ/kg, 입구 포화액의 엔탈피는 물의 압축 상태량표에서 170.19kJ/kg이다.

21 그림과 같이 냉매 R−410A에 의해 냉각되는 응축기가 있다. 이때 냉매는 입구로 과열증기 1MPa, 60℃, 0.1kg/s로 들어가서 출구에서 35℃로 나간다. 이때 냉각수는 입구로 300kPa, 15℃ 상태로 들어가서 냉매로부터 열을 흡수하여 출구에서 25℃로 나간다. 압력강하를 무시할 때 다음을 구하라. 단, 그림과 같이 냉각수 및 냉매의 각 점에서 엔탈피는 다음과 같다.

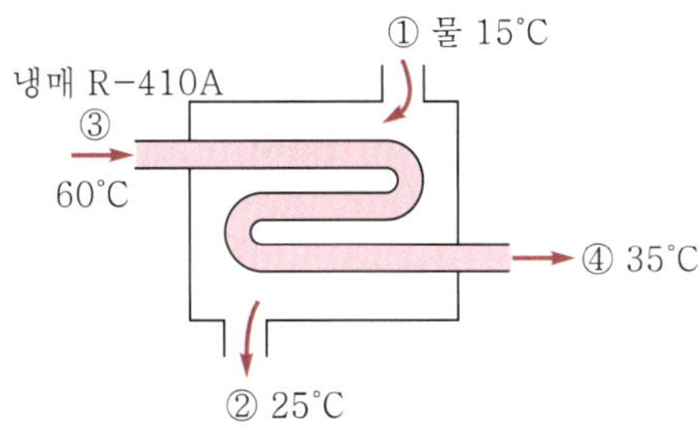

$$h_1 = 62.99\,\text{kJ/kg},\quad h_2 = 104.89\,\text{kJ/kg},\quad h_3 = 335.75\,\text{kJ/kg},\quad h_4 = 160.94\,\text{kJ/kg}$$

(1) 이 경우 냉각수량 m_w은 몇 kg인가?

(2) 냉매로부터 냉각수로 전달되는 열전달량 $\dot{Q}$의 크기는 몇 kJ인가?

22 피스톤이 끼워져 있는 밀폐 실린더에 최초 압력이 150kPa, 체적은 0.03m^3인 공기가 들어 있다. 이 공기가 외부로부터 50kJ의 열을 받아 정압적으로 팽창하여 0.1m^3가 되었을 때 공기의 내부에너지 변화 ΔU는 몇 kJ인가? 단, 운동에너지와 위치에너지 변화는 무시한다.

23 10kg의 증기가 50℃, 압력 38kPa, 체적 7.5m^3일 때 내부에너지는 6,720kJ이다. 이와 같은 상태의 증기가 가지고 있는 엔탈피(H)와 비엔탈피(h)의 크기를 구하라.

24 내부에너지가 120kJ 증가하고 압력의 변화가 100kPa에서 400kPa로, 체적변화는 3m^3에서 1m^3인 계의 엔탈피 증가량은?

25 증기터빈에서 증기 1kg/hr당 운동에너지 변화가 361kJ/kg, 엔탈피 변화는 630kJ/kg, 열손실이 100kJ/hr이면 외부에 대한 일의 크기는 얼마인가?

26 그림과 같이 정상상태로 작동하는 과열증기가 터빈으로 들어간다. 터빈과 주위로의 열손실이 6.23kW라면 터빈에서 얻을 수 있는 터빈 일의 크기는 몇 kW인가? 단, 입구와 출구의 위치 차이는 없다.

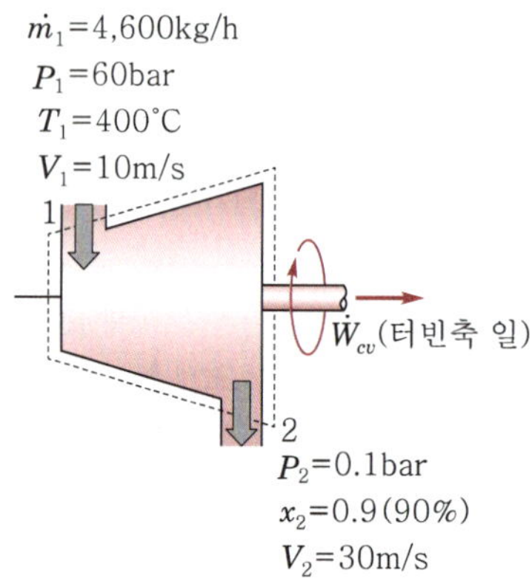

27 다음은 전도 열전달에 대한 문제이다. 각각의 질문에 답하라.

(1) 두께 0.05m인 유리로 된 창문의 외부 표면이 -5℃, 내부 표면이 20℃로 유지되고 있다. 유리의 열전도율이 κ일 때 벽을 통한 열손실량 $q_x [\text{W/m}^2]$는? 단, 유리의 열전도계수 $\kappa = 0.78\text{W/m}\cdot\text{K}$이다.

(2) 면적이 3m^2이고, 두께가 5cm인 글라스울 단열재($\rho = 100\text{kg/m}^3$)를 통하여 0.1kW로 열전달이 되고 있을 경우, 고온측의 표면온도가 70℃일 때 저온측 표면온도는 몇 ℃인가? 단, 열전도율 $\kappa = 0.04\text{W/m}\cdot\text{K}$이다.

28 어느 빌딩의 환기시스템에서 초기 압력과 온도가 150kPa, 20℃이고 체적유량 $\dot{V} = 3.0\text{m}^3/\text{s}$인 공기가 가열된 후 압력 120kPa이고 온도 62℃가 되었다. 이때 환기시스템의 덕트가 단면적 50cm×90cm의 4각 덕트인 경우 다음을 구하라. 단, 정상유동상태이다.

(1) 덕트 내 공기의 질량유량 $\dot{m}\,[\text{kg/s}]$은?

(2) 덕트 내의 속도 $V_a\,[\text{m/s}]$는?

29 다음 질문에 답하라.

(1) 준평형과정에 대하여 설명하라.

(2) 다음 일에 대하여 기술하라.

① 고체봉의 신장(늘음)에 대한 일

② 액체막의 표면장력에 대한 일

③ 전기력에 의한 전력 일

30 열전달방식으로는 전도, 대류, 복사가 있다. 그 차이점을 비교 설명하라.

(1) 전도(conduction)

(2) 대류(convection)

(3) 복사(radiation)

31 그림과 같은 공기압축기에서 압축기 입구의 압력은 101.3kPa, 온도는 305K, 유입속도는 2.5m/s이다. 압축 후의 압력과 온도 및 유출속도가 각각 500kPa, 315K, 7.0m/s로 되었을 때, 압축과정에서 열손실이 22.3kJ/kg 발생하였다면 압축기에는 얼마의 일 $\dot{W}_c\,[\text{kW}]$를 공급해야 하는가? 단, 압축공기의 질량 $\dot{m} = 0.03\text{kg/s}$이고, 위치에너지 변화는 무시한다. 단, [부록 7]의 공기의 온도에 따른 상태량표를 이용하고, 정상상태의 압축과정이다. 이때, 상태량표에서 엔탈피 $h_i = 300.19\text{kJ/kg}$, $h_e = 310.24\text{kJ/kg}$이다.

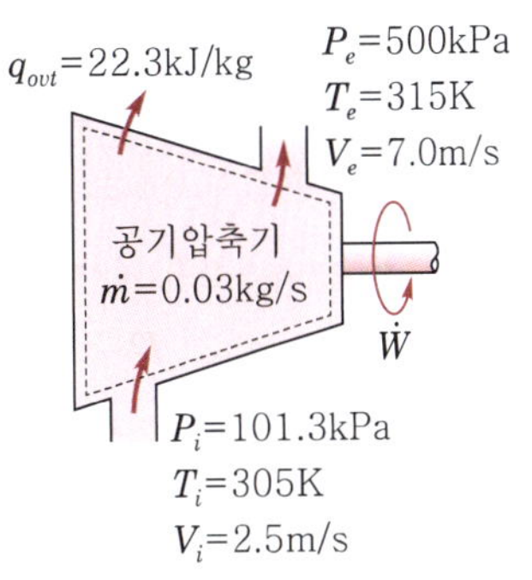

32 대기의 온도가 10℃인 지하실에 외부 표면온도가 40℃인 과열증기를 운반하는 단열되지 않은 증기관로가 있다. 공기의 열전달계수 $h_c = 25\text{W/m}^2\cdot\text{K}$일 때 관의 표면으로부터 대류에 의한 열손실 $q_c\,[\text{W/m}^2]$는 얼마인가?

33 어느 증기터빈의 입·출구의 엔탈피는 각각 3,230kJ/kg, 2,600kJ/kg, 속도는 900m/s, 300m/s로 유출하며, 증기터빈은 1,200PS의 일을 한다. 터빈의 복사 및 전도 등에 의한 열손실이 매시 37,800kJ로 되면 시간당 공급되는 증기는 몇 kg인가?

34 1.36kg의 질소가 일정한 압력 700kPa하에서 팽창하여 체적이 $0.02m^3$로 증가하였다. 팽창도중 열의 출입이 없으며, 최후의 온도가 93℃일 때, 이 가스의 처음 온도는 얼마인가? 단, $C_v = 0.717$kJ/kg·K, $C_p = 1.004$kJ/kg·K이다.

35 8.5PS로 운전되는 냉동기가 있다. 냉동기 속을 흐르는 냉매의 순환량은 0.75kg/min 이고 흡입과 토출될 때의 엔탈피는 각각 1,470kJ/kg과 1,680kJ/kg이다. 냉동기의 실린더로부터 냉각수와 주위에 방열되는 열량을 구하라.

36 밀폐된 용기 내에 50℃의 공기 10kg이 들어 있다. 외부로부터 가열하여 120℃까지 온도를 상승시키면 내부에너지 증가는? 단, 증기의 평균 정적비열 $C_v = 0.728$kJ/kg·K 이다.

37 대기의 온도가 10℃인 지하실에 외부 표면온도가 40℃인 과열증기를 운반하는 단열되지 않은 증기관로가 있다. 관 외부 표면으로부터 복사에 의한 열손실 q_r [W/m^2]는 얼마인가? 단, 방사율 $\varepsilon = 0.7$, 슈테판−볼츠만 상수 $\sigma = 5.67 \times 10^{-8}$W/m^2·K^{4}이다.

38 그림과 같이 펌프를 사용하여 15m 높이로 물을 퍼 올리려고 한다. 비압축성의 물이 정상유동일 때 다음을 구하라. 단, 펌프로부터의 열손실이 0.02kW이고, 물의 온도는 일정 $(h_1 = h_2)$하며, $\dot{Q} = 0.83m^3/min$, $T_1 = 20℃$, $P_1 = 1$atm, $D_1 = 12$cm, $D_2 = 3$cm이다.

(1) 입구 및 출구 물의 속도 V_1, V_2는 몇 m/s 인가?

(2) 펌프가 필요로 하는 동력 $\dot{W}_p$ 는 몇 kW(=kJ/s)인가?

01 일이란?

02 팽창일과 공업일의 차이를 비교 설명하라.

03 상태량 중 점함수란?

04 열역학 제1법칙을 설명하라.

05 에너지 보존의 법칙에 관해 설명하라.

06 영구기관이란?

07 계에 공급열량 δQ를 공급할 때 계의 내부에너지가 dU만큼 증가하고 동시에 외부로 δW만큼 일을 행했을 때 관계식을 세워 보아라.

08 1PS-h의 열량(kJ)은 얼마인가?

09 한 계가 외부로부터 105kJ의 열과 8,500N·m의 일을 받았다. 계의 내부에너지의 변화는?

10 어느 계의 동작유체인 가스가 35kJ의 열을 공급받고 동시에 외부에 대해서 30,000N·m의 일을 하였다. 이때 가스의 내부에너지의 변화는 얼마인가?

11 내부에너지를 설명하라.

12 계의 내부에너지가 420kJ씩 감소하며 630kJ의 열이 외부로 전달되었다. 계가 한 일은?

13 외부와 단열된 실린더 내에 기체가 들어있다. 이 기체 1kg이 가역 팽창하면서 20,000N·m의 일을 하였다면 내부에너지 감소는 몇 kJ/kg인가?

14 1kg의 가스가 압력 50kPa, 체적 2.5m^3의 상태에서 압력 120kPa, 체적 0.2m^3의 상태로 변화하였다. 만약 가스의 내부에너지는 일정하다고 하면 엔탈피의 변화량은 얼마인가?

15 기체가 120kPa의 일정한 게이지 압력하에서 4m^3가 2.4m^3로 마찰 없이 압축되면서 동시에 308.7kJ의 열을 외부에 방출하였다. 내부에너지의 증가는 몇 kJ인가?

16 유체가 30m/sec의 유속으로 노즐에 들어가서 500m/sec로 유출할 때 마찰이나 열교환을 무시한다면 엔탈피의 변화량은 얼마인가?

17 압력 100kPa, 용적 $0.1m^3$의 기체가 일정 압력하에서 팽창하여 용적이 $0.2m^3$로 되었다. 이 기체가 한 일을 N·m로 계산하면?

18 노즐에서는 이론적으로 외부에 대하여 열의 수수와 일을 하지 않는다. 입구속도를 무시할 때 출구속도 w_2를 구하는 식을 세워라.

19 그림과 같은 축소−확대 스팀노즐이 정상유동 단열과정으로 흐를 때 다음을 구하라. 단, 입구와 출구의 위치는 수평으로 같은 것으로 한다.

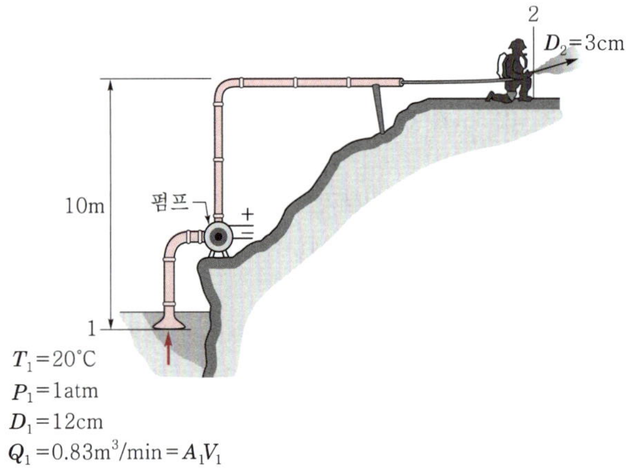

(1) 정상유동 상태의 경우 에너지방정식을 적용하여 출구의 엔탈피 h_2[kJ/kg]을 구하라. 단, h_1은 과열증기표의 온도와 압력으로부터 찾는다.

(2) 만약, 정상유동일 때 $\dot{m}v_2 = A_2 V_2$를 적용할 경우 출구의 단면적 A_2[m^2]는? 단, v_2[m^3/kg]는 출구증기의 비체적이다.

20 그림과 같이 저수조의 물을 펌프를 사용하여 10m 높이로 퍼 올리려고 한다. 비압축성의 물이 정상유동일 때 다음을 구하라? 단, 펌프로부터의 열손실은 0.02kW이고, 물의 온도변화는 거의 없어 $h_1 = h_2$이며, 유량 $Q = 0.83$m^3/min $= \dot{m}v = AV$이다.

(1) 입구 및 출구에서 물의 속도 V_1, V_2[m/s]는?

(2) 펌프가 필요로 하는 동력 W_p[kW]는?

21 초기 습증기상태의 물의 체적은 0.1m^3이고 압력은 0.4MPa, 질량은 0.5kg인 상태로 피스톤–실린더 장치에 들어 있다. 압력을 일정하게 유지하면서 $300℃$로 가열할 때 다음을 구하라.

(1) 초기 엔탈피 $h_1[\text{kJ/kg}]$과 가열 후 엔탈피 $h_2[\text{kJ/kg}]$을 각각 구하라.

(2) 이 과정 동안의 가열량(kJ)과 일 변화(kJ)는?

(3) 내부에너지 변화(kJ)는?

22 $10℃$에서 $160℃$까지의 공기의 평균 정적비열은 $0.717\text{kJ/kg}\cdot\text{K}$이다. 이 온도 범위에서 공기 1kg의 내부에너지의 변화는 몇 kJ인가?

23 증기의 압력 $3,000\text{kPa}$, 온도 $460℃$일 때 엔탈피 $h_1=3364.7\text{kJ/kg}$으로 노즐에 유입되고, 압력 $1,000\text{kPa}$, 온도 $310℃$일 때 엔탈피 $h_2=3071.79\text{kJ/kg}$의 상태가 되어 유출된다. 노즐 속에서의 유동은 정상류로 보며, 노즐에서의 손실은 없는 것으로 볼 때, 노즐 입구속도를 생략할 경우 출구속도는 몇 m/sec인가?

24 $3,500\text{kPa(abs)}$, $241.41℃$인 1kg의 물이 증발하는 동안에 비체적 $0.00123\text{m}^3/\text{kg}$에서 $0.0582\text{m}^3/\text{kg}$으로 증가하였다. 이때 1kg의 물로 구성되는 정지계의 내부에너지 변화는? 단, $h_1=1042.28\text{kJ/kg}$, $h_2=2798.93\text{kJ/kg}$이다.

25 초기 수증기 2.0kg이 체적 0.4m^3, 압력 0.4MPa인 상태로 피스톤–실린더 장치에 들어있다. 압력을 일정하게 유지하면서 $300℃$로 가열하여 과열증기상태로 팽창시킬 경우 다음 질문에 답하라.

(1) 수증기의 비체적 $v_1[\text{m}^3/\text{kg}]$과 $v_2[\text{m}^3/\text{kg}]$을 구하라.

(2) 팽창일의 크기 $W_{12}[\text{kJ}]$은?

(3) 초기 엔탈피 $h_1[\text{kJ/kg}]$과 가열 후 엔탈피 $h_2[\text{kJ/kg}]$을 각각 구하라.

(4) 이 과정 동안의 가열량 $Q[\text{kJ}]$는?

26 회전날개를 사용하여 어느 밀폐된 용기의 유체가 잘 섞이도록 시스템이 만들어져 있다. 용기로부터 방출열이 $3,400\text{kJ}$이고, 검사체적 내로 회전날개에 가한 일의 크기가 $6,000\text{kJ}$이라면 계의 내부에너지 변화는 몇 kJ인가? 단, 운동에너지와 위치에너지의 변화는 무시한다.

27 피스톤−실린더 장치의 용기에 2.0kg의 기체가 압력과 체적이 $P_1 = 50\text{kPa}$, $V_1 = 2.5\text{m}^3$인 초기 상태에서 상태변화 후 압력과 체적이 $P_2 = 1{,}200\text{kPa}$, $V_2 = 0.2\text{m}^3$가 되었다면 이 기체의 엔탈피 변화 $\Delta h = h_2 - h_1$은 몇 kJ/kg인가? 단, 이 과정 동안 내부에너지의 변화는 없는 것으로 한다.

28 다음 질문에 대하여 간략하게 기술하라.

(1) 유동계의 검사질량에 있어서 검사체적 내의 질량보존 방정식이 다음과 같음을 보여라.

$$\frac{dm_{c.v}}{dt} + \sum \dot{m}_e - \sum \dot{m}_i = 0$$

(2) 교축과정(throttling process)에서 검사체적 내의 유동질량의 상태량이 $h = c$(일정)임을 설명하라.

29 어느 물질 1kg이 압력 100kPa, 용적 0.86m^3의 상태에서 압력 500kPa, 용적 0.2m^3의 상태로 변화했다. 이 변화에서 내부에너지의 변화가 없다고 하면 엔탈피의 증가량은 얼마로 되는가?

30 25PS의 출력인 내연기관의 연료소비량이 4kg/hr이다. 연료의 발열량이 42,000kJ/kg이면 이 내연기관의 열효율은?

31 보일러 급수 및 발생증기의 엔탈피 차를 2,184kJ/kg이라고 할 때, 2,000kg/hr의 증기를 얻으려면 공급량 Q[kJ/hr]는 얼마인가?

32 소형터빈에서 증기가 200m/sec 속도로 분출하면 유속에 의한 증기 1kg당의 에너지 손실은 몇 kJ인가?

33 밀폐된 용기 속에 들어 있는 어떤 완전가스 1kg을 20℃에서 100℃까지 가열하는 데 840kJ의 열량이 소모되었다. 이 기체의 분자량이 2라 하면 정압비열은 몇 kJ/kg·℃ 가 되겠는가?

34 250m의 높이에서 강구를 자유낙하시켰다. 이 강구가 바닥에 떨어질 때의 운동에너지가 전부 열에너지로 바뀌고, 열의 70%를 강구가 흡수하였다면 강구의 온도상승은 얼마인가? 단, 강철의 비열은 0.46kJ/kg·℃라 한다.

35 그림과 같이 피스톤─실린더 장치의 내부에 단순압축성 계의 내부압력은 P로 채워져 있다. 피스톤의 질량 m_p 대기압 P_0 그리고 외부에서 피스톤에 작용하는 힘 F_1이 피스톤에 작용할 때 다음 질문에 답하라.

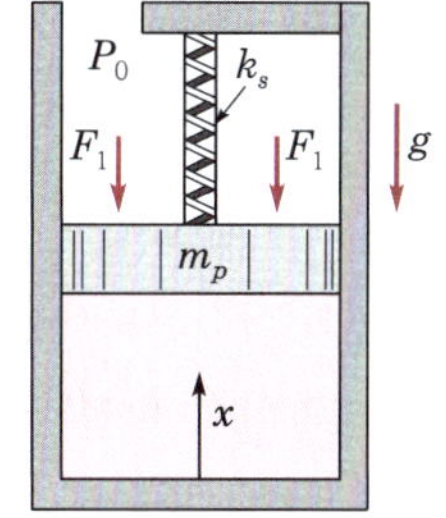

(1) 내부압력 P를 체적 V의 함수로 나타내고, 일을 $P-V$ 선도상에 나타내어라.

(2) 만약 $P_1 = 200\,\mathrm{kPa}$, $V_1 = 0.001\mathrm{m}^3$에서 $P_2 = 1,000\,\mathrm{kPa}$, $V_2 = 0.002\mathrm{m}^3$로 되었을 때 일의 크기 W_{12}는 몇 kJ인지 계산하라.

36 대기의 온도가 10℃인 지하실에 관 표면온도가 150℃인 과열증기를 운반하는 단열되지 않은 증기관이 있다. 단, 방사율 $\varepsilon = 0.6$, $\sigma = 5.67 \times 10^{-8}\mathrm{W/m}^2 \cdot \mathrm{K}^4$이고, 공기의 평균 열전달계수 $h_c = 25\mathrm{W/m}^2 \cdot \mathrm{K}$이다.

(1) 관(파이프)으로부터의 복사와 대류에 의한 열손실은 각각 얼마($\mathrm{W/m}^2$)인가?

(2) 관의 직경이 100mm이고, 관의 전 길이가 15m일 때 관 표면을 통한 전열손실량 $Q_{tot}[\mathrm{W}]$는?

37 열기관사이클에서 고온부로부터 받은 열이 1,250kJ이다. 이 기관의 열효율이 45%일 때 다음을 구하라.

(1) 사이클기관의 순일 $W_{net}[\mathrm{kJ}]$과 저온부에 버려진 열 $Q_{out}[\mathrm{kJ}]$을 구하라.

(2) 열기관에서 얻은 일을 전부 압축기에 사용하여 냉동사이클을 구동할 경우 냉동기의 성능계수 β와 히트펌프의 성능계수 γ를 각각 구하라. 단, 저열원과 고열원의 열은 (1)과 같은 것으로 한다.

38 그림과 같이 수평으로 놓여있는 실린더 장치에 공기가 들어있고 피스톤에 스프링이 장치되어 압축되고 있다. 초기 스프링의 힘이 900N으로 선형적으로 가해져 최종 스프링의 힘은 0N이 되고, 압축초기의 체적 $0.003\mathrm{m}^3$으로부터 최종체적 $0.002\mathrm{m}^3$까지 압축되면서

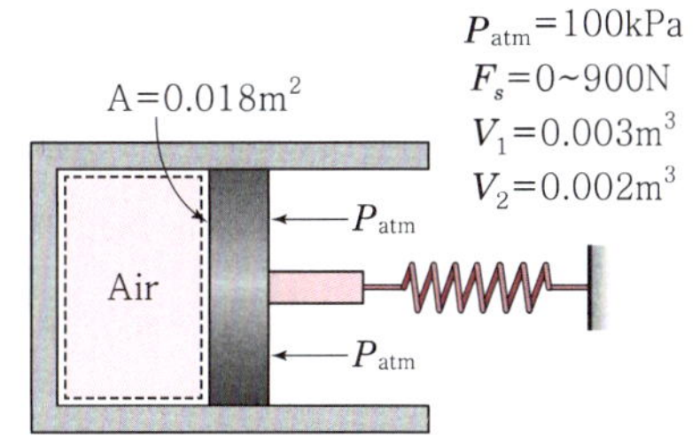

열전달이 발생될 경우 다음을 구하라. 단, 대기압은 100kPa이고, 피스톤 단면적은 $A_P = 0.018\mathrm{m}^2$이다.

(1) 압축 초기압력(P_1)과 압축 후 최종압력(P_2)은 몇 kPa인가?

(2) 이 과정에서 일의 크기는 몇 kJ인가?

(3) 순 열전달이 $-5.0\mathrm{kJ}$이라면 내부에너지 변화는 몇 kJ인가? 여기서, 공기의 운동에너지와 위치에너지의 변화는 무시한다.

39 그림과 같은 전기모터에 열전달손실이 시간에 대하여 다음과 같을 때 다음 질문에 답하라. 단, 모터와 주위의 열전달률 $\dot{Q} = -0.18(1 - e^{-0.045t})$, 축의 회전수 $N = 1,000\mathrm{rpm}$, 축의 비틀림 모멘트 $T = 20\mathrm{N \cdot m}$, 모터에 입력전력 $\dot{W} = 3.5\mathrm{kW}$이다.

(1) 시간 $t = 0$부터 $t = 100$초까지 $\dot{W}[\mathrm{kW}]$와 $\dot{Q}[\mathrm{kW}]$를 계산하라?

(2) 시간 $t = 0$부터 $t = 100$초까지 모터의 에너지 변화 $\Delta E[\mathrm{kJ}]$를 계산하라?

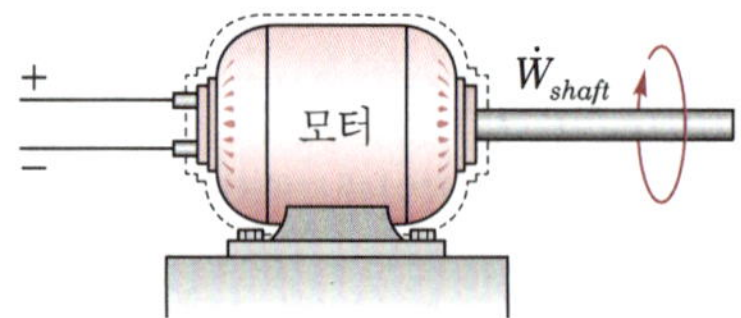

40 그림과 같은 공기 압축기가 정상상태로 운전되고 있다. 압축기 입구의 공기는 압력 1bar, 온도 290K, 속도 6m/s, 입구 면적 $0.1\mathrm{m}^2$ 상태로 유입된 후 출구에서 압력 7bar, 온도 450K, 속도 2m/s 상태로 유출된다. 이 과정에서 열전달 손실이 180kJ/min이 발생하였을 때 다음을 구하라.

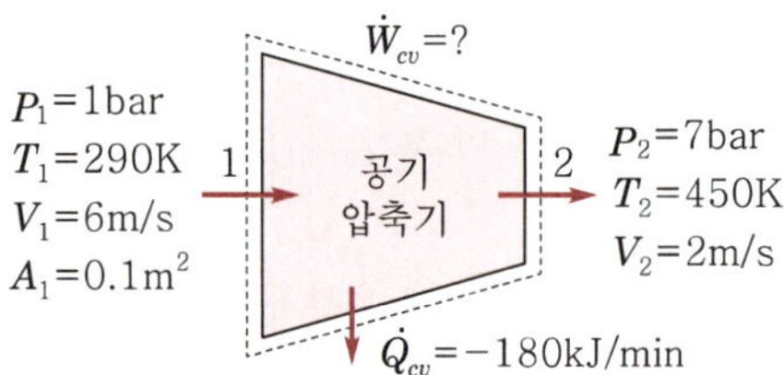

(1) 공기의 질량유동 $\dot{m}_a[\mathrm{kg/s}]$는?

(2) 압축기에 공급해야 할 일(동력) $\dot{W}_c[\mathrm{kW}]$는?

41 수증기를 일정 압력 30bar로 3,000kg/h씩 발생시키는 증기발생장치의 개방시스템이 있다. 발생기의 입구에서 온도 40℃, 유속 4m/s의 포화액체 상태로 급수되며, 출구에서 온도 300℃, 유속 60m/s의 과열증기 상태로 배출될 때 증기발생기에 공급해야 하는 열($\dot{Q}_{c.v}$)은 몇 kJ/s(=kW)인가? 단, 유체의 입구와 출구의 높이차는 3m이다.

42 기체 2.0kg의 초기 압력 $P_1 = 50\mathrm{kPa}$, 체적 $V_1 = 2.5\mathrm{m}^3$이다. 이 기체가 상태변화 후 압력과 체적이 $P_2 = 1,100\mathrm{kPa}$, $V_2 = 0.15\mathrm{m}^3$로 되었다면, 이 기체의 엔탈피 변화 $\Delta h = h_2 - h_1$은 몇 kJ/kg인가? 단, 이 과정 동안 내부에너지의 변화는 없는 것으로 한다.

43 구리 평판이 두께 $L = 0.05\text{m}$이고, 전열면적 $A = 15.0\text{m}^2$, 구리 내부의 온도가 350℃, 외부의 온도가 95℃일 때 전도에 의한 전열량 $_1Q_2$는 몇 MW인가? 단, 구리의 열전도율 $\kappa = 372\,\text{W/m}\cdot℃$이다.

44 대기의 온도가 5℃인 지하실에 관 표면온도가 60℃인 증기를 운반하는 단열되지 않은 증기관이 있다. 단, 방사율 $\varepsilon = 0.6$, 또 $\sigma = 5.67 \times 10^{-8}\,\text{W/m}^2 \cdot \text{K}^4$이고, 공기의 열전달 계수 $h_c = 25\,\text{W/m}^2 \cdot \text{K}$이다.

(1) 관(파이프)으로부터의 대류에 의한 열손실은 얼마(W/m^2)인가?

(2) 관(파이프)으로부터의 복사에 의한 열손실은 얼마(W/m^2)인가?

45 그림과 같은 트랜지스터의 외부표면이 공기팬에 의해 강제 냉각되고 있다. 정상상태에 서 트랜지스터로 흐르는 전력이 3.5W일 때 다음을 계산하라. 단, 트랜지스터의 바닥 을 통한 열전달은 무시된다.

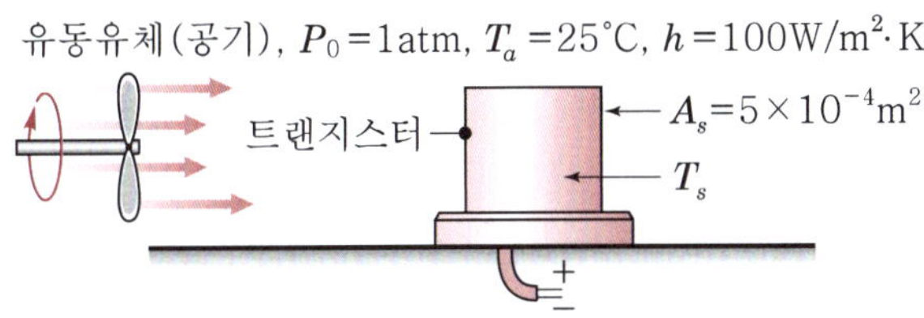

(1) 트랜지스터로부터 공기로의 열전달률은 몇 W/m^2인가?

(2) 이때 트랜지스터의 외부표면의 온도는 몇 ℃인가?

46 전도에 대한 다음 문제를 계산하라.

(1) 창유리의 두께 $L = 0.03\text{m}$이고, 전열면적이 $A = 100\text{cm} \times 50\text{cm}$, 유리 내부표면의 온도가 20℃, 외부의 온도가 $-5℃$일 때 전도에 의한 전열량 $\dot{Q}_c$는 몇 kW인가? 단, 문제의 온도범위에서 유리의 평균 열전도율 $\kappa = 0.78\,\text{W/m}\cdot℃$이다.

(2) 단열이 필요한 기계부품에서 단열판을 사용하여 단열하려고 한다. 열전도율 $\kappa = 0.05\,\text{W/m}\cdot℃$이고 단열재의 양면의 온도차 $\Delta T = 150℃$일 때 열손실 $q = 100\,\text{W/m}^2$ 로 제한하려고 할 경우 단열판의 두께 L의 크기는 몇 mm로 해야 하는가?

47 냉매 R−410A를 사용하는 정상유계가 그림과 같은 수냉식 냉동기에서 냉매의 질량유량 $\dot{m}_r = 0.015(\text{kg/s})$이고 1.0MPa의 정압을 유지하며 냉매입구 온도는 60℃이다. 냉매출구의 압력은 0.95MPa으로 정압을 유지하며 온도는 30℃의 액체냉매 상태로 유동한다. 이때 응축을 위한 응축수의 입구에서 10℃로 들어가 출구에서 25℃로 나올 때 다음을 구하라.

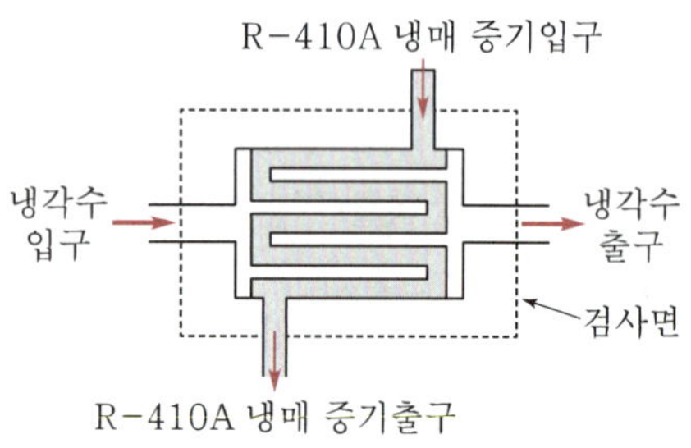

(1) 냉각수의 질량유동율 $\dot{m}_w$ [kg/s]를 구하라.

(2) 냉매의 시간당 방출열량($\dot{Q}_r$)은 냉각수의 흡수열량($\dot{Q}_w$)과 같다. 이때 그 크기는 몇 kJ/s(=kW)인가?

48 다음은 전도 열전달 문제이다. 각각의 질문에 답하라.

(1) 두께 0.05m인 유리로 된 창문의 외부면이 −15℃, 내부면이 25℃로 유지되고 있다. 유리의 열전도율 $\kappa = 0.78\text{W/m} \cdot \text{K}$일 때 벽을 통한 열손실량 q_x [W/m²]은?

(2) 면적이 3m²이고, 두께가 5cm인 글라스울 $\rho = 100\text{kg/m}^3$ 단열재를 통하여 0.1kW로 열전달손실이 되고 있을 경우, 고온측의 표면온도가 70℃일 때 저온측 표면의 온도는 몇 ℃인가? 단, 단열재의 열전도율 $\kappa = 0.04\text{W/m} \cdot \text{K}$이다.

제3장

Thermodynamics

이상기체

- 3.1 이상기체의 상태 방정식
- 3.2 기체상수
- 3.3 이상기체의 정적비열과 정압비열
- 3.4 이상기체의 상태변화
- 3.5 반완전가스
- 3.6 기체 가스의 혼합

이상기체(ideal gas) 또는 완전가스(perfect gas)란, 가스 분자의 크기와 분자 상호간에 작용하는 인력이 없다고 볼 때 보일(Boyle)의 법칙과 샤를(Charles)의 법칙, 즉 완전가스의 상태방정식을 만족하는 기체를 말한다. 따라서 완전기체는 이상기체이며, 실제로는 존재하지 않는다. 반면에 실제기체(real gas)는 분자가 체적을 차지하며, 분자 상호간에 인력이 존재한다. 그러나 H_2, He, N_2, CO 등과 같이 원자수가 1~2인 가스나 공기 등의 실제 가스는 액체에 비하여 분자 간의 거리가 멀고, 분자력도 작으며, 분자의 체적도 전체에 비해 무시될 수 있을 정도로 미소하므로 우리가 공업적으로 완전가스로 취급해도 무방하다. 이에 비하여 H_2O, CO_2, C_3H_8, NH_3 등과 같이 원자수 3개 이상인 것은 보통상태에서는 완전가스로 취급하기 곤란하다. 그러나 온도가 높아지면 이러한 기체도 이상기체에 가까워진다. 수증기와 같이 보통의 증기상태에서도 완전가스로 취급하기 곤란한 기체도 있다. 이러한 기체증기를 반완전가스(semiperfect gas)라 하고, 완전기체 상태식을 만족할 수가 없고, 이런 경우 수정된 상태식이 알려져 있어 7장의 순수물질에서 소개한다.

3.1 이상기체의 상태 방정식

1 보일과 샤를의 법칙(Boyle and Charle's Law)

Boyle의 법칙

(1) Boyle의 법칙

1662년 영국의 R. Boyle(1627~1691)이 발표한 법칙으로, "온도가 일정한 상태에서는 기체의 체적은 압력에 반비례한다." 이것을 다음과 같이 식으로 표현할 수 있다. 즉, 기체가 온도 $T = c$(일정)한 상태로 압력이 P_1으로부터 P_2까지 변화할 경우 단위 질량당 체적의 변화는

$$\frac{v_2}{v_1} = \frac{P_1}{P_2} \tag{a}$$

이다. 이것은 [그림 3.1]의 $P - v$ 선도상의 곡선을 따라 나타나며, 상태 1과 상태 2 사이에는 $P_1 v_1 = P_2 v_2$ 관계를 만족한다. 따라서 일반적으로 다음 식으로 쓴다.

$$Pv = c(일정) \tag{3.1}$$

여기서, T : 절대온도[K], P : 압력[N/m^2], v : 비체적[m^3/kg]

(2) Charle의 법칙

1782년 프랑스의 Charle(1746~1823)이 발견한 법칙으로, [그림 3.2]로부터 다음의 두 가지 표현이 가능하다.

1) "기체가 압력이 일정할 때 체적은 온도(절대온도)에 비례한다." 이것을 다음과 같이 수식으로 표현가능하다. 즉 기체가 $P = c$(일정)일 때 이상기체의 체적 v_1에서 v_2로 변하는 경우 온도가 비례하여 변한다. 따라서 다음 관계식이 성립한다.

$$\frac{v_2}{v_1} = \frac{T_2}{T_1} \tag{b}$$

일반적으로 다음 식으로 쓸 수 있다.

$$\frac{T}{v} = c(일정) \tag{3.2}$$

기체는 압력이 일정할 때는 온도의 변화에 비례하여 체적이 변함을 알 수 있다. 만약, 압력이 일정한 상태에서, 기체의 온도 0℃ 비체적을 v_0라고 할 때 온도 t℃의 체적 v를 구하여 보자. 기체가 압력이 일정한 경우라면 샤를의 법칙을 적용할 수 있으며, 온도를 절대온도로 표시하고 0℃의 절대온도를 T_0[K]라 한다. v_0는 0℃일 때 기체의 비체적, v는 절대온도 T[K]일 때 기체의 비체적이라면 샤를의 법칙을 적용할 경우 다음과 같다.

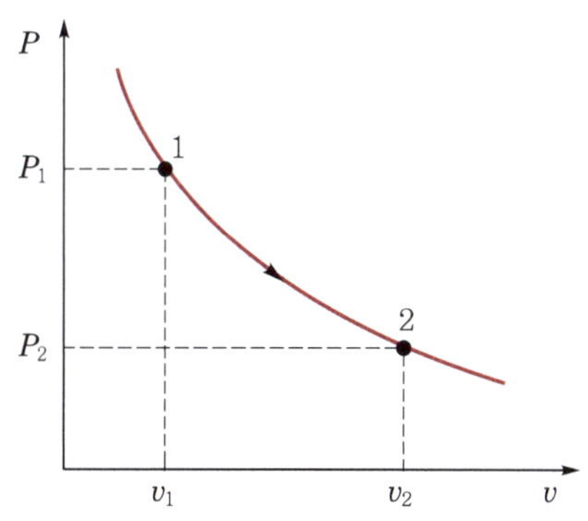

[그림 3.1] 보일의 법칙 $P-v$선도

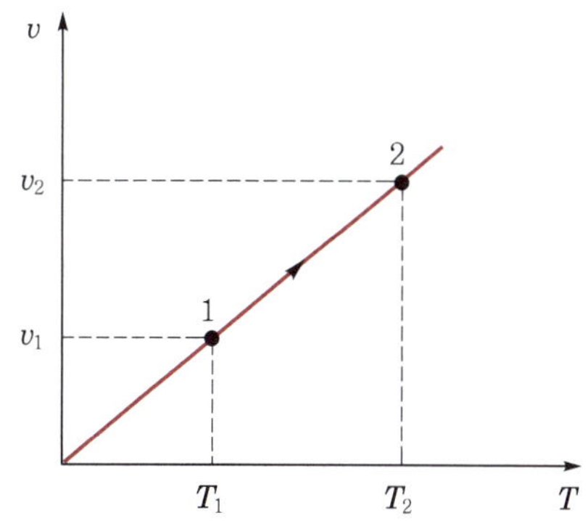

[그림 3.2] 샤를의 법칙 $T-v$선도

$$\frac{v_0}{T_0} = \frac{v}{T} \qquad\qquad (c)$$

따라서, 기체의 온도 $t\,[\text{℃}]$의 비체적은 다음과 같게 된다.

$$v = v_0 \frac{T}{T_0} = v_0\left(\frac{273+t}{273}\right) = v_0\left(1 + \frac{t}{273}\right) \qquad\qquad (3.3)$$

위 식으로부터 기체의 나중 체적 v는 처음 체적보다 온도에 비례하여 $v_0\dfrac{t}{273}$ 만큼 크게 됨을 나타내게 된다. 즉, 기체의 체적은 온도 1℃ 변화할 때마다 처음 체적의 1/273씩 변화된다는 것을 의미한다. 이것은 1801년 프랑스의 게이뤼삭(J. L. Gay-Lussac)이 발견한 법칙으로 샤를의 법칙과 같은 정의이다.

2) "기체가 체적이 일정할 때 이상기체의 압력은 온도(절대온도)에 비례한다." 이것을 다음과 같이 수식으로 표현가능하다. 즉, 기체가 $v = c$(일정)일 때 이상기체의 압력 P_1에서 P_2로 변하는 경우 온도도 비례하여 변하게 된다. 결국 다음과 같은 관계식이 성립한다.

$$\frac{P_2}{P_1} = \frac{T_2}{T_1} \qquad\qquad (d)$$

따라서 위 식으로부터 다음과 같이 일반화된 식으로 쓸 수가 있다.

$$\frac{T}{P} = c\,(\text{일정}) \qquad\qquad (3.4)$$

(3) Boyle–Charle의 법칙의 결합

기체에 대한 보일의 법칙과 샤를의 법칙을 함께 정리하여 다시 쓰면 다음과 같은 식을 얻을 수가 있다. 즉, 일정량의 기체의 체적과 압력과의 상승곱은 절대온도에 비례한다. 따라서 식으로 쓰면, $\dfrac{P_1 v_1}{T_1} = \dfrac{P_2 v_2}{T_2} = c$가 된다. 이 식을 일반화시키면 다음과 같다.

$$\frac{P v}{T} = c\,(\text{일정}) \qquad\qquad (3.5)$$

이와 같이 보일의 법칙과 샤를의 법칙을 조합하여 이상기체 상태방정식을 유도할 수가 있다. 이상기체의 거동에 관한 예를 들면, [그림 3.3]에 나타낸 바와 같이 임의의 기체가 1상태에서 임의의 과정을 거쳐 3상태까지 변화하는 과정을 살펴보면 다음과 같다. 즉, 상태 1로부터 등온과정으로 변화를 하여 상태 2로 되고, 다음 상태 2로부터 정압과정으로 상태 3까지 변화되는 과정으로 나누어 변화과정을 생각할 수 있다. 이 변화과정에서 우리는 열역학에서 중요한 물리량인 열역학적 상태량인 온도, 압력, 체적 사이에 어떠한 상관관계를 가지고 변화하는지 살펴보면, 상태 1~2과정은 온도가 일정하므로 압력과 체적과의 관계는 보일의 법칙을 만족하게 되고, 상태 2~3과정에서는 압력이 일정하므로 온도와 체적의 관계는 샤를의 법칙이 성립함을 알 수 있다. 따라서, 각 과정에 대하여 보일의 법칙과 샤를의 법칙을 적용하여 식으로 나타낼 경우 다음과 같다.

1~2과정: 등온과정이므로 보일의 법칙을 만족

$$P_1 v_1 = P_2 v_2 \rightarrow v_2 = v_1 \frac{P_1}{P_2} \tag{e}$$

2~3과정: 정압과정이므로 샤를의 법칙을 만족

$$\frac{v_2}{T_2} = \frac{v_3}{T_3} \rightarrow v_2 = v_3 \frac{T_2}{T_3} \tag{f}$$

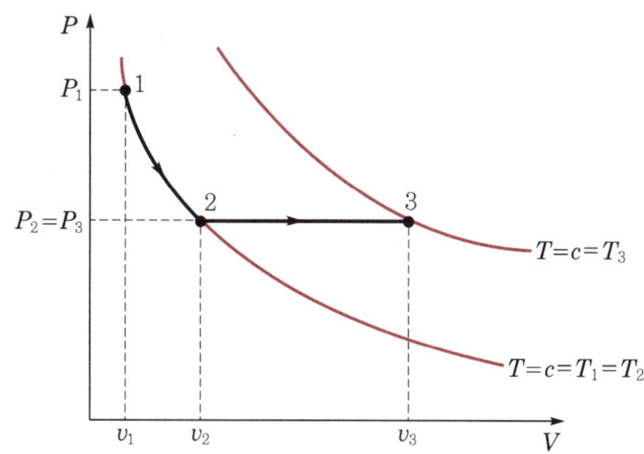

[그림 3.3] 보일–샤를의 법칙에 대한 $P-v$ 선도

위 식에서 v_2에 대하여 같이 놓으면 $(e) = (f)$가 되고, 그림으로부터 $P_2 = P_3$와 $T_1 = T_2$의 관계를 대입하여 상태 2의 항을 정리할 때 다음과 같은 식이 된다.

$$\frac{P_1 v_1}{T_1} = \frac{P_3 v_3}{T_3} = c \tag{g}$$

위 식 (g)의 관계로부터 기체의 경우 압력, 체적 그리고 절대온도 사이에 임의의 과정으로 상태변화 하더라도 항상 일정한 관계가 성립함을 알 수 있다. 즉, 보일-샤를의 법칙을 합하여 표현한 관계식을 이상기체 상태방정식이라 부르고 상수 c값을 기체 상수 R로 다시 쓰면 다음과 같이 이상기체 상태방정식을 얻게 된다.

이상기체 상태방정식

$$\left.\begin{array}{l} \dfrac{P v}{T} = R \\[2mm] P v = R T \end{array}\right\} \tag{3.6}$$

이상기체상수
(ideal gas constants)

식 (3.6)에서 기체 상수 R은 이상기체상수(ideal gas constants)라고 하며, 기체의 종류에 따라 [표 3-1]과 같이 특정한 값을 가지며, v는 비체적(단위: m^3/kg)을 나타낸다.

[표 3-1] 각종 기체의 기체상수(R) (단위 : kJ/kg·K)

수증기	공기	아세틸렌	암모니아	아르곤	부탄	이산화탄소	질소
0.4615	0.287	0.3193	0.4882	0.2081	0.1430	0.1889	0.2968
헬륨	수소	메탄	프로판	R-12	R-22	일산화탄소	산소
2.0771	4.1243	0.5183	0.1886	0.06876	0.09616	0.2968	0.2598

위의 식 (3.6)의 이상기체 상태방정식을 물질의 변화량에 따라 표현하면 다음과 같이 된다. 1kmol의 물질의 분자량을 M[kg/kmol]이라고 할 때 기체의 상태방정식은 다음과 같이 표현된다. 즉,

$$P V_{kmol} = MRT \tag{3.7}$$

이다. 여기서 V_{kmol}는 M의 관계로 표현되는 kmol당 체적을 말하며, n[kmol]이 가지는 임의의 물질의 질량이 m[kg]일 때는 $m = nM$이 성립하므로 이상기체 방정식을 고쳐 쓰면 다음과 같다.

$$PV = mRT$$

$$= n R_u T = n \overline{R} \, T \tag{3.8}$$

이 식에서 R_u(또는 $\overline{R}$)는 일반기체상수이며 모든 기체가 같은 값을 가진다.

3.2 기체상수(R 또는 R_u)

이상기체 방정식을 실용적으로 사용하기 위해서는 기체상수(gas constants) R의 값의 크기가 먼저 결정되어야 한다. 이탈리아의 아보가드로(A. Avogadro)는 1811년 기체에 대한 다음과 같은 법칙을 유도하였다. "온도와 압력이 일정한 상태에서 동일체적 내에 있는 모든 기체의 분자 수는 같다." 이것은 기체 1kmol이 차지하는 체적은 기체의 종류에 관계없이 동일 온도와 동일 압력하에서는 모두 일정하다는 것이다. 이때 kmol의 단위는 아보가드로의 법칙에 기초이며, 기체의 질량 m을 분자량 M으로 나눈 값을 몰수(mol number)라고 하고 기체의 분자량 M[kg]을 1kmol이라고 한다. 따라서 1kmol의 기체분자의 수를 아보가드로의 수(N_0)라고 하며, $N_0 = 6.02 \times 10^{23}$이다. 아보가드로의 법칙으로부터 단위 체적 내의 가스의 질량은 분자량 M에 비례하므로, 위의 아보가드로의 법칙은 다음 식과 같이 표현할 수가 있다. 즉, 모든 기체 1kmol이 동일 온도와 압력 하에 있을 때 같은 체적을 갖는 것으로 수식으로 표현할 경우 다음과 같다.

$$M v = c \,(일정) \tag{3.9}$$

이 관계식을 많이 사용되는 기체 산소 O_2에 대하여 적용하여 보자. 산소의 경우 표준상태(STP)에서 1kmol의 분자량은 $M = 32$kg, 비체적은 $v = 1/1.429 \mathrm{m^3/kg}$이다. 위 식 (3.9)에 대입하면 다음과 같이 된다.

$$M v = 32 \times \frac{1}{1.429} = 22.4 \mathrm{m^3/kmol} = c \,(일정) \tag{a}$$

이러한 결과는 이상기체 1kmol이 표준상태($0\,℃,\ 760\mathrm{mmHg} = 101.325\mathrm{kPa}$)에서 체적이 $22.4\mathrm{m^3}$를 갖는다는 뜻으로, 많은 기체의 실험측정에 의한 결과로도 이 크기는 일반적인 사실로 알려져 있다.

이것을 1kmol에 대하여 이상기체 상태 방정식에 적용할 경우, 표준상태(STP)에서 다음과 같은 결과를 얻게 된다. 이때 각 상태량들은

$$P_0 = 760\text{mmHg} = 101.325\text{kPa}$$
$$T_0 = 0℃ = 273\text{K}$$
$$V = 22.4\text{m}^3/\text{kmol}$$

이고, 이상기체 상태식 $P_0 V = MRT_0$ 에 적용하여 먼저 MR 값을 계산한다. 즉,

$$MR = \frac{P_0 V}{T_0} = \frac{101.325 \times 22.4}{273} \tag{b}$$
$$= 8.314\text{kJ/kmol} \cdot \text{K} = 8,314\text{J/kmol} \cdot \text{K}$$

이 된다. 따라서 MR의 크기는 기체의 종류에 관계없이 모든 기체가 일정한 값을 가지게 된다. 그러므로 MR을 통상 <u>일반 기체상수</u>(universal gas constant) R_u(또는 $\overline{R}$)라고 부른다. 그 크기는

$$\left. \begin{array}{l} R_u = MR = 8.314\text{kJ/kmol} \cdot \text{K} = 8,314\text{J/kmol} \cdot \text{K} \\ \quad = 848\text{kg} \cdot \text{m/kmol} \cdot ℃ = 1.986\text{kcal/kmol} \cdot ℃ \end{array} \right\} \tag{3.10}$$

이다. 식 (3.10)의 결과를 이용하면 모든 이상기체의 각 기체상수 R의 값을 쉽게 찾는다. 즉, 기체의 종류에 따라 분자량 M을 알 수 있으므로 완전기체 또는 이상기체의 기체상수를 손쉽게 계산할 수가 있게 된다. 대표적인 이상기체로 취급되는 <u>공기의 기체상수</u> R_{air}를 계산하여 보면, $R_u = MR = 8.314\text{kJ/kmol} \cdot \text{K}$ 로부터 $R[\text{kJ/kg} \cdot \text{K}]$을 계산하면 된다.

$$R = \frac{R_u}{M} = \frac{8.314\,\text{kJ/kmol} \cdot \text{K}}{28.97\,\text{kg/kmol}} = 0.287\text{kJ/kg} \cdot \text{K} \tag{3.11}$$

예제 3.1

공기의 질량 5kg이 압력 100kPa, 체적 $4.5m^3$의 상태로부터 압력 200kPa, 온도 200℃의 상태로 되었다면, 체적과 온도의 변화는 얼마인가? 단, 공기의 기체상수는 $R = 0.287kJ/kg \cdot K$이다.

풀이 $P_1 = 100kPa = 10^5 Pa, \quad v = \dfrac{V}{m} = \dfrac{4.5}{5} = 0.9m^3/kg$

$P_2 = 200kPa = 2 \times 10^5 Pa, \quad T_2 = 473K$

공기를 완전가스로 보면 상태방정식으로부터 다음 관계가 성립한다.

$$T_1 = \frac{P_1 v_1}{R} = \frac{100 \times 0.9}{0.287} = 313.58K = 40.44℃$$

온도변화 $t_2 - t_1 = 200 - 40.44 = 159.56℃$ 즉, 159.56℃의 온도상승이 있게 된다. 또 나중 상태에서의 비체적을 구하면 다음과 같다.

$$v_2 = \frac{R T_2}{P_2} = \frac{0.287 \times 473}{200} = 0.68m^3/kg$$

따라서 체적변화 $V_2 - V_1$은 다음과 같이 계산된다.

$$V_2 - V_1 = m(v_2 - v_1) = 5 \times (0.68 - 0.9) = -1.05m^3$$

$\therefore 1.05m^3$가 감소된다.

예제 3.2

일반기체상수 R_u을 구하고, CO 및 CO_2의 기체상수를 구하라.

풀이 아보가드로 설명에 의하여 0℃, 1기압의 상태에서 가스 1kmol의 체적은 $22.414m^3$이므로 일반기체상수 R_u는 다음과 같다.

$$R_u = MR = \frac{PV}{T} = \frac{101.325 \times 22.414}{273.15} = 8.314kJ/kmol \cdot K$$

따라서, CO_2의 기체상수 R은 1kmol에 대하여 분자량이 44.01kg이므로 다음과 같이 구한다.

$$R = \frac{R_u}{M} = \frac{8.314}{44.01} = 0.1889kJ/kg \cdot K$$

또, CO의 기체상수 R은 1kmol당 분자량이 28.01kg이므로 다음과 같이 구할 수 있다.

$$R = \frac{R_u}{M} = \frac{8.314}{28.01} = 0.2968kJ/kg \cdot K$$

이 문제는 공학단위계를 사용할 때이다. 즉, 자동차의 타이어에 온도 20℃, 압력 1.8bar의 공기를 0.1m^{3}투입하였다. 체적의 변화가 없다면 온도가 35℃로 상승했을 경우 압력은 얼마로 되겠는가? 또 압력을 1.8bar로 유지하려면 몇 kgf의 공기를 빼내야 하나?

풀이 $P_1 = 1.8\text{bar}$, $T_1 = 293\text{K}$, $T_2 = 308\text{K}$,

$R = 0.287\text{kJ/kgf} \cdot \text{K}$, $V_1 = V_2 = 0.1\text{m}^3$

boyle-charle의 법칙으로부터 $\dfrac{P_1 V_1}{T_1} = \dfrac{P_2 V_2}{T_2}$ 에서 $V_1 = V_2$이므로

나중의 압력은 다음과 같다.

$$P_2 = P_1 \frac{T_2}{T_1} = 1.8 \times \frac{308}{293} = 1.89\text{bar} = 1.89 \times 10^2 \text{kPa}$$

따라서, 타이어로부터 뽑아야 할 공기량 $m_1 - m_2$는 다음과 같다.

$$m_1 - m_2 = \frac{P_1 V_1}{R T_1} - \frac{P_2 V_2}{R T_2}$$

$$= \frac{1.8 \times 10^2 \times 0.1}{0.287 \times 293} - \frac{1.89 \times 10^2 \times 0.1}{0.287 \times 308}$$

$$= 0.21405 - 0.21381 \fallingdotseq 2.4 \times 10^{-4}\text{kg}$$

3.3 이상기체의 정적비열과 정압비열

정적비열
(specific heat at constant volume)

정압비열
(specific heat at constant pressure)

비열은 일반적으로 온도만의 함수로서 정적비열(specific heat at constant volume)을 C_v, 정압비열(specific heat at constant pressure)을 C_p라 하면, 이들은 온도와 더불어 증가하지만 저온에서는 거의 일정하다. 이상기체는 비열이 일정한 범위의 것을 좁은 뜻으로 완전가스, 비열이 온도와 함께 변화하는 범위의 가스를 반완전가스(semi-perfect gas or half ideal gas)로 구별하기도 한다.

열역학 제1법칙식과 엔탈피의 정의식 $h = u + Pv$를 사용하여 관계식을 만들면 다음과 같다. 즉,

$$\delta q = du + \delta w$$
$$= du + d(Pv) - vdP$$
$$= d(u + Pv) - vdP$$
$$= dh - vdP$$
$$\therefore \ \delta q = du + pdv = dh - vdP \tag{3.12}$$

이 된다.

다음은 정적비열 C_v의 미분 정의식을 얻기 위해 앞에서 배운 바 있는 열용량 식을 사용하여 식을 정리하면 다음과 같이 된다. 이때 정적비열은 체적이 일정할 때 물질의 비열을 말하고, [표 3-1]에 이상기체들의 표준상태(STP)에서 그 값이 나타나 있다.

$$C = \frac{du + Pdv}{dT} \Rightarrow C_v = \frac{du + Pdv}{dT}\bigg)_{v=c}$$
$$\therefore \ C_v = \frac{du}{dT}\bigg)_{v=c} \tag{3.13}$$

따라서 이상기체의 내부에너지 $du = C_v dT$가 되고, 또한 $dU = mC_v dT$는 전 질량에 대한 내부에너지가 된다. 결국, 이상기체의 내부에너지는 온도만의 함수로서 다음과 같이 표현된다.

내부에너지

$$u = f(T) \tag{a}$$

위 관계식으로부터 정적비열의 일반식은 다음과 같고, 내부에너지는 온도만의 함수이며 체적과는 무관하다. 즉,

$$C_v = \frac{\partial u}{\partial T}\bigg)_{v=c} \tag{3.14}$$
$$u = f(T) \tag{b}$$

와 같다. 이것은 주어진 온도에 있는 이상기체는 체적에 관계 없이 어떤 특정 비내부에너지 $u\,[\text{kJ/kg}]$를 갖고 있다는 것을 말해준다.

비내부에너지

다음 정압비열 C_p에 대하여 알아보자. 이때 C_p는 압력이 일정할 때 물질의 비열을 말하는 것으로, 그 크기는 역시 [표 3-1]에 주어져 있다. 위에서와 같은 방법으로 C_p식을 알아보면,

$$C = \frac{\delta q}{dT} = \frac{dh - v\,dP}{dT}\Bigg)_{P=c}$$

$$\therefore \; C_p = \frac{dh}{dT}\Bigg)_{P=c} \tag{3.15}$$

와 같은 미분관계식을 얻을 수 있고, 이상기체의 엔탈피 $h[\text{kJ/kg}]$도 역시 온도만의 함수가 됨을 알 수 있다. 따라서 $dh = C_p\,dT$가 되고 주어진 질량 $m(\text{kg})$에 대하여는 $dH = m\,C_p\,dT$가 성립한다. 결국, 이상기체의 엔탈피는 온도만의 함수로서 다음과 같이 표현된다.

이상기체의 엔탈피

$$h = f(T) \tag{c}$$

위 관계로부터 정압비열의 일반식은 다음과 같이 쓸 수 있고, 이상기체의 엔탈피는 온도만의 함수이며 압력과는 관계없게 된다. 즉,

$$C_p = \frac{\partial h}{\partial T}\Bigg)_{P=c} \tag{3.16}$$

$$h = f(T) \tag{d}$$

와 같다.

이번에는 이상기체의 정적비열과 정압비열 사이의 중요한 관계식을 알아보자. 다음과 같이 엔탈피의 정의로부터 이상기체 상태방정식을 적용할 경우 다음과 같이 전개될 수 있다. 즉,

$$h = u + RT \tag{e}$$

이다. 이 식의 양변을 미분하면 $dh = du + R\,dT + T\,dR$이 되고, 위 엔탈피 및 내부에너지의 미분정의로부터 다음과 같게 됨을 알 수 있다.

$$C_p\,dT = C_v\,dT + R\,dT \tag{f}$$

정압비열과
정적비열의 관계식

따라서 양변을 정리할 경우 다음과 같은 정압비열과 정적비열의 관계식을 얻게 된다.

$$\therefore \; C_p = C_v + R \tag{3.17}$$

이 식으로부터 우리는 정압비열 C_p와 정적비열 C_v의 차이가 기체상수(=가스상수)의 R과 일치함을 알 수 있고, C_p는 C_v보다 항상 크게 된다.

다음은 위 식의 양변을 C_v로 나누고 정압비열 C_p에 대한 정적비열 C_v비를 κ로 정의할 때 식 (3.17)은 다음과 같게 된다.

$$\frac{C_p}{C_v} = 1 - \frac{R}{C_v}$$

$$\therefore\ C_v = \frac{R}{\kappa - 1} \tag{3.18}$$

$$\text{단, } \kappa = \frac{C_p}{C_v} \ : \ \text{비열비}$$

비열비

같은 방법으로, C_p에 대하여 구하면 다음 식과 같다.

$$\therefore\ C_p = \frac{\kappa R}{\kappa - 1} \tag{3.19}$$

위 두 관계식으로부터 C_p가 C_v보다 크게 됨을 알 수 있다. 즉, $C_p > C_v$ 이다. 또 공기의 경우는 $\dfrac{C_p}{C_v} = \kappa > 1$이다. 이 비열비 κ는 같은 원자수인 경우 가스 분자가 같으므로 다음과 같이 된다.

$$
\begin{array}{l}
\text{단원자 가스} \cdots\cdots\cdots\cdots\cdots\cdots\cdots \kappa = 1.66 \\
\text{2 원자 가스} \cdots\cdots\cdots\cdots\cdots\cdots\cdots \kappa = 1.40 \\
\text{3 원자 가스} \cdots\cdots\cdots\cdots\cdots\cdots\cdots \kappa = 1.33
\end{array}
\left.\vphantom{\begin{array}{l}1\\1\\1\end{array}}\right\}
\text{또는}
\left\{
\begin{array}{l}
5/3 \\
7/5 \\
4/3
\end{array}
\right.
$$

예제 3.4

어떤 이상기체 1kg이 가역적으로 단열 팽창하여 온도가 350℃에서 129℃로 강하하였고 체적은 2배로 증가되었을 때 외부에 대하여는 80.0kJ의 일을 하였다면, 이 기체의 C_v, C_p와 분자량 M을 구하라.

풀이 $\kappa = \dfrac{C_p}{C_v}$이며, 이때 κ는 다음 관계식으로부터 구한다. 즉,

$$\frac{T_2}{T_1} = \left(\frac{V_1}{V_2}\right)^{\kappa - 1} \rightarrow \frac{402}{623} = \left(\frac{1}{2}\right)^{\kappa - 1}$$

$$\Rightarrow \kappa = 1.632 \text{이다.}$$

$$\text{또, } _1W_2 = \frac{mR}{\kappa - 1}(T_1 - T_2)$$

$$\rightarrow 80 \times 10^3 = \frac{1 \times R}{1.632 - 1}(623 - 402)$$

$$\Rightarrow R = 228.78 \text{J/kg} \cdot \text{K} = 0.22878 \text{kJ/kg} \cdot \text{K}$$

$C_p - C_v = R$에서 $C_p = \kappa C_v$를 대입하면 $\kappa C_v - C_v = R$로부터,

$$\therefore C_v = \frac{R}{\kappa - 1} = \frac{228.78}{1.632 - 1} = 361.99 \text{J/kg} \cdot \text{K} \fallingdotseq 0.362 \text{kJ/kg} \cdot \text{K} \text{의}$$

크기이다.

또 $C_p - C_v = R$에서 $C_p = \kappa C_v$를 대입하면 C_p를 구할 수 있다.

즉, $\therefore C_p = \kappa C_v = 1.632 \times 361.99 = 590.77 \text{J/kg} \cdot \text{K}$

$$\fallingdotseq 0.591 \text{kJ/kg} \cdot \text{K} \text{이다.}$$

또 $MR = 8.31451 \text{kJ/kmol} \cdot \text{K}$

$$\therefore M = \frac{8.31451}{R} = \frac{8.31451}{0.22878} \fallingdotseq 36.34 \text{kg}$$

3.4 이상기체의 상태변화

이상기체의 상태변화

완전기체, 즉 이상기체의 상태변화에는 가역변화와 비가역변화가 있다. 가역변화에서 중요한 것은 정적변화, 정압변화, 등온변화, 가역단열변화, 폴리트로픽변화(polytropic change) 등이 있고, 비가역변화에서는 비가역단열변화, 교축과 같은 기체혼합이 그것이다.

사용하는 기호와 그 단위로는

P : 압력(절대압력)$[\text{kN/m}^2 = \text{kPa}]$

V : 체적 $(V = mv)[\text{m}^3]$

t : 온도$[℃]$

w : 단위 질량당의 일$[\text{kJ/kg}]$

q : 단위 질량당의 열량$[\text{kJ/kg}]$

m : 질량$[\text{kg}]$

v : 비체적$[\text{m}^3/\text{kg}]$

R : 기체상수$[\text{kJ/kg} \cdot \text{K}]$

T : 절대온도$[\text{K}]$

W : 일량$(W = mw)[\text{kJ}]$

Q : 열량$(Q = mq)[\text{kJ}]$

가 있다. 각 상태변화에 대한 상태변화량 관계를 알아보면 다음과 같다. 이때, 첨자 1 및 2는 변화 전과 변화 후의 상태변화 과정을 나타낸다.

1 정적변화(isovolumetric change)

어떤 용기에 들어 있는 물체를 가열했을 때 체적의 변화가 없는 과정을 정적 과정(constant volume process)이라고 말한다. 이 과정을 $P-v$선도와 $T-s$ 선도로 표현하면 [그림 3.4]와 같고, 이 과정에 대한 상태변화량의 크기를 구하 면 다음과 같다.

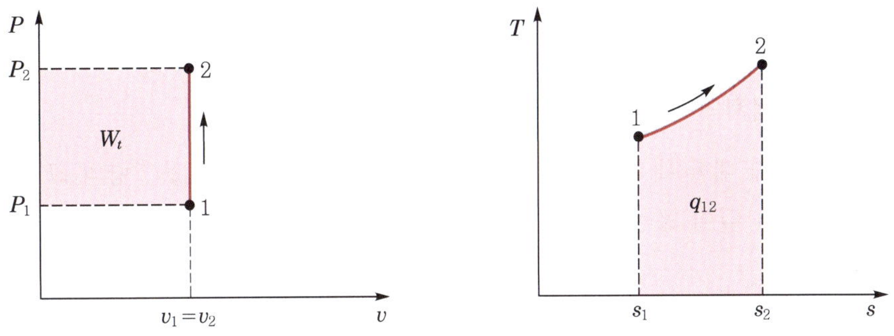

[그림 3.4] 정적과정의 $P-v$선도와 $T-s$선도

(1) $P.T$ 관계식

정적과정은 $v=0$이므로 압력과 온도는 상태변화 후에 정비례관계가 성립한 다. 이것을 수식으로 쓰면 다음과 같이 온도비와 압력비의 관계가 비례관계임을 알 수 있다.

$$\frac{T_2}{T_1} = \frac{P_2}{P_1} \tag{3.20}$$

(2) 절대일의 변화

정적과정에서는 체적의 변화가 없으므로 $dv=0$ 이다. 따라서 [그림 3.4]의 정 적과정에 대한 $P-v$선도상에 과정 1-2가 v축과 이루는 투사면적이 없으므로 절대일 $_1w_2=0$이 된다. 즉, 절대일의 변화는

$$\therefore \ _1w_2 = \int_1^2 Pdv = P(v_2 - v_1) = 0 \tag{3.21}$$

이다.

(3) 공업일의 변화

공업일 w_t의 크기는 [그림 3.4]의 $P-v$선도상에 P축과 이루는 투사면적으로 표시되며, 공업일은 외부일의 크기를 말하며 음($-$)의 크기를 갖는다.

$$\therefore \ w_t = -\int_1^2 vdP = -v(P_2 - P_1) = v(P_1 - P_2) \tag{3.22}$$

(4) 내부에너지의 변화

정적과정에 대한 내부에너지의 변화는 절대일이 없으므로 이동열량의 크기와 같고, 다음과 같이 표현된다.

$$\therefore \ du = \delta q = C_v dT$$
$$\therefore \ u_2 - u_1 = C_v(T_2 - T_1) = \frac{R}{\kappa - 1}(T_2 - T_1)$$
$$= \frac{v}{\kappa - 1}(P_2 - P_1) \tag{3.23}$$

(5) 엔탈피의 변화

정적과정에서 엔탈피의 변화는 관계식으로부터, 다음과 같이 표현된다.

$$dh = C_p dT$$
$$\therefore \ h_2 - h_1 = C_p(T_2 - T_1) = \frac{\kappa R}{\kappa - 1}(T_2 - T_1)$$
$$= \frac{\kappa v}{\kappa - 1}(P_2 - P_1) \tag{3.24}$$

(6) 열량의 변화

정적과정에서는 체적의 변화가 없어 밀폐계의 절대일은 0이고, 이동된 열량은 전부 내부에너지의 변화와 같게 됨을 의미한다. 그러므로 정적과정의 상태변화에서 이동 열량은 다음과 같이 표현가능하다.

$\delta q = du + Pdv$ 에서 $v_1 = v_2$ 이므로 $Pdv = 0$

$$\delta q = du + 0 = du$$

$$\therefore \ _1q_2 = u_2 - u_1 = C_v(T_2 - T_1) \tag{3.25}$$

결국, $v_2 = v_1$ 인 정적과정에서 계의 전질량 $m[\text{kg}]$에 대한 열의 이동은 다음과 같이 나타낸다.

$$_1Q_2 = m\,C_v(T_2 - T_1)$$

$$\therefore \ _1Q_2 = U_2 - U_1 = m\,C_v(T_2 - T_1) \tag{3.26}$$

예제 3.5

어느 기체 4kg이 압력 175kPa, 온도 32℃에서 1.3m^{3}의 체적을 점유한다. 이 기체를 정적하에서 온도를 32℃에서 105℃까지 올리는 데 192kJ의 열량이 필요하였다. 만약, 이 기체를 정압하에서 동일 온도 범위로 온도를 상승시킨다면 필요한 가열량은 얼마인가?

풀이 정압변화 후의 체적 V_2는

$$V_2 = V_1\frac{T_2}{T_1} = 1.3 \times \frac{378}{305} = 1.61\text{m}^3$$

이 된다. 이 변화에서의 일량은 다음과 같다.

$$W = P(V_2 - V_1) = 175 \times (1.61 - 1.3) = 54.25\text{kJ}$$

이때, 정적변화에서 내부에너지의 변화량은 가열량과 같으므로 그 크기는

$$U_2 - U_1 = {}_1Q_2 = 192\text{kJ}$$

이다. 따라서, 정압변화 과정일 때는 필요한 열량이 다음과 같다.

$$\therefore \ Q = U_2 - U_1 + W = 192 + 54.25 = 246.25\text{kJ}$$

3.5bar, 20℃인 공기 5kg을 정압하에서 585kJ의 열을 가할 경우 가열 후의 필요한 상태량을 구하라. 그리고 이 공기를 정적과정하에서 처음의 온도까지 하강시키려면 몇 kJ의 열량을 방출해야 하는가? 단, 공기의 기체상수는 $R=0.287$kJ/kg·K이다.

풀이 $m=5$kg, $_1Q_2=585$ kJ, $T_1=273+20=293$K, $C_p=1.004$ kJ/kg·K, $C_v=0.7171$kJ/kg·K,

$$_1Q_2=mC_p(T_2-T_1) \rightarrow T_2=T_1+\frac{_1Q_2}{mC_p}=293+116.5=409.5\text{K}$$

$P_1V_1=mRT_1$에서

$$V_1=\frac{mRT_1}{P_1}=\frac{5\times0.287\times293}{3.5\times10^2}=1.20\text{m}^3$$

$$V_2=V_1\times\frac{T_2}{T_1}=1.20\times\frac{409.5}{293}=1.679\text{m}^3$$

다음, 이 온도를 처음의 상태로 정적과정하에서 하강시키기 위하여 방출시켜야 할 열량 $_1Q_2$는 $T_3=T_1$으로 하강시키려고 할 때 정적과정이므로 다음식으로부터 구할 수 있다.

$$_1Q_2=mC_v(T_3-T_2)=5\times0.717\times(-116.5)=-417.65\text{kJ}$$

체적 300L인 탱크 속에 초압과 초온이 350×10^3Pa, 150℃인 공기가 들어 있다. 이 공기로부터 63kJ의 열을 발열시킨다면 방열 후의 온도와 압력은 얼마로 되는가?

풀이 공기의 비체적은 $Pv=RT$로부터 다음과 같이 구할 수 있다. 단, $1\text{m}^3=10^3$L이다.

$$v=\frac{RT_1}{P}=\frac{0.287\times(273+150)}{350}≒0.347\text{m}^3/\text{kg}$$

(용기의 체적은 일정 $v=v_1=v_2$)

이때, 탱크 속에는 $m=\dfrac{V}{v}=\dfrac{0.3}{0.347}≒0.865$kg인 공기가 들어 있다.

따라서, 방열시킨 후의 온도를 구하면 다음과 같다.

$$q = C_v(t_2 - t_1) \Rightarrow -\frac{63}{0.865}\text{kJ/kg}$$

$$= 0.717\text{kJ/kg}\cdot\text{K}\times(T_2 - 423)\text{K}$$

$$\rightarrow T_2 = 321.4\text{K} \quad \therefore \ t_2 \fallingdotseq 48.4℃$$

방열 후의 압력은 상태방정식으로부터 다음과 같이 구할 수 있다.

$$P_2 = \frac{0.287\times321.4}{0.347} \fallingdotseq 265.83\text{kPa}$$

예제 3.8

어느 압축공기가 저장탱크에 3,600m^3 채워져 있다. 공기밸브를 열었을 때의 압력이 700kPa, 얼마 후에 압력이 200kPa로 저하했다면 처음 공기의 질량과 최종 공기의 질량은 몇 % 감소하겠는가? 단, 공기의 온도는 26℃이고, 기체상수는 0.287kJ/kg·K 이다.

풀이 $P_1 = 700$kPa, $V = 3,600\,\text{m}^3$, $T = 273.15 + 26 = 299.15$K일 때 기체의 상태방 정식에 대입하여 중량을 구하면 다음과 같다. 단, 정적으로 $V_1 = V_2 = V$이다.

$$m_1 = \frac{P_1 V_1}{R T_1} = \frac{700\times3,600}{0.287\times299.15} = 29351.456\text{kg}$$

같은 방법으로, $P_2 = 200$kPa, $V = 3,600$m^3, $T = 299.15$K일 때 나중의 중량을 구하면,

$$m_2 = \frac{P_2 V}{R T} = \frac{200\times3,600}{0.287\times299.15} = 8386.13\text{kg}$$

이다. 따라서 질량 감소율(%)은 다음과 같다.

$$감소율(\%) = \frac{m_1 - m_2}{m_1} = \frac{29351.456 - 8386.13}{29351.456}$$

$$= 0.7143 \fallingdotseq 71.43\%$$

2 정압변화(isobaric change)

어떤 용기에 열을 가하면 용기 내의 압력은 변하지 않고($P = c$) 체적이 변하는 과정을 말한다. 즉, 정압과정(constant pressure process)은 압력의 변화가

없는 과정으로, 계에 열을 가하면 계의 내압은 변화하지 않고 체적만 변화하는 과정이다. 이 과정을 $P-v$ 선도와 $T-s$ 선도로 표현하면 [그림 3.5]와 같고, 이 과정에 대한 상태변화의 크기를 구하면 다음과 같다.

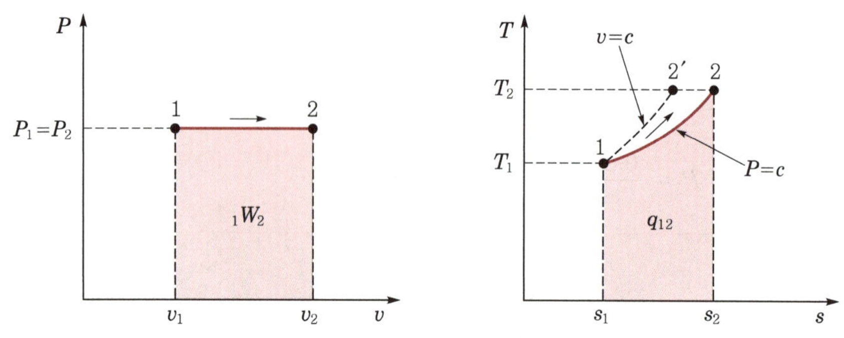

[그림 3.5] 정압과정의 $P-v$ 선도와 $T-s$ 선도

(1) $V.T$ 관계식

정압은 $P=c$인 경우이므로 샤를의 법칙이 성립한다. 따라서 이상기체의 체적과 절대온도는 서로 비례하며 다음과 같은 관계식이 성립한다. 즉, $Pv=RT$에서 $P=c$이므로 $dP=0$이 되므로 체적과 온도는 $\dfrac{v}{T}=c$의 비례관계가 성립한다. 따라서 상태변화 후의 관계는 다음과 같다. 즉 다음과 같이 온도비와 체적비의 관계가 성립한다.

$$\frac{T_2}{T_1} = \frac{v_2}{v_1} \tag{3.27}$$

절대일의 변화

(2) 절대일의 변화

[그림 3.5]의 $P-v$ 선도에서 v축 상의 투영면적은 절대일의 크기를 의미하고, 선도의 하부면적이 존재하며, 그 크기는 다음 식으로부터 구한다.

$$\therefore \ _1w_2 = \int_1^2 Pdv = P(v_2-v_1) = R(T_2-T_1) \tag{3.28}$$

(3) 공업일의 변화

[그림 3.5]에서 공업일을 의미하는 P축에 투영된 면적의 크기는 0이다. 그러므로 정압과정하에서 공업일의 변화는 없고, 이 공업일의 관계는 다음과 같이 되어 일은 절대일의 변화만 있게 된다.

$$\therefore \; w_t = - \int_1^2 v \, dP = - v(P_2 - P_1) = 0 \tag{3.29}$$

단, $P_1 = P_2$의 경우이다.

(4) 내부에너지의 변화

정압과정에서 기체의 정적비열 C_v가 일정할 때, 내부에너지의 변화는 관계식을 사용하여 적분할 경우 다음과 같다.

$$du = C_v \, dT$$

$$\therefore \; u_2 - u_1 = C_v(T_2 - T_1) = \frac{R}{\kappa - 1}(T_2 - T_1)$$

$$= \frac{P}{\kappa - 1}(v_2 - v_1) \tag{3.30}$$

(5) 엔탈피의 변화

역시 정압과정이므로 기체의 정압비열 C_p가 일정할 때 엔탈피의 변화는 관계식을 사용하여 적분할 경우 다음과 같다.

$$dh = C_p \, dT$$

$$\therefore \; h_2 - h_1 = C_p(T_2 - T_1) = \frac{\kappa R}{\kappa - 1}(T_2 - T_1)$$

$$= \frac{\kappa P}{\kappa - 1}(v_2 - v_1) = \kappa(u_2 - u_1) \tag{3.31}$$

(6) 열량의 변화

압력이 일정한 경우의 열량변화는 상태변화에 대한 열역학 제1법칙 식, 즉 $\delta q = dh - v \, dP$로부터 정압과정의 경우 $dP = 0$이므로 $\delta q = dh$ 가 성립한다. 따라서 정압과정의 경우 이동 열량의 크기는 엔탈피 변화와 같다는 것을 의미하며, 이동열량의 크기는 다음과 같은 관계식으로부터 구한다.

$$\delta q = dh - v\,dP = dh + 0$$

$$\therefore \ _1q_2 = h_2 - h_1 = C_p(T_2 - T_1) \tag{3.32}$$

결국, $P_2 = P_1$인 정압과정에서 계의 전 질량 $m[\text{kg}]$에 대한 열의 이동은 다음과 같이 표현된다.

$$_1Q_2 = mC_p(T_2 - T_1)$$

$$\therefore \ _1Q_2 = H_2 - H_1 = mC_p(T_2 - T_1) \tag{3.33}$$

예제 3.9

어느 기체 100kg을 30℃만큼 온도 상승시키는 데 요하는 열량은 압력이 일정한 경우와 체적이 일정한 경우 565kJ의 차이가 있었다. 이 정압과정에서의 기체의 기체상수를 구하라.

풀이 압력 일정의 경우에 필요한 열량을 Q_p, 체적 일정인 경우에 필요한 열량을 Q_v라면 다음 식이 성립한다.

$$Q_p - Q_v = mC_p(T_2 - T_1) - mC_v(T_2 - T_1)$$
$$= m(C_p - C_v)(T_2 - T_1)$$

여기서, $C_p - C_v = R$이 되므로 $Q_p - Q_v = mR(T_2 - T_1)$로부터 R을 구할 수가 있다.

$$\therefore \ R = \frac{Q_p - Q_v}{m(T_2 - T_1)} = \frac{567 \times 10^3}{100 \times 303}$$
$$\fallingdotseq 18.71\,\text{J/kg} \cdot \text{K} \fallingdotseq 0.01871\,\text{kJ/kg} \cdot \text{K}$$

예제 3.10

체적 0.056m³인 용기 속에 압력 7bar, 온도 32℃의 공기가 들어 있고, 다른 쪽 용기 체적 0.064m³ 속에는 압력 3.5bar, 온도 15℃의 공기가 들어 있다. 양 용기 사이에 설치되어 있는 밸브가 열려서 공기가 평형상태로 유지될 때, 공기의 온도가 21℃로 되었다면 압력(kPa)은 얼마인가?

풀이 두 용기 속의 공기 질량을 m_1, m_2 라고 하면, 기체의 상태방정식으로부터 크기는 다음과 같다.

$$m_1 = \frac{P_1 V_1}{R T_1} = \frac{7 \times 10^5 \times 0.056}{287 \times 305} = 0.4478 \text{kg}$$

$$m_2 = \frac{P_2 V_2}{R T_2} = \frac{3.5 \times 10^5 \times 0.064}{287 \times 288} = 0.271 \text{kg}$$

따라서, 평형 후의 공기압력 P는 기체의 상태방정식 $PV = mRT$로부터 다음과 같다.

$$\therefore P_m = \frac{(m_1 + m_2) R T_m}{(V_1 + V_2)} = \frac{(0.4478 + 0.271) \times 287 \times 294}{(0.056 + 0.064)}$$

$$\fallingdotseq 505,424.2 \text{Pa} \fallingdotseq 505.424 \text{kPa}$$

3 등온변화(isothermal change)

등온과정(constant temperature process)은 어떤 용기 내에 있는 계의 상태변화에 대하여 온도가 일정하게 유지되는 과정으로, 계에 열을 가한 후 상태변화하는 동안 온도가 일정하게 유지하기 위해서는 계가 열을 방출하여야 되며, 팽창의 경우는 열을 받아야 온도가 일정하게 유지되는 경우이다. 이러한 등온과정을 $P-v$선도로 나타내면 [그림 3.6]과 같고, 등온과정을 보일-샤를의 법칙에 의하여 $P-v$선도에 표시할 때 압력과 체적과의 관계는 그림과 같이 하나의 직각쌍곡선을 이루며 상태변화를 한다.

등온변화
(isothermal change)

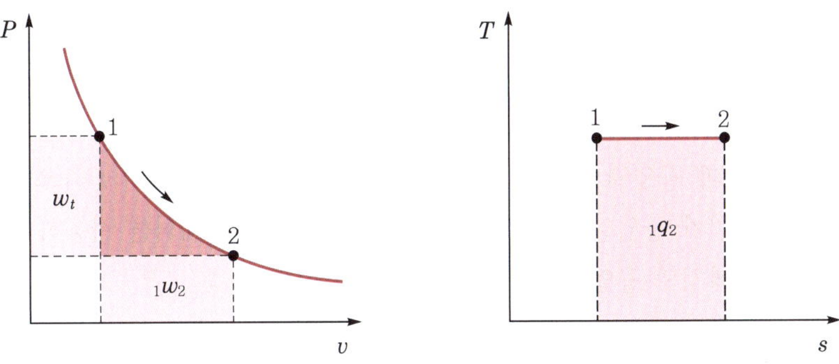

[그림 3.6] 등온과정의 $P-v$선도와 $T-s$선도

(1) $P \cdot V$ 관계식

등온과정은 $T = c$이므로 이상기체 상태방정식 $Pv = RT$로부터 보일의 법칙에 적용할 경우 $Pv = c$의 관계를 만족한다. 즉, $T_1 = T_2$의 상태변화과정에서 압력과 체적은 비례하게 되므로 다음 식으로 표현할 수가 있다. 즉,

$P_1 v_1 = P_2 v_2 = c$(일정)이므로 압력비와 체적비와의 관계는 다음 식과 같다.

$$\therefore \ \frac{P_2}{P_1} = \frac{v_1}{v_2} \tag{3.34}$$

(2) 절대일의 변화

등온과정의 절대일의 크기는 [그림 3.6]의 $P - v$ 선도상에서 v축에 투영된 선도의 아래 면적과 같다. 따라서 가역비유동과정의 절대일인 $_1w_2$를 구하여 보면, 미분관계식을 사용할 때 다음과 같다.

$_1w_2 = \int_1^2 P \, dv$ 식에 이상기체 상태방정식 $Pv = RT$로부터 $P = \dfrac{RT}{v}$를 대입하여 적분할 경우 다음 식이 되고, 이 식으로부터 절대일의 크기를 다음과 같이 구할 수가 있다. 즉, $_1w_2 = \int_1^2 \dfrac{RT}{v} dv = RT \int_1^2 \dfrac{dv}{v}$ 을 적분하여 정리하면 다음과 같다.

$$\therefore \ _1w_2 = RT \ln \frac{v_2}{v_1} = RT \ln \frac{P_1}{P_2}$$

$$= P_1 v_1 \ln \frac{v_2}{v_1} = P_1 v_1 \ln \frac{P_1}{P_2} \tag{3.35}$$

(3) 공업일의 변화

등온과정일 때 공업일의 크기는 [그림 3.6]의 $P - v$ 선도상에서 P축으로 투영된 면적의 크기가 공업일을 의미한다. 이때, 공업일의 관계식을 사용하여 적분할 경우 등온과정의 공업일의 크기를 구할 수가 있다. 즉,

$w_t = - \int_1^2 v \, dP = - P_1 v_1 \int_1^2 \dfrac{dP}{P} = - P_1 v_1 \ln \dfrac{P_2}{P_1} = - P_1 v_1 \ln \dfrac{v_1}{v_2}$ 이 되므로 다음과 같이 정리된다.

$$\therefore \ w_t = -RT \ln\frac{P_2}{P_1} = RT \ln\frac{P_1}{P_2}$$

$$= RT \ln\frac{v_2}{v_1} = {}_1w_2 \qquad (3.36)$$

이 식으로부터 등온과정에서는 공업일의 변화가 절대일의 변화와 같게 됨을 말해준다. 따라서 [그림 3.6]의 $P-v$선도로부터 등온과정에서 상태변화하는 동안 P축과 y축에 투영된 면적이 같음을 의미한다.

(4) 내부에너지의 변화

이상기체의 내부에너지는 온도만의 함수이므로 등온과정의 경우에는 내부에너지의 변화도 없다. 즉, $T_1 = T_2$이므로 $dT = 0$이 되고, 관계식 $du = C_v dT$로부터 다음과 같게 됨을 알 수가 있다.

$$\therefore \ u_2 - u_1 = C_v(T_2 - T_1) = 0 \qquad (3.37)$$

(5) 엔탈피의 변화

이상기체의 경우 엔탈피도 온도만의 함수이므로 등온과정의 경우에는 엔탈피의 변화도 없다. 즉, $dT = 0$이므로 관계식으로부터 $dh = C_p dT = 0$이 되고, 적분하여 정리하여도 그 결과는 다음과 같게 됨을 알 수가 있다.

$$\therefore \ h_2 - h_1 = C_p(T_2 - T_1) = 0 \qquad (3.38)$$

(6) 열량의 변화

등온과정의 경우 온도의 변화가 없기 때문에 이동열량도 없을 것으로 판단하기 쉬우나 그렇지가 않다. 즉, 등온과정의 경우에서는 온도변화를 수반하지 않는 과정이므로 상태변화 과정동안 이동열은 열역학 제1법칙으로부터 다음과 같이 됨을 알 수 있다.

밀폐계에 대한 열역학 제1법칙 $\delta q = du + P\,dv$로부터 찾을 수 있으나 이때 이상기체의 내부에너지는 온도만의 함수이므로 등온과정에서 내부에너지의 변화가 없다. 따라서 등온과정에 대한 열량변화는 다음 식과 같이 되고 절대일의 크기와 같게 됨을 알 수 있다. 즉, $\delta q = du + Pdv = 0 + Pdv$이므로, 적분하면 다음과 같이 된다.

$$\therefore \ q = {}_1w_2 \tag{3.39}$$

다음, 열역학 제1법칙에 대한 관계식 $\delta q = dh - v\,dP$를 사용할 경우, 이상기체의 엔탈피는 온도만의 함수이므로 $dh = C_p dT = 0$으로부터 앞에서 살펴본 바와 같이 등온에서는 엔탈피의 변화가 없게 된다. 즉, $dq = dh - v\,dP = 0 + v\,dP$이므로, 적분하면 다음과 같게 됨을 알 수 있다.

$$\therefore \ q = w_t \tag{3.40}$$

결과적으로 등온과정의 열량변화는 $\delta q = P\,dv = -v\,dP$가 성립하며, 그 크기는 다음과 같이 절대일의 변화와 공업일의 변화와 같게 됨을 알게 된다.

$$q = {}_1w_2 = w_t \tag{3.41}$$

계의 전체중량 m [kg]에 대하여도 다음과 같이 쓸 수 있다. 즉, $\delta Q = dU + P\,dV$에서 등온의 경우 $dU = 0$, $P\,dV = \delta W$가 성립하므로,

$$_1Q_2 = {}_1W_2 \tag{3.42}$$

이다. 또 $\delta Q = dH - V\,dP$로부터, 등온에서 $dH = 0$이 성립하므로 역시 다음 식과 같다. 즉, $\delta Q = dH - V\,dP = 0 - V\,dP = \delta W_t$이므로

$$_1Q_2 = W_t \tag{3.43}$$

와 같다.

예제 3.11

3kg의 공기를 200℃, 300kPa의 상태로부터 정압변화시켜 630kJ을 방출한다. 다음에 200℃로 될 때까지 정적가열을 한 후 다시 등온하에서 팽창시켜 최초의 상태로 되돌리는 경우 다음 값을 각각 구하라.

1. 정압변화 후의 온도
2. 정적변화 중의 체적
3. 정적변화 중의 열량
4. 정적변화 후의 압력
5. 등온팽창 중 가해진 열량

풀이 1. 정압변화 후의 온도를 구하면 다음과 같다. 단, C_p =1.004kJ/kg・K이다.

$$_1Q_2 = mC_p(T_2 - T_1)$$

$$T_2 = \frac{Q}{mC_p} + T_1 = \frac{-630}{3 \times 1.004} + 473 = 263.84\text{K}$$

$$\therefore t_2 = -9.16℃$$

2. 정적변화 중의 체적을 구하면 다음과 같다. 여기서, $T_2 = 263.84\,\text{K}$ 이고, $P_1 = P_2$ 이다.

$$V_2 = \frac{mRT_2}{P_2} = \frac{3 \times 0.287 \times 263.84}{3 \times 10^2} \fallingdotseq 0.757\text{m}^3 = V_3$$

3. 정적변화 중에 가한 열량은 −8.3℃로부터 200℃까지 정적가열된 것이 되므로 그 크기는 다음과 같이 구한다. 단, C_v =0.717kJ/kg・K

$$Q = mC_v(T_3 - T_2) = 3 \times 0.717 \times (473 - 263.84) = 450\text{kJ}$$

4. 정적변화 후 압력의 크기는 다음과 같이 계산된다.

$$\frac{P_2}{T_2} = \frac{P_3}{T_3} \rightarrow P_3 = \frac{P_2 T_3}{T_2} = \frac{300 \times 473}{263.84} = 573.83\text{kPa}$$

5. 등온팽창 중에 가해진 열량은 일의 변화와 같고, 그 크기는 다음 식으로부터 구한다. 이때 압력은 573.83kPa로부터 300kPa까지 팽창하는 경우이다.

$$_3Q_1 = W = mRT_3 \ln\left(\frac{P_3}{P_1}\right)$$

$$= 3 \times 0.287 \times 473 \times \ln\left(\frac{573.83}{300}\right)$$

$$\fallingdotseq 264.17\,\text{kJ}$$

4 단열변화(adiabatic change)

외부와 열의 입・출이 완전히 차단된 상태에서 팽창 또는 압축과정을 수행하는 경우를 단열변화라 부르고, 등엔트로피 과정(isentropic process)이라고도 부른다. 실제과정에서 완전히 열을 차단하여 단열과정으로 팽창 수축하는 것은 어려우나 내연기관이나 냉동기 등의 압축과 팽창행정은 짧은 순간에 행하여지므로 이 순간에 경계를 통한 열손실은 상대적으로 작게 되므로 단열변화에 접근되는 과정으로 볼 수가 있다. 이때의 압력과 체적 간에는 다음 관계가 성립한다.

단열변화
(adiabatic change)

$$P v^{\kappa} = c \,(\text{일정})$$

여기서, κ는 단열지수(adiabatic exponent)이며 이상기체에서 비열비라고 부른다. 이 관계식의 유도과정을 알아보면 다음과 같다.

(1) $P.V.T$ 관계식

단열과정에서 $P.V.T$ 관계는 열역학 제1법칙과 이상기체 상태방정식으로부터 다음과 같이 유도된다. 즉, 열역학 제1법칙으로부터 단열과정에서는 다음과 같다.

$$\delta q = 0 = du + Pdv = C_v \, dT + Pdv \tag{a}$$

다음은 완전기체 상태방정식 $Pv = RT$를 양변 미분하여 정리하면 다음과 같다.

$$Pdv + v \, dP = R \, dT \tag{b}$$

이 식 (b)를 dT에 대하여 정리한 후 식 (a)에 대입하여 식을 다시 쓰면 다음과 같다. 즉,

$$C_v \left(\frac{P \, dv + v \, dP}{R} \right) + P \, dv = 0 \tag{c}$$

이다. 또 식 (c)를 다시 이항 정리할 경우 다음과 같게 된다.

$$(C_v + R) P \, dv + C_v \, v \, dP = 0 \tag{d}$$

기체상수 R과 비열 관계식 $C_p - C_v = R$이므로 이를 위의 식 (d)에 대입하면 다음과 같다. 즉,

$$C_p \, P \, dv + C_v \, v \, dP = 0 \tag{e}$$

이다. 이 식 (e)의 양변을 C_v로 나누어주고 $\kappa = C_p / C_v$의 정의관계를 적용한 후 양변을 Pv로 나누면,

$$\kappa P \, dv + v \, dP = 0$$

$$\frac{dP}{P} + \kappa \, \frac{dv}{v} = 0 \tag{f}$$

가 된다. 위 식 (f)의 양변을 적분하고 정리할 경우 다음과 같은 식을 얻는다.

$$\int \frac{dP}{P} + \kappa \int \frac{dv}{v} = \int 0$$

$$\ln P + \kappa \ln v = c$$

$$\ln(Pv^{\kappa}) = c \tag{g}$$

따라서, 위 식에 단열과정에 대한 $P-v$ 관계는 다음과 같이 나타낼 수 있다.

$$\therefore \ Pv^{\kappa} = c \tag{3.44}$$

이 식은 다음과 같이 압력과 체적비와의 관계식을 얻을 수 있게 됨을 말해준다.

$$P_1 v_1^{\kappa} = P_2 v_2^{\kappa} \tag{h}$$

$$\frac{P_2}{P_1} = \left(\frac{v_1}{v_2}\right)^{\kappa} \tag{i}$$

식 (3.44)는 단열과정의 압력과 체적의 관계로 사용되고 있는 식이며, 단열과정의 또 다른 관계 식으로는 체적과 온도, 압력과 온도의 관계식이 있다. 이들의 관계식을 알아보면 다음과 같다. 즉, 식 (3.44)에 완전기체 상태방정식 $Pv = RT$ 로부터 압력 $P = \dfrac{RT}{v}$ 를 적용하여 정리하면 온도와 체적과의 관계식이 다음과 같다.

$$\therefore \ Tv^{\kappa-1} = c \tag{3.45}$$

이 식을 이용하면 다음과 같이 온도와 체적비의 관계식을 얻을 수가 있다.

$$T_1 v_1^{\kappa-1} = T_2 v_2^{\kappa-1} \tag{j}$$

$$\frac{T_2}{T_1} = \left(\frac{v_1}{v_2}\right)^{\kappa-1} \tag{k}$$

이번에는 압력과 온도와의 관계를 알아보자. 앞의 식 (3.44)에 완전기체 상태방정식 $Pv = RT$ 로부터 비체적 $v = \dfrac{RT}{P}$ 를 적용시켜 정리하면 온도와 압력과의 관계식을 얻을 수 있다.

$$\therefore \ T P^{\frac{1-\kappa}{\kappa}} = c \qquad\qquad (3.46)$$

이 식으로부터 온도와 압력비의 관계를 만들면 다음과 같은 관계식을 얻을 수가 있다.

$$T_1 P_1^{\frac{1-\kappa}{\kappa}} = T_2 P_2^{\frac{1-\kappa}{\kappa}} \qquad\qquad \text{(l)}$$

$$\frac{T_2}{T_1} = \left(\frac{P_2}{P_1}\right)^{\frac{\kappa-1}{\kappa}} \qquad\qquad \text{(m)}$$

단열과정에 대한
$P.V.T$ 관계

이상과 같이 단열과정에 대한 $P.V.T$ 관계를 알아본 결과를 다시 정리하여 쓰면 다음과 같다. 즉,

$$P v^{\kappa} = c, \ \ T v^{\kappa-1} = c, \ \ T P^{\frac{1-\kappa}{\kappa}} = c \qquad\qquad (3.47)$$

온도, 압력
체적(또는 비체적)의
상태변화 전·후 관계

이다. 또 이 식들로부터 만들어진 온도와 압력 그리고 체적(또는 비체적)의 상태변화 전·후 관계를 하나로 묶으면 다음 식과 같이 쓸 수가 있다.

$$\frac{T_2}{T_1} = \left(\frac{P_2}{P_1}\right)^{\frac{\kappa-1}{\kappa}} = \left(\frac{v_1}{v_2}\right)^{\kappa-1} \qquad\qquad (3.48)$$

이 단열과정에 대한 $P-v$ 선도와 $T-s$ 선도를 나타내면 [그림 3.7]과 같다. 그림에서 보는 바와 같이 단열과정의 경로가 등온과정의 경로보다는 약간 경사도를 비교할 때 급한 경향을 나타내고 있다. 즉, 같은 상태 점까지 상태변화할 경우 단열과정일 때 일의 크기는 등온과정보다 작다. 따라서 단열과정의 절대일 크기는 $P-v$ 선도상의 v 축 사영면적이 된다. 그리고 공업일의 크기 또한 $P-v$ 선도상의 P 축 사영 면적이다. 다음은 $T-s$ 선도상의 열량변화의 크기이다. 그림에서 보듯이 단열과정의 S 축의 사영 면적의 크기는 없다. 이것은 면적의 크기가 없다는 것으로 단열에서는 상태변화 전·후 열량의 변화가 없다는 뜻이 된다.

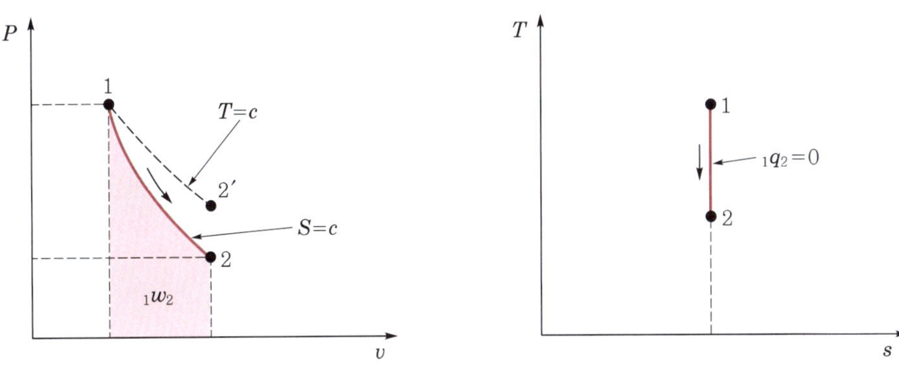

[그림 3.7] 단열과정의 $P-v$ 선도와 $T-s$ 선도

(2) 절대일의 변화

절대일의 변화

이상기체 단열과정의 변화에 대한 절대일의 크기는 다음과 같이 열역학 제1법칙의 일반관계식과 내부에너지의 미분관계로부터 구할 수 있다. 즉, 단열의 경우 열역학 제1법칙에서 $\delta q = 0$이 되므로 $\delta q = 0 = du + Pdv$에서 $Pdv = -du = -C_v dT = \delta w$가 되므로 양변 적분하면 단열과정의 일은 다음과 같은 식으로부터 계산한다. 이것으로부터 단열과정의 절대일의 크기는 내부에너지의 감소분 $-du = -C_v dT$의 크기에 해당됨을 알 수가 있다.

$$_1w_2 = \frac{1}{\kappa-1}(P_1v_1 - P_2v_2) = \frac{P_1v_1}{\kappa-1}\left(1 - \frac{T_2}{T_1}\right)$$

$$= \frac{P_1v_1}{\kappa-1}\left[1 - \left(\frac{v_1}{v_2}\right)^{\kappa-1}\right] = \frac{P_1v_1}{\kappa-1}\left[1 - \left(\frac{P_2}{P_1}\right)^{\frac{\kappa-1}{\kappa}}\right] \tag{3.49}$$

(3) 공업일의 변화

공업일의 변화

이상기체가 유동하면서 단열변화를 할 때 일 변화의 크기는 공업일이 되고, 이 경우도 열역학 제1법칙의 일반관계식과 엔탈피의 미분관계로부터 다음과 같이 구할 수 있다. 즉, 단열과정의 경우 $\delta q = 0 = dh - vdP$에서 $-vdP = -dh = -C_p dT = \delta w_t$가 되므로 공업일의 크기는 엔탈피의 감소분 $-dh = -C_p dT$와 같음을 알 수 있다. 따라서 다음 식으로부터 단열과정의 공업일이 앞에서 구한 절대일 크기와 비교할 때 κ배가 된다는 것을 알 수가 있다.

$$w_t = - C_p(T_2 - T_1) = \frac{\kappa R}{\kappa - 1}(T_1 - T_2) = \frac{\kappa P_1 v_1}{\kappa - 1}\left(1 - \frac{T_2}{T_1}\right)$$

$$= \frac{\kappa P_1 v_1}{\kappa - 1}\left[1 - \left(\frac{v_1}{v_2}\right)^{\kappa - 1}\right] = \frac{\kappa P_1 v_1}{\kappa - 1}\left[1 - \left(\frac{P_2}{P_1}\right)^{\frac{\kappa - 1}{\kappa}}\right] \tag{3.50}$$

(4) 내부에너지의 변화

이상기체 단열과정의 내부에너지의 변화는 역시 열역학 제1법칙의 미분 일반 관계식으로부터 다음과 같이 구할 수 있다. 즉, $\delta q = 0 = du + Pdv$ 이므로 이항하면 $du = -Pdv = C_v dT$ 이고, 이 식을 적분할 경우 $u_2 - u_1 = \Delta u = - w_{12}$ 이다. 따라서 단열과정에서 내부에너지의 변화량은 절대일 감소분만큼의 크기 변화를 수반한다는 것을 알 수가 있다.

$$du = C_v dT \rightarrow \int_1^2 du = \int_1^2 C_v dT$$

$$\therefore u_2 - u_1 = C_v(T_2 - T_1) = -{}_1 w_2 \tag{3.51}$$

(5) 엔탈피의 변화

이상기체 단열과정의 엔탈피변화는 역시 열역학 제1법칙의 미분 일반관계식으로부터 다음과 같이 찾을 수 있다. 즉, $dq = 0 = dh - vdP$ 이므로 이 식을 이항하면 $dh = vdP = C_p dT$ 이고, 적분할 경우 $h_2 - h_1 = \Delta h = - w_t$ 의 관계가 성립한다. 따라서 단열과정에서 엔탈피의 변화량은 공업일 감소분만큼의 크기 변화를 수반한다는 것을 알 수가 있다.

$$dh = C_p dT \rightarrow \int_1^2 dh = \int_1^2 C_p dT$$

$$\therefore h_2 - h_1 = C_p(T_2 - T_1) = - w_t \tag{3.52}$$

(6) 열량의 변화

단열이란 상태변화 과정에서 열의 변화가 전혀 없다는 것을 말한다. 따라서 이상기체의 경우 열역학 제1법칙의 미분 일반관계식으로부터 다음과 같은 표현이 가능하게 된다. 즉, $q_{c.v} = c$(일정)일 때는 $\delta q = 0 \rightarrow {}_1 q_2 = 0$이 되므로 단열상태의 변화 시 열량(가열 또는 방열)의 변화는 없다.

예제 3.12

초기온도 95℃인 공기 1kg을 등온 가열하면서 팽창시킨 다음 다시 처음의 압력까지 가역단열팽창시킬 때 공기의 온도가 50℃로 되었다. 등온 팽창과정 중 공기에 가해진 열량은 얼마인가?

풀이 등온팽창 전·후의 압력을 각각 P_1, P_2라고 하면, 단열과정에서는 다음 관계가 성립한다.

$$\frac{P_2}{P_1} = \left(\frac{T_2}{T_1}\right)^{\frac{\kappa}{\kappa-1}} = \left(\frac{323}{368}\right)^{\frac{1.4}{1.4-1}} = 0.6335 \rightarrow \frac{P_1}{P_2} = \frac{1}{0.6335} = 1.58$$

따라서, 등온변화 중 공기에 가해진 열량은 다음 식으로부터 구한다.

$$_1Q_2 = mRT_1 \ln\left(\frac{P_1}{P_2}\right)$$
$$= 1 \times 0.287 \times 323 \times \ln(1.58) = 42.4 \text{kJ}$$

예제 3.13

온도 21℃, 압력 101.32kPa인 공기 3kg이 단열 압축되어서 체적이 0.6m^{3}로 되었다. 압축일량을 구하라.

풀이 압축 초기의 체적 V_1을 구하면 그 크기는

$$V_1 = \frac{mRT_1}{P_1} = \frac{3 \times 0.287 \times 294}{101.32} \fallingdotseq 2.5 \text{m}^3$$

이다. 압축 후의 압력 P_2는 단열변화 관계식 $P_1 V_1^{\kappa} = P_2 V_2^{\kappa} = c$로부터 구하면

$$P_2 = P_1 \left(\frac{V_1}{V_2}\right)^{\kappa} = 101.32 \times \left(\frac{2.5}{0.6}\right)^{1.4} \fallingdotseq 747.14 \text{kPa}$$

이다. 위에서 구한 V_1과 P_2값을 이용하여 압축일의 크기는 다음 관계식을 사용하여 구한다.

$$_1W_2 = \frac{\kappa}{\kappa-1}(P_1 V_1 - P_2 V_2)$$
$$= \frac{1.4}{0.4} \times (101.32 \times 2.5 - 747.14 \times 0.6)$$
$$\fallingdotseq -682.44 \text{kJ}$$

1kg의 공기를 20℃, 100kPa의 상태로부터 등온변화하여 압력 800kPa로 한 다음 정압변화시킨 후 단열변화시켜 처음의 상태로 되돌아왔다. 정압변화 후의 온도 및 상태변화에 가해진 열량을 구하라.

풀이 정압변화 초기의 상태를 생각하면 최초의 변화는 등온변화이므로 온도변화는 없이 20℃이고 압력은 8kPa이다. 정압변화 끝은 시작될 때의 상태와 같다. 먼저, 단열 관계식을 이용하여 단열변화 후의 온도를 구하면

$$\frac{T_2}{T_1} = \left(\frac{P_2}{P_1}\right)^{\frac{\kappa-1}{\kappa}} \rightarrow T_2 = 293 \times (8)^{\frac{1.4-1}{1.4}} = 530.7\text{K}$$

$$\therefore\ t_2 = 257.7℃$$

이다. 정압변화에서는 8kPa하에서 온도 20℃로부터 257.7℃까지 올라간 경우이므로, 이때 가해진 열량은 다음 관계식으로부터 구해진다.

$$Q = m C_p (T_2 - T_1) = 1 \times 1.004 \times (530.7 - 293) \fallingdotseq 238.65\text{kJ}$$

초기의 압력과 온도가 105kPa, 21℃인 어느 기체 가스 5kg이 7.36m^{3}의 체적을 점유한다. 이 가스를 정적하에서 압력을 175kPa까지 높이는 데는 1,885kJ의 열량이 필요하다. 만일, 가스를 단열적으로 동일한 압력까지 압축시키려면 몇 kJ의 열량이 필요한가?

풀이 이 기체 가스의 기체상수 R은

$$R = \frac{PV}{mT} = \frac{105 \times 7.36}{5 \times 294} \fallingdotseq 0.526\text{kJ/kg}\cdot\text{K}$$

정적변화 후 온도는, $T_2 = T_1 \times \dfrac{P_2}{P_1} = 294 \times \dfrac{175}{105} = 490\text{K}\,(=217℃)$

이 가스의 정적비열과 정압비열은 다음과 같다.

$$C_v = \frac{Q}{m(T_2 - T_1)} = \frac{1,885}{5(217-21)} = 1.92\text{kJ/kg}\cdot\text{K}$$

$$C_p - C_v = R = 0.526\text{kJ/kg}\cdot\text{K}$$

$$\therefore\ C_p = 0.526 + 1.92 = 2.446\text{kJ/kg}\cdot\text{K}$$

따라서, 이 가스의 비열비 $\kappa = \dfrac{C_p}{C_v} = \dfrac{2.446}{1.92} = 1.274$이다. 단열압축 후 온도 T_3는 단열의 경우 온도와 압력비의 관계로부터 구하면

$$T_3 = 294\left(\frac{175}{105}\right)^{\frac{0.274}{1.274}} = 328.13\text{K} = 55.13℃$$

이다. 그러므로 압축에 필요한 일량의 크기는 다음과 같다.

$$_1W_2 = m\frac{R}{\kappa-1}(T_1 - T_2) = mC_v(T_1 - T_2)$$
$$= 5\times1.92\times(21 - 55.13) = -327.651\text{kJ}$$

5 폴리트로픽 변화(polytropic change)

폴리트로픽 변화
(polytropic change)

내연기관이나 공기압축기 등에 사용되는 동작유체인 공기와 같은 기체는 실제기체이다. 이 기체는 앞에서 설명한 4가지 과정만으로는 설명하기 곤란하므로 실제과정을 다음과 같이 n을 사용하여 압력, 온도, 체적과의 관계를 일반식으로 나타낼 수가 있다.

$$P V^n = c$$
$$P v^n = c \tag{3.53}$$

위 식과 같은 관계를 만족하는 상태변화를 폴리트로픽 과정(polytropic process)이라고 한다. 여기서, $n = -\infty \sim +\infty$의 값을 가지고 있으나 일반적으로는 $n = 1 < n < \kappa$의 값을 가진다. 이때 n을 폴리트로픽 지수(polytropic exponent)라고 하며, 폴리트로픽 과정에서 여러 가지 관계식을 구하는 데 있어 앞에서 설명한 단열변화의 κ 값을 n으로 대치하면 쉽게 이해된다.

폴리트로픽 지수
(polytropic exponent)

(1) $P.V.T$ 관계식

기체가 가역과정을 겪으면서 열전달이 있을 때 그 과정은 [그림 3.8]과 같이 대수 $\log P$ 대 $\log V$가 그래프상에 직선으로 나타난다. 이 과정은 압력과 체적 사이에 관계가 PV^n 값이 일정한 과정을 폴리트로픽 과정이라고 한다. 그 하나의 예로, 왕복동형 내연기관에서 실린더 안으로부터 연소된 가스가 팽창하는 과정을 들 수가 있다. 이 엔진으로부터 폴리트로픽 과정으로 팽창행정 동안 압력과 체적을 측정하고, 이 압력과 체적의 로그 값을 도식하면 그 결과는 [그림 3.8]의 직선과 유사한 선도가 그려질 것이다.

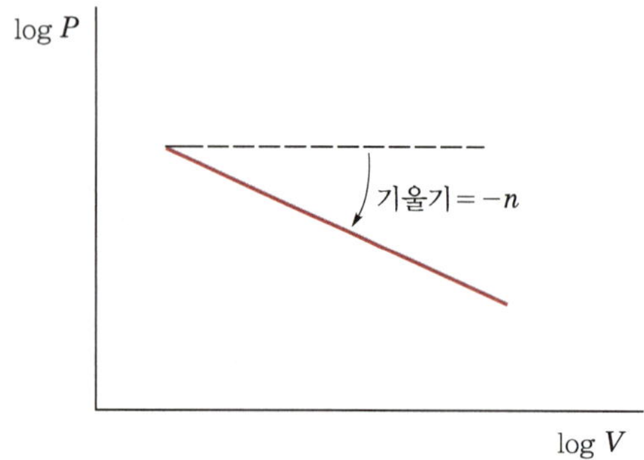

[그림 3.8] 기체의 실제과정에 대한 $P-V$선도

위 그림으로부터 다음과 같은 식이 유도된다.

$$\frac{d\,(\ln P)}{d\,(\ln V)} = -n$$

$$\rightarrow\ d\,(\ln P) + n\,d\,(\ln V) = 0$$

이 식의 n이 상수라면 양변 적분할 경우 다음과 같은 관계식을 얻을 수가 있다. 즉, 압력과 체적과의 관계가 $PV^n = c(일정) \rightarrow P_1 V_1 = P_2 V_2$이다. 이 식으로부터 폴리트로픽 과정에 대하여 다음 관계식으로 쓸 수가 있다.

$$PV^n = c, \quad TV^{n-1} = c, \quad TP^{\frac{1-n}{n}} = c \tag{3.54}$$

폴리트로픽 과정에 대한 $P.V.T$ 관계

따라서 폴리트로픽 과정에 대한 $P.V.T$ 관계는 위 (3.54)식을 전개할 경우 다음과 같은 식 (3.55)로 다시 나타낼 수가 있다.

$$\therefore\ \frac{T_2}{T_1} = \left(\frac{P_2}{P_1}\right)^{\frac{n-1}{n}} = \left(\frac{V_1}{V_2}\right)^{n-1} = \left(\frac{v_1}{v_2}\right)^{n-1} \tag{3.55}$$

여러 가지 n값에 따른 폴리트로픽 과정을 [그림 3.9]의 (a), (b)에 $P-v$ 및 $T-s$ 선도상에 나타내었다. 몇 가지 익숙한 과정을 고려할 경우 n값의 결정에 따른 각각의 과정은 다음과 같다.

등압과정　　　　　: $n=0$, $P=c$(일정)

등온과정　　　　　: $n=1$, $T=c$(일정)

등엔트로피과정 : $n=\kappa$, $s=c$(일정)

등적과정　　　　　: $n=\infty$, $v=c$(일정)

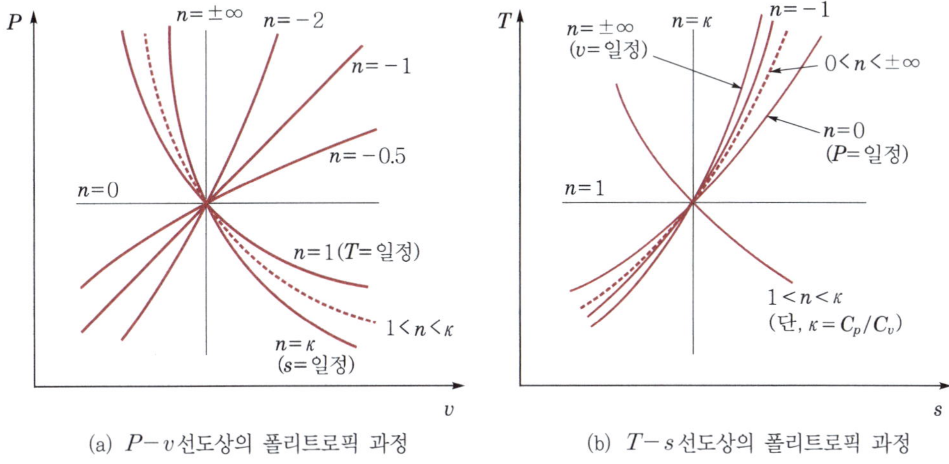

(a) $P-v$ 선도상의 폴리트로픽 과정 (b) $T-s$ 선도상의 폴리트로픽 과정

[그림 3.9] 폴리트로픽 과정에 대한 $P-v$ 및 $T-s$ 선도

이상과 같은 폴리트로픽변화에서의 여러 가지 관계식을 사용하여 상태변화에 따른 검사질량이 하는 각종 상태량의 변화에 대하여 알아보면 다음과 같이 유도된다.

(2) 절대일의 변화

절대일의 변화

폴리트로픽 과정의 절대일의 변화는 절대일의 미분정의 $w_{12} = \int_1^2 P\,dv$ 으로부터 적분하여 구할 경우 다음 식과 같다. 이것은 단열변화에서의 절대일 변화 식에서 κ 대신 포리트로픽 지수 n 을 사용하여 다시 쓰면 된다.

$$
\begin{aligned}
{}_1w_2 &= \frac{1}{n-1}(P_1v_1 - P_2v_2) = \frac{P_1v_1}{n-1}\left(1 - \frac{T_2}{T_1}\right) \\
&= \frac{P_1v_1}{n-1}\left[1 - \left(\frac{v_1}{v_2}\right)^{n-1}\right] \\
&= \frac{P_1v_1}{n-1}\left[1 - \left(\frac{P_2}{P_1}\right)^{\frac{n-1}{n}}\right] \\
&= \frac{R}{n-1}(T_1 - T_2) \tag{3.56}
\end{aligned}
$$

(3) 공업일의 변화

폴리트로픽 과정의 공업일의 변화는 역시 공업일의 미분정의 $w_t = -\int_1^2 v\,dP$ 으로부터 적분하여 구할 경우 다음 식과 같다. 이 결과는 역시 단열과정의 공업일의 변화 관계식에서 비열비 κ 대신 폴리트로픽 지수(polytropic exponent) n을 사용하여 쓴 결과와 같다. 즉,

$$
\begin{aligned}
w_t &= \frac{n}{n-1}R(T_1 - T_2) = \frac{n}{n-1}RT_1\left(1 - \frac{T_2}{T_1}\right)\\[2mm]
&= \frac{n}{n-1}RT_1\left[1 - \left(\frac{P_2}{P_1}\right)^{\frac{n-1}{n}}\right]\\[2mm]
&= \frac{n}{n-1}RT_1\left[1 - \left(\frac{v_1}{v_2}\right)^{n-1}\right]
\end{aligned}
\tag{3.57}
$$

이다. 따라서 폴리트로픽 과정에서 같은 위치 상태점까지 변화할 경우 절대일과 공업일의 크기를 비교하면, 공업일의 변화 크기가 절대일의 변화 크기의 n배로써 다음과 같다.

$$
w_t = n\,_1w_2
\tag{3.58}
$$

(4) 내부에너지의 변화

폴리트로픽 과정에서 내부에너지의 변화량도 역시 다음과 같은 내부에너지의 미분정의로부터 적분하면 다음 식이 되고, 이 식으로부터 내부에너지 변화는 온도만의 함수임을 알 수 있다.

$$
\begin{aligned}
du &= C_v dT\\[1mm]
u_2 - u_1 &= C_v(T_2 - T_1)
\end{aligned}
\tag{3.59}
$$

(5) 엔탈피의 변화

폴리트로픽 과정에서 엔탈피 변화량도 다음과 같은 엔탈피의 미분정의로부터 적분하여 다음 식과 같이 구할 수 있다. 따라서 폴리트로픽 변화에서 엔탈피의 변화도 온도만의 함수가 된다.

$$dh = C_p dT$$

$$h_2 - h_1 = C_p(T_2 - T_1) \tag{3.60}$$

(6) 열량의 변화

폴리트로프 과정의 이동 열량의 관계는 단열과정과는 다르게 열의 출입이 존재한다. 따라서 이 과정 중의 이동 열의 크기는 다음과 같이 열역학 제1법칙 관계식 $\delta q = du + Pdv$을 적분하여 다음 식으로부터 구할 수가 있다.

$$\int_1^2 \delta q = \int_1^2 du + \int_1^2 P\,dv$$

$$_1q_2 = C_v(T_2 - T_1) + \frac{R}{n-1}(T_1 - T_2)$$

$$= \frac{R}{\kappa - 1}(T_2 - T_1) + \frac{R}{n-1}(T_1 - T_2)$$

$$= \frac{R}{\kappa - 1}(T_2 - T_1) - \frac{R}{n-1}(T_2 - T_1)$$

$$= \left[\frac{\{(n-1) - (\kappa-1)\}R}{(\kappa-1)(n-1)} \right](T_2 - T_1)$$

$$= \left(\frac{R}{\kappa-1} \right)\left(\frac{n-\kappa}{n-1} \right)(T_2 - T_1)$$

$$= C_v \frac{n-\kappa}{n-1}(T_2 - T_1) \tag{3.61}$$

위의 식에서 C_n은 다음과 같이 정의하고, 따라서 이 과정에서 열의 변화량은 다음 식으로 간단히 쓸 수가 있다. 여기서, C_n을 폴리트로픽 비열이라고 한다. 즉,

$$C_n = C_v \frac{n-\kappa}{n-1} \tag{3.62}$$

$$_1q_2 = C_n(T_2 - T_1) \tag{3.63}$$

이 된다. 폴리트로프 비열 C_n은 지수 n의 값이 변함에 따라 부호가 변화된다. 즉 $1 < n < \kappa$의 범위에서는 C_n의 값은 음(−)의 값을 가지게 되고, 열의 출입상태로부터 계가 부호가 음이 된다는 것은 열을 가할 경우에도 계의 온도가 저하됨을 말해준다. 이와 같이 온도가 저하되는 경우는 계가 가해진 열량보다 외부에 일을 더 크게 하고 있음을 말해주는 것이다.

압력 5,000kPa, 온도 2,030℃의 압축된 공기 0.001kg이 팽창하여 체적이 9배로 되었다. 팽창 후의 온도, 압력, 공기가 한 일, 그 사이에 출입한 열량, 내부에너지 변화를 다음의 상태에 대하여 구하라. 단, $\kappa = 1.3$, $n = 1.35$, $C_v = 0.945$kJ/kg·K이다.

(A) 등온변화　　　　　　　　(B) 단열변화　　　　　　　　(C) 폴리트로픽 변화

풀이 (A) 등온변화

(1) $T_1 = 2,030 + 273 = 2,303\text{K} = T_2$

(2) $P_2 = P_1\left(\dfrac{V_1}{V_2}\right) = 5,000 \times \dfrac{1}{9} = 555.56\text{kPa}$

(3) ${}_1W_2 = mRT\ln\dfrac{V_2}{V_1}$

$\qquad = \dfrac{1}{1,000} \times 0.287 \times (2,030 + 273)\ln(9)$

$\qquad \fallingdotseq 1.452\text{kJ} = {}_1Q_2$ (등온과정은 일과 열의 변화량이 같다.)

(4) $U_2 - U_1 = 0$

(B) 단열변화

(1) $T_2 = T_1\left(\dfrac{V_1}{V_2}\right)^{\kappa-1} = 2,303 \times \left(\dfrac{1}{9}\right)^{0.3} \fallingdotseq 1191.3\text{K} = 918.3℃$

(2) $P_2 = P_1\left(\dfrac{V_1}{V_2}\right)^{\kappa} = 5,000 \times \left(\dfrac{1}{9}\right)^{1.3} \fallingdotseq 287.4\text{kPa}$

(3) ${}_1W_2 = \dfrac{mR}{\kappa-1}(T_1 - T_2) = \dfrac{0.287}{1,000 \times 0.3}(2,303 - 1191.3)$

$\qquad \fallingdotseq 1.064\text{kJ}$

(4) ${}_1Q_2 = 0$

(5) $U_2 - U_1 = -{}_1W_2 \fallingdotseq -1.064\text{kJ}$

(C) 폴리트로픽 변화

(1) $T_2 = T_1\left(\dfrac{V_1}{V_2}\right)^{n-1} = 2,303 \times \left(\dfrac{1}{9}\right)^{0.35} \fallingdotseq 1067.36\text{K}$

$\qquad = 794.36℃$

(2) $P_2 = P_1\left(\dfrac{V_1}{V_2}\right)^{n} = 5,000 \times \left(\dfrac{1}{9}\right)^{1.35} \fallingdotseq 257.48\text{kPa}$

(3) ${}_1W_2 = \dfrac{mR}{n-1}(T_2 - T_1)$

$\qquad = \left(\dfrac{1}{1,000}\right)\left(\dfrac{0.287}{1.35-1}\right)(2,303 - 1067.36) \fallingdotseq 1.013\text{kJ}$

(4) ${}_1Q_2 = mC_v\left(\dfrac{n-\kappa}{n-1}\right)(T_2 - T_1)$

$\qquad = \left(\dfrac{1}{1,000}\right)(0.945)\left(\dfrac{1.35-1.3}{1.35-1}\right)(1067.36 - 2,303)$

$\qquad \fallingdotseq -0.1668\text{kJ}$

$$(5) \quad U_2 - U_1 = m C_v (T_2 - T_1)$$

$$= \left(\frac{1}{1,000}\right)(0.945)(1067.36 - 2,303) = -1.1676\text{kJ}$$

예제 3.17

압력 100kPa, 15℃의 공기 5kg이 폴리트로픽 변화하여 315kJ의 열량을 방출하고, 그 후 온도는 160℃로 되었다. 이 변화에서 최종 체적과 압력을 구하라.

풀이 폴리트로픽 변화이므로 지수 n을 구하면 다음과 같다. 즉,

$$_1Q_2 = m C_v \frac{n - \kappa}{n - 1} (T_2 - T_1) \text{의 관계식에}$$

$C_p = 1.004\text{kJ/kg} \cdot \text{K}, \quad C_v = 0.717\text{kJ/kg} \cdot \text{K}$를 적용하여 구한다.

$$C_v \left(\frac{n - \kappa}{n - 1}\right) = \left(\frac{_1Q_2}{m(T_2 - T_1)}\right) \rightarrow \frac{C_v n - C_p}{n - 1} = \frac{_1Q_2}{m(T_2 - T_1)}$$

$$\rightarrow \frac{0.717 n - 1.004}{n - 1} = \frac{-315}{5(433 - 288)}$$

$$\therefore \ n \fallingdotseq 1.25$$

따라서, 폴리트로픽 변화 후의 체적 및 압력은 다음과 같이 계산된다.

$$\therefore P_2 = P_1 \left(\frac{T_2}{T_1}\right)^{\frac{n}{n-1}} = 100 \times \left(\frac{433}{288}\right)^{\frac{1.25}{1.25-1}} = 768\text{kPa}$$

$$\therefore V_2 = \frac{mRT_2}{P_2} = \frac{5 \times 0.287 \times 433}{768} = 0.81\text{m}^2$$

6 폴리트로픽 지수 n과 폴리트로픽 곡선 그리기

내연기관의 연소가스와 같이 각종 실제 가스를 설명할 때 실제의 상태변화를 구하려면 폴리트로픽 지수 n부터 구해야 된다. 따라서 그 n값을 $P-v$ 선도상에서 구하면 다음과 같다.

(1) 변화 $P-v$ 선도상에 나타낸 경우

[그림 3.10]에서와 같이 상태 1에서 2로 변할 때, $P-v$ 선도상의 절대일과 공업일의 면적을 구한 후 지수 n을 구한다. 즉, 절대일은 [그림 3.10]의 $P-v$ 선도 가로축의 사영인 하부면적에 해당하고, 공업일의 크기는 세로축의 사영면적에 해당하므로 각각의 면적을 구한 후 절대일과 공업일의 일반관계식을 이용하

여 지수 n을 구할 수 있다. 따라서 다음과 같이 절대일 $_1w_2$과 공업일 w_t의 일반 관계식의 적분관계로부터 면적을 적용하면 된다.

$$_1w_2 = \int_1^1 Pdv = \text{면적} \, 122'1'1$$

$$w_t = -\int_1^2 vdP = \text{면적} \, 122''1''1$$

한편, $w_t = n_1w_2$ 관계로부터 n값을 찾으면 다음과 같다.

$$\therefore \; n = \frac{w_t}{_1w_2} = \frac{\text{면적} \, 122''1''1}{\text{면적} \, 122'1'1}$$

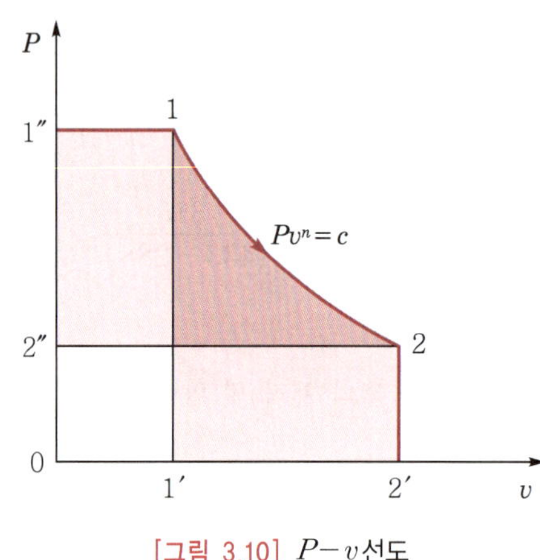

[그림 3.10] $P-v$선도

(2) 변화 전·후의 압력과 비체적이 주어지는 경우

앞서 폴리트로픽 과정에서 $P_1 v_1{}^n = P_2 v_2{}^n = c$가 성립함을 알 수 있었다. 이 식의 양변에 대수 자연로그 $\ln$를 취하면 다음과 같이 된다. 즉 $\ln P_1 + n \ln v_1 = \ln P_2 + n \ln v_2$ 의 식으로부터 n에 대하여 정리하여 쓰면 그 크기는 다음과 같다.

$$\therefore \; n = \frac{\ln P_2 - \ln P_1}{\ln v_1 - \ln v_2} = \frac{\ln(P_2/P_1)}{\ln(v_1/v_2)} \tag{3.64}$$

(3) $P-v$ 선도가 주어지는 경우

그림과 같이 $P-v$선도가 주어질 때 $Pv^n = c$의 양변에 대수를 취하면, $\ln P + n \ln v = c$ 이다. 만약 $\ln P = Y$, $\ln v = x$, $n = a$이라 할 때 $Y + ax = c$ $\rightarrow Y = -ax + c$와 같이 1차식으로 되며, [그림 3.11]과 같이 $\ln P - \ln v$선도를 그리면 폴리트로픽 변화는 직선이 된다.

예를 들어, $\ln v = 0$에서 $\ln P$의 값을 Y_0, $\ln P = 0$에서 $\ln v$의 값을 x_0라 하면 $Y_0 = c$, $x_0 = \dfrac{c}{n}$이다. 따라서 $n = \dfrac{y_0}{x_0}$, 즉 n의 값은 $\ln P - \ln v$선도의 기울기이고 n가 커질수록 경사도가 깊어진다.

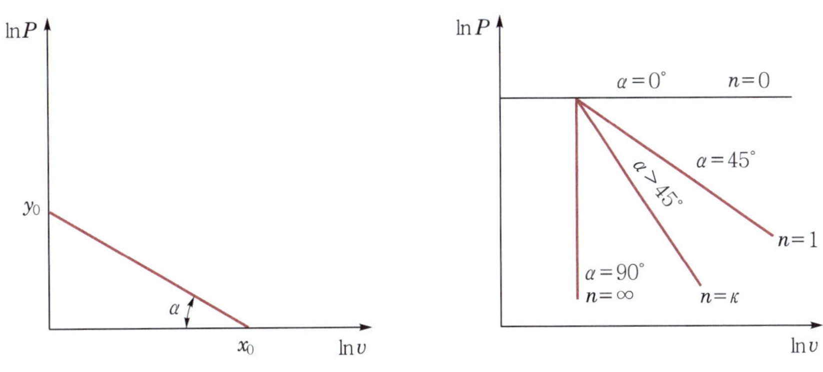

[그림 3.11] n에 따른 $P-v$선도

7 비가역 단열변화(irreversible adiabatic change)

[그림 3.12]와 같이 축소관로 내를 가스가 고속으로 흐를 때 노즐 내의 가스유동이 외부와 열교환이 없는 단열적이라도 내부적으로는 비가역변화이며, 이와 같은 변화를 비가역 단열변화라고 한다.

비가역 단열변화
(irreversible adiabatic change)

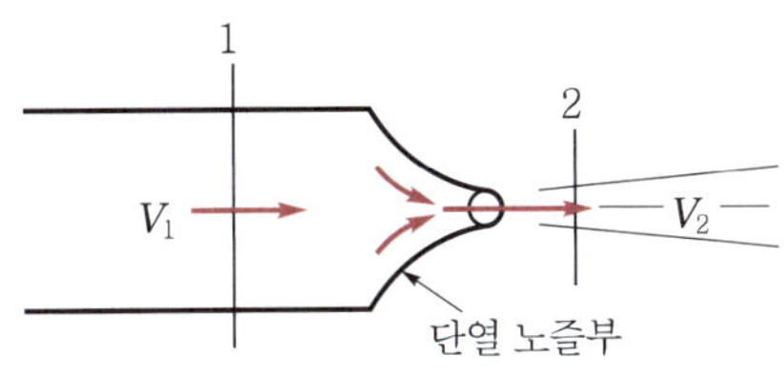

[그림 3.12] 비가역 단열변화

8 교축(throttling)

교축이란 [그림 3.13]과 같이 가스가 좁은 통로를 흐를 때 흐름의 방향으로 압력이 저하하는 현상을 말하며, 이것도 비가역변화 중 하나이다. 정상유동의 경우 교축 전·후의 단면을 1 및 2라 하면 정상유동 에너지방정식으로부터 $h_1 + \dfrac{V_1^2}{2g} = h_2 + \dfrac{V_2^2}{2g}$가 된다. 따라서 교축이 일어나도 에너지에는 변화가 없다.

교축(throttling)

속도 V가 40m/s 이하일 때나 또는 $V_1 ≒ V_2$이면 $h_1 ≒ h_2$, 즉 $h = c$(일정)
이므로 교축 시에 엔탈피는 변하지 않는다.

이상과 같이 완전기체의 상태변화에 따른 각각의 상태량변화를 알아보았다.
이것을 정리하여 [표 3-2]로 나타내었다.

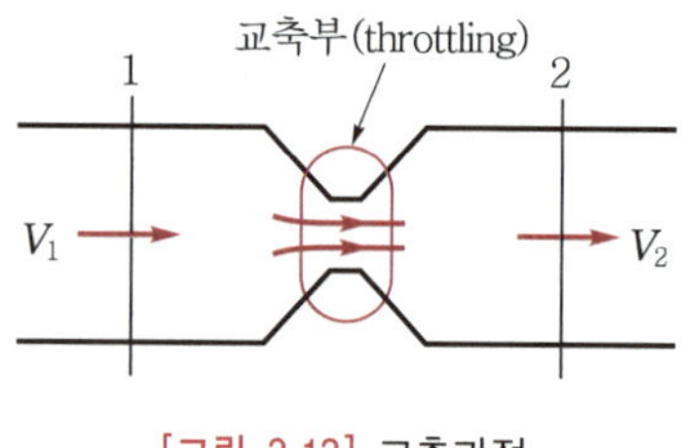

[그림 3.13] 교축과정

[표 3-2] 이상기체의 가역변화에 대한 각종 관계식 정리

변화	등적변화	등압변화	등온변화	단열변화	폴리트로픽변화
P, v, T 관계	$v = c, \ dv = 0$ $\dfrac{P_1}{T_1} = \dfrac{P_2}{T_2}$	$P = c, \ dP = 0$ $\dfrac{v_1}{T_1} = \dfrac{v_2}{T_2}$	$T = c, \ dT = 0$ $Pv = P_1 v_1$ $\quad = P_2 v_2$	$Pv^\kappa = c$ $\dfrac{T_2}{T_1} = \left(\dfrac{v_1}{v_2}\right)^{\kappa-1}$ $\quad = \left(\dfrac{P_2}{P_1}\right)^{\frac{\kappa-1}{\kappa}}$	$Pv^n = c$ $\dfrac{T_1}{T_2} = \left(\dfrac{v_1}{v_2}\right)^{n-1}$
(절대일) 외부에 하는 일 $_1w_2 = \int Pdv$	0	$P(v_2 - v_1)$ $= R(T_2 - T_1)$	$P_1 v_1 \ln\dfrac{v_2}{v_1}$ $= P_1 v_1 \ln\dfrac{P_1}{P_2}$ $= RT\ln\dfrac{v_2}{v_1}$ $= RT\ln\dfrac{P_1}{P_2}$	$\dfrac{1}{\kappa-1}(P_1 v_1 - P_2 v_2)$ $= \dfrac{RT_1}{\kappa-1}\left(1 - \dfrac{T_2}{T_1}\right)$ $= \dfrac{RT_1}{\kappa-1}\left[\left(1 - \dfrac{v_1}{v_2}\right)^{\kappa-1}\right]$ $= \dfrac{RT_1}{\kappa-1}\left[\left(1 - \dfrac{P_1}{P_2}\right)^{\frac{\kappa-1}{\kappa}}\right]$ $= \dfrac{R}{\kappa-1}(T_1 - T_2)$ $= C_v(T_1 - 1 - T_2)$	$\dfrac{1}{n-1}(P_1 v_1 - P_2 v_2)$ $= \dfrac{R_1 v_1}{n-1}\left(1 - \dfrac{T_2}{T_1}\right)$ $= \dfrac{R}{n-1}(T_1 - T_2)$
공업일 (압축일) $w_t = -\int vdP$	$v(P_1 - P_2)$ $= R(T_1 - T_2)$	0	$_1w_2$	$\kappa _1w_2$	$n _1w_2$
내부에너지의 변화 $u_2 - u_1$	$C_v(T_2 - T_1)$ $= \dfrac{R}{\kappa-1}(T_2 - T_1)$ $= \dfrac{1}{\kappa-1}v(P_2 - P_1)$	$C_v(T_2 - T_1)$ $= \dfrac{1}{\kappa-1}P(v_2 - v_1)$	0	$C_v(T_2 - T_1) = - _1w_2$	$-\dfrac{(n-1)}{\kappa-1} {_1w_2}$

엔탈피의 변화 $h_2 - h_1$	$C_p(T_2 - T_1)$ $= \dfrac{\kappa}{\kappa - 1}R(T_2 - T_1)$ $= \dfrac{\kappa}{\kappa - 1}v(P_2 - P_1)$ $= \kappa(u_2 - u_1)$	$C_v(T_2 - T_1)$ $= \dfrac{R}{\kappa - 1}(T_2 - T_1)$ $= \dfrac{1}{\kappa - 1}v(P_2 - P_1)$	0	$C_p(T_2 - T_1)$ $= -w_t$ $= -\kappa \,_1w_2$ $= \kappa(u_2 - u_1)$	$-\dfrac{(n-1)}{\kappa - 1}\,_1w_2$
외부에서 얻은열 $_1q_2$	$u_2 - u_1$	$h_2 - h_1$	$_1w_2 = w_t$	0	$C_n(T_2 - T_1)$
n	∞	0	1	κ	$-\infty \sim +\infty$
비열(C)	$C_v = \dfrac{R}{\kappa - 1}$	C_p	∞	0	$C_n = C_v\dfrac{n-\kappa}{n-1}$
엔트로피의 변화 $s_2 - s_1$	$mC_v\ln\dfrac{T_2}{T_1}$ $= mC_v\ln\dfrac{P_2}{P_1}$	$mC_p\ln\dfrac{T_2}{T_1}$ $= mC_p\ln\dfrac{v_2}{v_1}$	$mR\ln\dfrac{v_2}{v_1}$ $= mR\ln\dfrac{P_1}{P_2}$	0	$mC_n\ln\dfrac{T_2}{T_1}$ $= mC_v(n-\kappa)\ln\dfrac{V_1}{V_2}$ $= mC_v\dfrac{n-\kappa}{n}\ln\dfrac{P_2}{P_1}$

예제 3.18

확대 노즐에 압력 35N/cm^2, 온도 32℃인 공기가 단열적으로 36m/sec의 속도로 들어와서 압력 10.5N/cm^2, 온도 −58℃로 유출된다. 이때, 엔탈피 감소는 90kJ/kg이고 유량은 9kg/min일 경우 노즐 출구의 단면적은 얼마인가?

풀이 단열유동이고 일이 없는 경우, 즉 $\pm_1Q_2 = 0$, $\pm w_t = 0$이므로 관계식으로부터 노즐 출구의 유출 속도를 구하면

$$h_1 + \frac{1}{2}V_1^{\ 2} = h_2 + \frac{1}{2}V_2^{\ 2}$$

$$\therefore \ V_2 = \sqrt{2(h_1 - h_2) + V_1^{\ 2}} = \sqrt{2 \times 90 \times 36^2} \fallingdotseq 483\text{m/sec}$$

이다. 다음 노즐 출구에서 공기의 비체적은 다음과 같다.

$$v_2 = \frac{RT_2}{P_2} = \frac{0.287 \times 215}{10.5 \times 10} = 0.5876\text{m}^3/\text{kg}$$

따라서, 정상유동으로 가정하여 질량보존의 법칙을 적용할 경우 노즐 출구의 단면적을 계산하면 다음과 같다.

$$A_2 = \frac{\dot{m}\,v_2}{V_2} = \frac{9 \times 0.5876}{60 \times 483} = 1.825 \times 10^{-4}\text{m}^2 \fallingdotseq 1.83\text{cm}^2$$

완전가스의 상태식은 $Pv = RT$이며, 비열은 온도에 무관한 함수로 취급하였다. 그러나 보통 가스의 비열이 온도의 함수이므로 온도에 따라서 변한다. 이때, 완전가스의 상태식 $Pv = RT$를 만족하고 비열이 온도만의 함수이면서 정적 및 정압비열의 차가 일정한 가스를 반완전가스(semi perfect gas or half ideal gas)라 한다.

1 반완전가스의 비열

반완전가스의 비열

반완전가스의 비열은 온도만의 함수로서 다음과 같이 표현된다.

$$C_p = a_p + bT + cT^2 + dT^3 \cdots$$
$$C_v = a_v + bT + cT^2 + dT^3 \cdots \tag{a}$$

보통, 온도의 1차식으로 표시하면 다음과 같다.

$$\begin{cases} C_p = a_p + bT \\ C_v = a_v + bT \end{cases} \tag{b}$$

예를 들어 공기의 경우 C_p와 C_v는 다음과 같이 표시된다.

$$C_p = 1.004 + 1.52571 \times 10^{-4} T [\text{kJ/kg} \cdot \text{K}]$$
$$C_v = 0.717 + 1.52571 \times 10^{-4} T [\text{kJ/kg} \cdot \text{K}] \tag{3.65}$$

반완전가스의
내부에너지 및 엔탈피

2 반완전가스의 내부에너지 및 엔탈피

반완전가스의 내부에너지의 미분정의는 $du = c_v dT$이고, 반완전가스의 비열은 온도만의 함수로서 $C_v = a_v + bT + cT^2 + \cdots$라 할 때, 반완전가스의 내부에너지는 다음과 같다.

$$u = \int C_v dT = a_v T + \frac{b}{2} T^2 + \frac{c}{3} T^3 + \cdots\cdots + u_0 \tag{3.66}$$

이 식에서 u_0는 적분상수로서 적당한 기준상태에 따라서 정해진다.

다음은, 반완전가스의 엔탈피의 미분정의는 $dh = C_p dT$이고, 정압비열은 역시 온도만의 함수로서 $C_p = a_p + bT + cT^2 + \cdots$라 할 경우 반완전가스의 엔탈피는 다음과 같다.

$$h = \int C_p dT = a_p T + \frac{b}{2} T^2 + \frac{c}{3} T^3 + \cdots + h_0 \tag{3.67}$$

이 식에서도 h_0는 적분상수로서 적당한 기준상태에 따라서 정해진다.

3.6 기체 가스의 혼합

1 돌턴의 법칙(Dalton's law)

각각 서로 다른 종류 기체의 혼합은 대표적인 비가역과정이며, 기체의 혼합에 대해서는 돌턴의 법칙(Dalton's law)이 적용된다. 즉, "두 가지 이상 서로 다른 이상기체를 하나의 용기 속에 혼합시킬 경우 기체 상호간에 화학반응이 일어나지 않는다면 혼합기체의 압력은 각 기체압력의 합과 같다." 이와 같이 돌턴의 법칙은 단지 이상기체에 대해서만 보다 정확하다.

기체혼합물의 성분 i의 분압 P_i는 다음 식과 같이 정의된다. 만약, 두 가지 이상의 기체가 만나 화학반응을 발생시킬 경우는 분압법칙을 따르지 않는다.

$$P = P_1 = P_2 + P_3 + \cdots. + P_n = \sum_i P_i \tag{3.68}$$

여기서, P는 전압(total pressure), $P_1, P_2, P_3, \cdots, P_n$은 각 성분의 분압(partial pressure)이라 한다. 이 정의에서 기체혼합물의 각 성분에 대한 분압의 합은 혼합물 압력과 같음을 알 수 있다. 그리고 기체를 혼합할 경우 온도는 일정하다고 가정할 때 보일(Boyle)의 법칙에서 혼합 후 전압력은 다음과 같은 논리를 이용하여 계산할 수가 있다.

$$PV_1 = P_1 V \quad \therefore P_1 = \frac{PV_1}{V}$$

$$PV_2 = P_2 V \quad \therefore P_2 = \frac{PV_2}{V}$$

$$PV_3 = P_3 V \quad \therefore P_3 = \frac{PV_3}{V}$$

$$PV_n = P_n V$$

$$\therefore P_n = \frac{PV_n}{V} \tag{a}$$

$$V = V_1 + V_2 + V_3 + \cdots + V_n \tag{b}$$

$$\therefore P = P_1 + P_2 + P_3 + \cdots + P_n$$
$$= P\left(\frac{V_1 + V_2 + V_3 + \cdots + V_n}{V}\right)$$
$$= P\sum_i \frac{V_i}{V} \tag{3.69}$$

이 식 (3.69)에서 $\sum_i V_i = V$(전 체적)이므로 각 분압의 합은 혼합 후 기체의 평균압력 P임을 보여준다. 또 중량 $G_1,\ G_2,\ G_3, \cdots,\ G_n$인 기체상수를 각각 $R_1,\ R_2,\ R_3, \cdots,\ R_n$일 때, 이들 기체가 압력 P, 온도 T하에서 차지하는 체적을 $V_1,\ V_2,\ V_3, \cdots,\ V_n$이라 할 경우, 각 성분의 몰수와 분자량을 각각 $n_1, n_2, n_3, \cdots, n_n$과 $M_1,\ M_2,\ M_3, \cdots,\ M_n$이라고 할 때 다음 식이 성립한다.

$$G = G_1 + G_2 + G_3 + \cdots + G_n = \sum_i G_i \tag{c}$$

$G = nM$에서

$$\sum_i G_i = nM = n_1 M_1 + n_2 M_2 + n_3 M_3 + \cdots + n_n M_n = \sum n_i M_i$$

$$V_1 + V_2 + V_3 + \cdots + V_n = \sum_i V_i$$

$$n_1 + n_2 + n_3 + \cdots + n_n = \sum_i n_i$$

$$PV_1 = G_1 R_1 T,\ \ PV_2 = G_2 R_2 T,\ \ PV_3 = G_3 R_3 T,\ \cdots,\ \ PV_n = G_n R_n T$$

$$P_1 V = G_1 R_1 T,\ \ P_2 V = G_2 R_2 T,\ \ P_3 V = G_3 R_3 T,\ \cdots,\ \ P_n V = G_n R_n T$$

아보가드로(Avogadro)의 법칙에 의해서 다음이 성립한다.

$$P_1 V = PV_1, \ \ P_2 V = PV_2, \ \ P_3 V = PV_3, \ \ P_n V = PV_n$$

따라서, 이 식들로부터 기체가 혼합되었을 때 분압은 각각 다음과 같다.

$$P_1 = P\frac{V_1}{V} = P\frac{n_1}{n}$$

$$P_2 = P\frac{V_2}{V} = P\frac{n_2}{n}$$

$$P_3 = P\frac{V_3}{V} = P\frac{n_3}{n}$$

$$\cdots$$

$$\therefore \ P_n = P\frac{V_n}{V} = P\frac{n_n}{n} \tag{3.70}$$

위 식에서 보듯이 혼합기체 중의 각 체적비율을 알 수만 있다면 분압을 구할 수 있다.

분압

2 혼합기체의 비중량

혼합기체의 비중량

각 성분가스(기체)가 등온·등압하에 있을 때 각각 단위 체적의 중량, 즉 비중량의 크기가 $\gamma_1, \gamma_2, \gamma_3, \cdots\cdots\cdots \gamma_n$ 일 때 기체의 체적을 V라 하면 각 기체 중량은 다음과 같다.

$$G(\text{중량}) = \gamma(\text{비중량}) \times V(\text{체적})$$
$$G(\text{중량}) = n(\text{몰수}) \times M(\text{분자량})$$

따라서 중량의 합은 다음과 같다.

$$G = G_1 + G_2 + G_3 + \cdots\cdots\cdots G_n$$
$$= M_1 n_1 + M_2 n_2 + M_3 n_3 + \cdots\cdots\cdots + M_n n_n$$

압력이 같을 때는 다음 식이 성립한다.

$$V = V_1 + V_2 + V_3 \cdots\cdots\cdots V_n = \sum_i V_i$$
$$G = \gamma_1 V_1 + \gamma_2 V_2 + \gamma_3 V_3 + \cdots\cdots + \gamma_n V_n = \sum_i \gamma_i V_i = \gamma V \tag{d}$$

따라서, 혼합기체의 비중량의 크기는 $\dfrac{\gamma}{\gamma_1} = \dfrac{V_1}{V}$ (단, $\gamma = \dfrac{1}{v}$)의 관계이므로 혼합

기체의 비중량의 크기는 다음과 같다.

$$\therefore \ \gamma = \gamma_1 \frac{V_1}{V} + \gamma_2 \frac{V_2}{V} + \gamma_3 \frac{V_3}{V} + \cdots\cdots + \gamma_n \frac{V_n}{V}$$

$$= \sum_i \gamma_i \frac{V_i}{V} \tag{3.71}$$

혼합기체의 비중량 또, 혼합기체의 비중량의 크기는 다음 관계식으로부터 구할 수도 있다.

$$\gamma = \sum_i \gamma_i \frac{V_i}{V}, \ \ \frac{P_n}{P} = \frac{V_n}{V} = \frac{n_n}{n} \ \text{에서}$$

$$\gamma = \gamma_1 \frac{P_1}{P} + \gamma_2 \frac{P_2}{P} + \gamma_3 \frac{P_3}{P} + \cdots\cdots + \gamma_n \frac{P_n}{P} = \sum_i \gamma_i \frac{P_i}{P}$$

$$\therefore \ \gamma = \frac{1}{P} \sum_i \gamma_i P_i \tag{3.72}$$

여기서, P는 전압(total pressure)이고, $P_1, P_2, P_3, \cdots, P_n$은 각각 성분의 분압(partial pressure)이다.

3 혼합기체의 중량비와 체적비

단위 체적의 중량, 즉 비중량을 $\gamma_1, \gamma_2, \cdots, \gamma_n$으로 하고 기체의 체적을 V_1 비중량을 γ라 하면 중량비는 체적비와 비중량비의 곱이므로 다음 관계가 성립한다. 즉,

$$\frac{G_1}{G} = \frac{\gamma_1 V_1}{\gamma V}, \ \ \frac{G_2}{G} = \frac{\gamma_2 V_2}{\gamma V}, \ \ \frac{G_3}{G} = \frac{\gamma_3 V_3}{\gamma V}, \ \ \frac{G_n}{G} = \frac{\gamma_n V_n}{\gamma V}$$

기체의 중량비 만약, $\dfrac{G_i}{G} = g_i$이라 할 때 혼합기체에서 i기체의 중량비는

$$g_i = \frac{M_i \gamma_i}{\sum_i M_i \gamma_i} \tag{3.73}$$

이다.

또, 혼합가스의 분자량을 M이라 하면, Avogadro의 법칙에 의해서 SI 단위로 다음 식과 같다.

$$PV = GRT \tag{a}$$

$$MR = 8.3145 \, \text{kJ/kmol} \cdot \text{K} \tag{b}$$

$MR = 8.3145$에서 $R = \dfrac{8.3145}{M}$를 $PV = GRT$에 대입하면 혼합기체의 비중량 γ를 구하는 식은 다음과 같이 된다.

$$PV = \frac{8.3145 \, G}{M} T \tag{c}$$

여기서, $\gamma = \dfrac{G}{V}\,[\text{kN/m}^3]$이므로 위 식으로부터 비중량은

$$P = \frac{8.3145 \, T}{M}\left(\frac{G}{V}\right) = \frac{8.3145 \, \gamma \, T}{M} \tag{d}$$

$$\therefore \gamma = \frac{PM}{8.3145 \, T}\,[\text{kN/m}^3] \tag{e}$$

이 됨을 알 수 있다. 따라서 각 가스의 분자량을 $M_1, M_2, \cdots, M_n$이라 하면 각 기체의 비중량은 다음 관계가 성립된다. 즉,

$$\gamma_1 = \frac{PM_1}{8.3145 \, T}, \quad \gamma_2 = \frac{PM_2}{8.3145 \, T}, \quad \cdots, \quad \gamma_i = \frac{PM_n}{8.3145 \, T} \tag{f}$$

이 된다. 혼합가스 중 각 가스에 대한 비중량의 비는

$$\frac{\gamma_1}{\gamma} = \frac{M_1}{M}, \quad \frac{\gamma_2}{\gamma} = \frac{M_2}{M}, \quad \cdots, \quad \frac{\gamma_n}{\gamma} = \frac{M_n}{M} \tag{g}$$

이다. 이 식 (g)를 $\gamma = \sum_i \gamma_i \dfrac{V_i}{V}$에 대입하면 n 기체의 비중량의 크기는

$$\gamma_n = \frac{\gamma V_n}{V} \cdot \frac{M_n}{M}$$

이다. 또는 i기체에 대한 비중량의 크기는 다음 식과 같다.

기체에 대한 비중량

$$\gamma_i = \frac{g_i/M_i}{\sum_i g_i/M_i} \tag{3.74}$$

여기서, 분자량은

$$M = M_1 \frac{V_1}{V} + M_2 \frac{V_2}{V} + \cdots + M_n \frac{V_n}{V} = \sum_i M_i \frac{V_i}{V} \tag{h}$$

이다.

또 $P_1 V = PV_1$, $P_2 V = PV_2$, $\cdots$, $P_n V = PV_n$의 관계가 있으므로 다음 식으로부터 구할 수도 있다. 즉,

$$\frac{M_1}{M} = \frac{P_1}{P}, \quad \frac{M_2}{M} = \frac{P_2}{P}, \quad \cdots, \quad \frac{M_n}{M} = \frac{P_n}{P}$$

$$M = M_1 \frac{P_1}{P} + M_2 \frac{P_2}{P} + \cdots + M_n \frac{P_n}{P}$$

$$= \sum_i M_i \frac{P_i}{P} \tag{i}$$

기체의 중량비 이다. 따라서, i 기체의 중량비(무게비)는 다음과 같게 되므로 앞의 식 (3.73)과 같음을 알 수 있다.

$$g_i = \frac{G_i}{G} = \frac{M_i V_i}{MV} = \frac{M_i(V_i/V)}{\sum_i M_i(V_i/V)} = \frac{M_i \gamma_i}{\sum_i M_i \gamma_i}$$

$$= \frac{M_i(P_i/P)}{\sum_i M_i(P_i/P)}$$

$$= \frac{M_i \gamma_i}{\sum_i M_i \gamma_i} \tag{j}$$

4 혼합기체의 기체상수

혼합기체의 기체상수를 알아보면 다음과 같다. 등온의 경우에 대하여 혼합기체의 중량을 각각 G_1, G_2, G_3, $\cdots$, G_n [kg], 기체상수는 R_1, R_2, R_3, $\cdots$, R_n [kJ/kg·K]이라 하면, 다음과 같이 각각에 대한 상태 방정식이 성립한다.

$$P_1 V = G_1 R_1 T, \ P_2 V = G_2 R_2 T, \ \cdots, \ P_n V = G_n R_n T$$

이것은 다시 $(P_1 + P_2 + P_3 + \cdots + P_n) V = (G_1 R_1 + G_2 R_2 + G_3 R_3 + \cdots G_n R_n) T$로 쓸 수 있다. 또, 돌턴(Dalton's)의 법칙으로부터 $P = P_1 + P_2 + P_3 + \cdots + P_n$이 되므로 결국 위 식은 다음과 같다.

$$PV = (G_1 R_1 + G_2 R_2 + G_3 R_3 + \cdots + G_n R_n) T = T \sum_i G_i R_i$$

$$
\begin{aligned}
\therefore \ R &= R_1 \left(\frac{G_1}{G} \right) + R_2 \left(\frac{G_2}{G} \right) + \cdots R_n \left(\frac{G_n}{G} \right) \\
&= \frac{G_1 R_1 + G_2 R_2 + \cdots + G_n R_n}{G} \\
&= \frac{1}{G} \sum_i G_i R_i
\end{aligned}
\tag{3.75}
$$

기체의 일반기체상수 $MR = 8.3145$ 관계에서 기체상수 R은

$$R = \frac{8.3145}{M} \tag{a}$$

이고, 그리고 분자량 M은

$$
\begin{aligned}
M &= M_1 \frac{V_1}{V} + M_2 \frac{V_2}{V} + \cdots + M_n \frac{V_n}{V} = \sum_i M_i \frac{V_i}{V} \\
&= M_1 \frac{P_1}{P} + M_2 \frac{P_2}{P} + \cdots + M_n \frac{P_n}{P} = \sum_i M_i \frac{P_i}{P}
\end{aligned}
\tag{b}
$$

이다. 식 (b)를 식 (a)에 대입하면 혼합기체의 기체상수 R은 다음 식으로부터 구할 수가 있다.

$$R = \frac{8.3145}{M_1\left(\dfrac{V_1}{V}\right) + M_2\left(\dfrac{V_2}{V}\right) + \cdots + M_n\left(\dfrac{V_n}{V}\right)}$$

$$= \frac{8.3145}{\displaystyle\sum_i M_i\left(\dfrac{V_i}{V}\right)}$$

$$= \frac{8.3145}{\displaystyle\sum_i M_i \gamma_i} \tag{3.76}$$

또, 압력비로 표현하면 기체상수 R은 다음과 같다.

$$R = \frac{8.3145}{M_1\left(\dfrac{P_1}{P}\right) + M_2\left(\dfrac{P_2}{P}\right) + \cdots + M_n\left(\dfrac{P_n}{P}\right)}$$

$$= \frac{8.3145}{\displaystyle\sum_i M_i\left(\dfrac{P_i}{P}\right)}$$

$$= \frac{8.3145}{\displaystyle\sum_i M_i \gamma_i} \tag{3.77}$$

5 혼합기체의 비열

혼합기체의 비열

각 성분기체의 비열을 C_1, C_2, C_3, $\ldots, C_n$으로 하고 혼합기체의 비열을 C 라고 할 때, 혼합기체 $G[\mathrm{kg}]$의 온도를 1℃ 높이는 데 필요한 열량은 각 기체의 온도를 1℃ 높이는 데 필요한 열량의 합과 같으므로 다음 식이 성립한다.

$$GC = G_1 C_1 + G_2 C_2 + \cdots + G_n C_n = \sum_i G_i C_i$$

$$\therefore\ C = \frac{1}{G}\sum_i G_i C_i [\mathrm{kJ/kg℃}] \tag{3.78}$$

혼합기체의 전 중량이 G가 단위중량 1kg 일 때 위의 식은 $C = \displaystyle\sum_i G_i C_i$가 되며, 이 식은 정압 및 정적의 어느 쪽 비열이라도 마찬가지로 성립한다. 즉,

$$\left.\begin{array}{l} C_p = \displaystyle\sum_i G_i C_{p\,i}[\mathrm{kJ/kg℃}] \\[2mm] C_v = \displaystyle\sum_i G_i C_{v\,i}[\mathrm{kJ/kg℃}] \end{array}\right\} \tag{3.79}$$

로 쓸 수 있고, 결국은 각 기체의 혼합 중량비율 G_i와 각각의 비열 C_i를 알 수 있으므로 혼합기체의 비열이 구해진다.

6 혼합기체의 온도

혼합기체의 온도를 알아보면 다음과 같다. 각 성분의 온도가 각각 T_1, T_2, T_3인 기체를 정적상태로 혼합했을 때 혼합기체의 온도 T가 되었다면 정적의 경우에서는 외부에 대해서 일을 하지 않는다. 또 이때의 열의 출입이나 화학변화가 없다면, 일반 에너지식 $\delta q = du + \delta w$에서 $\delta w = 0$이므로 혼합 전후에서의 내부에너지의 합이 열량변화와 같다. 그러므로 혼합 전의 내부에너지의 합은

$$G_1 C_1 T_1 + G_2 C_2 T_2 + \cdots + G_n C_n T_n = \sum_i G_i C_i T_i$$

이고, 혼합 후의 내부에너지의 합은 다음과 같다.

$$G_1 C_1 T + G_2 C_2 T + \cdots + G_n C_n T = T \sum_i G_i C_i$$

따라서, $\displaystyle\sum_i G_i C_i T_i = T \sum_i G_i C_i$로부터 혼합기체의 온도는 다음 식으로부터 구한다.

$$\therefore \ T = \frac{\displaystyle\sum_i G_i C_i T_i}{\displaystyle\sum_i G_i C_i} = \frac{\displaystyle\sum_i G_i C_i T_i}{\displaystyle\sum_i G_i C_i} \ [K] \tag{3.80}$$

혼합기체의 온도

01 실제기체와 이상기체란?

02 아보가드로의 법칙을 설명하라.

03 어떤 용기에 공기가 들어 있다. 용기의 체적이 $0.15m^3$, 압력이 150kPa일 때 용기 속에 들어 있는 공기의 질량은 몇 kg인가? 단, 용기 속의 공기는 이상기체로써 온도는 25℃이고, 기체상수 $R ≒ 0.287kJ/kg \cdot K$이다.

04 압력이 1MPa, 온도가 500℃인 기체가 체적 $0.1m^3$인 피스톤-실린더 장치에 들어있다. 기체는 등온과정 $PV = C$의 관계에 따라 최종 압력이 100kPa이 될 때까지 서서히 팽창한다. 이 과정 동안의 일을 구하면 몇 kJ인가?

05 압력 300kPa, 온도 200℃의 이산화탄소가 체적이 $0.1m^3$인 피스톤-실린더 장치에 들어있다. 기체는 폴리트로픽(polytropic) 과정의 $PV^{1.2} = C$의 관계에 따라 최종 온도가 100℃이 될 때까지 서서히 팽창한다. 이 과정 동안 일을 구하면 몇 kJ인가?

06 1.5km의 고도에서 공기의 온도 -50℃, 압력 12,000Pa이고, 이 공기의 성분은 체적비로 Ar=0.77%, N_2=79.55%, O_2=19.68%이다. 이 상태의 공기의 기체상수를 구하라. 각 성분의 기체상수는 Ar=0.2081kJ/kg·K, N_2=0.2968kJ/kg·K, O_2=0.2598kJ/kg·K 이다.

07 일산화탄소(CO)의 분자량은 약 28이다. 이 CO의 기체상수는 약 얼마(kJ/kg·K)인가?

08 질소와 산소의 기체상수는 $R(N_2)$=0.2968kJ/kg·K, $R(O_2)$=0.2598kJ/kg·K이다. 건공기의 중량비가 N_2=70%, O_2=30%라 할 때 건공기의 기체상수는 몇 kJ/kg·K인가?

09 수소를 완전기체라 가정할 때 P=1,000kPa, t=100℃에 있어서 비체적은 몇 m^3/kg인가?

10 다음 가스 중 기체상수가 가장 큰 것을 고르고 그 이유를 설명하라.
H_2, N_2, Ar, Air(공기)

11 정압비열이 0.912kJ/kg·℃이고 정적비열이 0.653kJ/kg·℃인 기체를 압력 392kPa, 온도 20℃로 0.25kg을 담은 용기의 체적은 몇 m^3인가?

12 온도 10℃, 압력 1atm, 체적 3.4m^{3}의 공기를 압력 30atm까지 단열 압축시키려면, 압축에 필요한 일은 몇 J인가? 단, 비열비 $\kappa = 1.4$이다.

13 이상기체의 공기가 압력 101.3kPa, 온도는 30℃, 체적은 10m^{3}의 초기상태로 밀폐용기 속에 들어있다. 정적과정으로 가열되어 압력이 5배 상승된 경우 다음을 구하라. 단, 공기의 기체상수 $R = 0.287$kJ/kg · K이다.

(1) 용기에 들어 있는 공기의 질량(kg)은?

(2) 나중상태의 압력 P_2[kPa]과 온도 T_2[K]을 계산하라.

(3) 이 정적과정 동안 가열한 열량($_1Q_2$)은 몇 kJ인가? 단, 공기의 정적비열 $C_v = 0.718$kJ/kg · K이다.

14 이상기체로 취급되는 헬륨 기체가 초기의 온도 350K, 압력 500kPa, 체적 0.25m^{3}에서 $n = 1.667$의 폴리트로픽 과정으로 팽창하여 100kPa이 되었다. 팽창 후의 온도 T_2[K]과 단위질량당 팽창일($_1w_2$)의 크기(kJ/kg)를 구하라.

15 다음 질문에 답하라.

(1) 이상기체 단열과정의 상태변화 과정에서 압력과 체적 관계식이 $Pv^\kappa = c$가 됨을 보여라.

(2) 물질의 상태변화 과정에서 가역과정과 비가역과정에 대하여 비교 설명하고, 비가역 인자에 대하여 기술하시오.

16 이상기체인 공기가 초기의 온도 1,500K, 압력 1MPa에서 폴리트로픽 과정($PV^{1.35} = c$)으로 팽창하여 압력이 0.2MPa로 되었다. 다음 물음에 답하라. 단, 공기의 기체상수 $R = 0.287$kJ/kg · K이다.

(1) 팽창 후의 온도 T_2[K]은?

(2) 단위질량당 팽창일의 크기(kJ/kg)는?

17 체적이 0.1m^{3}인 용기 안에서 압력 1.0MPa, 온도 250℃의 유체를 냉각시켜 압력이 0.50MPa이 될 때 다음의 값을 구하라. 상태변화는 $V = c$ 과정이다.

(1) 용기 안에 공기가 들어있을 때 엔트로피 변화(kJ/K)는?

(2) 용기 안에 수증기가 들어있을 때 엔트로피 변화(kJ/K)는?

18 체적이 0.78m^3인 용기 속에 압력이 180KPa, 온도가 20℃인 공기가 들어 있다. 단, 용기 속의 공기는 이상기체로써 분자량 28.97kg/kmol이다.

  (1) 공기의 질량(kg)과 비체적(m^3/kg)은?

  (2) 진공상태의 용기에 공기를 채우는 데 200초 걸린다면 공기의 체적변화율 $\dot{V}(\text{m}^3/\text{s})$ 과 질량변화율 $\dot{m}(\text{kg/s})$을 구하라.

19 체적이 0.18m^3인 용기 속에 압력이 180kPa, 온도가 20℃인 공기가 들어 있다. 단, 용기 속의 공기는 이상기체로써 기체상수 $R = 287\text{J/kg} \cdot \text{K} ≒ 0.287\text{kJ/kg} \cdot \text{K}$이다.

  (1) 공기의 질량(kg)과 비체적(m^3/kg)은?

  (2) 만약 용기의 체적이 일정한 상태에서 압력이 2.5배 높아질 때 나중 온도는 몇 ℃ 인가?

20 압력은 101.3kPa, 온도는 30℃, 체적은 $3\text{T} \times 10^{-3}\text{m}^3$인 초기상태의 공기가 밀폐된 실린더 속에 들어있다. 등온과정으로 압축하여 공기의 나중 체적이 $0.25 \times 10^{-3}\text{m}^3$가 되었을 때 다음을 구하라. 단, 공기의 기체상수는 $R = 0.287\text{kJ/kg} \cdot \text{K}$이다.

  (1) 용기에 들어 있는 공기의 질량(kg)은?

  (2) 압축 후의 압력은 몇 kPa인가?

  (3) 이 등온과정 동안 가한 일($_1W_2$)은 몇 kJ인가?

  (4) 이때 내부공기의 열량변화($_1Q_2$)는 몇 kJ인가?

21 이상기체인 공기가 노즐입구의 압력 0.45MPa에서 단열팽창하여 출구의 압력 0.15MPa 로 되었다. 노즐입구의 공기유속은 50m/s, 온도는 150℃이고 출구 온도가 45℃ 로 되었다. 정상유동일 때 노즐출구에서 공기유속은 몇 m/s인가? 단, 공기 $C_p = 1.0035\text{kJ/kg} \cdot \text{K}$, $C_v = 0.7165\text{kJ/kg} \cdot \text{K}$ 이다.

22 폴리트로픽 비열 C_n이 ∞인($C_n = \infty$) 변화는 어떤 변화를 말하는지 증명하라.

23 압력 1,500kPa, 온도 600℃의 완전가스가 실린더 내에서 압력 100kPa까지 가역단열 팽창된다. 팽창 후의 가스의 온도 및 변화과정에서 가스 1kg이 하는 일(J)을 구하라. 단, $\kappa = 4/3$, $R = 0.289\text{kJ/kg} \cdot \text{K}$이다.

24 탱크 속에 15℃의 공기 10kg과 50℃의 산소 5kg이 혼합되어 있다. 혼합가스의 평균온도는 몇 ℃인가? 단, 공기 $C_v = 0.717\text{kJ/kg} \cdot \text{K}$, 산소 $C_v = 0.662\text{kJ/kg} \cdot \text{K}$이다.

25 이상기체로 취급되는 기체의 초기 온도가 20℃, 질량은 3kg, 압력이 0.1MPa인 상태이다. 이 기체가 정압적으로 팽창하여 부피가 두 배로 되었을 때 다음 질문에 답하라. 단, $R=0.287\text{kJ/kg}\cdot\text{K}$, $C_p=1.004\text{kJ/kg}\cdot\text{K}$이다.

   (1) 최초 기체의 체적은 몇 m^3인가?

   (2) 이 과정에서 팽창일은 몇 kJ인가?

   (3) 공급된 열량은 몇 kJ인가?

26 폴리트로픽 변화에서 개방계의 일을 구하는 식을 보여라.

27 공기 2.153kg이 압력 2atm, 온도 27℃인 상태에서 온도의 변화 없이 압력 10atm까지 가역적으로 압축하는 데 필요한 일은 몇 J인가? 단, $C_v=0.717\text{kJ/kg}\cdot\text{K}$이다.

28 1,470kPa, 250℃의 공기 5kg이 $Pv^{1.3}=c$에 의해서 팽창비가 5배로 될 때까지 팽창하였다. 이때 내부에너지의 변화는 몇 kJ/kg인가?

29 단열지수가 1.4, 폴리트로픽 지수가 1.3일 때 정적비열이 0.653kJ/kg·K이면 이 가스의 폴리트로픽 비열은 몇 kJ/kg·K인가?

30 산소와 질소의 혼합기체가 있다. 산소의 비체적이 $1.2\text{m}^3/\text{kg}$일 때 질소의 비체적은 몇 m^3/kg인가? 단, 온도와 압력은 동일하고 산소의 $R=259.8\text{J/kg}\cdot\text{K}$, 질소의 $R=296.8\text{J/kg}\cdot\text{K}$이다.

31 40℃의 습공기 노점온도가 25℃이었다. 이때의 포화압력이 각각 55.34mmHg, 75mmHg이라면 상대습도(%)는?

01 보일-샤를의 법칙을 설명하라.

02 어느 완전가스 1kg을 온도 400℃만큼 상승시킬 때 정압의 경우와 정적의 경우에 104.67kJ의 열량차이가 발생하였다. 이 기체의 기체상수 R값은 몇 kJ/kg·K인가?

03 공기 5kg을 14℃로부터 39℃까지 상승시키는 데 소요되는 열량은 정압변화일 때 Q_p 와 정적변화일 때 Q_v가 각각 얼마인지 계산하라. 단, 공기의 $C_p=1.004$ kJ/kg·K, $C_v=0.717$ kJ/kg·K이다.

04 그림과 같은 피스톤-실린더 장치에 300kPa, 100℃의 이산화탄소가 0.2m^3 들어 있다. 가스가 $PV^n = C$의 관계식 $n=1.2$를 따르고, 최종 온도가 200℃에 도달하도록 피스톤에 추를 올리면서 압축할 때 이 과정 동안 기체에 가한 일을 구하라.

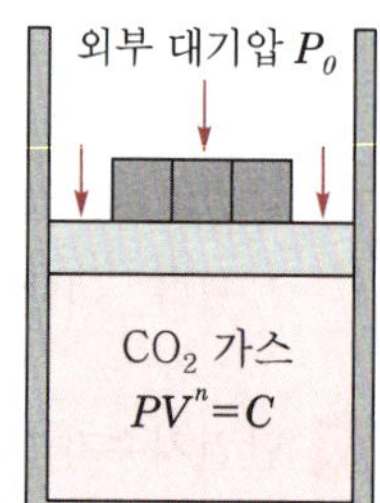

05 실린더 내의 공기가 초기에 압력 0.5MPa, 체적 0.15m^{3}였다. 팽창하여 체적이 1m^3 되었다면 다음의 경우 각각 일의 크기를 구하라.
(1) 정압과정으로 팽창한 경우 팽창일의 크기는 몇 kJ인가?
(2) 등온과정으로 팽창한 경우 팽창일의 크기는 몇 kJ인가?
(3) 두 과정을 비교 검토하라.

06 그림과 같은 피스톤-실린더 장치에 150kPa, 400℃의 공기가 들어 있다. 이 장치를 대기온도 20℃까지 냉각시킬 때 다음 질문에 답하라.
(1) 최종 상태에서 피스톤이 멈춤장치 위에 놓일 수 있는가? 놓일 수 있다면 그 이유는?
(2) 이 과정 동안 공기가 한 일의 크기는 몇 kJ/kg인가? 단, 공기의 기체상수 $R=0.287$kJ/kg·K이다.

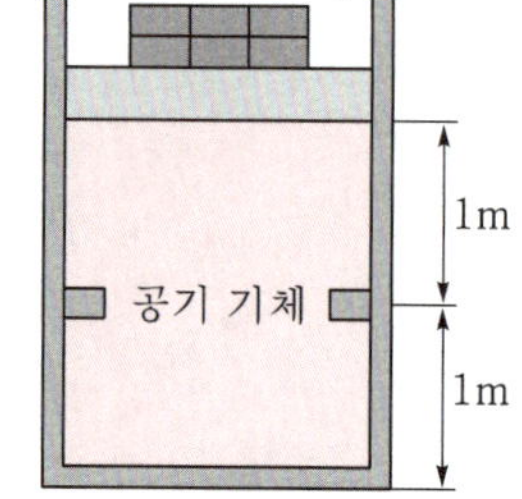

07 체적이 1.8m^{3}인 용기 속에 압력이 200kPa, 온도가 25℃인 공기가 들어 있다. 공기의 질량(kg)과 밀도 ρ[kg/m^3] 그리고 비체적 v[m^3/kg]을 계산하라. 단, 용기 속의 공기는 이상기체로써 기체상수 $R ≒ 287$J/kg·K ≒ 0.287kJ/kg·K이다.

08 일반 기체상수 R_u의 크기와 단위는?

09 $C_v = 3.135\,\text{kJ/kg} \cdot \text{K}$, $C_p = 5.225\text{kJ/kg} \cdot \text{K}$인 이상기체의 기체상수는?

10 분자량 $M = 40$인 2원자 가스가 있다. 이 기체를 완전기체라 한다면, 정적비열은 몇 kJ/kg·K인가?

11 이상기체에서 정적비열과 정압비열과의 관계식을 유도하라. 단, $R =$ 기체상수이다.

12 비열비 $\kappa = 1.33$, 기체상수 $R = 0.461\,\text{kJ/kg} \cdot \text{K}$인 이상기체의 정적비열($C_v$)과 정압비열($C_p$)은 각각 몇 kJ/kg·K인가?

13 $Pv^n = c$에서 n값에 따라 어떻게 달라지는가?

14 엔탈피 125.6kJ/kg인 물을 보일러에서 가열하여 엔탈피 2943.32kJ/kg인 증기를 $\dot{m}$ =10ton/h 만들고 증기터빈에 압송시켜 팽창 후 출구 엔탈피는 2547.8kJ/kg이었다. 보일러에서의 가열량(kJ/h)과 터빈의 출력(kW)을 각각 구하라. 단, 보일러에서는 정압가열이며, 터빈에서는 단열팽창이다.

15 4m³체적 탱크 내에 20℃, 250kPa의 공기가 들어 있다. 이 탱크 내의 공기의 압력을 일정하게 유지하면서 온도가 50℃가 되도록 하려면 몇 kg의 공기를 빼내야 하는가? 단, 공기의 기체상수는 0.287kJ/kg·K이다.

16 초기상태가 100℃, 98kPa인 이상기체가 일정한 체적의 탱크에 들어 있다. 이 탱크에 열을 가해 온도가 200℃로 되었을 때 탱크 내에 이상기체의 압력은 몇 kPa인가?

17 용적 0.5m³의 탱크에 압축공기를 넣었다. 17℃에서 탱크 내의 압력 1244.6kPa일 때 탱크 내 공기의 중량은 몇 kg인가? 단, $R = 0.287\text{kJ/kg} \cdot \text{K}$이다.

18 압력 200kPa, 온도 30℃인 공기가 30L의 용기 내에 들어 있다. 이 공기를 400kPa로 상승시키기 위한 가열량을 구하라. 단, $C_v = 0.717\text{kJ/kg} \cdot \text{K}$이다.

19 $C_v = 0.717\text{kJ/kg} \cdot \text{K}$인 이상기체 3kg을 일정한 체적하에서 20℃에서 80℃까지 가열하는 데 필요한 열량은?

20 $t_1 = 0℃$, $P_1 = 98\text{kPa}$, $V_1 = 1.7\text{m}^3$의 공기를 $P_2 = 980\text{kPa}$까지 가역적으로 단열압축하였다. 공기의 질량(m), 압축 후의 체적(V_2) 및 압축일($_1W_2$)은? 단, 공기의 기체상수 $R = 0.287\text{kJ/kg} \cdot \text{K}$, 비열비는 $\kappa = 1.4$이다.

21 1kg의 공기가 일정온도 100℃하에서 처음 체적의 5배가 되었다. 팽창일과 소비된 열량(kJ)은?

22 압력 8atm, 체적 1m^3의 공기가 일정 압력하에서 $125,000\text{N} \cdot \text{m}$의 일을 행하였을 때 변화 후의 체적은 몇 m^3인가?

23 산소 2kg이 상태 1에서 2까지 등온압축, 상태 2에서 3까지 정압 압축될 때 ΔH_{2-3}과 Q_{1-2}를 각각 구하라. 단, $t_1 = 60℃$, $P_1 = 100\text{kPa}$, $P_2 = P_3 = 600\text{kPa}$, $V_3 = 0.82\,V_2$, $C_p = 0.00214\text{kJ/kg} \cdot \text{K}$이다.

24 실린더 내에 있는 17℃의 공기 1kg을 등온 압축한다. 이때 냉각된 열량이 133.9kJ이라면 공기의 체적은 처음의 몇 배인가?

25 공기가 최초의 온도와 압력이 $T_1 = 200℃$, $P_1 = 98\text{kN/m}^2$이다. 이것을 등온 압축하여 $P_2 = 343\text{kN/m}^2$로 하면서 5,230kJ의 열량을 외부에 방출하려면 몇 kg의 공기가 필요한가? 단, 공기의 기체상수 $R = 0.287\text{kJ/kg} \cdot \text{K}$이다.

26 초기 압력이 $P_1 = 1,000\text{kPa}$, 체적이 $V_1 = 0.1\text{m}^3$에서 $V_2 = 0.3\text{m}^3$로 되었을 단열 실린더 내에서 팽창한다. 이때 기체상수 $R = 0.461\text{kJ/kg} \cdot \text{K}$일 때 일량(kJ)과 엔탈피의 감소량(kJ)을 각각 계산하라. 단, $C_p = 1.858\text{kJ/kg} \cdot \text{K}$, $C_v = 1.381\text{kJ/kg} \cdot \text{K}$이다.

27 피스톤이 설치된 용기 내의 질소가스가 $V_1 = 0.2\text{m}^3$, $P_1 = 200\text{kPa}$, $T_1 = 30℃$로 들어 있다. 피스톤 장치로부터 30kJ의 크기로 압축하여 나중상태는 $P_2 = 1,500\text{kPa}$, $T_2 = 210℃$가 되었을 때 질소가스에 대한 다음 질문에 답하라. 단, 질소의 기체상수 $R = 0.2968\text{kJ/kg} \cdot \text{K}$이고, 정적비열 $C_v = 0.7448\text{kJ/kg} \cdot \text{K}$이다.

(1) 용기 속에 들어있는 질소의 질량은 몇 kg인가?

(2) 압축과정 중 질소로부터 외부로 전달된 열(Q)은 몇 kJ인가?

28 피스톤이 끼워져 있는 밀폐 실린더에 초기 체적은 0.2m^3, 압력은 100kPa, 온도는 300K의 이상기체가 피스톤-실린더 장치에 들어 있다. 기체는 폴리트로픽(polytropic) 과정인 $PV^{1.1} = C$의 관계에 따라 압축되어 최종 압력 396kPa에 도달한 경우 다음 질문에 답하라. 단, 공기의 기체상수 $R = 0.287\text{kJ/kg} \cdot \text{K}$이다.

(1) 압축 후의 온도 $T_2[\text{K}]$과 팽창후의 체적 $V_2[\text{m}^3]$는?

(2) 만약, 이상기체가 공기라면 공기의 질량[kg]은?

(3) 압축일의 크기 $_1W_2[\text{kJ}]$은?

(4) 내부에너지의 변화(kJ)와 열량의 변화(kJ)는? 단, 공기의 정적비열 $C_v = 0.7165$ kJ/kg·K이다.

29 공기 0.5kg이 초기 압력 2MPa, 250℃ 상태에서 폴리트로픽(polytropic) 과정($PV^{1.25} = C$)으로 팽창하여 압력 0.2MPa로 변화하였다.

(1) 이상기체로 팽창하는 동안 엔트로피 변화는 몇 kJ/kg·K인가?

(2) 위와 같은 상태변화에서 기준온도를 기준으로 구한 표준 엔트로피값을 적용할 경우 엔트로피 변화는 몇 kJ/kg·K인가?

(3) 정압비열의 경험식이 다음과 같이 주어질 때 엔트로피 변화는?
   단, $C_{p0} = C_0 + C_1\theta + C_2\theta^2 + C_3\theta^3$이고, 여기서 $\theta = T[\text{K}]/1{,}000$의 경우이다.

30 질소가스(N_2)가 $V_1 = 0.2\text{m}^3$, $P_1 = 1{,}500\text{kPa}$, $T_1 = 30℃$로 실린더 피스톤으로 구성된 시스템에 들어 있다. 피스톤 장치로부터 기체가 등온팽창하여 나중상태의 압력 $P_2 = 200\text{kPa}$가 되었을 때 다음 질문에 답하라. 단, 질소의 기체상수 $R = 0.2968\text{kJ/kg} \cdot \text{K}$이고, 정적비열 $C_v = 0.7448\text{kJ/kg} \cdot \text{K}$이다.

(1) 용기 속에 있는 질소의 질량은 몇 kg인가?

(2) 팽창 후 체적 $V_2[\text{m}^3]$는?

(3) 팽창일의 크기는 몇 kJ인가?

31 온도 50℃, 초기 압력 245kN/m^2인 공기 1kg을 단열적으로 1244.6kN/m^2까지 압축할 때 압축일은 몇 kJ인가?

32 압력 490kPa, 37℃의 공기 5kg이 폴리트로픽 변화를 하여 364kJ의 열량을 방출하여 180℃로 되었다면, 최종 압력과 최종 체적을 각각 계산하라.

단, $\kappa = 1.4$, $C_p = 1.009\text{kJ/kg} \cdot \text{K}$, $C_v = 0.712\text{kJ/kg} \cdot \text{K}$이다.

33 1kg의 공기를 초기 압력 $P_1 = 98\text{kPa}$, 초기 온도 $t_1 = 20℃$의 상태로부터 나중 압력 $P_2 = 196\text{kPa}$, 나중 온도 $t_2 = 100℃$의 상태로 변화하였을 때 체적은 몇 배로 되는가?

34 대기압 상태에서 5m×3m×2m인 방내의 공기를 5℃에서 20℃까지 높이는 데 필요한 열량을 구하라. 단, 공기는 이상기체이며 $C_v = 0.717\text{kPa}$이다.

35 220K의 질소를 1.0MPa로 가압하여 점도를 낮춰 유동성을 좋게 한 후 오일 벽으로 공급하려고 한다. 다음 질문에 답하라.

(1) 압축성 인자 Z를 구하라.

(2) 이 압축성 인자와 압력 및 온도와의 관계를 그림으로 도시하여 이상기체의 타당성을 검토하라.

36 공기의 압력 0.5MPa의 밀폐계가 압력이 일정하게 유지되면서 40℃에서 10℃까지 냉각된다. 초기 공기의 체적이 0.8m^3일 때 이 냉각과정 동안의 다음 값을 각각 구하라. 단, 공기의 기체상수 $R = 0.287\text{kJ/kg} \cdot \text{K}$, 정적비열 $C_v = 0.717\text{kJ/kg} \cdot \text{K}$이다.

(1) 공기의 질량(kg)은?

(2) 외부에서 가한 일(kJ)은?

(3) 내부에너지의 변화(kJ)는?

(4) 냉각열(kJ)은?

37 가역과정의 실린더−피스톤으로 구성된 압축기에 초기 압력 150kPa, 온도 27℃로 공기가 들어 있다. $PV^{1.3} = C$의 이상적인 폴리트로픽 과정으로 압축하여 압력이 500kPa로 되었을 때 이 과정에서 다음 값을 구하라.

(1) 압축 후 온도 $T_2[\text{K}]$는?

(2) 압축과정 동안 공기에 가한 일의 크기는 몇 kJ/kg인가?

(3) 압축과정 동안 공기의 열전달량은 몇 kJ/kg인가?

38 $60℃$의 이산화탄소를 $10MPa$로 가압하여 점도를 낮춘 후 유동성을 좋게 한 후 오일 벽으로 공급하려고 한다. 다음 질문에 답하라.

(1) 압축성 인자 Z를 구하라.

(2) 이 압축성 인자와 압력 및 온도와의 관계를 그림으로 도시하여 이상기체의 타당성을 검토하라.

39 그림과 같은 피스톤−실린더 장치에 공기가 초기 온도 $T_1 = 1000K$, 압력 $P_1 = 40bar$ 들어 있다. 폴리트로픽 과정으로 팽창하여 나중의 압력이 $P_2 = 5bar$가 되었을 때 다음을 구하라? 단, 폴리트로픽지수 $n = 1.23$이며, $C_v = 0.717kJ/kg \cdot K$, $R = 0.287kJ/kg \cdot K$을 이용하여 해를 구하라.

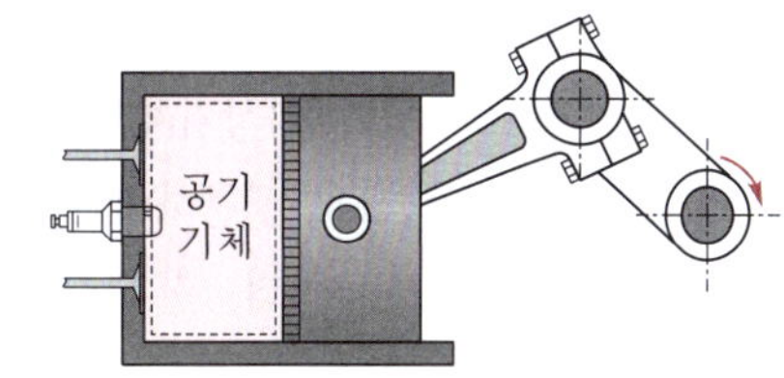

(1) 팽창 후 최종온도 $T_2[K]$는?

(2) 이 과정 동안의 팽창일 $_1w_2[kJ/kg]$는?

(3) 열전달 손실열량 $\Delta e[kJ/kg]$는?

(4) 초기 연소가스가 가지고 있는 열량 $q[kJ/kg]$는?

40 밀폐 실린더 내의 공기가 $PV^n = c$의 과정으로 팽창한다. 초기 압력 $0.5MPa$, 체적 $0.15m^3$이고, 팽창하여 체적이 $1m^3$가 되었을 때 다음의 경우 각각의 일의 크기를 계산하고, 과정을 $P-V$ 선도를 대략적으로 그려라.

(1) 등온과정으로 팽창한 경우 팽창 후 압력 $P_2[MPa]$와 팽창일($_1W_2$)의 크기는 몇 kJ인가?

(2) $n = 1.5$의 과정으로 팽창한 경우 팽창 후의 압력 $P_2[MPa]$와 팽창일($_1W_2$)의 크기는 몇 kJ인가?

(3) 위의 각 과정에서 열에너지 감소가 $1.25kJ$ 발생할 때 에너지 변화 ΔE는 몇 kJ인가? 이때, 운동에너지와 위치에너지의 변화는 없는 것으로 한다.

(4) 각 과정을 $P-V$ 선도를 대략적으로 그려서 그 크기를 비교 검토하라.

41 공기의 초기 상태가 $3kg$, $15℃$, $0.15MPa$이고 나중상태 압력 $5MPa$로 압축할 때 다음을 계산하라. 단, 기체상수 $R = 0.287kJ/kg \cdot K$, 비열비 $\kappa = 1.4$이다.

(1) 등온과정일 때와 가역 단열과정일 때 각각 $\dfrac{V_1}{V_2}$비는?

(2) 등온, 단열일 때 압축에 필요한 압축일의 크기는 각각 몇 kJ인가?

42 CO_2 가스가 온도 50℃, 압력 7MPa로 압축하여 점도를 낮게 한 후 이동시키려고 할 때 다음을 구하라.

　(1) 환산온도 그리고 환산압력을 계산하고 이 CO_2의 상태로부터 이상기체에 대한 타당성 여부를 [부록 그림 C.4]로부터 Z를 검토하라.

　(2) 현재의 상의 상태를 확인한 후 압축성 인자 Z를 계산하고, 부록의 CO_2가스의 과열증기 상태량 표를 이용하여 비체적 $v[\text{m}^3/\text{kg}]$를 구하라.

43 밀폐 실린더 속에 이상기체인 공기가 압력 200kPa, 체적 0.4m^3, 온도 900℃인 상태에서 정압과정으로 팽창하여 처음 체적의 5배가 된 후 온도는 150℃가 되었다. 이 과정에서 다음을 구하라. 단, 공기의 $C_v=0.717\text{kJ/kg}\cdot\text{K}$, $R=0.287\text{kJ/kg}\cdot\text{K}$ 이다.

　(1) 공기의 질량 m은 몇 kg인가?

　(2) 내부에너지의 변화 $\triangle U = U_2 - U_1$은 몇 kJ인가?

　(3) 이때 가열한 열량 $_1Q_2$는 몇 kJ인가?

44 마찰이 없는 피스톤과 실린더로 구성된 밀폐계에 분자량이 25인 이상기체가 2kg있다. 기체의 압력이 100kPa로 일정할 때 체적이 1m^3에서 2m^3로 변화할 경우 다음을 구하라. 단, $R_u=8.314\text{kJ/kg}\cdot\text{K}$, $C_p=1.0\text{kJ/kg}\cdot\text{K}$이다.

　(1) 이 기체의 비열비 κ 는 얼마인가?

　(2) 이 과정 중 가열량 $_1Q_2$는 몇 kJ인가?

45 피스톤-실린더로 구성된 장치 내에 이상기체로 취급되는 공기가 들어있다. 이 기체에 열을 가하여 초기압력 250kPa, 체적 0.05m^3인 상태에서 나중의 체적이 0.015m^3가 될 때까지 폴리트로픽 과정 $PV^{1.35}=c$로 압축되면서 열이 전달되고 있을 때 다음을 구하라. 단, $\kappa=1.4$, $C_v=0.717\text{kJ/kg}\cdot\text{K}$, $m=0.1\text{kg}$이다.

　(1) 압축 후의 압력 P_2는 몇 kPa인가?

　(2) 이 과정에서 압축일 W_c는 몇 kJ인가?

　(3) 단위질량당 열전달량 $_1q_2$는 몇 kJ/kg인가?

　(4) 이 과정동안 엔트로피 변화 $\triangle S$는 몇 kJ/K인가?

46 다음 질문에 답하라.

(1) 열역학 제2법칙의 표현에서 Kelvin－Planck의 표현과 Clausius의 표현이 동등함을 사이클로 구성한 후(그림으로) 설명하라.

(2) 이상기체 단열과정의 상태변화과정에서 압력과 체적 관계식이 $Pv^{\kappa} = c$가 됨을 보이고, 이 관계식을 이용하여 온도비와 압력비 그리고 체적비의 관계가 아래 식과 같음을 보여라. 단, 비열비는 $\kappa = \dfrac{C_p}{C_v}$ 이다.

$$\frac{T_2}{T_1} = \left(\frac{V_1}{V_2}\right)^{\kappa-1} = \left(\frac{P_2}{P_1}\right)^{\frac{\kappa-1}{\kappa}}$$

47 공기가 초기 2.5kg, 25℃, 0.2MPa의 상태에서 압력 5MPa로 압축할 때 다음을 계산하라. 단, $R = 0.287\text{kJ/kg} \cdot \text{K}$, $\kappa = 1.4$ 이다.

(1) 등온과정일 때와 가역 단열과정일 때 각각의 $\dfrac{V_1}{V_2}$은?

(2) 등온과정에서의 엔트로피 변화 ΔS는 몇 kJ/K인가?

(3) 단열과정일 때 압축에 필요한 압축일의 크기는 몇 kJ인가?

제4장

열역학 제2법칙

앞서 살펴본 바와 같이 열역학 제1법칙에서는 일과 열의 유동방향에 대해서는 아무런 제한을 두지 않았다. 시스템으로부터 일정량의 열이 방출되고 같은 양의 일이 시스템에 가해지는 사이클에 대하여 열역학 제1법칙은 만족하고, 열과 일의 이동방향이 반대인 사이클에 대하여도 열역학 제1법칙은 만족한다. 즉, 열역학 제1법칙은 사이클 변화를 하는 시스템에서 열전달 사이클 적분값과 일을 적분한 값이 같다고 설명하고 있다. 이와 같이 열역학 제1법칙은 에너지보존의 원리로서 시스템(계)에 대한 이상적인 열역학적 해석을 하는 수단으로는 이용되고 있으나 이것만으로 우리 주위에서 벌어지고 있는 모든 경험적인 사실을 전부 설명하기에는 부족하다. 우리가 경험으로 알 수 있듯이 제안된 사이클이 제1법칙에 위배되지 않는다고 하여 그 사이클이 실제 존재한다고 보장할 수는 없다. 이러한 경험적 근거로부터 열역학 제2법칙이 유도되었다. 따라서 실제 사이클에서는 열역학 제1법칙과 2법칙이 모두 만족되는 사이클만이 존재할 수 있을 것이다. 좀 더 넓은 의미로 제2법칙은 과정이 어떤 특정한 방향으로만 진행되고 그 반대방향으로는 진행하지 않는다는 사실들을 밝히게 된다.

이러한 과정의 방향성에 대한 설명의 한 예로 가장 일상적인 경우 컵 속의 뜨거운 물로부터 온도가 보다 낮은 주위로 열이 전달되지만, 온도가 낮은 주위로부터 뜨거운 물로는 열이 전달되지 않는다. 이와 같이 이 4장에서는 사이클 변화를 하는 시스템에 대한 열역학 제2법칙에 대한 경험적인 사실을 설명하는 대표적인 학자인 Kelvin-Planck와 Clausius 등에 의한 표현방식과 열역학 제2법칙을 고찰하는 데에 있어서 필요한 가역과정과 비가역과정을 설명하고, 이어서 고전적인 열역학 제2법칙에 부합된 열기관 및 냉동기관 사이클에 대하여도 소개한다. 또한 열역학 제2법칙의 의미를 양적으로 나타내주는 엔트로피를 정의하여 상태변화과정에 대한 엔트로피 변화가 가지고 있는 의미를 더 자세히 살펴보고자 한다.

4.1 열역학 제2법칙과 그 표현

열역학 제1법칙은 열과 일의 동등성을 가지고 한 가지의 에너지 형태에서 다른 형태의 에너지로 변화할 때의 양적관계를 표시한 데 비하여, 열역학 제2법칙은 에너지 변환의 방향성과 비가역성임을 명시한다. 즉, 어떤 주어진 열량이 계

열역학 제2법칙

로부터 방출되고 같은 양의 일이 계에 대하여 행하여지는 사이클에서뿐만 아니라, 그 열과 일의 흐름이 반대인 사이클에서도 제1법칙은 만족한다. 그러나 제2법칙은 과정이 어떤 한 방향으로만 진행되고 반대방향으로는 진행되지 않는 사실을 설명해준다. 그 예로, 자동차가 언덕을 올라가는 동안 연료가 소모된다. 그러나 자동차가 언덕 아래로 내려온다고 하여 연료가 원래의 양만큼 저장 탱크로 채워지지는 않는다. 또 물속에서 스크루를 돌릴 경우 회전일은 제1법칙에서는 일과 같은 크기의 열로 바뀌어 온도가 상승하나, 반대로 상승한 물의 온도를 본래의 온도까지 하강시켜도 그것만으로 스크루를 회전할 수는 없다. 그 이외에도 우리에게 익숙한 여러 가지 관측으로부터 열역학 제2법칙의 유효성에 대한 증거들을 얼마든지 찾을 수 있다.

이와 같이 열역학 제2법칙의 정당성을 주위로부터 쉽게 설명할 수 있다. 다시 말하면, 열은 고온물체에서 저온물체로 스스로가 이동하지만 저온물체에서 고온물체로는 그 자신만으로 이동할 수 없으며, 열의 기계적 일의 변환은 열이 고온물체에서 저온물체로 이동한다는 현상에 입각한 과정에서 가능한 것으로 정리할 수가 있다. 또한 제2종 영구기관(perpetual engine of the second type)인 "하나의 열원에서 열을 받아 그것을 전부 일로 바꾸고 다른 것으로는 아무런 변화를 일으키지 않으면서 계속 작용하는 기관"은 있을 수 없다는 것을 표현한 것이기도 하다.

위와 같은 표현들을 통틀어 열역학 제2법칙(the second law of thermodynamics)이라고 말하고, 다음 두 가지의 표현으로부터 좀 더 자세히 알아본다.

제2종 영구기관
(perpetual engine of the
second type)

1 켈빈(Kelvin)-플랑크(Planck)의 표현

켈빈(Kelvin)-
플랑크(Planck)의 표현

하나의 열원으로부터 열을 받고 그 일부의 열을 버리지 않고 전체 열을 일로 바꿀 수는 없다. 즉, 열기관이 동작유체에 의하여 일을 발생시키려면 공급열원보다 더 낮은 또 하나의 열원을 필요로 하게 된다는 것이다. 만약, 하나의 열원에서 열을 주고받는다면 열을 전부 일로 전환하는 것이 가능하다는 결과를 가져오는데 이것은 불가능하다. 따라서 이 표현은 효율이 100%인 열기관을 제작한다는 것은 불가능하다는 것을 말한다.

이상으로 열역학 제2법칙에 대한 켈빈-플랑크의 표현(Statement of Lord Kelvin & M. Planck)을 정리하면 다음과 같다. 즉, [그림 4.1]을 생각하자. 단일 열저장소로부터 열을 받아서 아무런 변화 없이 일을 행하는 사이클로 작동되는 장치(열기관)를 만드는 것은 불가능하다. 이것은 고열원의 온도에서 저열원

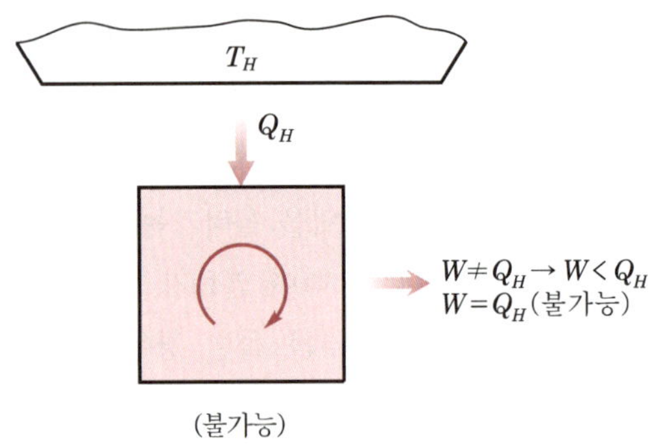

[그림 4.1] Kelvin-Planck의 표현

의 온도로 열을 일부 이동시키지 않으면 열을 일로 바꿀 수 없고, 사이클 과정에서 열원의 열이 모두 일로 변화할 수 없다는 뜻이다. 따라서 비가역과정을 수행한다는 것을 말해준다.

2 클라우지우스(Clausius)의 표현

열은 그 자신으로서는 다른 물체에 아무런 변화도 주지 않고 저온의 물체에서 고온의 물체로 이동하지 않는다. 하지만, 냉동기의 경우는 다른 작동물질로 인하여 외부의 어떤 효과가 있으면 저온물체에서 고온물체로 열전달이 이루어지므로, 클라우지우스 표현(Statement of R. je Clausius)은 성능계수가 무한대인 냉동기는 만들 수 없다는 뜻으로 해석할 수 있다.

클라우지우스 표현
(Statement of
R. je Clausius)

위의 표현은 열역학 제2법칙에 대한 클라우지우스의 표현으로 다시 정리하면 다음과 같다. 즉, [그림 4.2]를 생각하면, 냉동기가 주변으로부터 아무런 변화 없이 저열원의 온도에서 고열원의 온도로 열을 이동시키는 것은 불가능하다. 이것은 자기 스스로 저열원으로부터 고열원으로 열을 전달할 수 없다는 뜻이다. 이 서술은 냉동기나 열펌프와 관련이 있고, 이 표현은 입력일(work input) 없이도 작동되는 냉동기를 만들 수가 없다는 것을 의미한다. 따라서 성능계수가 무한대인 냉동기는 제작할 수 없다는 것이다. 결국은 클라우지우스(Clausius) 서술에 대한 위배는 켈빈-플랑크(Kelvin-Planck) 서술에 대한 위배가 된다.

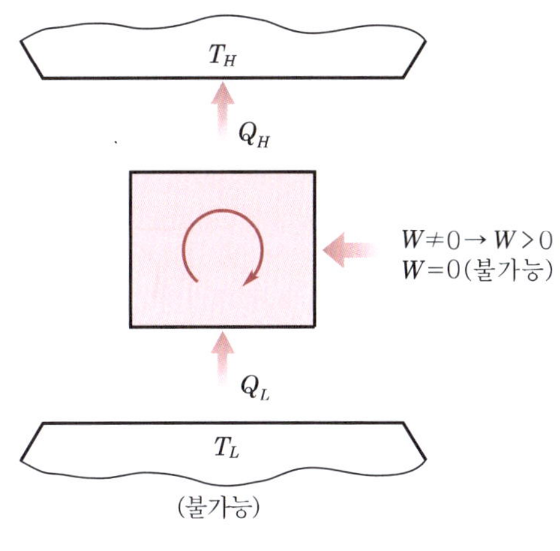

[그림 4.2] Clausius의 표현

3 제2법칙에 대한 두 가지 표현의 동등성(equivalent)

한 가지 서술이 진실일 때 다른 서술도 진실이거나, 한 가지 서술이 사실이 아닐 때 다른 서술도 사실이 아니라면 두 서술은 동등하다는 뜻이 된다. 즉, 열역학 제2법칙의 표현에서 클라우지우스 표현에 위배되는 것은 켈빈-플랑크 표현에도 위배된다는 것을 말해 준다.

[그림 4.3]의 좌측에 있는 장치는 일이 필요 없는 냉동기로서 클라우지우스(Clausius) 서술에 위배된다고 볼 수 있다. 저온물체에서 냉동기로 전달되는 열량을 Q_L이라 하고, 같은 양의 열량 Q_L이 고온물체로 전달되고 있을 때 Q_L보다 큰 Q_H가 고온물체로부터 열기관으로 전달되고 있는 장치라면, 열기관으로부터 저온물체로 Q_L이 전달되면서 $Q_H - Q_L$과 같은 양의 일 W가 발생하게 된다. 따라서 이 경우 저온물체에 대한 순 열전달이 0이 되므로, 저온물체와 열기관 그리고 냉동기를 합친 것은 한 개의 열저장조와 열교환을 하며 추를 들어 올리는 일 외에는 아무런 다른 효과도 발생하지 않으면서 사이클로 작동하는 장치라고 할 수가 있다. 따라서 클라우지우스 서술에 위배되는 것은 켈빈-플랑크 서술에도 위배된다는 것을 의미한다. 이와 같이 켈빈-플랑크 서술에 위배될 때 클라우지우스 서술도 위배된다는 것을 보여주면 두 서술이 완전히 동등하다는 것이 입증된다.

다음으로 더 관찰할 것은, 영구기관에 대한 설명으로 열역학 제2법칙에서는 제2종 영구기관(perpetual motion machine)을 만드는 것은 불가능하다는 표현이 있다. 먼저, 제1종 영구기관에 대한 설명이다. 이 제1종 영구기관이란 열을 받지 않고도 일을 얻을 수 있는 기관이다. 이것은 열역학 제1법칙을 위배하는 기

영구기관

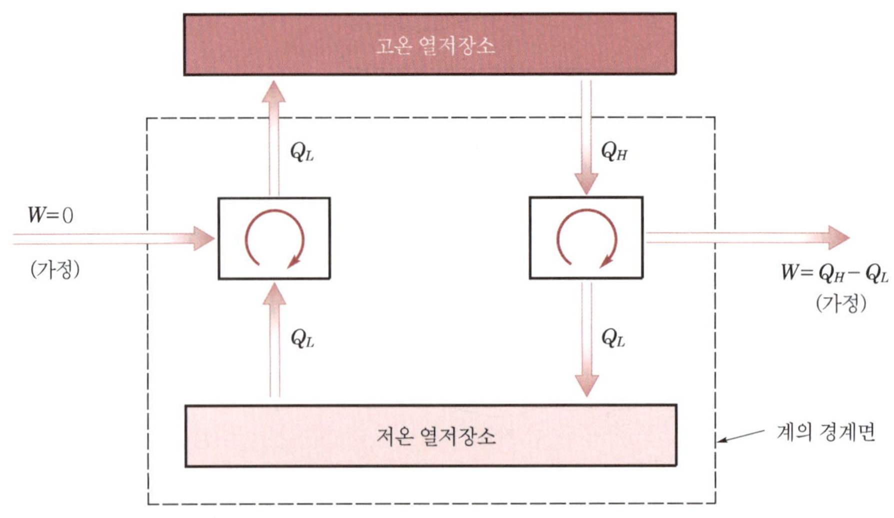

[그림 4.3] 제2법칙 서술의 동등성을 설명하는 예

관이며 존재하지 않는다. 다음은 제2종 영구기관에 대한 기술이다. 이 제2종 영구기관이란 열효율 100%인 기관을 말하는 것으로 역시 열역학 제2법칙을 위배하는 기관이다. 그리고 제3종 영구기관에 대하여는 마찰이 없어서 무한히 운동은 계속하나 일을 얻을 수 없는 기관을 말한다.

4.2 열효율과 성능계수

1 열효율(thermal efficiency)

일을 열로 변환시키기 위해서는 고온의 열원과 저온의 열원이 있어야 하며, 또 이들 사이에서는 [그림 4.4]와 같은 열의 이동이 필요하다. 이와 같은 원리에 따라 열을 발생하는 장치를 열기관이라고 한다. 열기관이 발생하는 일의 양은 고온열원에서 취한 열량 Q_H와 저온열원으로 이동하는 열량 Q_L과의 차이이며, 다음과 같이 쓴다.

$$W_{net} = Q_H - Q_L \tag{4.1}$$

열효율(thermal efficiency)　　여기서, 유효열량과 공급열량의 비를 열효율(thermal efficiency, η_{th})이라 하고 기관에 가한 열량에 대하여 그때 발생한 일의 크기 정도를 나타내는 것이며, 따라서 열효율은 큰 것이 보다 바람직하며 다음과 같이 나타낸다.

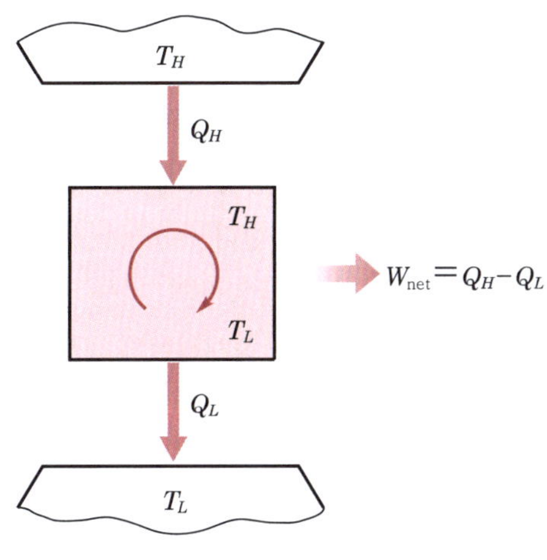

[그림 4.4] 열기관의 구성

$$열효율 = \frac{유효일}{공급된\ 전열량} \times 100[\%]$$

이것을 위 식 (4.1)과 같이 생각하면 아래와 같이 식 (4.2)가 된다.

$$\eta_{th} = \frac{W_{net}}{Q_H} = \frac{Q_H - Q_L}{Q_H}$$

$$= 1 - \frac{Q_L}{Q_H}$$

$$= 1 - \frac{T_L}{T_H} \tag{4.2}$$

여기서, η_{th} : 열효율

Q_H : 공급된 열량[kJ]

Q_L : 저온열원으로 이동한 열량[kJ]

W_{net} : 유효일[kJ] 또는 순일(정미일)

위 관계식으로부터 열효율을 구할 수가 있다. 이때 가역과정의 경우 $\dfrac{Q_L}{Q_H} = \dfrac{T_L}{T_H}$ 가

성립한다. 그리고 위 식에서 많은 경우 다음과 같이 쓰기도 한다. 즉, $\dfrac{Q_L}{Q_H} = \dfrac{Q_2}{Q_1}$

또는 $\dfrac{T_L}{T_H} = \dfrac{T_2}{T_1}$ 와 같이 아래첨자를 바꾸기도 한다.

2 성능계수(coefficient of performance)

[그림 4.5]는 증기 압축식 냉동기관의 기본 구성도이다. 냉매가 회로 내를 순환하면서 증발하는 동안 열을 흡수하고 응축기에서는 열을 방출하며 압축에 필요한 압축기 일은 외부에서 공급받아야 한다.

이때, 저열원에서 흡수한 열량과 공급일량의 비를 성능계수(coefficient of performance, ε)라 하며, ε 또는 COP로 표시하는데, 냉동기의 능력을 표시하는 기준이 된다.

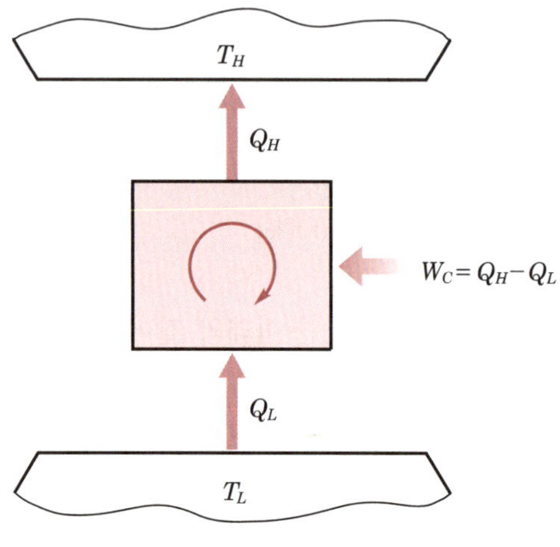

[그림 4.5] 냉동기관의 구성

이때, 얻고자 하는 것이 저온공간인 냉동기로 작동하는 경우에 성능효율, 즉 냉동기의 성능계수 ε_R은 다음과 같다.

$$\varepsilon_R = COP)_R = \frac{Q_L}{W_c} = \frac{Q_L}{Q_H - Q_L} = \frac{1}{(Q_H/Q_L) - 1} \tag{4.3}$$

또는

$$\varepsilon_R = COP)_R = \frac{Q_L}{Q_H - Q_L} = \frac{T_L}{T_H - T_L} \, (\text{가역})$$

의 관계가 성립한다.

만약, 냉동기를 고열원에 열을 공급하기 위한 목적으로 사용한다면 이때의 성능계수를 열펌프의 성능계수 ε_H라고 하며, 다음 식으로 나타난다.

$$\varepsilon_H = COP)_H = \frac{Q_H}{W_c} = \frac{Q_H}{Q_H - Q_L} = \frac{1}{1 - (Q_L/Q_H)} \qquad (4.4)$$

역시

$$\varepsilon_H = \frac{Q_H}{Q_H - Q_L} = \frac{T_H}{T_H - T_L}(가역)$$

의 관계가 성립한다.

이 두 개의 식을 비교해 보면, 열펌프의 성능계수는 냉동기의 성능계수보다 항상 1만큼 크다. 즉,

$$\varepsilon_H = \varepsilon_R + 1 \qquad (4.5)$$

이 된다.

예제 4.1

어느 냉동기가 1PS의 동력을 소모하여 시간당 13,210kJ의 열을 저열원에서 제거한다면, 이 냉동기의 성능계수는 얼마인가?

풀이 $\varepsilon_R = \dfrac{Q_L}{W_C} = \dfrac{Q_L}{Q_H - Q_L}$, $1PS - h = 2,646kJ$

$$\therefore \ \varepsilon_R = \frac{Q_L}{W_C} = \frac{13,210}{2,646} \fallingdotseq 5$$

예제 4.2

어느 열기관이 1사이클당 126kJ의 열을 공급받아 50kJ의 열을 유효일로 사용한다면, 이 열기관의 열효율은 얼마인가?

풀이 열효율 관계식은 다음과 같다. 따라서 주어진 값을 적용하면 열효율은 다음과 같다.

$$\eta_{th} = \frac{W_{net}}{Q_H}$$

$$\therefore \ \eta_{th} = \frac{50}{126} \fallingdotseq 0.4 \fallingdotseq 40\%$$

어느 발전소가 60,000kW의 전력을 발생한다. 이 발전소의 석탄 소모량이 시간당 35ton이라면, 이 발전소의 열효율은 얼마인가? 단, 이때 사용된 석탄의 단위 질량당 발열량은 27,200kJ/kg이다.

풀이 $\eta_{th} = \dfrac{W_{net}}{Q_H} = \dfrac{60,000 \times 3,600}{35 \times 1,000 \times 27,200} \fallingdotseq 0.227 \fallingdotseq 22.7\%$

그림과 같이 공기를 작업유체로 하는 열기관 사이클이 초기 정적하에서 온도가 260℃에서 38℃로 감소할 때까지 냉각한 다음, 단열적으로 초기압력까지 압축하고 난 후 최후 정적하에서 초기상태로 되돌아올 때까지 가열하였다. 이 기관의 열효율을 구하라.

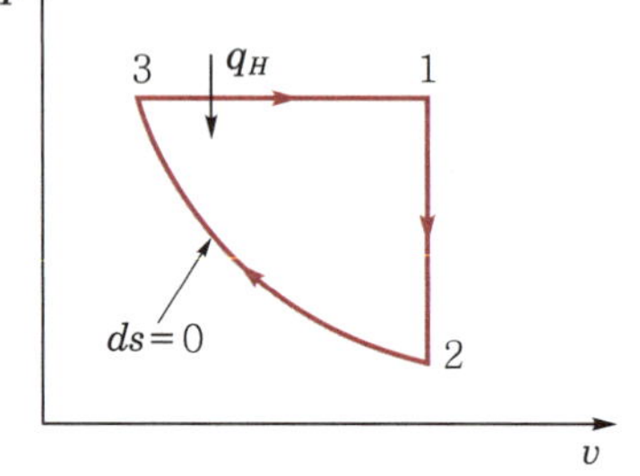

풀이 단열변화의 관계식으로부터 T_3 상태에서 온도를 구하면 다음과 같다.

$$T_3 = T_2 \left(\frac{P_3}{P_2} \right)^{\frac{\kappa - 1}{\kappa}}$$

또, 정적과정 $1 \to 2$의 경우

$\dfrac{P_1}{P_2} = \dfrac{P_3}{P_2} = \dfrac{T_1}{T_2} = \dfrac{533}{311} = 1.71$이 되므로 위 식에 대입하면 T_3는

$$\therefore \ T_3 = 311 \times 1.71^{\frac{0.4}{1.4}} = 363 \mathrm{K} = 90℃$$

3과 1 사이에 공기 1kg에 공급되는 열량은 정압변화과정이므로 다음과 같다.

$$q_H = C_p (T_1 - T_3) = 1.004 \times (260 - 90) = 170.68 \mathrm{kJ/kg}$$

1과 2 사이에 공기 1kg당 방출되는 열량은 정적변화과정이므로 다음과 같다.

$$q_L = C_v (T_2 - T_1) = 0.717 \times (38 - 260) = -159.17 \mathrm{kJ/kg}$$

$$\therefore \eta_{th} = \frac{q_H - q_L}{q_H} = \frac{170.68 - 159.17}{170.68} \fallingdotseq 0.0674 \fallingdotseq 6.74\%$$

4.3 카르노 사이클(Carnot cycle)

1 가역(reversible)과 비가역(irreversible)과정

가역과정이란 하나의 계에 대하여 한번 일어났던 과정이 역의 방향으로 되돌아갈 수 있으며, 과정 동안에 그 계나 주위에 아무런 변화도 남기지 않는 과정이라고 정의할 수 있다. 반면, 비가역과정의 경우는 과정 동안에 계나 주위에 변화를 남기는 과정이 되겠다. 결국은 가역과정은 이상과정(ideal process)이고, 비가역과정은 실제과정(real process)이라고 할 수 있다. 예를 들어 100% 열효율을 얻는 열기관이 존재하지 않는다면 과연 최대 효율은 얼마인가에 대하여 가역성과 비가역성을 알아야 설명될 수 있다.

가역(reversible)과정

이상과정(ideal process)

가역과정의 예를 들면, [그림 4.6]에서 실린더 속의 기체가 계이며 피스톤 위에는 많은 추가 놓여 있다. 한 번에 한 개씩 추를 제거하면 기체가 팽창하면서 피스톤 위에 남아 있는 추를 들어 올리면서 일을 하게 된다. 만약 추의 크기를 줄이고 그 수를 늘려서 과정을 수행할 경우는 가역과정에 더 접근할 수가 있다. 이러한 가역과정 동안 피스톤의 높이마다 평판과 정확하게 같은 높이의 추가 놓이게 되므로 기체에 일을 가하지 않고 추를 평판 위에 올려놓을 수 있다. 이와 같이 추를 매우 작게 하는 극한에서는 시스템과 주위가 처음상태와 정확하게 같아지는 가역과정이 완성될 수가 있다. 이러한 과정이 가역과정(reversible process)이다.

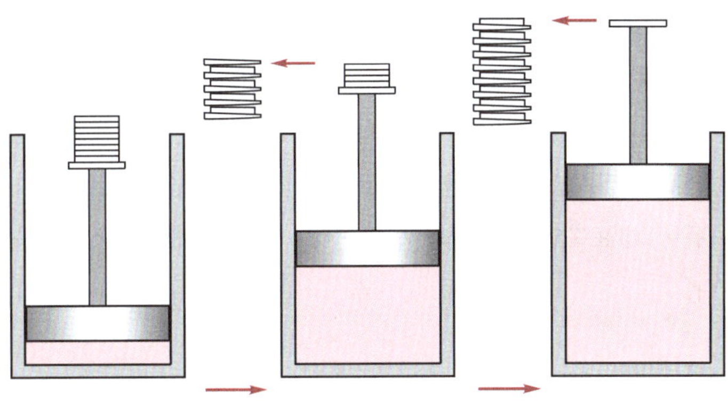

[그림 4.6] 가역과정에 대한 예

비가역과정의 예는, [그림 4.7]의 좌측 그림처럼 기체가 핀으로 고정된 피스톤에 의하여 고압 상태에 있는 계(system)를 생각해 보자. 이 핀을 제거하면 피스

비가역(irreversible)과정

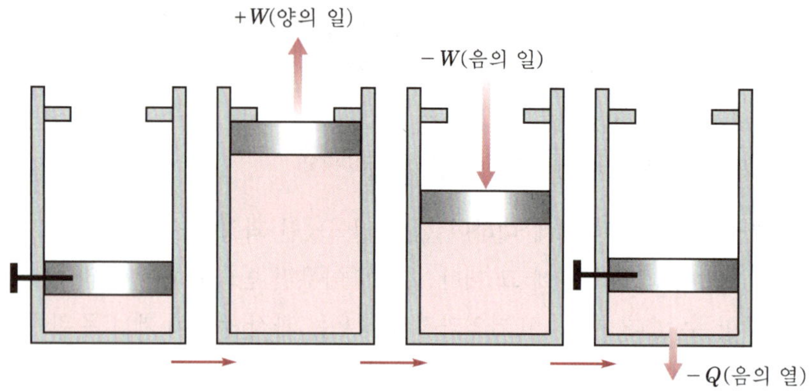

[그림 4.7] 비가역과정의 예

톤이 급격히 상승하여 멈추개에 도달하게 된다. 피스톤이 일정 거리를 위로 움직였으므로 계는 어느 정도 일을 하게 된다. 다음은 계를 처음 상태로 회복시켜 보자. 피스톤 위에서 힘을 가하여 핀을 다시 피스톤에 끼울 수 있도록 기체를 압축할 경우 피스톤 면에 가해야 할 압력은 처음의 팽창과정보다 압축과정일 때 더 크게 된다. 따라서 압축과정 동안 기체에 가한 일이 팽창과정 동안 주위에 가한 일보다 더 크게 되므로 계가 초기에 가지고 있던 것과 같은 양의 내부에너지를 갖기 위해서는 회복과정 동안 일정량의 열이 기체로부터 외부로 전달되어야만 한다. 그러므로 계는 처음 위치로 돌아왔지만 피스톤을 내리는 데 소요된 일과 주위로 전달된 열에 의하여 주위는 변하였다. 이 경우 회복과정 동안 주위에 아무런 영향을 남기지 않고 최초의 상태로 회복되지 않게 되므로 이러한 과정은 비가역과정(irreversible process)이다.

과정이 비가역으로 되는 요인으로는 여러 가지가 있다. 마찰, 불구속 팽창 (unrestrained expansion), 유한 온도차에 의한 열전달, 두 개의 서로 다른 물질의 혼합, 히스테리시스 효과(hysteresis effects)와 전기회로에서 발생되는 열손실(i^2R) 등이 대표적인 비가역의 인자이다. 그중 대표적인 4가지를 살펴보면 다음과 같다.

2 마찰과정

[그림 4.8]과 같이 블록과 경사면으로 구성된 계가 있다. 그림 (a)에서 오른쪽의 추가 내려가면 경사면의 블록을 끌어올린다. 이 과정에서 일정량의 일이 필요함을 알 수 있다. 최종 그림 (b)의 상태가 되었을 때 일 중에서 일부는 블록과 경사면 사이에 존재하는 마찰을 극복하는 데 사용되며, 일부는 블록의 위치에너

지를 올리는 데 필요하다. 이제는 그림 (c)와 같이 추의 일부를 제거하면 블록은 경사면을 따라 미끄러져 내려가 원래의 자리로 되돌아간다. 이때 블록이 원래의 온도로 회복하는 동안 시스템으로부터 주위로 얼마 간의 열전달이 있을 것이다. 따라서 역 과정이 완료되었을 때 주위는 처음 상태로 회복되지 않았으므로, 마찰 때문에 이 과정은 비가역이 되었다고 볼 수가 있다. 또 다른 형태의 마찰 효과로는, 관 내에서 점성유체(viscous fluid)의 유동과 점성유체 속에서 물체를 움직일 때 발생하는 것 등은 마찰에 의해 비가역과정을 수행하게 된다.

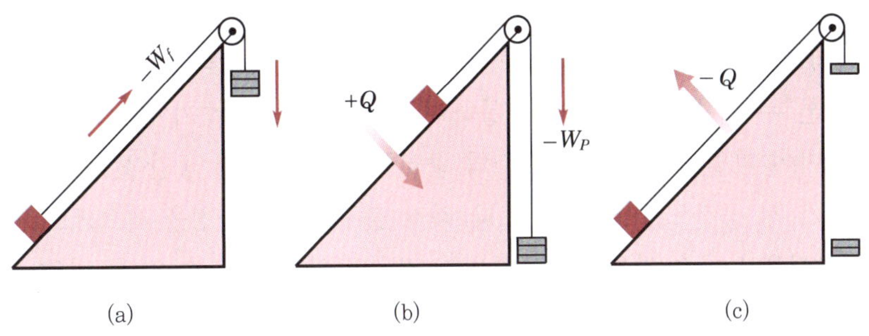

[그림 4.8] 마찰에 의한 비가역과정의 예

3 불구속 팽창과정

불구속 팽창(unrestrained expansion)에 의한 비가역과정의 고전적인 표현의 예는 다음과 같다. [그림 4.9]의 (a)와 같이 얇은 막에 의하여 진공과 분리되어 있는 기체가 있고, 그림 (b)와 같이 얇은 막이 파열되어 기체가 용기 전체에 퍼져 나갈 때 어떠한 일이 발생하는가를 생각해 보자. 이 경우 기체가 처음 상태로 회복될 때는 기체를 압축하여야 하며, 그동안 기체에서 외부로 열전달이 발생한다. 이 역과정 동안 일과 열전달에 의하여 주위에 변화가 있게 되므로 주위는 처음

불구속 팽창
(unrestrained expansion)

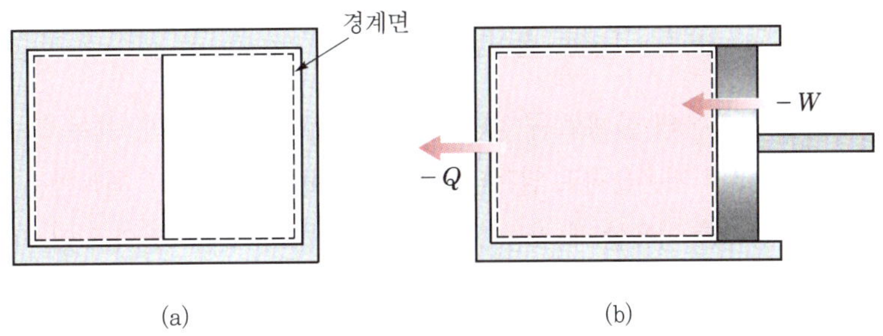

[그림 4.9] 불구속 팽창일 때 비가역과정의 예

상태로 회복되지 못한다. 즉, 두 힘 사이에 유한한 차이가 존재하며 이로 인하여 경계가 유한한 속도로 움직이므로 이 불구속 팽창은 비가역과정임을 의미한다. 만약 기체가 가역팽창(reversible expansion)을 수행하려면 기체에 의해 가하는 압력과 팽창을 억제하는 힘의 차이가 무한히 작아서 경계가 움직이는 속도도 무한히 작게 되는 과정일 때 평형으로부터 약간 벗어났지만 평형에 가까운 준평형(quasi-equilibrium)과정이 되고, 가역과정으로 볼 수도 있다.

4 서로 다른 두 물질의 혼합과정

비가역 인자 중 하나로는 [그림 4.10]의 (a)와 같이 박막으로 분리되어 있는 서로 다른 두 기체의 혼합과정을 통하여 비가역임을 알 수가 있다. 그림 (b)와 같이 박막이 파열되면 산소와 질소의 균일한 혼합물이 전 공간을 채우게 된다. 각 기체가 전 공간으로 퍼져 나갈 때 각각 불구속 팽창과정을 겪으므로 여기서는 이 과정을 불구속 자유팽창의 특별한 경우의 하나로 볼 수 있다. 만약, 이 혼합된 기체를 분리하려면 일정량의 일이 필요하다. 따라서 분리 장치를 이용하는 경우 분리과정에 얼마간 필요한 일이 입력되어야만 하므로, 이것 또한 비가역과정이 된다.

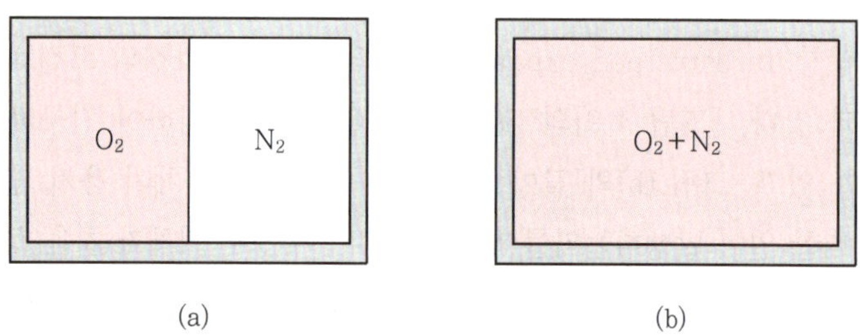

[그림 4.10] 물질의 혼합과 분리에서 비가역의 예

5 유한한 온도 차이에 의한 열전달과정

고온의 물체와 저온의 물체로 구성된 열전달 계를 생각해 보면, 계는 그 스스로 가는 고온물체로부터 저온물체로 열전달이 있게 된다. 처음 상태로 회복하는 경우라면 유일하게 냉동기를 이용할 때 가능하다. 이때 주위로부터 얼마간의 일이 필요하며 이것의 결과로 얼마의 열이 주위로 전달되어야 한다. 이 과정에서 일과 열전달이 있게 되고, 주위는 원래의 상태로 회복되지 못하므로 이 과정은 비가역과정으로 볼 수 있다. 따라서 모든 열전달은 유한한 온도차에 의하여 이루어지므로 모두

비가역과정이며, 온도차가 크면 클수록 비가역성(irreversibility)은 커진다.

만약 가역 열전달과정이 있다면 어떻게 일어날 수가 있을까? 이것은 두 물체 간의 온도차가 0에 근접할 때 이 열전달과정은 가역과정에 접근한다고 볼 수가 있다. 따라서 가역 열전달은 무한히 작은 온도차에 의한 열전달과정이라고 정의한다. 온도차가 무한히 작을 때 일정량의 열을 전달하려면 무한히 오랜 시간을 필요로 하거나, 전열 면적이 무한히 넓어야 한다. 이러한 가역 열전달의 개념은 이상적인 과정을 설명하는 데 매우 유익하다고 할 것이다.

6 카르노 사이클(Carnot cycle)의 구성

앞에서 우리는 열역학 제2법칙으로부터 열이 일로 변환하는 과정에서 제한을 받는다는 사실을 알게 되었다. 이것은 공급된 열량을 100% 일로 전환하는 것이 불가능하다는 뜻이다. 그러므로 고열원에서 열을 공급받아 일로 바꾸는 과정에서 어떻게 하면 공급열량을 최대로 이용할 수 있는가 하는 문제인데, 상태변화 과정이 가역과정으로 이루어진 열기관 사이클이 가장 이상적이라 할 수 있으며 실제로는 마찰이나 열전달 등으로 인하여 실현되지는 못하지만 기관을 비교할 때 이러한 이상 사이클을 구성한 사이클로는 카르노 사이클이 있다. 이 사이클은 프랑스의 물리학자 카르노(N. L. S. Carnot)가 1824년 발표한 이상적인 열기관 사이클이며, 이 사이클은 [그림 4.11]과 같이 두 개의 단열변화와 두 개의 등온변화로 구성된 가역 사이클이다.

카르노 사이클
(Carnot cycle)

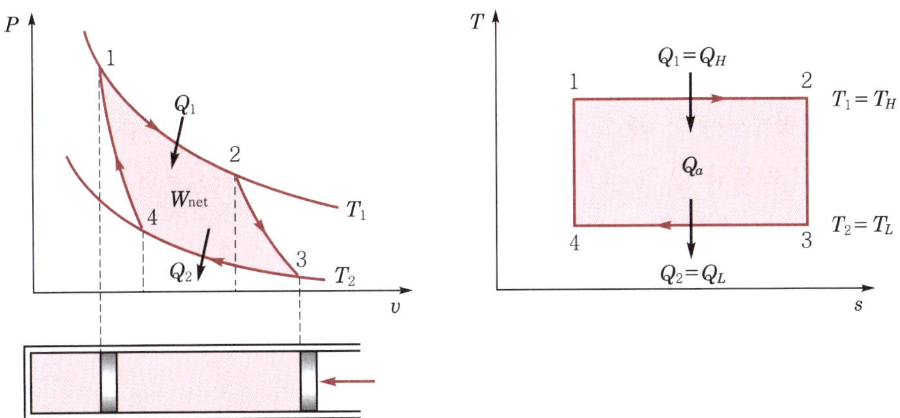

[그림 4.11] 카르노 사이클의 $P-v$ 선도와 $T-s$ 선도

[그림 4.11]에서와 같이 동작유체가 변화 1→2에서는 등온의 T_1 하에서 외부의 고열원이 열량 Q_1을 유체에 주며 유체를 팽창시키고, 2→3에서는 단열팽창, 3→4에서는 등온의 T_2에서 유체를 압축하며 압축일의 양과 같은 값의 열량 Q_2를 기관외부에 방출한다. 과정 4→1에서도 유체에 단열적으로 일을 하며 압축한다. 따라서, 과정 1→2 사이에서 고열원으로부터 가열하여 받은 열량을 Q_1, 3→4 사이에서 압축하면서 저열원에 잃은 열량을 Q_2, 그리고 한 사이클 동안 외부에 작용한 순 일을 W_{net}라 할 때 그 크기는 각각 다음과 같다.

등온팽창과정

① 등온팽창과정: 1→2과정

온도 T_1의 고열원으로부터 열량 Q_1을 받아서 일정온도 T_1을 유지하면서 공급열량 Q_1을 팽창일로 전환한다. 따라서 이때 공급열량 Q_1의 크기는 다음 식으로부터 구하고 온도는 $T_1 = T_2$이다.

$$Q_1 = P_1 V_1 \ln \frac{V_2}{V_1} = mRT_1 \ln \frac{V_2}{V_1} \tag{4.6}$$

단열팽창과정

② 단열팽창과정: 2→3과정

이 과정 중에 이동열량은 없으며, 작업유체의 내부에너지를 이용하여 온도 T_2의 상태에서 최저온도 T_3가 될 때까지 팽창일을 계속하고 온도는 $T_1 = T_2 > T_3$이다. 이때의 팽창일의 크기는 다음 식으로부터 구한다.

$$_2W_3 = \frac{1}{\kappa - 1}(P_2 V_2 - P_3 V_3) = \frac{mR}{\kappa - 1}(T_2 - T_3) \tag{4.7}$$

등온압축과정

③ 등온압축과정: 3→4과정

이 과정에서는 최저온도 T_3의 상태로부터 등온압축되고, 압축일을 변환하여 저열원으로 열량 Q_2의 크기로 방열하며 그 크기는 다음 식으로부터 구한다. 이때의 온도는 $T_3 = T_4$로 일정하다.

$$Q_2 = {}_3W_4 = P_3 V_3 \ln \frac{V_4}{V_3} = mRT_3 \ln \frac{V_4}{V_3} < 0$$

그러므로 방출열의 절대치 크기는 다음과 같다.

$$\therefore\ Q_2 = -P_3 V_3 \ln \frac{V_4}{V_3} = -mRT_3 \ln \frac{V_4}{V_3}$$

$$= mRT_3 \ln \frac{V_3}{V_4} \qquad (4.8)$$

④ 단열압축과정: 4 → 1과정

이 과정을 통하여 초기의 상태로 되돌리기 위하여 작업유체를 단열적으로 압축한다. 이 과정에서 이동열량은 없으며 압축 후 온도는 최저온도 T_3(또는 T_4)의 온도가 사이클 최고온도 T_1으로 된다. 이때, 단열압축 일의 크기는 다음 식으로 구한다.

$$_4W_1 = \frac{1}{\kappa-1}(P_4 V_4 - P_1 V_1) = \frac{mR}{\kappa-1}(T_4 - T_1) \qquad (4.9)$$

이상과 같이 유도된 식을 이용하여 카르노 사이클의 열효율 η_c를 구하면, 유효일, 즉 순일 W_{net}가 공급열량 Q_1과 방출열량 Q_2의 차이 관계로부터 다음과 같이 된다. 즉,

$$\eta_c = \frac{W_{net}}{Q_1} = \frac{Q_1 - Q_2}{Q_1} = 1 - \frac{Q_2}{Q_1} = 1 - \frac{mRT_2 \ln \dfrac{V_3}{V_4}}{mRT_1 \ln \dfrac{V_2}{V_1}} \qquad (a)$$

이다. 여기서, 단열과정 관계식을 사용하여 다음 관계가 성립함을 알 수 있다.

$$\frac{T_1}{T_4} = \left(\frac{V_4}{V_1}\right)^{\kappa-1} = \frac{T_2}{T_3} = \left(\frac{V_3}{V_2}\right)^{\kappa-1}$$

$$\rightarrow\ \frac{V_4}{V_1} = \frac{V_3}{V_2} \qquad (b)$$

식 (b)를 식 (a)에 적용할 때 카르노 사이클의 열효율은 다음과 같이 간단하게 표시된다.

$$\therefore\ \eta_c = 1 - \frac{Q_2}{Q_1} = 1 - \frac{T_2}{T_1} \qquad (4.10\,a)$$

단열압축과정

카르노 사이클의 열효율

또는 $T_1 = T_H$와 $T_2 = T_L$ 관계로부터 다음과 같이 일반식으로 쓸 수도 있다.

$$\therefore \ \eta_c = 1 - \frac{Q_L}{Q_H} = 1 - \frac{T_L}{T_H} \tag{4.10 b}$$

위의 관계로부터 이상유체를 작업유체로 사용하는 가역과정의 카르노 사이클 (carnot cycle)의 열효율의 경우, 고·저 두 열원의 온도에 의해 결정되고 T_1이 높을수록, T_2가 낮을수록 열효율 η_c는 증대한다. 극한의 경우로 $T_2 = 0$, 즉 저열원이 절대 0도(0K)일 때는 $\eta_c = 1$이 되며, 수열량이 모두 일로 변환하게 됨을 말해준다. 그러나 실제 이용할 수 있는 저열원은 대기나 해수 등과 같이 상온부근의 열원으로 한정되므로 가역 카르노 사이클이 형성되는 경우라도 η_c는 1보다 작으며 수열량의 일부만이 일로 교환된다.

그리고 $\dfrac{Q_2}{Q_1} = \dfrac{T_2}{T_1}$ 또는 $\dfrac{Q_1}{T_1} - \dfrac{Q_2}{T_2} = 0$의 관계가 성립하므로 카르노 사이클에서 출·입하는 열량은 각각의 열원의 절대온도에 비례한다. 결국은 앞의 설명을 요약하여 정리하면 카르노 사이클은 다음과 같이 설명된다.

1. 열기관 중 가역 사이클로 이루어진 기관의 효율이 가장 좋다.
2. 가역기관인 카르노 사이클은 열기관 중 효율이 가장 좋은 사이클이다.
3. 카르노 사이클은 두 개 열원의 온도만 알면 열효율을 구할 수 있다.

만약, 각 기관 열원들의 온도가 같다면 각 카르노 사이클들은 작업유체와 관계없이 효율이 같다. 따라서 카르노 사이클은 열기관의 이상 사이클로, 다른 기관들의 열효율을 비교하는 데 표준으로 할 뿐이며 실제 열기관보다는 열효율이 높다.

온도 350℃의 고열원과 온도 20℃의 저열원 사이에 1kg의 공기로 사용하는 카르노 사이클을 매분 60회전하는 기관이 있다. 그림과 같이 등온팽창 1 → 2 및 등온압축 3 → 4에서 2점과 4점의 압력이 각각 600kPa이라 할 때 다음을 구하라.

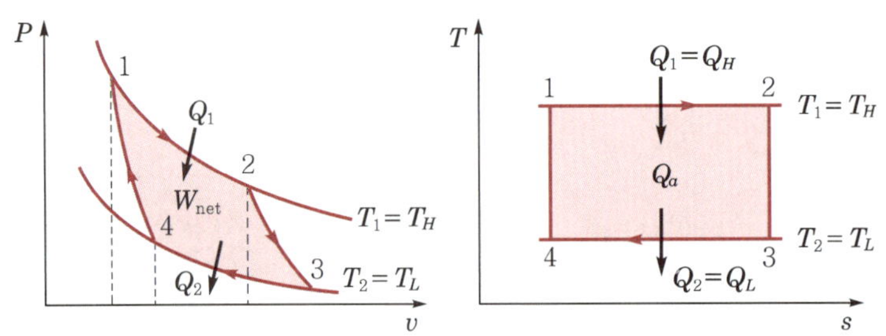

(1) 이 사이클에 의하여 발생하는 동력(H_{PS})은 얼마인가?

(2) 만약, 저열원의 온도가 5℃인 경우라면 열효율(%)은 얼마나 변화하는가?

[풀이] (1) $P_2 = P_4 = 600\text{kPa}$, $T_1 = 623\text{K}$, $T_2 = 293\text{K}$, $m = 1\text{kg}$이므로 다음 관계가 성립한다.

$$\frac{P_1}{P_4} = \left(\frac{T_1}{T_2}\right)^{\frac{\kappa}{\kappa-1}} , \quad \frac{P_2}{P_3} = \left(\frac{T_1}{T_2}\right)^{\frac{\kappa}{\kappa-1}}$$

$$\rightarrow \frac{P_1}{P_4} = \frac{P_2}{P_3} = \left(\frac{T_1}{T_2}\right)^{\frac{\kappa}{\kappa-1}} = \left(\frac{623}{293}\right)^{\frac{1.4}{1.4-1}} \fallingdotseq 14.02$$

$$\therefore \ P_1 = 14.02 P_4 = 14.02 \times 600 \fallingdotseq 8,412\text{kPa}$$

따라서, 수열량 따라서, 수열량 Q_1과 일 W_{net}는 $P_2 = P_4$이므로 다음과 같다.

$$Q_1 = mRT_1 \ \ln\frac{P_1}{P_2} = 1 \times 0.287 \times 623 \times \ln(14.02) \fallingdotseq 472.12\text{kJ}$$

$$\therefore \ W_{net} = Q_1\left(\frac{T_1 - T_2}{T_1}\right) = 472.12 \times \frac{623 - 293}{623} \fallingdotseq 250.1\,\text{kJ}$$

여기서, $1\,\text{PS} - h = 0.735\text{kJ/sec} \times 3,600\text{sec} = 2,646\text{kJ}$이고, 1시간에 60×60회전하므로 발생마력은 다음과 같이 계산된다.

$$\therefore \ H_{PS} = \frac{250.1 \times 60 \times 60}{2,646} \fallingdotseq 340.3\text{PS}$$

(2) $T_2 = 293\text{K}$일 때의 열효율을 η_{c_1}라 하면,

$$\eta_{c_1} = 1 - \frac{T_2}{T_1} = 1 - \frac{293}{623} = 1 - 0.470 \fallingdotseq 0.53 \fallingdotseq 53\%$$

이다. 또, $T_2' = 278\text{K}$일 때의 열효율을 η_{c_2}라 할 때,

$$\eta_{c_2} = 1 - \frac{T_2'}{T_1} = 1 - \frac{278}{623} = 1 - 0.446 \fallingdotseq 0.554 \fallingdotseq 55.4\%$$

이다. 그러므로 열효율변화는 다음과 같다.

$$\therefore \ \eta_{c_2} - \eta_{c_1} = 0.554 - 0.53 = 0.024 = 2.4\%$$

1 엔트로피(entropy)의 정의

엔트로피는 출입하는 열량의 이용가치를 나타내는 양으로 에너지도 아니고, 온도와 같이 감각으로도 알 수도 없으며, 측정할 수도 없는 에너지와 같이 물리학상의 추상적인 상태량이다. 이제 엔트로피라는 상태량 변화를 유도하여 각 과정에 대한 열역학 제2법칙을 정량적으로 나타내는 엔트로피에 대하여 좀 더 명확하게 표현하는 방법을 알아보자.

어느 물체에 열을 가하면 엔트로피는 증가하고 냉각시키면 감소하는 상상적인 양으로 엔트로피의 정의 관련 식은 가열량 δQ를 가열할 때의 온도 T로 나눈 값으로 정의식은 미분으로 $dS = \dfrac{\delta Q}{T}$ 로 쓴다. 따라서 [그림 4.12]와 같은 경로를 이용하여 열역학 제2법칙으로부터 엔트로피라고 하는 시스템의 상태량을 유도할 경우 다음과 같게 됨을 알 수 있다. 그림에서 시스템(검사질량)이 상태 1에서 가역과정 A를 따라 상태 2까지 가고, 가역과정 B를 따라 상태 1로 돌아오면 한 사이클이 완성된다. 이 사이클은 각 과정이 가역이므로 다음과 같이 쓸 수 있다.

$$\oint \frac{\delta Q}{T} = 0 = \int_1^2 \left(\frac{\delta Q}{T}\right)_A + \int_2^1 \left(\frac{\delta Q}{T}\right)_B \tag{a}$$

이번에는 가역과정 A를 따라 상태 1에서 상태 2까지 간 후 경로 C를 따라 사이클이 완성되는 가역 사이클을 생각해 보면, 이 사이클에 대해서도 다음과 같이 쓸 수 있다.

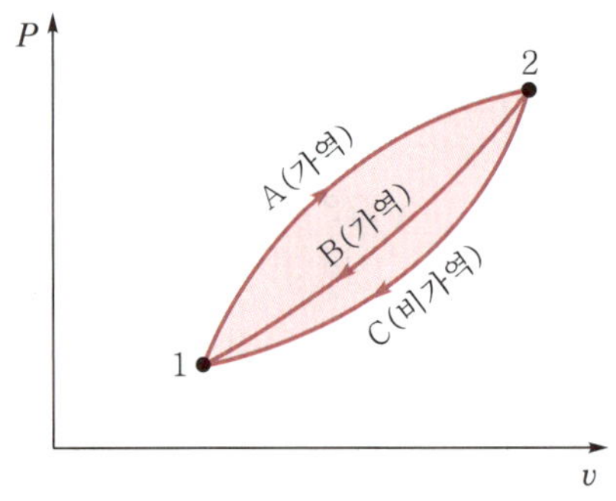

[그림 4.12] 계의 $P-v$ 선도상 임의의 상태변화의 경로

$$\oint \frac{\delta Q}{T} = 0 = \int_1^2 \left(\frac{\delta Q}{T}\right)_A + \int_2^1 \left(\frac{\delta Q}{T}\right)_C \qquad \text{(b)}$$

위의 식 (a)에서 식 (b)를 빼면 다음과 같은 식 (c)의 결과를 얻게 된다.

$$\int_1^2 \left(\frac{\delta Q}{T}\right)_B = \int_1^2 \left(\frac{\delta Q}{T}\right)_C \qquad \text{(c)}$$

식 (c)는 상태 1과 상태 2를 연결하는 모든 가역과정에 대하여 $\oint \dfrac{\delta Q}{T}$ 가 같음을 말하는 것이며, 이 양은 경로와는 무관하고 양끝 상태만의 함수가 되므로 이 양은 상태량이다. 이 상태량을 엔트로피(entropy)라 하고 S로 표기한다. 미소량 변화의 극한에 대하여는 dS의 미분으로 쓴다. 결국 가역과정에서 엔트로피는 다음의 관계식으로 정의된다.

엔트로피(entropy)

$$dS \simeq \left(\frac{\delta Q}{T}\right)_{\text{rev}} \qquad (4.11)$$

식 (4.11)로부터 우리는 가역과정과 연관하여 엔트로피(entropy)를 처음으로 정의하였다는 것이 매우 중요하다. 이 엔트로피는 종량성상태량(extensive property)이며, 단위 중량당 또는 단위 질량당 엔트로피의 경우를 비엔트로피(specific entropy)가 된다. 즉, 질량을 $m[\text{kg}]$, 엔트로피를 $S[\text{kJ/K}]$라 하면 비엔트로피를 소문자 s로 표시하며, 미소변화에 대하여는 미분식으로 다음과 같이 나타낸다.

비엔트로피
(specific entropy)

$$ds = \frac{dS}{m} [\text{kJ/kg} \cdot \text{K}] \qquad \text{(d)}$$

그리고 시스템의 상태가 변화할 때의 엔트로피변화량은 앞의 식 (4.11)을 다음과 같이 적분하여 구할 수 있다.

$$\triangle S = S_2 - S_1 = \int_1^2 dS = \int_1^2 \left(\frac{\delta Q}{T}\right)_{\text{rev}} \qquad (4.12)$$

만약, 과정이 단열과정이라면 계의 열의 변화가 $_1Q_2 = 0$이 되므로, 위 식으로부터 엔트로피변화 $S_2 - S_1 = 0$이 된다. 즉,

$$\therefore S_2 = S_1 \rightarrow S = C \tag{4.13}$$

이다. 따라서 단열과정은 등엔트로피과정(isentropic process 또는 constant entropy process)이 된다. 과정이 등온과정일 경우에는 T가 일정하므로 적분 밖으로 보내면 엔트로피변화량의 크기는

$$S_2 - S_1 = \frac{1}{T}\int_1^2 \delta Q = \frac{{}_1Q_2}{T} \tag{4.14}$$

이 된다. 따라서 등온과정일 때 가열 열량 크기는 ${}_1Q_2 = T(S_2 - S_1)$이다.

2 클라우지우스(Clausius)의 부등식

가역과정으로 이루어진 사이클에 대하여 생각해 보면, 앞서 언급한 가역 사이클인 카르노 사이클에서 열효율은 다음과 같다.

$$\eta_c = 1 - \frac{Q_L}{Q_H} = 1 - \frac{T_L}{T_H}$$

$$\rightarrow \frac{Q_L}{Q_H} = \frac{T_L}{T_H} \rightarrow \frac{Q_H}{T_H} = \frac{Q_L}{T_L}$$

$$\therefore \frac{Q_H}{T_H} - \left(\frac{Q_L}{T_L}\right) = 0 \tag{e}$$

위 식의 열량의 부호를 정하는 데 있어서 계가 받은 수열량은 양(+), 방열량은 음(-)으로 정의했으므로 $Q_H(+)$, $Q_L(-)$가 되어야 한다. 그러므로 위 식은 다음과 같이 쓸 수 있다.

$$\therefore \frac{Q_H}{T_H} + \frac{Q_L}{T_L} = \Sigma \frac{Q}{T} = 0 \tag{4.15}$$

일반적으로 가역 사이클은 [그림 4.13]과 같이 무수히 많은 미소한 카르노 사이클로 구성되어 있다고 생각할 수 있으며, 미소 카르노 사이클의 등온변화에서 열량출입을 δQ라 할 때 식 (4.14)는 다음과 같이 적용될 수 있다.

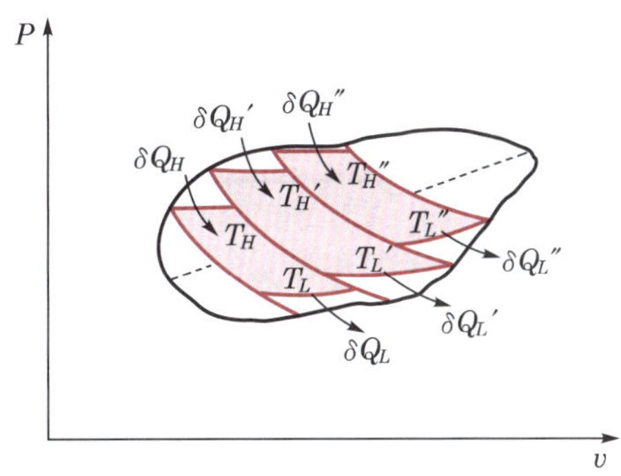

[그림 4.13] 임의의 가역 사이클

$$\left\{\frac{\delta Q_H}{T_H}+\frac{\delta Q_H{}'}{T_H{}'}+\frac{\delta Q_H{}''}{T_H{}''}+\cdots\right\}$$

$$+\left\{\frac{\delta Q_L}{T_L}+\frac{\delta Q_L{}'}{T_L{}'}+\frac{\delta Q_L{}''}{T_L{}''}+\cdots\right\}=0$$

$$\therefore \sum\frac{\delta Q}{T}=0 \;\; 또는 \;\; \oint\frac{\delta Q}{T}=0 \tag{4.16}$$

위 식 (4.16)은 가역 사이클의 경우 엔트로피의 합이 0(zero)임을 말해준다.

다음 비가역 사이클의 경우를 생각해 보면, 비가역 사이클은 저온에서 방열량이 가역일 때보다 많으므로 미소 카르노 사이클의 경우 역시 다음과 같은 식이 성립한다.

$$\frac{Q_H}{T_H}+\frac{Q_L}{T_L}=\sum\frac{Q}{T}\neq 0 \tag{f}$$

$$\therefore \sum\frac{\delta Q}{T}\neq 0 \;\; 또는 \;\; \oint\frac{\delta Q}{T}\neq 0 \tag{4.17}$$

이것은 δQ를 T로 나눈 값이 0이 될 수 없음을 말해주고, [그림 4.14]로부터 이 식을 적용하여 그 크기를 결정해 보면 다음과 같이 된다.

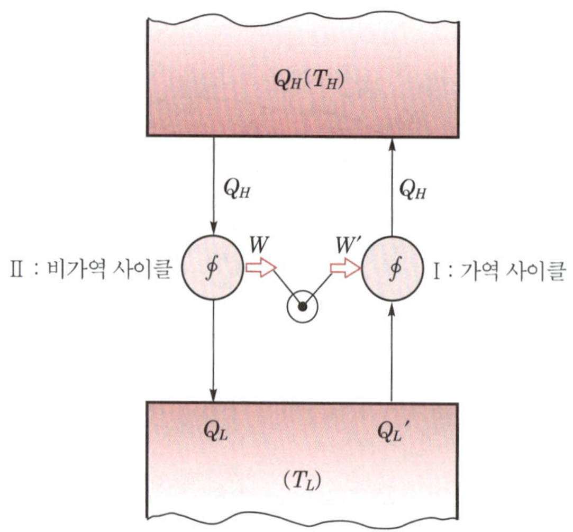

[그림 4.14] 가역과 비가역 사이클의 비교

$$\text{Ⅰ 기관} : \oint \frac{\delta Q}{T} = \int_H \frac{\delta Q}{T} + \int_L \frac{\delta Q}{T}$$

$$= \frac{Q_H}{T_H} - \frac{Q_L{}'}{T_L} = 0$$

$$\therefore \ \frac{Q_H}{T_H} = \frac{Q_L{}'}{T_L} \ : \ \text{가역 사이클의 경우} \tag{g}$$

$$\text{Ⅱ 기관} : \oint \frac{\delta Q}{T} = \int_H \frac{\delta Q}{T} + \int_L \frac{\delta Q}{T}$$

$$= \frac{Q_H}{T_H} - \frac{Q_L}{T_L} \neq 0$$

$$\therefore \ \frac{Q_H}{T_H} \neq \frac{Q_L}{T_L} \ : \ \text{비가역 사이클의 경우} \tag{h}$$

만약, 두 기관이 열기관이라면 열효율은 가역기관인 Ⅰ기관의 열효율이 크다. 즉, 열효율 식으로부터 $\eta_\text{Ⅰ} > \eta_\text{Ⅱ} \ \Rightarrow \ \dfrac{Q_H - Q_L{}'}{Q_H} > \dfrac{Q_H - Q_L}{Q_H}$ 이고, $W' = Q_H - Q_L{}'$ 과 $W = Q_H - Q_L$ 에서 $W < W'$ 이므로 $Q_L > Q_L{}'$ 이 된다. 이때, $y = \dfrac{Q_H}{T_H} - \dfrac{Q_L}{T_L}$ 이라 놓고 생각해 보면 $y < 0$ 이 됨을 알 수 있다. 그러므로 이

식을 $y = \dfrac{Q_L{'}}{T_L} - \dfrac{Q_L}{T_L} = \dfrac{1}{T_L}(Q_L{'} - Q_L) < 0$로 쓸 수가 있고, 따라서 비가역 사이클의 경우는 다음 식과 같이 엔트로피는 감소함을 말해준다.

$$\oint \frac{\delta Q}{T} < 0 \tag{4.18}$$

이상, 가역과 비가역을 합하여 하나의 식으로 쓰면 다음과 같다.

$$\therefore \oint \frac{\delta Q}{T} \leqq 0 \tag{4.19}$$

이 식 (4.19)를 클라우지우스(Clausius)의 부등식이라 부르고, 모든 가역과 비가역 사이클에 대하여 기술한 것으로 볼 수 있다.

클라우지우스(Clausius)의
부등식

3 엔트로피 증가의 원리(Principle of Increase of Entropy)

클라우지우스(Clausius)의 적분이 사이클에 대한 식이라면, 엔트로피 증가의 원리는 [그림 4.15]의 1-2과정 사이에 일어나는 엔트로피변화량을 말하는 것이다. 그림에서와 같이 검사질량의 사이클 변화를 살펴볼 때, A와 B로 이루어진 사이클은 가역 사이클이고, A와 C로 이루어진 사이클은 비가역 사이클이라면 다음과 같다.

엔트로피 증가의 원리

1A2B1경로는 가역 사이클이므로 앞의 클라우지우스의 부등식을 적용할 때 다음과 같이 쓸 수가 있다.

$$\oint \frac{\delta Q}{T} = \int_{1A}^{2} \frac{\delta Q}{T} + \int_{2B}^{1} \frac{\delta Q}{T} = 0 \tag{i}$$

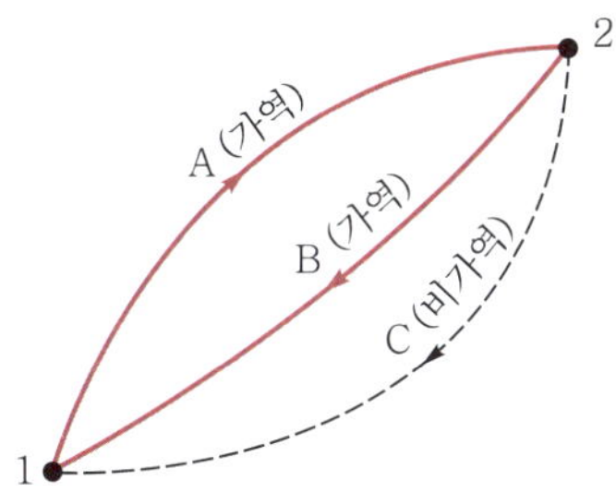

[그림 4.15] 가역과 비가역과정에 대한 검사질량의 엔트로피변화

1A2C1경로는 비가역 사이클이므로 앞의 클라우지우스의 부등식을 적용하면 다음과 같다.

$$\oint \frac{\delta Q}{T} = \int_{1A}^{2} \frac{\delta Q}{T} + \int_{2C}^{1} \frac{\delta Q}{T} < 0 \qquad\qquad (j)$$

식 (i)에서 식 (j)를 빼면 비가역 경로에 대하여 $\frac{\delta Q}{T}$ 가 증가함을 알 수 있다.

즉, $\int_{2B}^{1} \frac{\delta Q}{T} - \int_{2C}^{1} \frac{\delta Q}{T} < 0$ 에서 $\int_{2B}^{1} \frac{\delta Q}{T} < \int_{2C}^{1} \frac{\delta Q}{T}$ 가 된다. 이것을 정리하여 다시 쓰면 다음과 같다.

$$\int_{1}^{2}\left(\frac{\delta Q}{T}\right)_{B} > \int_{1}^{2}\left(\frac{\delta Q}{T}\right)_{C} \qquad\qquad (k)$$

만약, 경로 C마저도 가역과정으로 이루어진 사이클이라면 위 식은

$$\int_{2B}^{1} \frac{\delta Q}{T} = \int_{2C}^{1} \frac{\delta Q}{T} \qquad\qquad (1)$$

가 되므로, 가역경로에 대하여 상태 2와 상태 1 사이에 $\int_{2}^{1} \frac{\delta Q}{T}$ 는 같다. 이때, 가역과정에 대하여 정의식 $dS = \frac{\delta Q}{T}$ 로 놓고 엔트로피변화량을 $\triangle S = S_1 - S_2$ 라면 계가 상태변화한 경우의 엔트로피변화는 $S_1 - S_2 = \int_{2}^{1}\left(\frac{\delta Q}{T}\right)_{rev}$ 로 쓸 수가 있다. 이 (1)식을 다시 쓰면 B는 가역적이고 엔트로피가 경로에 관계없는 상태량이므로 다음과 같다. 즉, 모두가 가역과정일 때 다음 식으로 쓴다.

$$\int_{2}^{1} dS_B = \int_{2}^{1} dS_C \qquad\qquad (m)$$

이러한 관계식을 앞의 식 (k)에 적용할 경우 $\int_{1}^{2} dS_B > \int_{1}^{2}\left(\frac{\delta Q}{T}\right)_{C}$ 로 쓸 수가 있다. 결국은 경로 C가 임의경로이므로 일반적인 결과는 다음 식과 같다.

$$dS \geq \frac{\delta Q}{T} \qquad\qquad (4.20)$$

위의 식에서 등호는 가역과정에 대하여, 부등호는 비가역과정에 대하여 성립하며 열역학에서 가장 중요한 식 중의 하나이다. 이 식을 이용하여 많은 개념과 정의 식을 전개하게 된다. 여기서, $\delta Q = 0$, $\delta Q < 0$ 및 $\delta Q > 0$일 때 성립되므로 δQ가 음수이면 열전달의 결과에 의하여 엔트로피가 감소하게 될 것이나 이 비가역성의 영향은 질량의 엔트로피를 항상 증가시킨다. 따라서 이 식의 중요한 점의 하나는 비가역성이 검사질량의 엔트로피에 미치는 영향을 설명하는 것이 되므로 열량 δQ가 온도 T로 검사질량에 전달될 때 $dS = \dfrac{\delta Q}{T}$의 정의관계로부터 가역과정의 엔트로피변화량은 다음 미·적분관계식으로부터 구한다.

$$dS = \left(\frac{\delta Q}{T} \right)_{rev} \tag{4.21a}$$

다음은 검사질량에 전달되는 동안 비가역 효과가 조금이라도 존재하면 엔트로피변화량은 가역과정에 대한 값보다 크고 그 크기는 다음의 관계식으로부터 구한다.

$$dS > \left(\frac{\delta Q}{T} \right)_{irre} \tag{4.21b}$$

$$\therefore \ S_2 - S_1 > \int_1^2 \frac{\delta Q}{T} \tag{4.22}$$

위 식에서 보듯이 비가역과정으로 이루어진 사이클은 가역 사이클보다 항상 엔트로피가 증가한다. 그러므로 자연계에 존재하는 기계적 사이클을 겪는 기관에서는 과정 동안 비가역인자로 인하여 열의 일부를 잃게 되고(일의 일부), 이 손실된 양을 받아주는 우주가 하나의 밀폐계라면 우주는 항상 엔트로피가 증가하는 입장에 있다. 그러므로 자연계의 엔트로피의 총합은 극댓값을 향하여 항상 증가하고 있다고 설명되며, 이것을 엔트로피 증가의 원리라고 부른다.

엔트로피 증가의 원리

4 비가역과정에서 엔트로피 증가의 예

(1) 열전달(heat transfer)의 경우

열전달(heat transfer)의 경우

고온체 T_1과 저온체 T_2의 두 물체를 접촉하면 열 이동이 이루어진다. 이때 고온체에서 저온체로 $\triangle Q$만큼 열이 이동하였다고 할 때 고온체에서 빼앗긴 열량과 저온체가 받은 열량은 같게 되므로 고온체의 엔트로피 감소량과 저온체의 엔트로피 증가량은 다음과 같다. 즉, $\triangle S_1 = \dfrac{\triangle Q}{T_1}$ 이고, 저온체의 엔트로피 증가량은 $\triangle S_2 = \dfrac{\triangle Q}{T_2}$ 이다. 그런데 $T_1 > T_2$ 이므로 $\triangle S_1 < \triangle S_2$ 이다. 전체의 엔트로피 변화량은

$$\triangle S = \triangle S_2 - \triangle S_1 > 0 \tag{4.23}$$

으로 엔트로피는 증가하게 된다.

(2) 마찰(friction)의 경우

유체가 관로를 흐를 경우는 관로면의 접촉에 의해 생기는 마찰이나 와류 등에 의해 마찰일을 하게 되므로 이 일은 손실일로서 열로 전달된다. 이때 유체가 발생한 열을 $\triangle Q_f$ 이라고 하고 유체의 온도를 T 라고 하면, 마찰과정의 엔트로피 변화량은 다음과 같게 된다.

$$\triangle S = \dfrac{\triangle Q_f}{T} \tag{4.24}$$

이 경우도 $\triangle S > 0$ 이다.

(3) 교축(throttling)의 경우

단위질량 1kg의 완전가스가 초기상태 P_1, T_1 으로부터 나중상태 P_2, T_2 로 변화한다고 가정하고 교축과정을 수행할 때 과정이 교축이면 엔탈피는 일정하게 되므로 교축 전·후의 온도는 거의 동일하게 되고, 압력은 $P_1 > P_2$ 로 감소한다. 따라서 이때의 엔트로피변화는 단위 질량에 대하여 다음 식으로 계산된다.

$$\triangle s = \int_1^2 ds = C_p \ln \dfrac{T_2}{T_1} - R \ln \dfrac{P_2}{P_1} \tag{4.25}$$

여기서, 등온의 경우이므로 식에서 $C_p \ln \dfrac{T_2}{T_1} = 0$ 이 되고, $\triangle s = -R \ln \dfrac{P_2}{P_1}$ 이다. 이때 $P_1 > P_2$ 이므로 $\triangle s > 0$ 가 된다. 따라서 교축과정에서 등온을 유지할 경우 엔트로피는 증가하게 된다.

이상과 같이 대표적인 비가역의 원인이 되는 열이동, 마찰, 교축과정에 대하여 엔트로피의 변화를 살펴본 결과, 엔트로피는 항상 증가하는 경향을 보인다.

그 외에 대표적인 비가역과정으로는 열기관 및 냉동기관 그리고 자유팽창 등에서도 엔트로피변화는 증가한다. 따라서 자연계에 대한 중요한 법칙인 열역학 제2법칙을 양적으로 표현하기 위해서는 엔트로피의 개념이 필요하고, 엔트로피변화는 열에너지의 변화를 수반하는 양으로서 자연계 실제현상에 있어서 반드시 엔트로피변화는 증가하게 될 것이며, 그 양을 평가하여 비가역성을 가늠할 수 있게 된다.

4.5 생성 엔트로피변화

앞에서 살펴본 결과에 의하면 비가역과정에 대한 엔트로피변화 dS는 δQ와 T가 각각 같을 때 가역과정의 엔트로피변화보다 크다. 이것을 다음과 같이 일반적인 등식 형태로 쓸 수 있다.

$$dS = \frac{\delta Q}{T} + dS_G \tag{4.26}$$

이 식의 엔트로피 dS_G는 검사질량에 대한 생성 엔트로피이며, 이후 더 확장하면 일반적인 검사체적인 시스템 내부에서 발생하는 비가역성에 의해 과정 중 생성된 것이다. 이 내적 엔트로피 생성은 앞서 언급한 마찰, 불구속 팽창, 유한한 온도차에 의한 에너지 전달 등과 같은 비가역과정에 의하여 발생된다. 따라서 위 식의 마지막 항은 다음과 같이 항상 양(+)의 증가량이다. 즉,

생성 엔트로피

$$dS_G \geq 0 \tag{4.27}$$

이다. 식 (4.27)에서 등호는 가역과정에 대하여 성립되며, 부등호는 비가역과정에 대하여 성립한다. 엔트로피의 생성량은 항상 양수이며 가역과정에서 최소 0이므로 열전달과 일에 대한 한계값을 유추할 수가 있다.

위와 같은 내적 엔트로피 생성과 함께, 저장조로부터 유한한 온도차에 의해 δQ의 열이 전달되는 과정 혹은 역학적으로 일 δW이 전달되는 과정에 의한 외적 비가역성(external irreversibility) 등에 의한 엔트로피 생성도 있을 수 있다.

다음은 엔트로피 생성이 없는 가역과정에서

$$\delta Q = T\,dS \text{ 그리고 } \delta W = P\,dV \tag{a}$$

이다. 이 식은 열전달량과 일에 대한 일반식이다. 따라서 엔트로피 생성이 있는 비가역과정에 대한 열전달량은 식 (4.26)으로부터 다음과 같이 쓸 수 있다.

$$\delta Q_{irre} = TdS - TdS_G \tag{b}$$

이것은 같은 상태 변화량 dS에 대하여 가역인 경우보다 열전달량이 TdS_G만큼 작게 됨을 말해준다. 그러므로 비가역과정에 대한 일은 더 이상 PdV가 아니며 그보다 작게 된다. 이 비가역과정에 대하여 열역학 제1법칙을 세우면 다음과 같다.

$$\delta Q_{irre} = dU - \delta W_{irre} \tag{c}$$

앞에서, $TdS = dU - PdV$의 관계식을 비가역과정의 상태량변화에 적용할 경우 일에 대한 다음 관계가 성립한다.

$$\delta W_{irre} = PdV - TdS_G \tag{4.28}$$

위 식으로부터 비가역과정에서의 일은 엔트로피 생성량만큼 비례하여 일이 감소한다는 것을 말해준다. 이 식의 TdS_G 항을 '손실일(lost work)'이라고 한다. 비록 이것이 실제일도 아니고 손실된 에너지도 아니지만, 시스템의 일을 정확히 얻고자 할 때 잃어버리기 쉬운 것으로 이해할 수가 있다. 다음 식 (4.26)을 초기 상태에서 최종 상태까지 적분하면 다음과 같다.

$$S_2 - S_1 = \int_1^2 dS = \int_1^2 \frac{\delta Q}{T} + {}_1 S_{2\,G} \tag{4.29}$$

그러므로 비가역과정에 대한 엔트로피변화량의 표현 식을 등식화하면 보다 정밀한 계의 엔트로피변화량을 얻게 된다. 엔트로피 생성이 없는 가역과정이라는 극한에 대해서는 엔트로피변화를 나타내는 식 (4.29)가 생성 엔트로피변화가 없어서 $S_2 - S_1 \geq \int_1^2 \frac{\delta Q}{T}$와 일치하게 된다.

식 (4.29)를 검사질량에 대한 엔트로피 평형식이라 부르고, 여러 개의 보조시스템을 포함할 수 있는 식으로도 사용 가능하다. 이 관계를 일반적인 형태로 쓰면 다음과 같이 표현할 수 있다.

$$\text{엔트로피변화량} = \text{유입 엔트로피량} - \text{유출 엔트로피량} \\ + \text{생성 엔트로피량} \qquad \text{(d)}$$

이 관계에서 보듯이 엔트로피는 생성시킬 수는 있어도 소멸시킬 수는 없는 것이며, 생성과 소멸이 가능하지 않았던 에너지 관계식과는 대비되는 표현이다. 따라서 위와 같은 관계식을 각 사이클 기관에 적용할 때 생성 엔트로피는 어떤 성질을 갖게 되는지 알아보자.

[그림 4.16] (a)는 열기관의 온도가 T인 열원으로부터 Q_H의 열을 공급받아 W의 일을 하는 사이클 기관에 대하여 가정한 것이다. 이때 기관의 열흡수부의 온도는 고온부의 온도보다 낮아야 한다. 기관이 한 사이클을 이루는데 $\triangle t$가 소요되고 그 사이에 열전달량이 Q이고 이때 기관의 생산된 일 W일 때 열기관에서 에너지식과 엔트로피 관계식은 다음과 같다. 즉,

$$dS = 0 = \frac{\delta Q}{T} + dS_G \qquad (4.30)$$

이 된다. 여기서, $dS = 0$ 으로 열기관에서 사이클당 엔트로피변화량이 0임을 말해주는 것이며, dS_G는 사이클당 생성 엔트로피변화량이다. 따라서,

사이클당
생성 엔트로피변화량

$$\delta W = -T \, dS_G \qquad \text{(a)}$$

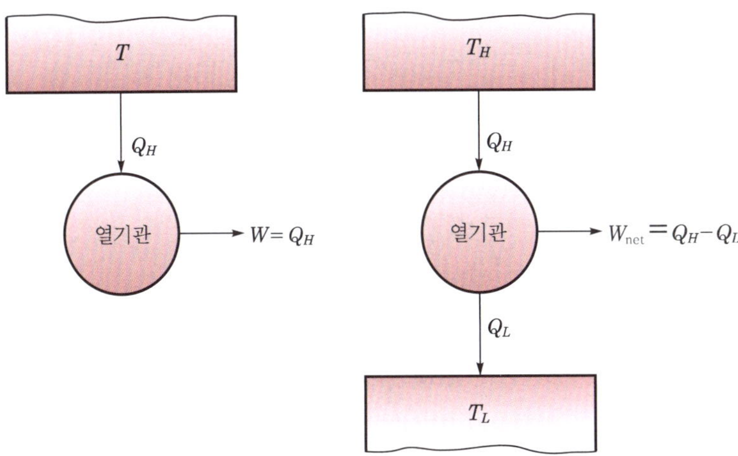

(a) 단일 열원에 의한 열기관   (b) 두 열원에 의한 열기관

[그림 4.16] 열기관에 대한 생성 엔트로피

이다. 이 식에서 $dS_G \geq 0$ 이므로 $\delta W \leq 0$ 이 되므로, 이것은 일을 공급하여 열원쪽으로 열을 방출할 수는 있으나 단일열원으로부터는 열을 공급받아 일을 발생하지는 못함을 보여준다. 이는 열역학 제2법칙의 하나인 켈빈-플랑크(Kelvin-Planck)의 서술과도 일치됨을 확인할 수 있다. [그림 4.16] (b)는 두 열원 사이에서 열을 공급받는 열기관에서 열공급부의 온도가 T_H 이고 열방출부의 온도는 T_L 일 때 열기관의 열효율은 다음 식과 같다. 즉,

$$\eta_{th} = \frac{W_{net}}{Q_H} = 1 - \frac{Q_L}{Q_H} = 1 - \frac{T_L}{T_H} - \frac{T_L}{T_H} \triangle S_G \tag{b}$$

이 식에서 생성 엔트로피 $\triangle S_G \geq 0$ 이므로 가역 사이클인 카르노 기관보다 열효율이 클 수 없음을 알 수 있다.

다음은 [그림 4.17]과 같은 냉동사이클에 대한 생성 엔트로피와 성능계수와의 관계를 알아보면 다음과 같다.

이 냉동사이클은 열기관 사이클을 역으로 동작시킨 기관으로, 그림과 같이 저온부와 고온부의 두 열원 사이에 작동되는 냉동사이클에 W_c 의 일을 외부로부터 공급받아 저온부로부터 Q_L 의 열을 흡수하여 고온부로 Q_H 의 열을 방출하고 있다. 이에 대하여 다음과 같은 관계식이 성립한다. 여기서 $\triangle S_G$ 는 생성 엔트로피이다.

$$\triangle S = \frac{Q_L}{T_L} - \frac{Q_H}{T_H} + \triangle S_G \tag{4.31}$$

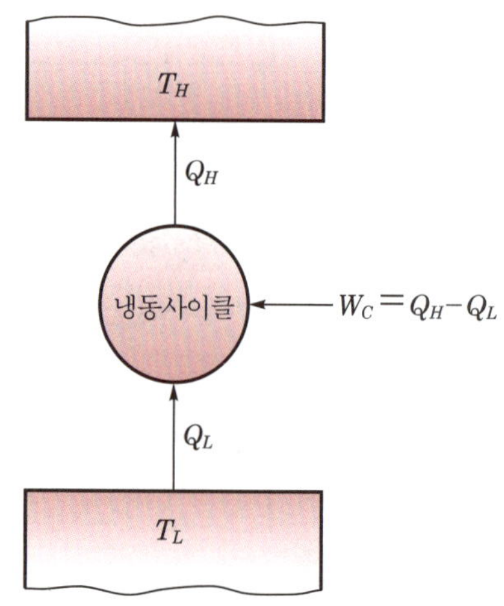

[그림 4.17] 냉동사이클에 대한 생성 엔트로피

이때, 냉동기의 성능계수 $COP)_R$ 은 다음과 같다. 즉,

$$COP)_R = \frac{Q_L}{W_C} = \cfrac{1}{\cfrac{T_H}{T_L} - 1 + \cfrac{T_H}{T_L} \triangle S_G} \tag{c}$$

위 식에서 이상적인 역카르노 사이클로 작동되는 냉동기관이면 $\triangle S_G = 0$ 이 되므로 식 (c)의 크기는 이상적인 냉동기관의 성능계수보다는 작은 값을 갖게 된다. 이상과 같이 각 관계식으로부터 다음과 같이 정리할 수가 있다.

1. 시스템의 엔트로피가 증가하는 방법으로는 두 가지가 있다. 즉, 계로부터 열을 전달하거나 과정이 비가역적인 것이다. 또 엔트로피 생성량은 0보다 작을 수 없으므로 유일한 계의 엔트로피 감소는 계로부터 열을 방출하는 것이다.
2. 단열과정에 대하여 $\delta Q = 0$ 이므로 가역단열과정은 엔트로피변화가 0이다. 따라서 엔트로피 증가는 항상 비가역성과 관련이 있다.
3. 비가역성이 있을 때 일은 가역일보다 작아진다. 즉, 팽창과정에서는 출력일이 작아지고, 압축과정일 때에는 검사질량에 더 많은 일을 입력하여야 됨을 말해준다.

마지막으로 엔트로피의 성질을 설명하면, 열전달과 관련된 엔트로피의 변화는 계의 검사면을 지나 전달되는 것이므로 검사체적 안에서 증가하면 검사체적 밖에서 같은 양만큼 감소하게 된다. 이와 대조적으로 생성 엔트로피 항은 비가역과정에 의해 검사체적 내부에서 생성되는 모든 엔트로피를 나타낸다. 비가역과정의 $P - v$ 선도와 $T - s$ 선도상에 나타내는 것과 관련하여 한 가지 짚고 넘어가야 할 부분이 있다. 그것은 비가역과정의 일의 크기는 적분 $\int P\,dV$ 식과 같지 않으며, 열전달량도 $\int T\,dS$ 와 같지 않다. 그러므로 $P - v$ 선도와 $T - s$ 선도상에서 비가역과정의 경로 아래의 면적이 일과 열을 정확히 나타내지는 않는다. 그러므로 종종 비가역과정을 은선(파선)으로 나타내고 가역과정을 실선으로 나타내는 것이 보다 정확한 것으로서, 따라서 파선 아래의 면적은 정확한 일이나 열을 나타내지는 않는다.

엔트로피의 성질

4.6 이상기체의 엔트로피변화

엔트로피란 앞에서 말한 바와 같이 그 변화량이 경로에 관계없이 결정되는 값으로서 점함수(point function)이다. 따라서 어떤 기준 상태에서의 엔트로피 값을 구하려면 엔트로피는 P, v, T, u 및 h와 같이 단지 상태만의 함수이므로 수량적으로 표시할 수 있다. 따라서 엔트로피의 변화는 임의의 상태변화에서 변화전과 변화 후의 상태가 정해지면 스스로 결정된다. 이상기체의 엔트로피는 상태량의 함수로서 나타낼 수 있고, 먼저 열역학 제1법칙으로부터 엔트로피의 유용한 두 가지 열역학 일반 관계식을 살펴보면 다음과 같다.

열역학 일반 관계식

$$T\,dS = dU + P\,dV \tag{a}$$

$$T\,dS = dH - V\,dP \tag{b}$$

깁스(Gibbs)식

이들 표현식 (a)와 (b)는 열역학 상태량 관계식의 두 형태이며, 흔히 깁스(Gibbs)식이라고 한다. 이 식들을 단위 질량에 대해 나타내면 다음과 같다.

$$T\,ds = du + P\,dv \tag{c}$$

$$T\,ds = dh - v\,dP \tag{d}$$

이 열역학 일반 관계식으로부터 엔트로피변화에 대한 미분 관계식은 다음과 같다. 즉,

$$\delta q = du + P\,dv = C_v\,dT + P\,dv$$

$$ds = \frac{\delta q}{T} = C_v\frac{dT}{T} + \frac{P\,dv}{T} \tag{e}$$

이다. 이상기체의 상태방정식 $Pv = RT$로부터 T와 V의 함수로 나타내면 다음과 같다.

$$ds = C_v\frac{dT}{T} + R\frac{dv}{v}$$

$$\therefore \ \triangle s = \int_1^2 ds = C_v \ln \frac{T_2}{T_1} + R \ln \frac{v_2}{v_1} \qquad (4.32)$$

이 식 (4.32)는 온도와 체적변화를 수반할 때 엔트로피변화의 일반식이 된다.
이번에는 위의 일반 관계식으로부터 엔트로피변화에 대한 미분 관계식을 다시
쓰면 다음과 같다.

$$\delta q = dh - v\,dP = C_p\,dT - v\,dP$$

$$ds = \frac{C_p\,dT}{T} - \frac{v\,dP}{T} \qquad (f)$$

이상기체의 상태방정식 $Pv = RT$ 관계로부터, T와 P의 함수로 나타내면 다
음과 같다.

$$ds = C_p\,\frac{dT}{T} - R\,\frac{dP}{P}$$

$$\therefore \ \triangle s = \int_1^2 ds = C_p \ln \frac{T_2}{T_1} - R \ln \frac{P_2}{P_1} \qquad (4.33)$$

이 식 (4.33)은 이상기체가 온도변화와 압력변화를 수반할 때 엔트로피변화를
구하는 일반식이 된다. 또 P와 V의 함수로 나타내면 다음과 같이 된다.

$$\therefore \ \triangle s = \int_1^2 ds = C_v \ln \frac{P_2}{P_1} + R \ln \frac{v_2}{v_1} \qquad (4.34)$$

위 식 (4.34)도 이상기체가 압력과 체적변화가 있을 때 단위 질량당 엔트로피
변화를 구하는 일반식이다. 위의 엔트로피 관계식은 정적비열과 정압비열이 일
정하다는 가정을 하였다.

두 번째 엔트로피변화를 구하는 방법으로는, 온도의 함수로 주어진 C_{po}에 대
한 식을 이용하는 것이다. 이 식의 예가 [표 4-1]을 이용한 이상기체의 정압비열
C_{po}를 구하는 방법이다. 이때 사용 가능한 식은 다음 식 (4.35)이다.

$$C_{p0} = C_0 + C_1\theta + C_2\theta^2 + C_3\theta^3 [\text{kJ/kg} \cdot \text{K}] \qquad (4.35)$$

단, $\theta = T[\text{K}]/1{,}000$

이 방법의 예를 들면, 이상기체로 취급되는 산소를 300K에서 1,500K까지 가열할 경우 이 과정 동안 압력이 200kPa에서 150kPa로 떨어진다고 가정할 때 단위 질량당 엔트로피변화량[kJ/kg·K]을 계산하면 다음과 같다.

$$s_2 - s_1 = \int_{T_1}^{T_2} C_{p0} \frac{dT}{T} - R\ln\frac{P_2}{P_1}$$

$$s_2 - s_1 = \left[0.88\ln\theta - 0.0001\theta + \frac{0.54}{2}\theta^2 - \frac{0.33}{3}\theta^3 \right]_{\theta_1 = 0.3}^{\theta_2 = 1.5}$$

$$- 0.2598\ln\left(\frac{150}{200}\right)$$

$$= 1.7058\text{kJ/kg·K} \tag{g}$$

마지막 세 번째 방법으로는, 통계 열역학에서 계산한 C_{po}값의 결과를 기준온도 T_0에서 구하고자 하는 온도 T까지 적분하고 그 값을 다음과 같이 표준 엔트로피로 정의하는 방법이다.

$$s_{0\tau} = \int_{T_0}^{T} \frac{C_{p0}}{T} dT \tag{h}$$

이때, T_0(100kPa)는 통상 25℃를 말하며 그때의 C_{po}값을 가지고 적분하고 그 온도에서 엔트로피의 표준 값으로 취한다. 이렇게 계산한 후 온도변화에 따른 엔트로피변화는 다음과 같은 식으로부터 계산한다.

$$s_2 - s_1 = \left(s_{0T_2} - s_{0T_1} \right) - R\ln\frac{P_2}{P_1} \tag{4.36}$$

만약, 위와 같은 조건에서 이상기체인 산소의 경우 엔트로피변화를 계산하면 다음과 같다.

$$s_2 - s_1 = (8.0649 - 6.4168) - 0.2598\ln\left(\frac{150}{200}\right)$$

$$= 1.7228\text{kJ/kg·K} \tag{i}$$

각종 이상기체의 표준압력을 기준으로 계산된 임의온도에 따른 엔트로피 값은 부록 [표 A.7~8]에 나와 있다.

　다음은 이상기체의 엔트로피변화를 알아보면, 앞서 소개한 일반 관계식을 사용하면 다음과 같이 이상기체가 각각의 과정으로 상태변화할 경우 엔트로피변화를 구하는 식을 유도할 수가 있다.

[표 4-1] 각종 이상기체의 정압비열(범위 : 250K~1,200K) 계산 시 상수계숫값

기체	화학식	C_0	C_1	C_2	C_3
수증기	H_2O	1.79	0.107	0.586	−0.20
아세틸렌	C_2H_2	1.03	2.91	−1.92	0.54
공기	−	1.05	−0.365	0.85	−0.39
암모니아	NH_3	1.60	1.4	1.0	−0.7
아르곤	Ar	0.52	0	0	0
부탄	C_4H_{10}	0.163	5.70	−1.906	−0.049
이산화탄소	CO_2	0.45	1.67	−1.27	0.39
일산화탄소	CO	1.10	−0.46	1.0	−0.454
에탄	C_2H_6	0.18	5.92	−2.31	0.29
에탄올	C_2H_5OH	0.2	4.65	−1.82	0.03
에틸렌	C_2H_4	0.136	5.58	−3.0	0.63
헬륨	He	5.193	0	0	0
수소	H_2	13.46	4.6	−6.85	3.79
메탄	CH_4	1.2	3.25	0.75	−0.71
메탄올	CH_3OH	0.66	2.21	0.81	−0.89
네온	Ne	1.03	0	0	0
일산화질소	NO	0.98	−0.031	0.325	−0.14
질소	N_2	1.11	−0.48	0.96	−0.42
아산화질소	N_2O	0.49	1.65	−1.31	0.42
n-옥탄	C_8H_{18}	−0.053	6.75	−3.67	0.775
산소	O_2	0.88	−0.0001	0.54	−0.33
프로판	C_3H_8	−0.096	6.95	−3.6	0.73
R−12[*]	CCl_2F_2	0.26	1.47	−1.25	0.36
R−22[*]	$CHClF_2$	0.2	1.87	−1.35	0.35
R−32[*]	CF_2H_2	0.227	2.27	−0.93	0.041
R−125[*]	CHF_2CF_3	0.305	1.68	−0.284	0
R−134a[*]	CF_3CH_2F	0.165	2.81	−2.23	1.11
이산화황	SO_2	0.37	1.05	−0.77	0.21
삼산화황	SO_3	0.24	1.7	−1.5	0.46

[†] 근사식의 적용 범위 : 250K~1,200K

[*] 최고 500K까지 사용가능

1 정적과정의 엔트로피변화

정적과정의 엔트로피변화의 일반식을 알아보면 다음과 같이 유도된다. 앞서 살펴본 일반 관계식, 즉 $ds = C_v \dfrac{dT}{T} + R \dfrac{dv}{v}$ 에서 정적이면 $dv = 0$ 이 되므로 $\dfrac{P_1}{T_1} = \dfrac{P_2}{T_2}$ 가 성립하고, 따라서 정적과정의 엔트로피변화는 다음과 같이 유도된다. 이 식 (4.37)은 정적과정에서 완전기체의 단위 질량당 엔트로피변화를 구하는 식이다.

$$\int ds = \int C_v \frac{dT}{T} = \int (C_p - R) \frac{dT}{T}$$

$$\therefore \ s_2 - s_1 = C_v \ln \frac{T_2}{T_1} = C_v \ln \frac{P_2}{P_1}$$

$$= (C_p - R) \ln \frac{T_2}{T_1} = C_p \ln \frac{T_2}{T_1} + R \ln \frac{P_1}{P_2} \tag{4.37}$$

2 정압과정의 엔트로피변화

완전기체가 정압과정으로 상태변화할 때 엔트로피변화를 알아보면 다음과 같이 된다. 앞에서 살펴본 엔트로피 일반 관계식 $ds = C_p \dfrac{dT}{T} - \dfrac{v \, dP}{T}$ 에서 정압이면 $dP = 0$ 이 되므로 T와 v와의 관계는 $\dfrac{v_1}{T_1} = \dfrac{v_2}{T_2}$ 가 성립한다. 따라서 정압

과정의 엔트로피변화는 다음과 같이 유도된다. 즉, 식 (4.38)은 정압과정에서 완전기체의 단위 질량당 엔트로피변화를 구하는 식이다.

$$\int ds = \int C_p \frac{dT}{T} = \int (C_v + R) \frac{dT}{T}$$

$$\therefore \ s_2 - s_1 = C_p \ln \frac{T_2}{T_1} = C_p \ln \frac{v_2}{v_1}$$

$$= (C_v + R) \ln \frac{T_2}{T_1} = C_v \ln \frac{T_2}{T_1} + R \ln \frac{v_2}{v_1} \tag{4.38}$$

3 등온과정의 엔트로피변화

이 경우는 온도가 일정하므로 엔트로피변화는 [그림 4.18]의 $T-s$ 선도의 임의온도 T에서 s축에 평행한 직선이 된다. 즉, 비열이 무한대인 경우이다.

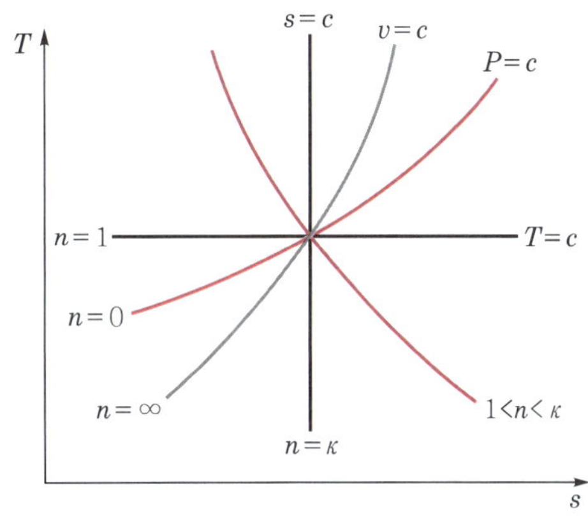

[그림 4.18] 폴리트로픽 과정의 지수 n에 따른 엔트로피변화

그림에서 팽창 중에 가해지는 단위 질량당 열량은 $_1q_2 = T(s_2 - s_1)$이고, 압축 중일 때는 이와 반대이다. 따라서 등온과정의 경우는 엔트로피변화에 대한 일반 관계식이 $ds = R\dfrac{dv}{v}$ 또는 $ds = -R\dfrac{dP}{P}$의 두 가지를 사용하여 구할 수가 있다. 따라서 이 등온과정의 엔트로피변화는 다음과 같이 유도된다. 즉, 식 (4.39)는 등온과정에서 완전기체의 단위 질량당 엔트로피변화를 구하는 식이다.

<u>등온과정의 엔트로피변화</u>

$$\int ds = \int R\frac{dv}{v} = \int -R\frac{dP}{P}$$

$$\therefore\ s_2 - s_1 = R\ln\frac{v_2}{v_1} = -R\ln\frac{P_2}{P_1}$$

$$= -R\ln\frac{v_1}{v_2} = R\ln\frac{P_1}{P_2} \tag{4.39}$$

4 단열과정의 엔트로피변화

<u>단열과정의 엔트로피변화</u>

외부로부터 열의 출입이 없는 경우이며 상태변화 중에 마찰이나 와류 등으로 인한 열손실이 전혀 없는 이상적인 변화이다. 즉, 단열과정의 경우 $\delta q = T\,ds = 0$ 이므로 $ds = 0$ 의 상태가 되어 적분하면 $s = c$이다. 따라서 이 경우는 엔트로피변화가 없다.

$$\therefore\ s_1 = s_2 \tag{4.40}$$

위 식 (4.40)에 나타낸 바와 같이 단열과정은 엔트로피변화가 없는 과정이므로, 이 단열과정을 등엔트로피 과정(isentropic process)이라고도 한다.

5 폴리트로픽과정의 엔트로피변화

폴리트로픽과정은 압력과 체적과의 관계가 $P v^n = c$를 만족하는 과정으로 n 값에 따라서 여러 가지 과정으로 상태변화를 한다. 즉, 이상적인 과정을 포함하여 실제과정을 포함하는 과정 모두를 두고 일컫는다. 이 과정에 대한 열량변화의 미분 일반 관계식을 살펴보면 앞장에서 본 바와 같이 다음과 같았다.

$$\delta q = C_n\, dT = C_v \frac{n-\kappa}{n-1}\, dT$$

이 식을 적분하면 폴리트로픽과정에 대한 엔트로피변화를 구하는 식을 얻을 수가 있다.

$$ds = \int \frac{\delta q}{T} = C_v \frac{n-\kappa}{n-1} \int \frac{dT}{T}$$

$$\therefore\ s_2 - s_1 = C_v \frac{n-\kappa}{n-1} \ln \frac{T_2}{T_1}$$

$$= (n-\kappa)\, C_v \ln \frac{v_1}{v_2} = \frac{n-\kappa}{n} C_v \ln \frac{P_2}{P_1} \tag{4.41}$$

단, 식의 유도과정에서 폴리트로픽과정의 경우 $\dfrac{T_2}{T_1} = \left(\dfrac{v_1}{v_2}\right)^{n-1} = \left(\dfrac{P_2}{P_1}\right)^{\frac{n-1}{n}}$

가 성립하므로 이를 적용한 경우이며, 식 (4.41)은 폴리트로픽과정에서 이상기체의 단위 질량당 엔트로피변화를 구하는 식이다.

위 식으로부터 폴리트로프과정에 대하여 폴리트로프 지수 n 값 변화에 따라 엔트로피변화 값이 다르다는 것을 알 수 있다. 모든 폴리트로픽과정의 엔트로피변화를 $T-s$ 선도에 나타내면 [그림 4.18]과 같게 된다. 그림에서 보듯이 n 값에 따라 앞서의 각 과정으로 상태변화가 발생할 수 있음을 알 수 있다.

예제 4.6

물 10kg을 0℃ 에서 100℃ 까지 가열할 때 물의 엔트로피 증가[kJ/K]는 얼마인가?

풀이 $dS = \dfrac{\delta Q}{T} = \dfrac{mCdT}{T}$

$$\therefore\ S_2 - S_1 = mC \int_{T_1}^{T_2} \frac{dT}{T} = 10 \times 1 \times \int_{273}^{373} \frac{dT}{T} = 10 \times \ln\left(\frac{373}{273}\right)$$

$$\fallingdotseq 13.05 \mathrm{kJ/K}$$

예제 4.7

공기 5kg이 일정압력하에서 처음 온도 T_1 으로부터 최종 온도 $T_2 = 2T_1$ 이 될 때까지 가열된다. 이때 공기에 가해진 열량이 1,255kJ일 경우 엔트로피의 증가는 얼마인가?

풀이 공기에 가해진 열량을 $_1Q_2$로 할 때 다음 관계가 성립한다.

$$_1Q_2 = mC_p(T_2 - T_1) = mC_p(2T_1 - T_1) = mC_pT_1 = 1{,}255\mathrm{kJ}$$

$$\therefore\ T_1 = \frac{1{,}255}{mC_p} = \frac{1{,}255}{5 \times 1.004} = 250\mathrm{K}$$

따라서, $T_2 = 2T_1 = 2 \times 250 = 500\mathrm{K}$

여기서, 정압의 경우 $\dfrac{T_2}{T_1} = \dfrac{V_2}{V_1}$ 가 성립하므로 관계식으로부터 엔트로피변화는 다음과 같다.

$$\therefore\ S_2 - S_1 = mC_v \ln\frac{P_2}{P_1} + mC_p \ln\frac{V_2}{V_1}$$

$$= mC_p \ln\frac{T_2}{T_1}\ \ (\text{단},\ P_1 = P_2)$$

$$= 5 \times 1.004 \times \ln\left(\frac{500}{250}\right) \fallingdotseq 3.48 \mathrm{kJ/K}$$

이상기체 5kg이 350℃에서 150℃까지 $Pv^{1.3}=c$에 따라 변화하였다. 이때 엔트로피변화는 몇 kJ/K이 되는가? 단, 이 기체의 정적비열은 $C_v=0.652\text{kJ/kg}\cdot\text{K}$, 단열지수 =1.40이다.

풀이 이상기체의 단열지수 $\kappa=1.4$, 폴리트로픽지수 $n=1.3$이므로 폴리트로픽

비열 $C_n=\dfrac{n-\kappa}{n-1}C_v$ 식으로부터

$$C_n=\frac{1.3-1.4}{1.3-1}\times0.652=-0.333\text{kJ/kg}\cdot\text{K}$$

이다. 따라서 이 경우 엔트로피변화량은 다음과 같다.

또, $dS=mC_n\dfrac{dT}{T}$ 의 관계식으로부터

$$\therefore\ S_2-S_1=mC_n\int_{T_1}^{T_2}\frac{dT}{T}=mC_n\ln\frac{T_2}{T_1}$$

$$=5\times(-0.333)\ln\left(\frac{423}{623}\right)\fallingdotseq0.645\text{kJ/K}$$

완전기체가 그림과 같은 사이클을 나타낸다. 이 사이클들을 $T-s$ 선도상에 고쳐 그려라.

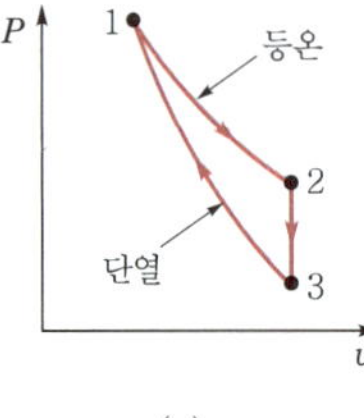

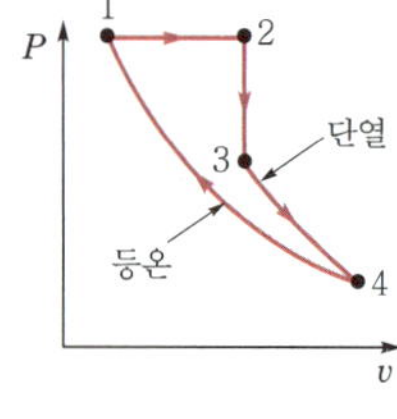

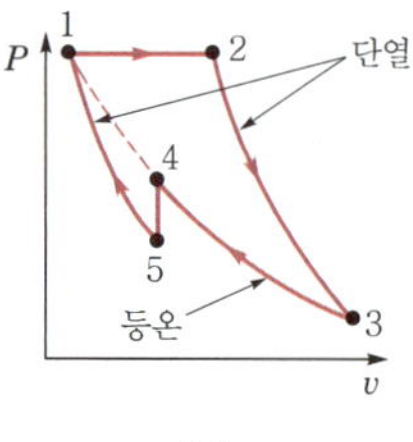

(a)   (b)   (c)

풀이 위 $P-v$ 선도를 $T-s$ 선도로 그리면 다음과 같다.

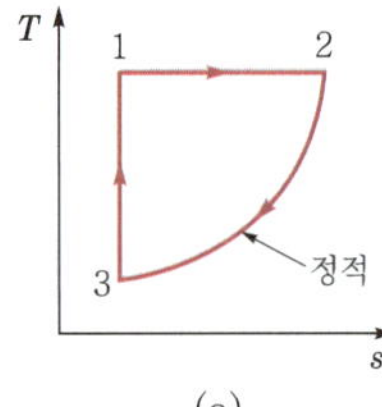

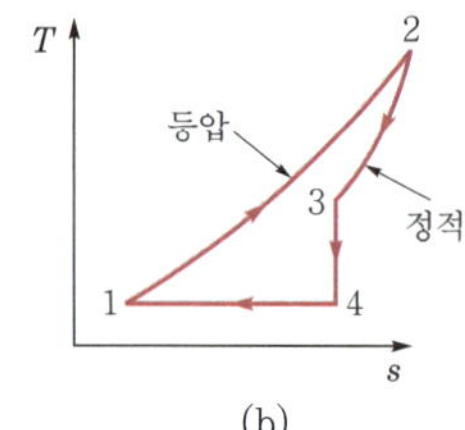

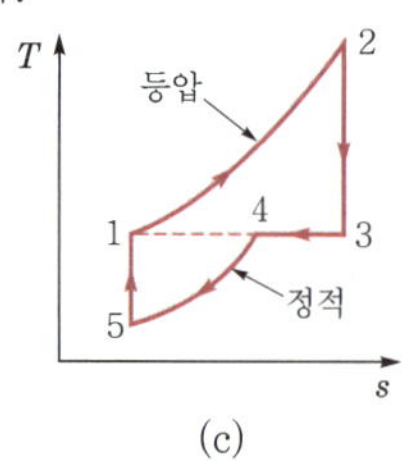

(a)   (b)   (c)

예제 4.10

압력 100kPa, 온도 15℃인 공기 5kg을 정적하에서 압력이 500kPa로 될 때까지 가열하면 엔트로피변화는 얼마인가? 또 압력을 500kPa로 일정하게 한 후 엔트로피가 처음 상태와 동일한 값이 될 때까지 냉각할 경우 공기의 온도는 몇 ℃ 로 되는가?

풀이 정적변화하는 과정의 엔트로피변화는 유도된 관계식으로부터 다음과 같다.

$$S_2 - S_1 = m\,C_v\,\ln\frac{P_2}{P_1} = 5 \times 0.717\,\ln\left(\frac{500}{100}\right) = 5.78\text{kJ/K}$$

정적변화의 경우로부터 온도 T_2를 먼저 구한다. 즉, $T_2 = T_1 \times \dfrac{P_2}{P_1} =$ 288×5=1,440K이다. 다음 이 경우 정압변화에서 5.78kJ/K만큼 엔트로피가 감소하는 것이 되므로, 이때 냉각 후의 온도는 다음과 같이 구한다.

$$S_2 - S_3 = m\,C_p\,\ln\frac{T_2}{T_1} \;\rightarrow\; \ln\frac{T_2}{T_1} = \frac{5.78}{5 \times 1.004} = 1.152$$

$$\rightarrow \frac{T_2}{T_3} = \frac{T_2}{T_1} = 3.153$$

$$\therefore\; T_3 = \frac{1,440}{3.153} = 456.7\text{K} = 183.55℃$$

4.7 열역학적 절대온도

카르노(Carnot) 사이클의 열효율은 동작물질의 성질에 관계없이 고·저 양 열원의 온도에 의해서만 결정되므로, 이 사실로부터 열역학 온도 척도(thermodynamic temperature scale)라고 부르는 절대온도 척도에 대한 설명을 할 수 있다. 즉, 반대의 카르노 사이클 개념을 써서 물질의 성질에 의존하지 않는 열역학적 온도 척도를 정의할 수 있다.

열역학 온도 척도 (thermodynamic temperature scale)

지금 [그림 4.19]와 같은 열저장소로부터 열을 받아 가역 사이클로 작동하는 기관을 생각해보자. 어떤 온도계에 의한 온도를 t로 표시해서, t_1의 고열원과 t_2의 저열원에서 작동되는 카르노 기관과 t_2의 고열과 t_0의 저열원에서 작동되는 카르노 기관을 고려해보면, 제1의 가역 열기관 A가 방출하는 열량 Q_2를 제2의 가역 열기관 B에 공급한다고 하면, 결국 t_1의 열원에서 Q_1을 흡수하여 t_0의 열원에 열량 Q_3를 방출하는 제3의 카르노 기관인 가역 열기관 C가 얻어지게 된다.

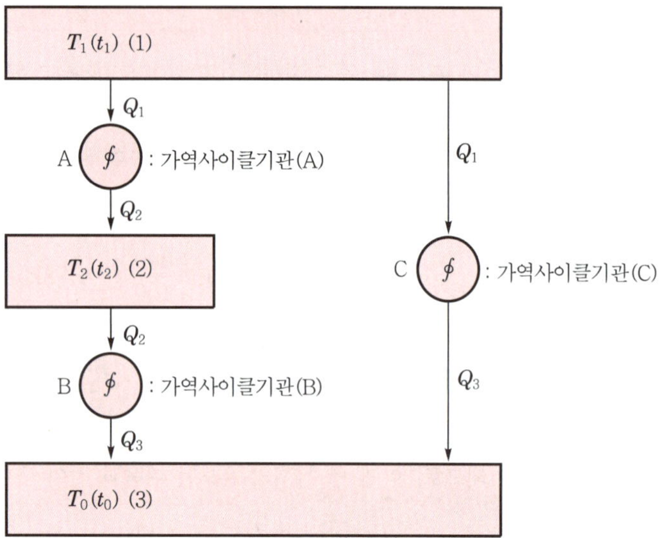

[그림 4.19] 세 개의 열기관 사이에서 작동하는 카르노 사이클

카르노 사이클인 제1기관에 열효율 식을 적용하면 다음과 같은 관련 식을 얻을 수가 있다. 즉,

$$\eta = 1 - \frac{Q_2}{Q_1} = f(t_1, t_2)$$

$$\frac{Q_2}{Q_1} = \frac{1}{1 - f(t_1, t_2)} = \psi(t_1, t_2) \tag{a}$$

와 같다. 같은 방법으로 제2, 제3기관의 열효율을 생각한다.

$$\frac{Q_2}{Q_3} = \psi(t_2, t_0), \quad \frac{Q_1}{Q_3} = \psi(t_1, t_0) \tag{b}$$

으로 쓸 수 있고, 이들 수학적 관계로부터 다음과 같이 표현 가능하다.

$$\frac{Q_1}{Q_2} = \psi(t_1, t_2) = \frac{\psi(t_1, t_0)}{\psi(t_2, t_0)} \tag{4.42}$$

이 식에서 ψ는 함수 관계를 의미하고, $\psi(t, t_0) = t\,[\,℃\,] + 273 = T[\mathrm{K}]$로 정의한 것이 켈빈(Kelvin)온도이다. 식 (4.42)를 만족하는 함수 관계에는 여러 가지가 있다. 간단하게 다음과 같이 열역학적 척도로 정의된다. 즉 켈빈 온도일 때는 열량의 비는 온도의 비와 같음을 알 수 있다.

$$\frac{Q_2}{Q_1} = \frac{T_2}{T_1} \tag{c}$$

이 식은 온도의 크기나 고정된 기준점의 값을 완전하게 설명하지는 못한다. 결과적으로 위 (c)식을 앞의 열효율 식에 대입할 경우 카르노 사이클의 효율은 다음과 같은 식으로 쓸 수 있다.

$$\eta_c = 1 - \frac{Q_2}{Q_1} = 1 - \frac{T_2}{T_1} \tag{4.43}$$

식 (c)에서 $Q_2 = Q_1 \dfrac{T_2}{T_1}$이 되는데, Q_2은 낮은 온도에서의 열량이다. 만약 $T_1 \rightarrow 0$으로 접근하면 Q_2는 무한대가 되며 이때 필요한 일 $W = (Q_2 - Q_1)$은 무한대가 되게 된다. 여기서 절대 0도는 열역학적 절대온도(thermodynamic absolute temperature) 또는 켈빈의 절대온도라 한다. 이 법칙은 독일의 물리학자 발터 네른스트(Walther Nernst)에 의하여 1906년 수립되어 Nernst의 열정리라고 하며, 이것을 열역학 제3법칙이라 한다. 따라서 이 열역학적 온도(켈빈의 온도)의 성질에 관해서 정리해 보면 다음과 같다.

켈빈의 절대온도

① 온도계의 종류나 구조에는 전혀 관계가 없으며 절대적인 온도를 정의한다.
② 카르노 사이클은 두 개의 등온, 두 개의 단열변화로 구성되는데, 이 사이클에서 출입하는 양을 측정하면 두 온도는 이 열량에 비례한다.
③ 이상기체를 사용한 기체 온도계가 표시하는 온도와 완전히 일치한다.

이번에는 이상기체의 온도척도(the temperature scale of ideal gas)에 대하여 살펴보자. 이 온도 척도는 기체의 압력이 0에 접근할 때 기체의 거동이 이상기체 상태방정식에 만족한다는 관찰로부터 근거하고 있다.

온도척도(the temperature
scale of ideal gas)

[그림 4.20]은 개략적인 정적 기체 온도계이고 온도 계측에 이상기체가 어떻게 이용될 수 있는가를 살펴볼 수 있다. 온도를 계측 가능한 위치에 기체가 들어 있는 측정구인 벌브(bulb)를 놓고 수은주의 높이를 조절한 후 수은주의 높이가 기준점 A에 멈추도록 설계된 것으로 기체의 체적은 일정하다. 모세관 속에 있는 이상기체의 온도가 측정구 속의 기체 온도와 같다고 가정할 때, 수은주의 높이차 L로 표시되는 기체의 압력이 곧 측정 온도가 된다. 물의 삼중점(273.15K)에서 압력을 측정하고 그 압력을 $P_{t.p}$로 표시하면, 이상기체의 정의에 따라 다른 모든 온도 T[K]는 다음 관계식에 의하여 압력 P로부터 결정할 수가 있다.

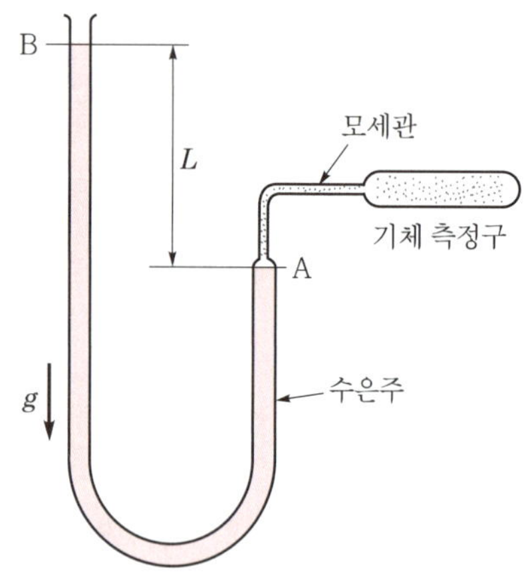

[그림 4.20] 정적일 때 기체 온도계로부터 온도의 측정

$$T[\mathrm{K}] = 273.15 \left(\frac{P}{P_{t.p}} \right) \tag{4.44}$$

4.8 유효에너지와 무효에너지

1 유효에너지(Q_a)

유효에너지
(available energy)

계에 가해지거나 계에서 방출된 열량 중에서 외부적 가역기관에 의하여 일로 변환될 수 있는 열을 유효에너지(available energy)라 하며, 이와 같은 유효에너지와 무효에너지의 의미를 살펴보기 위하여 가역 카르노 사이클을 예로 들어보면 다음과 같다.

[그림 4.21]은 카르노 사이클의 $P-v$ 선도와 $T-s$ 선도를 나타내고 있다. 그림에서 보는 바와 같이 카르노 사이클은 온도 T_1의 고열원으로부터 열량 Q_1을 공급받아, 온도 T_2의 저열원으로 열량 Q_2를 방출하고 유효일(알짜일 또는 순일) W_{net}를 행하는 경우에는 유효에너지 Q_a가 $Q_a = Q_1 - Q_2$가 된다.

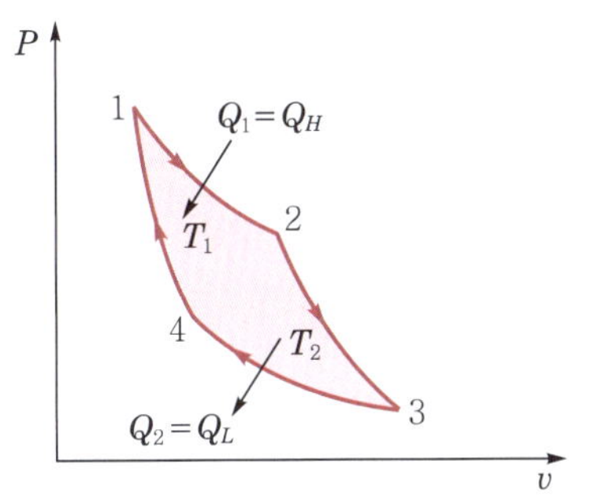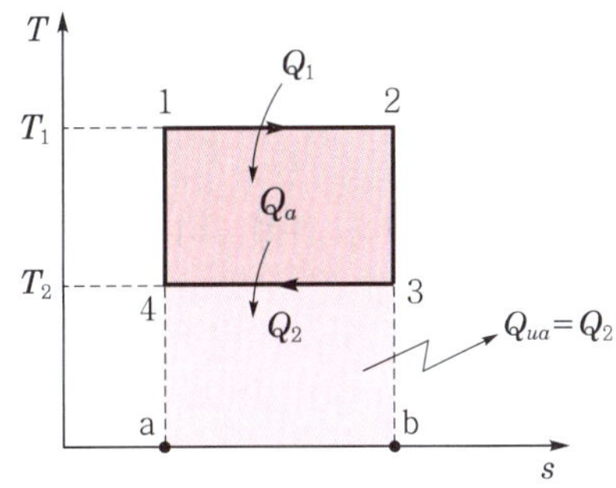

[그림 4.21] 카르노 사이클의 $P-v$ 선도와 $T-s$ 선도

2 무효에너지(Q_{ua})

계에 가해지거나 계에서 방출된 열량 중에서 외부적 가역기관에 의해서도 일로 변환될 수 없는 부분의 열을 무효에너지(unavailable energy) Q_{ua}라 하며, 무효에너지는 $Q_{ua} = Q_2 = Q_1 - Q_a$가 된다.

무효에너지
(unavailable energy)

카르노 사이클에서 열효율 $\eta_c = 1 - \dfrac{Q_2}{Q_1} = 1 - \dfrac{T_2}{T_1} = \dfrac{W_{net}}{Q_1}$ 이고, 고열원의 엔트로피변화는 $\triangle S = \dfrac{Q_1}{T_1}$ 이며, 저열원의 엔트로피변화는 $\triangle S' = \dfrac{Q_2}{T_2}$ 이므로 $\triangle S \fallingdotseq \triangle S'$ 가 된다. 따라서 $\dfrac{Q_1}{T_1} = \dfrac{Q_2}{T_2}$ 이다. 이 경우 무효에너지는 $Q_2 = T_2 \triangle S$, 유효에너지는 $Q_a = Q_1 - Q_2 = Q_1 - T_2 \triangle S$로 쓸 수도 있다. 이것은 엔트로피가 증가하면 무효에너지는 증가되고, 유효에너지는 감소하므로 무효에너지는 엔트로피의 증가에 비례하며 유효에너지는 반비례함을 말해주는 것이다. 또한 무효에너지는 고열원의 온도 T_1에 반비례하고 저열원의 온도 T_2에 비례함도 알 수 있다. 즉, 카르노 사이클의 유효에너지를 증가시켜 열효율을 높이기 위해서는 같은 크기의 공급열량을 갖는다 하더라도 공급온도 T_1이 높으면 높을수록 무효에너지가 감소된다. 결과적으로 열효율의 증가를 도모하기 위해서는 고열원의 온도를 높게 할수록 유리하고, 방출온도 T_2는 낮을수록 유리하다는 것을 알 수가 있다.

3 유효에너지와 무효에너지의 계산

카르노 사이클에서 열효율 η_c는 다음과 같게 되므로 이 식으로부터 유효에너지와 무효에너지의 관계식을 얻을 수 있다. 즉,

$$\eta_c = 1 - \frac{T_2}{T_1} = 1 - \frac{Q_2}{Q_1} = \frac{Q_a}{Q_1} \qquad\text{(a)}$$

이다. 따라서 다음 관계들이 성립한다.

(1) 유효에너지(Q_a)

$$Q_a = \eta_c Q_1 = W_{net} = Q_1 - Q_2 = \left(1 - \frac{Q_2}{Q_1}\right)Q_1$$

$$= \left(1 - \frac{T_2}{T_1}\right)Q_1 = Q_1 - Q_1 \cdot \frac{T_2}{T_1} \qquad\text{(b)}$$

$$\therefore\ Q_a = Q_1 - T_2 \triangle S \qquad (4.45)$$

(2) 무효에너지($Q_{ua} = Q_2 = Q_L$)

$$Q_{ua} = Q_2 = Q_1 - Q_a = Q_1 - \eta_c Q_1 = Q_1(1 - \eta_c)$$

$$= Q_1 - \left[Q_1 - Q_1\left(\frac{T_2}{T_1}\right)\right] \qquad\text{(c)}$$

$$\therefore\ Q_{ua} = Q_1 \cdot \frac{T_2}{T_1} = T_2 \triangle S \qquad (4.46)$$

여기서, Q_a는 T_1이 클수록 증대하고, 동일한 열량이라도 열을 일로 변환하는 경우에는 열원의 온도가 높을수록 커진다. 또 무효에너지 Q_{ua}는 온도비 $\dfrac{T_2}{T_1}$에 비례하며, 이 값이 1에 접근할수록 그 값은 커진다.

예제 4.11

공기는 1kg을 일정한 용적하에서 10℃ 로부터 100℃ 까지 가열한 다음에 일정한 압력하에서 100℃ 로부터 200℃ 까지 가열했을 때 다음을 계산하라. 단, 공기의 정적비열은 0.717kJ/kg·K, 정압비열 1.004kJ/kg·K이다.

① 가열 열량

② 엔트로피의 변화

③ 저열원의 온도를 0℃ 로 할 경우 무효에너지 및 유효에너지를 구하라.

풀이 ① 가열 열량을 Q_H 라 할 때 정적가열과 정압가열의 합이다.

$$\therefore Q_H = Q_v + Q_p = m C_v (T_2 - T_1) + m C_p (T_3 - T_2)$$
$$= 0.717(100 - 10) + 1.004(200 - 100) \fallingdotseq 165 \text{kJ}$$

② 전 엔트로피의 변화도 정적일 때의 변화량과 정압일 때의 변화량의 합이다.

$$\text{정적변화} : \triangle S_1 = S_2 - S_1 = m C_v \ln \frac{T_2}{T_1}$$
$$= 0.717 \times \ln\left(\frac{373}{283}\right) \fallingdotseq 0.198 \text{kJ/K}$$

$$\text{정압변화} : \triangle S_2 = S_3 - S_2 = m C_p \ln \frac{T_3}{T_2}$$
$$= 1.004 \times \ln\left(\frac{473}{373}\right) \fallingdotseq 0.2385 \text{kJ/K}$$

따라서 엔트로피의 변화량 $\triangle S$는 다음과 같다.

$$\triangle S = \triangle S_1 + \triangle S_2 = 0.198 + 0.2385 = 0.4365 \text{kJ/K}$$

③ 무효에너지와 유효에너지

$$\text{무효에너지} : Q_{ua} = T_0 \frac{Q}{T} = T_0 \triangle S = 273 \times 0.4365 = 119.2 \text{kJ}$$

$$\text{유효에너지} : Q_a = Q_H - Q_{ua} = Q_H \left(1 - \frac{T_0}{T}\right) = Q_H - T_0 \triangle S$$
$$= 165 - 119.2$$
$$\fallingdotseq 45.84 \text{kJ}$$

한 계가 온도 727℃인 열원으로부터 12,540kJ의 열을 받는다. 계의 온도는 327℃이며, 대기의 온도는 27℃이다. 각각의 온도가 일정하다고 할 때 다음을 각각 구하라.

① 열원의 엔트로피변화

② 열전달에 의한 엔트로피의 생성

③ 유효에너지

④ 열전달 후 유효에너지

풀이 과정은 외부적으로 비가역이지만 각각은 내부적으로 가역이다.

$$① \quad \triangle S_1 = \int_1^2 \frac{\delta Q}{T} = \frac{Q_h}{T_h} = \frac{-12,540\,\mathrm{kJ}}{1,000\,\mathrm{K}} = -12.54\,\mathrm{kJ/K}$$

[− 부호는 열원의 엔트로피가 감소되었음을 뜻한다.]

$$② \quad \triangle S_2 = \int_3^4 \frac{\delta Q}{T} = \frac{Q_h}{T_e} = \frac{12,540\,\mathrm{kJ}}{600\,\mathrm{K}} = 20.9\,\mathrm{kJ/K}$$

[+ 부호는 계의 엔트로피가 증가되었음을 뜻한다.]

$$\therefore \quad \triangle S_p = \triangle S_1 계 + \triangle S_2 계 = -12.54 + 20.9 ≒ 8.36\,\mathrm{kJ/K}$$

[엔트로피의 생성량]

③ 유효에너지 : $Q_a = Q_h - T_0 \triangle S_1 = 12,540 - 300(12.54) = 8,778\,\mathrm{kJ}$

④ 열전달 후 유효에너지 : $Q_a = Q_h - T_0 \triangle S_2 = 12,540 - 300(20.9)$
$$= 6,270\,\mathrm{kJ}$$

4.9 최대일과 최소일

열기관 내부에서 기체의 팽창일이 최대가 되게 하려면 어떻게 하는 것이 좋은가, 또 압축기로 기체를 압축할 때 필요한 일을 최소로 하려면 어떻게 하면 좋은가, 또한 연소와 같은 화학변화과정에서 최대 변홧값은 얼마나 될 것인가 등에 대한 문제에 대하여 알아보자.

1 비유동과정

비유동과정은 처음 상태에서 끝의 상태까지 단 1회만으로 과정이 끝나는 경우이다. 열기관에서 과정 동안 발생한 일이 최대가 되게 하려면 가역변화의 마지막 상태를 표준 대기상태(상온 T_0, 압력 P_0)에 일치시키게 팽창하면 된다. 우리가 알고 있는 열역학 제1법칙 및 제2법칙에서, $\delta Q = dU + \delta W$ 또는, $\delta W = T\,dS - dU$의 관계식으로부터 비유동과정의 한 예인 고온·고압의 기체가 팽창될 때를 생각하면, 이것이 가역 팽창하여 주위상태$(P_0,\ T_0)$가 되면서 이것과 가역적으로 열교환한다고 가정할 때 이 식의 $T\,dS$ 항은 $T_0\,dS$로 바꿀 수가 있다.

또 동작유체가 체적 V_1에서 V_2로 팽창하면 P_0인 대기(주위)를 밀어내어 $P_0(V_2 - V_1)$의 일을 하지만, 이 일은 주위에 저장될 뿐 비유동과정에서는 유효하게 이용할 수는 없다. 정미일(순일)의 최대 W_n를 구하려면, 위 식의 δW에서 이것에 해당하는 $P_0\,dV$를 빼고 남은 것이 δW_n이 되므로 $\delta W_n = T_0\,dS - dU - P_0\,dV$의 미분관계식으로 쓸 수가 있다. 이 식을 적분하면 다음과 같다.

$$W_n = T_0(S_2 - S_1) - (U_2 - U_1) - P_0(V_2 - V_1)$$
$$= T_0(S_2 - S_1) + (U_1 - U_2) + P_0(V_1 - V_2) \tag{a}$$

이때, W_n을 최대일(maximum work)이라 한다. 화학변화가 있을 경우 위 식에서 $P_0\,dV$를 생략한 식으로 된다. 따라서 등온하에서 화학변화가 일어날 때 최대일은 다음과 같다.

최대일(maximum work)

$$W_n = T(S_2 - S_1) + (U_1 - U_2) = (U_1 - U_2) - T(S_1 - S_2)$$
$$= (U_1 - TS_1) - (U_2 - TS_2) = F_1 - F_2 \tag{4.47}$$

여기서, $F = U - TS$를 자유에너지(free energy) 또는 헬름홀츠 함수(Helmholtz function)라고 부르며, 최대일의 크기 W_n은 헬름홀츠 함수의 초기와 나중 값의 차이가 된다.

헬름홀츠 함수
(Helmholtz function)

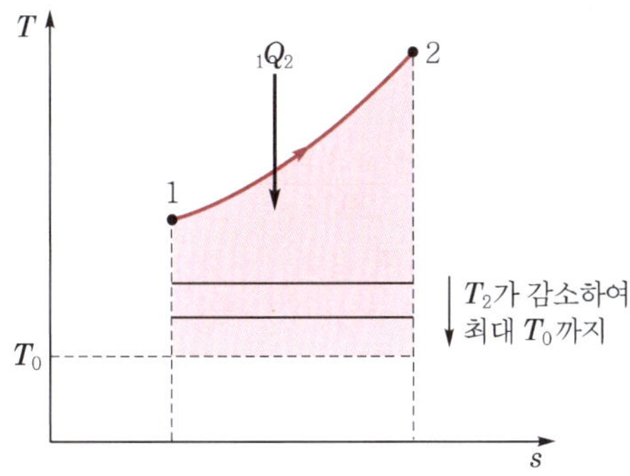

[그림 4.22] 최대일을 얻기 위한 $T-s$ 선도

고압가스나 증기가 연속으로 공급되어 정상적인 유동과정으로 변화하는 경우는 공업상 대단히 많다. 이런 경우는 열역학 제1·2법칙에서 $\delta W_t = T\,dS - dH$이다. 비유동과정에서와 같이 주위의 압력 P_0 및 온도 T_0까지 가역적으로 변화시켰을 경우에 최대 일 W_{th}을 발생시킨다면 앞 식으로부터 다음과 같다.

$$W_{th} = T_0(S_2 - S_1) - (H_2 - H_1) \tag{b}$$

즉, 유동과정에서 최대일을 발생시키려면 우선 기체를 주위의 온도 T_0까지 단열팽창시킨 후 온도 T_0하에서 주위의 압력까지 등온팽창시키면 된다. 유동과정동안 화학변화할 경우는 앞 식을 적용할 때 다음 식으로 된다. 즉,

$$W_{th} = (H_1 - H_2) - T(S_1 - S_2) = G_1 - G_2 \tag{4.48}$$

이다. 여기서, $G = H - TS$를 자유엔탈피(free enthalpy) 또는 깁스함수(Gibbs function)라 부른다. 기체를 압축하는 데 필요한 일, 즉 최소일(minimum work) W_{th}를 최소화하려면 주위의 온도 T_0하에서 주위의 압력 P_0로부터 필요압력 P까지 등온압축하면 된다. 따라서 위에서와 같이 최소일은 $W_{th} = (H_2 - H_1) - T_0(S_2 - S_1)$로 쓸 수가 있다.

깁스함수(Gibbs function)
최소일(minimum work)

예제 4.13

온도 $t = 20\text{℃}$의 주위 물체로부터 열을 받아서 온도 $t_2 = -5\text{℃}$의 얼음 100kg이 융해하여 20℃의 물이 되었다고 한다. 비가역변화에 의한 엔트로피 증가를 구하라. 이 변화를 역으로 되돌리려면 필요한 일량은 얼마인가? 단, 얼음의 비열은 2.03kJ/kg·K, 융해열은 333.5kJ/kg이다.

풀이 ① 주위 물체로부터 엔트로피 증가량: -5℃, 0℃, 20℃ 구간으로 구분한다.

$$\triangle S_1 = \frac{100(2.03 \times 5 + 333.5 + 4.185 \times 20)}{293} \fallingdotseq -145.85\text{kJ/K}$$

(- : 주위 물체는 엔트로피 감소)

② 얼음의 엔트로피 증가량: -5℃~0℃ 구간, 0℃~20℃ 구간으로 구분한다.

$$\triangle S_2 = 100\left[2.03 \times \ln\left(\frac{273}{268}\right) + \frac{333.5}{273} + 4.185 \times \ln\left(\frac{293}{273}\right)\right]$$

$$\fallingdotseq 155.5\text{kJ/K}$$

③ 전 엔트로피 증가량

$$\triangle S = \triangle S_1 + \triangle S_2 = -145.85 + 155.5 ≒ 9.65 \text{kJ/K}$$

얼음의 융해과정을 역으로 대행시키기 위하여 얼음과 물에 대한 최소일을 구하면 다음 식과 같이 계산된다.

즉, $W_{\min} = (H_2 - H_1) - T_0(S_2 - S_1)$이다. 이때 하첨자 1은 $t_0 = 20℃$ 물을, 2는 $-5℃$ 얼음의 상태를 표시한다.

여기서,

$$H_2 - H_1 = 100 \times (2.03 \times 5 + 333.5 + 4.185 \times 20)$$
$$≒ -42728.9 \text{kJ}$$

$$S_2 - S_1 = \triangle S_2 = -155.5 \text{kJ/K}$$

$$T_0 = 293 \text{K}$$

이다. 따라서 $W_{\min}$을 계산하면 다음과 같다.

$$\therefore W_{\min} = (H_2 - H_1) - T_0(S_2 - S_1)$$
$$= -42728.9 + 293 \times 155.5$$
$$≒ 2832.6 \text{kJ}$$

예제 4.14

500kPa, 100℃의 공기 5kg이 유동과정으로 100kPa, 15℃의 대기까지 팽창할 경우 최대일을 구하라.

풀이 $R = C_p - C_v = 1.004 - 0.717 = 0.297 \text{kJ/kg} \cdot \text{K}$

$$S_2 - S_1 = m C_p \ln\left(\frac{T_2}{T_1}\right) - m R \ln\left(\frac{P_2}{P_1}\right)$$
$$= 5 \times \left[1.004 \times \ln\frac{288}{373} - 0.297 \times \ln\frac{100}{500}\right] ≒ 1.092 \text{kJ/K}$$

$$T_0(S_2 - S_1) = 273 \times 1.092 ≒ 298.2 \text{kJ}$$

$$(H_2 - H_1) = m C_p(T_2 - T_1) = 5 \times 1.004 \times (15 - 100)$$
$$= -426.7 \text{kJ}$$

$$\therefore W_{\max} = T_0(S_2 - S_1) - (H_2 - H_1)$$
$$= 298.2 + 426.7$$
$$≒ 724.9 \text{kJ}$$

01 다음 질문에 답하라.
(1) 열역학 제1법칙과 제2법칙을 간단히 비교 설명하라.
(2) 열기관과 냉동기관의 동작원리를 간단히 기술해라.

02 카르노 사이클(Carnot cycle)로 작동하는 열기관이 있다. 고열원의 온도 600K에서 열을 받아 저열원의 온도 300K에서 열을 방출한다. 이 기관의 열효율(%)을 구하고, 기관에 $\dot{Q}_H=20$kW의 열을 가할 때 얻은 순 일의 크기 $\dot{W}_{net}$는 몇 kW인지 계산하라.

03 어느 강의실의 실내온도 18℃, 실외온도가 −15℃이며, 벽을 통한 열손실량은 12kW이다. 히트펌프를 이용하여 실내온도를 계속 유지하기 위해 최소로 필요한 동력(압축일)의 크기는 몇 kW인가?

04 이상 사이클인 가역 카르노 사이클을 $P-v$와 $T-s$ 선도로 구성하고, 열효율 식이 다음과 같게 됨을 보여라.

$$\eta_c = 1 - \frac{Q_L}{Q_H} = 1 - \frac{T_L}{T_H}$$

05 고열원 527℃, 저열원 27℃ 사이에 작용하는 카르노 사이클(Carnot cycle)에서 사이클당 방열량이 10.5kJ이면 사이클마다의 정미일(kJ)은 얼마인가?

06 카르노 사이클로 작동하는 열기관에서 1사이클마다 200N·m의 일을 얻으려 한다. 1사이클마다 공급되는 열은 0.46kJ, 고열원의 온도는 250℃이다. 저열원의 온도는?

07 m[kg]의 공기가 100℃를 유지하면서 등온팽창하여 외부에 2,125kN·m의 일을 하였다. 이 변화에서 엔트로피는 얼마(kJ/K)만큼 증가하였는가?

08 압력 1atm, 온도 15℃인 공기 1kg이 압력 10atm, 온도 120℃로 되었을 때 엔트로피의 변화(kJ/kg·K)는 얼마인가? 단, $C_p=1.004$kJ/kg·K, $R=0.287$kJ/kg·K이다.

09 100℃의 수증기 10kg이 100℃ 물로 응결되었다. 수증기의 엔트로피변화량은? 단, 수증기의 잠열은 2255.7J/g(=539cal/g)이다.

10 초온 $T_1 = 1,900℃$, 초압 3,500kPa인 공기 0.03m³가 온도 $T_2 = 250℃$로 될 때까지 폴리트로픽 팽창($n = 1.3$)을 한다. 이 과정에서 가해진 열량과 엔트로피의 증가(kJ/K)를 구하라. 단, 정적비열은 $C_v = 0.862$kJ/kg · K, $\kappa = 1.4$이다.

11 정상상태에서 가역과정의 냉동사이클이 온도 T_H인 고온 열원으로 $\dot{Q}_H$의 에너지를 방출하고, 온도 T_L인 저온 열원으로 $\dot{Q}_C$의 에너지를 흡수할 때 다음을 구하라.
(1) $T_H = 21℃$, $T_L = 7℃$일 때 성능계수(β)를 구하라.
(2) 만약, $\dot{Q}_H = 10.5$kW, $\dot{Q}_C = 8.75$kW, $T_L = 0℃$일 때 T_H는 몇 ℃인가?
(3) 만약, 위 (1)과 같은 온도에서 열펌프로 작동하는 사이클이라면 성능계수(β')는?

12 600℃와 50℃의 두 열원 사이에서 작동하는 카르노 사이클(Carnot cycle)로 구성된 열기관과, −10℃와 40℃의 두 열원 사이에서 작동되는 카르노 냉동사이클에서 다음을 각각 계산하라.
(1) 카르노 열기관의 열효율 η_c(%)는?
(2) 카르노 냉동기의 성능계수 $COP)_R$은?

13 체적이 0.1m³인 용기 안에서 압력 1MPa, 온도 250℃의 유체가 냉각되어 압력이 0.50MPa이 될 때 다음의 값을 구하라.
(1) 용기 안에 공기가 들어있을 때 엔트로피 변화(kJ/K)를 구하라.
(2) 용기 안에 수증기가 들어있을 때 엔트로피 변화(kJ/K)를 구하라.

14 전기동력으로 150W를 사용하는 냉장고가 응축기로부터 방출열이 400W일 때 다음을 구하라.
(1) 냉장고 안으로부터 제거되는 열량 $\dot{Q}_L$[W]는?
(2) 이 냉장고의 성능계수 $(COP)_R$은?
(3) 만약, 이 시스템을 사용하여 대기 중에 방출되는 열을 실내공간에 사용되는 히트펌프일 때 이 열펌프의 성능계수 $(COP)_H$는?

15 공기 표준의 카르노 사이클에서 저온부 공기의 초기 압력은 0.1MPa, 온도는 300K이다. 고온부에서 공급한 단위질량당 열량은 1,200kJ/kg이며, 이 사이클 기관의 최고온도는 2,000K일 때 다음을 구하라. 단, 이 카르노 사이클의 최고 고온부의 시작점을 1점으로 사이클을 구성한 것으로 가정하여 다음 질문에 답하라.
(1) 각 위치에서 압력(P_1, P_2, P_3, P_4)의 크기(MPa)와 방출열량(q_L)의 크기(kJ/kg)는?
(2) 이 열기관의 열효율 $\eta_c)_{th}$는 몇 %인가?

16 대기의 온도가 15℃이고 대기압이 1atm일 때 20℃의 물 3kg과 90℃의 물 3kg을 혼합
하였더니 혼합 후의 온도가 55℃가 되었다면 무효에너지(kJ/kg)는?

17 공기 2kg을 정적하에 10℃에서 100℃까지 가열하고 다음에 정압하에서 250℃까지 가
열한다. 저열원에 온도를 빙점으로 했을 때 무효에너지는 몇 kJ/kg인가?

18 카르노 사이클을 하는 열기관의 고열원의 온도 및 저온열원의 온도가 각각 800℃,
20℃이고 저온열원에 버리는 열량이 21kJ/sec일 때 유효일(kJ/kg)은 얼마인가?

19 1atm, 30℃의 대기 중에서 100℃의 물 2kg이 존재할 때 물의 최대일은?

01 다음 질문에 대하여 답하라.

　(1) 열역학 제2법칙의 표현 방법인 캘빈－프랑크(Kelvin－Planck)의 표현과 클라우지우스(Clausius)의 표현에 대하여 설명하라.

　(2) 가역과정과 비가역과정을 비교 설명하고, 카르노 사이클(Carnot cycle)의 구성에 대하여 간단하게 기술하라.

　(3) 계의 상태변화과정에서 가역과 비가역(실제과정)의 경우 클라우지우스(Clausius) 부등식이 다음과 같음을 보여라.

$$\oint \frac{\delta Q}{T} \leq 0$$

02 고온열원의 온도 500℃인 카르노 사이클(Carnot cycle)에서 1사이클(cycle)당 1.26kJ의 열량을 공급하여 770N・m의 일을 얻는다면, 저온열원의 온도는?

03 카르노 사이클로 작동되는 열기관에 있어서 사이클마다 2,500N・m의 일을 얻기 위해서는 사이클마다 공급열량이 4.2kJ, 저열원의 온도가 27℃이면 고열원의 온도(℃)는 몇 도가 되어야 하는가?

04 공기 1kg의 작업물질이 고열원 500℃, 저열원 30℃의 사이에 작용하는 카르노 사이클 엔진에서 최고압력이 500kPa로 등온팽창하여 체적이 2배로 된다면 단열팽창 후의 압력은 얼마인가?

05 카르노 사이클로 작동되는 열기관에서 100℃의 고온체로부터 840kJ의 열을 받아서 50℃의 저온체로 열을 방출시키고 있다. 이 카르노 사이클의 참 일은 몇 J인가?

06 카르노 사이클로 작동하는 기관이 300℃에서 1,050kJ의 열을 받아들인다. 이 기관이 25℃에서 열을 방출한다면 이 기관의 일은 몇 kJ인가?

07 고열원 300℃와 저열원 29℃ 사이에 작동하는 카르노 사이클의 열효율은 몇 %인가?

08 1kg의 공기가 Carnot 기관의 실린더 속에서 일정한 온도 65℃에서 열량 85kJ을 공급받아 가역 등온적으로 팽창한다면 공기의 수열량의 무효부분은 몇 kJ인가? 단, 저열원의 온도는 0℃로 한다.

09 다음 그림과 같이 가역 동력 사이클이 온도 T_H인 고온열원으로부터 Q_H의 에너지를 받고 온도 T_L인 저열원으로 열전달에 의헤 Q_L의 에너지를 방출할 때 질문에 답하라.

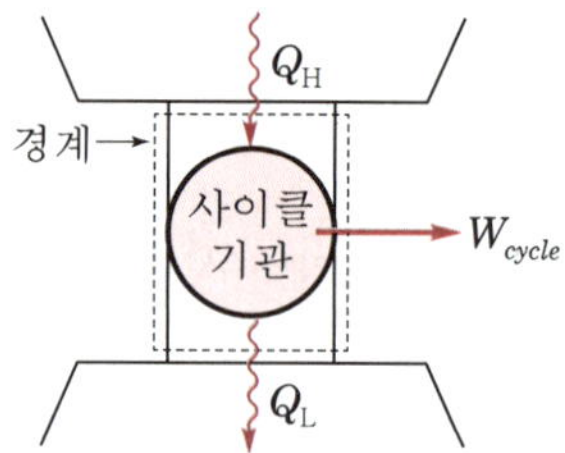

(1) $T_H = 1,200\mathrm{K}$, $T_L = 300\mathrm{K}$이라면 이 열기관의 열효율은?

(2) $T_H = 500℃$, $T_L = 20℃$, 사이클 동안 일 $W_{cycle} = 1,000\mathrm{kJ}$이라면 Q_H 및 Q_L는 각각 몇 kJ인가?

(3) 만약, 열효율 $\eta_{th} = 40\%$, 고열원 온도 $T_H = 727℃$라면 저열원의 온도 T_L은 몇 ℃인가?

10 우주공간에는 엔트로피가 증가하는 현상도 감소하는 현상도 있다. 우주의 모든 현상에 대한 엔트로피 변화의 총화에 대하여 가장 타당하게 설명하라.

11 223℃의 증기가 1,680kJ/kg의 열을 받으면서 가역 등온적으로 팽창한다. 엔트로피의 변화(kJ/kg · K)는?

12 5kg의 공기가 압력 $P_1 = 500\mathrm{kPa}$로부터 압력 $P_2 = 100\mathrm{kPa}$까지 등온팽창하여 880kN · m의 일을 하였다. 엔트로피의 증가량(kJ/K)은 얼마인가?

13 그림과 같은 증기압축 냉동사이클에서 R−134a의 냉매를 사용하는 가역 냉동사이클에서 압축과정 동안 손실된 열이 4kJ/kg일 때 다음 질문에 답하라. 단, 각 과정은 운동에너지 및 위치에너지 변화가 없는 정상상태 과정이며 사이클의 각 위치 점에서 압력과 온도는 다음과 같다.

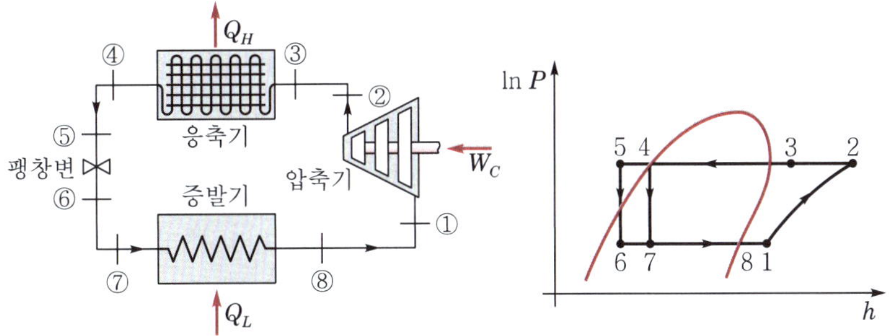

$$
\begin{array}{ll}
P_1 = 125\text{kPa}, & T_1 = -10\,℃ \\
P_2 = 1.2\text{MPa}, & T_2 = 100\,℃ \\
P_3 = 1.19\text{MPa}, & T_3 = 80\,℃ \\
P_4 = 1.16\text{MPa}, & T_4 = 45\,℃ \\
P_5 = 1.15\text{MPa}, & T_5 = 40\,℃ \\
P_6 = P_7 = 140\text{kPa}, & x_6 = x_7 \\
P_8 = 130\text{kPa}, & T_8 = -20\,℃
\end{array}
$$

(1) 압축기 일(w_c)은?

(2) 냉동 성능(q_L)은?

(3) 이 냉동 사이클의 성능계수$[COP)_R]$는?

14 단순 증기 발전소에서 일정 압력 3.0MPa로 매시간 3,000kg씩 증기를 발생시키는 보일러가 구성되어 있다. 보일러 입구 물의 온도는 40℃, 유속은 4m/s의 포화액체 상태로 공급되고, 가열 후 보일러 출구는 과열증기가 온도 300℃, 유속 60m/s로 배출될 때 다음을 구하라. 단, 보일러 입구와 출구의 높이차는 3m이고, 급수펌프에 사용된 동력은 4.0kW이다.

(1) 보일러에 가열한 열량 $\dot{Q}_B$은 몇 kJ/s(kW)인가?

(2) 만약, 터빈에서 얻은 일이 $\dot{W}_t = 944\,\text{kW}$일 때 이 사이클의 열효율 η_{th}은 몇 % 인가?

15 고온열원의 온도 $T_H = 450℃$이고 저열원의 온도 $T_L = 35℃$로 구동되는 카르노 사이클(Carnot cycle)이 있다. 기관의 회전수는 180rpm이고, 1시간 동안 공기의 사용량 $m_a = 3$kg이다. 만약, 등온팽창 후의 압력이 650kPa일 때 다음을 구하라. 단, 공기의 $R = 0.287$kJ/kg $\cdot$ K, $\kappa = 1.4$ 이다.

(1) 이 카르노 사이클의 초기 등온팽창의 시작점을 ①점으로 하여 $P-v$ 선도와 $T-s$ 선도를 구성하라.

(2) 이 사이클의 단열팽창 후의 압력 P_3[kPa]은?

(3) 등온압축(열방출) 후 ④점의 압력이 $P_4 = 600$kPa일 때 초기 등온팽창의 시작점 ① 점의 압력 P_1은 몇 kPa인가?

(4) 이 사이클의 가열량 Q_1 과 순일 W_{net} 은 각각 몇 kJ인가?

(5) 이 기관이 얻은 동력의 크기는 몇 PS인가?

16 어느 카르노 사이클을 수행하는 열기관에서 고온부로부터 열이 1,250kJ 가해지고 있다. 이 기관의 열효율이 45%일 때 다음을 구하라.

(1) 이 열기관의 순일 W_{net}[kJ]과 저온부에 버려진 열 Q_{out}[kJ]을 각각 구하라.

(2) 위 15번 문제의 열기관을 역 카르노 사이클로 하는 냉동 사이클을 구성하여 위 열기관에서 얻은 일을 전부 압축기에 사용하여 냉동기를 구동할 때 냉동기의 성능계수 $COP)_R = \gamma_R$과 히트펌프의 성능계수 $COP)_H = \gamma_H$ 를 각각 구하라. 단, 저열원의 흡수열과 고열원의 방출열은 위 (1)과 같은 크기의 것으로 한다.

17 1kg의 공기가 온도 20℃ 상태의 일정 체적하에서 온도 200℃인 상태로 변했다면 엔트로피의 증가는 몇 kJ/K인가? 단, $C_v = 0.717$kJ/kg $\cdot$ K이다.

18 2kg의 산소가 일정 압력하에서 체적이 $0.4\,\mathrm{m}^3$에서 $2.0\,\mathrm{m}^3$로 변하였다. 산소를 이상기체로 보고 산소의 $C_p = 0.922$kJ/kg $\cdot$ K이라 할 경우 엔트로피 증가는 몇 kJ/K인가?

19 산소가 체적 일정하에 온도를 27℃로부터 -3℃로 강하시켰을 때 엔트로피의 변화는 얼마인가? 단, 산소의 정적비열은 $C_v = 0.662$kJ/kg $\cdot$ K이다.

20 20kWh의 모터를 1시간 동안 제동하였더니 그 마찰열 Q[kJ]이 주위 $t = 27℃$에 전달되었다. 엔트로피의 증가는 몇 kJ/K인가?

21 이상기체 5kg이 350℃에서 150℃까지 $P v^{1.3} = c$로 변화하였다. 엔트로피의 변화는 몇 kJ/K인가? 단, 이 가스의 정적비열은 0.654kJ/kg·K이고 단열지수 $\kappa = 1.4$이다.

22 압력 3atm, 온도 27℃인 3kg의 공기를 일정 압력하에서 가역적으로 120℃까지 가열할 때 엔트로피의 변화(kJ/K)는? 단, $C_p = 1.004$kJ/kg·K이다.

23 물 1kg이 포화온도 120℃하에서 증발할 때 증발열은 2,184kJ이다. 증발하는 동안의 엔트로피의 증가는 몇 [kJ/kg·K]인가?

24 밀폐된 강체 용기의 체적이 $0.05m^3$이고, 초기온도 300K, 게이지압력 300kPa인 이상기체 질소(N_2)가 들어있다. 이 가스가 350K로 가열될 때 다음을 구하라. 단, 국소 대기압은 1atm, 질소의 $C_v = 0.745$ kJ/kg·K이며 분자량은 28이다.

(1) 용기 내의 질소 전 질량은 몇 kg인가?
(2) 가열 후 최종압력은 게이지 압력으로 몇 kPa인가?
(3) 가열하는 동안의 엔트로피 변화 Δs[kJ/kg·K]을 구하라.

25 피스톤-실린더장치 안에 공기 1kg이 초기 압력과 온도가 각각 500kPa, 350℃하에서 폴리트로픽 변화(polytropic change)의 $P v^{1.32} = c$로 팽창하여 최종압력 150kPa로 될 때 다음을 계산하라. 단, $\kappa = 1.4$, $c_v = 0.718$ kJ/kg·K이다.

(1) 팽창 후 온도 T_2[K]는?
(2) 팽창과정 동안 공기가 한 일 $_1 w_2$의 크기(kJ/kg)는?
(3) 공기의 열량변화 $_1 q_2$는 몇 kJ/kg인가?
(4) 폴리트로픽 팽창과정 동안 엔트로피 변화 Δs[kJ/K]는?

26 공기 1kg이 21℃로 가역 등온변화하여 나중의 체적은 $0.64m^3$, 엔트로피는 0.06kJ/kg·K 증가하였다. 초기의 압력은 몇 기압인가?

27 1kg의 물이 일정 압력하에서 25℃에서 170℃까지 가열되었을 때 -25℃를 기준으로 했다면 공급열량 중 무효에너지(kJ/kg)는? 단, $C_w \fallingdotseq 4.2$kJ/kg·℃로 한다.

28 물 4kg에 840kJ의 열이 가해져 물의 엔트로피가 1.728kJ/K만큼 증가하였다. 대기의 온도가 27℃일 때 물에 가해진 840kJ 중에서 유효에너지(kJ)는?

29 온도 5℃와 30℃ 사이에 역카르노 사이클을 행하는 열펌프의 사이클을 생각하자. 1사이클당 저온열원으로부터 Q_L =12.6kJ의 열을 흡수하고, 고온열원에 $Q_H(Q_H = W + Q_L)$의 열을 방출한다. 이 펌프를 작동시키기 위한 1사이클당의 소요일량(kJ)을 구하라.

30 고온도 1,100℃, 저온도 120℃ 사이에 작동하는 카르노 사이클의 열효율을 구하라. 또, 이 사이클의 단열팽창비는 얼마인가? 단, κ =1.4이다.

제5장

기체의 압축

압축기(compressor)는 외부에서 일을 공급받아 저압의 기체를 압축하여 고압의 기체로 송출하는 기계로서, 압축 기체의 대표적인 것이 열역학에서는 공기이므로 대개 공기 압축기를 취급한다. 한편, 압축기에서 이론 사이클은 동작유체의 비열이 일정한 이상기체로서 그 흐름의 상태를 정상유동으로 취급하여 해석한다.

5.1 정의

원심압축기
(centrifugal compressor)

기체의 압축에 사용되는 압축기의 종류에는 여러 종류가 사용되고 있다. 대표적인 것으로는 [그림 5.1]과 같은 원심압축기(centrifugal compressor), [그림 5.2]와 같은 체적형 압축기(positive displacement compressor) 등이 있으며, 이때 원심압축기는 압력이 낮고 유량이 많을 경우에 사용되고, 체적형(용적) 압축기의 왕복형, 치차형, 베인형, 회전형 압축기 등은 유량이 많지 않고 비교적 압력이 높은 경우에 사용된다. 압축기가 정상운동 상태에서 작동하는 한, 어느 것에나 정상류 에너지방정식을 적용하여 해석할 수 있다.

[그림 5.1]의 경우, 유체는 축방향으로 유입된 후 회전차와 깃의 작용에 의해 원심력을 받아 원통 외부로 이동한다. 이후 유체는 디퓨저에서 압축되어 출구를 통해 배출된다.

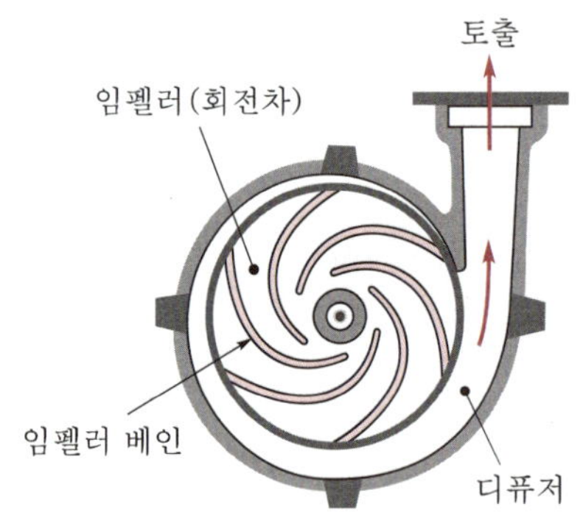

[그림 5.1] 원심압축기

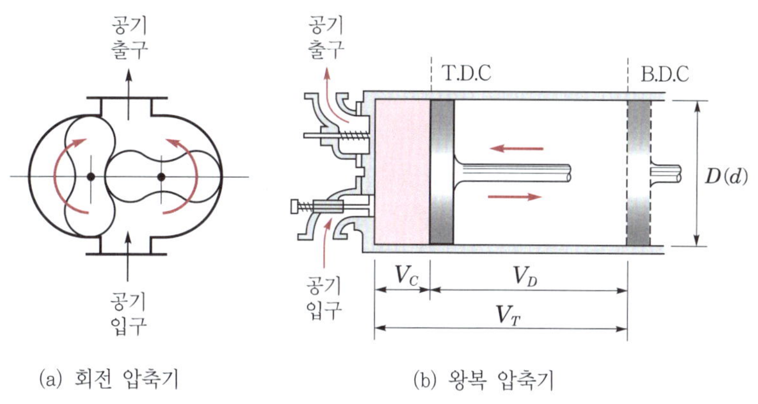

(a) 회전 압축기   (b) 왕복 압축기

[그림 5.2] 체적형 압축기

다음은 기체압축기의 사이클을 공부하기 위해 왕복기계 등에 공통적으로 사용되는 몇 가지 용어를 [그림 5.2](b)를 기준으로 설명하기로 한다.

① 직경(bore) : 실린더(cylinder)의 지름(D)

② 행정(stroke) : 실린더 내에서 피스톤이 이동하는 거리(S)

③ 하사점(bottom dead center or crank and center) : 실린더의 체적이 최대일 때 피스톤의 위치(B.D.C)

하사점
(bottom dead center)

④ 상사점(top dead center 또는 head and dead center) : 실린더의 체적이 최소일 때 피스톤의 위치(T.D.C)

상사점
(top dead center)

⑤ 극간체적(clearance volume) : 피스톤이 상사점에 있을 때 가스가 차지하는 체적(실린더의 최소체적)으로 V_C로 표시하고, 통상 극간체적과 행정체적의 백분율을 극간비(clearance ratio)로 표시하며 기호 λ로 정의된다. 예를 들어, 4% 극간비란 극간체적이 행정체적의 4%라는 뜻이다.

극간비
(clearance ratio)

$$\lambda = \frac{극간체적}{행정체적} = \frac{V_C}{V_D} \tag{5.1}$$

⑥ 행정체적(displacement volume or stroke volume) : 피스톤이 T.D.C에서 B.D.C까지 배제하는 체적(V_D)

행정체적
(stroke volume)

$$V_D = \frac{\pi}{4} D^2 S[\text{cm}^3 = \text{cc}] \tag{5.2}$$

따라서, $V_T = V_C + V_D$가 되고, 여기서, V_T : 실린더 전체적, V_C : 극간

체적, V_D : 행정체적이다. 즉 피스톤이 하사점에 있을 때 실린더체적은 간극체적과 행정체적의 합이다. 통상 행정체적은 1사이클당의 체적 또는 단위 시간당의 체적으로 표시된다.

⑦ 압축비(compression ratio) : 압축비는 왕복동형 압축기에서 성능을 좌우하는 중요한 변수 중의 하나로서 실린더 전체적과 간극체적의 비를 말하며, 기호 γ_c로 정의하여 사용한다.

$$\gamma_c = \frac{V_T}{V_C} = \frac{V_C + V_D}{V_C} = 1 + \frac{V_D}{V_C}$$

$$= 1 + \frac{1}{\lambda} \tag{5.3}$$

압축비의 값은 언제나 1보다 크다.

5.2 정상류 과정의 압축일 크기

1 압축기에서의 정상류 에너지방정식

만약, 압축기의 입구 및 출구의 상태를 각각 1, 2라 표시할 경우 유체의 마찰을 무시할 때 전 유동질량에 대한 에너지 식은 앞서의 장에서 언급된 바와 같고 그것은 다음과 같은 식으로 나타낸다.

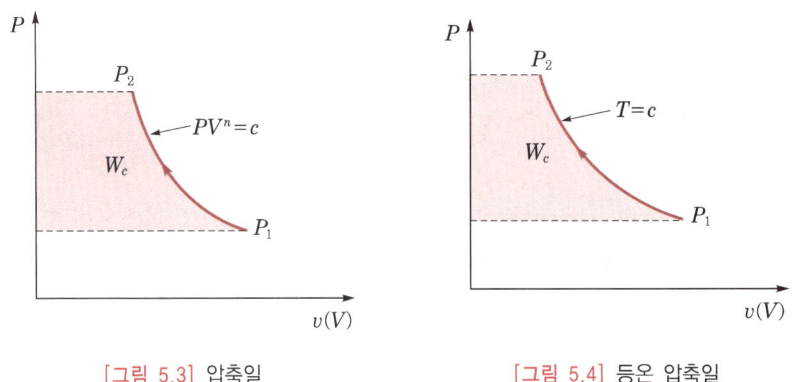

[그림 5.3] 압축일   [그림 5.4] 등온 압축일

$$_1Q_2 - W_C = (H_2 - H_1) + \frac{1}{2}(w_2{}^2 - w_1{}^2) \tag{5.4}$$

그리고 열역학 제1법칙의 에너지 식은 $\delta Q = dH - V\,dP$ 이다. 이것을 적분식으로 다시 쓰면 다음과 같다. 즉,

$$_1Q_2 = (H_2 - H_1) - \int_1^2 V\,dP \tag{5.5}$$

이고, 이 두 식을 정리하면 압축일 W_C는 다음 식과 같이 된다.

$$- W_C = \frac{1}{2}(w_2{}^2 - w_1{}^2) + \int_1^2 V\,dP \tag{5.6}$$

실제 압축기에서 압축기 입구와 출구의 속도차이가 그다지 크지 않을 때는 운동에너지변화 $\frac{1}{2}(w_2{}^2 - w_1{}^2)$을 생략할 수 있고 (−)부호는 압축일을 말해준다. 이때의 압축일 W_C의 크기는 (−)을 제거한 식으로 쓰면 다음과 같다.

$$W_C = \int_1^2 V\,dP \tag{5.7}$$

여기서, 압축일 W_C는 [그림 5.3]의 $P-v$선도상에서 P축에 투영한 면적과 같다.

2 압축일

극간체적이 없는 일반적인 압축기나 원심압축기에 의해서 기체로 압력 P_1에서 P_2까지 압축하는 데 소요되는 이론 일은 마찰일을 무시하고 나타내면 다음과 같다.

(1) 등온 압축일

등온 압축일

$$\begin{aligned}
W_c &= \frac{w_2{}^2 - w_1{}^2}{2} + P_1 V_1 \ln\frac{P_2}{P_1} \\
&= \frac{w_2{}^2 - w_1{}^2}{2} + mRT_1 \ln\frac{P_2}{P_1}
\end{aligned} \tag{5.8}$$

(2) 단열 압축일

$$W_c = \frac{w_2{}^2 - w_1{}^2}{2} + \frac{\kappa}{\kappa - 1} P_1 V_1 \left[\left(\frac{P_2}{P_1} \right)^{\frac{\kappa - 1}{\kappa}} - 1 \right]$$

$$= \frac{w_2{}^2 - w_1{}^2}{2} + \frac{\kappa}{\kappa - 1} mRT_1 \left[\left(\frac{P_2}{P_1} \right)^{\frac{\kappa - 1}{\kappa}} - 1 \right] \tag{5.9}$$

(3) 폴리트로픽 압축일

$$W_c = \frac{w_2{}^2 - w_1{}^2}{2} + \frac{n}{n - 1} P_1 V_1 \left[\left(\frac{P_2}{P_1} \right)^{\frac{n - 1}{n}} - 1 \right]$$

$$= \frac{w_2{}^2 - w_1{}^2}{2} + \frac{n}{n - 1} mRT_1 \left[\left(\frac{P_2}{P_1} \right)^{\frac{n - 1}{n}} - 1 \right] \tag{5.10}$$

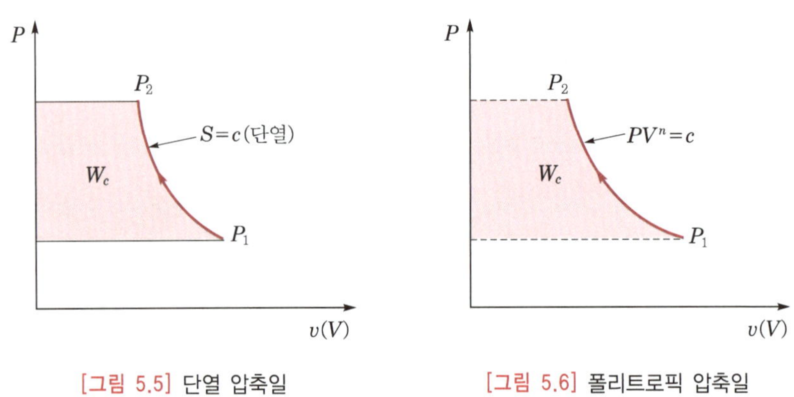

[그림 5.5] 단열 압축일   [그림 5.6] 폴리트로픽 압축일

위의 각 과정에서 압축일의 크기를 비교하면 다음의 [그림 5.7]에서 보듯이, 등온압축과정의 일이 최소이고, 폴리트로픽과정의 압축일이 그 다음이며, 단열 압축과정의 압축일이 최대이다. 즉,

등온의 압축일 : 면적 1-2′-a-b-1 (a)

폴리트로픽의 압축일 : 면적 1-2″-a-b-1 (b)

단열의 압축일 : 면적 1-2‴-a-b-1 (c)

∴ (a) < (b) < (c)

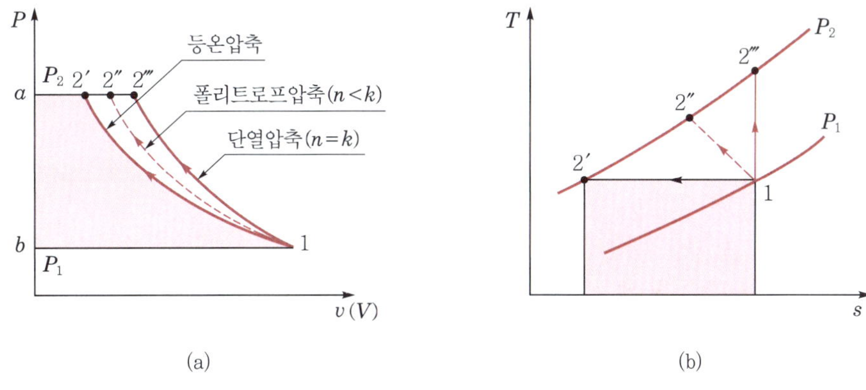

[그림 5.7] 간극이 없는 1단 압축기의 압축과정

이며, 일의 크기가 가장 큰 과정이 단열 압축이 되며, 같은 압력을 높이는데 일의 양이 적을수록 유리하고 그것은 등온과정이 된다. 따라서 압축 후의 온도의 크기는 다음 식과 같고, [그림 5.7]의 (b)에서 보듯이 $T-s$ 선도에 나타낼 수 있다.

등온 압축 후의 온도

$$T_2{'} = T_1 \tag{a}$$

단열 압축 후의 온도

$$T_2{'''} = T_1\left(\frac{P_2}{P_1}\right)^{\frac{\kappa-1}{\kappa}} \tag{b}$$

폴리트로픽 압축 후의 온도

$$T_2{''} = T_1\left(\frac{P_2}{P_1}\right)^{\frac{n-1}{n}} \tag{c}$$

예제 5.1

20℃인 공기 2kg을 1kPa에서 3kPa까지 가역적으로 압축할 때 등온, 단열($\kappa = 1.4$), 폴리트로픽과정의 압축일 및 압축 후의 온도를 구하라. 단, 폴리트로픽 지수 $n = 1.30$이다.

[풀이] (1) 압축일

① 등온일 때

$$W_c = P_1 V_1 \ln \frac{V_1}{V_2} = P_1 V_1 \ln \frac{P_2}{P_1} = mRT \ln \frac{V_1}{V_2}$$

$$= 2 \times 0.287 \times 293 \ln\left(\frac{3}{1}\right) \fallingdotseq 184.77 \text{kJ}$$

② 단열일 때

$$W_c = \frac{\kappa}{\kappa - 1} mRT_1 \left[\left(\frac{P_2}{P_1}\right)^{\frac{\kappa - 1}{\kappa}} - 1 \right]$$

$$= \frac{\kappa}{\kappa - 1} P_1 V_1 \left[\left(\frac{P_2}{P_1}\right)^{\frac{\kappa - 1}{\kappa}} - 1 \right]$$

$$= \frac{1.4}{0.4} \times 2 \times 0.287 \times 293 \left[\left(\frac{3}{1}\right)^{\frac{0.4}{1.4}} - 1 \right]$$

$$\fallingdotseq 217.04 \text{kJ}$$

③ 폴리트로픽일 때($n = 1.3$)

$$W_c = \frac{n}{n - 1} mRT_1 \left[\left(\frac{P_2}{P_1}\right)^{\frac{n - 1}{n}} - 1 \right]$$

$$= \frac{n}{n - 1} P_1 V_1 \left[\left(\frac{P_2}{P_1}\right)^{\frac{n - 1}{n}} - 1 \right]$$

$$= \frac{1.3}{0.3} \times 2 \times 0.287 \times 293 \left[\left(\frac{3}{1}\right)^{\frac{0.3}{1.3}} - 1 \right]$$

$$\fallingdotseq 209.51 \text{kJ}$$

(2) 압축 후의 온도

① 등온일 때

$$T_1 = T_2 = (273 + 20) = 293 \text{K}$$

② 단열일 때

$$T_2 = T_1 \left(\frac{P_2}{P_1}\right)^{\frac{\kappa - 1}{\kappa}} = 293 \times \left(\frac{3}{1}\right)^{\frac{0.4}{1.4}} = 401.04 \text{K}$$

③ 폴리트로픽일 때

$$T_2 = T_1 \left(\frac{P_2}{P_1}\right)^{\frac{n - 1}{n}} = 293 \times \left(\frac{3}{1}\right)^{\frac{0.3}{1.3}} = 377.23 \text{K}$$

예제 5.2

압력 1.0×10^2kPa, 온도 30℃의 공기를 10.0×10^2kPa까지 압축하려고 한다. 2단 압축을 하면 1단 압축에 비하여 압축에 필요로 하는 일을 얼마만큼 절약할 수 있는가? 단, 공기의 상태는 $PV^{1.3}=c$의 과정을 따른다고 한다.

풀이 1단인 경우의 식을 사용하여 구한다.

$$W_1 = \frac{n}{n-1}RT_1\left[\left(\frac{P_2}{P_1}\right)^{\frac{n-1}{n}}-1\right]$$

$$= \frac{1.3}{1.3-1}\times 0.287\times 303\times\left[\left(\frac{1,000}{100}\right)^{\frac{1.3-1}{1.3}}-1\right]$$

$$= 263.12\text{kJ/kg}$$

2단 압축인 경우의 식을 사용하여 구한다(N은 단수).

$$W_2 = \frac{nN}{n-1}RT_1\left[\left(\frac{P_2}{P_1}\right)^{\frac{n-1}{nN}}-1\right]$$

$$= \frac{1.3\times 2}{1.3-1}\times 0.287\times 303\times\left[\left(\frac{1,000}{100}\right)^{\frac{1.3-1}{2\times 1.3}}-1\right]$$

$$\fallingdotseq 229.345\text{kJ/kg}$$

따라서, 2단으로 하여 압축할 때 절약되는 일의 비율은 다음과 같다.

$$\therefore \gamma = \frac{W_1-W_2}{W_1} = \frac{263.12-229.35}{263.12}\fallingdotseq 0.128\fallingdotseq 12.8\%$$

5.3 극간체적이 있는 일반 압축기

압축기에서 체적효율 η_v와 그 때의 압축일 W_c관계를 알아보면 다음과 같다. 실제의 압축기에서는 운전상 실린더에 약간의 극간체적을 필요로 한다. 극간체적 V_C는 행정체적 V_D, 극간비를 λ라 하면 다음과 같이 표시된다.

$$V_C = \lambda V_D \tag{a}$$

극간체적은 [그림 5.8]과 같이 피스톤이 상사점에서 흡입행정으로 작용할 때 실린더 체적을 말한다. 우선, 극간체적에 남아 있던 압축 공기가 구간 3-4에서 팽창하여 실린더 내부의 압력이 외부의 압력과 같아지는 시점 4에서 흡입이 시작되며 흡입 유효기간은 행정보다 짧아지는데, 그 구간은 4-1이다.

이 유효 흡입행정 $V_D{'}$와 기관 흡입행정 V_D와의 비를 체적효율 또는 흡입효율이라 하고, 체적효율 η_v를 다음과 같이 λ항으로 표시할 수 있다.

먼저, 3-4의 팽창이 폴리트로픽변화로 $P V^n = c$이면, 다음식이 성립한다.

$$\left(\frac{P_2}{P_1}\right)^{\frac{1}{n}} = \frac{V_4}{V_3} = \frac{V_4}{\lambda V_D} \tag{b}$$

체적효율

그러므로 체적효율은 다음식과 같이 되고, 여기서 $V_D{'} = V_1 - V_4$이다.

$$\begin{aligned}
\eta_v &= \frac{V_D{'}}{V_D} = \frac{V_1 - V_4}{V_D} = \frac{V_D(1+\lambda) - V_4}{V_D} \\[2mm]
&= 1 + \lambda - \frac{V_4}{V_D} = 1 - \lambda\left[\left(\frac{P_2}{P_1}\right)^{\frac{1}{n}} - 1\right] \\[2mm]
&\left.\begin{aligned} &= 1 + \lambda - \lambda(\gamma)^{\frac{1}{n}} \\[2mm] &= 1 - \lambda\left(\frac{V_4}{V_3} - 1\right) \end{aligned}\right\}
\end{aligned} \tag{5.11}$$

단, $\gamma = \dfrac{P_2}{P_1}$: 압력비, $V_c = V_3$: 극간체적

이다. 만약, 압축과정도 잔류기체도 같은 지수의 폴리트로픽변화를 한다면 체적효율은 아래 식과 같다.

$$\eta_v = 1 - \lambda\left(\frac{V_4}{V_3} - 1\right) \tag{5.12}$$

다음은 압축기의 일에 대하여 생각해 보자. 극간체적이 있는 일반 압축기에서 압축에 필요한 이론 일은 압축 1-2와 팽창 3-4 사이의 일의 합과 같은데, 압축 1-2 및 팽창 3-4를 각각 m 및 n의 지수로 하는 폴리트로픽변화로 보고 속도에너지를 무시하면 압축일은 다음 식으로 유도된다.

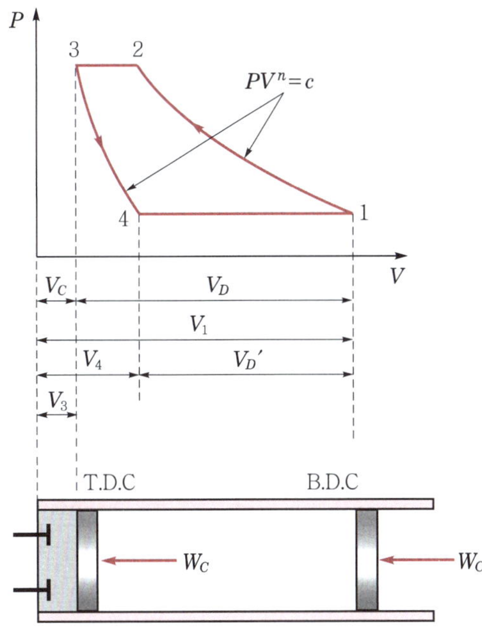

[그림 5.8] 극간이 있는 압축기

$$
\begin{aligned}
W_c &= \frac{n}{n-1}P_1V_1\left[\left(\frac{P_2}{P_1}\right)^{\frac{n-1}{n}}-1\right]-\frac{n}{n-1}P_1V_4\left[\left(\frac{P_2}{P_1}\right)^{\frac{n-1}{n}}-1\right] \\[2mm]
&= \frac{n}{n-1}P_1V_1\left[\left(\frac{P_2}{P_1}\right)^{\frac{n-1}{n}}-1\right]-\frac{n}{n-1}P_4V_4\left[\left(\frac{P_3}{P_4}\right)^{\frac{n-1}{n}}-1\right] \\[2mm]
&= \frac{n}{n-1}P_1V_D(1+\lambda)\left[\left(\frac{P_2}{P_1}\right)^{\frac{n-1}{n}}-1\right] \\[2mm]
&\quad -\frac{n}{n-1}\lambda\,P_1V_D\left(\frac{P_2}{P_1}\right)^{\frac{1}{n}}\left[\left(\frac{P_2}{P_1}\right)^{\frac{n-1}{n}}-1\right] \\[2mm]
&= P_1V_D\left[\frac{n}{n-1}(1+\lambda)\left\{\left(\frac{P_2}{P_1}\right)^{\frac{n-1}{n}}-1\right\}\right. \\[2mm]
&\quad \left. -\frac{n}{n-1}\lambda\left(\frac{P_2}{P_1}\right)^{\frac{1}{n}}\left\{\left(\frac{P_2}{P_1}\right)^{\frac{n-1}{n}}-1\right\}\right]
\end{aligned}
\tag{5.13}
$$

만약, $m = n$이라면, 위의 식 (5.13)은 다음과 같이 간단히 쓸 수가 있다. 즉,

$$W_c = \eta_v \frac{n}{n-1} P_1 V_D \left[\left(\frac{P_2}{P_1} \right)^{\frac{n-1}{n}} - 1 \right]$$

$$= \frac{n}{n-1} P_1 V_D{}' \left[\left(\frac{P_2}{P_1} \right)^{\frac{n-1}{n}} - 1 \right] \tag{5.14}$$

따라서 사이클당 소요된 일의 크기는 위 (5.14)식으로부터 구할 수 있다.

예제 5.3

피스톤의 행정체적 22,000cc, 극간비 $\lambda = 0.05$인 1단 공기압축기에서 100kPa, 25℃의 공기를 750 kPa까지 압축한다. 압축과 팽창과정은 모두 $P\,V^{1.3} = c$에 따라 변화한다면 체적효율은 얼마인가? 또, 사이클당 압축기의 소요일은 얼마인가?

풀이 (1) 체적효율은

$$n_v = 1 - \lambda \left(\frac{P_2}{P_1} \right)^{\frac{1}{n}} - 1 = 1 - 0.05 \left(\frac{7.5}{1} \right)^{\frac{1}{1.3}} - 1 = 0.7645$$
$$= 76.45\%$$

(2) 압축일은

$$W_C = \eta_v \frac{n}{n-1} P_1 V_D \left[\left(\frac{P_2}{P_1} \right)^{\frac{n-1}{n}} - 1 \right]$$
$$= 0.7645 \times \frac{1.3}{1.3-1} \times 100 \times 0.022 \left[\left(\frac{7.5}{1} \right)^{\frac{1.3-1}{1.3}} - 1 \right]$$
$$\fallingdotseq 1.63 \text{kJ/cycle}$$

5.4 다단 압축기

다단 압축기
(multistage compressor)

다단 압축기(multistage compressor)는 2개 이상의 압축기가 직렬로 되어 있는데, 각 압축기를 단(stage)이라고 한다. 각 단이 단열적으로 작동하고 한 단에서 다음 단으로 작동되는 동안 유체의 열 출입이 없다면 전 압축기는 단열적으로 작동된다.

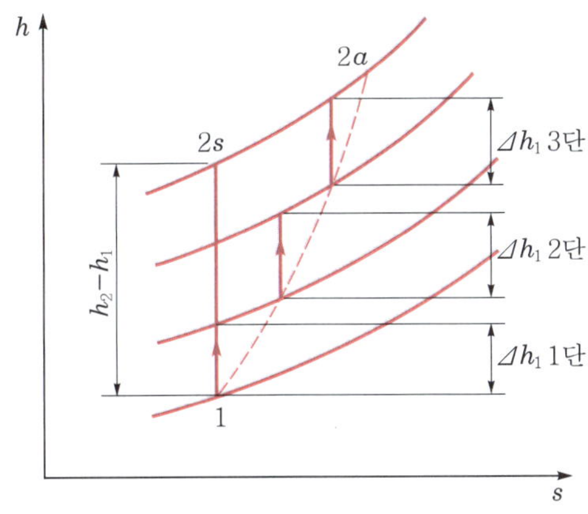

[그림 5.9] 다단 압축기의 $h-s$ 선도

    이 경우에도 각 단과 모든 압축기에 대한 단열과 압축효율은 정의할 수 있다. 그러나 각 단의 효율이 서로 같으면 전 압축기 효율은 한 단의 압축기 효율보다 낮은데, 그 이유는 [그림 5.9]를 보면 쉽게 알 수가 있다. 이때 압축기를 여러 단으로 설치하는 이유는 각 단의 사이에서 공기의 압축열을 냉각시켜 전체의 압축일을 감소시킬 수 있기 때문이다. 이와 같이 압축 도중에 각 단의 중간에서 냉각을 행하는 것을 중간냉각(inter cooling)이라고 한다.

중간냉각(inter cooling)

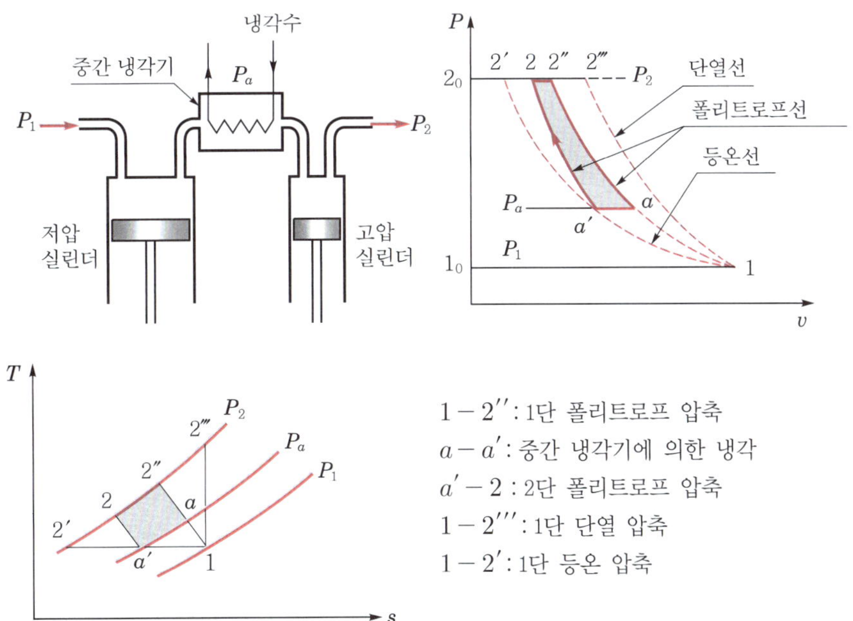

$1-2''$: 1단 폴리트로프 압축

$a-a'$: 중간 냉각기에 의한 냉각

$a'-2$: 2단 폴리트로프 압축

$1-2'''$: 1단 단열 압축

$1-2'$: 1단 등온 압축

[그림 5.10] 중간 냉각이 있는 2단 압축기

[그림 5.10]은 폴리트로픽 압축과정을 나타낸 것이며, 1-2″의 과정에서 공기가 받는 일은 $P-v$선도 상의 면적($1-2″-2_0-1_0-1$)으로 나타낸다. 과정 1-2′은 등온과정이다.

만약, 상태 1-2, 즉 압력 P_1에서 P_2까지 압축이 폴리트로픽 과정의 $1a$와 다시 $a′2$의 2단으로 되고, 그 변화 중에 $T_a′ = T_1$이 되도록 정압과정으로 냉각하면 가스가 받은 열은 $P-v$선도상의 면적 $1\,a\,a′\,2\,2_0\,1_0\,1$로 표시되며, 면적 $a\,2″\,2\,a′a$ 만큼의 압축일이 감소된다.

[그림 5.10]을 검토하여 보면 주어진 압력 P_1과 P_2에서 중간 냉각 시의 압력이 <u>압축일의 크기</u> P_a라고 할 때 압축일의 크기는 다음 식으로부터 구할 수가 있다.

$$
\begin{aligned}
W_c &= \int_1^a V\,dP + \int_a^2 V\,dP \\
&= \frac{n}{n-1}mRT_1\left[\left(\frac{P_a}{P_1}\right)^{\frac{n-1}{n}} - 1\right] \\
&\quad + \frac{n}{n-1}mRT_a′\left[\left(\frac{P_2}{P_a}\right)^{\frac{n-1}{n}} - 1\right]
\end{aligned}
\tag{5.15}
$$

만약, 완전한 중간냉각을 행하여 초기온도 T_1까지 냉각시켰을 때는 $T_1 = T_a′$이므로 압축일의 크기는 다음 식과 같다.

$$
W_c = \frac{n}{n-1}mRT_1\left[\left(\frac{P_a}{P_1}\right)^{\frac{n-1}{n}} + \left(\frac{P_2}{P_a}\right)^{\frac{n-1}{n}} - 2\right]
\tag{5.16}
$$

따라서, 중간압력 P_a를 적당히 택하면 W_c를 최소로 할 수 있다. 이 P_a를 구 <u>중간압력</u> 하기 위해 y를 다음과 같이 놓고 P_a에 대하여 미분하여 0으로 될 때를 택한다. 즉,

$$
y = \left(\frac{P_a}{P_1}\right)^{\frac{n-1}{n}} + \left(\frac{P_2}{P_a}\right)^{\frac{n-1}{n}} = \left(\frac{P_a}{P_1}\right)^{m} + \left(\frac{P_2}{P_a}\right)^{m}
\tag{a}
$$

이다. 여기서, $m = \dfrac{n-1}{n}$로 놓았다.

따라서 압력 P_a에 대하여 미분한 후 0으로 놓고 다음과 같이 P_a에 대한 관계식을 얻을 수가 있다. 즉,

$\dfrac{dy}{dP_a} = 0$ 일 때의 P_a의 값은, $m\dfrac{P_a{}^{m-1}}{P_1{}^m} - m\dfrac{P_2{}^m}{P_a{}^{m+1}} = 0 \rightarrow P_a{}^2 = P_1 P_2$

되고, 결국은 다음 식과 같다.

$$\therefore P_a = \sqrt{P_1 P_2} \tag{5.17}$$

또는 다음 식으로부터 계산한다.

$$\frac{P_a}{P_1} = \frac{P_2}{P_a} = \sqrt{\frac{P_2}{P_1}} \tag{b}$$

따라서, 각 단의 압력비가 같고 $P_a = \sqrt{P_1 P_2}$ 일 때 압축에 소요되는 일은 최소로 된다. 2단 이상의 다단의 경우도 마찬가지이며, 각 단의 압력비를 $\sqrt[3]{P_1 P_2}$, $\sqrt[4]{P_1 P_2}$, … 로 하면 된다. 만약, N단 압축을 행할 경우의 압축일 W_c는 다음 식으로 표현된다.

$$W_c = \frac{nN}{n-1} RT_1 \left[\left(\frac{P_2}{P_1} \right)^{\frac{n-1}{nN}} - 1 \right] \tag{5.18}$$

각 단으로부터 요하는 압축일은 위의 압축일의 크기를 단수로 나누면 된다. 즉, W_c/N으로 계산되며 이때 각 단의 압력을 동일하게 하고 각 단마다 초기온도 T_1까지 냉각시키면 압축 끝의 온도도 또한 같아진다. 따라서 N단 압축했을 때 각 단의 압축 후의 온도 T_2는 다음과 같다.

$$T_2 = T_1 \left(\frac{P_2}{P_1} \right)^{\frac{n-1}{nN}} \tag{5.19}$$

실제로는 중간냉각기 및 관을 통과하는 동안 압력강하가 발생하므로 N단 압축을 할 경우 각 단의 압력비는 $\left(\dfrac{P_2}{P_1} \right)^{\frac{1}{N}}$ 보다는 약간 크게 한다.

압축마력은 압축기에 소요된 일을 마력으로 바꾸기 위해 1PS＝75kg·m/sec＝0.735kW의 단위 마력으로 나눠주면 소요 동력의 크기를 구할 수 있고, 1kW＝102 kg·m/sec＝1.36PS을 적용할 경우 소요 동력은 kW가 된다.

등온 압축마력

등온 압축마력(H_{PS})은,

$$N_{iso} = \frac{P_1 V_1}{0.735} \ln\left(\frac{P_2}{P_1}\right) = \frac{mRT_1}{0.735} \ln\left(\frac{P_2}{P_1}\right) [\mathrm{PS}] = H_{\mathrm{PS}} \tag{5.20}$$

단열 압축마력

단열 압축마력(H_{PS})은,

$$\begin{aligned}
N_{ad} &= \frac{\kappa}{\kappa - 1} \frac{P_1 V_1}{0.735} \left[\left(\frac{P_2}{P_1}\right)^{\frac{\kappa-1}{\kappa}} - 1\right] \\
&= \frac{\kappa}{\kappa - 1} \frac{mRT_1}{0.735} \left[\left(\frac{P_2}{P_1}\right)^{\frac{\kappa-1}{\kappa}} - 1\right] [\mathrm{PS}] = H_{\mathrm{PS}}
\end{aligned} \tag{5.21}$$

이다. N단 압축일 때 단열 압축마력(H_{PS})은 다음과 같다.

$$\begin{aligned}
N_{ad} &= \frac{N\kappa}{\kappa - 1} \frac{P_1 V_1}{0.735} \left[\left(\frac{P_2}{P_1}\right)^{\frac{\kappa-1}{\kappa}} - 1\right] \\
&= \frac{N\kappa}{\kappa - 1} \frac{mRT_1}{0.735} \left[\left(\frac{P_2}{P_1}\right)^{\frac{\kappa-1}{\kappa}} - 1\right] [\mathrm{PS}] = H_{\mathrm{PS}}\,(N단)
\end{aligned} \tag{5.22}$$

이론상 소요 동력과 실제 소요 동력 비를 압축효율이라 한다. 실제로 압축기에 공급한 동력, 즉 정미 압축마력을 N_e, 인디케이터 선도에서 얻은 도시마력을 N_i라 할 때 각각에 대한 효율의 정의는 다음과 같다.

등온효율

(1) 등온효율 또는 전 효율(overall isothermal efficiency or overall efficiency)

$$\eta_{iso} = \frac{N_{is}}{N_e} \tag{5.23}$$

(2) 단열효율 또는 압축효율(overall adiabatic efficiency or compression efficiency)

$$\eta_{ad} = \frac{N_{ad}}{N_e} \tag{5.24}$$

(3) 압축기의 기계효율은 도시마력과 정미 압축마력(제동마력)의 비를 말하며 다음과 같다.

$$\eta_m = \frac{N_i}{N_e} \tag{5.25}$$

(4) 압축기의 흡입체적(V_n)

왕복형 압축기의 경우 실린더 흡입체적 η_v를 알아보면 다음 식과 같다.

$$V_v = Z\,i\left(\frac{\pi d^2}{4}\right)S\,\eta_v\,N = Z\,i\,V_s\,N\,\eta_v \tag{5.26}$$

여기서, 체적효율 η_v, 압축기가 매분 실린더에 흡입하는 체적을 V_s, 실린더 지름 d, 피스톤의 행정 S, 매분 회전수 N, 실린더수 Z, i는 압축기 실린더 수로 단동 압축기이면 1, 복동 압축기이면 2이다. 이 식으로부터 압축기의 용량 크기가 결정된다.

팬이나 송풍기일 때는 압축에 의한 압력상승 $(P_2 - P_1)$이 초압 P_1에 비하여 미소하므로 기체의 체적변화가 없는 것으로 생각하면, 소요 동력의 크기는 다음 식으로부터 구할 수가 있다.

$$N_{fan} = \frac{\dot{m}}{0.735}\left[(P_2 - P_1)v_1 + \frac{w_2^2 - w_1^2}{2 \times 1,000}\right][\mathrm{PS}] = H_{\mathrm{PS}} \tag{5.27}$$

이 식으로부터 구한 마력은 공기마력(air horse-power)이라 한다.

또, 팬(fan) 효율 η_{fan}은 공기마력을 기준하여 다음과 같이 표시된다. 즉 팬의 소요 동력(N_{fan})과 정미 압축마력(N_e)의 비이다.

$$\eta_{fan} = \frac{N_{fan}}{N_e} \tag{5.28}$$

이때, 팬의 소요 동력 N_{fan}는 이론상 필요 동력으로 기계효율을 고려할 때 실제동력이라고 말할 수 있는 정미 압축마력 N_e보다 작다.

흡입압력 1.05atm, 토출압력 4.8atm, 흡입공기량 3m³/min인 공기압축기의 다음을 구하라.

(1) 등온 압축마력은?

(2) 단열 압축마력은?

풀이 (1) 등온 압축마력은 다음 식으로부터 구한다.

$$N_{iso} = \frac{P_1 V_1}{0.735} \ln\left(\frac{P_2}{P_1}\right)$$

$$= \frac{1.05 \times 10^2 \times 3}{0.735 \times 60} \times \ln\left(\frac{4.8}{1.05}\right) = 10.85\,\mathrm{PS} = H_{\mathrm{PS}}$$

(2) 단열 압축마력은 다음 식으로부터 구한다.

$$N_{ad} = \frac{\kappa}{\kappa - 1} \frac{P_1 V_1}{0.735} \left[\left(\frac{P_2}{P_1}\right)^{\frac{\kappa - 1}{\kappa}} - 1\right]$$

$$= \frac{1.4}{1.4 - 1} \times \frac{1.05 \times 10^2 \times 3}{0.735 \times 60} \times \left[\left(\frac{4.8}{1.05}\right)^{\frac{1.4 - 1}{1.4}} - 1\right]$$

$$= 13.3\,\mathrm{PS} = H_{\mathrm{PS}}$$

대기압 755mmHg, 기온 18℃일 때, 이 공기 3.8m³/min을 4.8atm로 압축하는 1단 압축기의 등온 압축마력 및 단열 압축마력을 구하라. 단, 흡기관 내에서의 압력강하는 45mmAq, 온도는 20℃ 증가한다. 또, 등온효율을 $\eta_{iso} = 69\%$, 기계효율을 $\eta_m = 90\%$ 라고 할 때 도시마력, 정미 압축마력, 단열효율, 전 등온효율을 구하라.

풀이 대기압 : $P_0 = 101.33 \times \dfrac{755}{760} = 100.66\mathrm{kPa}$

흡기압력 : $P_1 = 101.66 - 0.44 = 101.22\mathrm{kPa}$

압축압력 : $P_2 = 480 + 100.66 = 580.66\mathrm{kPa}$

압축비 : $\gamma = \dfrac{P_2}{P_1} = \dfrac{580.66}{101.22} \fallingdotseq 5.74$

흡기 후의 압력과 온도 : $P_1 = 101.22\mathrm{kPa}$, $T_1 = (18 + 20) + 273 = 311\mathrm{K}$

유동 공기량은 : $V = 3.8 \times \dfrac{100.66}{101.22} \times \dfrac{311}{291} \times \dfrac{1}{60} = 0.0673\mathrm{m}^3/\mathrm{s}$

등온 압축마력 : $N_{iso} = \dfrac{P_1 V_1}{0.735} \ln\left(\dfrac{P_2}{P_1}\right)$

$$= \dfrac{101.22 \times 0.0673}{0.735} \times \ln\left(\dfrac{580.66}{101.22}\right)$$

$$\fallingdotseq 16.2\,\text{PS} = H_{\text{PS}}$$

단열 압축마력 : $N_{ad} = \dfrac{\kappa}{\kappa - 1} \dfrac{P_1 V_1}{0.735} \left[\left(\dfrac{P_2}{P_1}\right)^{\frac{\kappa - 1}{\kappa}} - 1\right]$

$$= \dfrac{1.4}{1.4 - 1} \times \dfrac{101.22 \times 0.0673}{0.735} \times \left[(5.74)^{\frac{1.4 - 1}{1.4}} - 1\right]$$

$$\fallingdotseq 21\,\text{PS} = H_{\text{PS}}$$

도시마력 : $\eta_{is} = \dfrac{N_{is}}{N_i} \;\rightarrow\; N_i = \dfrac{N_{is}}{\eta_{is}} = \dfrac{16.2}{0.69} \fallingdotseq 23.48\,\text{PS} = H_{\text{PS}}$

정미 압축마력 : $\eta_e = \dfrac{N_i}{N_e} \;\rightarrow\; N_e = \dfrac{N_i}{\eta_n} = \dfrac{23.48}{0.90} \fallingdotseq 26.1\,\text{PS} = H_{\text{PS}}$

단열효율 : $\eta_{ad} = \dfrac{N_{ad}}{N_i} = \dfrac{21}{23.48} \fallingdotseq 0.8944 \fallingdotseq 89.44\,\%$

전 단열효율 : $\eta_{ad} = \dfrac{N_{ad}}{N_e} = \dfrac{21}{26.1} \fallingdotseq 0.8046 \fallingdotseq 80.46\,\%$

전 등온효율 : $\eta_{iso} = \dfrac{N_{is}}{N_e} = \dfrac{16.2}{26.1} \fallingdotseq 0.6207 \fallingdotseq 62.07\,\%$

01 압력비 $\gamma = \dfrac{압축말 \; 압력}{압축초 \; 압력} = \dfrac{P_2}{P_1}$ 의 2단 압축기에서 압축일을 가장 적게 하는 중간압 P_m 이 $\sqrt{P_1 P_2}$ 가 됨을 보여라.

02 27℃의 공기 10kg/sec을 100kPa로부터 600kPa까지 압축하는 데 압축 후의 온도를 100℃로 유지하려면 압축하는 사이에 얼마의 열을 제거하면 되는가? 단, $C_v = 0.717$kJ/kg·K, $n = 1.25$, $\kappa = 1.4$이다.

03 위 문제 2에서 도시일 W_i는 약 몇 PS인가?

04 위 문제 2에서 제동마력 N_e는 몇 PS인가? 단, 기계효율은 80%이다.

05 대기압 750mmHg, 27℃의 공기를 5kg/min의 비율로 5atm까지 압축하는 데 필요한 마력은? 단, 단열압축인 경우이다.

06 흡입압력 2atm, 토출압력 5atm, 흡입량 2m³/min인 공기 압축기의 등온 압축일은 몇 kW인가?

07 흡입압력 105kPa, 배출압력 480kPa, 흡입량 3m³/min인 공기 압축기의 등온 압축마력(PS)을 구하라.

08 극간체적이 없는 1단 압축기에서 온도 15℃의 공기 1kg을 압력 110kPa로부터 2.5kPa까지 압축할 때 압축일은 얼마가 필요한지 계산하라. 단, 압축과정은 등온과정이고, 공기의 $R = 0.287$kJ/kg·K이다.

09 초기의 압력이 100kPa, 온도 27℃의 상태에서 폴리트로픽 $PV^{1.3} = C$의 변화과정으로 압축되어 600kPa 상태로 압축되었다. 압축 후의 온도 T_2는 몇 ℃인지 계산하라.

10 압축 초기 공기의 압력은 130kPa이고, 온도는 40℃인 상태에서 폴리트로픽 과정 $PV^{1.3} = C$의 변화로 압축되어 압축 후의 압력이 780kPa의 상태로 되었을 때 체적효율 η_v는 대략 몇 %인가? 단, 통극비는 5%이다.

11 가역 단열펌프에서 펌프입구로 물이 압력 100kPa, 온도 50℃로 들어가 펌프출구로 압력 4MPa로 압축한 외부 용기로 공급하려고 한다. 이 펌프의 소요동력(H_P)은 몇 kW인가. 이 때, 물의 유동질량율은 2kg/s이고, 50℃에서 포화액체의 비체적은 $v = 0.001$m³/kg 이다.

01 극간비가 증가하면 체적효율은?

02 극간비 5%인 1단 압축기에서 팽창압축이 모두 $PV^{1.3} = c$에 따르는 폴리트로픽 변화라면 체적효율은 0으로 되어 압축된 공기가 토출될 수 없는 압력비를 구하라.

03 온도 15℃의 공기 1kg을 압력 100kPa로부터 250kPa까지 극간체적이 없는 1단 압축기에서 압축할 경우 압축일은 얼마인가? 단, 등온압축으로 간주한다.

04 초기 압력이 100kPa, 온도가 27℃의 상태에서 $Pv^{1.3} = c$의 변화를 하여 압력이 600kPa로 압축되었다면 압축 후의 온도는?

05 초기 압력 100kPa, 온도가 27℃의 상태에서 $Pv^{1.3} = c$의 변화를 하여 압력이 600kPa로 압축되었다. 통극이 5%일 때 체적효율은 얼마인가?

06 30℃, 500kPa의 공기 $33m^3/h$을 1500kPa까지 등온 압축하는 압축기의 구동마력이 50PS일 때 전 등온효율은?

07 초기의 체적 20L, 압력 100kPa, 온도 20℃의 공기를 극간비 5%인 1단 압축기를 사용하여 압력 700kPa까지 압축되었을 경우 체적효율은 몇 %인가?

08 극간비 5%인 1단 압축기에서 $PV^{1.3} = C$의 폴리트로픽 과정으로 압축되었을 때 압력비 $\dfrac{P_2}{P_1}$는 얼마인가? 단, 체적효율이 100%인 경우이다.

09 온도 25℃, 압력 0.01MPa의 물 1kg을 펌프를 사용하여 가역단열적으로 압축하여 압력 5MPa로 보일러로 공급하려고 한다. 이때, 펌프에 필요한 일(W_P)은 몇 kJ인가? 단, 25℃에서 물의 비체적 $v = 0.001m^3/kg$ 이다.

제6장

가스동력 사이클

열기관에서 열을 일로 변환시키려면 반드시 매개체로 기체상태인 동작유체가 항상 필요하다. 또한 이 열을 연속적인 일로 바꾸려면 동작유체에 순간적인 변화를 일으키도록 할 필요가 있는데, 이것을 열기관 사이클이라 한다. 이 열기관 사이클 중 동작유체의 가열방식에 따라 내연기관과 외연기관으로 분류된다. 내연기관(internal combustion engine)에서 연소가스를 동작유체로 사용되는 기관으로는 가솔린기관, 디젤기관, 로터리기관, 가스터빈기관, 제트기관 등이 이에 속하며, 내연기관의 대표적인 것으로 [그림 6.1]이 있다. 외연기관(external combustion engine)은 동작유체가 보일러 및 기타 열교환기를 통해서 열을 공급받는 형식으로 증기기관, 증기터빈 등이 외연기관에 속한다.

이와 같이 내연기관이라 함은 기관 내부에서 연료를 연소시켜 열을 발생하게 하고 연소생성물을 직접 작업유체로 이용하여 발생열의 일부를 기계적 일로 바꾸는 열기관을 말한다. 내연기관의 동작물질은 공기와 연료의 혼합물 및 잔류가스의 혼합기체이며, 연소 후에는 연소생성가스가 있다. 내연기관의 해석에서는 동작물질인 연소가스를 이상기체로 취급하는 공기라 생각하고, 이러한 사이클을 공기표준 사이클(air standard cycle)이라 부른다. 이 사이클에 있어서 각 과정은 가역과정이며 연소과정은 고열원에서 열을 받아 저열원에 열을 방출하는 밀폐 사이클로 구성된다. 따라서 이상기체인 공기는 비열이 일정하다는 가정하에서 다루게 된다.

6.1 왕복형 내연기관의 정의

대부분의 가스터빈들도 내연기관이지만, 여기서 내연기관이란 일반적으로 승용자동차, 소·대형 트럭 그리고 버스에 사용되는 왕복운동 내연기관을 말한다. 모든 열역학적 과정이 왕복운동을 하는 피스톤과 실린더 내부에서 일어나고, 다른 요소들과 서로 연결되어 있는 부분에서는 축의 회전운동으로 변환되어 일을 한다.

왕복운동을 하는 내연기관의 두 가지 주된 형태는 스파크 점화기관과 압축 점화기관이다. 스파크 점화기관은 연료와 공기의 혼합물이 스파크 플러그의 점화원에 의해 연소된다. 압축 점화기관은 연료가 분사될 때 연소가 자발적으로 일어나도록 공기가 충분히 높은 온도와 압력으로 압축되어야만 한다. 스파크 점화기관은 보다 작은 동력을 얻는 데 이용되며 상대적으로 가볍고 가격도 낮기 때문에 주로 승용 자동차에 사용되는 것이 적합하다. 압축착화 기관은 보다 저가

스파크 점화기관

압축착화 기관

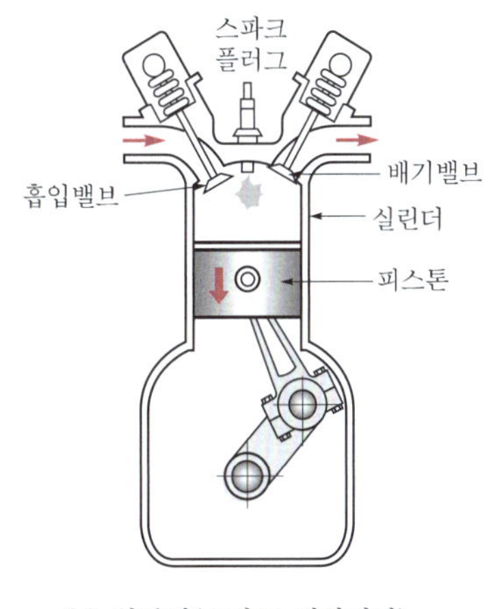

(a) 왕복형(스파크 점화기관)

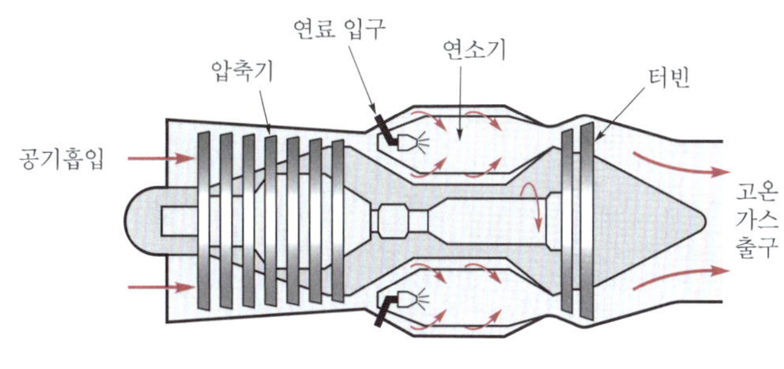

(b) 가스터빈(터보형)

[그림 6.1] 대표적인 내연기관

의 연료사용과 상대적으로 무거운 트럭 및 버스, 기관차 그리고 선박, 보조 동력 장치와 같은 큰 동력이 요구될 때 적합하다. 중간 범위의 크기에서는 스파크 점화기관 또는 압축 점화기관 중 선택적으로 사용된다.

왕복형 내연기관의 일반적인 정의를 알아보면 다음과 같다. [그림 6.2]는 2개의 밸브가 장착된 실린더 내에서 움직이는 피스톤으로 구성된 왕복운동 내연기관의 그림이다. 그림으로부터 몇 개의 특별한 용어들을 나타내면 다음과 같다. 실린더의 내경(bore)은 원통의 직경이다. 행정(stroke)은 피스톤이 한 방향으로 움직인 거리이다. 피스톤이 실린더 내부체적의 최소가 되는 지점까지 움직였을 때 피스톤은 상사점(top dead center)에 있다고 말한다. 그때 최소체적은 틈새체적(clearance volume) 혹은 간극체적으로 내연기관에서는 연소실 체적(combustion chamber)이라고 알려져 있다. 피스톤이 실린더 내부체적의 최대가 되는 지점까지 움직였을 때 그때 피스톤은 하사점(bottom dead center)에 있다고 말한다. 피스톤이 상사점에서 하사점까지 움직이면서 차지하는 체적은 행정체적(displacement volume 또는 stroke volume)이라고 한다. 압축비 γ_c 는 피스톤이 하사점에 있을 때의 실린더 내부 전체적에 대하여 피스톤이 상사점에 있을 때의 남은 내부체적인 간극체적으로 나눈 것으로 정의한다.

피스톤의 왕복운동은 크랭크 축 메커니즘에 의해 축의 회전운동으로 변환된다. 4행정 내연기관에서, 피스톤은 2번의 크랭크 축 회전을 위하여 실린더 내에서 4번의 다른 왕복행정을 실행한다. 2행정 사이클에서는 흡입, 압축, 팽창, 그리고 배기 작동이 크랭크 축의 1회전 동안에 2번의 다른 왕복행정을 실행한다. 비록 내연기관이 기계적 사이클을 받고 있지만 물질은 하나의 혼합물로 들어와

왕복형 내연기관

연소실 체적
(combustion chamber)

행정체적
(stroke volume)

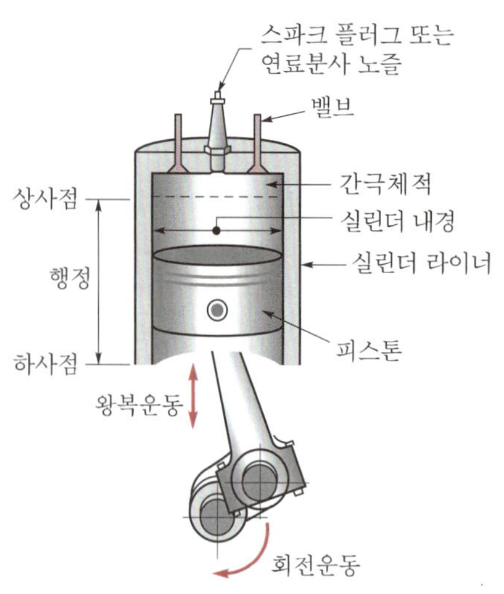

[그림 6.2] 왕복형 기관의 기본 정의

서 이후에 다른 혼합물로 배출되기 때문에 실린더 내부는 열역학적 사이클을 연속적으로 수행한다. 그리고 왕복운동을 하는 피스톤 기관의 성능을 표시하는 변수로는 평균유효압력(mean effective pressure)이 있다. 만일 일정한 크기의 압력이 피스톤에 작용하여 일이 발생하였을 경우 이 이론적인 일의 양이 실제 사이클에서 만들어지는 일의 양과 같게 될 때, 이 일정한 크기의 이론적인 압력을 평균유효압력이라고 한다. 따라서 같은 배기량의 각 기관에서 높은 평균유효압력을 보이는 엔진이 더 큰 순일(net work)을 만들 것이고, 만약 같은 속도로 기관이 작동한다면 더 큰 동력을 만들어 낼 것이다.

평균유효압력
(mean effective pressure)

순일(net work)

6.2 정적사이클과 정압사이클

정적사이클
(constant-volume cycle)

1 정적사이클(constant-volume cycle)

[그림 6.3]은 정적사이클 기관의 $P-v$ 선도와 $T-s$ 선도이다. 그림에서 1-2 과정은 흡입공기를 압축하는 과정이며, 2-3과정은 연료가 공기와 혼합하여 순간적으로 정적연소가 발생하는 연소과정으로 3점의 압력이 연소 최고압력이 된다. 또 3-4과정은 연소압력의 힘을 받아 단열팽창하여 크랭크 축을 회전시키는 과정이며, 4-1과정을 피스톤이 팽창을 완료하고 하사점에 순간적으로 머무는 동안 남은 열을 방출하는 정적방열 과정이다.

이러한 초기 정적사이클은 1876년 독일의 니콜라우스 아우구스트 오토(Nicolaus August Otto)가 현재 사용되는 4사이클 가솔린기관을 개발하였고, 그 후 5년 후인 1881년 영국의 클라크(Dugald Clerk)가 2사이클 엔진을 개발하였다. 1885년 독일의 다임러(Gottlieb Wilhelm Daimler)는 이와 같은 가솔린기관을 처음으로 자동차에 탑재하여 주행하였으며, 1년 후에는 독일의 벤츠(Karl Benz)가 3륜 가솔린기관이 장착된 자동차를 제작하였다.

니콜라우스 아우구스트 오토 (Nicolaus August Otto)

이 사이클의 각 과정을 해석하면 다음과 같이 된다.

P : 각 점에서의 압력[N/m^2]

T : 각 점에서의 절대온도 [$T[K]=t\,℃+273$]

V : 각 점의 체적[m^3]

v : 각 점의 비체적[m^3/kg]

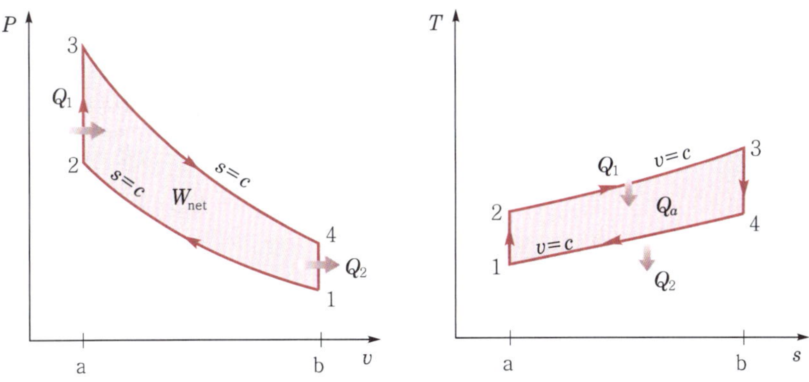

[그림 6.3] 공기표준 정적사이클의 $P-v$선도와 $T-s$선도

$1\rightarrow2$과정은 단열압축과정으로 이상기체의 단열 관계식을 사용하여 압축된 기체의 온도 T_2를 구하면 다음과 같다.

$$T_1\,v_1^{\,\kappa-1} = T_2\,v_2^{\,\kappa-1}$$

$$\therefore\ T_2 = \left(\frac{v_1}{v_2}\right)^{\kappa-1} T_1 = T_1\,\gamma_c^{\,\kappa-1} \tag{a}$$

여기서, $\gamma_c = \left(\dfrac{v_1}{v_2}\right)$ 은 압축비(compression ratio)이다.

압축비(compression ratio)

$3\rightarrow4$과정은 단열팽창과정이며, 역시 단열 관계식으로부터 연소 후의 연소가스 온도 T_3를 구한다. 즉,

$$T_3 \, v_3^{\kappa-1} = T_4 \, v_4^{\kappa-1}$$

$$T_3 = \left(\frac{v_4}{v_3}\right)^{\kappa-1} T_4$$

$$\therefore \quad T_3 = T_4 \gamma_c^{\kappa-1} \tag{b}$$

이다. 가열과 방열량은 모두 정적과정에서 행하여지므로 정적과정의 열량변화는 에너지 식으로부터 찾을 수 있다.

가열량:

$$Q_1 = m C_v (T_3 - T_2) \tag{6.1}$$

방열량:

$$Q_2 = m C_v (T_4 - T_1) \tag{6.2}$$

따라서 이론 열효율은 작업유체의 비열이 일정하다는 가정으로부터 다음과 같이 열효율 정의로부터 계산된다.

$$\eta_{tho} = \frac{Q_1 - Q_2}{Q_1} = 1 - \frac{Q_2}{Q_1}$$

$$= 1 - \frac{T_4 - T_1}{T_3 - T_2} = 1 - \frac{T_4 - T_1}{\gamma_c^{\kappa-1}(T_4 - T_1)}$$

$$= 1 - \left(\frac{1}{\gamma_c}\right)^{\kappa-1} \tag{6.3}$$

유효일은 가열된 열에너지에서 버려진 방출 열에너지를 빼면 된다.

$$W_{net} = Q_1 - Q_2 = m\left[C_v(T_3 - T_2) - C_v(T_4 - T_1)\right] \tag{6.4}$$

또, 평균유효압력(mean effective pressure)은 다음 식과 같다.

$$P_m = \frac{W_{net}}{V_1 - V_2} = \frac{\eta Q_1}{(V_1 - V_2)}$$

$$= \frac{P_1 Q_1}{m R T_1} \cdot \frac{\gamma_c}{\gamma_c - 1}\left[1 - \left(\frac{1}{\gamma_c}\right)^{\kappa-1}\right] \tag{6.5}$$

이 정적사이클의 이론 열효율은 식의 관계로부터 압축비의 함수로 정해지며, 압축비가 클수록 열효율이 좋아진다. 실제 기관에서는 압축비를 크게 하여 열효율을 증가시킬 수 있으나, 이상연소(knocking) 문제로 압축비의 크기는 제한된다. 실제 스파크 점화 가솔린기관에서 이러한 공기표준 이론 사이클과는 크게 다른 몇 가지 예는 실제가스의 비열은 온도에 따라 증가하고 연소과정은 불완전연소이며 실린더 블록으로의 열전달 문제가 있고, 흡기 및 배기과정에서의 열손실과 기타 압력 및 온도구배로 인한 비가역성 등을 들 수 있다.

이상연소(knocking)

예제 6.1

압축비 7의 가솔린기관이 압축 초기의 압력 90kPa, 온도 80℃으로 정적사이클을 행할 경우 열효율과 평균유효압력을 구하라. 단, 연료의 공급열량은 2,750kJ/kg이고, 비열비는 $\kappa = 1.40$이다.

풀이 열효율은, $\eta_0 = 1 - \left(\dfrac{1}{\gamma_c}\right)^{\kappa-1} = 1 - \left(\dfrac{1}{7}\right)^{0.4} = 0.5408 = 54.08\%$

평균유효압력은,

$$P_m = \frac{w}{v_1 - v_2} = \frac{\eta_0 q_1}{(v_1 - v_2)} = \frac{P_1 q_1}{RT_1} \cdot \frac{\gamma_c}{\gamma_c - 1}\left[1 - \left(\frac{1}{\gamma_c}\right)^{\kappa-1}\right]$$

$$= \frac{90 \times 2,750}{0.287 \times 353} \times \frac{7}{7-1}\left[1 - \left(\frac{1}{7}\right)^{0.4}\right]$$

$$\fallingdotseq 1541.35 kPa$$

2 정압사이클(constant-pressure cycle)

정압사이클
(constant-pressure cycle)

연료와 공기의 혼합가스를 압축할 때 어느 압축비 이상으로 되면 이 혼합가스는 이상연소를 하게 되므로 이런 현상을 없게 하고 압축비를 증가시켜 열효율을 개선하는 한 방법으로 공기를 압축한 후 연료를 분사시키는 방법을 고려할 수가 있다. 따라서 어떤 압축비 이상이 되면 단열압축에 의하여 공기의 온도가 상승함으로써 연료를 분사하면 점화하지 않아도 연소가 시작된다. 이러한 기관을 압축착화기관이라고 하며, 1892년 독일의 루돌프 디젤(Rudolf Diesel)이 디젤기관을 최초 발명하였다. 1923년 다임러 벤츠에 의해 실제 트럭이나 버스용으로 탑재하여 사용하였다. 디젤은 원래 카르노 사이클(Carnot cycle)로 작동되는 등온연소과정을 실현하고자 의도하였으나, 실제 제작된 기관에서는 정압연소 팽창이 이루어짐을 발견하게 되었고, 따라서 이러한 정압사이클을 창안자 디젤의 이름

루돌프 디젤(Rudolf Diesel)

을 붙여 디젤 사이클(Diesel cycle)이라고도 부른다. 초기 공기분사식 저속 디젤 기관은 정압사이클 기관으로 압축착화 기관의 이론 사이클이었으나 현재 무기분사식 디젤기관은 실제로 복합사이클 기관이다.

[그림 6.4]는 정압사이클의 $P-v$와 $T-s$선도이다. 과정 1-2는 흡입된 공기만을 단열압축하는 과정이다. 2-3과정은 압축된 공기류에 연료를 분사하여 자기착화하고 계속 열을 공급하는 동안 2점에서 3점까지 팽창하므로 일정압력을 유지하게 된다. 이때 정압을 유지하기 위한 충분한 연료공급이 있어야만 된다. 3점에서 연료 공급은 중단되고 고온의 온도 T_3로부터 피스톤에 고압의 힘을 가하게 되며, 4점까지 단열팽창을 행하게 된다. 그리고 피스톤이 하사점 4점에 머무는 동안 배기를 행하고 사이클은 완료한다. 이 정압사이클에서는 1-2의 압축비(r_c)가 3-4의 팽창비(r_e)보다는 크다.

각 과정의 해석은 다음과 같다.

1 → 2는 단열압축이며, 이상기체 단열과정 관계식을 사용하여 압축공기의 온도 T_2는 다음과 같다.

$$\frac{T_2}{T_1} = \left(\frac{v_1}{v_2}\right)^{\kappa-1} = \gamma_c^{\,\kappa-1}$$

$$\therefore\ T_2 = T_1\left(\frac{v_1}{v_2}\right)^{\kappa-1} = T_1\,\gamma_c^{\,\kappa-1} \tag{a}$$

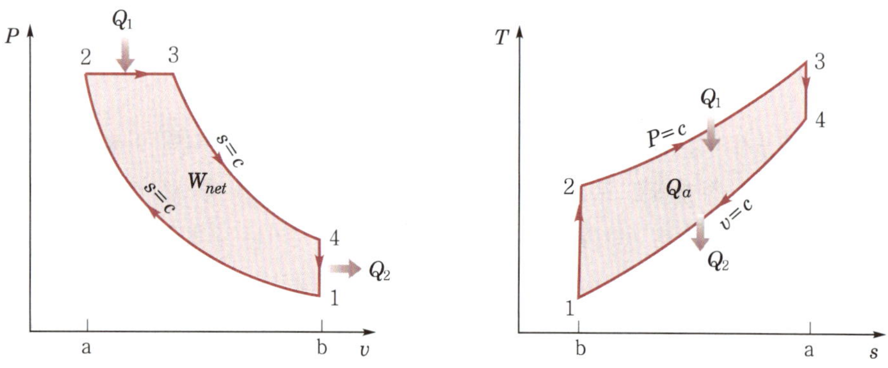

[그림 6.4] 공기표준 정압사이클의 $P-v$선도와 $T-s$선도

$2 \rightarrow 3$은 정압가열과정이며, 연소 후의 최고온도 T_3는 다음과 같다.

$$\frac{T_3}{T_2} = \frac{v_3}{v_2}$$

$$\therefore T_3 = T_2\left(\frac{v_3}{v_2}\right)$$

$$= T_2 \, \sigma = T_1 \, \sigma \, \gamma_c^{\,\kappa-1} \tag{b}$$

여기서, $\sigma = \dfrac{v_3}{v_2}$: 체절비 또는 연료단절비(fuel cut off ratio)

체절비

$3 \rightarrow 4$는 단열팽창과정이며, 팽창 후 온도 T_4는 다음과 같다.

$$\frac{T_4}{T_3} = \left(\frac{v_3}{v_4}\right)^{\kappa-1} = \left(\frac{P_4}{P_3}\right)^{\frac{\kappa-1}{\kappa}}$$

$$\therefore T_4 = T_3\left(\frac{v_3}{v_4}\right)^{\kappa-1} = T_3\left(\frac{v_3}{v_2} \cdot \frac{v_2}{v_4}\right)^{\kappa-1}$$

$$= \sigma \, \gamma_c^{\,\kappa-1} \, T_1\left(\sigma\frac{1}{\gamma_c}\right)^{\kappa-1} = \sigma^\kappa \, T_1 \tag{c}$$

이다. 다음은 $4 \rightarrow 1$ 정적방열과정으로 팽창 후에 남은 열에너지를 방출한다. 이 과정에서 온도압력의 관계는 다음과 같다.

$$\frac{P_1}{T_1} = \frac{P_4}{T_4} \tag{d}$$

따라서 사이클에 공급된 열량(Q_1)과 방출열량(Q_2), 일(W_{net})을 살펴보면 에너지 관계식으로부터 정압가열, 정적방열과정에서 다음과 같다.

$$Q_1 = H_3 - H_2 = mC_p(T_3 - T_2) \tag{6.6}$$

$$Q_2 = U_4 - U_1 = mC_v(T_4 - T_1) \tag{6.7}$$

정미일, 즉 순일의 크기는

$$W_{net} = Q_1 - Q_2 = mC_p(T_3 - T_2) - mC_v(T_4 - T_1) \tag{6.8}$$

이다.

　이 정압사이클의 열효율을 구하면 다음과 같다. 즉, 열효율 정의로부터 공급 열량에 대한 정미일의 비로부터

$$\eta_{thd} = 1 - \frac{T_4 - T_1}{\kappa(T_3 - T_2)} = 1 - \frac{\sigma^\kappa T_1 - T_1}{\kappa(\sigma T_1 \gamma_c^{\kappa-1} - T_1 \gamma_c^{\kappa-1})}$$

$$= 1 - \frac{T_1(\sigma^\kappa - 1)}{\kappa T_1 \gamma_c^{\kappa-1}(\sigma - 1)} = 1 - \frac{1}{\gamma_c^{\kappa-1}} \cdot \frac{\sigma^\kappa - 1}{\kappa(\sigma - 1)} \tag{6.9}$$

이 된다.

　평균유효압력 P_m 은

$$P_m = \frac{\eta_{thd} Q_1}{(V_1 - V_2)} = \frac{\eta_{thd} Q_1}{V_1\left(1 - \dfrac{V_2}{V_1}\right)} = \frac{P_1 Q_1 \eta_{thd}}{mRT_1\left(1 - \dfrac{1}{\gamma_c}\right)}$$

$$= \frac{P_1 Q_1}{mRT_1} \cdot \frac{\gamma_c}{\gamma_c - 1}\left[1 - \frac{1}{\gamma_c^{\kappa-1}} \cdot \frac{\sigma^\kappa - 1}{\kappa(\sigma - 1)}\right] \tag{6.10}$$

위 열효율 관계식에서 σ 와 κ 는 항상 1보다 크므로 다음이 성립한다.

$$\left[\frac{\sigma^\kappa - 1}{\kappa(\sigma - 1)}\right] > 1 \tag{e}$$

　실제 디젤기관에서는 공기만을 기관 내에 흡입하므로 오토기관과 같은 이상연소가 발생하지 않는다. 그러므로 이론적으로 가능한 한 압축비를 크게 하여 열효율을 증가시킬 수 있으나 실제 기관에서는 압축 점화기관과 같이 여러 가지 이유로 공기표준 압축착화기관과는 상당한 차이가 있다.

예제 6.2

저속의 디젤 사이클 기관에서 최고온도와 압력이 각각 2,500K, 39.2bar이고 최저 온도와 압력이 각각 300K, 0.98bar이다. 이때 압축비와 연료 단절비(연료 차단비), 열효율을 구하라. 또, 오토 사이클일 때의 열효율을 구하라. 단, $\kappa = 1.4$이다.

풀이 압축비는,

$$\gamma_c = \frac{v_1}{v_2} = \left(\frac{P_2}{P_1}\right)^{\frac{1}{\kappa}} = 40^{\frac{1}{1.4}} = 14$$

연료 단절비는,

$$\text{단, } T_2 = T_1\left(\frac{v_1}{v_2}\right)^{\kappa-1} = 300 \times 14^{0.4} = 862.13\text{K}$$

$$\therefore \sigma = \frac{v_3}{v_2} = \frac{T_3}{T_2} = \frac{2,500}{862.13} = 2.9$$

디젤 사이클 기관일 때의 열효율은,

$$\therefore \eta_{thd} = 1 - \frac{1}{\gamma_c{}^{\kappa-1}} \cdot \frac{\sigma^{\kappa}-1}{\kappa(\sigma-1)} = 1 - \frac{1}{14^{0.4}}\left[\frac{2.9^{1.4}-1}{1.4(2.9-1)}\right]$$

$$= 1 - 0.4499 = 0.55 \fallingdotseq 55\%$$

오토 사이클 기관일 때 열효율은 압축비 γ_c만의 값이다.

$$\therefore \eta_{tho} = 1 - \left(\frac{1}{\gamma_c}\right)^{\kappa-1} = 1 - \left(\frac{1}{14}\right)^{0.4} = 0.652 \fallingdotseq 62.2\%$$

6.3 사바테 사이클(Sabathe cycle)

　실제 고속회전을 하는 디젤기관에서는 공기를 압축하다가 상사점에 도달하기 직전에 연료를 분사하므로 초기 분사된 연료는 순간적으로 폭발하여 정적연소가 발생된다. 이어 분사되는 연료는 실린더 내부의 용적이 점차 증가함에 따라 거의 정압연소가 이루어진다. 이와 같은 과정으로 동작유체(연소가스)가 수행하는 사이클을 사바테 사이클(Sabathe cycle) 혹은 정적·정압사이클(constant volume-constant pressure cycle) 또는 복합사이클이라고도 부른다. 이 기관의 연소과정을 살펴보면 실제로 기관운전 중에는 정적 또는 정압 연소과정이 각각 독립적으로 나타나는 것이 아니며 복합적인 형태로 나타난다. 복합사이클은 무기분사식 디젤기관, 특히 고속 디젤기관과 소구기관의 이론 사이클이다.

사바테 사이클
(Sabathe cycle)

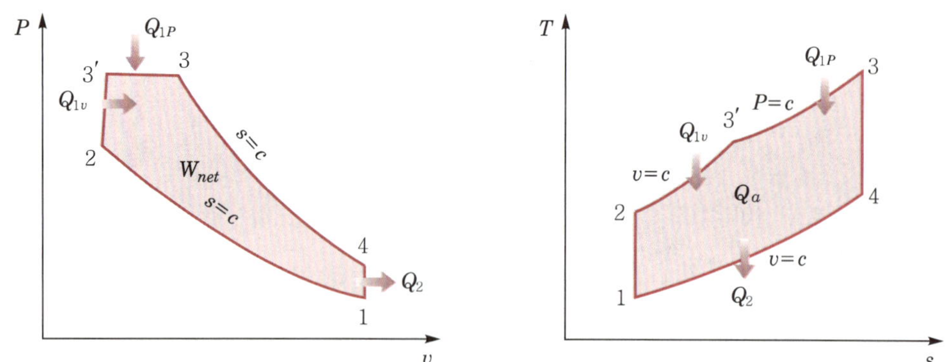

[그림 6.5] 공기표준 복합사이클의 $P-v$선도와 $T-s$선도

각 과정의 해석은 다음과 같다.

단열압축은 $1 \rightarrow 2$ 과정이며, 압축된 기체의 온도 T_2의 크기는 다음과 같이 단열과정의 식을 사용한다.

$$\frac{T_2}{T_1} = \left(\frac{v_1}{v_2}\right)^{\kappa-1}$$

$$\therefore \ T_2 = T_1 \gamma_c{}^{\kappa-1} \tag{a}$$

정적가열은 $2 \rightarrow 3'$ 과정이며, 피스톤이 상사점에 순간적으로 머무는 동안 최초 정적연소가 된다. 이때 정적연소 후의 온도 T_3'은 다음과 같다.

$$v_2 = v_3' \text{이므로}, \ \frac{P_2}{T_2} = \frac{P_3'}{T_3'}$$

$$\therefore \ T_3' = \frac{P_3'}{P_2} T_2 = \rho\, \gamma_c{}^{\kappa-1}\, T_1 \tag{b}$$

폭발비 여기서, $\rho = \dfrac{P_3'}{P_2}$ 을 폭발비 또는 압력 상승비로 정의한다.

정압가열은 $3' \rightarrow 3$ 과정이고, 정적연소가 끝난 후 피스톤이 팽창하면서 연료를 공급하여 계속 정압연소를 행한다. 이 과정에서 정압연소 후 최고온도(이 사이클의 최고온도) T_3를 구하면

$$P_3 = P_3{'}\text{이므로},$$

$$\frac{T_3}{T_3{'}} = \frac{v_3}{v_3{'}} \rightarrow T_3{'} = \frac{v_3{'}}{v_3}\,T_3 \tag{c}$$

$$\therefore\; T_3 = \frac{v_3}{v_3{'}}\,T_3{'} = \left(\frac{v_3}{v_2}\frac{v_2}{v_3{'}}\right)T_3{'} = \sigma\,\gamma_c{}^{\kappa-1}\,\rho\,T_1 \tag{d}$$

이다.

다음은, 단열팽창의 $3 \rightarrow 4$ 과정은 연소과정을 끝내고 얻은 연소압력이 팽창하면서 동력을 얻게 된다. 이 과정에서 팽창 후의 온도 T_4를 찾으면 다음과 같다.

$$\frac{T_4}{T_3} = \left(\frac{v_3}{v_4}\right)^{\kappa-1}$$

$$\rightarrow\; T_4 = T_3\left(\frac{v_3}{v_4}\right)^{\kappa-1} = T_3\left(\frac{v_3}{v_3{'}}\frac{v_3{'}}{v_4}\right)^{\kappa-1} = \left(\frac{v_3}{v_2}\frac{v_2}{v_1}\right)^{\kappa-1}T_3$$

$$= \left(\sigma\frac{1}{\gamma_c}\right)^{\kappa-1}\sigma\,\gamma_c{}^{\kappa-1}\,\rho\,T_1 = \sigma^{\kappa}\,\rho\,T_1$$

$$\therefore\; T_4 = T_1\,\rho\,\sigma^{\kappa} \tag{e}$$

다음은 수열량 Q_1을 수식적으로 구하면, 정적연소와 정압연소과정이 있었으므로 에너지 관계식을 사용하면 다음과 같다.

$$Q_1 = Q_v + Q_p = (U_3{'} - U_2) + (H_3 - H_3{'})$$

$$= mC_v(T_3{'} - T_2) + mC_p(T_3 - T_3{'}) \tag{6.11}$$

이때, 방열량 Q_2는 정적과정에서 발생하므로 역시 에너지 관계식으로부터 다음과 같다. 즉,

$$Q_2 = mC_v(T_4 - T_1) \tag{6.12}$$

이다. 따라서 사이클당 유효일은 전가열량 Q_1으로부터 무효에너지인 방출량 Q_2를 빼면 된다.

$$W_{net} = Q_1 - Q_2$$
$$= m\left[C_v(T_3{}' - T_2) + C_p(T_3 - T_3{}') - C_v(T_4 - T_1)\right] \tag{6.13}$$

사바테 사이클의 열효율

마지막으로, 이 공기표준 사바테 사이클의 열효율을 구하면 열효율 정의에서 공급에너지와 출력에너지로부터 다음 결과 식을 얻을 수가 있다.

$$\eta_{ths} = 1 - \frac{1}{\gamma_c{}^{\kappa-1}} \cdot \frac{\rho\,\sigma^\kappa - 1}{(\rho-1) + \kappa\rho(\sigma-1)} \tag{6.14}$$

위 식에서, 만약 $\sigma = 1$일 때 오토 사이클의 열효율의 식과 같고, $\rho = 1$일 때는 디젤 사이클의 열효율 식이 된다. 결국 열효율은 σ와 ρ의 함수이다. 이때, 복합사이클의 평균유효압력의 크기는 다음 식으로부터 구한다.

$$P_m = \frac{\eta_{ths}(Q_v + Q_p)}{(V_1 - V_2)}$$
$$= \frac{(Q_v + Q_p)P_1}{mRT_1} \cdot \frac{\gamma_c}{\gamma_c - 1}\left[1 - \left(\frac{1}{\gamma_c}\right)^{\kappa-1} \cdot \frac{\rho\sigma^\kappa - 1}{(\rho-1) + \rho\kappa(\sigma-1)}\right] \tag{6.15}$$

이 공기표준 사바테 사이클도 실제 기관의 사이클과는 상당한 거리가 있다. 그 이유는 공기표준 오토 사이클이 실제 가솔린기관의 사이클과 다른 점이 있듯이, 복합사이클에서도 대략 같은 이유로 차이가 있게 된다.

예제 6.3

공기를 작동물질로 하는 사바테 사이클이 압축비 14, 압축 초의 압력 100kPa, 온도 30℃, 최고압력 6,000kPa, 최고온도 2,500℃, $\kappa = 1.4$라 할 때 다음 값을 구하라.

a) 압축 후의 압력(P_2)과 온도(T_2)

b) 폭발온도(T_3)

c) 체절비(σ)와 압력 상승비(=폭발비)(ρ)

d) 열효율(η_{ths})

$$\text{압축비}: \gamma_c = \frac{v_1}{v_2}, \quad \text{체절비(단절비)}: \sigma = \frac{v_4}{v_3},$$

$$\text{압력 상승비(폭발비)}: \rho = \frac{P_3}{P_2} = \frac{T_3}{T_2}$$

풀이 a) P_2, T_2

$$P_2 = P_1 \left(\frac{v_1}{v_2}\right)^{\kappa} = 100 \times 14^{1.4} = 4023.27 \text{kPa}$$

$$T_2 = T_1 \left(\frac{v_1}{v_2}\right)^{\kappa-1} = (273+30)(14)^{0.4} = 870.75 \text{K}$$

b) T_3

$$T_3 = T_2 \left(\frac{P_3}{P_2}\right) = 870.75 \times \frac{6,000}{4023.27} = 1298.57 \text{K}$$

c) σ, ρ

$$\sigma = \frac{v_4}{v_3} = \frac{T_4}{T_3} = \frac{2,500+273}{1298.57} = 2.136$$

$$\rho = \frac{P_3}{P_2} = \frac{6,000}{4023.27} = 1.491$$

d) η_{ths}

$$\eta_{ths} = 1 - \frac{1}{\gamma_c^{\kappa-1}} \cdot \frac{\rho\sigma^{\kappa} - 1}{(\rho-1) + \kappa\rho(\sigma-1)}$$

$$= 1 - \frac{1}{14^{0.4}} \times \frac{1.491 \times 2.136^{1.4} - 1}{0.491 + 1.4 \times 1.491 \times 1.135} = 0.5967$$

$$\therefore \eta_{ths} = 60\%$$

6.4 기체동력 사이클의 비교

앞에서 설명한 세 가지의 기본 사이클은 모두 압축비가 크게 되면 이론적인 열효율(η_{th})이 크게 됨을 알 수 있었다. 그러나 실제의 경우 정적사이클(Otto 사이클)에서는 압축비의 크기가 노킹으로 인하여 제한을 받으며, 정압사이클(Diesel 사이클)에서는 정적사이클보다는 높은 압축비를 유지할 수 있는 특성은 있으나, 구조적으로나 강도의 측면으로 볼 때 최대압력이 제한되므로 역시 압축비도 제한 받게 된다. 따라서 각 사이클의 효율을 비교하기 위해 다음 두 가지 경우에 대하여 설명하기로 한다. 즉, 압축비 일정의 경우와 최대압력 일정의 경우를 나누어 생각하기로 한다.

[그림 6.6]에서와 같이 수열량 및 압축비를 같게 할 때 각 사이클을 비교하기 위해 그림으로부터 각 사이클의 면적 비교를 할 경우 다음과 같게 된다.

정적사이클(Otto cycle)의 경우 : $1{\rightarrow}2{\rightarrow}3_o{\rightarrow}4_o{\rightarrow}1$ (a)

복합사이클(Sabathe cycle)의 경우 : $1{\rightarrow}2{\rightarrow}3'{\rightarrow}3_s{\rightarrow}4_s{\rightarrow}1$ (b)

정압사이클(Diesel cycle)의 경우 : $1{\rightarrow}2{\rightarrow}3_d{\rightarrow}4_d{\rightarrow}1$ (c)

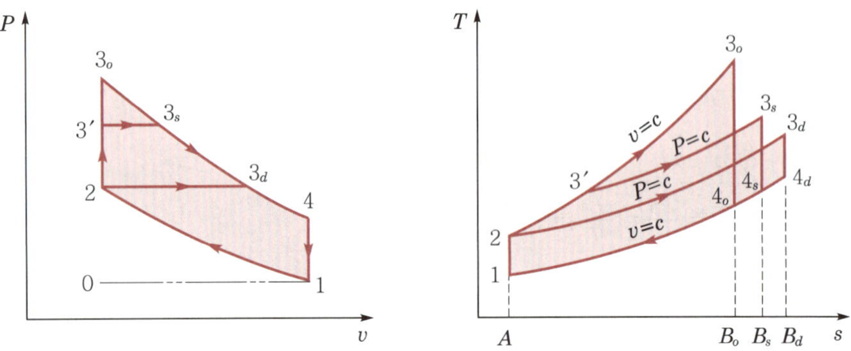

[그림 6.6] 압축비가 같을 경우 각 사이클 비교

상대적인 면적대비로 (a)>(b)>(c)가 되므로 열효율의 크기는 $\eta_{Otto} > \eta_{Sabathe} > \eta_{Diesel}$ 이 되며, 정적의 오토 사이클을 구성한 경우 효율이 높게 됨을 알 수 있다.

다음은 [그림 6.7]에서와 같이 수열량 및 최고압력을 같게 했을 때 각 사이클을 구성한 경우 열효율을 비교할 때 역시 면적대비 각 사이클을 비교하면 다음과 같다.

정적사이클(Otto cycle)의 경우 : $1{\rightarrow}2_o{\rightarrow}3{\rightarrow}4{\rightarrow}1$ (d)

복합사이클(Sabathe cycle)의 경우 : $1{\rightarrow}2_s{\rightarrow}3'{\rightarrow}3{\rightarrow}4{\rightarrow}1$ (e)

정압사이클(Diesel cycle)의 경우 : $1{\rightarrow}2_d{\rightarrow}3{\rightarrow}4{\rightarrow}1$ (f)

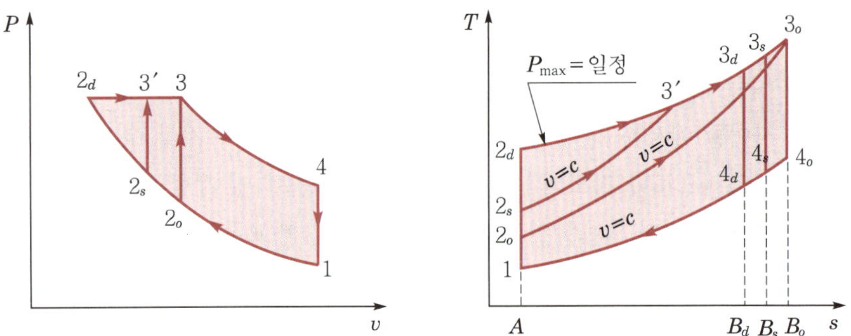

[그림 6.7] 최고압력이 같을 경우 각 사이클 비교

따라서 (d)<(e)<(f)가 되므로 열효율의 크기는 $\eta_{Otto} < \eta_{Sabathe} < \eta_{Diesel}$ 이 되며, 정압사이클을 구성한 디젤 사이클의 경우 가장 크다.

이상 가열량이 같은 상태에서 두 가지 인자에 대하여 살펴본 바로는, 압축비가 같을 때 오토 사이클의 열효율이 디젤 사이클의 열효율보다 크지만, 실제기관에서 디젤기관은 압축비를 가솔린기관보다 더 높게 할 수 있어 열효율을 더욱 크게 증가시킬 수 있다. 그 이유는 오토 사이클에서는 공기연료의 혼합기체가 압축되면서 압축비가 너무 높을 때 이상연소(abnormal)가 심각한 문제로 대두되지만, 디젤 사이클의 경우는 압축과정이 공기만을 압축하게 되므로 압축비를 어느 정도 높여도 비정상 점화의 이상연소 과정이 어느 정도 해소될 수 있기 때문이다. 또 동일한 가열량 및 압축비 그리고 연료차단비에서 사바테 사이클의 열효율은 오토 사이클보다 작고 디젤 사이클보다는 크다. 동일한 가열량 및 최대압력, 연료차단비의 경우는 그 반대가 된다.

6.5 브레이턴 사이클(Brayton cycle)

왕복동형 내연기관에서는 연소가스가 갖는 열에너지를 피스톤의 왕복운동을 발생시켜 기계적인 일로 전환시키는 것이었다면, 가스터빈(gas turbine)은 회전 가능한 날개차에 직접연소 가스를 분출하여 회전일을 얻게 된다. 즉, 가스터빈은 [그림 6.8]과 같이 터빈날개에 고온·고속의 연소가스를 분사시켜 직접 회전일을 얻어 동력을 발생시키는 열기관이다. 이와 같이 가스터빈의 동작유체로부터 일을 얻는 사이클을 브레이턴 사이클(Brayton cycle) 혹은 정압연소 사이클(일부 정적연소)이라 부른다. 공기표준 브레이턴 사이클(Brayton cycle)은 제트엔진, 고속자동차, 정치형발전소, 선박 등에 많이 사용되고 있다. 사이클 구성으로는 [그림 6.8] (a)와 같은 연소과정의 단순 개방사이클과 [그림 6.8] (b)의 열전달과정의 단순 밀폐사이클인 가스터빈이 있다. [그림 6.9]는 브레이턴 사이클의 $P-v$ 및 $T-s$ 선도이다.

브레이턴 사이클
(Brayton cycle)

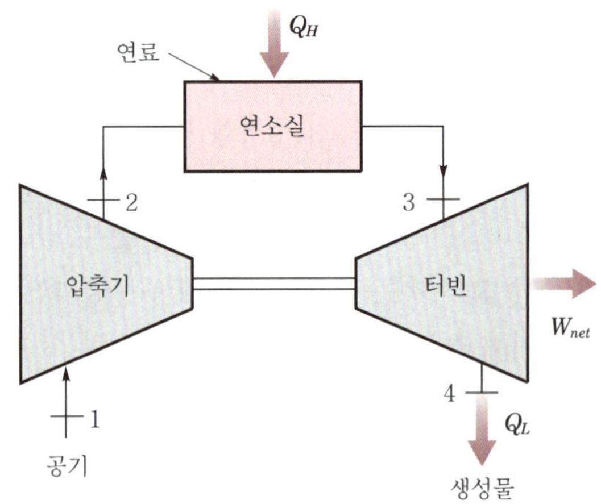

(a) 개방형의 사이클 구성

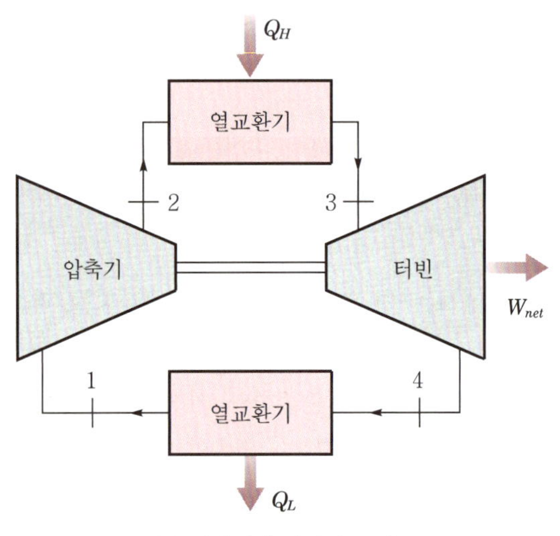

(b) 밀폐형의 사이클 구성

[그림 6.8] 가스터빈의 기본 구성도

공기표준 브레이턴 사이클의 사이클 구성에 대한 열효율 관계를 알아보면 다음과 같다.

1 사이클의 구성

가역 단열압축(1 → 2)은 압축기에서 동작유체를 단열압축하게 되며, 이때 온도와 압력이 상승한다. 가역 정압가열(2 → 3)은 압축된 고온고압의 동작유체가 연소실에서 정압하에서 연소가 일어난다. 가역 단열팽창(3 → 4)은 연소실에서 연소한 후 팽창하며 터빈으로 들어간 동작유체가 단열적으로 터빈을 회전시켜 압축일을 한다.

그리고 가역 정압배기(4 → 1)는 터빈에서 일을 하고 난 연소가스가 개방형에서는 대기 중으로 배출하고, 밀폐형에서는 냉각기를 거쳐 다시 압축기로 보낸다.

각 과정을 해석하기 위해 사이클 과정에 에너지 관계식을 적용할 경우 다음과 같다. 먼저, 공급된 열량(가열량)은 정압과정의 가열량이 되므로 그 크기는

$$Q_1 = m\,C_p\,(T_3 - T_2) \tag{6.16}$$

이 된다. 그리고 외부로 방출된 열량(방열량)도 정압과정이며 그 크기는 다음과 같다.

$$Q_2 = m\,C_p\,(T_4 - T_1) \tag{6.17}$$

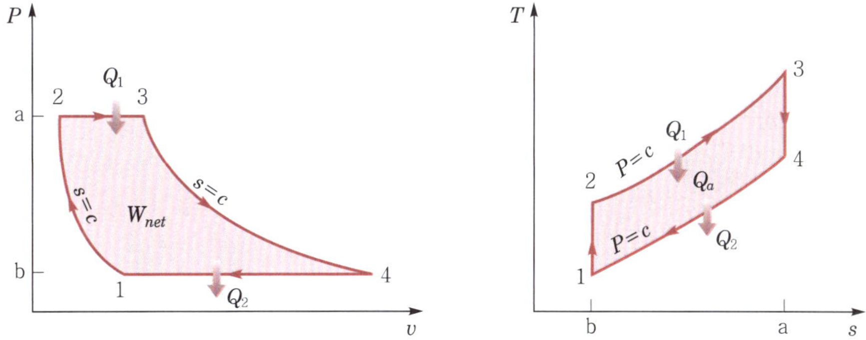

[그림 6.9] 브레이턴 사이클의 $P-v$ 선도와 $T-s$ 선도

또 사이클에서 터빈이 한 일은 공급된 열량과 방출된 열량의 차이가 되므로 위의 식 (6.16), (6.17)을 적용하여 정리하면 다음 식 (6.18)이 된다.

$$W_{net} = Q_1 - Q_2 = m\,C_p\,(T_3 - T_2) - m\,C_p\,(T_4 - T_1) \tag{6.18}$$

따라서 이 공기표준 가스터빈의 이상 사이클인 브레이턴 사이클의 이론 열효율 η_B를 온도 관계로부터 구하면 다음과 같다.

브레이턴 사이클의 이론
열효율

$$\eta_B = \frac{W_{net}}{Q_1} = \frac{Q_1 - Q_2}{Q_1} = 1 - \frac{Q_2}{Q_1} = 1 - \frac{T_4 - T_1}{T_3 - T_2} \tag{6.19}$$

위 식은 각 점에서의 온도를 알면 열효율을 구할 수 있는 식이다. 다음은 식

(6.19)에 $P.\,V.\,T$ 관계식을 사용하여 압축 후의 공기온도 T_2와 연소 후, 즉 팽창 전의 연소가스온도 T_3를 찾아 적용하면 최종 결과는 압력비의 항으로 표현된 식 (6.20)과 같게 된다.

1→2는 단열과정이므로 단열관계식으로부터 T_2를 구하면,

$$\frac{T_2}{T_1} = \left(\frac{P_2}{P_1}\right)^{\frac{\kappa-1}{\kappa}}$$

$$\therefore\ T_2 = T_1\left(\frac{P_2}{P_1}\right)^{\frac{\kappa-1}{\kappa}} \tag{a}$$

이다.

3→4도 역시 단열과정이므로 단열과정의 식을 사용하면 T_3는 다음과 같다.

$$\frac{T_3}{T_4} = \left(\frac{P_3}{P_4}\right)^{\frac{\kappa-1}{\kappa}}$$

$$\therefore\ T_3 = T_4\left(\frac{P_2}{P_1}\right)^{\frac{\kappa-1}{\kappa}} \tag{b}$$

브레이턴 사이클의 열효율 위의 식 (a), (b)를 식 (6.19)에 대입하면 압력비로 나타낸 브레이턴 사이클의 열효율 η_B를 구하는 식 (6.20)을 찾을 수 있다.

$$
\begin{aligned}
\therefore\ \eta_B &= 1 - \frac{T_4 - T_1}{T_3 - T_2} = 1 - \frac{T_4 - T_1}{T_4(\gamma_p)^{\frac{\kappa-1}{\kappa}} - T_1(\gamma_p)^{\frac{\kappa-1}{\kappa}}} \\
&= 1 - \frac{T_4 - T_1}{\gamma_p^{\frac{\kappa-1}{\kappa}}(T_4 - T_1)} \\
&= 1 - \left(\frac{1}{\gamma_p}\right)^{\frac{\kappa-1}{\kappa}} \\
&= 1 - \frac{T_1}{T_2} = 1 - \frac{1}{\phi}
\end{aligned}
\right\}
\tag{6.20}
$$

압력비 여기서, $\gamma_p = \dfrac{P_2}{P_1}$는 압력비, $\phi = \gamma_p^{\frac{\kappa-1}{\kappa}}$는 단열 온도비이다.

　　따라서 열효율은 γ가 클수록 커지나, 실제 기관에서는 압축과 팽창이 비가역
적으로 발생하므로 압축과 팽창일이 감소한다.

　　이상에서 공기표준 브레이턴 사이클의 열효율은 단열과정으로부터 압력비의
함수이다. 즉, 효율이 압력비의 증가에 따라 증가한다. 실제 가스터빈 사이클과
이상 가스터빈 사이클과의 차이는 압축기와 터빈에서의 비가역 손실과 배관 및
연소실에서의 압력손실에 기인한다. 따라서 압축기와 터빈에서의 단열과정에서
의 효율을 살펴보면 다음과 같다. [그림 6.10]으로부터 실제일과 가역 단열일을
비교하여 단열효율을 구할 수 있게 된다. 즉, 압축기의 단열효율 η_C는 이상과정 **압축기의 단열효율**
1-2와 실제과정 1-2′의 압축과정 일의 크기 비이고, 그것은 다음과 같다.

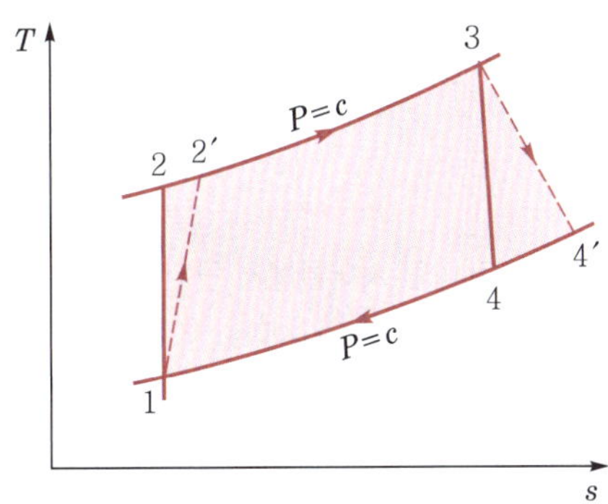

[그림 6.10] 실제 기관 $T-s$ 선도

$$\eta_C = \frac{W_{ci}}{W_{cn}} = \frac{h_2 - h_1}{h_2{}' - h_1}$$

$$= \frac{T_2 - T_1}{T_2{}' - T_1} \tag{6.21}$$

　　다음, 터빈의 단열효율 η_t의 경우는 [그림 6.10]의 이상과정 3-4와 실제과정 **터빈의 단열효율**
3-4′의 팽창일의 크기의 비로 나타낼 수 있고, 그것은 다음과 같다. 즉,

$$\eta_t = \frac{w_{ta}}{w_{ti}} = \frac{h_3 - h_4{}'}{h_3 - h_4} = \frac{T_3 - T_4{}'}{T_3 - T_4} \tag{6.22}$$

이다. 그러므로 실제 가스터빈의 열효율은 다음의 식과 같게 된다. **실제 가스터빈의 열효율**

$$\eta_{t)re} = \frac{W'}{Q_1'} = \frac{(h_3 - h_4') - (h_2' - h_1)}{h_3 - h_4}$$

$$= \frac{(T_3 - T_4') - (T_2' - T_1)}{T_3 - T_2'} \tag{6.23}$$

가스터빈의 이상 사이클인 브레이턴 사이클에서 특징 중 하나는 압축기에 사용된 일이 터빈에서 얻은 일과 비교하여 상대적으로 크다는 점이다. 즉, 터빈에서 얻은 일의 40~80%가 압축기의 구동에 사용된다는 점이다. 따라서 가스터빈에서 압축기 효율 및 구동에 많은 연구가 선행되어져야 할 것이다. 이와 같은 밀폐사이클로 구성된 가스터빈의 경우 원자로의 출현으로 인하여 보다 더 중요하게 취급되게 되었다.

예제 6.4

$\kappa = 1.3$인 저온 공기표준 브레이턴 사이클에서 단위 질량당으로 작동하고 있다. 이 사이클의 최고압력과 최저압력이 각각 6.86bar, 0.98bar이고, 최저온도가 55℃이다. 이 기관의 열효율를 구하고, 또 같은 온도범위 내에서 작용하는 카르노 사이클의 열효율비를 구하라. 단, 사이클 출력은 167.2kJ이다.

풀이 (1) 열효율

$$\eta_B = 1 - \frac{1}{\gamma_p^{\frac{\kappa-1}{\kappa}}} \equiv 1 - \frac{1}{7^{\frac{1.3-1}{1.3}}} = 1 - 0.638 = 0.362$$

$$\therefore \eta_B = 36.2\%$$

여기서, 압력비 $\gamma_p = \dfrac{P_2}{P_1} = \dfrac{6.86}{0.98} = 7$

(2) 카르노 사이클의 열효율

1) 공급열량

$$Q_H = \frac{W_{net}}{\eta_C} = \frac{167.2}{0.362} = 461.88\,\text{kJ}$$

2) 방출열량

$$Q_L = Q_H - W_{net} = 461.88 - 167.2 = 294.68\,\text{kJ}$$

(3) 열효율비($\eta_{th)B}$)

$$Q_L = m C_p (T_4 - T_3) = 1\text{kg} \times 1.004 \, \text{kJ/kg} \cdot \text{K} \, (T_4 - 328)$$
$$= 295.2 \text{kJ}$$

$$\rightarrow T_4 = 622.2 \text{K}$$

따라서,

$$T_3 = T_4 \times \gamma^{\frac{\kappa-1}{\kappa}} = 622.2 \times 7^{\frac{0.3}{1.3}} = 973.43 \text{K}$$

$$\eta_{th)B} = 1 - \frac{T_1}{T_3} = 1 - \frac{328}{973.43} = 0.662$$

$$\therefore \eta_{th)B} = 66.2\%$$

6.6 기타 사이클

1 에릭슨 사이클(Ericsson cycle)과 스털링 사이클(stirling cycle)

에릭슨 사이클과 스털링 사이클은 널리 실용적으로 사용되기보다는 사이클 효율을 높이기 위하여 재생기(regenerator)를 어떻게 사이클에 결합시킬 수 있는가를 알아보기 위한 측면이 있고, 그 의미를 간단히 살펴보면 다음과 같다.

먼저, 에릭슨 사이클의 경우 [그림 6.11]의 $P-v$ 및 $T-s$ 선도와 같이 브레이턴 사이클의 단열압축, 단열팽창을 각각 등온압축, 등온팽창으로 바꾸어 놓은 사이클로 보면 된다. 실제는 실현하기 힘든 이론적인 사이클이다. 이와 같이 등온압축과 등온팽창 과정을 수행하고 재생기를 설치하면 동일 온도의 카르노 사이클(Carnot cycle)의 열효율과 같아진다. 이때 각 과정은 다음과 같은 과정을 수행한다.

에릭슨 사이클

1→2과정 : 등온압축
2→3과정 : 정압가열
3→4과정 : 등온팽창
4→1과정 : 정압방열

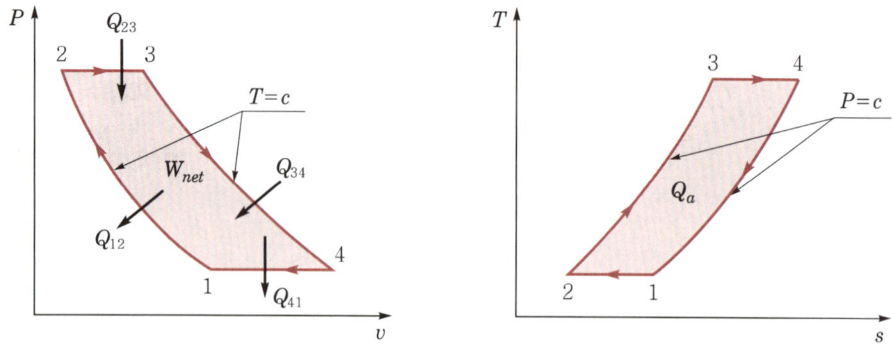

[그림 6.11] 에릭슨 사이클의 $P-v$ 및 $T-s$ 선도

이와 같이 가열과정은 2-3과 3-4과정의 두 번에 걸쳐 이루어지고 있다. 따라서 전 가열량 Q_1은 다음과 같다.

$$Q_1 = Q_{23} + Q_{34}$$
$$= mC_p(T_3 - T_2) + mRT_1 \ln\frac{P_2}{P_1} \tag{6.24}$$

방출열도 1-2와 4-1 두 과정에서 발생하므로 그 크기 Q_2는 다음 식으로부터 가능하다.

$$Q_2 = Q_{12} + Q_{41}$$
$$= mRT_1 \ln\frac{P_2}{P_1} + mC_p(T_4 - T_1) \tag{6.25}$$

따라서 이 에릭슨 사이클의 열효율 η_E은

$$\eta_E = 1 - \frac{Q_2}{Q_1}$$
$$= 1 - \frac{mC_p(T_4 - T_1) + mRT_1 \ln\gamma_p}{mC_p(T_3 - T_2) + mRT_3 \ln\gamma_p}$$
$$= \frac{mR(T_3 - T_1)\ln\gamma_p}{mC_p(T_3 - T_1) + mRT_3 \ln\gamma_p}$$
$$= \frac{(\kappa-1)(\theta_T-1)\ln\gamma_p}{\kappa(\theta_T-1) + (\kappa-1)\theta_T \ln\gamma_p} \tag{6.26}$$

이다. 여기서, $T_1 = T_2$, $T_3 = T_4$이고, $\theta_T = \dfrac{T_3}{T_1}$: 온도비, $\gamma_p = \dfrac{P_2}{P_1}$: 압력비이다.

만약, 가열량 중에서 Q_{41}이 완전하게 회수되어 그대로 Q_{23}에 이용하게 된다면 열효율은 $\eta_{th)e} = 1 - \dfrac{T_1}{T_3}$로 되어 카르노 사이클의 열효율과 같게 됨을 알 수 있다.

다음 스털링 사이클(stirling cycle)의 경우에 있어서는 [그림 6.12]와 같이 열은 정적과정 2-3 및 등온팽창과정 3-4에서 작업유체로 전달된다. 그리고 정적과정 4-1 및 등온압축과정 1-2에서 방출한다.

스털링 사이클
(stirling cycle)

각 과정을 살펴보면 다음과 같다. 즉,

1→2과정: 등온압축

2→3과정: 정적가열

3→4과정: 등온팽창

4→1과정: 정적방열

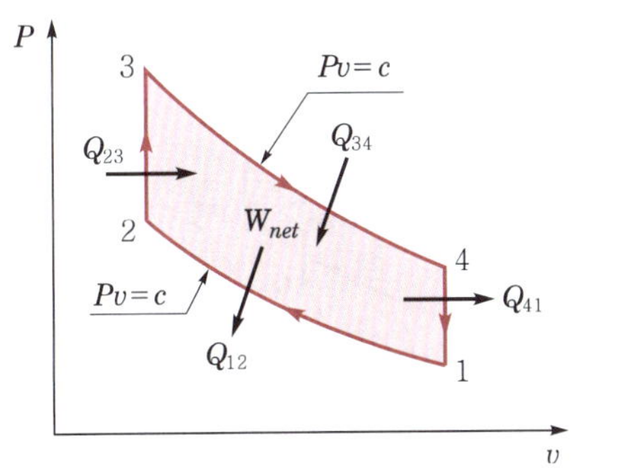
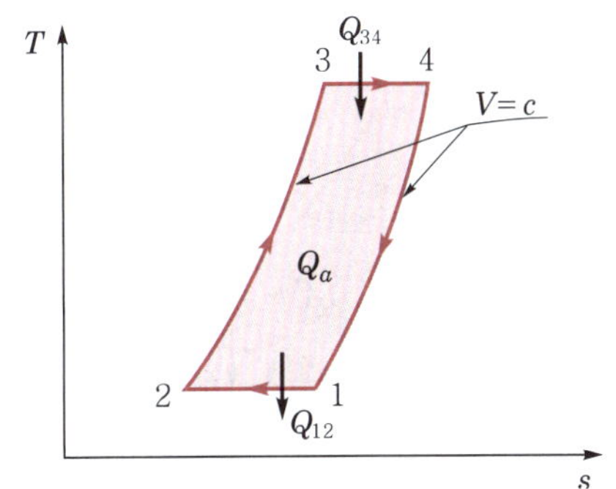

[그림 6.12] 스털링 사이클의 $P-v$ 및 $T-s$ 선도

이다. 에릭슨 사이클에서처럼 Q_{23}과 Q_{41}이 같고, Q_{41}을 완전히 이용할 수 있게 되면 열효율은 카르노 사이클과 같아진다. 또한 역 스털링 사이클은 헬륨(He)을 냉매로 하는 극저온용의 기본 냉동기의 기준 사이클이 된다.

이와 같은 사이클들은 합리적인 기계에서 등온압축과 등온팽창을 실현하기 어려우며, 또 실제의 경우 재생기에서 압력강하와 재생기를 통과하고 있는 2유체 사이의 온도차도 있게 된다. 어떻든 중간 냉각기와 재생기를 갖는 가스터빈의 경우 에릭슨 사이클(Ericsson cycle)에 접근하려는 시도로 볼 수가 있다.

2 아트킨슨 사이클(Atkinson cycle)

아트킨슨(Atkinson) 사이클

아트킨슨(Atkinson) 사이클은 오토(Otto) 사이클과 약간은 다른 사이클로 팽창비를 압축비보다 더 크게 유지하여 등압과정으로 열을 방출하도록 제안되었다. 따라서 이 사이클은 오토 사이클의 팽창비 $r_e = V_4/V_3$을 압축비 $r_c = V_2/V_1$보다 크게 하여서 더 많은 일을 할 수 있도록 수정한 것이라고 생각할 수 있고, 높은 팽창비로 인해 더 많은 일을 얻을 수 있어 오토 사이클보다 효율이 높다. 실제 기관에서는 이 사이클의 구성이 매우 어렵다. 따라서 실제로는 피스톤 운동을 기계적으로 잘 제어하여 압축 행정 중에도 흡기밸브는 상당기간 열려 있도록 하면 실제 압축이 정격 압축보다 작도록 구성된다.

아트킨슨 사이클 각 과정을 [그림 6.13]의 $P-v$ 및 $T-s$ 선도를 통해 보여주고 있다. 단지, 기존의 오토 사이클과는 정압방열과정($4 \rightarrow 1$)만이 다르다. 오토 사이클의 배기로 운전되는 가스터빈의 이상 사이클로 불리기도 하고, 정적 가스터빈 사이클이라고도 한다.

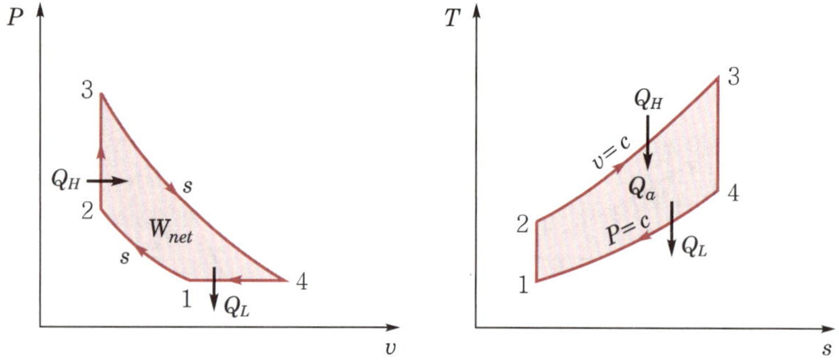

[그림 6.13] 아트킨슨 사이클의 $P-v$ 및 $T-s$ 선도

사이클 해석을 위해 이상적인 아트킨슨 사이클의 각 과정을 살펴보면 다음과 같다.

1-2 압축과정과 3-4 팽창과정은 가역 단열과정 :

$$\frac{T_2}{T_1} = \left(\frac{v_1}{v_2}\right)^{\kappa-1} \quad \text{및} \quad \frac{T_4}{T_3} = \left(\frac{v_3}{v_4}\right)^{\kappa-1} \tag{a}$$

4-1 과정은 정압 방열과정 :

$P = c$이므로 팽창 후의 온도 T_4, 단위 질량당 가열량 q_H와 방출열량 q_L은

$$T_4 = T_1\left(\frac{v_4}{v_1}\right) \tag{b}$$

$$q_H = u_3 - u_1, \quad q_L = h_4 - h_1 \tag{c}$$

이 된다. 이 아트킨슨 사이클의 열효율 η_A 은 다음과 같다.

아트킨슨 사이클의 열효율

$$\therefore \; \eta_A = \frac{q_H - q_L}{q_H} = 1 - \frac{q_L}{q_H} = 1 - \frac{h_4 - h_1}{u_3 - u_2}$$

$$= 1 - \frac{C_p(T_4 - T_1)}{C_v(T_3 - T_2)}$$

$$= 1 - \kappa\left(\frac{T_4 - T_1}{T_3 - T_2}\right) \tag{6.27}$$

위 식 관계에서 엔탈피와 내부에너지의 변화는 이상기체의 경우 온도만의 함수관계를 적용한 경우이다.

이번에는 압축비와 팽창비로 열효율을 계산하면 다음과 같다. 압축비를 $C_c = \dfrac{v_1}{v_3}$ 로

압축비와 팽창비

할 때 팽창비는 $C_e = \dfrac{v_4}{v_1}$ 이고, 압축비는 팽창비보다 작은 경우이다. 압축비와 팽창비로 각 온도를 나타내면 다음 식과 같다. 즉,

$$T_2 = T_1 \, C_c^{\,\kappa - 1} \tag{d}$$

$$T_4 = T_1\left(\frac{v_4}{v_1}\right) = T_1\left(\frac{C_e}{C_c}\right) \tag{e}$$

이다. 이 사이클에서 최고온도 T_3 를 구하면 아래와 같고, 위 (e)식의 T_4 관계식을 이용할 경우 다음과 같이 나타낼 수 있다.

$$T_3 = T_4 \, C_e^{\,\kappa - 1} = \frac{C_e}{C_c} \, T_1 \, C_e^{\,\kappa - 1}$$

$$= T_1\left(\frac{C_e^{\,\kappa}}{C_c}\right) \tag{f}$$

이 (d), (e), (f)식을 위의 식 (6.27)에 대입하면 열효율을 압축비와 팽창비의 비로 나타낼 수가 있다.

$$\eta_A = 1 - \kappa \, \frac{\dfrac{C_e}{C_c} - 1}{\dfrac{C_e^{\;\kappa}}{C_c} - C_c^{\;\kappa-1}}$$

$$= 1 - \kappa \, \frac{C_e - C_c}{C_e^{\;\kappa} - C_c^{\;\kappa}} \tag{6.28}$$

밀러(Miller) 사이클

하이브리드 자동차용 기관

실제 기관에서는 $P_4 = P_1$을 구현하기 어렵기 때문에 팽창을 더 짧게 하면서 과급기를 이용하여 밀러(Miller) 사이클에 근접할 수 있는데, 밀러 사이클에는 [그림 6.14]의 $P-v$선도와 같이 아트킨슨(Atkinson) 사이클에 일부 정적 방열 과정이 포함되어 있으므로 사이클 효율 관계식은 아트킨슨 사이클보다 다소 복잡하다. 이 밀러 사이클은 Ford Escape와 Toyota Prius와 같은 하이브리드 자동차용 기관과 유사하다. 이때 하이브리드 기관의 구성에서 가속을 위한 최대 출력은 배터리의 에너지를 사용하는 전기 모터로 추가 공급된다. 이때 동일한 압축비에 대하여 밀러 사이클과 아트킨슨 사이클 모두 오토 사이클보다 높은 효율을 갖지만, 팽창 행정이 길기 때문에 동일한 크기의 기관에 비해 출력이 떨어지는 경향이 있다.

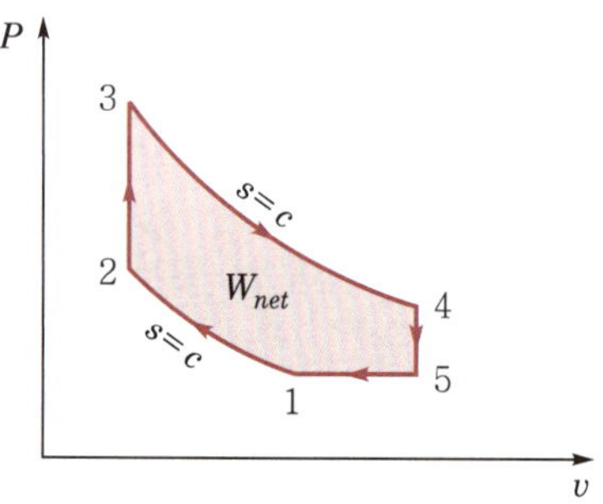

[그림 6.14] 밀러 사이클의 $P-v$선도

3 르누아 사이클(Lenoir cycle)

르누아 사이클

르누아 사이클은 [그림 6.15]에 $P-v$ 및 $T-s$선도를 보여주고 있다. 이 사이클은 1860년에 고안되었으며, 동작물질의 압축과정이 없이 정적하에서 가열되어 압력이 상승한 후 기체가 팽창하면서 일을 하고 정압하에서 배출된다. 이 사이클은 펄스제트(pulse jet) 추진계통의 사이클과 흡사하다.

펄스제트(pulse jet)

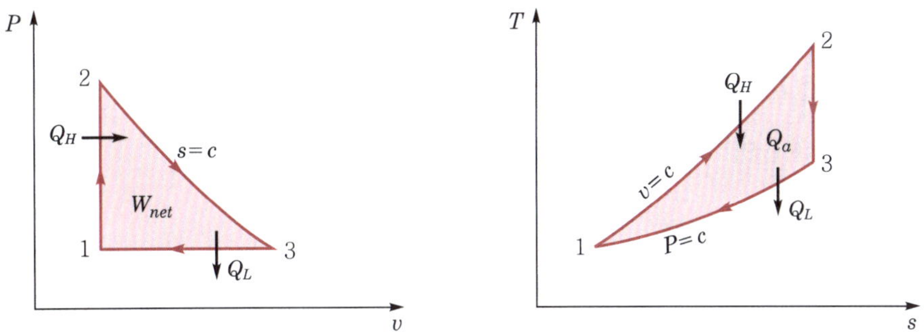

[그림 6.15] 르누아 사이클의 $P-v$ 및 $T-s$ 선도

6.7 내연기관의 효율·출력 및 평균유효압력

이론 공기 표준 사이클의 이론 열효율은 실제 사이클의 열효율보다 현저하게 높다. 실제 기관에서 작업유체가 피스톤에 대하여 하는 순일 W_{net} 는 펌프손실 등 여러 가지 손실로 이론적으로부터 얻은 일 W_{th} 보다 작다. 도시일을 W_i 라 하면 가열량 Q_1 에 대하여 도시 열효율 η_i 는 다음과 같이 정의된다.

공기 표준 사이클의 이론 열효율

$$\eta_i = \frac{W_i}{Q_1} \tag{6.29}$$

연료의 저위 발열량을 H_l[kcal/kg], 공급되는 연료량 B[kg/h], 연료소비율 b_e[g/PS·h]라고 하면 정미효율 η_n 는 다음과 같다.

저위 발열량
연료소비율

$$\eta_n = \frac{632.5(PS)_e}{BH_l} = \frac{632.5 \cdot 10^3}{b_e H_l} \tag{6.30}$$

따라서, 정미효율이 주어지면, 정격출력(제동출력) $(PS)_e$ 및 $(kW)_e$ 는 다음과 같다. 즉,

정격출력(제동출력)

$$(PS)_e = \frac{B \times H_l \times \eta_e}{632.5}$$

$$(kW)_e = \frac{B \times H_l \times \eta_e}{860} \tag{6.31}$$

이다. 도시 열효율 η_i 와 이론 열효율과 η_{th} 의 비 η_r 를 효율비(efficiency ratio) 또는 기관효율이라고 하며, 이것은 다음과 같다.

$$\eta_r = \frac{\eta_i}{\eta_{th}} = \frac{W_i}{W_{th}} \tag{6.32}$$

기관으로부터 발생하는 진정한 일인 제동일 W_e 는 도시일로부터 기관의 마찰이나 보조장치의 구동으로 손실되는 일 W_f 를 감한 것으로 제동 열효율 η_e 는 다음과 같이 정의한다.

$$\eta_e = \frac{W_e}{Q_1} \tag{6.33}$$

제동일 W_e 에 대한 도시일 W_i 의 비를 기계효율(mechanical efficiency) η_m 이라 하면 기계효율은 다음과 같다.

$$\eta_m = \frac{W_e}{W_i} = \frac{\eta_e}{\eta_i} \tag{6.34}$$

단, $\eta_e = \eta_i \times \eta_m = \eta_{th} \times \eta_r \times \eta_m$

또, 도시 평균유효압력 P_{mi} 와 제동 평균유효압력 P_{me}, 행정체적이 $V_s = V_1 - V_2$ 일 때 도시 평균유효압력 P_{mi} 는 다음과 같다.

$$P_{mi} = \frac{W_i}{V_s} = W_{th} \frac{\eta_r}{V_s} = P_{mth} \, \eta_r \tag{6.35}$$

도시마력을 PS_i 라 하고, 제동마력을 PS_e 라 할 때 이것의 크기는 각각 다음 식으로부터 구해진다.

$$PS_i = \frac{P_{mi}\, V_s\, a\; N}{75 \times 60}$$

$$PS_e = \frac{P_{mi}\, \eta_m\, V_s\, a\; N}{75 \times 60}$$

$$(6.36)$$

여기서, N은 매분당 회전수, a는 사이클 수로 4행정 사이클기관은 $a = \dfrac{1}{2}$, 2행정 사이클기관은 $a = 1$이고, 이때, $P_{mi}\, V_s$의 단위는 각각 $[\mathrm{N/m^2 \times m^3}]$이다.

제동 평균유효압력 P_{me}는 다음 식으로부터 구한다.

제동 평균유효압력

$$P_{me} = \frac{W_e}{V_e} = \frac{W_i\, \eta_m}{V_s} \tag{6.37a}$$

$$= P_{mi} \times \eta_m = P_{mth} \times \eta_r \times \eta_m \tag{6.37b}$$

예제 6.5

제동효율 31%, 기계효율이 82%의 디젤기관을 정부하상태로 1시간 운전하는데 18kg의 연료가 필요하다. 이 기관에 대하여 다음의 대응 값을 구하라. 단, 연료의 발열량은 $H_l = 43{,}940\mathrm{kJ/kg}$이다.

① 제동마력

② 도시마력

③ 연료소비율

풀이 ① 제동마력

$$PS_e = \frac{H_l B \eta_e}{0.735\,\mathrm{kJ/sec} \times 3{,}600\,\mathrm{sec}} = \frac{43{,}940 \times 18 \times 0.31}{0.735 \times 3{,}600}$$

$$\fallingdotseq 92.67\mathrm{PS}$$

② 도시마력

$$PS_i = \frac{PS_e}{\eta_m} = \frac{92.67}{0.82} \fallingdotseq 113.01\mathrm{PS}$$

③ 연료소비율

$$be = \frac{0.735 \times 3,600 \times 10^3}{H_l \cdot \eta_e} = \frac{0.735 \times 3,600 \times 10^3}{43,940 \times 0.31}$$

$$\fallingdotseq 194.24 \text{g/PS} \cdot \text{h}$$

$$\text{또한, } be = \frac{B \times 10^3}{PS_e} = \frac{18 \times 10^3}{92.67} \fallingdotseq 194.24 \text{g/PS} \cdot \text{h}$$

행정체적이 1,500cc, 압축비가 6.8의 4사이클 가솔린기관이 2,400r.p.m일 때 제동마력이 35PS이다. 이 기관에 사용하는 연료의 저위발열량이 43,940kJ/kg이고, 연료소비율이 제동마력당 240g/PS·h, 기계효율 80%일 때 다음 값을 구하라.

① 이론 열효율

② 제동 열효율

③ 도시 열효율

④ 제동 평균유효압력

⑤ 이론 평균유효압력

⑥ 도시마력

풀이 ① 이론 열효율

$$\eta_{th} = 1 - \left(\frac{1}{\gamma_c}\right)^{\kappa-1} = 1 - \left(\frac{1}{6.8}\right)^{0.4} = 0.536 = 53.6\%$$

② 제동 열효율

$$\eta_e = \frac{0.735 \times 3,600 \times 10^3}{be \cdot H_l} = \frac{0.735 \times 3,600 \times 10^3}{240 \times 43,940}$$

$$= 0.251 = 25.1\%$$

③ 도시 열효율

$$\eta_i = \frac{\eta_e}{\eta_m} = \frac{0.251}{0.8} = 0.314 = 31.4\%$$

④ 제동 평균유효압력

$$P_{me} = \frac{0.735 \times 60 \times PS_e}{V_s \cdot n/a} = \frac{0.735 \times 60 \times 35}{0.0015 \times \dfrac{2,400}{2}} \fallingdotseq 875.5\text{kPa}$$

⑤ 이론 평균유효압력

$$\eta_e = \eta_i \times \eta_m = \eta_{th} \times \eta_r \times \eta_m$$

$$\rightarrow \eta_r = \frac{\eta_e}{\eta_{th}\,\eta_m} = \frac{0.251}{0.536 \times 0.8} = 0.585$$

$$\therefore P_{mth} = \frac{P_{me}}{\eta_r\,\eta_m} = \frac{875.5}{0.585 \times 0.8} \fallingdotseq 1870.7\text{kPa}$$

⑥ 도시마력

$$\eta_m = \frac{PS_e}{PS_i} \rightarrow PS_i = \frac{PS_e}{\eta_m}$$

$$\therefore PS_i \fallingdotseq \frac{35}{0.8} = 43.8\text{PS}$$

01 오토 사이클(Otto cycle)의 열효율(η_o)을 구하는 식을 보여라.

02 어느 가솔린기관의 압축비가 $\gamma_c = 7.5$일 때, 이 기관의 이론 열효율은? 단, 비열비 $\kappa = 1.25$이다.

03 매시간 15kg을 소비하여 동력 130PS을 발생시키는 가솔린 기관이 있을 때 다음을 계산하라. 단, 가솔린 연료의 저위 발열량은 $H_l = 43,470$kJ/kg이다.
(1) 이 가솔린 오토사이클 기관의 열효율 $\eta_o)_{th}$ 는 몇 %인가?
(2) 이 가솔린기관의 압축비 γ_c는? 단, $\kappa = 1.4$ 이다.

04 디젤 사이클에 있어서 열효율 $\eta_{thd} = 60\%$, 체절비 3, 단열지수 1.4일 때 압축비를 얼마로 할 것인가?

05 $\kappa = 1.4$인 공기를 동작물질로 하는 디젤기관에서 압축비 15, 단절비 2, 최저온도 100℃로 할 때 이론 열효율을 구하고, 이와 같은 온도범위에서 작동하는 카르노 사이클의 열효율과의 비를 구하라.

06 공기 1kg으로 작동하는 500℃ 와 30℃ 사이의 카르노 사이클에서 최고압력이 5,500kPa로 등온팽창하여 부피가 2배로 되었다면 등온팽창을 시작할 때의 부피는 몇 m^{3}인가?

07 어느 열기관이 4,200kJ/kg의 열량을 받아 1,680kJ/kg의 열량을 방출했다면 이 기관의 열효율은?

08 사바테 사이클의 $P-v$선도에서 체절비(σ)와 폭발비(ρ)가 열효율에 미치는 영향력에 대하여 설명하라.

09 간극체적(clearance volume)이란 피스톤이 상사점에 있을 때 기통의 최소체적을 말한다. 만약, 간극이 10%라면 이 기관의 압축비는 얼마일까?

10 실린더의 간극체적이 행정체적의 20%일 때 오토 사이클의 열효율은? 단, $\kappa = 1.4$이다.

11 가스 사이클 중 에릭슨 사이클이 스털링 사이클과 다른 점은?

12 사이클의 효율을 높이는 방법으로 유효한 방법은 어느 것이었는가? 아는 대로 설명
하라.

13 그림과 같은 사이클을 행하는 공기 표준 브레이톤 사이클(Brayton cycle)에서 공기는
0.1MPa, 15℃의 상태로 압축기에 흡입되고 1.0MPa의 압력으로 배출된다. 사이클의
최고온도가 1,100℃일 때 다음 질문에 답하라. 단, 각 검사체적에서의 모델은 비열이
일정한 이상기체이고 각 과정은 운동에너지와 위치에너지의 변화가 없는 정상상태 과
정이다.

(1) 사이클의 각 점에서 압력과 온도(K)를 구하라.

(2) 압축기(w_c), 일터빈 일(w_t)의 크기(kJ/kg)는?

(3) 사이클 효율 $\eta_b)_{th}$는?

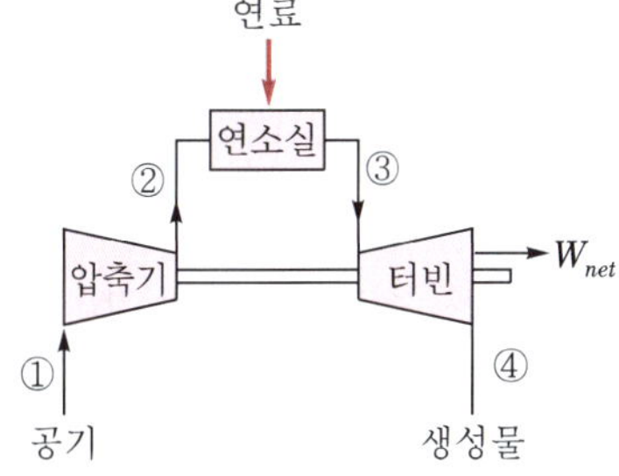

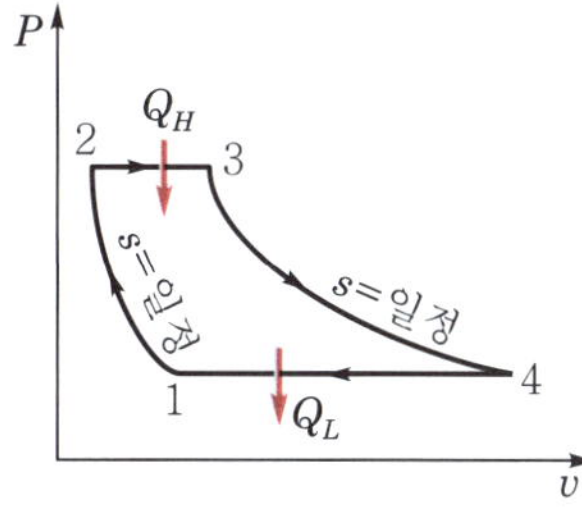

01 오토 사이클에서 압축비가 5와 9일 때 열효율을 구하라. 단, 단열지수 $\kappa = 1.4$이다.

02 카르노 사이클로 작동하는 기관이 고온체에서 420kJ의 열을 받아들였다. 이 기관의 열효율이 40%이며, 엔트로피 변화가 0.84kJ/K이라면 방출열량(Q_R)과 저온부의 온도(t_2)는?

03 가솔린 기관에서 공기를 흡입 후(압축 초기)의 압력은 90kPa이고 온도는 70℃이다. 이때 가솔린 연료의 공급 발열량(저위 발열량)은 43,940kJ/kg이고, 비열비 $\kappa = 1.4$의 경우이다. 다음 질문에 답하라.

(1) 이 기관의 극간체적이 $V_c = 60\text{cm}^3$이고, 실린더 직경 $d = 8.2\text{cm}$, 행정 $S = 8\text{cm}$일 때 압축비 γ_c는?

(2) 이 기관의 열효율 $\eta_o)_{th}$ [%]와 평균유효압력 P_m [kPa]을 각각 구하라.

04 공기 표준 디젤 사이클(Diesel cycle)의 압축비가 20이고 사이클당 작동유체에 전달되는 단위질량당 열이 $q_H = 1{,}800\text{kJ/kg}$이다. 압축과정이 시작되는 1점에서 압력은 0.1MPa, 온도가 15℃일 때 이 사이클의 $P-v$ 선도와 $T-s$ 선도는 그림과 같다. 질문에 답하라. 단, $T_1 = 288.2\text{K}$, $P_1 = 0.1\text{MPa}$, $\gamma_c = 20$이다.

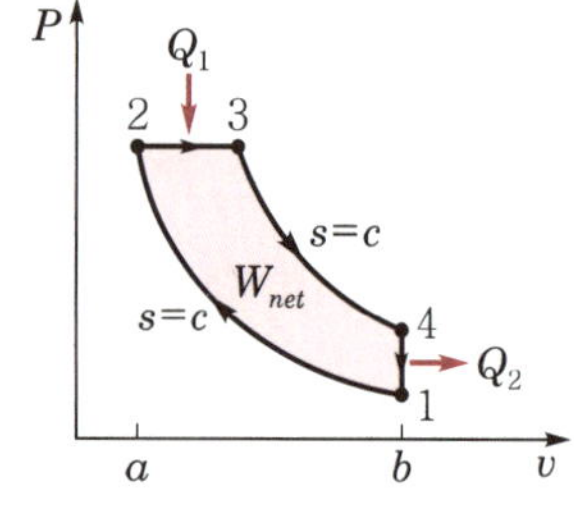

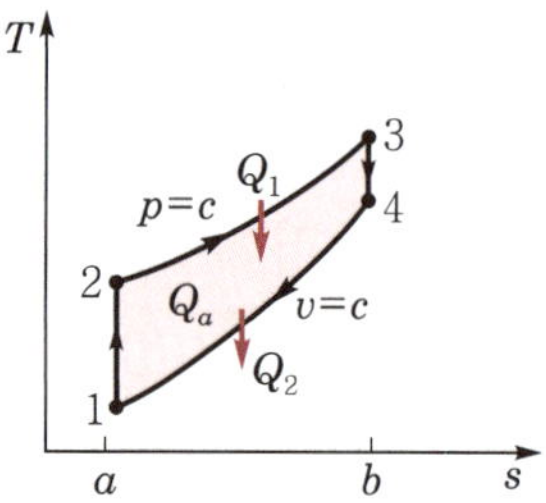

(1) 이 디젤 사이클의 각 점에서의 온도(K)와 방출열 q_L[kJ/kg]을 계산하라.

(2) 열효율(η_d)은?

(3) 평균 유효압력 P_{mep}[MPa]은?

05 $\kappa = 1.4$의 공기를 동작물질로 하는 디젤기관의 최고온도 T_3가 2,500K, 최저온도 T_1이 300K, 최고압력 P_3가 39.2bar, 최저압력이 0.98bar일 때, 체절비는 얼마인가?

06 디젤 사이클의 효율에 대한 설명 중 옳은 것은?

07 디젤 사이클에서 열효율이 58%이고 단절비 1.5, 단열지수 1.4일 때 압축비는 얼마인가?

08 디젤 사이클에서 압축이 끝났을 때의 온도를 550℃, 연소 최고온도를 1,210℃라 하면 연료 차단비는?

09 출력 70마력의 열기관을 1시간 운전하여 14kg의 경유를 소비하였다. 경유의 저 발열량이 37,600kJ/kg이라면, 이 기관의 열효율은 몇 %인가?

10 디젤기관에서 압축비가 16일 때 압축 전의 공기의 온도가 90℃라면 압축 후 공기의 온도는? 단, $\kappa = 1.4$이다.

11 사바테 사이클에서 최저온도 27℃, $\gamma_c = 5$, 폭발비 2, 단절비 1.8일 때, 최고온도는 몇 K인가? 단, $\kappa = 1.4$이다.

12 공기를 작동가스로 하는 사바테 사이클에서 있어서 최고온도가 2,400K, 최저온도가 300K이고, 최고압력이 7,100kPa, 최저압력은 98kPa, 압축비 $\gamma_c = 14$라고 할 때, 압력 상승비 ρ는? 단, $\kappa = 1.4$이다.

13 브레이턴 사이클에서 최고온도가 624K, 팽창말의 온도가 526K인 가스터빈에서 터빈 단열효율 η_t가 76%일 때 터빈 출구에서의 공기의 온도는 몇 K인가?

14 실린더 내경이 100mm, 행정이 70mm인 4실린더 엔진에서 통극체적이 30cc라 할 때 압축비는?

15 행정체적이 3.6m^3/min인 어떤 기관의 출력이 40PS이다. 이 기관의 평균유효압력은 몇 kPa인가?

16 압력비가 7인 브레이턴 사이클의 열효율은 몇 %인가? 단, $\kappa = 1.4$이다.

17 브레이턴 사이클의 열효율 식을 보여라.

18 어떤 내연기관의 연료소비율이 195g/PS·h이다. 이때 사용된 연료의 저위발열량을 34,472kJ/kg이라고 할 경우 정미열효율은?

19 공기 표준 Brayton 사이클로부터 공기가 압축기로 압력 0.1MPa, 온도 300K로 들어가 압축 후에는 압력비가 15로 압축된다. 이 사이클에서 최고 온도는 1,500K일 때 다음을 계산하라. 단, $C_p = 1.0035\text{kJ/kg} \cdot \text{K}$이다.

(1) 이 사이클의 $P-v$ 선도와 $T-s$ 선도를 구성(그리기)한 후, 압축 후 공기의 온도(K)와 압력(MPa) 그리고 압축일 w_c의 크기는 몇 kJ/kg인지 각각 계산하라.

(2) 가열량 q_H는 몇 kJ/kg인가?

(3) 팽창 후의 온도(K)와 터빈일 w_t의 크기는 몇 kJ/kg인가?

(4) 방열량 q_L[kJ/kg]과 순일 w_{net}[kJ/kg] 그리고 열효율 $\eta_B)_{th}$[%]를 각각 구하라.

제 7 장

순수물질과 증기의 성질

　이 장에서는 수증기 또는 냉매증기와 같은 순수물질(pure substance)의 상(phase), 독립 상태량(independent properties)의 개수, 그리고 증기의 열역학 상태량을 나타내는 방법에 대하여 알아본다. 단순증기 동력 발전소의 경우는 고압으로 물을 가열하여 수증기로 만든 후 터빈으로 보내면 고압증기가 저압상태로 팽창하게 되며, 응축기에서 냉각된 후 펌프로부터 압력을 높여 다시 보일러로 돌아가는 시스템이다. 이와 같이 원하는 에너지 전달과 물의 유동을 얻기 위해서는 가열버너, 열교환기, 터빈, 펌프 등의 크기를 적절히 결정해야 하고, 이 결정과정에서 물의 상태량 값이 필요하다. 즉 주어진 압력에서 물이 액체에서 증기로 증발하는 온도를 알아야 하며, 유동을 위한 배관의 크기를 결정하기 위해서는 밀도나 비체적 등을 알아야 한다. 증기를 사용하는 또 다른 예는 냉장고를 생각해 볼 수 있다. 냉장고에는 낮은 온도(−20℃)에서 액체가 증기로 증발하는 물질이 필요하고, 이 물질은 차가운 주위 공간에서 에너지를 흡수하여 낮은 온도 상태를 유지하도록 한다. 따라서 냉장고의 열교환기로부터 보다 뜨거운 유체가 주위를 유동하는 공기에 의해 냉각되며, 실온보다 약간 높은 온도에서 증기가 액체로 응축된다. 이런 시스템을 설계하려면 이 과정이 일어나는 압력과 에너지 양 등을 알아야 한다. 이와 같이 기계시스템에 적용할 수증기 및 냉매증기와 같은 순수물질의 기본 성질과 각 상태에서 상태량 값을 결정하는 방법을 학습하는 것이 매우 중요하다.

　마지막으로 물질의 상태량을 필요로 한 예의 하나는, 가스터빈과 같은 제트 엔진을 들 수 있다. 이 시스템에서는 작업물질이 기체이며 상변화가 일어나지 않는다. 연료와 공기가 혼합된 후 연소할 때 많은 에너지를 방출하고, 기체공기를 가열되어 팽창시킨다. 기체가 얼마나 뜨거워지는지 그리고 얼마나 팽창하는지 알아야 터빈이나 제트 엔진의 출구 노즐에서 팽창과정을 이해하고 해석할 수가 있다. 이러한 가스터빈의 경우는 터빈 내와 제트 엔진 출구에서 고속 유속을 필요하며, 고속 유동은 터빈 블레이드를 밀면서 축일을 생성하거나, 제트 엔진을 밀면서 추진력을 발생하여 항공기를 앞으로 움직이게 하는 원동력이 된다.

7.1 순수물질과 증기의 일반적인 성질

이제 순수물질(pure substance)에 대하여 관심을 갖고, 순수물질이 존재할 수 있는 몇몇의 상(phase)과 순수물질의 독립 상태량의 수 및 열역학적 상태량 표시방법에 대하여 고찰해 보자. 여기서 순수물질이란 물질이 각 상(phase), 즉 고체·기체·액체에서 균일한 불변의 화학적 조성을 갖는 균질한 물질을 말한다. 그 대표적인 물질이 액상의 물, 물과 증기혼합물, 액상의 물과 얼음의 혼합물 등은 모두 순수물질이다. 공기도 상의 변화가 없는 한 순수물질로 볼 수 있으나 엄밀히 말하면 맞지 않는다. 왜냐하면 액체 공기와 기체 상에서 공기의 혼합물의 조성이 다르기 때문이다. 또 이 장에서는 단순압축성 물질(simple compressible substance)에 중점을 두고 다룬다. 이 물질은 표면효과 및 전·자기적 효과가 전혀 없는 순수물질을 말한다.

또 내연기관의 연소가스와 같이 액화나 증발현상 등이 잘 일어나지 않는 상태의 것을 가스라 하고, 증기원동기의 수증기와 냉동기의 냉매와 같이 동작 중에 액화 및 기화를 되풀이하는 물질, 즉 액화나 기화가 용이한 동작물질을 증기라 하며, 바로 단순압축성 물질이 된다. 이때 가스는 완전가스로 취급할 수 있으므로 $Pv = RT$의 상태방정식을 만족하나, 증기는 상당한 고온과 저압인 경우를 제외하고는 완전가스 상태방정식을 완전히 만족시키지는 못하고 대단히 복잡한 성질을 갖는다. 따라서, 증기는 실측의 결과에 기초를 두고 어떤 압력 혹은 온도 조건하에서 비체적, 엔탈피, 엔트로피 등의 상태량 증기표 또는 증기선도 등을 이용하는 것이 일반적이다.

1 순수물질인 증기의 증발과정

일정량의 물 또는 액체를 실린더 속에 넣고 일정한 압력을 가하면서 서서히 열을 가하면 액체의 온도가 상승하고 물의 체적이 약간 증가하는데, 이때 포화상태에 이르기까지의 상태변화가 [그림 7.1]과 같이 나타나 있다.

[그림 7.1] (a)는 피스톤-실린더 장치 안에 들어 있는 액상의 물을 하나의 시스템으로 생각한다. 피스톤과 같은 무게의 추를 이용하여 실린더 내부 압력은 0.1MPa로 일정하게 유지된다. 이때 초기 온도는 20℃이다. 이 물을 가열하면 온도는 올라가고, 비체적은 조금 증가하며, 압력은 일정하게 유지된다. 온도가 99.6℃가 되었을 때 열을 더 가하면 [그림 7.1] (b)와 같이 상변화가 발생하여 액체의 일부가 증기로 바뀐다. 이 과정 동안 온도와 압력은 일정하게 유지되나 비체적은 상당히 증가

순수물질(pure substance)

단순압축성 물질
(simple compressible substance)

포화상태

상변화

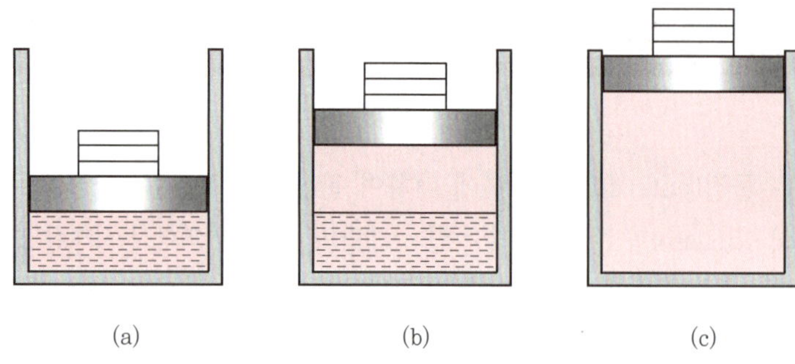

(a)   (b)   (c)

[그림 7.1] 순수물질의 일정 압력하에서 상변화 과정

한다. [그림 7.1] (c)는 액체의 물이 증기로 변한 후 열을 더 가하면 증기의 온도와 비체적이 함께 증가하여 과열 증기상태가 된다. 이때, 포화온도(saturation temperature)는 주어진 압력에서 증발이 일어나는 온도를 말하며, 이때의 압력을 주어진 온도에 대한 포화압력(saturation pressure)이라고 한다. 따라서 물의 경우 99.6℃에 대한 포화압력은 0.1MPa이며, 0.1MPa에 대한 포화온도는 99.6℃가 되는 것이다.

[그림 7.2]는 물의 상태변화에 따른 $P-v$, $T-s$, $h-s$ 선도를 나타낸 것이다. [그림 7.2]의 (a)와 (b)점은 액체상태, 즉 포화온도 이하의 물이 되므로 압축액체(compressed liquid) 또는 과냉액체(subcooled liquid)라 한다. 물의 온도를 T_0, 그 압력에 대한 포화온도를 T_{sat}라 하면, 과냉 온도 T_{suc}는 다음과 같이 된다.

$$T_{suc} = T_{sat} - T_0 \tag{a}$$

[그림 7.2]의 (c)점에서와 같이 실린더 내부에서 액체와 증기가 공존하는 상태는 정확히 말해서 포화액과 포화상태의 증기가 서로 공존하고 있는 것이며, 이와 같은 포화액과 포화증기의 혼합체를 습포화 증기(wet saturated vapour) 또는 습증기(wet vapour)라고 한다. [그림 7.2]의 (d)점은 액체가 모두 증기가 된 상태이며, 이때의 온도를 포화온도라 하고 증기만 존재한다. 이 증기를 건포화 증기(dry saturated vapour)라고 하며, 이와 같은 포화수가 건포화증기로 되는 동안의 소요열량을 증발잠열(latent heat of vaporization) 또는 증발열이라 부른다. [그림 7.2]의 (e)점은 일정한 압력하에서 건포화 증기를 더 가열하면 온도가 다시 상승하고 체적은 계속 증가하게 되는 상태이며, 이 증기를 과열증기(superheated vapour)라 하고 과열증기의 온도와 포화온도 간의 차이를 과열도(degree of superheat)라 한다. 과열증기의 임의온도를 T_{sup}, 그 압력에 대한 포화온도를 T_{sat}라 하면 과열도 T_{suh}는 다음과 같이 된다.

포화온도
(saturation temperature)

포화압력
(saturation pressure)

압축액체
(compressed liquid)

과냉액체(subcooled liquid)

습포화 증기
(wet saturated vapour)

건포화 증기
(dry saturated vapour)

증발잠열
(latent heat of vaporization)

과열증기
(superheated vapour)

과열도(degree of superheat)

$$T_{suh} = T_{sup} - T_{sat} \qquad\qquad (b)$$

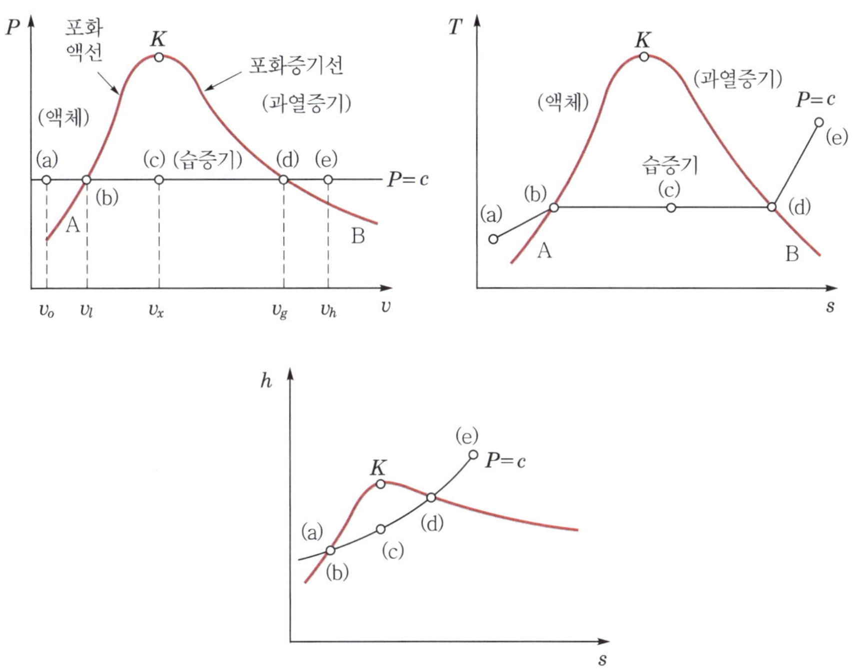

[그림 7.2] 물의 상태변화에 따른 $P-v$, $T-s$, $h-s$ 선도

이 과열증기의 과열도가 증가할수록 증기는 완전가스의 성질에 가깝다. [그림 7.2]의 $T-s$ 선도에서 압력을 보다 높게 하여 가열하면 습증기가 차지하는 체적 팽창범위가 점점 작아짐을 보인다. 더욱더 압력을 높여 등압가열하면 습증기로서의 체적 팽창범위는 0이 되며, 증발을 시작하는 점과 끝나는 점이 그림의 K 점에서 일치한다. 이와 같이 어떤 압력에서도 기화가 일어나지 않는 압력을 임계압력(critical pressure)이라 하고, 그 상태를 임계상태(critical state) 또는 임계점(critical point)이라 하며 임계점에서의 비체적을 임계비체적(critical volume)이라 한다. 이때의 온도 T_c를 임계온도(critical temperature)라 한다.

[그림 7.2]에서 $K-(b)-A$는 포화상태로서 포화액선(saturated liquid line)이라 하고 $K-(d)-B$는 포화증기상태로서 포화증기선(saturated vapor line)이라 한다. 이 두 곡선은 압력이 상승함에 따라 점차 가까워지며, 임계점 K에서 일치하는 곡선이 된다. 이 곡선을 포화한계선(boundary curve) 혹은 포화선(saturation line)이라 한다.

임계압력(critical pressure)

임계점(critical point)

포화액선
(saturated liquid line)

포화증기선
(saturated vapor line)

2 열역학적 면과 3중점

순수물질의 성질을 좀 더 이해하기 위하여 압력(P), 비체적(v), 온도(T)의 투영면을 살펴보기로 한다. 두 가지 성질을 가진 면이 [그림 7.3]과 [그림 7.4]에 각각 나타나 있다. [그림 7.3]과 같이 거동을 하는 물질로는 물과 같은 순수물질을 예로 들 수 있으며 고체화되는 동안 비체적이 증가(체적이 증가)하지만 [그림 7-4]와 같이 거동하는 물질은 고체로 되는 동안 비체적은 감소(체적이 감소)한다. 이때, 물과 같이 얼 때 팽창하는 물질은 압력이 높아지면 어는 온도가 낮아지지만, 얼 때 수축하는 물질은 압력이 높아지면 어는 온도가 높아진다. 따라서 증기를 [그림 7.3]의 등온선 $a-b-c-d-e-f$를 따라 가압하면 얼 때 팽창하는 물질은 먼저 고체가 된 후에 액체로 변하며, 얼 때 수축하는 물질은 증기를 [그림 7.4]의 등온선 $a-b-c-d-e-f$를 따라 가압하면 먼저 액체가 된 후에 고체로 변한다. 그리고 응고할 때 팽창하는 물질과 수축하는 물질은 $P-T$선도상에서 융해선이 다르다.

두 선도에서 압력, 비체적 및 온도를 직교 좌표축으로 선택하였고 모든 가능한 평형 상태는 항상 면 위의 한 점으로 나타난다. 이것은 순수물질의 독립적인 강도성 상태량이 단지 두 개이기 때문이다. 한 가지 상 영역인 고체상, 액체상, 증기상을 나타내는 표면은 곡면에 있다. 두 가지 상 영역인 고체-액체, 고체-증기, 액체-증기 영역은 그림의 망으로 된 단면이 된다. 이 단면들은 비체적 축인 가로축에 평행인 직선이다. 그것은 두 상 영역에서는 비체적이 변하더라도 정압선이면서 곧 등온선이기 때문이다. 삼중점(triple point)은 $P-v-T$면 위의 삼중선으로 나타난다. 삼중점의 압력과 온도는 정해진 상수이나 비체적은 각 상이 차지하는 비율에 따라 변할 수가 있다.

그림에서와 같이 열역학 면들을 $P-T$ 및 $P-v$ 평면에 투영해보면, 물과 같은 물질의 $P-T$선도상에 삼중점이 나타난다. 또 여러 등온선들을 $P-v$선도상에 나타낼 수 있고, 임계 등온선의 변곡점이 바로 임계점(critical point)이다. 순수물질의 $P-T$선도에서는 세 개의 상이 세 개의 선에 의해 분리되기 때문에 상-선도(phase-diagram)라고도 부르며, 승화선(sublimation line)은 증기와 고체상을 분리하고 증발선(vaporization line)은 액체와 증기상을 분리하며, 융해선(fusion line)은 고체와 액체상을 분리한다. 이 세 개의 선은 평형상태에서 세 개의 상이 공존하는 삼중점에서 만난다. 이때 임계점 이상에서는 액체와 증기를 구분할 수 없으므로 기화선은 임계점에서 끝난다.

　　순수물질의 경우 여러 가지의 고체상으로 존재할 수도 있는데, 순수물질이 한 고체상에서 다른 고체상으로 변하는 것을 동소변태(allotropic transformation)라고 한다.

동소변태
(allotropic transformation)

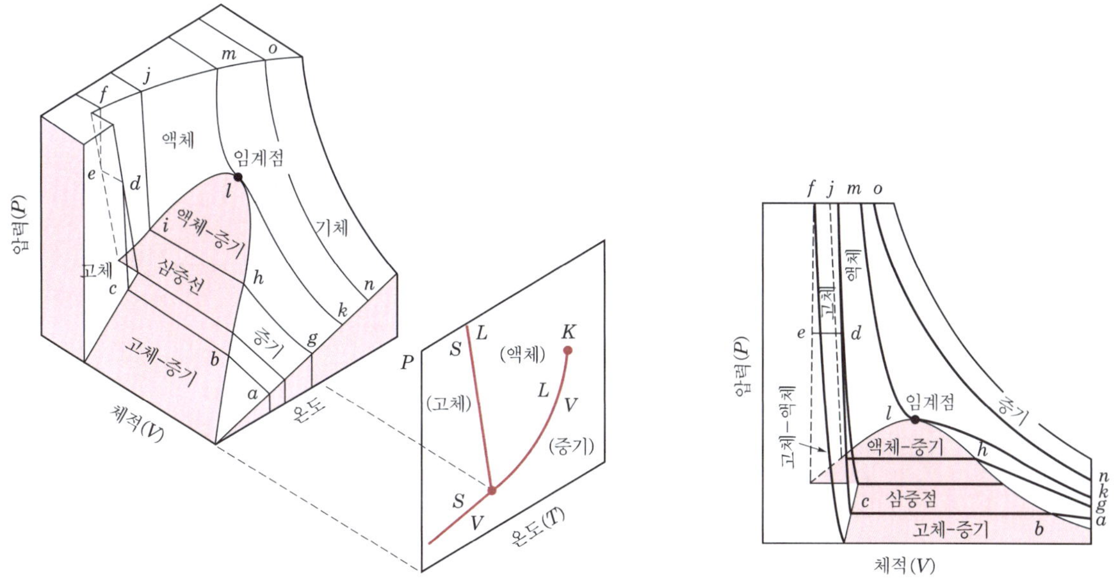

[그림 7.3] 응고할 때 팽창하는 물의 $P-v-T$ 표면

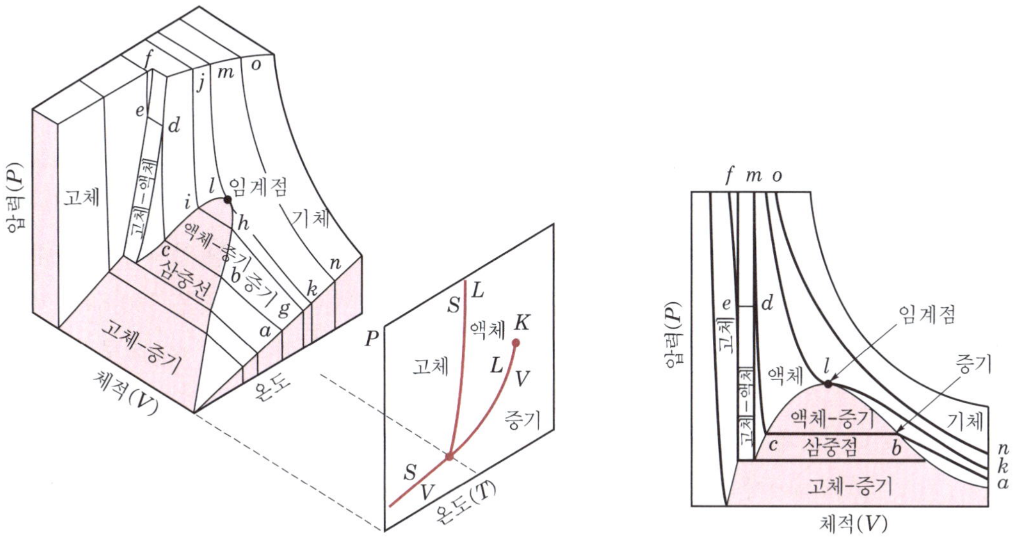

[그림 7.4] 응고할 때 수축하는 물질의 $P-v-T$ 표면

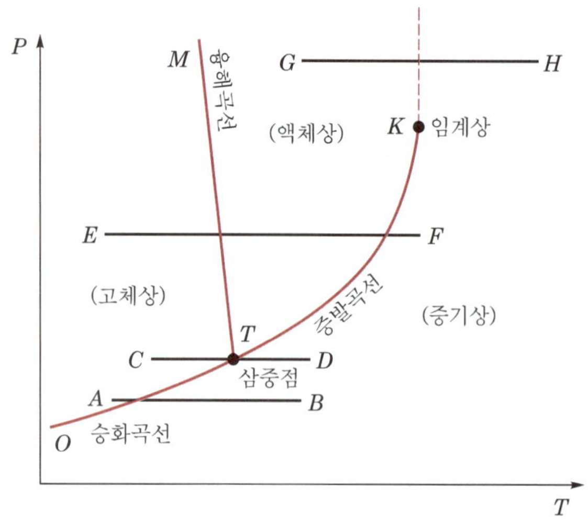

[그림 7.5] 물의 $P-T$ 상선도

[그림 7.5]는 물과 같은 물질의 고체, 액체, 기체 사이에서 평형관계를 표시한 $P-T$선도이며, 이 선도는 고체 및 액체 그리고 증기상이 평형상태로 어떻게 공존하는가를 보여준다. 얼음, 즉 물의 경우 3중점의 압력은 0.6113kPa이고, 이때 온도는 0.01℃가 된다. 3중점에 이르면 다시 열을 계속 방출해도 액체가 완전히 응고할 때까지는 온도가 내려가지 않는다. 이때의 열을 응고잠열(freezing latent heat)이라 한다. 3중점 이하의 상태에서는 고체와 증기만이 공존하고 평형을 유지한 상태에서 일을 가하면 고체의 일부는 액체 상태를 거치지 않고 곧바로 증기로 변하는데, 이와 같은 현상을 승화라 한다. 이때 승화의 압력은 많은 물질에서 극히 낮음을 알 수 있다. 그림의 TK는 증발곡선, TM은 융해곡선이며, 각각 증기와 액체, 액체와 고체가 평형을 이루고, 그것은 압력과 온도와의 관계를 나타낸다. 그리고 OT는 승화곡선이다. 다음 [표 7-1]은 물질의 종류에 따라서 다르게 나타나는 3중점이다.

[그림 7.6]은 이산화탄소의 3상 선도인데, 특이하게 삼중점 압력이 일반 대기압력보다 높다는 것을 알 수 있다. 이산화탄소의 3중점 압력은 520.8kPa이고 이 점에서의 온도는 –56.4℃가 된다. 통상 대기압은 약 100kPa 정도로써 이 대기압력에서는 이산화탄소가 고체에서 액체상을 거치지 않고 직접 증기로 승화한다. 고체 이산화탄소를 보통 드라이아이스라고 부르는 이유가 여기에 있다. 100kPa에서의 상변화가 온도 200K 이하에서 나타나는 것을 [그림 7.6]에서도 볼 수 있다.

응고잠열
(freezing latent heat)

이산화탄소의
3상 선도

드라이아이스

[표 7-1] 여러 가지 물질에 대한 삼중점의 온도와 압력

물질	온도, ℃	압력, kPa
수소(정상)(H_2)	−259	7.194
산소(O_2)	−219	0.15
질소(N_2)	−210	12.53
이산화탄소(CO_2)	−56.4	520.8
수은(Hg)	−39	0.00000013
물(H_2O)	0.01	0.6113
아연(Zn)	419	5.066
은(Ag)	961	0.01
구리(Cu)	1,083	0.000079

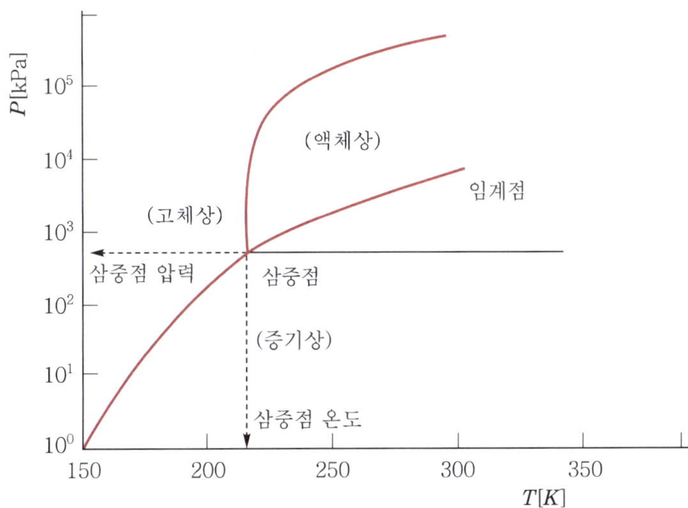

[그림 7.6] 이산화탄소(CO_2)의 $P-T$ 상선도

3 습증기의 성질과 순수물질의 독립 상태량

  습증기는 과열증기와 액체상에서 그 압력과 온도가 주어지면 포화액과 포화증기의 비체적, 엔탈피, 엔트로피 등이 결정된다. 그러나 포화선으로 둘러싸인 영역의 습증기가 그 압력과 온도가 서로 독립되어 있지 않고 일정한 관계를 가지며, 액상과 증기상의 혼합물이기 때문에 그 상태를 적절히 해석하기 위해서는 온도나 압력 중에서 그 어느 하나와 또 습증기 전체의 질량에 대한 증기질량의 비율을 알아야 한다. 이 비율을 건도(quality) x 라고 하며 식 (7.1)과 같이 정의하고 새로운 상태량이다. 이 상태량 건도는 포화 혼합물에 대해서만 의미가 있

건도(quality)

고, 이 건도는 항상 0과 1 사이의 값이다. 따라서 압축액 영역이나 과열증기영역에서는 의미가 없다.

$$x = \frac{m_{vapor}}{m_{total}} \tag{7.1}$$

여기서, $m_{total} = m_{liquid} + m_{vapor} = m_{\ell} + m_g$

[그림 7.7]과 같이 일정량의 물을 일정 압력하에서 서서히 열을 가하면 액체도 서서히 기체상인 증기로 변하게 되며, 각각의 점의 상태량이 [그림 7.8]에 나타낼 수 있다. 즉, 전체물질의 질량을 단위 [kg]이라고 할 때 1kg 중 x [kg]이 증기이고 $(1-x)$[kg]이 액체일 경우를 생각해보자.

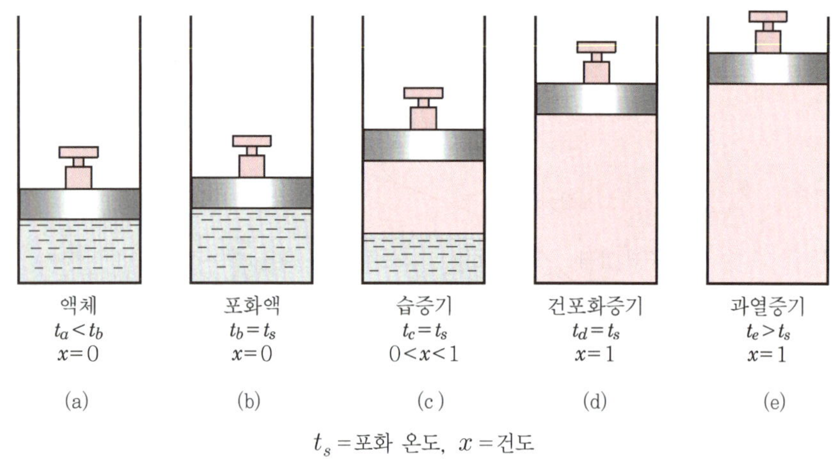

[그림 7.7] 순수물질의 증발과정

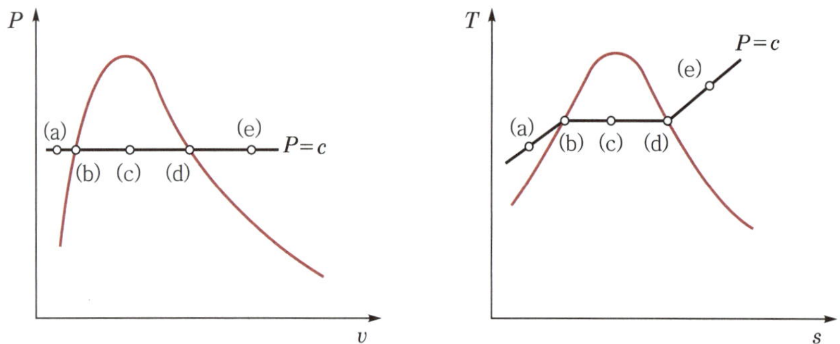

[그림 7.8] 등압일 때 증발과정의 $P-v$ 및 $T-s$ 선도

이때, 앞서 정의한 바와 같이 x는 습증기의 건조도(dryness fraction) 또는
질(quality) 또는 건도가 되고, $(1-x)$는 습도(wetness fraction) y가 된다. 이
습증기의 상태는 압력, 온도, 건도 x에 의해 표시되며 건도 x인 습증기의 비체
적(v), 엔트로피(s), 엔탈피(h) 및 내부에너지(u)는 [그림 7.9]와 [그림 7.10]
으로부터 다음 식 (7.2)에 의해 구해진다.

건조도(dryness fraction)

습도(wetness fraction)

$$\left.\begin{array}{l} v = v_\ell + x(v_g - v_\ell) \\[4pt] s = s_\ell + x(s_g - s_\ell) \\[4pt] h = h_\ell + x(h_g - h_\ell) \\[4pt] u = u_\ell + x(u_g - u_\ell) \end{array}\right\} \tag{7.2}$$

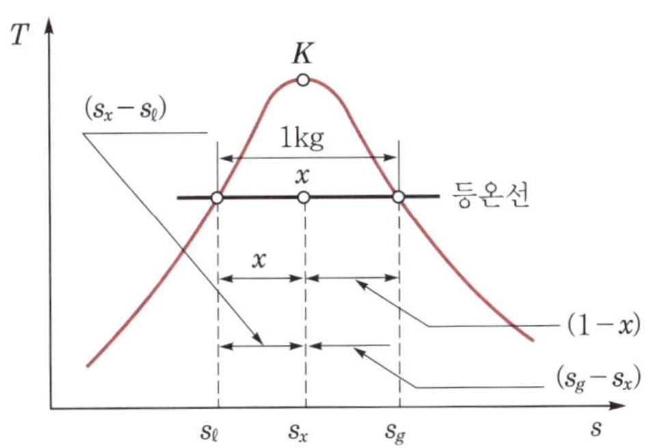

[그림 7.9] $T-s$에서의 습증기의 상태점

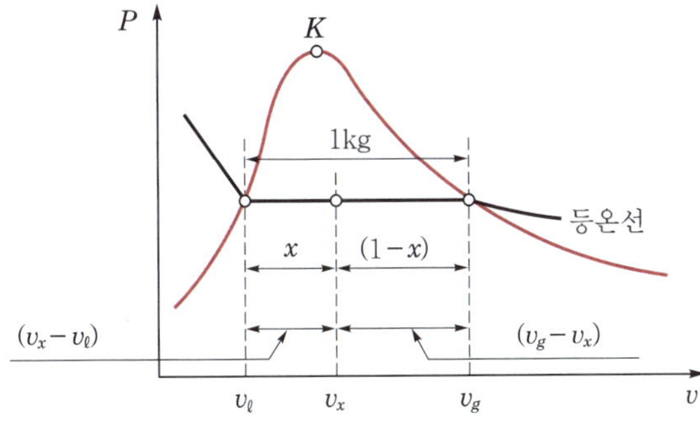

[그림 7.10] $P-v$에서의 습증기의 상태점

단, $h = u + Pv$관계식을 이용한다.

순수물질의 개념을 소개하는 중요한 이유는 단순압축성 순수물질의 상태는 두

개의 독립 상태량으로 결정되기 때문이다. 이때 단순압축성 순수물질은 앞서 살펴본 바와 같이 거동이 없고 중력의 영향을 받지 않으면서 자기 및 전기적 효과가 없는 물질이다. 예를 들어, 과열 수증기의 비체적과 온도를 지정하면 그 수증기의 상태를 결정하게 된다. 우리는 독립 상태량이라는 용어의 중요성을 이해하기 위하여 순수물질의 포화액체 상태와 포화증기 상태를 생각해보자. 이 두 상태의 압력과 온도는 각각 같지만 분명히 각 점에서 같은 상태는 아니다. 그러므로 포화상태의 경우에 압력과 온도는 독립 상태량이 아니다. 다른 두 개의 독립 상태량, 즉 압력과 비체적 또는 압력과 건도 등이 순수물질의 포화상태를 확정하기 위해 필요하다. 앞서 우리는 공기와 같은 기체 혼합물이, 단지 한 상만으로 존재하는 경우에 한하여 순수물질과 같은 특성을 보인다고 기술한 이유는 바로 이 점과 관계가 있다. 즉 조성이 일정한 기체 혼합물인 공기의 상태는 공기가 기체상으로 유지되는 한, 두 개의 상태량을 지정하여 결정한다. 그러므로 이때의 공기는 순수물질로 취급할 수가 있다.

예제 7.1

증기와 가스는 어떻게 다른가?

풀이 (1) 증기(vapour): 증기는 증발과 응축현상이 쉽게 일어나는 기체로, 상변화가 쉽다.

(2) 가스(gas): 가스는 증발과 응축현상이 잘 일어나지 않는 기체로, 상변화가 어렵다.

7.2 압축성 인자와 증기의 상태식

1 압축성 계수(Compressibility factor : Z)

밀도가 낮은 가스는 보일(Boyle)과 샤를(Charles)의 법칙에 매우 근사하게 따른다. 이 법칙도 실험을 통해 얻은 결과로부터 기초한 것으로 근사적으로 맞다는 것뿐이다. 또 이것은 매우 낮은 밀도에서만 이상기체의 거동에 준하게 되고 밀도가 보다 높을 때는 그 거동이 이상기체 상태식으로부터 상당히 벗어난다. 따라서 무엇이 낮은 밀도이며, 주어진 입력 및 온도에 있는 실제가스가 이상기체의 거동으로부터 얼마나 벗어나는가를 답하기 위해 Z라는 새로운 개념의 압축성 계수를 도입하게 된다. 이때 압축성 계수 Z는 다음과 같은 관계식으로 정의한다.

$$Z = \frac{P\bar{v}}{\bar{R}\,T} \tag{7.3}$$

즉, $P\bar{v} = Z\bar{R}\,T$라는 관계식으로부터 이상기체는 Z가 1이 되고, 결국 Z의 1로부터 벗어남이 이상기체 상태식으로부터 벗어나는 기체가 되고 그 척도로 사용된다. 즉, $Z < 1$이라는 것은 실제의 밀도가 이상기체의 거동에 의하여 예상되는 것보다 크다는 것을 말해준다. 예를 들면 압력이 매우 낮으면 온도에 관계없이 이상기체의 모델에 상당히 접근되고, 온도가 매우 높으면 역시 임계압력(P_c) 4~5배의 고압까지도 이상기체의 모델에 접근한다고 볼 수 있다. 온도가 임계온도의 2배보다 적고, 압력이 극히 저압이 아닌 때에는 [그림 7.11]에서 보듯이 우측의 상태, 즉 $Z > 1$이 되어 과열증기 영역에 있게 되고 여기에서는 이상기체의 거동과는 상당히 벗어난다. 이 영역에서는 상태량표 또는 선도를 이용하는 것이 유용하고, 이 영역에서 기체의 거동을 표시하기 위해 이상기체의 모델이나 일반화 압축성선도를 사용하는 대신에 전 과열영역에서 해당가스의 $P - v - T$ 거동을 정확하게 나타낼 수 있는 상태식이 필요하다. 그러나 이 영역에서 상태식은 더 복잡하고, 사용하기 어렵다는 것을 예상할 수 있으며, 그 대표적인 상태식 몇 가지 예는 다음과 같다.

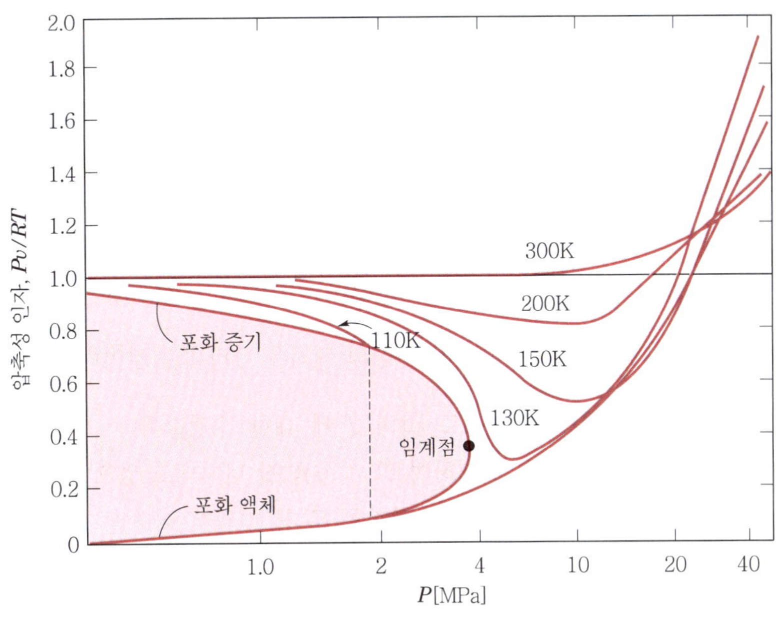

[그림 7.11] 질소에 대한 압력변화와 압축성 인자

[그림 7.11]은 질소에 대한 압축성 인자 선도의 대략이다. 이 선도로부터 세 가지 점을 관찰할 수 있다. 첫째는 온도와 관계없이 인자 $Z \rightarrow 1$이면 압력 $P \rightarrow 0$이다. 즉, 압력이 0에 접근하면 $P - v - T$ 거동은 이상기체 상태방정식을 만족하는 거동상태에 접근한다. 또한 실온 300K 이상의 온도에서 압축성 인자는 약 10MPa의 압력에 도달할 때까지 1에 가깝다. 이것이 의미하는 바는 질소나 공기에 대하여 이 범위에 걸쳐 이상기체 상태방정식을 사용하여도 상당히 정확하다는 것이다.

2 과열증기의 상태식

증기의 거동을 나타내는 데는 앞서와 같이 이상기체 모델 또는 근사식인 일반 압축성 인자 선도를 사용할 수 있었다. 이번에는 특정 기체의 경우 몇 가지 제안된 상태방정식을 사용할 때 특정 과열증기와 같이 전체 영역에 걸쳐 $P - v - T$ 거동을 정확하게 나타낼 수가 있다. 이러한 상태방정식은 필연적으로 더 복잡하며 결과적으로 사용하기 더 어렵다. 기체의 거동을 나타내기 위해 많은 상태 방정식들이 제시되어 사용되고 있다. 한 예로, 비교적 간단한 방정식으로 알려진 것 중 상태 방정식을 소개하면 다음과 같다.

van der Waals 상태식

(1) van der Waals 상태식

1873년에 van der Waals가 제안한 상태식을 말하며 일반 상태식으로 알려져 있고, 이상기체 상태식을 반 이론적으로 수정한 식으로 다음과 같이 표시한다.

$$P = \frac{RT}{v - b} - \frac{a}{v^2} \tag{7.4}$$

여기서, a와 b는 가스의 거동으로부터 구하는 상수이고, 특히 b는 분자가 점유하는 체적에 대한 수정값으로 분자 자신의 체적을 나타내는 것이다. $\frac{a}{v^2}$는 분자 간의 인력을 고려한 수정값으로 압력 P에 대한 수정값이다. 이 van der Waals식은 일반 유체의 성질에 대하여 그 경향을 잘 나타내고 있으며 적용범위도 넓으나, 아직 상당히 실제와 다른 결과를 준다. 따라서 이러한 점들을 수정 보안하기 위하여 다음과 같은 식들이 제시되었다.

(2) Redlich-Kwong 상태식

Redlich-Kwong 상태식

1949년에 Redlich와 Kwong이 제안한 식이며 van der Waals의 상태식보다 더 정확한 식으로 알려져 있다. 즉,

$$P = \frac{\overline{R}T}{\overline{v}-b} - \frac{a}{\overline{v}(\overline{v}+b)(T)^{1/2}} \tag{7.5}$$

이다. 여기서, 상수 a와 b는 다음과 같다.

$$a = 0.42748 \frac{(\overline{R})^2(T_c)^{5/2}}{P_c}, \quad b = 0.08664 \frac{\overline{R}T_c}{P_c}$$

(3) Beattie-Bridgeman 상태식

Beattie-Bridgeman 상태식

1928년에 발표된 실험식이며, 압력의 양함수로 되어 있고, 이 식 중의 5개 상수는 각 물질의 실험 데이터로부터 도식해법으로 결정한다.

$$P = \frac{RT(1-\varepsilon)}{v^2}(v+B) - \frac{A}{v^2} \tag{7.6}$$

여기서, $A = A_o\left(1 - \dfrac{a}{v}\right)$

$\qquad\quad B = B_o\left(1 - \dfrac{b}{v}\right)$

$\varepsilon = \dfrac{c}{v(T)^3}$ 이고, A_o, a, B_o, b, c는 각 가스에 대한 상수이다. 이들 상숫값은 다음 [표 7-2]와 같다. 이 식은 임계 밀도의 약 0.8배 이하의 밀도에 대하여 매우 유용하다. 이외에도 많은 실험 상태식이 있으며, 또 실험식이 아닌 이론적인 접근으로는 기체운동론 또는 통계 열역학으로부터 유도되어 비체적의 멱급수 형태로 나타낸 다음과 같은 이론 상태식이 있다.

$$Z = \frac{P\overline{v}}{\overline{R}T} = 1 + \frac{B(T)}{\overline{v}} + \frac{C(T)}{\overline{v}^2} + \frac{D(T)}{\overline{v}^3} + \cdots \tag{7.7}$$

여기서, $B(T)$, $C(T)$, $D(T)$는 온도함수로 비리얼 계수(virial coefficient)라 한다. 즉 $B(T)$는 제2 비리얼 계수가 된다.

[표 7-2] Beattie-Bridgeman 상태식의 상수

(압력 : kPa, 비체적 : m^3/kmol, 온도 : K, R=8.3144kJ/kmol·K)

가스	A_o	a	B_o	b	$10^{-4}c$
헬륨	2.1886	0.05984	0.01400	0.0	0.0040
아르곤	130.7802	0.02328	0.03931	0.0	5.99
수소	20.0117	−0.00506	0.02096	−0.04359	0.0504
질소	136.2315	0.02617	0.05046	−0.00691	4.20
산소	151.0857	0.02562	0.04624	0.004208	4.80
공기	131.8441	0.01731	0.04611	−0.001101	4.34
이산화탄소	507.2836	0.07132	0.10476	0.07235	66.00

7.3 증기의 열적상태량

증기의 열적상태량이란 내부에너지 u, 엔탈피 h, 엔트로피 s 등을 말하며, 실제 응용에서 활용되는 상태량은 주로 h와 s이다. 이들의 값은 0℃의 포화액을 기준으로 하여 구하는 것이 보통이다. 이들 상태량들은 상태량표로부터 찾을 수 있고, 주로 수증기표가 기준이 된다. 상태량표는 열역학적 표를 소개하는 기준이 되기도 하고 또 수증기가 원동소 및 산업공정에 널리 사용되기 때문이기도 하다. 이 표는 부록에 있고 1936년의 Keenan 및 Moore에 기준하여 작성된 것을 개정하여 사용하고 있다. 물의 경우 0℃의 포화액(포화압력 0.6108kPa)에서의 엔탈피와 엔트로피를 0으로 놓고 이것을 기준으로 한다. 여기서는 동작유체로 액체인 물을 다루기로 한다.

일반적으로 포화액 및 건조포화 증기의 비체적, 내부에너지, 엔탈피, 엔트로피를 각각 v_ℓ, u_ℓ, h_ℓ, s_ℓ 및 v_g, u_g, h_g, s_g로 표기하기로 한다.

(1) 포화액 구역

0℃의 포화액의 엔탈피 $h_{0\ell}$와 엔트로피 $s_{0\ell}$는

$$h_{0\ell} = 0, \ s_{0\ell} = 0 \tag{7.8}$$

이므로, 이때의 내부에너지는 $h = u + Pv$ 관계로부터 구할 수 있다. 즉, $v_{0\ell} = 0.001m^3$/kg이고 $P_0 = 0.6113$kPa이므로 $h_{0\ell} \simeq u_{0\ell} + P_0 v_{0\ell} = 0$에서, $u_{0\ell} = -P_0 v_{0\ell}$

$=0.6113\times0.001=-0.0006113\text{kJ/kg}$이지만, 이는 너무 작아 $u_{0\ell}=0$으로 봐도 무방하다.

$$\therefore\ u_{0\ell}= 0 \tag{7.9}$$

0℃에서 등온 가압된 물의 내부에너지 u_0는 에너지 기초 관계식 $\delta q = du + Pdv$로부터 다음과 같이 된다.

$$u_0 = \int \delta q - \int Pdv \tag{a}$$

여기서, $\int \delta q$는 가압에 있어서 물을 0℃로 유지하기 위하여 가한 열량이며, $-\int Pdv$는 가압에 필요한 일량이다. 따라서, 0℃의 물에 대한 엔탈피는 다음과 같다.

$$h_0 = u_0 + Pv_0 \tag{7.10}$$

0℃의 물을 등온하에서 가압하여도 100kPa 정도까지는 $u_0 \fallingdotseq 0$로 취급해도 무방하므로 $h_0 = Pv_0$로 취급해도 된다. 즉, 0℃에서 물의 엔탈피 h_0는 압력에 비례함을 알 수 있다.

하나의 예를 들면 $P=100\text{kPa}$일 때 $v=0.001043\text{m}^3/\text{kg}$이므로 이때의 h_0는 다음과 같다.

$$h_0 = P\,v_0 =100\times0.001043=0.1043\text{kJ/kg}$$

지금 주어진 압력하에서 0℃의 물 1kg을 그 압력에 상당하는 포화온도 $t_s\,$℃까지 가열하는 데 필요한 열량, 즉 액체열을 q_l이라 할 경우, 이때 물의 비열을 액체열
$c(t)$라 하면, 그 값의 크기는 다음 식으로 구할 수 있다.

$$q_l = \int_0^{t_s} c(t)\,dt \tag{b}$$

그리고 이 q_l를 주어진 압력하에서 0℃의 물의 비체적을 v_0, 내부에너지를 u_0로 표시하면,

$$q_l = u_\ell - u_0 + P(v_\ell - v_0) \tag{7.11}$$

로 되어 대부분의 열량은 내부에너지의 증가에 소비된다. 그리고 포화액의 엔탈피 h_ℓ는 엔탈피 정의식 $h = u + Pv$를 적용하면 다음과 같이 표현된다.

$$h_\ell = u_\ell + Pv_\ell \tag{7.12}$$

또 엔트로피 s_ℓ는 0℃의 포화액을 기준으로 하여 식을 쓰면,

$$s_\ell = \int \frac{\delta q}{T} = \int c \frac{dT}{T} \tag{c}$$

가 되지만, 너무 높은 온도가 아닌 경우는 포화상태인 물의 비열은 거의 일정하다고 볼 수 있으므로 근사적으로 다음 식에 의하여 계산할 수가 있다.

$$s_\ell = \int_{273}^{T_s} c \, \frac{dT}{T} = c \ln \frac{T_s}{273} \tag{7.13}$$

(2) 포화증기 구역

포화액 1kg을 일정한 압력에서 건포화증기가 될 때까지 가열하는 데 필요한 열량, 즉 증발잠열 γ는 에너지 기초 방정식을 적용하면 다음과 같다. 이때 기초 에너지 방정식은 $\delta q = du + P \, dv$ 혹은 $\delta q = dh - v \, dP$이고, 이로부터 다음과 같이 쓸 수가 있다.

$$\begin{aligned}
\gamma &= (u_g - u_\ell) + P(v_g - v_\ell) \\
&= (u_g + Pv_g) - (u_\ell + Pv_\ell) = h_g - h_\ell \\
\therefore \ \gamma &= h_g - h_\ell = (u_g - u_\ell) + P(v_g - v_\ell) = \rho + \psi
\end{aligned} \tag{7.14}$$

여기서, $\rho = u_g - u_\ell$을 내부 증발잠열(internal latent heat of vaporization)이라고 하고, $\psi = P(v_g - v_\ell)$를 외부 증발잠열(external latent heat of vaporization)이라 한다. 액체열 q_l과 증발열 γ와의 합을 증기의 전 열량(total heat)이라고 부르며, 그 크기를 λ로 나타내면 다음과 같다.

$$\lambda = q_l + \gamma \tag{d}$$

증발과정의 엔트로피의 증가는 다음 식으로부터 구해진다.

$$\triangle s = s_g - s_\ell = \frac{\gamma}{T_s} \tag{7.15}$$

한편, 두 포화 한계선 사이에 있는 습증기 구역의 건도 x인 상태에서 $v,\ u,\ h,\ s$의 값은 다음의 관계로부터 구할 수 있다.

$$\left.\begin{aligned}
v &= xv_g + (1-x)v_\ell = v_\ell + x(v_g - v_\ell) \fallingdotseq xv_g \\
u &= xu_g + (1-x)u_\ell = u_\ell + x(u_g - u_\ell) = u_\ell + x\rho \\
h &= xh_g + (1-x)h_\ell = h_\ell + x(h_g - h_\ell) = h_\ell + x\gamma \\
s &= xs_g + (1-x)s_\ell = s_\ell + x(s_g - s_\ell) = s_\ell + x\frac{\gamma}{T_s}
\end{aligned}\right\} \tag{7.16}$$

(3) 과열증기 구역

과열증기의 엔탈피 h는 포화증기의 엔탈피 h_g에 증가분을 합한 식으로 표시된다. 즉,

$$h = h_g + \int_{T_s}^{T} C_p\, dT \tag{7.17}$$

이다. 또 과열증기의 엔트로피 s도 포화증기의 엔탈피 s_g에 증가분을 합하면 구할 수 있다.

$$s = s_g + \int_{T_s}^{T} C_p\, \frac{dT}{T} \tag{7.18}$$

과열증기의 내부에너지 u도 포화증기의 내부에너지 u_g 값에 증가분을 합하면 구해진다.

$$u = u_g + \int_{T_s}^{T} C_v\, dT \tag{7.19}$$

건포화 증기를 포화온도 T_s로부터 임의의 온도 T까지 가열하는 데 요하는 열량, 즉 과열에 필요한 열량을 과열의 열이라 한다. 따라서 과열열(superheated) q_s는 다음 식과 같다.

과열열(superheated)

$$q_s = \int_{T_s}^{T} C_p \, dT \tag{7.20}$$

[그림 7.12]와 같이 $T-s$ 선도에서 정압선을 그리면, 정압 가열할 때 액체열 q_l, 증발열 γ, 과열열 q_s는 정압선 아래 면적으로 나타나게 된다.

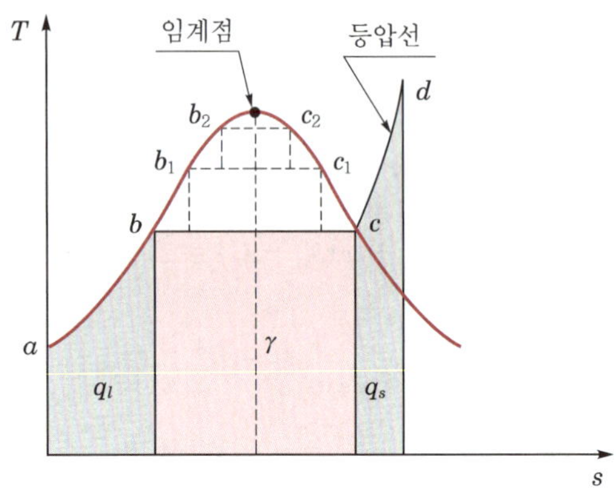

[그림 7.12] 증기의 q_ℓ, γ, q_s

예제 7.2

물 1kg이 압력 200kPa하에서 증발할 때 0.90m³의 체적이 증가하였다. 이때의 증발열이 2,176kJ/kg, 포화온도는 120℃이다. 외부증발열, 내부증발열 및 증발에 따른 엔트로피 증가를 구하라.

풀이 증발잠열 : $\gamma = u_g - u_\ell + P(v_g - v_\ell)$

1) 외부증발열

$$\psi = P(v_g - v_\ell) = 200 \times \frac{0.90}{1} = 180 \text{kJ/kg}$$

2) 내부증발열

$$\rho = \gamma - P(v_g - v_\ell) = 2{,}176 - 180 = 1{,}996 \text{kJ/kg}$$

3) 증발에 따른 엔트로피 증가

$$s_g - s_\ell = \frac{\gamma}{T_s} = \frac{2{,}176}{120 + 273} \fallingdotseq 5.54 \text{kJ/kg} \cdot \text{K}$$

예제 7.3

표준 대기압에서 1kg의 포화수의 내부에너지는 얼마인가? 단, 이 상태에서 엔탈피는 418.667kJ/kg, 비체적은 0.0010435m^3/kg이다.

풀이 $h_\ell = u_\ell + Pv_\ell$

$$\therefore u_\ell = h_\ell - Pv_\ell = 418.667 - 101.325 \times 0.0010435$$
$$\fallingdotseq 418.562\text{kJ/kg}$$

예제 7.4

압력 1,000kPa의 포화수를 감압변 밸브로 교축하여 압력을 100kPa로 할 때 얻어지는 증기의 건도와 비체적을 구하라. 단, 압력 1,000kPa일 때 $h_{1\ell} = 762.79$kJ/kg이고, 압력 100kPa일 때 $h_{2\ell} = 417.44$kJ/kg, $v_{2\ell} = 0.001043$m^3/kg, $h_{2g} = 2675.46$kJ/kg, $v_{2g} = 1.69400$m^3/kg이다.

풀이 교축일 때는 전·후의 엔탈피는 같다. 따라서, 압력 1,000kPa의 포화수의 엔탈피와 압력 100kPa의 증기의 엔탈피는 같다. 이때, 교축 후의 증기의 건도를 x라 하면 습포화증기의 엔탈피 h_2는 다음 식과 같고, 이 식으로부터 건분 x를 구하면 다음과 같다.

$$h_2 = h_{1\ell} = h_{2\ell} + x(h_{2g} - h_{2\ell}) \rightarrow x = \frac{h_{1\ell} - h_{2\ell}}{h_{2g} - h_{2\ell}}$$

$$\therefore x = \frac{762.79 - 417.44}{2675.46 - 417.44} = 0.153 \fallingdotseq 15.3\%$$

교축 후의 증기의 비체적 v_2는 다음 식으로부터 구한다.

$$v_2 = v_{2\ell} + x(v_{2g} - v_{2\ell})$$
$$= 0.001043 + 0.153(1.69400 - 0.001043)$$
$$= 0.260\text{m}^3/\text{kg}$$

$$\therefore v_2 \fallingdotseq 0.260\text{m}^3/\text{kg}$$

압력 2,000kPa인 건포화증기의 상태량은 다음과 같다. 이때, 포화온도 212.42℃이고 포화액 및 건포화증기의 비체적 $v_\ell = 0.001177\text{m}^3/\text{kg}$, $v_g = 0.09963\text{m}^3/\text{kg}$, 포화액 및 건포화증기의 엔탈피 $h_\ell = 908.77\text{kJ/kg}$, $h_g = 2799.51\text{kJ/kg}$이다. 이 증기를 등압 하에서 400℃까지 가열하면 비체적은 $0.15120\text{m}^3/\text{kg}$, 엔탈피는 3247.60kJ/kg로 된다. 다음 값을 구하라.

① 과열도 t_s :

② 과열열 q_s :

③ 내부에너지 증가(포화기체에서 과열기체까지) $\triangle u = u_2 - u_1$:

풀이 ① 과열도 : $t_s = 400 - 212.42 = 187.5℃$

② 과열열 : $q_s = h_{(t=400℃)} - h_g = 3247.60 - 2799.51$
$$= 448.09\text{kJ/kg}$$

③ 내부에너지 증가 : $h = u + Pv \rightarrow u = h - Pv$ 의 관계로부터 다음과 같이 구한다.

$$u_1 = h_1 - Pv_1 = 2799.51 - 2,000 \times 0.09963 = 2600.25\text{kJ/kg}$$

$$u_2 = h_2 - Pv_2 = 3247.60 - 2,000 \times 0.15120 = 2945.2\text{kJ/kg}$$

$$\therefore \triangle u = u_2 - u_1 = 344.95\text{kJ/kg}$$

7.4 증기표와 증기선도

증기동력사이클, 냉동사이클 등과 같이 증기를 이용하는 시스템에서 해석 및 설계를 위해 계산을 할 경우 증기의 성질도 알 필요가 있다. 이 증기의 성질을 **증기표** 실험과 관찰로부터 정리하여 표로 만든 것이 증기표이며, 부록에 수증기의 포화 및 과열상태의 증기표로 만들어 보여준다. 앞서 서술한 바와 같이 증기의 성질은 복잡하기 때문에 간단한 상태식으로 표시할 수가 없다. 따라서 증기의 성질을 실측의 결과나 혹은 그것을 기본으로 상태식을 만들어 그것을 실제에 활용하고 있다. 증기표 및 증기선도는 부록에 상세하게 수록되어 있고, 일부를 발췌하면 다음과 같다.

1 포화증기표

증기표에는 순수물질에 따라 여러 가지가 있으며, 대표적인 것으로 물에 대한 포화수와 건포화증기의 포화온도, 압력, 비체적, 증발열, 엔탈피, 엔트로피 등의 여러 성질들을 나타내는 증기표가 책의 부록에 실려 있다. 이때 증기표에는 온도를 기준으로 한 것과 압력을 기준으로 한 것의 두 종류가 있으며, 이것은 각각 온도 또는 압력이 주어진 경우에 쓰인다. 추가하여 과열증기의 성질을 나타내는 과열증기표는 각각의 압력에 대해 온도를 기준으로 하여 나타나 있다. 증기표에 나타나 있지 않는 온도 또는 압력에 대해서는 비례배분의 법칙(보간법)에 의해 그것에 가까운 온도 또는 압력에 대한 값으로 구하여 사용한다.

(1) 온도기준 포화증기표

포화온도에 따른 포화액과 건포화증기의 상대 값을 다음 [표 7-3]과 같이 나타낸다. 표에서 볼 수 있듯이 포화온도에 따른 포화압력이 표시되어 있고 그에 대응하여 포화액과 포화증기점의 각종 상태량 값이 나와 있다.

[표 7-3] 물의 온도기준 포화증기표

온도 (℃)	압력 (kPa)	비체적(m^3/kg)			내부에너지(kJ/kg)		
		포화 액체	포화 증기	증발	포화 액체	포화 증기	증발
		v_ℓ	v_g	$v_{\ell g}$	u_ℓ	u_g	$u_{\ell g}$
0.01	0.6113	0.001000	206.132	206.131	0	2375.33	2375.33
5	0.8721	0.001000	147.118	147.117	20.97	2382.24	2361.27
10	1.2276	0.001000	106.377	106.376	41.99	2389.15	2347.16
15	1.705	0.001001	77.925	77.924	62.98	2396.04	2333.06
20	2.339	0.001002	57.7897	57.7887	83.94	2402.91	2318.98
25	3.169	0.001003	43.3593	43.3583	104.86	2409.76	2304.90
30	4.246	0.001004	32.8932	32.8922	125.77	2416.58	2290.81
35	5.628	0.001006	25.2158	25.2148	146.65	2423.36	2276.71
40	7.384	0.001008	19.5229	19.5219	167.53	2430.11	2262.57

(2) 압력기준 포화증기표

포화압력에 따른 포화액과 건포화증기의 상태 값은 [표 7-4]와 같이 나타내었다. 이것 또한 온도기준 포화증기표와 같은 형식으로 포화압력이 결정되면 그에 따른 포화온도가 표시되어 있고, 대응하여 포화액과 포화증기점의 각종 상태량 값이 나와 있다.

[표 7-4] 물의 압력기준 포화증기표

| 압력 (kPa) | 온도 (℃) | 비체적(m³/kg) | | | 내부에너지(kJ/kg) | | |
| | | 포화 액체 | 포화 증기 | 증발 | 포화 액체 | 포화 증기 | 증발 |
		v_ℓ	v_g	$v_{\ell g}$	u_ℓ	u_g	$u_{\ell g}$
0.6113	0.01	0.001000	206.132	206.131	0	2375.3	2375.3
1	6.98	0.001000	129.20802	129.20702	29.29	2384.98	2355.69
1.5	13.03	0.001001	87.98013	87.97913	54.70	2393.32	2338.63
2	17.50	0.001001	67.00385	67.00285	73.47	2399.48	2326.02
2.5	21.08	0.001002	54.25385	54.25285	88.47	2404.40	2315.93
3	24.08	0.001003	45.66502	45.66402	101.03	2408.51	2307.48

(3) 과열증기표

과열증기 영역의 상태량 값을 [표 7-5]와 같이 각각 다른 온도와 압력에 대한 과열증기의 비체적, 내부에너지, 엔탈피, 엔트로피가 표시되어 있다.

[표 7-5] 물의 과열증기표

온도 (℃)	v [m³/kg]	u [kJ/kg]	h [kJ/kg]	s [kJ/kg·K]	v [m³/kg]	u [kJ/kg]	h [kJ/kg]	s [kJ/kg·K]
	$P=10$kPa(45.18℃)				$P=50$kPa(81.33℃)			
Sat.	14.67355	2437.89	2584.63	8.1501	3.24034	2483.85	2645.87	7.5939
50	14.86920	2443.87	2592.56	8.1749	—	—	—	—
100	17.19561	2515.50	2687.46	8.4479	3.41833	2511.61	2682.52	7.6947
150	19.51251	2587.86	2782.99	8.6881	3.88937	2585.61	2780.08	7.9400
200	21.82507	2661.27	2879.52	8.9037	4.35595	2659.85	2877.64	8.1579
250	24.13559	2735.95	2977.31	9.1002	4.82045	2734.97	2975.99	8.3555

2 증기선도

증기공학, 냉동공학 등에서 설계 및 기타의 계산을 할 때 증기의 성질을 알 필요가 있을 경우 위에서 살펴본 증기표를 활용하지만, 광범위한 열역학적 상태량 변화 및 상태량을 알기 위해서는 증기선도를 사용한다. 연구결과로 밝혀진 증기의 성질 P, v, T, h 및 s 중에서 임의의 두 가지를 좌표로 잡아 각 성질의 변화를 표시한 것이 증기선도이다. 이 증기선도에 의하면 임의의 상태변화에 대한 각 성질의 변화를 측정할 수 있다. 또한, 실제의 공학문제에서 해야 할 계산을 생략할 수 있다는 이점이 있다[교재의 부록 참고].

일반적으로 가장 널리 사용되는 선도는 $P-v$선도, $T-s$선도, $P-h$선도이다. 예를 들면, 증기기관에 대하여는 $P-v$선도와 $T-s$선도가 주로 사용되며, 증기터빈에서는 $h-s$와 $T-s$선도가, 냉동기에서는 $P-h$선도 및 $T-s$선도가 각각 많이 활용되고 있다.

(1) $T-s$선도

증기의 상태변화에서 유체가 주고받는 열량은 $T-s$선도상의 면적으로 표시한다. 즉 $q = \int T ds$ 성립한다. 이 선도에서 가로축은 엔트로피 s를, 세로축은 절대온도 T를 나타낸 선도로서[부록 그림 C.1 참조], 열량을 측정하기 위해서는 면적을 구하여야 하므로 조금은 불편하다.

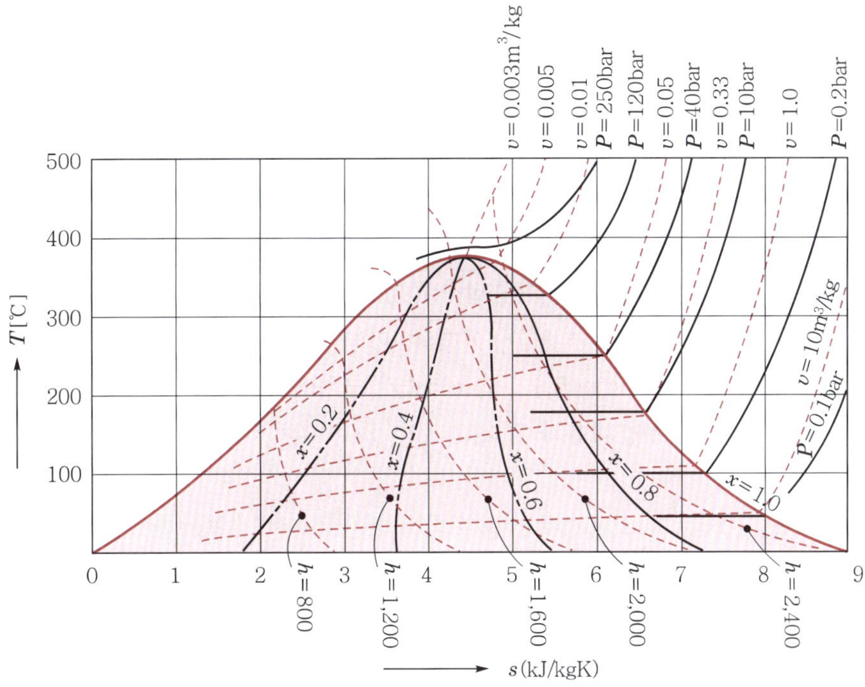

[그림 7.13] 수증기의 $T-s$선도(내부 상세)

[그림 7.13]을 간략하게 그리면 [그림 7.14]와 같고, 각각의 점 및 선은 다음과 같이 나타낸다.

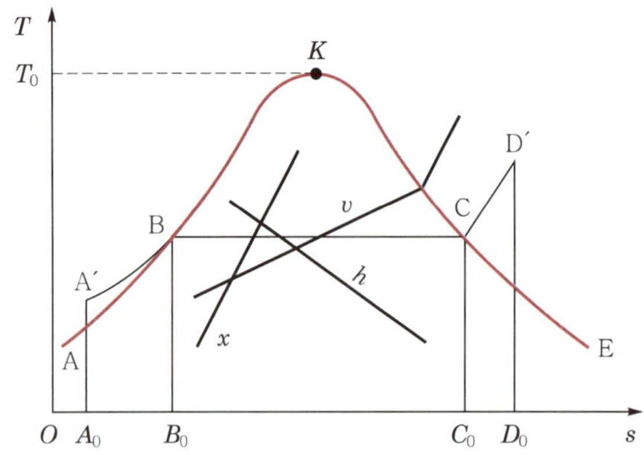

[그림 7.14] 증기의 $T-s$ 선도(간략)

① 등압선(등온선 BC) : 포화증기 구역에서는 압력과 온도가 일정하므로 일치
② 등적선($v_g = v = v_\ell$)

$$x = \frac{v - v_\ell}{v_g - v_\ell} \tag{7.21}$$

③ 등건도선($x_2 = x = x_1$) : 습포화 증기구역에서만 존재하는 곡선이다. 습포
화증기에서의 건도가 일정한 선은 다음 식으로 얻어진다.

$$s = s_\ell + x \frac{\gamma}{T_s} \tag{7.22}$$

위 관계로부터 x를 일정하게 잡아 주었을 경우 각각 다른 T_s에 대한 s, γ
로부터 s를 구할 수가 있다. 이때의 변화곡선이 바로 등건도선이다.
④ 등엔탈피선($h_2 = h = h_1$) : 습포화증기 구역에서 $h = h_{1\ell} + x\gamma$의 관계로
부터 x를 찾으면 다음과 같다.

$$x = \frac{h - h_\ell}{\gamma} \tag{7.23}$$

(2) $h-s$ 선도(Mollier chart)

몰리에르 선도
(Mollier chart)

독일인의 몰리에르(Mollier) 교수가 1904년에 고안한 것으로 [그림 7.15]와 같은
$h-s$ 선도 혹은 몰리에르 선도(Mollier chart)라고 한다[부록 그림 C.2 참조].
즉, 종축에 엔탈피 h, 횡축에 엔트로피 s를 좌표로 취한 것으로 단열 변화가 수
직선으로 표시되는 한편, 단열변화에 따르는 엔탈피의 변화를 직선의 길이로 구

할 수 있으므로 증기터빈의 설계에서는 특별히 유용한 선도이다. 또 교축 현상과 같은 엔탈피 일정의 변화는 수평선이 된다. [그림 7.16]은 $h-s$ 선도를 간략화한 것이다.

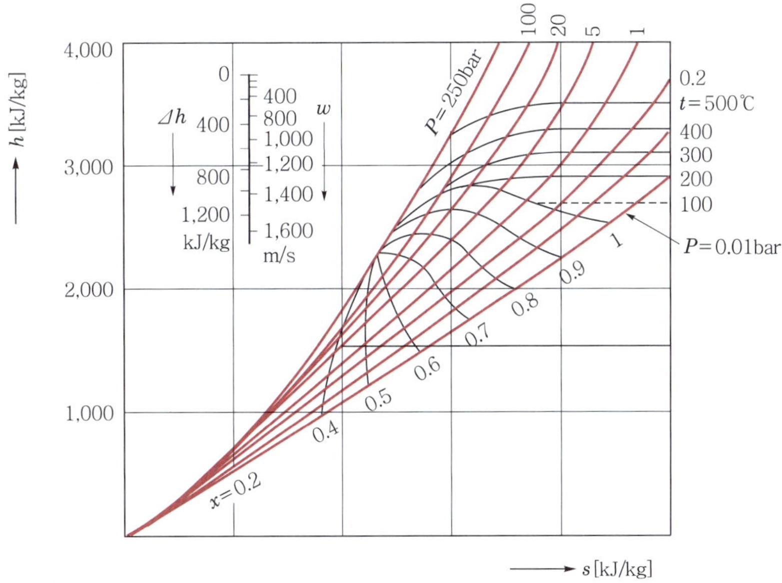

[그림 7.15] 증기의 Mollier chart(내부 상세)

열량을 구하는 경우 $T-s$ 선도의 면적을 측정하지만 이 $h-s$ 선도에서는 단열변화가 수직선으로 표시되어 있어 단열변화에 따른 엔탈피의 변화를 수직선의 길이만 알게 되면 구할 수 있으므로 증기터빈의 설계에서는 특별히 중요한 선도이다. 이 $h-s$ 선도에서는 건조도가 70% 이상인 습증기와 과열증기의 값만을 찾을 수 있으며, 60% 이하의 습증기와 포화액의 압축액 값은 나타나지 않는다.

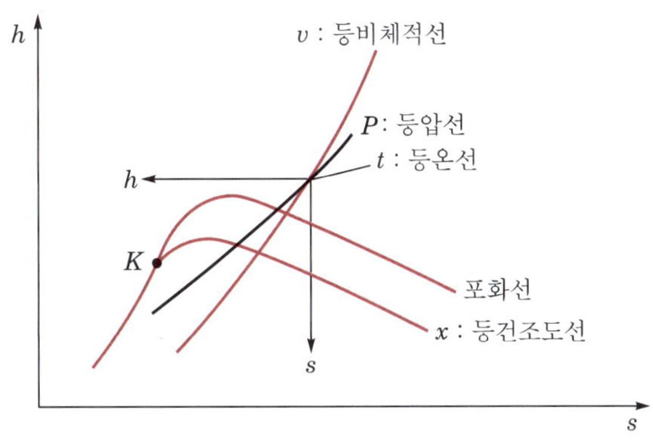

[그림 7.16] 증기의 $h-s$ 선도(간략)

(3) $P-h$ 선도

암모니아(NH_3)나 프레온과 같은 냉동기의 동작유체인 냉매(refrigerant)의 상태변화는 [그림 7.17]과 같은 $P-h$ 선도를 많이 활용하고 있다[부록 그림 C.3, R-134a 참조]. 이 선도에서는 등압변화가 수평인 직선이므로 그 길이는 $\Delta h = \Delta q$로 되어 열량을 나타낸다. 단열변화에서는 $\delta q = dh - v\,dP$에서 $\Delta h = v\,dP$로서 등엔트로피선(isentropic line)에 따른 엔탈피의 변화로부터 열량이 구해진다. [그림 7.17]에서 각 과정을 설명하면 다음과 같다.

과정 1-2 : 등엔탈피 과정(냉매가 교축 팽창하여 기화되는 과정)

과정 2-3 : 등온·등압 과정(기화된 냉매가 증발기로부터 흡열하는 과정)

과정 3-4 : 등엔트로피 과정(습증기를 단열 압축하는 과정)

과정 4-1 : 등압방열 과정(압축된 냉매증기가 응축기로부터 방열하여 액화되는 과정)

위 2-3 과정에서는 열을 흡수하여 냉매가 습증기가 되고, 4-1 과정에서는 열을 방출하여 냉매를 응축한다.

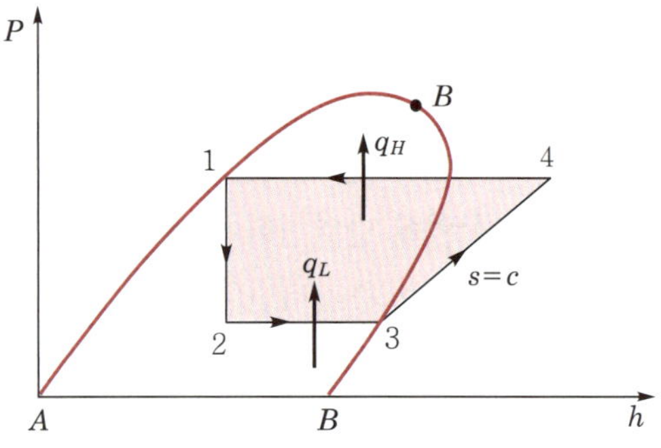

[그림 7.17] 증기의 $P-h$ 선도

예제 7.6

압력 2,000kPa, 건도 95%, 습포화증기 500kg을 일정한 압력하에서 450℃의 과열증기로 할 경우 다음을 구하라.

① 필요한 열량

② 팽창에 의한 일

③ 내부에너지 증가

풀이 ① 필요한 열량

$$h_1 = h_{1\ell} + x(h_{1g} - h_{1\ell}) = 908.77 + 0.95(2799.51 - 908.77)$$
$$= 2704.97 \text{kJ/kg}$$

$$h_2 = 3357.48 \text{kJ/kg}$$

$$\therefore Q = m(h_2 - h_1) = 500 \times (3357.48 - 2704.97) = 326,255 \text{kJ}$$

② 팽창에 의한 일

$$v_1 = v_{1\ell} + x(v_{1g} - v_{1\ell}) = 0.001177 + 0.95(0.09963 - 0.001177)$$
$$= 0.09470735 \text{m}^3/\text{kg}$$

$$v_2 = 0.16353 \text{m}^3/\text{kg}$$

$$\therefore W = mP(v_2 - v_1) = 500 \times 2,000(0.16353 - 0.09470735)$$
$$= 68822.65 \text{kJ}$$

③ 내부에너지 증가 : $h = u + Pv$의 관계식에 적용한다.

$$u_1 = h_1 - P_1 v_1 = 2704.97 - 2,000 \times 0.09470735$$
$$= 2515.56 \text{kJ/kg}$$

$$u_2 = h_2 - P_2 v_2 = 3357.48 - 2,000 \times 0.16353 = 3030.42 \text{kJ/kg}$$

$$\therefore \Delta U = m(u_2 - u_1) = 500 \times (3030.42 - 2515.56)$$
$$= 257,430 \text{kJ}$$

예제 7.7

밀폐 용기에 $R-134a$가 50℃에서 평형을 이루고 들어 있다. 이때, 0.15 m³은 포화액체이고 0.85 m³은 포화증기일 때 질량기준 건분 x를 구하라.

풀이
$$v_\ell = \frac{V_\ell}{m_\ell} \rightarrow m_\ell = \frac{V_\ell}{v_\ell} = \frac{0.15}{0.000908} = 165.198 \text{kg}$$

$$v_g = \frac{V_v}{m_v} \rightarrow m_v = \frac{V_v}{v_g} = \frac{0.85}{0.01512} = 56.217 \text{ kg}$$

$$m_t = m_\ell + m_v = 221.415 \text{kg}$$

$$\therefore x = \frac{56.217}{221.415} = 0.2540 = 25.40\%$$

압력 1,800kPa, 250℃의 과열증기를 400kPa될 때까지 단열팽창시킬 경우 팽창 후의 팽창일을 구하라. 또 $Pv^{1.3} = c$ 과정일 때 일을 구하라. 과열증기 1,800kPa, 250℃에서 $v = 0.12497 \text{m}^3/\text{kg}$, $h = 2797.13 \text{kJ/kg}$, $s = 6.3793 \text{kJ/kg} \cdot \text{K}$ 또 400kPa(143.63℃)일 때 $v_\ell = 0.001084 \text{m}^3/\text{kg}$, $v_g = 0.46246 \text{m}^3/\text{kg}$, $h_\ell = 604.73 \text{kJ/kg}$, $h_g = 2738.53 \text{kJ/kg}$, $s_\ell = 1.7766$, $h_g = 6.8958$, $\gamma = 2133.81 \text{kJ/kg}$, $s_\ell = 1.7766 \text{kJ/kgK}$, $s_g = 6.8958 \text{kJ/kgK}$이다.

풀이 (1) $\delta q = du + \delta w \rightarrow {}_1w_2 = 0 - (u_2 - u_1) = u_1 - u_2$을 이용하여 구한다.

$$s_2 = s = s_{2\ell} + x_2(s_{2g} - s_{2\ell}) \rightarrow x_2 = \frac{s_2 - s_{2\ell}}{s_{2g} - s_{2\ell}}$$

$$\therefore x_2 = \frac{6.3793 - 1.7766}{6.8958 - 1.7766} = 0.8991 = 89.91\%$$

$$h_2 = h_{2\ell} + x_2(h_{2g} - h_{2\ell}) = h_{2\ell} + x_2\gamma_2$$
$$= 604.73 + 0.8991 \times 2133.81$$
$$\fallingdotseq 2523.25 \text{kJ/kg}$$

$$v_2 = v_{2\ell} + x_2(v_{2g} - v_{2\ell})$$
$$= 0.001084 + 0.8991(0.46246 - 0.001084)$$
$$\fallingdotseq 0.41591 \text{m}^3/\text{kg}$$

$$h_1 = 2797.13 \text{kJ/kg}$$

① $u_1 = h_1 - P_1v_1 = 2797.13 - 1,800 \times 0.12497 \fallingdotseq 2572.184 \text{kJ/kg}$

② $u_2 = h_2 - P_2v_2 = 2523.25 - 400 \times 0.41591 \fallingdotseq 2356.886 \text{kJ/kg}$

$$\therefore {}_1w_2 = u_1 - u_2 = 2572.184 - 2356.886 = 215.3 \text{kJ/kg}$$

(2) $Pv^{1.3} = c$ 관계식으로부터 v_2를 먼저 구한 후 폴리트로픽과정의 팽창일을 구한다.

$$v_2 = v_1\left(\frac{P_1}{P_2}\right)^{\frac{1}{n}} = 0.12497\left(\frac{18}{4}\right)^{\frac{1}{1.3}} = 0.39744 \text{m}^3/\text{kg}$$

$$\therefore {}_1w_2 = \frac{1}{n-1}(P_1v_1 - P_2v_2)$$
$$= \frac{1 \times 100}{1.3 - 1}(18 \times 0.12497 - 4 \times 0.39744)$$
$$\fallingdotseq 219.90 \text{kJ/kg}$$

7.5 증기의 상태변화

수증기는 공업에서 취급되는 기체 중 가장 대표적으로 많이 사용하는 것으로, 특히 산업설비에서 동력원의 작업(작동)유체로 이용되고 있다. 따라서 수증기의 성질을 잘 안다는 것은 매우 중요하며, 최근에는 증기 원동소의 현저한 발전과 더불어 고온, 고압의 증기가 사용됨으로써 이용가치도 보다 높게 되었다. 따라서 동작유체인 수증기의 기본 성질을 알아봄으로써 산업설비의 성능을 개선하고 양질의 동력을 추출할 수 있게 된다. 결국 포화증기의 온도와 압력 관계를 알아보아야 하며, 이에 대한 학문적 접근방법으로 압력과 온도 등에 따라 실험결과 값을 이용하는 몇 가지 방법 및 관련 식이 있다.

증기의 상태변화를 조사하려면 보통 증기선도를 활용하는 것이 편리하나, 실제로 어떤 문제를 해결할 때는 증기표 및 선도를 동시에 이용하여 상태량을 구하여 해결하는 것이 보통이다. 증기의 상태변화에는 등압변화, 등온변화, 등적변화, 교축과정, 단열변화 등 5가지가 있고, 다음과 같이 단위 질량당 상태변화에 있어서 가역변화의 경우를 생각해보자.

증기의 상태변화

(1) 정적변화(isovolumetric change) 또는 등적변화(isochoric change)

보일러와 같은 밀폐된 용기 내부에 물을 넣은 뒤 가열하면 등적변화가 일어난다. [그림 7.18]은 정적변화 과정을 보여주는 선도이며, 처음 상태 1에서 끝의 상태 2까지 증기는 정적변화를 하여 그 건도가 x_1으로부터 x_2까지 증가한다면, 열역학적 상태량의 변화는 다음과 같게 된다. 먼저, 상태변화 후의 건도 x_2는 정적($v_1 = v_2$)상태이므로 관련 식으로부터 구하면 다음 관계로부터 구한다.

정적변화
(isovolumetric change)

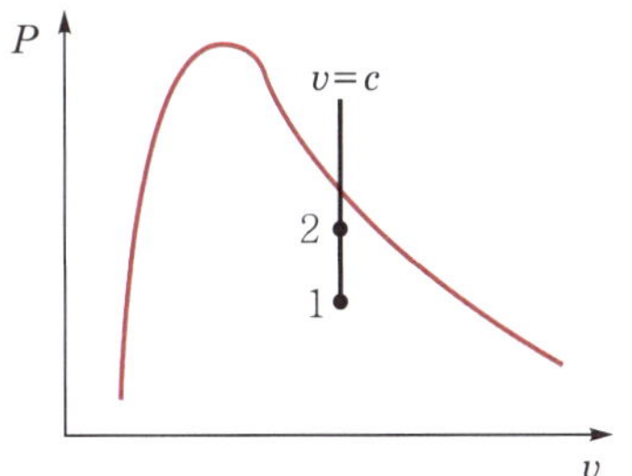

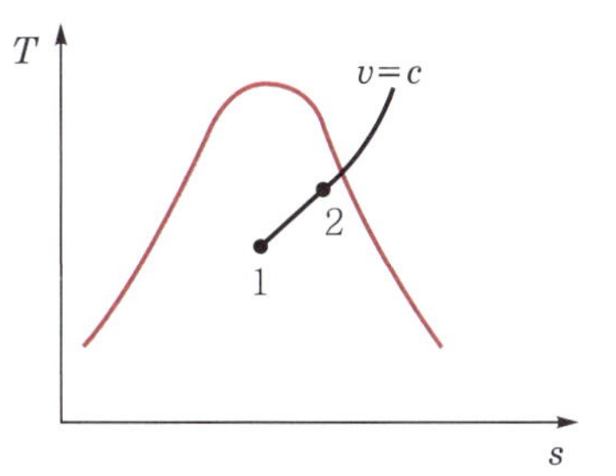

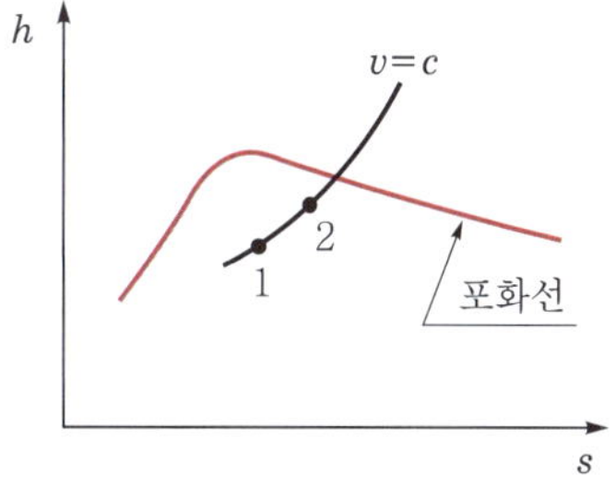

[그림 7.18] 증기의 정적변화

$$x_2 = x_1 \frac{v_{1g} - v_{1\ell}}{v_{2g} - v_{2\ell}} + \frac{v_{1\ell} - v_{2\ell}}{v_{2g} - v_{2\ell}} \tag{7.24}$$

다음, 가열량 $_1q_2$는 증기 단위 질량 1kg당 에너지 식을 적용하면 다음과 같이 나타낼 수 있다. 즉,

$$_1q_2 = u_2 - u_1 = (h_2 - h_1) - v(P_2 - P_1)\,[\text{kJ/kg}] \tag{7.25}$$

가 된다. 또 팽창일 $_1w_2$, 공업일 w_t는 다음과 같다.

$$_1w_2 = \int_1^2 P\,dv = 0$$
$$w_t = -\int_1^2 v\,dP = -v(P_2 - P_1)\,[\text{kJ/kg}] \tag{7.26}$$

(2) 등압변화(isobaric change)

등압변화는 습포화증기 영역에서는 등온변화와 일치한다. [그림 7.19]에서는 등압변화 과정을 보여주는 선도이며, 상태 1에서 상태 2로 변화하면 필요한 가열량 $_1q_2\,[\text{kJ/kg}]$은 식 (7.27)과 같다.

등압변화(isobaric change)

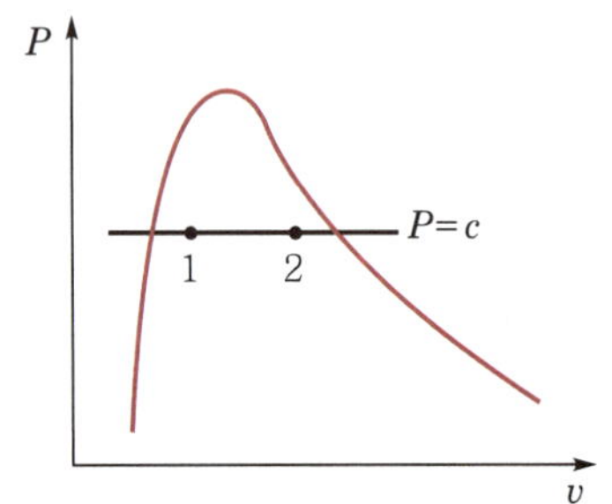

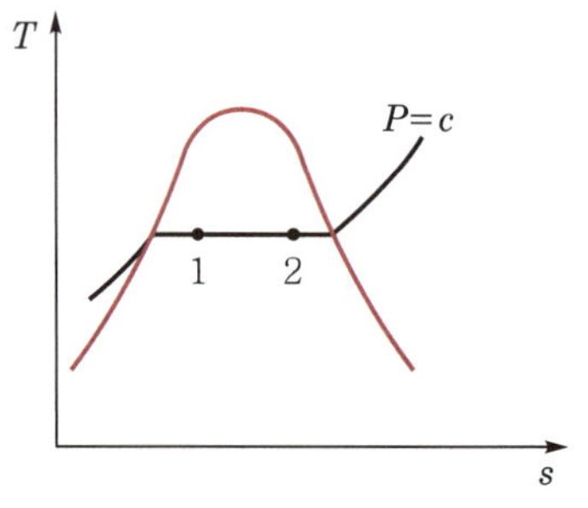

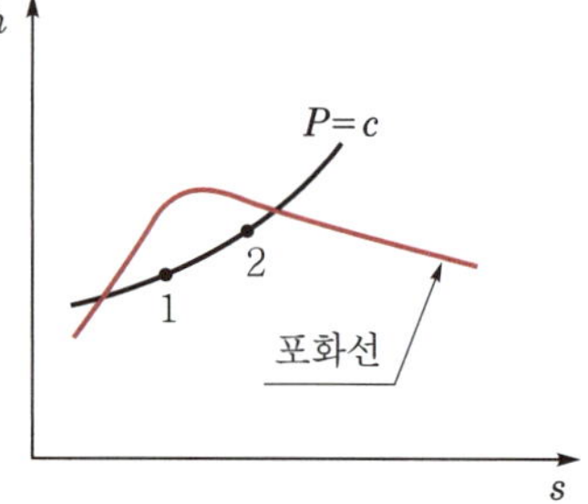

[그림 7.19] 증기의 등압변화

$$_1q_2 = \int_1^2 du + \int_1^2 P\,dv = (u_2 - u_1) + P(v_2 - v_1)$$
$$= h_2 - h_1\,[\text{kJ/kg}] \tag{7.27}$$

절대일의 크기 변화와 공업일의 변화는 다음 식으로부터 구한다. 즉, 팽창일의 변화 $_1w_2[\mathrm{kJ/kg}]$와 공업일의 변화 $w_t[\mathrm{kJ/kg}]$는 식 (7.28)과 같다.

$$_1w_2 = \int_1^2 Pdv = P(v_2 - v_1)[\mathrm{kJ/kg}]$$

$$w_t = -\int_1^2 vdP = 0 \tag{7.28}$$

따라서 위 식에서 보듯이 등압변화에서는 공업일의 변화는 없다.

(3) 등온변화(isothermal change)

[그림 7.20]은 등온변화 과정을 보여주는 선도이며, 습포화증기 구역에서는 등온변화는 등압변화와 같이 온도가 일정하게 유지된다. 과열증기 구역에서는 온도가 같지 않고 과열증기표를 사용해서 서로 일치되는 온도에서 $v,\ s,\ h$를 구하면 된다. 등온변화 중에 출입하는 열량은 증기 단위 질량 1kg에 대하여 다음 식과 같다.

등온변화
(isothermal change)

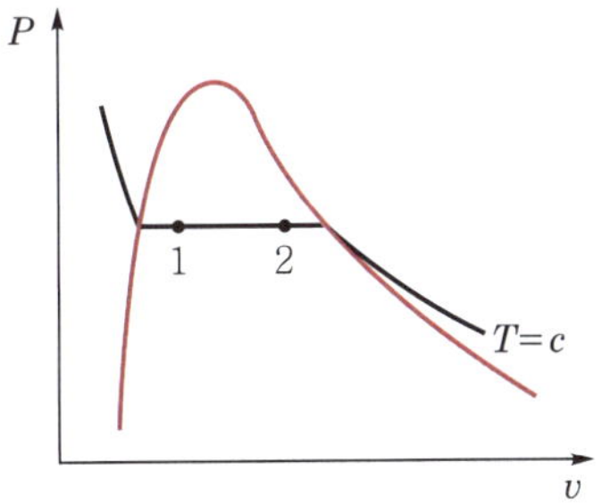
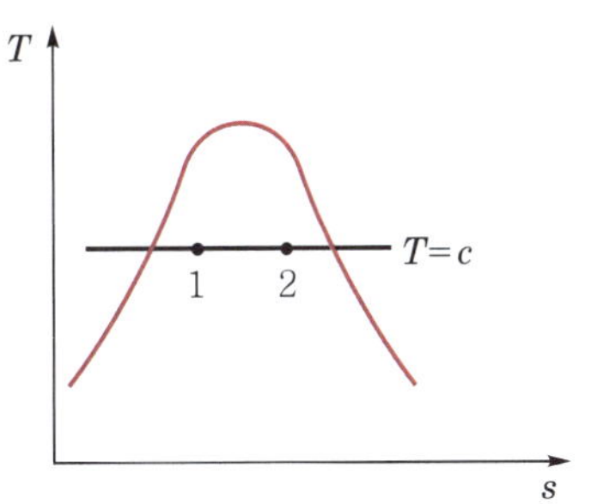
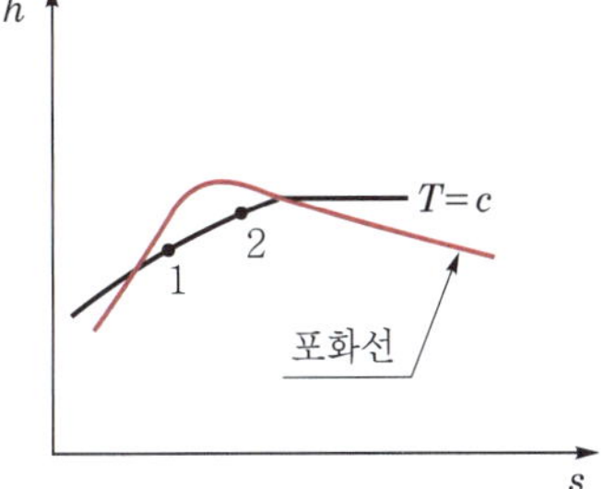

[그림 7.20] 증기의 등온변화

$$_1q_2 = u_2 - u_1 + \int_1^2 Pdv = \int_1^2 Tds$$

$$= T(s_2 - s_1)[\mathrm{kJ/kg}] \tag{7.29}$$

또, 습증기 구역에서는 가열 열량은 엔탈피변화와 같고 정압을 유지하므로 정압변화에서의 열량 크기와 같다. 그 크기는 다음 식으로부터 구한다.

$$_1q_2 = h_2 - h_1 = \gamma(x_2 - x_1) \tag{7.30}$$

그리고 팽창일의 크기 $_1w_2$는

$$_1w_2 = \int_1^2 Pdv$$
$$= P(v_2 - v_1) = (v_{2g} - v_{1\ell}) \tag{7.31}$$

이다. 공업일의 변화 w_t는 다음으로부터 구한다.

$$w_t = -\int_1^2 vdP$$
$$= {}_1w_2 + P_1 v_1 - P_2 v_2 \tag{7.32}$$

(4) 단열변화(adiabatic change)

단열변화
(adiabatic change)

단열변화는 [그림 7.21]과 같고, 이 변화 중에는 엔트로피는 변화하지 않고, 변화 중에 출입하는 열량도 0이다. 따라서 포화 영역에서 가역 단열변화를 생각할 경우 그림의 상태 1 및 상태 2의 건도 x_1, x_2 사이에는 다음 관계가 있다.

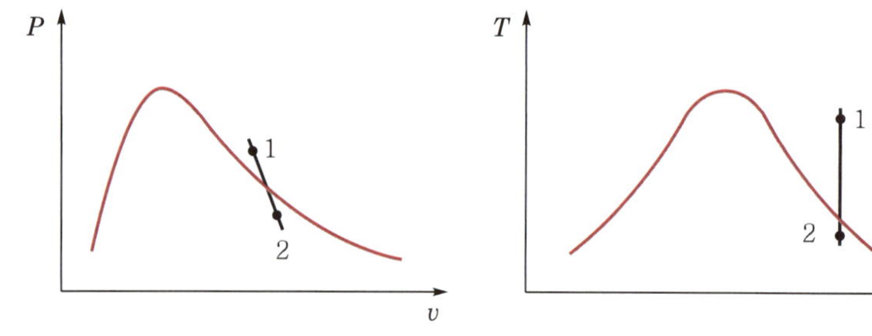
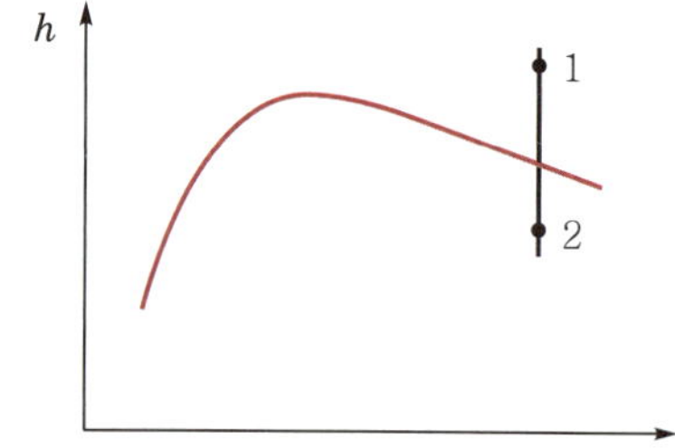

[그림 7.21] 증기의 단열변화

$$s_1 = s_{1\ell} + x_1(s_{1g} - s_{1\ell}) = s_{1\ell} + x_1(\gamma_1 / T_1) \tag{a}$$

$$s_2 = s_{2\ell} + x_2(s_{2g} - s_{2\ell}) = s_{2\ell} + x_2(\gamma_2 / T_2) \tag{b}$$

단열변화에서는 등엔트로피 과정이 되므로 $s_1 = s_2$로 되며, 위 식 (a)=(b)식을 같이 놓고 건도 x_2를 찾으면 다음과 같이 된다.

$$x_2 = x_1 \, \frac{s_{1g} - s_{2\ell}}{s_{2g} - s_{2\ell}} + \frac{s_{1\ell} - s_{2\ell}}{s_{2g} - s_{2\ell}} \tag{7.33}$$

여기서, $s_{1\ell}$, s_{1g} 및 $s_{2\ell}$, s_{2g}는 압력 P_1 및 P_2하에서의 엔트로피 값이고, 증기표에서 찾을 수가 있다. 이 과정이 단열변화이므로 열량변화는 없다. 즉,

$$_1q_2 = (u_2 - u_1) + \int_1^2 P\,dv = 0$$
$$_1q_2 = (h_2 - h_1) - \int_1^2 v\,dP = 0 \tag{7.34}$$

이다.

또, 절대일 $_1w_2$와 공업일 w_t는 에너지 일반식으로부터 다음과 같다.

$$_1w_2 = -(u_2 - u_1) = -\Delta u$$
$$w_t = -(h_2 - h_1) = -\Delta h \tag{7.35}$$

(5) 교축과정(throttling process)

증기가 밸브(valve)나 오리피스(orifice)와 같은 작은 단면을 통과할 때 외부에 대해서는 일을 하지 않고 다만 압력과 온도의 강하만 발생하는데, [그림 7.22]와 같이 $h-s$ 선도 및 $T-s$ 선도상의 1→2 상태변화로부터 확인할 수가 있고, 이 현상을 교축과정(throttling process)이라고 한다. 이러한 교축현상을 Joule-Thomson 효과라고 하며, 1852년부터 1862년까지 Joule과 Thomson이 공동으로 수행한 실험에 의하여 발견된 것으로부터 Linde는 이러한 성질, 즉 온도감소에 의한 냉각효과를 이용하여 공기의 액화를 실현시켰다. 그러나 완전기체의 경우는 이와 같은 냉각효과는 발생하지 않는다.

교축과정에서 비가역 정상유동 과정으로 열전달이 전혀 없고($_1Q_2 = 0$) 일을 하지 않는($_1W_2 = 0$) 과정으로 가정할 경우, 열역학 제1법칙의 일반 관계식으로부터 엔탈피는 일정($h=c$)하게 되므로, [그림 7.22]와 같은 $h-s$ 선도에서 엔탈피선이 수평선으로 표시된다. 또 $h-s$ 선도로부터 엔트로피는 항상 증가하고 압력은 항상 감소됨을 알 수 있다. 이때 교축전의 건도 x_1은 다음과 같은 관계식으로부터 계산할 수 있다. 즉, 교축과정은 등엔탈피변화이므로 다음 식으로부터 건도 x_1을 구하면,

교축과정
(throttling process)

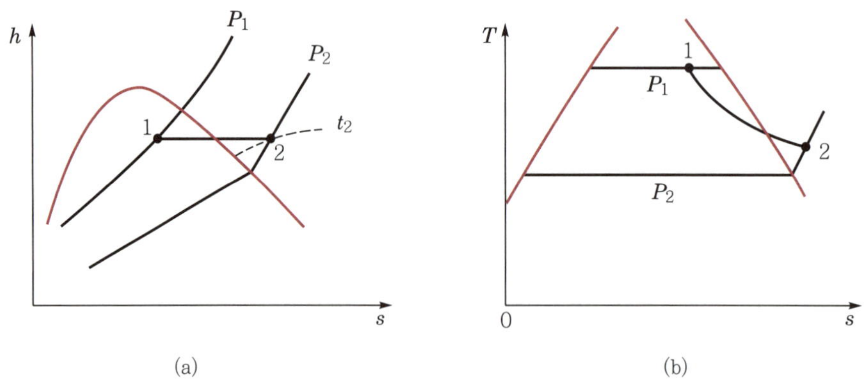

[그림 7.22] 교축변화

$$h_1 = h_{1\ell} + x_1\gamma_1 = h_2$$

$$\therefore x_1 = \frac{h_2 - h_{1\ell}}{\gamma_1} \tag{7.36}$$

이 된다. 여기서, γ_1은 상태 1에서의 증발열, h_2는 교축 후의 비엔탈피, $h_{1\ell}$는 교축전 포화액의 비엔탈피(specific enthalpy)이다.

한편, 습증기를 교축하면 건도는 증가하여 1이 되며, 건도 1의 증기를 교축하면 과열증기가 되는데, 이런 현상을 이용하여 습포화증기의 건도를 측정하는 계기를 교축 열량계(throttling calorimeter)라고 한다.

교축 열량계
(throttling calorimeter)

01 증발잠열에 대해서 기술하라.

02 물을 단순압축성 순수물질로 가정할 때 다음 질문에 답하라.
   (1) 물을 표준 대기압(STP)에서 가열할 때 $T-v$, $P-v$, $T-s$ 선도를 각각 그리고, 등압선 및 등온선을 나타낸 후 선도상에 각 상태점을 표시한 후 상변화 과정을 기술하라.
   (2) 물의 $P-T$ 선도를 그리고 상변화 과정 및 3중점을 나타내라.
   (3) $T-s$ 선도에 현열과 잠열(증발잠열)의 정의와 크기를 구하는 식을 구하라.

03 용기의 체적이 10m^3일 때 용기 내에는 2,500kg의 물과 증기가 혼합된 습증기 상태로 들어있다. 용기 내의 습증기의 압력이 1MPa일 때 다음을 구하라. 단, 1MPa의 압력기준 포화 수증기표에서 $v_l = 1.1274 \times 10^{-3}\text{m}^3/\text{kg}$, $v_g = 0.194293\text{m}^3/\text{kg}$이다.
   (1) 습증기의 건도 $x[\%]$는?
   (2) 액체의 질량 $m_l[\text{kg}]$은?
   (3) 증기(기체)의 질량 $m_g[\text{kg}]$은?
   (4) 액체의 체적 $V_l[\text{m}^3]$는?
   (5) 증기의 체적 $V_g[\text{m}^3]$는?

04 압력 1500kPa, 포화온도 198.32℃의 포화증기는 $v_\ell = 0.001154\text{m}^3/\text{kg}$, $v_g = 0.13177\text{m}^3/\text{kg}$, $h_\ell = 839.64\text{kJ/kg}$, $h_g = 2792.15\text{kJ/kg}$이다. 건도 83%인 습포화증기의 비체적 $v[\text{m}^3/\text{kg}]$과 엔탈피 $h[\text{kJ/kg}]$는 얼마인가?

05 10℃의 물 1m^3에 100℃의 건포화증기를 넣어 30℃가 되었다. 증발열이 2255.715kJ/kg일 때 유입 증기는 몇 kg이 되는가?

06 체적 280L인 탱크 내에 온도 150℃의 수증기가 1.8kg 들어 있다. 이 증기의 상태량을 구하라. 단, 150℃일 때 $v_\ell = 0.00109\text{m}^3/\text{kg}$, $v_g = 0.39278\text{m}^3/\text{kg}$이다.

07 압력 294kPa에서 물의 증발열은 2163.65kJ/kg이며, 포화온도는 132.88℃이다. 물 5kg을 294kPa하에서 증발시킬 때 엔트로피의 변화는 몇 kJ/K인가?

08 물 1kg이 압력 294kPa하에서 증발하여 1.2m^3로 체적이 증가하였다. 증발열이 2163.65kJ/kg일 경우 외부증발열 ψ, 내부증발열 ρ를 구하라.

09 물 1kg이 포화온도 120℃에서 증발할 때 증발열은 2,184kJ/kg이다. 증발하는 동안의 엔트로피의 증가는 몇 kJ/kg·K인가?

10 단열 노즐에서 입구상태는 수증기가 압력 600kPa, 온도 200℃, 속도 40m/s로 들어가 출구상태는 압력 150kPa, 속도 650m/s로 분출될 때 다음을 계산하라. 단, 출구의 습증기 상태 압력기준(150kPa)의 포화 수증기표에서 엔탈피는 $h_g = 2693.54$kJ/kg, $h_l = 467.1$kJ/kg이고, 입구 수증기의 엔탈피는 $h_i = 2850.1$kJ/kg이다.

(1) 노즐 출구의 엔탈피 h_e[kJ/kg]과 출구의 상태가 습증기일 때 건분(건도) x_e는?

(2) 만약, 정상유동일 때 $\dot{m}v_2 = A_2 V_2$를 적용할 때 노즐출구의 단면적 A_2[m²]는?

단, $\dot{m} = 2$kg/s이다.

11 다음 조건의 물에 대하여 과열증기인지 습증기인지 확인하고 과열증기의 경우는 과열증기의 온도 T[℃]를, 습증기인 경우는 건분 x를 각각 구하라.

(1) 압력이 300kPa이고, 비체적 $v = 1.0$m³/kg일 때?

(2) 온도 200℃, $v = 0.1$m³/kg일 때?

12 2,000kPa의 건포화증기를 20kPa까지 단열팽창시킬 때 팽창 후 건도는 약 몇 %인가? 단, $s_{g1} = 6.3408$kJ/kg·K, $\gamma_2 = 2358.33$kJ/kg, $s_{\ell2} = 2.4473$kJ/kg·K, $T_2 = 333.06$K 이다.

13 체적 5m³인 탱크 속에 압력 1,200kPa, 건도 0.8인 습증기가 들어 있다. 이 증기를 가열하여 350℃로 하였을 때 탱크 속의 압력을 2,000kPa로 하려면 몇 kg의 증기를 뽑아내야 하는가? 단, 1,200kPa에서 $v_\ell = 0.001139$m³/kg, $v_g = 0.166333$m³/kg, 수증기의 기체상수 $R = 0.4615$kJ/kg·K이다.

14 온도 250℃, 체적 0.042m³의 습증기 1kg이 일정한 온도하에서 팽창하여 체적과 엔트로피는 0.37m³, 7.14967kJ/kg·K으로 되었다. 이 증기에 공급된 열량은 몇 kJ/kg인가? 단, 증기표에 의하면 250℃ 상태의 포화증기에서 $v_{\ell1} = 0.001251$m³/kg, $v_{g1} = 0.05013$m³/kg, $s_{\ell1} = 2.7927$kJ/kg·K, $s_{g1} = 6.0729$kJ/kg·K이다.

15 습증기의 엔트로피가 압력 2,000kPa에서 3.2150kJ/kg·K이다. 그 압력에서 포화액체 및 포화증기의 엔트로피가 각각 $s_\ell = 2.4473$kJ/kg·K 및 $s_g = 6.3408$kJ/kg·K이라면 이 습증기의 건조도는 몇 %인가?

16 표준 대기압 1atm하에서(온도 100℃) 물의 증발잠열은 2,256.9kJ/kg이다. 여기서 포화액체점의 $v_1 = 0.0010440\text{m}^3/\text{kg}$이고, 포화기체점의 $v_2 = 1.6778\text{m}^3/\text{kg}$이다. 이 증발 과정에서 물의 다음을 구하라.

(1) 이 과정에서 가한 열량이 엔탈피의 차, 즉 $_1q_2 = h_2 - h_1$임을 설명하라.

(2) 이 과정의 내부에너지 변화 $u_2 - u_1[\text{kJ/kg}]$을 구하라.

17 초기 습증기 상태의 물이 체적 0.1m^3이고 압력은 0.4MPa 질량은 0.5kg 상태로 피스톤-실린더 장치에 들어 있다. 압력을 일정하게 유지하면서 300℃로 가열할 때 다음을 구하라.

(1) 초기 엔달피 $h_1[\text{kJ/kg}]$과 가열 후 엔탈피 $h_2[\text{kJ/kg}]$을 각각 구하라.

(2) 이 과정 동안의 가열량(kJ)과 일의 변화(kJ)는?

(3) 내부에너지 변화(kJ)는?

18 1,000kPa 건포화증기를 4kPa까지 단열팽창시킬 때, 건조도는 몇 %인가? 단, 1,000kPa 건포화증기의 엔트로피 2.1386kJ/kg·K이고, 4kPa일 때 포화수의 엔트로피는 0.4226kJ/kg·K, 엔탈피는 121.44kJ/kg, 잠열 γ는 2432.93kJ/kg이며, 이때의 포화온도는 28.96℃이다.

19 30℃의 물 20kg에 100℃의 증기를 넣어 물의 질량이 30kg, 온도가 80℃가 되었다. 이때 넣은 증기의 건조도는? 단, 표준 대기압하에서 증기의 증발열은 2257.12kJ/kg이다.

20 온도 250℃, 건도 59%인 증기 1kg이 등온팽창하여 압력이 98kPa로 되었다. 공급된 열량은 몇 kJ/kg인가? 단, 250℃일 때의 $s_\ell = 2.7927\text{kJ/kg·K}$, $s_g = 6.0729\text{kJ/kg·K}$이고, 250℃, 98kPa의 $s_2 = 8.04323\text{kJ/kg·K}$이다.

21 사용증기량 750kg/h, 출력 100PS의 소형 증기터빈이 있다. 과열증기가 압력 1,000kPa, 온도 200℃, 속도 24m/sec로 터빈에 들어가고, 압력 2kPa, 속도 90m/sec로 유출된다. 터빈이 단열적으로 작동하는 것으로 보고 배출되는 증기의 건조도를 구하라.

응용연습문제

01 증기의 임계점(critical point)에 대하여 설명하라.

02 $P=2{,}500$kPa의 압력을 갖는 건포화증기의 임계속도는? 단, $v_g=0.07998$m^3/kg, $\kappa=1.135$이다.

03 압력 1,000kPa, 건분 0.9인 습증기 5m^{3}의 질량은 얼마 정도인가? 단, 1,000kPa에서 포화액체 및 포화증기의 비체적은 각각 $v_\ell=0.001127$m^3/kg, $v_g=0.19444$m^3/kg이다.

04 증기, 액체, 고체의 3상이 동시에 존재하면서 서로 평형을 유지하는 점을 3중점(triple point)이라 한다. 물의 3중점을 나타낸 선도를 그리고 압력, 온도, 상변화를 설명하라.

05 과열도란?

06 물 1kg이 압력 200kPa하에서 증발하여 0.9m^{3}로 체적이 증가하였다. 증발열이 2171.42kJ/kg이면 외부 증발열 ψ와 내부 증발열 ρ는 각각 몇 kJ/kg인가?

07 100℃의 수증기 10kg이 100℃ 물로 응결되었다. 수증기의 엔트로피변화량은 몇 kJ/K인가? 단, 수증기의 잠열은 2257.12kJ/kg이다.

08 압력 1atm에서 건도 90%인 습증기를 같은 압력의 포화증기로 만드는 데 몇 kJ/kg의 열량이 필요한가? 단, 증발잠열은 2257.12 kJ/kg이다.

09 100℃의 포화증기 10kg이 표준 대기압하에서 주위의 공기 20℃에 방열하고 포화액으로 되었다면, 이때의 엔트로피 증가는 몇 kJ/K인가? 단, 760 mmHg, 100℃에 있어서 증발열은 2257.12kJ/kg이다.

10 건도 0.95인 습증기 66m^{3}가 압력 6,000kPa의 상태에서 습증기량은 몇 kg인가? 단, 6,000kPa에서 $v_\ell=0.001319$m^3/kg, $v_g=0.03244$m^3/kg이다.

11 체적이 0.1m^{3}인 용기 안에 압력 1MPa, 온도 250℃의 수증기가 들어 있다. 용기의 체적이 일정한 상태로 냉각하여 압력이 0.50MPa로 될 때 다음을 구하라.
(1) 수증기의 내부에너지 u_1[kJ/kg]과 질량(kg)은?
(2) 냉각 후의 비체적 v_2[m^3/kg]과 증기의 상태를 판단하고, 이때 온도 T_2[℃]를 구하라.
(3) 건분(또는 질) x_2와 내부에너지 u_2[kJ/kg]은?
(4) 이 과정 동안의 열전달량 Q_{12}[kJ]은?

12 체적이 0.1m^3인 용기 속에 수증기가 압력 1MPa, 온도 250℃의 상태로 들어있다. 이 수증기가 냉각되어 0.50MPa이 될 때까지 냉각하는 동안 엔트로피 변화를 각각 계산하라. 단, 용기의 체적은 일정하다.

　(1) 만약, 용기 안에 공기가 들어있을 때 엔트로피 변화(ΔS)는 몇 kJ/K인가?

　(2) 또 용기 안에 수증기가 들어있을 때 엔트로피 변화(ΔS)는 몇 kJ/K인가?

13 어느 용기 내에 물이 압력 400kPa의 상태로 비체적 $v=1.1\text{m}^3/\text{kg}$일 때 다음 질문에 답하라.

　(1) $T-v$ 선도를 그리고, 그 위치를 찾아서 상의 상태를 나타내라.

　(2) 이 점에서 증기의 온도 T(℃)를 구하라.

14 0℃의 물 1kg이 100℃의 포화수로 변하는 동안 엔트로피의 변화량은 몇 kJ/kg·K인가?

15 용기의 체적이 0.5m^3일 때 용기 내에는 질량 15kg의 물이 액체와 증기가 혼합된 습증기 상태로 들어있다. 용기 내의 습증기의 압력이 2MPa로 평형을 이루고 있을 때 다음을 구하라.

　(1) 습증기의 건도 $x\,[\%]$는?

　(2) 액체의 질량 $m_l\,[\text{kg}]$은?

　(3) 증기(기체)의 질량 $m_g\,[\text{kg}]$은?

　(4) 액체의 체적 $V_l\,[\text{m}^3]$는?

　(5) 증기의 체적 $V_g\,[\text{m}^3]$는?

16 물(H_2O)이 다음과 같은 조건이 주어질 때 상의 상태를 결정하고, 상이 습증기 상태라면 건분 x를 과열증기 상태일 때는 과열증기의 온도 T[℃]를 구하고, 그 이유를 설명하라.

　(1) $T=120$℃, $v=0.5\,[\text{m}^3/\text{kg}]$일 때?

　(2) $P=100\,[\text{kPa}]$, $v=2.01\,[\text{m}^3/\text{kg}]$일 때?

17 그림과 같이 압력밥솥을 단단히 고정할 수 있도록 하고, 면적 $A=7\,\text{mm}^2$의 작은 마개가 열리면 압력이 빠져나갈 수 있도록 만들어져 있다. 이때 마개의 질량은 몇 g인가? 단, 내부의 온도는 120℃이고, 외부의 공기는 표준대기압으로 101.3kPa이다.

18 다음 조건일 때 질문에 답하라.

(1) 물(H_2O)의 다음 조건에 대하여 과열증기인지 습증기인지 확인하고 습증기인 경우는 건분 x를, 과열증기의 경우는 과열증기의 온도 $T[℃]$를 각각 구하라.

    ① 물이 압력 300kPa이고, 비체적이 $v = 1.0 m^3/kg$ 일 때?

    ② 물의 온도 200℃, $v = 0.1 m^3/kg$ 일 때?

(2) 견고한 용기에 20℃의 암모니아가 포화증기로 들어있다. 이 암모니아에 열이 전달되어 40℃가 되었을 때 최종 압력의 크기는 몇 kPa인가?

19 질량 $m = 5kg$의 물이 보일러에서 가열되어 포화온도 100℃에 도달한 후 포화압력은 1atm이 되었다. 포화 수증기표를 이용하여 다음 질문에 답하라. 이때, 온도 기준 포화 증기표에서 각 상태량은 다음과 같다. 즉, 온도 100℃에서 $h_g = 2676.05 kJ/kg$, $h_l = 419.02 kJ/kg$, $v_g = 1.67290 m^3/kg$, $v_l = 0.001044 m^3/kg$ 이다.

(1) 이 조건의 물의 증발과정에서 단위질량당 가한 열량의 크기가 증발잠열 $\gamma = {}_1q_2 = h_g - h_l$ 임을 보이고, γ의 크기는 몇 kJ/kg인지 계산하라.

(2) 이 과정의 내부 증발잠열 $\rho[kJ/kg]$과 외부 증발잠열 $\psi[kJ/kg]$을 각각 계산하라.

(3) 이 과정에서 엔트로피의 변화(ΔS)는 몇 kJ/kg·K인가?

(4) 만약 보일러 용기의 체적이 $V = 6.5 m^3$라면 습증기의 건도 $x[\%]$는?

20 압력 5,500kPa의 건포화증기의 포화온도가 268.7℃이고 $h_g = 2789.68 kJ/kg$, $h_l = 1178.057 kJ/kg$일 때 증발열은 몇 kJ/kg이 되는가?

21 압력 5,000kPa의 물의 포화온도는 263.99℃이고, 건포화증기의 비체적은 $0.03944 m^3/kg$인데, 이 압력하에서 77℃만큼 과열시키는 데 필요한 열량은 몇 kJ/kg인가? 단, 평균 비열은 3.35kJ/kg·K으로 한다.

22 압력 3,000kPa, 온도 450℃인 증기를 매시간 2,500kg 발생하는 보일러에서 급수온도가 120℃이면 매시 몇 kJ/hr의 열량이 필요한가? 단, 3,000kPa, 450℃인 증기의 엔탈피는 3344.00kJ/kg이다.

23 압력 5,000kPa인 물의 포화온도는 263.99℃이고, 이때 건포화증기의 비체적은 $0.03944 m^3/kg$이다. 이 압력하에서 건포화증기의 상태로부터 77℃만큼 과열되면 비체적은 $0.056 m^3/kg$이 된다. 과열로 인한 내부에너지 증가는 몇 kJ/kg인가? 단, 평균비열은 3.36kJ/kg·K이다.

24 20℃의 물 1m³ 속에 100℃의 건포화증기 35kg을 집어넣을 때의 물의 온도는 몇 ℃가 되는가? 단, 증발잠열은 2257.12kJ/kg이다.

25 온도 10℃의 물을 가지고 절대압력 700kPa의 건포화 증기 20kg을 만드는 데 필요한 열량은 몇 kJ인가? 단, $h_g = 2763.50$kJ/kg이다.

26 물 1kg이 포화온도 250℃에서 증발할 때 증발열이 약 1,717kJ이다. 증발하는 동안의 엔트로피 증가는 몇 kJ/kg·K인가?

27 용적 500L의 탱크 내에 있는 압력 1,600kPa, 건조도 0.95일 때 이 포화액체와 건포화 증기의 비체적 v_ℓ[kg/m³], v_g[kg/m³]와 수증기의 질량은 몇 kg인가?

28 수증기의 몰리에르선도란?

29 500L의 용기 속에 습증기 60kg이 들어 있다. 온도가 300℃이면 이 습증기의 건도 x는 얼마인가? 단, 이 온도에서의 포화액체 및 포화증기의 비체적은 각각 0.001404m³/kg 및 0.02167m³/kg이다.

30 터빈 입구로 증기가 압력 800kPa, 온도 250℃의 과열증기 상태로 들어가 터빈에서 단열적으로 팽창일을 수행하고, 출구는 습증기 상태의 압력 125kPa로 나온다. 증기표의 다음 값을 이용하여 질문에 답하라. 단, 과열증기 상태량 수증기표에서 $P = 800$kPa일 때 $s = 7.0384$kJ/kg·K, $h = 2949.976$kJ/kg이고, 압력기준 포화 상태량 수증기표에서 $P = 125$kPa일 때 $s_g = 7.2843$kJ/kg·K, $s_l = 1.3739$kJ/kg·K, $h_g = 2685.35$kJ/kg, $h_l = 444.30$kJ/kg이다.

(1) 터빈출구의 습증기 건도(건분) x[%]는?

(2) 터빈출구의 엔탈피 h_2[kJ/kg]을 계산하라.

(3) 터빈의 단열팽창으로 얻은 터빈일 $\dot{W}_T$[kW]을 계산하라. 단, 공급되는 유량은 $\dot{m} = $ 35ton/h이다.

단순 증기동력 사이클

이 장에서는 증기동력 기관에 대한 이상 사이클을 다룬다. 앞서 6장에서 취급한 내연기관과 같은 동력기관의 경우는 과정이 종료되었을 때 작동유체가 초기와 조성이 다르거나 상태가 다르다. 그것은 작동유체가 항상 동일한 열역학적 사이클을 겪지 않게 됨으로써 정확하게는 사이클의 개념이 잘못된 표현으로 볼 수가 있으나, 기관 자체는 역학적 사이클(mechanical cycle)로 운전됨을 알 수가 있었다. 이때, 이 가스사이클(왕복기관 및 가스터빈기관)에서 사용되는 기관은 개방사이클로 운전되나 이 장에서 디루는 증기동력 발진소의 경우는 밀폐사이클로 운전되며 상변화가 존재한다. 개방사이클과 밀폐사이클의 구분은 냉동기관에도 똑같은 원리를 적용할 수 있다.

이와 같이 상변화가 있는 작동유체를 사용하는 시스템에 초점을 맞추고, 실제과정이 이상적인 과정과는 어떻게 다른지, 또 사이클의 성능향상 방안에 대해서도 알아본다. 이러한 사이클 구현방법으로는 재생기, 다단 압축기 및 다단 팽창기, 중간 냉각기 등이 포함되며, 그리고 시스템들의 여러 조합과 열병합 발전(cogeneration), 복합사이클, 2원 사이클 시스템 등의 특별한 응용 방법도 소개한다. 주로 증기동력 사이클의 이상 사이클인 랭킨사이클(Rankine cycle)의 해석과정을 통해 각 과정의 열역학 기본 법칙의 적용과 열효율 관계식들이 중심이 된다. 이 증기동력 사이클에서 사용되는 부속 기기로는 고열원으로부터 열을 얻기 위해 사용되는 보일러, 과열기, 재열기와 일을 발생시키는 터빈, 그리고 열을 저열원으로 방출시키기 위한 응축기(condenser) 등이 필요하다.

이상과 같은 전 요소들의 결합설비를 증기원동소라 부르고 화력발전소, 원자력발전소, 대형선박의 발전기관 등에 널리 이용된다.

8.1 랭킨사이클(Rankine cycle)

내연기관이나 가스터빈과 같이 작동유체가 사이클을 실현하는 동안 항상 가스 상태인 것은 가스사이클이라고 하고, 이러한 가스사이클과 구별하여 랭킨사이클의 경우는 증기발전소에서와 같이 급수 펌프의 단열압축, 보일러 및 과열기의 등압가열, 터빈의 단열팽창, 복수기의 등압방열 등 각 요소에 의해 랭킨사이클이 실현되고 있다. 이 랭킨사이클(Rankine cycle)은 영국의 공학자 랭킨(Rankine)에 의해 1854년 고안 제창된 증기원동소의 이상 사이클이다. 한 사이클 동안 2개의 단열변화와

랭킨사이클(Rankine cycle)

2개의 등압변화로 구성되는 사이클이며, 과정 동안 작동유체는 증기와 액체의 상변화를 수반하는 것이 랭킨사이클의 기본으로 되어 있다. 또한 기본 사이클에 열효율 향상을 위하여 기기를 추가한 재열사이클 및 재생사이클 등이 실용적으로 많이 사용되고 있다.

[그림 8.1]은 과열기를 사용한 기본 랭킨사이클의 구성을 보여주고 있다. 각 과정은 4개의 정상상태 과정으로 구성된 이상 사이클이 고려된 경우로서, 상태 1은 포화액체이고 상태 2′은 포화증기, 2는 과열증기이다.

기본 랭킨사이클의 구성

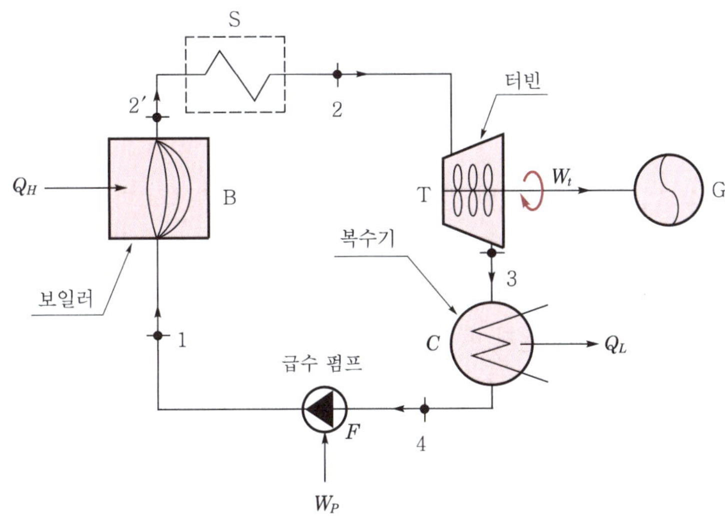

B : 보일러(Boiler)
S : 과열기(Super heater)
T : 터빈(Turbin)
G : 응축기(Genetator)
C : 복수기(Condenser)
F : 급수 펌프(Feed water pump)

[그림 8.1] 증기 원동소의 기본 구성도

[그림 8.2]는 이 랭킨사이클의 $P-v$ 선도 및 $T-s$ 선도 그리고 $h-s$ 선도를 표시한다. 이 사이클은 그림과 같이 2개의 단열변화와 2개의 정압변화로 이루어져있다. 즉, 보일러(boiler)를 통과한 증기는 터빈(turbine)에서 일을 하고 응축기(condenser)에서 응축되어 급수 펌프(feed water pump)를 통해서 다시 보일러로 간다. 이와 같이 물을 다시 재순환시켜 사이클이 완료되는데, 이때 형성되는 사이클을 랭킨사이클이라 한다. 그림에서 유체 단위 1kg의 변화과정을 자세히 살펴보면 다음과 같다.

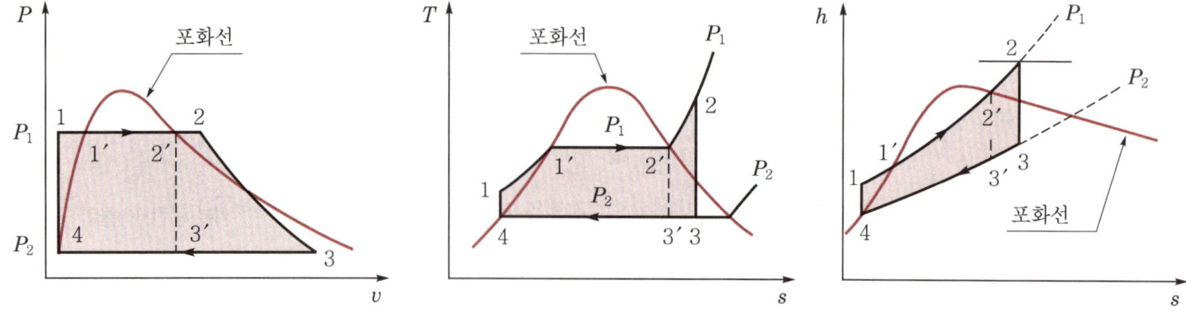

[그림 8-2] 랭킨사이클의 $P-v$, $T-s$, $h-s$ 선도

$1 \rightarrow 2'$: 급수 펌프로부터 공급된 (1)점의 압축수를 보일러에서 정압가열하여 포화수가 만들어지고, 이 포화수를 계속 증발시키면 (2′)점의 건포화증기가 된다.

$2' \rightarrow 2$: 보일러에서 가열된 건포화증기(2′)를 과열기에서 다시 정압가열하여 (2)점의 과열증기가 된다.

$2 \rightarrow 3$: (2)점의 과열증기는 터빈에 들어가서 단열팽창하여 일을 하고 (3)점의 습증기가 된다.

$3 \rightarrow 4$: 터빈에서 배출된 습증기(3)는 응축기에서 정압방열하여 초기상태 (4)점의 포화수로 돌아간다.

$4 \rightarrow 1$: 응축기에서 나온 (4)점의 포화수를 급수 펌프로부터 단열압축하여 보일러로 보낸다.

위에서 언급한 바와 같이 랭킨(Rankine)사이클에서는 증기를 통상 포화증기 상태로 터빈에서 팽창하는 $1-1'-2'-3'-4-1$과정으로 사이클을 구성하는 경우도 기본 랭킨사이클에 포함된다. 증기동력 사이클은 운동에너지와 위치에너지의 변화를 무시할 때, 열전달과 일은 $T-s$ 선도상에 여러 가지의 면적으로 나타낼 수 있다. 따라서 그림과 같은 랭킨사이클을 각 과정에 대하여 단위 질량당 해석하면 다음과 같다.

보일러 정압가열

$1 \rightarrow 2$: 보일러 정압가열($P = c$) 과정

열역학 제1법칙의 일반 관계식 $q_{c.v} + h_i = he + w_{c.v}$ 인 에너지 방정식으로부터 보일러에 가열된 열량 q_B를 구하면 다음과 같다.

$$\therefore q_B = h_2 - h_1 \,[\text{kJ/kg}] \tag{8.1}$$

2 → 3 : 가역 단열팽창$(s = c)$ 과정

가역 단열팽창

역시, 열역학 제1법칙의 일반 관계식 $q_{c.v} + h_i = he + w_{c.v}$의 에너지 방정식으로부터 단열과정이면 $q_{c.v} = 0$이므로 터빈일은 다음과 같다.

$$\therefore w_t = h_2 - h_3 [\text{kJ/kg}] \tag{8.2}$$

3 → 4 : 등압, 등온방열$(T = c,\ P = c)$ 과정

등압, 등온방열

열역학 제1법칙의 일반 관계식 $q_{c.v} + h_i = he + w_{c.v}$의 에너지 방정식으로부터 냉각복수로 인한 방출열량 q_L 을 찾으면 다음과 같다.

$$\therefore q_L = h_3 - h_4 [\text{kJ/kg}] \tag{8.3}$$

4 → 1 : 급수 펌프의 단열압축$(s = c)$ 과정

급수 펌프의 단열압축

열역학 제1법칙의 일반 관계식 $q_{c.v} + h_i = he + w_{c.v}$의 에너지 방정식으로부터 급수 펌프에 가한 압축일 w_p 를 찾으면 다음과 같다.

$$\therefore w_p = h_1 - h_4 [\text{kJ/kg}] \tag{8.4}$$

또 이 과정에 유동계에 대한 열역학 제1법칙인 일반식 $\delta q = dh - vdP$를 적용하여 급수 펌프일의 크기를 구할 수도 있다. 즉, 단열과정이므로 $\delta q = 0 = dh - vdP$로 놓고, 이 과정이 액체상의 물이므로 $v = c$ 가 되므로 다음과 같이 이항하여 적분할 경우 펌프일의 크기는 다음과 같이 비체적의 곱에 압력차로도 구할 수가 있다.

$$\int_4^1 dh = v \int_4^1 dP$$
$$\therefore w_p = h_1 - h_4 = v(P_1 - P_4)[\text{kJ/kg}] \tag{8.5}$$

결국, w_p는 $h_1 - h_4$이므로 급수 펌프 내의 액체의 비체적에 펌프 출구 압력과 입구 압력차로도 그 크기를 구할 수 있게 됨을 알 수 있다.

이상으로부터 랭킨(Rankin)사이클의 열효율 η_R은 다음과 같이 정의한다.

랭킨(Rankin)사이클의 열효율

$$\eta_R = \frac{w_{net}}{q_H} = \frac{q_H - q_L}{q_H} = \frac{w_t - w_p}{q_B} = \frac{(h_2 - h_3) - (h_1 - h_4)}{h_2 - h_1} \tag{8.6}$$

여기서, 펌프일의 크기 $(h_1 - h_4)$는 터빈일에 비하여 대단히 작으므로 식 (8.6)은 다음과 같이 간단하게 정리하여 쓸 수가 있다.

$$\eta_R \fallingdotseq \frac{h_2 - h_3}{h_2 - h_4} \tag{8.7}$$

위와 같은 사이클 해석을 통하여 우리는 다음과 같이 정리된 결과를 찾을 수 있다. 즉, 위 식으로부터 h_2는 클수록, h_3와 h_4는 작을수록 열효율은 크다고 할 수 있다. 그러므로 랭킨사이클의 열효율 η_R는 초온 및 초압이 높을수록, 배압은 낮을수록 증가한다. 따라서 열을 공급받을 때 평균온도를 높게 하거나, 더 많은 열을 방출하거나, 열을 방출할 때의 평균온도를 강하시키면 랭킨사이클의 효율이 커질 것이다. 이 랭킨사이클 해석에서는 앞에서 언급했듯이 각 점과 점 사이의 위치에너지 및 운동에너지 변화는 무시하여 열역학 제1법칙인 에너지 방정식에 적용하였으며, 위와 같은 랭킨사이클은 이와 동일한 최고·최저온도를 갖는 카르노(Carnot) 사이클보다는 열효율이 낮다. 그러나 이 랭킨사이클은 실제에 보다 접근된 증기원동소의 이상 사이클이다.

예제 8.1

랭킨사이클의 각 점의 증기 엔탈피가 다음과 같다면, 이 사이클의 열효율은 얼마인가?

보일러 입구 : 290.56392kJ/kg

보일러 출구 : 3477.556kJ/kg

복수기 입구 : 2622.6115kJ/kg

펌프 입구 : 286.37712kJ/kg

풀이 1점 : 보일러 입구 또는 급수 펌프 출구

2점 : 보일러 출구 또는 터빈 입구

3점 : 터빈 출구 또는 복수기 입구

4점 : 복수기 출구 또는 급수 펌프 입구

랭킨사이클의 열효율관련 식으로부터 다음과 같이 계산된다.

(1) 급수 펌프의 일을 무시하지 않을 경우 열효율은 다음과 같다.

$$\eta_R = \frac{w_t - w_p}{q_B} = \frac{(h_2 - h_3) - (h_1 - h_4)}{(h_2 - h_4)}$$

$$= \frac{(3477.556 - 2622.6) - (290.5 - 286.37)}{(3477.556 - 286.37)}$$

$$= 0.2669 = 26.69\%$$

(2) 급수 펌프의 일을 무시할 경우 열효율은 다음과 같다.

$$\eta_R = \frac{h_2 - h_3}{h_2 - h_4} = \frac{3477.556 - 2622.6}{3477.556 - 286.37} = 0.2679 = 26.79\%$$

8.2 랭킨사이클에서 온도와 압력이 열효율에 미치는 영향

1 복수기의 압력과 온도를 낮출 때

복수기의 압력과 온도를
낮출 때

복수기의 압력과 온도, 즉 터빈의 배압과 온도가 랭킨(Rankine)사이클에 미치는 영향에 대하여 알아보면 다음과 같다. 먼저, [그림 8-3]과 같이 복수기의 압력을 P에서 P'으로 낮게 하면 이에 대응하여 열이 방출되는 온도도 내려간다. 이때 정미일은 그림으로 표시된 면적 $1-4-4'-1'-2'-2-1$만큼 증가한다. 이에 따라 수증기로 전달된 전열량도 $a'-2'-2-a-a'$만큼 증가한다.

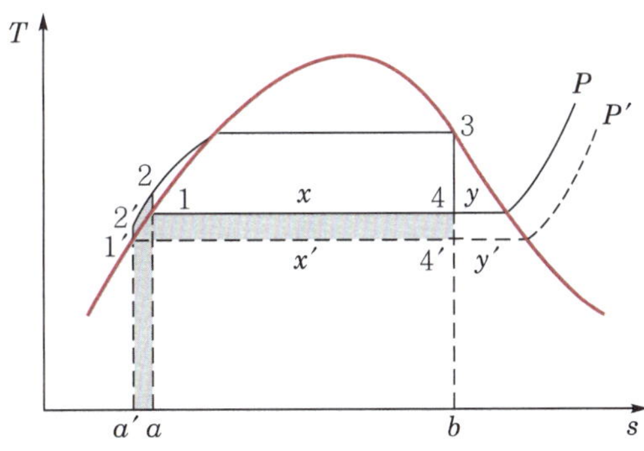

[그림 8.3] 복수기의 압력과 온도의 영향

이 두 면적은 거의 동일하게 되어서 입력에 대한 출력의 손실과 이득도 거의 동일하나, 사이클의 방출되는 온도가 T_L에서 T_L'으로 낮아져 결국은 사이클 열효율이 증가한다. 이때 수증기의 건분은 $x \to x'$으로 바뀌지만 그 차이는 미미하지만 수분의 양은 $y \to y'$으로 변화하여 터빈 내의 수분 함유량이 증가한다. 결국, 열효율은 다음의 식 (a)와 같이 증가하나 건도가 감소(수분증가)하게 되므로 터빈 날개의 부식을 초래하고 터빈효율을 감소시킨다.

$$\eta_R = 1 - \frac{q_L}{q_H} = 1 - \frac{T_L}{T_H} \quad (\text{단, } T_L > T_L{}') \tag{a}$$

과열증기를 사용할 경우

2 과열증기를 사용할 경우

[그림 8.4]와 같이 보일러에서 수증기를 과열하는 경우를 검토하면 다음과 같다. 즉, 그림에서 사이클의 순일 증가분은 면적 $3-3'-4'-4-3$ 이고, 보일러의 가열량 증가분은 면적 $3-3'-b'-b-3$ 이다. 다음과 같이 식 (b)로부터 이 두 면적의 비 $(q_L)'/(q_H)'$가 기본 사이클일 때 면적 $1-2-3-4-1$ 의 순일에 대하여 가열열량 $a-1-2-3-4-b-a$ 의 면적의 비 q_L/q_H보다 작으므로 열효율은 증가한다. 즉,

$$\eta_R = 1 - \frac{q_L}{q_H} \quad : \text{기본 사이클}$$

$$\eta_R{}' = 1 - \frac{q_L{}'}{q_H{}'} \quad : \text{개선된 사이클(과열증기의 사용)} \tag{b}$$

$$\therefore \frac{q_L}{q_H} > \frac{q_L{}'}{q_H{}'} \quad \text{또는} \quad \frac{T_L}{T_H} > \frac{T_L{}'}{T_H{}'}$$

따라서, 위 열효율 관계로부터 열효율이 증가함을 알 수 있으나, 복수기에서 방출열량의 증가로 인하여 복수기 용량이 커져야 함을 알 수가 있다. 또한 건도는 $x < x'$, 수분은 $y > y'$과 같이 되어서 터빈 내의 수분의 감소로 터빈 날개의 부식을 감소시킬 수가 있다.

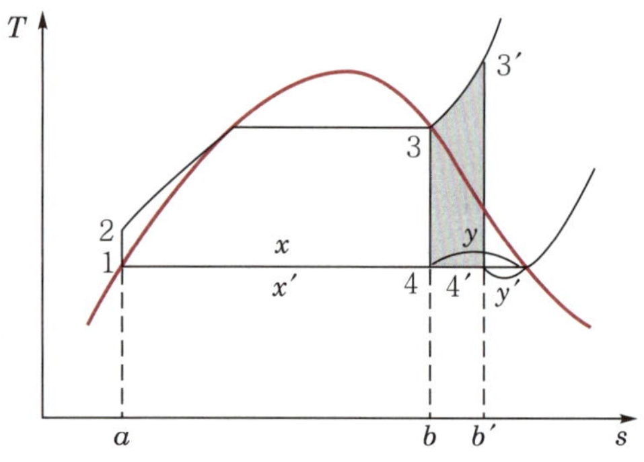

[그림 8.4] 과열증기 사용 시의 영향

3 보일러의 최고압력을 높일 때

다음 [그림 8.5]에서와 같이 보일러의 수증기 최고압력을 P에서 P'로 높이고, 최고온도는 $T_3 = T_{3'}$로 같게 유지하는 것으로 된 사이클을 살펴보자. 그림에서 방출열량은 면적 $b' - 4 - 4' - b - b'$만큼 감소하고, 정미일(=순일)은 수직사상의 면적만큼 순일은 증가하며 수평사선의 면적만큼 순일은 감소한다. 결국 정미일은 큰 변화가 없으나 방출열량의 감소로 인하여 랭킨사이클의 열효율이 증가한다. 즉, $\eta_R = 1 - \dfrac{q_L}{q_H}$에서 q_L이 감소하므로 효율은 증가한다. 단지 건도는 $x > x'$로 감소하고 수분은 $y < y'$가 되어 수분이 많아지게 됨으로써 터빈 날개의 부식을 초래한다.

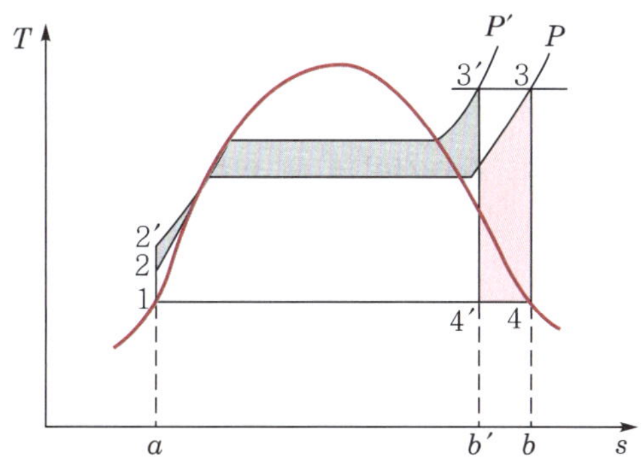

[그림 8.5] 보일러 최고압력의 영향

이상을 요약 정리하면, 기본 랭킨사이클의 열효율을 보다 높이기 위해서는 배기(복수기)압력 및 온도를 낮추거나, 보일러의 최고압력을 높이고, 수증기를 좀 더 과열시키면 된다. 그러나 그에 따른 건분과 수분의 함유량에 대해서도 동시에 고려하여 설비 목적에 맞게 설계 시 고려할 수 있어야 할 것이다.

8.3 재열사이클(Reheating cycle)

앞서 살펴본 바와 같이 랭킨사이클에서는 터빈의 입구(=보일러의 출구) 온도와 압력이 높을수록, 또는 터빈출구의 배압이 낮을수록 열효율이 좋아진다. 그러나 터빈입구의 압력을 크게 하면 팽창 도중에 빨리 습증기로 되는데, 이 수분의 증가는 터빈효율을 저하시킬 뿐만 아니라 터빈 날개를 부식시키는 원인이 된다. 이와 같은 단점을 덜어주기 위하여 팽창 도중의 증기를 터빈으로부터 뽑아내어, 다시 가열시켜 과열도를 높인 다음 다시 터빈에 투입시키면 팽창을 지속할 수 있게 재열기(reheater)를 사용하게 되므로 사이클의 이론 열효율을 증가시킬 수 있을 뿐만 아니라 습도에 의한 터빈 날개의 부식도 막을 수가 있다. 이와 같이 재열사이클은 압력을 증가시켜 사이클의 열효율을 높이는 동시에 터빈의 저압 출구에서 습분이 너무 증가하지 않도록 고안된 사이클이다.

이 사이클의 기본 구성은 [그림 8.6]과 같고, 이 사이클에 대한 $P-v$, $T-s$, $h-s$ 선도는 [그림 8.7]과 같다. 이 사이클의 특징으로는, [그림 8.6]에서와 같이 고압터빈 T_1에서 수증기를 적당히 중간압력까지 팽창시킨 다음 증기를 나시 보일러로 보내 재가열하고, 이 재열증기를 저압터빈 T_2에서 배기압력 P_5까지 팽창시켜 열효율을 높이고 터빈의 출구 수분 함수율을 감소하도록 한 사이클이다. [그림 8.7]의 $T-s$ 선도에서 알 수 있듯이 수증기를 재가열하여 얻을 수 있는 열효율 상승분은 매우 작은 편이나, 주요 이점은 저압터빈에서 완전히 팽창하여 수분을 안전한 값까지 감소시키는 데 있다.

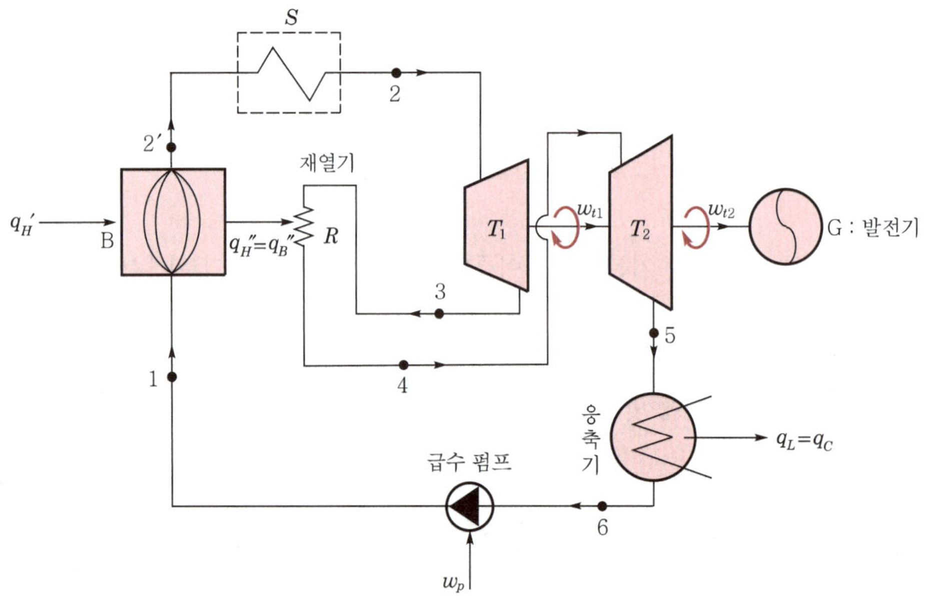

B : 보일러
R : 재열기
T_1 : 고압터빈
T_2 : 저압터빈
S : 과열기

[그림 8.6] 재열사이클의 기본 구성

1 과정해석

1→2 과정은 정압가열 과정이며, 이때 보일러에서 가열된 열량 $q_B{}'$ 값은 다음과 같다. 즉, 에너지 일반 관계식에서 보일러에서는 일의 수수가 없으므로 작업유체 단위 질량당 가열된 열량의 크기는 다음 식과 같게 된다. 즉,

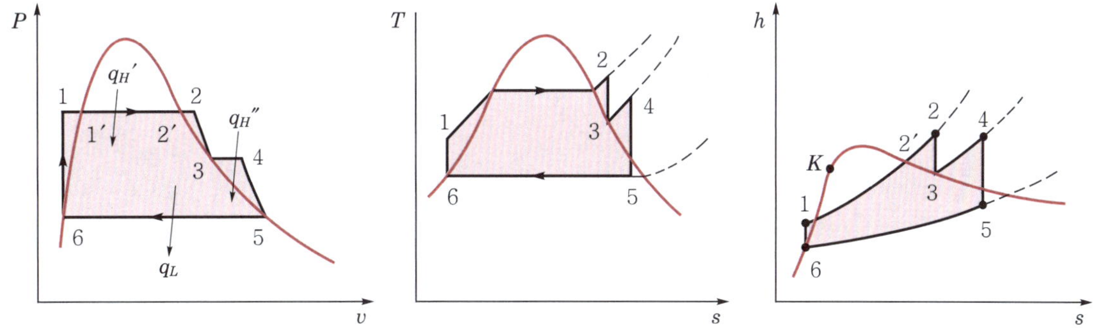

[그림 8.7] 재열사이클의 $P-v$, $T-s$, $h-s$ 선도

$$q_{c.v} + h_i = h_e + w_{c.v}$$

$$\rightarrow q_{c.v} = h_e - h_i > 0$$

$$\therefore q_B{}' = h_2 - h_1 \, [\text{kJ/kg}] \tag{8.8}$$

2→3 과정은 고압터빈의 단열팽창 과정이며, 터빈에서 얻은 단위 질량당 팽창일 w_{t_1} 를 구하면, 에너지 일반 관계식 $q_{c.v} + h_i = h_e + w_{c.v}$ 에서 단열과정의 경우 $q_{c.v} = 0$ 이므로 따라서 다음과 같다.

$$q_{c.v} + h_i = h_e + w_{c.v}$$

$$\rightarrow w_{c.v} = h_i - h_e > 0$$

$$\therefore w_{t_1} = h_2 - h_3 \, [\text{kJ/kg}] \tag{8.9}$$

이 값이 고압터빈에서 얻은 팽창일이다.

3→4 과정은 보일러에서 재가열하는 과정이며, 재가열하는 데 사용된 단위 질량당 열량 $q_H{}''$ 값은 다음과 같다. 즉, 에너지 일반 관계식 $q_{c.v} + h_i = h_e + w_{c.v}$ 에서 보일러는 역시 일의 수수가 없으므로 다음과 같다. 즉, 엔탈피 값의 차이가 재가열한 열이 된다.

$$q_{c.v} + h_i = h_e + w_{c.v}$$

$$\rightarrow q_{c.v} = h_e - h_i > 0$$

$$\therefore q_B{}'' = h_4 - h_3 \,[\text{kJ/kg}] \tag{8.10}$$

$4 \rightarrow 5$ 과정은 저압터빈의 단열팽창 과정이고 재가열된 증기를 다시 터빈으로부터 팽창하여 일을 얻게 된다. 따라서 에너지 일반 관계식 $q_{c.v} + h_i = h_e + w_{c.v}$을 사용하여 그 크기를 찾으면 저압터빈의 일 w_{t_2}은 다음과 같다.

$$q_{c.v} + h_i = h_e + w_{c.v}$$

$$\rightarrow w_{c.v} = h_i - h_e > 0$$

$$\therefore w_{t_2} = h_4 - h_5 \,[\text{kJ/kg}] \tag{8.11}$$

$5 \rightarrow 6$ 과정은 응축기의 정압·등온방열 과정이고, 터빈에서 빠져나온 습증기가 열을 방출하는 과정이다. 따라서 응축기로부터 방출된 열량 q_L은 역시 $q_{c.v} + h_i = h_e + w_{c.v}$의 에너지 일반 관계식으로부터 구할 수 있고, 열교환기인 응축기도 보일러와 같이 일의 수수가 없으므로 다음 식으로부터 계산된다.

$$q_{c.v} + h_i = h_e + w_{c.v}$$

$$\rightarrow q_{c.v} = h_e - h_i < 0$$

$$\therefore q_c = h_5 - h_6 \,[\text{kJ/kg}] \tag{8.12}$$

$6 \rightarrow 1$ 과정은 급수 펌프의 단열압축 과정이고 급수에 가한 펌프일은 역시 에너지 일반 관계식으로부터 찾을 수 있다. 즉, 에너지 식 $q_{c.v} + h_i = h_e + w_{c.v}$에서 단열압축이므로 압축일은 다음과 같다.

$$q_{c.v} + h_i = h_e + w_{c.v}$$

$$\rightarrow w_{c.v} = h_i - h_e < 0$$

$$\therefore w_p = h_1 - h_6 = v(P_1 - P_6) \,[\text{kJ/kg}] \tag{8.13}$$

위의 모두는 엔탈피 값을 알면 각 점에서의 상태량의 크기를 찾을 수가 있다. 마지막으로 이 재열사이클의 열효율 η_{Rh}를 구하면 다음과 같다. 즉, 열효율의 정의인 입력에너지에 대하여 출력일의 비를 가지고 앞서 구한 상태량 식을 적용할 경우 다음 식이 된다.

$$\therefore \ \eta_{Rh} = \frac{w_{net}}{q_H} = \frac{(w_{t_1} + w_{t_2}) - w_p}{q_B{}' + q_B{}''}$$

$$= \frac{(h_2 - h_3) + (h_4 - h_5) - (h_1 - h_6)}{(h_2 - h_1) + (h_4 - h_3)} \tag{8.14}$$

위의 결과 식으로부터 $w_{t_1} + w_{t_2} \gg w_p$ 로 가정할 경우 전 터빈일에 비해 펌프
일의 크기가 작다면 재열사이클의 열효율 η_{Rh} 는 다음과 같이 좀 더 간단 식으로 재열사이클의 열효율
열효율을 구할 수가 있다.

$$\therefore \ \eta_{Rh} = \frac{w_{t_1} + w_{t_2}}{q_B{}' + q_B{}''}$$

$$= \frac{(h_2 - h_3) + (h_4 - h_5)}{(h_2 - h_1) + (h_4 - h_3)} \tag{8.15}$$

이상과 같이 재열사이클의 열효율은 각 점의 엔탈피 양의 차이로부터 구해지
고, 이 엔탈피 값들은 그 점의 압력과 온도가 주어지면 증기표나 증기선도로부
터 찾아 사용할 수 있다.

그림의 $h - s$ 선도에서 보듯이 $P_1 = P_2 = 100\text{bar}$, $t_2 = 450\text{℃}$인 증기를 공급받
아 처음에 포화증기가 될 때까지 팽창시킨 다음 추기하여 그 압력에서 처음의 온
도까지 재열시킨 다음 터빈으로 다시 유입시켜 복수압(=배압) $P_2 = P_6 =$
0.04bar까지 팽창시키는 재열사이클의 경우 단위 질량당 다음을 각각 구하라.

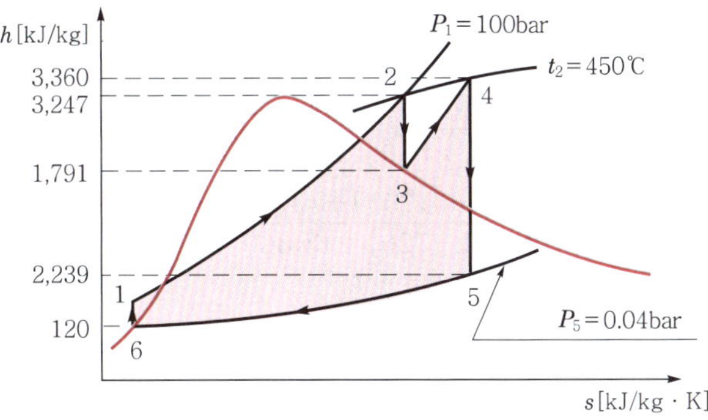

1-2 : (보일러)정압가열($q_B{}'$)   2-3 : (고압터빈)단열팽창(w_{t_1})

3-4 : (재열기)정압가열($q_B{}''$)   4-5 : (저압터빈)단열팽창(w_{t_2})

5-6 : (응축기)정압방열(q_L)   6-1 : (급수 펌프)단열압축(w_p)

(1) 재열사이클의 열효율

(2) 랭킨사이클의 열효율

(3) 재열사이클의 개선율

풀이 (1) 재열사이클의 열효율

① 급수 펌프의 일을 무시하지 않을 때의 재열사이클의 열효율

$$\therefore \ \eta_{Rh} = \frac{w_{net}}{q_H} = \frac{w_{t_1} + w_{t_2}}{q_{B'} + q_{B''}}$$

$$= \frac{(h_2 - h_3) + (h_4 - h_5) - (h_1 - h_6)}{(h_2 - h_1) + (h_4 - h_3)}$$

$$= \frac{(h_2 - h_3) + (h_4 - h_5) - (h_1 - h_6)}{(h_2 - h_1) + (h_4 - h_3) + (h_6 - h_6)}$$

$$= \frac{(h_2 - h_3) + (h_4 - h_5) - (h_1 - h_6)}{(h_2 - h_6) + (h_4 - h_3) - (h_1 - h_6)}$$

위 식에서 펌프일의 크기는 $h_1 - h_6$ 인데 h_1 을 모른다. 따라서 펌프일은 다음 관계식을 사용하여 구한다. 즉, 100bar일 때 $v_\ell = 0.001043\mathrm{m}^3/\mathrm{kg}$ 이므로 계산하면 다음과 같다. 단, $w_p = h_1 - h_6 = v_\ell(P_1 - P_6) = 0.001043 \times (10,000 - 4) = 10.425\mathrm{kJ/kg}$ 이다.

$$\therefore \ \eta_{Rh} = \frac{(h_2 - h_3) + (h_4 - h_5) - (h_1 - h_6)}{(h_2 - h_6) + (h_4 - h_3) - (h_1 - h_6)}$$

$$= \frac{(3,247 - 1,791) + (3,360 - 2,239) - (10.425)}{(3,247 - 120) + (3,360 - 1,791) - (10.425)}$$

$$\fallingdotseq 0.5477 \fallingdotseq 54.77\%$$

② 같은 식에서 펌프일을 무시할 경우, 즉 $h_1 = h_6$ 이므로 이 재열사이클의 열효율은 다음 식으로부터 구한다.

$$\therefore \ \eta_R = \frac{(h_2 - h_3) + (h_4 - h_5)}{(h_2 - h_6) + (h_4 - h_3)}$$

$$= \frac{(3,247 - 1,791) + (3,360 - 2,239)}{(3,247 - 120) + (3,360 - 1,791)}$$

$$\fallingdotseq 0.5522 \fallingdotseq 55.22\%$$

(2) 랭킨사이클의 열효율
　① 급수 펌프일을 무시하지 않을 경우의 랭킨사이클의 열효율

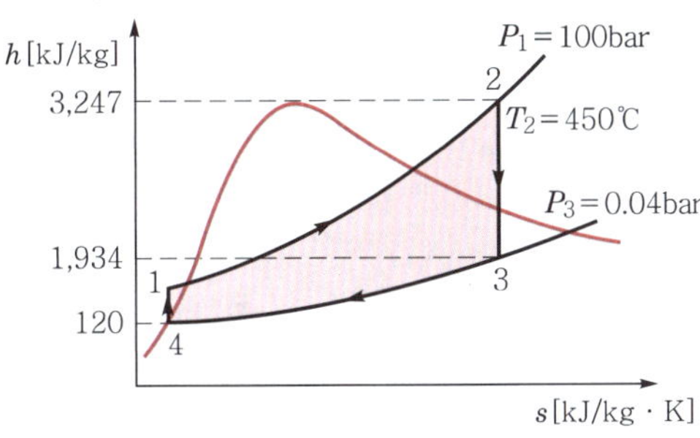

$$\therefore \ \eta_R = 1 - \frac{q_L}{q_H} = \frac{(h_2 - h_3) - (h_1 - h_4)}{(h_2 - h_4) - (h_1 - h_4)}$$

$$= \frac{(3,247 - 1,934) - (134.45 - 120)}{(3,247 - 120) - (134.45 - 120)}$$

$$\fallingdotseq 0.4172 \fallingdotseq 41.72\%$$

　② 펌프일을 무시할 경우의 랭킨사이클의 열효율

$$\eta_R = \frac{h_2 - h_3}{h_2 - h_4} = \frac{3,247 - 1,934}{3,247 - 120} = 0.4199 \fallingdotseq 42.0\%$$

(3) 재열사이클의 개선율

$$\frac{\eta_{Rh} - \eta_R}{\eta_R} \times 100 = \frac{0.5474 - 0.4172}{0.4172} \times 100 \fallingdotseq 31.2\%$$

8.4　재생사이클(Regenerative cycle)

　랭킨사이클에서 원동기인 터빈으로부터 나온 폐기가 응축기인 복수기 안에서 복수되는 동안 냉각 증발열이 무익하게 응축기 내의 냉각수에 버려져 큰 열손실을 초래한다. 이 열손실을 감소시키기 위해서 원동기인 터빈에서 팽창하고 있는 증기의 일부를 터빈 밖으로 유출시켜 그 방출열로 보일러 급수를 가열할 수 있다. 이렇게 추기급수 가열기(bleeder feed water heating)를 행하는 사이클을 재생사이클이라 한다.

추기급수 가열기
(bleeder feed
water heating)

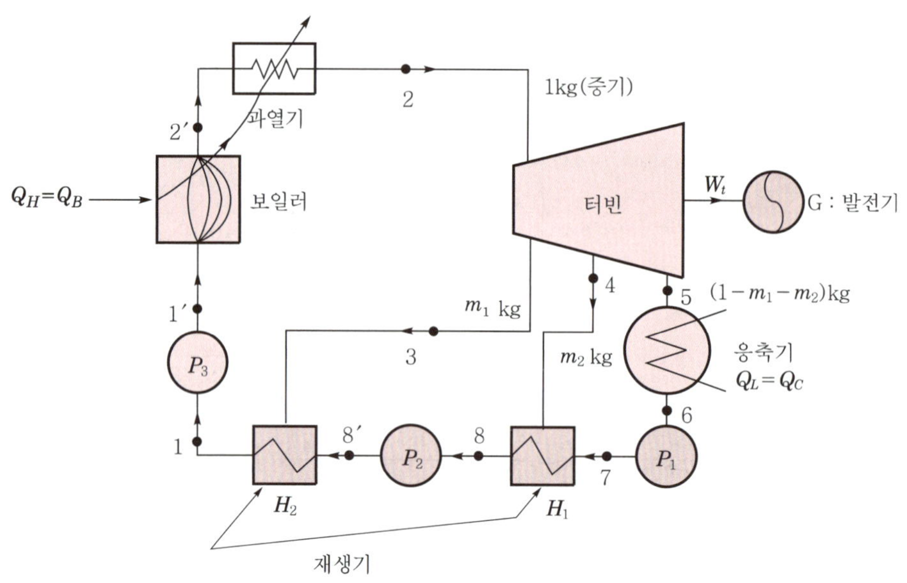

H_1 : 저온 혼합 급수 가열기

H_2 : 고온 혼합 급수 가열기

[그림 8.8] 재생사이클의 기본 구성

2단 추기의 급수 가열기   실용적인 재생사이클의 구성으로는 2단 추기의 급수 가열기는 [그림 8.8]이 있고, 그것의 $T-s$ 및 $h-s$선도는 [그림 8.9]와 같다. 이 사이클의 경우는 보일러에서 터빈으로 들어간 고압의 증기를 중간압력까지 팽창시키는 과정에서 이 수증기의 일부를 추출한 후 이것으로 보일러로 들어가는 급수를 가열하는 형식이 된다. 더 자세하게 설명하면 다음과 같다.

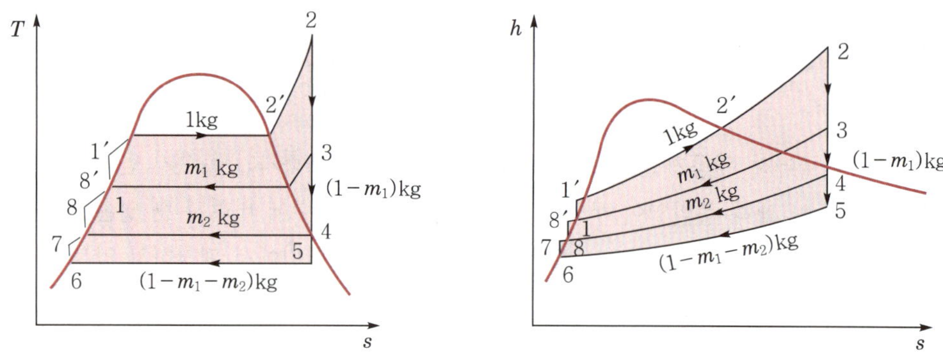

[그림 8.9] 재생사이클의 $T-s$, $h-s$선도

즉, [그림 8.8]에서 살펴보면 2점으로 빠져나온 과열증기를 터빈에서 중간압력 3점까지 팽창하고 난 후 이 점에서 증기의 일부인 m_1만큼 추출하여 급수 가열기 H_2에 보내면 이 증기가 보일러로 들어가는 급수를 가열하여 포화액인 1점 상태를 유지하게 되고, 이 점의 포화액은 펌프 P_3에 의해 보일러 압력 1′까지 압축된다. 그리고 터빈으로 들어간 증기의 일부 m_2량을 또다시 추출하여 급수 가열기 H_1에 보내지고 이곳 복수기에서 빠져나온 가열된 급수는 가열 포화액 8점을 유지하며 펌프 P_2에서 압력 8′로 압축하게 된다. 추출하지 않은 나머지 증기는 팽창하고 복수기 5로 보내지며 열을 방출하고 6으로 빠져나와 이것이 펌프 P_1으로 보내져 급수를 압축하고, 다시 7점으로 빠져나와 급수 가열기 H_1으로 들어가 추기된 증기 m_2와 만나게 된다.

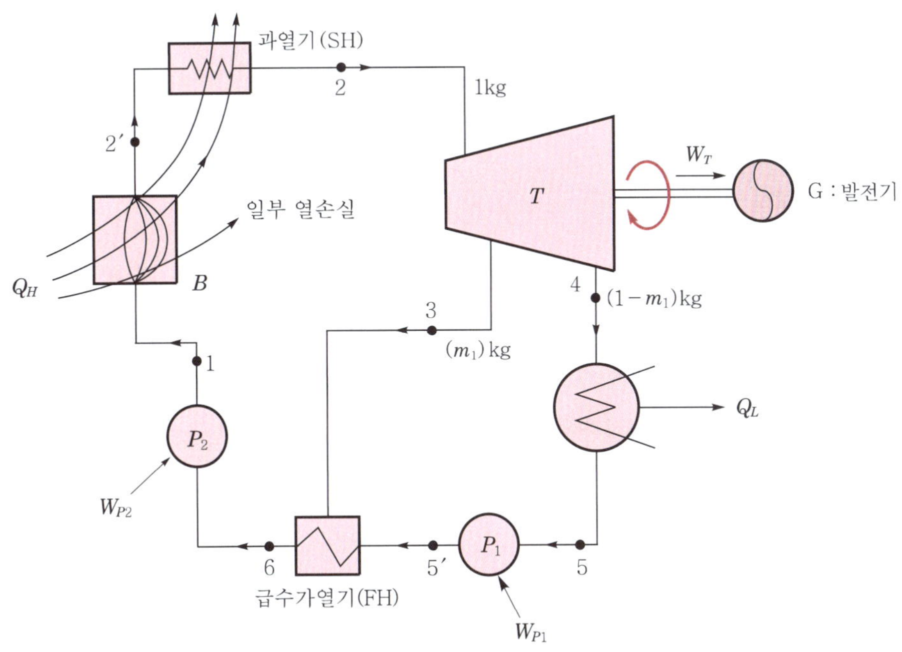

[그림 8.10] 재생사이클의 1단 급수 가열기의 기본 구성

여기까지의 과정에서 중요한 것 중 하나는 열이 공급되는 평균온도가 높다는 점이다. 그리고 각 구성요소를 통과하는 수증기량들은 같지가 않다. 여기서 보일러를 통과하는 작업유체는 단위 1kg당의 값을 의미한다. 지금까지의 설명에서 추기된 증기와 급수는 각각의 급수 가열기에서 혼합된 형식의 개방식 급수 가열기이다. 그러나 또 다른 형태의 급수 가열기인 표면식 급수 가열기의 경우는 추기와

개방식 급수 가열기

급수가 혼합되지 않고 관 속을 급수가 흐르는 동안에 추기가 관의 외벽에서 응축되면서 관을 통과해 보일러로 공급되는 급수에 열을 전달하는 형태도 있다.

다음은 편리상 [그림 8.10]과 같이 1단 추기급수 가열기를 사용하는 재생사이클에 대한 열역학적 사이클 해석에 대하여 살펴보면 다음과 같다.

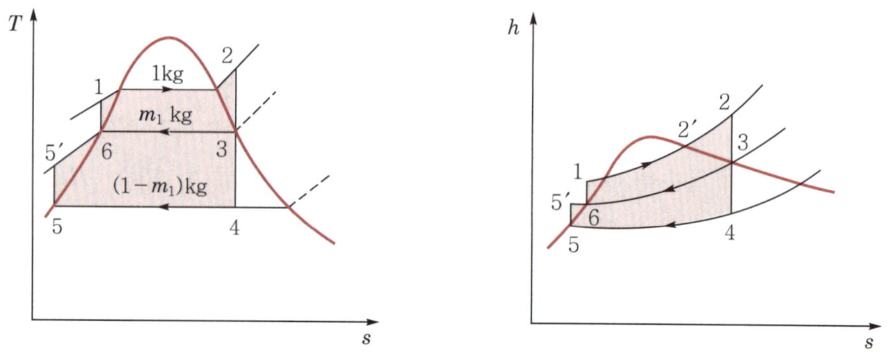

[그림 8.11] 재생사이클의 $T-s$, $h-s$ 선도

1 과정해석

$1 \rightarrow 2$ 과정은 보일러에서 가열하는 과정이며, 유동계의 열역학 제1법칙인 에너지방정식의 일반식 $\dot{Q}_{c.v} + \sum \dot{m} h_i = \sum \dot{m} h_e + \dot{W}_{c.v}$ 를 사용하여 최초 보일러에 가열된 열량 Q_B 를 구하면 다음과 같다. 즉, 이 과정에서 보일러를 통한 일의 입·출입이 없으므로 단위질량에 대하여 Q_B 는 다음 식과 같다.

$$Q_{c.v} = \sum m(h_e - h_i)$$

$$\therefore Q_B = 1 \times (h_2 - h_1) = (h_2 - h_1)\,[\text{kJ}] \tag{8.16}$$

$2 \rightarrow 3$ 과정은 터빈에서 단열팽창하는 과정이며, 고압터빈에서 팽창하면서 일을 얻는 과정이다. 위와 같이 $\dot{Q}_{c.v} + \sum \dot{m} h_i = \sum \dot{m} h_e + \dot{W}_{c.v}$ 의 관계식으로부터 터빈일 W_T 를 구하면 다음과 같다.

$$W_{c.v} = \sum m h_i - \sum m h_e$$

$$\therefore W_T = [1 \times h_2] - [m_1 h_3 + (1 - m_1)h_4]$$

$$= (h_2 - h_4) + m_1(h_4 - h_3)\,[\text{kJ}] \tag{8.17}$$

이때, m_1은 추기된 증기의 양을 말하고 그 크기는 식 (8.20)에서 찾는다.

$4 \rightarrow 5$ 과정은 응축기의 등온·등압방열 과정이며, 추기되지 않고 남은 증기가 팽창 후 응축기로 들어가 열을 방출하게 되고 에너지 관계식으로부터 Q_L을 구한다. 즉, 그 크기를 구하면 $\dot{Q}_{c.v} + \sum \dot{m} h_i = \sum \dot{m} h_e + \dot{W}_{c.v}$ 식에서 응축기는 일의 수수가 없으므로 $\dot{W}_{c.v} = 0$이 되고 다음 식과 같다.

$$Q_{c.v} = \sum m h_e - \sum m h_i < 0$$
$$= \sum m h_i - \sum m h_e$$
$$\therefore Q_L = (1 - m_1)(h_4 - h_5)\,[\text{kJ}] \tag{8.18}$$

$5 \rightarrow 5'$ 과정은 저압 급수 펌프의 단열압축 과정이고, 저압 펌프 P_1에 가한 일의 크기 W_{P_1}은 역시 에너지 일반식을 사용하면 찾을 수 있다. 즉, $\dot{Q}_{c.v} + \sum \dot{m} h_i = \sum \dot{m} h_e + \dot{W}_{c.v}$ 로부터 단열일 때 $\dot{Q}_{c.v} = 0$이 되므로 펌프일 W_{P_1}은 다음 식과 같다.

$$W_{c.v} = \sum m h_i - \sum m h_e < 0$$
$$= \sum m h_e - \sum m h_i$$
$$\therefore W_{P_1} = (1 - m_1)(h_5' - h_5) \tag{8.19}$$

다음은 $\binom{5'}{3} \rightarrow 6$ 과정의 해석이다. 이 과정은 정압 급수 가열기로부터 보일러로 들어가는 급수를 추기된 증기로부터 가열하게 되는 과정이다. 이때 추기된 양 m_1은 이 과정에서 찾을 수 있다. 즉, $\dot{Q}_{c.v} + \sum \dot{m} h_i = \sum \dot{m} h_e + \dot{W}_{c.v}$의 에너지 일반식에서 단열이면 $\dot{Q}_{c.v} = 0$이 되고, 또 급수 가열기의 경우 일의 수수가 없으므로 $\dot{W}_{c.v} = 0$이 된다. 따라서 에너지 관계식은 간단히 $\sum m h_i = \sum m h_e$이 되며, 이 관계들을 급수 가열기 주위에 적용할 경우 추기량 m_1은 다음 식과 같다.

$$m_1 h_3 + (1 - m_1) h_5' = 1 \times h_6$$
$$m_1 h_3 + h_5' - m_1 h_5' = h_6$$
$$m_1 (h_3 + h_5') = h_6 - h_5'$$
$$\therefore m_1 = \frac{h_6 - h_5'}{h_3 - h_5'} \tag{8.20}$$

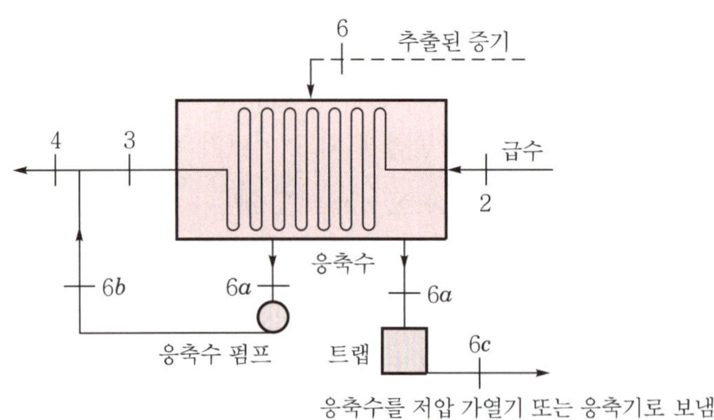

[그림 8.12] 재생사이클에서 표면식 급수 가열기의 상세

위 식으로부터 추기된 양 m_1을 찾아 앞의 식 (8.17)에 적용시킬 수 있다. 이 급수가열기의 대표적인 것으로는 [그림 8.12]와 같다.

6→1 과정은 고압펌프 주위이다. 이곳에서 급수 가열된 작업유체를 보일러 압력 1점까지 급수를 압축하게 된다. 이때 펌프 P_2에 가한 일의 크기 W_{p_2}를 찾으면 다음과 같다. 역시 에너지 일반식 $\dot{Q}_{c.v} + \sum \dot{m}h_i = \sum \dot{m}h_e + \dot{W}_{c.v}$ 에서 단열 과정이면 $\dot{Q}_{c.v} = 0$이 된다. 따라서 급수 펌프 2에서 급수에 가한 일의 크기는

$$W_{c.v} = \sum m h_i - \sum m h_e < 0$$
$$= m(h_e - h_i)$$
$$\therefore W_{P_2} = 1 \times (h_1 - h_6) = (h_1 - h_6)\,[\text{kJ}] \tag{8.21}$$

이 된다.

이와 같이 각 점의 상태량의 크기는 엔탈피가 주어지면 구할 수 있고, 각 유동점에서 압력과 온도를 알면 포화증기표나 증기선도로부터 엔탈피를 찾아 그 상태량 값을 계산할 수가 있다. 따라서 재생사이클의 열효율 η_{RG}는 열효율 정의를 적용할 경우 다음 식과 같다.

재생사이클의 열효율

$$\eta_{RG} = \frac{W_{net}}{Q_H} = \frac{W_T - W_P}{Q_H} \tag{8.22}$$

여기서, $W_p = W_{p_1} + W_{p_2}$ 이다. 만약, $W_t \gg W_p$ 라면 위 식은 간단하게 다음과 같이 쓸 수 있다.

$$\eta_{RG} = \frac{W_{net}}{Q_H} = \frac{(h_2 - h_4) + m_1(h_4 - h_3)}{(h_2 - h_1)} \tag{8.23}$$

위 식에 추기량 m_1은 앞서 구한 식 $m_1 = \dfrac{h_6 - h_5{}'}{h_3 - h_5{}'}$의 결과를 대입한다.

이상의 각 과정의 해석을 통하여 재생사이클의 열효율을 구할 수 있었고, [그림 8.12]는 재생사이클의 구성 요소의 하나인 표면식 급수 가열기의 상세를 보여주고 있다. 표면식 급수 가열기는 추기한 증기와 급수가 혼합되지 않으며, 추출한 증기는 그림과 같이 급수관을 통과하는 급수에 열만 전달한다. 이때 응축 과정에서 발생한 응축수는 그림에서와 같이 저압 급수관으로 다시 공급하거나 트랩(trap)을 설치하여 응축수를 걸러 역시 저압 가열기나 응축기로 보낸다.

다음, 급수 가열기 주위에 대한 열역학적 해석은 다음과 같다. 즉 추기한 증기는 응축온도까지 급수를 가열한다고 할 경우, 질량보존과 에너지 방정식을 급수 가열기 주위에 적용할 때 상태량 값은 다음과 같게 되고, 추출비 y는 다음 식으로부터 계산된다.

급수 가열기 주위에 대한
열역학적 해석

① 질량보존으로부터 :

$$\dot{m}_2 = \dot{m}_3 = \dot{m}_4 = \dot{m}_5 \ \text{ 그리고 } \ \dot{m}_6 = y\dot{m}_5 = \dot{m}_{6a} = \dot{m}_{6c} \tag{a}$$

단, $T_3 = T_4 = T_{6a}$이다.

② 유동계 에너지 방정식으로부터 :

$$\dot{m}_5 h_2 + y\dot{m}_5 h_6 = \dot{m}_5 h_3 + y\dot{m}_5 h_{6a} \tag{b}$$

여기서, 상태 2의 유량은 보일러 입구(또는 보일러 출구)의 유량이고, 상태 5의 유량은 터빈 입구의 유량으로 그 크기가 같다. 위 식으로부터 주어진 압력에서 4점의 상태를 포화 액체로 제한할 경우 추출비 y는 다음과 같다. 단, $m_2 = m_5$이다.

$$y = \frac{h_3 - h_2}{h_6 - h_{6a}} \tag{8.24}$$

[그림 8.13]은 재생사이클을 이용한 실제 동력 발전소의 구성을 보여주는 것으로, 고압과 저압터빈으로부터 다단 추기를 하여 여러 개의 조합된 급수 가열기로 보내는 다단 급수 가열기를 사용한 예이다. 실제 원동소는 1개의 재열기와

다단 급수 가열기

몇 개의 추기를 조합하여 사용되는 경우가 많다. 따라서 이런 경우 재열·재생 사이클이 되는데, 이것은 8.5절에서 볼 수 있다.

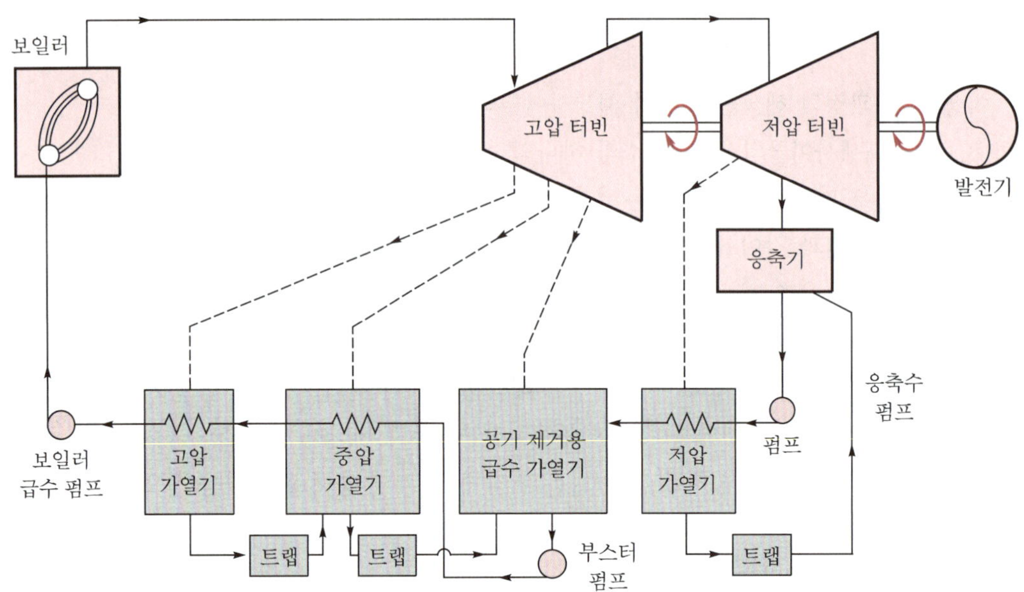

[그림 8.13] 재생사이클을 이용한 실제 동력 발전소의 급수 가열기의 구성도

예제 8.3

터빈입구의 압력과 온도가 각각 4,500kPa, 450℃인 증기가 복수기(응축기) 압력이 5kPa인 증기원동소에서 2단 추출 재생사이클을 수행한다. 다음 값을 구하라.

(1) 제1단계 추출량

(2) 제2단계 추출량

(3) 추출에 의한 일의 손실

(4) 이론 열효율

$$h_1 = 136.71\text{kJ/kg} \qquad h_2 = 372.0\text{kJ/kg}$$
$$h_3 = 610.90\text{kJ/kg} \qquad h_4 = 3335.64\text{kJ/kg}$$
$$h_5 = 2747.64\text{kJ/kg} \qquad h_6 = 2446.5\text{kJ/kg}$$
$$h_7 = 2104.2\text{kJ/kg}$$

풀이 (1) 제1단계 추출량

$$m_1 = \frac{h_3 - h_2}{h_5 - h_2} = \frac{610.90 - 372.0}{2747.64 - 372.0} = 0.1\text{kg}$$

(2) 제2단계 추출량

$$m_2 = \frac{(1-m_1)(h_2 - h_1)}{h_6 - h_1} = \frac{0.9 \times (372 - 136.71)}{2446.5 - 136.71} \fallingdotseq 0.092\text{kg}$$

(3) 추출에 의한 일의 손실

$$\triangle W_{Loss} = m_1(h_5 - h_7) + m_2(h_6 - h_7)$$
$$= 0.1 \times (2747.64 - 2104.2) + 0.092(2446.5 - 2104.2)$$
$$= 95.84\text{kJ}$$

(4) 이론 열효율
여기서, $\triangle w_L = \triangle W_L / \text{m} = 95.84\text{kJ}/1\text{kg} = 95.84\text{kJ/kg}$

$$\therefore \ \eta_{th} = \frac{(h_4 - h_7) - \triangle w_L}{h_4 - h_3}$$
$$= \frac{(3335.64 - 2104.2) - (95.84)}{(3335.64 - 610.90)}$$
$$\fallingdotseq 0.4168$$
$$\fallingdotseq 41.68\%$$

8.5 재열·재생사이클

터빈에서 작업유체의 팽창 도중 증기를 뽑아내어 다시 가열하는 재열사이클과
터빈에서 팽창 중 증기를 추기하여 급수를 가열하는 재생사이클의 두 가지 사이
클을 조합한 것으로서 이것을 재열·재생사이클(reheating and regenerative
cycle)이라 한다. 즉, 재열사이클은 재열 후의 증기온도를 높여 열효율을 좋게
할 뿐만 아니라 팽창 후의 건도를 올려 터빈 날개의 부식을 방지하고 열효율을
높이려는 것이며, 재생사이클은 배기가 지닌 열량을 될 수 있는 한 응축기에 버
리지 않고 급수의 예열을 재생시켜 열효율을 높이는 것이다. 또 재열사이클은
열역학적인 이익보다는 오히려 습증기를 피하여 터빈 속에서의 마찰손실을 방지
하는 등의 기계적 이익을 가져다주는 데 그 목적이 있다. 결론적으로 말해 이 양
자의 효과를 모두 이용하여 부식방지와 열효율을 개선한 것이 재열·재생사이클
이다.

재열·재생사이클
(reheating and
regenerative cycle)

이 사이클은 [그림 8.14]의 $T-s$ 선도에서와 같이 재열과 재생의 두 가지 사이클로 혼합 구성된다. 이 사이클의 재열에서는 증기 단위 질량 1kg을 기본으로 하고, 재생 추기는 2단의 사이클을 나타낸다. 먼저 1차 터빈에서 팽창하고 재가열시킨 후 2차 터빈에서 팽창 중 일부의 증기가 곧바로 복수기로 가지 않고 1차 고압 가열기로 m_1 kg이 추기된다. 또 2차 저압 가열기로부터는 m_2 kg이 추기된다. 이러한 사이클의 경우 증기터빈이 한 순일(=정미일) W_{net} 는

$$W_{net} = (h_4 - h_5) + (1 - m_1)(h_6 - h_5{}') + (1 - m_1 - m_2)(h_5{}' - h_7)$$

$$= (h_4 - h_5) + (h_6 - h_7) - m_1(h_6 - h_7) - m_2(h_5{}' - h_7) \qquad (8.25)$$

이다. 한편 보일러에서 가열한 열량 Q_H 는

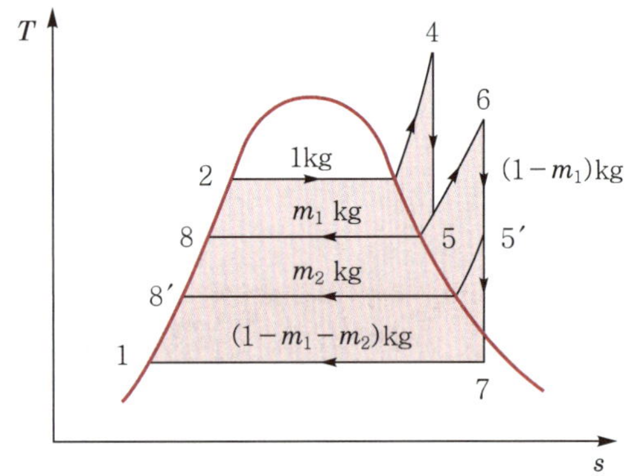

[그림 8.14] 재열·재생사이클의 $T-s$ 선도

$$Q_H = (h_4 - h_8) + (1 - m_1)(h_6 - h_5) \qquad (8.26)$$

이다.

재생·재열사이클의 열효율

따라서 열효율의 정의식에 위 식 (8.25), (8.26)을 적용하면 재생·재열사이클의 열효율 η_{Rhg} 는 다음과 같다.

$$\eta_{Rhg} = \frac{W_{net}}{Q_H}$$

$$= \frac{(h_4 - h_5) + (h_6 - h_7) - m_1(h_6 - h_7) - m_2(h_5{}' - h_7)}{(h_4 - h_8) + (1 - m_1)(h_6 - h_5)} \qquad (8.27)$$

8.6 2유체 사이클

큰 온도범위에서 사용되는 증기사이클에서 두 가지 이상의 동작물질을 사용하는 경우가 있는데, 이러한 사이클을 2유체 사이클(binary cycle)이라 한다. 랭킨(Rankine)사이클의 열효율을 높이려면 작업유체의 수열온도를 높여야 하지만, 수증기를 작업유체로 하는 고온영역에서는 고압일 때 반드시 뒤따르는 결점이 있다. 즉, 증기의 온도가 올라감에 따라서 포화압력이 상당히 높아지며 따라서 설계 및 운전 등에 상당한 곤란을 가져온다. 또 증기에서는 압력의 증가와 더불어 증발열이 감소하여 같은 온도사이에서 동작하는 카르노(Carnot) 사이클과 비교할 때 랭킨사이클에서 상대적인 효율 차가 커지게 된다. 이와 같은 단점을 개선하기 위하여 고온부에서 포화압력이 수증기보다 낮은 액체를 사용하고, 저온부는 물과 같은 유체로부터 발생하는 수증기와 조합하여 사용하는 사이클을 2유체 사이클이라 한다. 하나의 예로 고온부에는 수은과 같은 유체를 사용하여 팽창일을 시킨 후 그 수은이 응축할 때의 잠열을 이용하여 물을 증발시켜 다시 팽창일을 하게 됨으로써 사이클의 열효율을 높이려는 것이 가장 큰 특징이다.

2유체 사이클
(binary cycle)

[그림 8.15]와 같이 2유체 사이클에서는 수증기 이외에 500~600℃에서 포화증기로서 존재하고(임계온도가 600℃보다 높은), 증발열에 비하여 액체열은 적고 또한 포화압력이 낮은 작업유체를 사용한 경우이며 랭킨사이클의 열효율은 수증기를 사용할 때보다 더 용이하게 향상시킬 수 있게 된다.

이와 같이 사이클 구성의 조건에 맞는 작업유체로는 수은[Hg], 산화디페닐[$(C_6H_5)_2O$] 및 취화알루미늄[Al_2Br_6] 등이 있으나, 현재 실용화되고 있는 것으로는 수은이 대부분이다. 하나의 예로써 수은의 경우는 500℃에서 포화증기 압력이 8.371ata이고, 30℃일 때의 포화압력은 3.7×10^{-6}ata이다. 따라서 1kmol의 수은 증기(분자량 200.6)는 6.82×10^6m^{3}의 체적을 차지하게 된다. 이에 비하여 같은 온도에서 수증기의 1kmol의 체적은 단지 5.92×10^3m^{3}가 된다. 이것은 수은 증기만으로 원동기 내부에서 환경온도까지 팽창시키려면 거대한 원동기가 필요하게 됨을 말해주는 것이다. 그러므로 고온의 작업유체로는 수은 증기를 사용하게 되고, 이를 팽창시킨 후 고온에서 응축시키면서 그 방출열로 물로부터 수증기를 발생시켜 이를 터빈으로 다시 보내 팽창시키면 사이클을 이루게 된다. 현재는 미국에서 주로 실현되고 있다.

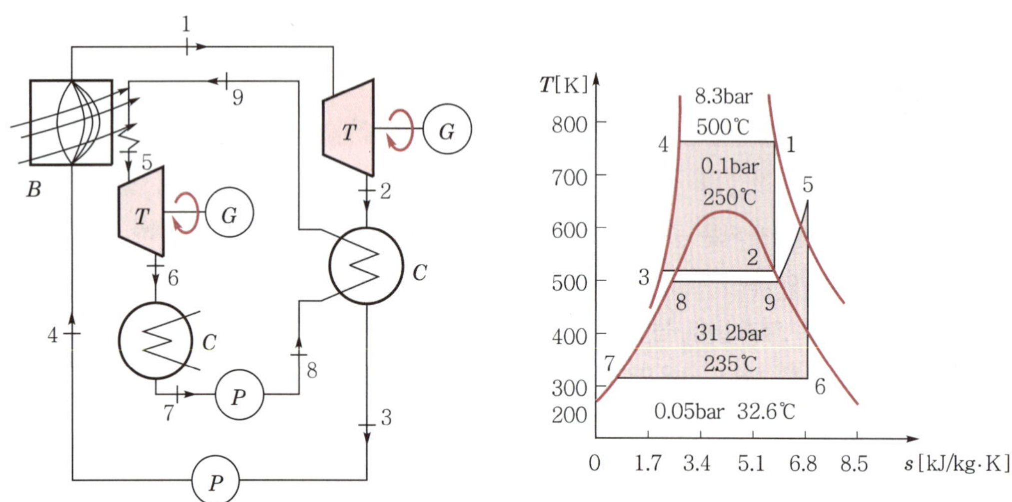

[그림 8.15] 2유체 사이클

8.7 실제 사이클이 이상 사이클로부터 벗어남

이상 사이클에 비해 실제 사이클은 각 구성 요소에서 손실 때문에 이상과정과는 다른 값을 가지는데, 이 절에서는 어떻게 다른지에 대해 몇 가지 언급하게 된다. 그 주요 차이점을 요약하면 터빈, 펌프, 배관 및 응축기에서의 손실이며, 그 내용을 살펴보면 다음과 같다.

터빈 손실 **(1) 터빈 손실**

마찰, 난동(turbulence) 및 잔유속도 등에 의해 터빈에서의 팽창이 완전 등엔트로피적이지 못하다. 이러한 손실들은 랭킨사이클에 있어서 실제 사이클과 이상 사이클의 성능 차이를 가장 크게 하는 요인이다. 터빈에서의 손실은 주로 터빈을 통과하는 작동유체의 유동과 관련이 가장 크다. 터빈의 팽창과정에서 주위로의 열전달도 손실로 나타나지만 일반적으로 이러한 손실을 부차적 손실이라한다. 이 과정은 [그림 8.16]과 같이 $T-s$ 선도로 나타낼 수 있다. 그림에서 터

빈 출구의 증기상태는 2점이 아니고 2′점이다. 즉, 이상적 터빈일의 크기가 $(h_1 - h_2)$로 되며, 실제 터빈일의 크기는 $(h_1 - h_2{}')$가 된다. 그러므로 터빈효율 η_t는 다음과 같다.

$$\eta_t = \frac{(w_t)_r\,(\text{실제 터빈일})}{(w_t)_i\,(\text{이상 터빈일})} = \frac{h_1 - h_2{}'}{h_1 - h_2} \tag{8.28}$$

(2) 배관 손실

배관 손실

관내의 마찰과 열손실에 의하여 터빈 입구의 압력은 보일러 출구의 압력보다 낮다. 증기 발생기의 출구에서의 증기상태는 [그림 8.17]에서 상태 a이고, 마찰에 의하여 압력이 P에서 P'으로 떨어져 터빈 입구는 상태 b가 되어 이 영향으로 엔트로피는 감소한다. 그리고 관내에서의 열손실에 의하여 증기의 온도는 상태 1까지 떨어진다. 배관에서 압력 손실과 열손실은 터빈에 투입되는 증기의 유용성을 감소시킨다. 관의 손실이 없을 때 터빈출력은 $(h_a - h_2)$이고, 관손실 결과 최종 출력은 $(h_b - h_2{}')$으로 떨어진다.

배관 손실과 유사하게 보일러에서의 압력 강하도 이와 비슷한 손실이다. 압력 강하 때문에 보일러로 들어가는 물은 보일러에서 나가는 수증기의 목표 압력보다 낮아지므로 더 높은 압력으로 가압하여 초기의 목표 압력으로 되고, 이를 달성하기 위해 추가적인 펌프일이 소요된다.

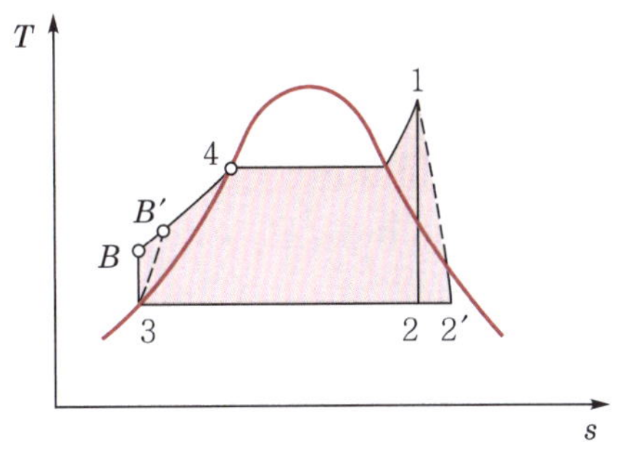

[그림 8.16] 펌프 및 터빈 손실

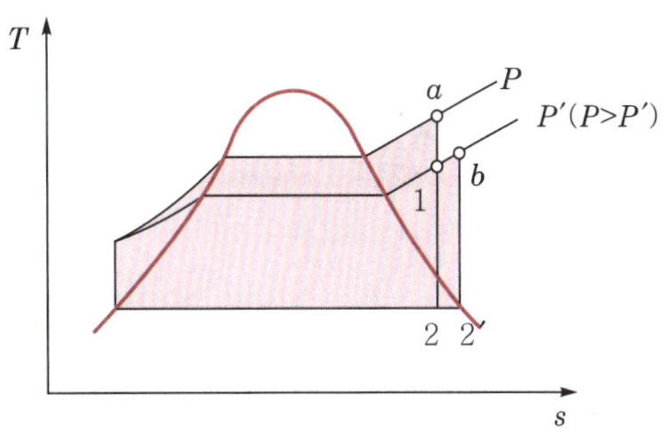

[그림 8.17] 배관 손실

(3) 응축기 손실

응축기 손실

응축기의 손실은 비교적 작아서 실제 기관에서는 보통 무시된다. 응축기를 빠져 나오는 물이 포화온도 이하로 냉각되면 포화온도까지 다시 가열하는 데 추가로 열량이 소요되며, 이러한 열량의 손실을 응축기의 과냉 손실이라 한다.

(4) 펌프 손실

펌프 손실은 터빈 손실과 비슷하다. 펌프에서의 압축이 등엔트로피적이지 않기 때문에 손실이 발생한다. 이상적인 펌프일은 [그림 8.16]에서 $(h_B - h_3)$이 되고, 실제 펌프일은 $(h_B{'} - h_3)$이다. 따라서 펌프 효율 η_p를 구하면 다음과 같다.

$$\eta_p = \frac{(w_p)_i\,(\text{이상 펌프일})}{(w_p)_r\,(\text{실제 펌프일})} = \frac{h_B - h_3}{h_B{'} - h_3} \tag{8.29}$$

보통 펌프 손실은 비교적 작아 보통 무시된다.

원동소의 일반적인 열효율 η_{sp}에 있어서는 터빈에서 얻은 출력의 일로부터 발생된 발전기로부터의 축동력(PS 또는 kW)을 알 때 다음과 같은 관계식으로부터 구한다.

$$\eta_{sp} = \frac{N_e \times 860}{B \times H_l} \times 100\,(\%) \tag{8.30}$$

여기서, N_e : 정미 발생일량(kWh)

η_{sp} : 원동소의 열효율

B : 연료 소비량(kg/h)

H_l : 연료의 저위 발열량(kcal/kg)

8.8 열병합 발전

산업 설비 중에는 증기동력 발전소로부터 전기를 생산하면서 동시에 다른 형태의 에너지를 공급해야 하는 경우가 종종 있다. 이 경우 에너지 공급을 위하여 제2 보일러 등의 보조 장치 등을 설비하는 대신에 증기동력 사이클의 고압터빈에서 팽창된 수증기 열을 이용할 수도 있다. 바로 [그림 8.18]은 이러한 목적으로 구성된 한 가지 예를 나타내고 있다. 터빈의 중간 압력의 위치에서 수증기를 추출하여 특별 공정을 작동하기 위한 목적, 즉 시설 또는 공간을 난방할 목적으로 사용하는 경우가 대표적이다. 이러한 형태의 응용을 열병합 발전(cogeneration)이라 하며,

전기와 수증기 모두를 목적으로 시스템을 설계하였을 때 이 열병합 발전은 설비
에 대한 투자비와 운영비를 크게 절감할 수 있다.

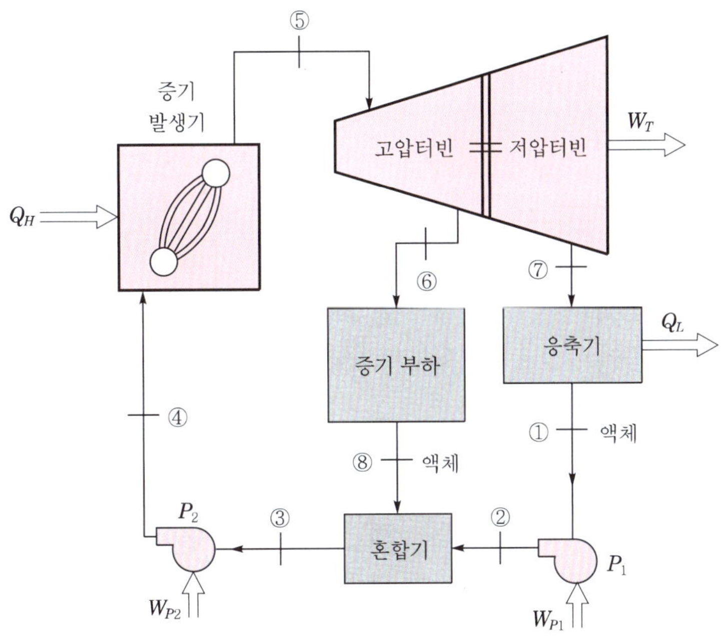

[그림 8.18] 열병합 발전 시스템의 예

이러한 열병합 발전 시스템에 대한 구체적인 예의 하나가 증기를 상당히 많이
사용하는 제지 공장의 펄프 슬러리 건조 공정에서 수증기를 열병합 발전의 증기
터빈에서 추출하여 증기 열을 공장설비로 공급하여 건조공정에 이용하는 경우이
다. 이와 같이 두 가지 요구 조건을 모두 만족시키기 위해서는 여러 변수들을 최
적화하여 설계하여야만 한다. [그림 8.19]와 같이 폐기물소각의 지역난방·발전
설비 등과 같이 다양한 형태로 버려지는 열을 이용한 열병합 산업설비도 있다.
이 시스템은 저압터빈에서 팽창한 증기를 응축기(＝복수기)에서 난방 공급수와
열교환 후 급수를 가열하여 지역난방에 이용하고, 배관 내의 팽창 습증기는 난
방 공급수에 열을 방출하고 포화 응축수가 되고, 다시 급수 펌프에 보내져 압력
을 올린 후 보일러로 보내지는 시스템이다.

열병합 발전 시스템

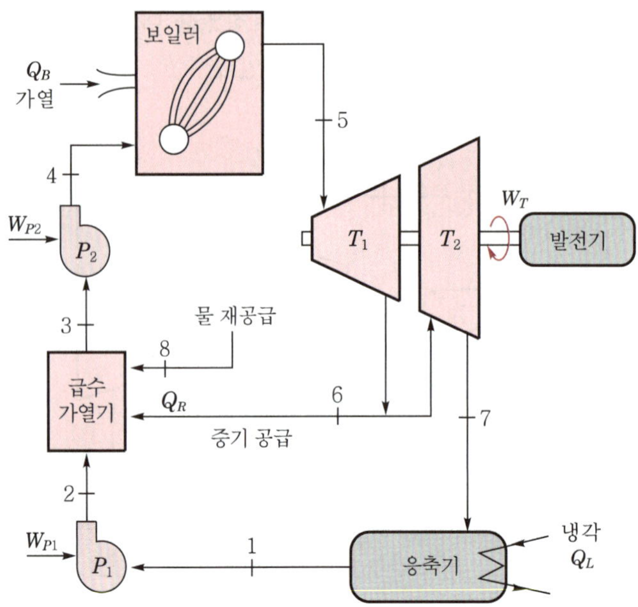

[그림 8.19] 개방형 급수 가열기를 사용한 열병합 소형 동력 발전소

01 랭킨사이클의 각 점에서의 증기의 엔탈피는 다음과 같다.

보일러 입구 1점 : 290.58kJ/kg

보일러 출구 2점 : 3477.75kJ/kg

터빈 출구 3점 : 2622.74kJ/kg

복수구 출구 4점 : 287.23kJ/kg

이 사이클의 열효율은 몇 %인가?

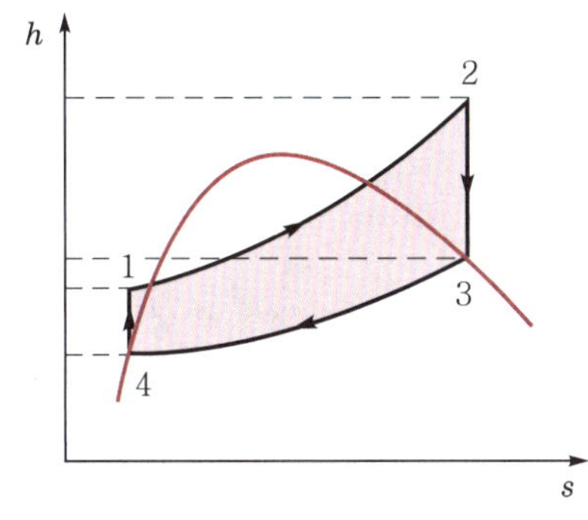

02 2,940kPa의 건포화 증기를 배압 49kPa까지 작용시키는 랭킨사이클에서 이론적 열효율은 얼마인가? 단, $h_3 = 2804.10$kJ/kg, $h_1 = 338.35$kJ/kg, $h_4 = 2145.84$kJ/kg이고, 펌프일은 무시한다.

03 그림은 보일러에서 19,700kPa, 540℃의 증기를 발생한 후 터빈에서 2,450kPa까지 단열팽창하고, 팽창한 곳에서 최고온도 4점까지 재가열하여 응축기 압력 4.9kPa까지 재팽창시키는 재열증기 원동소의 $h-s$ 선도이다. 이 원동소의 이론 열효율은?

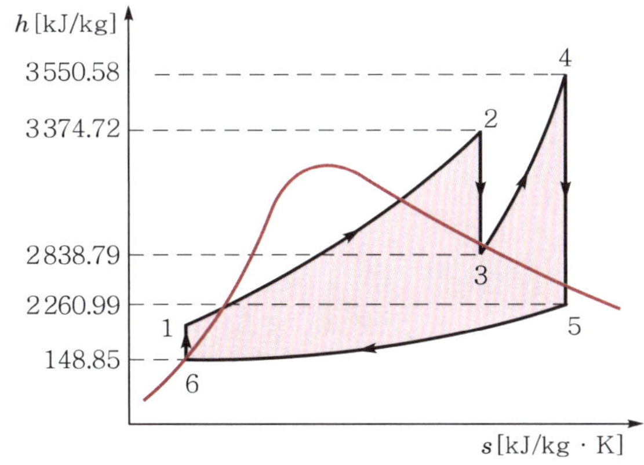

04 랭킨사이클 각 점의 증기 엔탈피는 그림과 같다. 이때 $h-s$ 선도의 엔탈피 값의 단위는 [kJ/kg]값일 경우 이 사이클의 열효율은?

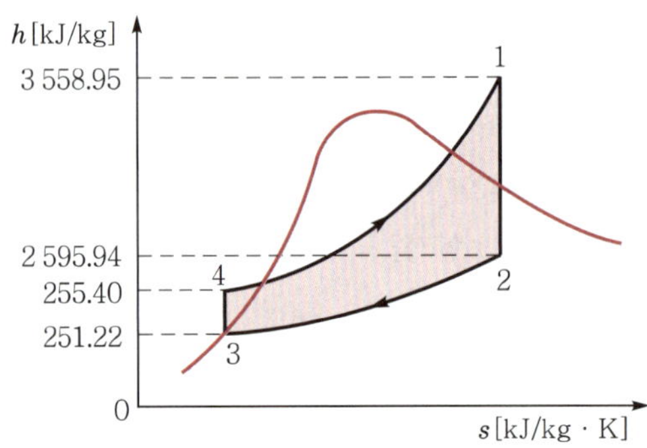

05 수증기를 일정 압력 30bar로 3,000kg/h씩 발생하는 증기발생장치의 개방시스템이 있다. 발생기의 입구상태는 온도 40℃, 유속 4m/s의 포화액체 상태로 급수되며, 출구는 과열증기의 상태인 온도 300℃, 유속 60m/s로 배출될 때 증기발생기에 공급해야 할 열 $(\dot{Q}_H)$은 몇 kJ/s(kW)인지 계산하라. 단, 유체의 입구와 출구의 높이차는 3m이다.

06 단순 증기동력 사이클에서 수증기가 보일러에서 열을 받아 출구로 압력 4MPa, 온도 400℃ 상태로 나온 후 터빈으로 들어간다. 터빈에서 일을 하고 출구로 나와서 응축기(복수기) 압력이 5kPa이 되었을 경우 다음을 계산하라. 단, 포화 수증기표를 사용하며, 운동에너지와 위치에너지의 변화가 없는 정상상태 과정으로 간주한다.

(1) 증기발생기인 보일러에서 가열열량 q_H[kJ/kg]은?

(2) 터빈에서 얻은 터빈일 w_T[kJ/kg]은? 단, 증기는 습증기로 건분 $x=0.795$이고, 단열과정이다.

07 재생사이클을 사용하는 목적을 들어라.

08 재열사이클이란?

09 재열·재생 랭킨사이클이란?

01 2,000kPa의 건포화증기를 팽창시켜 배기압 50kPa까지 작용시키는 랭킨사이클의 이론적 효율과 이것과 같은 온도 범위에서 작용하는 카르노 사이클의 열효율과의 비는 몇 %인가? 단, 팽창 후 건분은 $x=90\%$이다.

02 117.6bar, 500℃이고, 복수기 압력 0.0392bar로 작동되는 증기원동소가 6.86bar에서 추기된다. $h-s$선도를 이용하여 추기량 m을 구하라. 여기서, $h_1=130.572\text{kJ/kg}$, $h_4=3381.48\text{kJ/kg}$, $h_5=2686.77\text{kJ/kg}$, $h_6=1975.32\text{kJ/kg}$, $h_7=711.45\text{kJ/kg}$이고, 펌프일은 무시한다.

03 문제 2에서 재열 랭킨사이클의 열효율은 몇 %인가?

04 압력 1,372kPa, 온도 350℃인 증기를 배기압 19.6kPa까지 팽창시켰다. 이 랭킨사이클의 열효율은 얼마인가? (1 → 2과정 : 터빈 팽창과정, 2 → 3과정 : 복수기 방열과정, 3 → 4과정 : 급수펌프 압축과정, 4 → 1과정 : 보일러 가열과정) 단, 펌프일은 무시하고 $h_1=3152.66\text{kJ/kg}$, $h_2=2357.16\text{kJ/kg}$, $h_3=251.21\text{kJ/kg}$이다.

05 2,940kPa의 건포화증기를 배기압 49kPa까지 작용시키는 랭킨사이클에서 이론적 열효율은 얼마인가? 단, $h_3=2804.04\text{kJ/kg}$, $h_1=338.35\text{kJ/kg}$, $h_4=2145.84\text{kJ/kg}$이다. 단, 펌프일은 무시한다.

※ [6~10] 다음 그림과 같은 증기 원동소에서 터빈효율 85%, 펌프효율이 80%일 때 $h-s$선도를 참조하여 다음에 답하라. 여기서, ②점의 건분은 $x_2=85\%$이다.

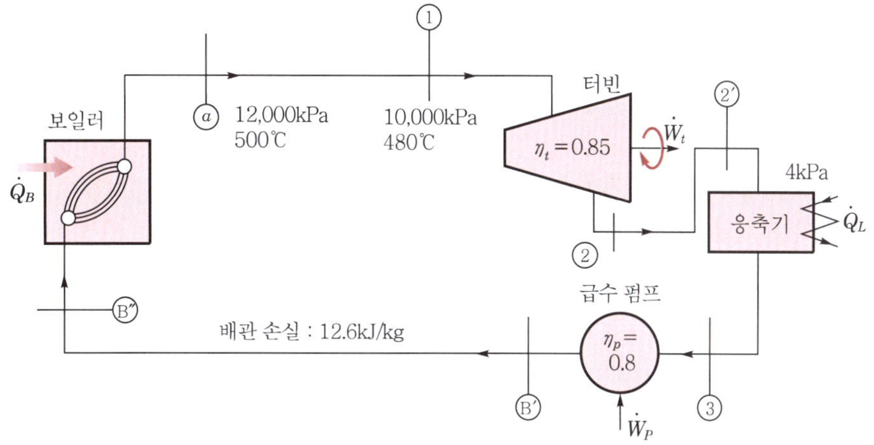

06 위 원동소에서 실제 터빈 일은 몇 kJ/kg인가?

07 4kPa에서 포화수의 비체적이 $0.001004\text{m}^3/\text{kg}$일 때 펌프 일(kJ/kg)을 구하라.

08 사이클의 참일 w_{net}(net work)를 구하라.

09 실제 공급 열량은 몇 kJ/kg인가?

10 배관 손실이 12.6kJ/kg일 때 보일러 입구 엔탈피 h_B''는 몇 kJ/kg인가?

11 증기동력 사이클의 이상 사이클인 랭킨(Rankine) 사이클에서 수증기가 4MPa, 400℃ 상태로 보일러에서 나와 터빈으로 들어간다. 응축기 압력은 5kPa이다. 다음 질문에 답하라. 단, 포화 수증기표를 사용하며, 운동에너지와 위치에너지의 변화가 없는 정상 상태 과정으로 간주한다.

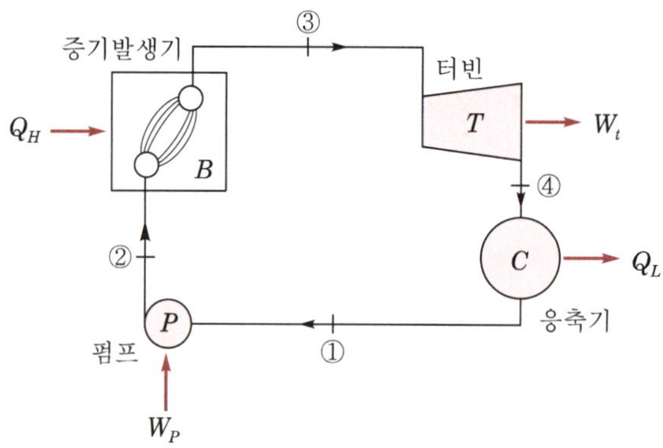

(1) 터빈출구의 건분 x_4와 이 사이클의 열효율 $\eta_R[\%]$를 계산하라.

(2) 실제 사이클에 접근한 터빈효율 86%와 펌프효율이 80%일 때 사이클의 열효율을 계산하라.

12 그림과 같은 단순 증기동력 발전소에서 보일러에서 4MPa, 400℃ 상태로 가열된 수증기는 보일러에서 나와 터빈으로 들어간다. 응축기(복수기)에서는 일정압력 5kPa으로 포화액체 상태일 때 다음 질문에 답하라. 단, 전 과정동안 운동에너지와 위치에너지의 변화가 없는 정상상태 과정으로 간주한다.

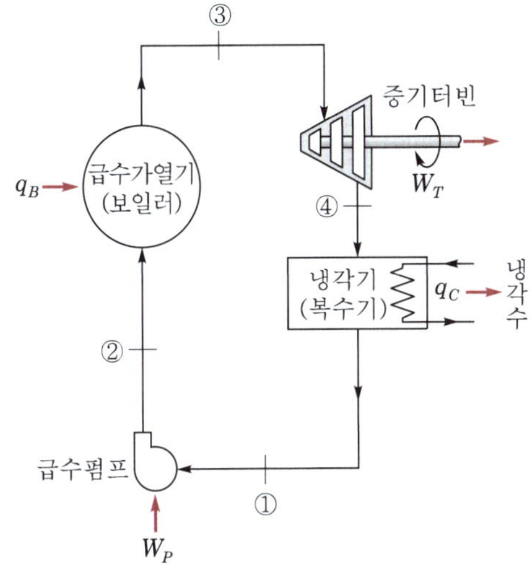

(1) 급수펌프에 가한 일의 크기가 $w_p = 4.0\text{kJ/kg}$일 때 펌프출구(②점)의 엔탈피 h_2 [kJ/kg]와 보일러에 가열한 열량 q_B[kJ/kg]는?

(2) 터빈에서 한 일의 크기 w_T[kJ/kg]는? 단, 4점의 건분 $x_4 = 79.5\%$이다.

(3) 응축기인 복수기에서 방출한 열 q_c[kJ/kg]는?

(4) 이 사이클의 열효율 η_R[%]를 계산하라?

13 증기동력 사이클에서 터빈입구로 증기가 압력 800kPa, 온도 250℃의 과열증기 상태로 들어가 터빈에서 단열적으로 팽창일을 수행하고, 출구는 습증기 상태의 압력 125kPa로 나온다. 포화 수증기표를 이용하여 다음 질문에 답하라. 단, 과열 수증기표에서 $P = 800\text{kPa}$일 때 $s = 7.0384\text{kJ/kg}\cdot\text{K}$, $h = 2949.97\text{kJ/kg}$이고, 압력기준 포화 수증기 표에서 $P = 125\text{kPa}$일 때 $s_g = 7.2843\text{kJ/kg}\cdot\text{K}$, $s_l = 1.3739\text{kJ/kg}\cdot\text{K}$, $h_g = 2685.35\text{kJ/kg}$, $h_l = 444.30\text{kJ/kg}$이다.

(1) 터빈 출구의 습증기 건도(건분) x[%]는?

(2) 터빈 출구의 엔탈피 h_2[kJ/kg]을 계산하라.

(3) 단열팽창으로 얻은 터빈일 $\dot{W}_T$[kW]를 계산하라. 단, 공급되는 유량은 $\dot{m} = 35\text{ton/h}$이다.

제9장

냉동사이클

앞에서 우리는 열기관 사이클들을 설명한 바 있다. 이때 작동유체는 사이클 동안 상변화가 있는 경우도 있었으나 하나의 상으로만 작동하는 경우도 있었다. 그리고 4개의 가역 정상상태 과정으로 구성되고, 두 과정이 일의 출·입이 없는 등압 열전달과정으로 간주된 증기동력 시스템에 대하여도 살펴보았다.

이 장에서는 이상적인 기본 냉동사이클과 이에 따른 시스템을 살펴보고자 한다. 이 냉동사이클은 각 과정이 동력 사이클과 반대 방향으로 진행된다. 그 결과 열기관의 이상 사이클이 카르노 사이클이듯이, 이상적인 냉동사이클의 경우도 생각할 수 있다. 즉, 사이클 전체가 기체와 액체의 2상이 포화영역 구역에 위치할 때 2개의 등압과정(동시에 등온과정)과 2개 단열과정으로 이루어질 때 이상 냉동사이클이 되고 역카르노(Carnot) 사이클이 된다. 따라서 이상적인 기본 냉동사이클과 그 시스템에 대하여 살펴보고, 추가로 열펌프 시스템의 원리에 대하여도 알아본다.

9.1 냉동

냉동(refrigeration)

냉동(refrigeration)이란, [그림 9.1]과 같이 인공적으로 어떤 물체나 계(system)로부터 열을 빼앗아 주위(surrounding)의 온도보다 낮은 온도로 만드는 조작을 말한다. 이때, 어떤 물체나 계로부터 열을 제거하는 방법으로는 얼음의 융해열이나, 드라이아이스의 승화열 혹은 액체질소의 증발열 등을 이용할 수가 있다. 그러나 이들은 물질이 없어지면 효력을 상실하기 때문에 냉동이라 하지 않고 냉각(chilling or cooling)이라고 말한다.

한편, 열역학 제2법칙에 의하면 열은 그 자신만으로는 저온도의 물체로부터 고온도의 물체로 이동하지 않기 때문에 이것을 수행하기 위해서는 어떤 장치가 필요한데, 이것을 냉동기(refrigeration machine or refrigerator)라 한다.

냉동기
(refrigeration machine
or refrigerator)

그러면, 냉동이 행해지기 위한 냉동의 원리를 정리해 보면 다음과 같다.

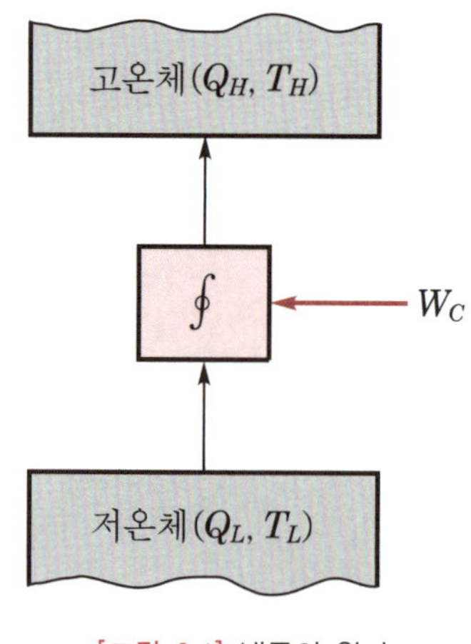

[그림 9.1] 냉동의 원리

냉동의 원리로는

(1) 액체의 증발과정에서 열의 흡수에 의한 냉각

(2) 압축 기체의 단열팽창 시 저온이 되는 현상에 의한 냉각

(3) 펠티에 효과(Peltier effect)를 이용한 전열냉각

(4) 활성탄 등 다공성 물질이 고압·저온 상태에서 흡착한 다량의 가스를 탈
    착하는 과정에서 생기는 저온을 이용하는 기체탈착에 의한 냉각

(5) 자기를 이용하여 초저온을 얻는 방법의 자기냉각

등 여러 가지가 있으나, 현재 공업용으로 사용되는 것은 증기압축식 냉동기와
흡수식 냉동기 등을 들 수 있는데, 본 장에서는 [그림 9.2]와 같이 구성된 기계
식 압축을 수행하는 증기압축식 냉동사이클만을 다루기로 한다.

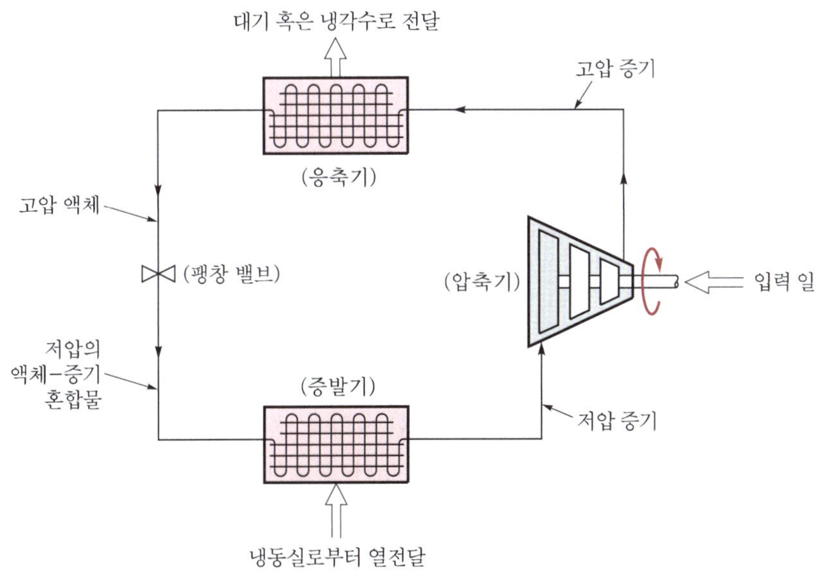

[그림 9.2] 단순 증기압축 냉동사이클 구성

1 성능계수(performance coefficient)

  냉동사이클의 성능은 다음과 같이 성능계수(coefficient of performance)로 정의
하고, 기호는 COP나 ε(또는 β)으로 쓴다. 여기서는 ε_r 를 냉동기의 성능계수, ε_h 는
열펌프의 성능계수라 정의한다. 따라서 ε_r 과 ε_h 의 관계는 다음과 같다.

성능계수
(coefficient of
performance)

냉동기의 성능계수　　　−저열원을 유지하는 것이 목적인 냉동기의 성능계수 :

$$\varepsilon_r = \frac{Q_L}{W_C} = \frac{T_L}{T_H - T_L}\,(\text{역카르노 사이클}) \tag{9.1}$$

열펌프의 성능계수　　　−고열원을 유지하는 것이 목적인 열펌프의 성능계수 :

$$\varepsilon_h = \frac{Q_H}{W_C} = \frac{T_H}{T_H - T_L}\,(\text{역카르노 사이클}) \tag{9.2}$$

위 두 개의 식으로부터 아래와 같은 관계가 성립함을 알 수가 있다.

$$\varepsilon_r = \varepsilon_h - 1 \tag{9.3}$$

즉, 냉동기의 성능계수가 열펌프의 성능계수보다 항상 1이 작다. 또한, 저열원
냉동효과(cooling effect)　에서 흡수하는 냉매 단위 질량당 열량 q_L 을 냉동효과(cooling effect)라 한다.
위의 식 (9.1)과 (9.2)에서 보면 각 과정이 가역인 역카르노 사이클, 즉 이상 냉
동기 사이클은 동작물질의 종류와 관계없이 두 열원의 절대온도에만 관계됨을
알 수 있다.

2 냉동기의 성능표시 방법

냉동능력　　　냉동능력은 냉동기가 1시간 동안 흡수한 열량의 크기[kJ/h 또는 kcal/h]를 말
하며, 냉동효과는 냉매 1kg이 저온체로부터 흡수한 열량의 크기[kJ/kg 또는
체적 냉동효과　　　kcal/kg]이고, 체적 냉동효과는 압축기 입구로 들어가는 냉매가스 단위 체적당
흡수열량의 크기[kJ/m^3 또는 kcal/m^3]이다. 이때 0℃의 얼음 1ton을 0℃의 얼음으
로 1시간 동안 유지시키는데 저온체로부터 흡수한 열량을 1RT로 나타내며, 그 크기
는 약 3,320kcal/h이고, US−1RT(1USRT)는 3,024kcal/h이며, SI 단위계로는 약
3.52kW 정도이다.

1냉동톤

$$1\text{냉동톤}(1RT) = 79.68 \times \frac{1{,}000\text{kg}}{24} = 3{,}320\text{kcal/h} = 3.86\text{kW}$$

$$US - 1RT = (3{,}320 \times 0.911)\text{kcal/h} = 3{,}024\text{kcal/h} = 3.52\text{kW} \tag{9.4}$$

예제 9.1

어떤 냉동기가 1PS의 동력을 사용하여 매시간 저열원에서 11,100kJ의 열을 흡수한다. 이 냉동기의 성능계수는 얼마인가? 또, 고열원에서 방출하는 열량은 얼마인가?

풀이

$$\varepsilon_r = \frac{q_L}{w_c} = \frac{11,100/3,600 \, \text{kJ/sec}}{0.735 \, \text{kJ/sec}} \fallingdotseq 4.2$$

$$\varepsilon_h = \varepsilon_r + 1 = 4.2 + 1 = 5.2$$

$$\therefore \ q_H = w_c \, \varepsilon_h = 0.735 \times 3,600 \times 5.2 = 13759.2 \text{kJ}$$

예제 9.2

어떤 냉동장치에서 얼음 1ton을 만드는 데 45kWh의 동력을 소모한다. 이 설비에 물은 20℃로 유입되고, 얼음은 −10℃로 나온다면, 실제 성능계수는 얼마인가? 단, 물의 융해잠열은 336kJ/kg이고, 얼음의 평균비열은 2.1kJ/kg으로 본다.

풀이 얼음 1ton을 만드는 데 소요되는 일량은 45kWh이므로

$$W_C = 45\text{kWh} = 45\text{kJ/sec} \times 3,600\,\text{sec/h} = 162,000\text{kJ/h}$$

흡열량 Q_L은

$$Q_L = (4.2\text{kJ/kg℃} \times 20℃ + 336\text{kJ/kg} + 2.1\text{kJ/kg℃} \times 10℃)$$
$$\times 1,000\text{kg}$$
$$= 441,000\text{kJ/h}$$

이다. 그러므로 성능계수는 다음과 같다.

$$\varepsilon_r = \frac{Q_L}{W_C} = \frac{441,000}{162,000} = 2.72$$

3 냉매의 구조조건

냉매(refrigerants)란 넓은 의미에서 냉각작용을 발생시키는 모든 동작물질을 말한다. 즉, 저온부의 열을 고온부로 옮기는 역할을 하는 매체로서 공기조화장치 및 온도차 열에너지 이용기관 등의 시스템에서 사이클 내부를 순환하면서 저온부에서 증발한 후 냉동 공간으로부터 열을 흡수하여 고온부에 열을 방출시키는 작동유체이다. 냉매는 저온부(증발기)에서는 액상으로부터 가스(증기)상으로,

냉매(refrigerants)

고온부(응축기)에서는 가스(증기)상에서 액상으로 상변화한다.

냉매는 일반적으로 할로카본(halocarbon), 유기화합물, 탄화수소(hydrocarbon), 무기화합물 등 네 가지 종류의 화합물 중 한 가지이며, 증기압축 냉동장치에 사용되는 냉매의 종류는 다양하다. 현재 사용되고 있는 냉매에는 안전성 면에서 다음과 같이 3개 그룹(group)으로 구분할 수 있다.

제1그룹은 가장 안전한 냉매를 말하고 그 종류는 다음과 같다.

$$F-12[CF_2Cl],\ F-113[C_2F_3Cl_3],\ methyl[CH_3Cl],\ F-114[C_2F_4Cl_2],$$
$$F-21[CHFCl_2],\ F-11[CFCl_3],\ F-13[CF_3Cl]$$

제2그룹은 유독성이 있고 비교적 연소하기 쉬운 냉매를 일컬으며 그 종류는 다음과 같다.

$$ammonia[NH_3],\ methyl-chloride[CH_3Cl],\ 아황산가스[SO_2]$$

제3그룹은 매우 연소하기 쉬운 냉매로 분류하고 그 종류는 다음과 같다.

$$butane[C_4H_{10}],\ propane[C_3H_8],\ ethane[C_2H_6],\ methane[CH_4]$$

기타, 지구 온난화 문제 등 심각한 환경문제로 CFC 및 HCFC 그리고 CO_2 계통의 냉매는 폐기 및 사용금지 국제협약에 따라 기존 냉매의 사용과 생산의 규제를 받고 있으며, 이에 따라 새로운 대체냉매의 개발과 사용이 증가하고 있다. 대표적인 대체 냉매로는 자동차에어컨 및 상업용 냉장·냉동용으로 R-134a(R-12 대체)가 있고, 중·저온 상업용 냉매시스템용 중간 대체품 R-404A(R502 대체)가 쓰이고 있다. 또 R-22를 대체할 냉매로는 R-410A가 있으며, 중·저온 상업용 냉장·냉동시스템에서 기존 R-502를 대체할 R-507A가 상용화되고 있다.

냉매의 일반적인 구비조건에 대하여 알아보면 다음과 같이 요약될 수 있다.

(1) 화학적 구비조건

① 안정성이 있을 것
② 부식성이 없을 것
③ 무해하고 무독성일 것
④ 인화 및 폭발의 위험성이 없을 것
⑤ 윤활유에는 되도록 녹지 않을 것
⑥ 증기 및 액체의 점성이 작을 것
⑦ 전열계수가 클 것
⑧ 전기저항이 클 것

(2) 물리적 성질 구비조건

① 응축압력이 너무 높지 않을 것
② 증발압력이 너무 낮지 않을 것
③ 임계온도는 상온보다 될수록 높을 것
④ 응고점이 낮을 것
⑤ 증발열이 클 것
⑥ 증기의 비열은 크고 액체의 비열은 작을 것
⑦ 증기의 비체적이 클 것(밀도는 작을 것)
⑧ 단위 냉동량당 소요동력이 작을 것

(3) 기타

① 누설이 작을 것
② 값이 저렴할 것

또, 냉매와 압축기(compressor)의 종류와는 서로 특별한 상관관계에 있다. 즉, 왕복식 압축기는 고압에서 낮은 비체적의 냉매에 적합하고, 원심식 압축기는 저압 및 높은 비체적 냉매에 적합하다. 이러한 압축기 특징들은 좀 더 연구해야 할 과제 중의 하나이다.

9.2 역카르노 사이클

앞서 언급한 바와 같이 냉동은 냉각과 구분되는데, 계속적인 냉각, 즉 냉동을 행하기 위해서는 냉동기라는 기계가 필요하며, 이 냉동기를 형성하는 시스템을 냉동사이클(refrigeration cycle)이라 한다. 냉동사이클은 냉매가 냉동장치 내를 순환하면서 같은 열역학적 사이클 과정을 되풀이하는 것을 말하는데, 가장 이상적인 냉동사이클로는 앞장에서 서술된 열기관의 이상 사이클인 카르노 사이클을 역방향으로 하는 역카르노 사이클(converse carnot cycle)이 있다.

다음 [그림 9.3]은 역카르노 사이클의 $P-v$ 선도 및 $T-s$ 선도이며, 그림에서 각 과정은 다음과 같다.

역카르노 사이클
(converse carnot cycle)

• 과정 $1 \rightarrow 2$: 등온 흡열과정이며, $4 \rightarrow 1$과정에서 교축된 저온·저압의 기체의 냉매가 등온 T_L하에서 q_L의 열을 저온체인 냉동 공간으로부터 흡수한다.

- 과정 2→3 : 단열 압축과정이며, 압축기에서 동작유체가 저온의 T_L에서 고온 T_H의 온도로 상승한다.
- 과정 3→4 : 등온 압축과정이며, 온도 T_H에서 열량 q_H를 방출한다.
- 과정 4→1 : 단열 팽창과정이며, 상태 4점의 액체 냉매가 교축과정을 겪으면 기체 냉매로 팽창하여 상태 1점의 저온·저압의 냉매가 된다.

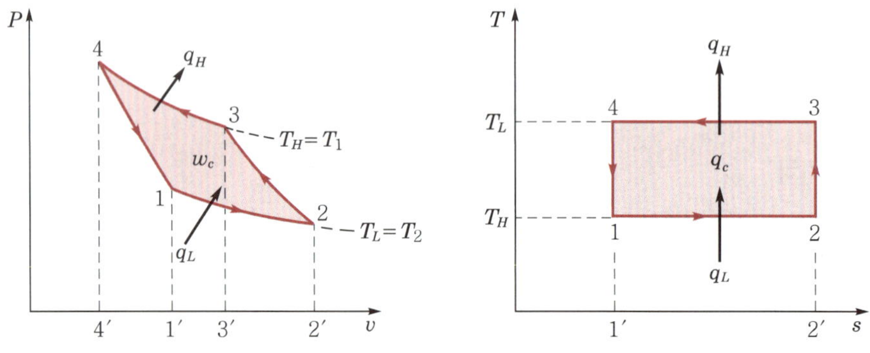

[그림 9.3] 역카르노 사이클의 $P-v$, $T-s$ 선도

이와 같이 각 과정을 이루는 동안 하나의 사이클을 형성하게 되며, 한 사이클당 외부에서 공급받은 일은 [그림 9.3]의 $P-v$, $T-s$ 선도상에 나타난 면적 (1-2-3-4-1)으로 알 수 있다.

역카르노 사이클의 $T-s$ 선도에서 살펴보면, 한 사이클당 흡수한 열량을 q_L, 고열원에 방출한 열량을 q_H, 압축기로부터 소요일을 w_c라 할 경우 각 크기는 다음과 같다.

$$q_L = 면적\,(122'1'1) = T_L(s_2' - s_1') \tag{a}$$

$$q_H = 면적\,(41'2'34) = T_H(s_2' - s_1') \tag{b}$$

$$w_c = 면적\,(12341) = q_H - q_L \tag{c}$$

$$\therefore \ \varepsilon_r = \frac{q_L}{w_c} = \frac{T_L(s_2' - s_1')}{T_H(s_2' - s_1') - T_L(s_2' - s_1')} = \frac{T_L}{T_H - T_L} \tag{9.5}$$

$$\varepsilon_h = \frac{q_H}{w_c} = \frac{T_H(s_2{}' - s_1{}')}{T_H(s_2{}' - s_1{}') - T_L(s_2{}' - s_1{}')} = \frac{T_H}{T_H - T_L} \qquad (9.6)$$

예제 9.3

이상 냉동기의 냉동능력이 100 RT (냉동톤)이며, −5℃와 15℃ 사이에서 작동하고 있다. 이 냉동기로 10℃의 물에서 0℃의 얼음을 1시간 동안에 얼마나 만들 수 있는가? 또, 냉동기의 냉동률과 소요마력은 얼마나 되겠는가?

풀이 100냉동톤(US) $=3,024$kal/h$\times100=302,400$kcal/h($=1,270,080$kJ/h)이 되고, 흡수열이 $q_L=80+10=90$kcal/kg($=378$kJ/kg)이므로 100 RT (냉동톤)으로 1시간당 제조할 수 있는 얼음량을 $\dot{m}$ [kg/h]라면, 그 결과는 다음과 같다.

$$\dot{m} = \frac{Q_L}{q_L} = \frac{302,400}{90} = (\text{또는 } \frac{1,270,080}{378}) = 3,360\text{kg/h}$$

이상 냉동기는 역카르노 사이클이므로 성능계수는 다음과 같다.

$$\varepsilon_r = \frac{T_L}{T_H - T_L} = \frac{268}{288 - 268} = 13.4$$

냉동률 K는

$$K = 632 \times 13.4 = 8468.8\,\text{kcal}/H_{PS} \cdot \text{h}$$
$$(=0.735 \times 3,600 \times 13.4 = 35456.4\,\text{kJ}/H_{PS} \cdot \text{h})$$

이고, 소요동력 N_i는 다음과 같다.

$$N_i = \frac{Q_L}{K} = \frac{302,400}{8468.8} = (\text{또는 } \frac{1,270,080}{35456.4}) = 35.71\,H_{PS}$$

9.3 공기 냉동사이클

공기 냉동사이클은 가스터빈의 기본 사이클인 브레이턴(Brayton) 사이클을 역(逆)방향으로 행하는 사이클과 동일한 경우이며, 투입한 일량에 비해 냉동효과가 적어 잘 사용하지는 않는다. 다음 [그림 9.4]는 역브레이턴 사이클의 $P-v$ 선도 및 $T-s$

공기 냉동사이클

역브레이턴 사이클

선도이고 이 선도로부터 각 과정은 다음과 같다.

- 과정 1→2 : 이 과정에서는 공기가 압축기로부터 단열 압축된다.
- 과정 2→3 : 이 과정에서는 압축된 고압의 공기가 등압과정으로 q_H 의 열을 방출하여 냉각된다.
- 과정 3→4 : 이 과정에서 단열팽창하면 온도와 압력이 떨어진다.
- 과정 4→1 : 이 과정은 냉동 공간으로부터 등압과정으로 q_L 의 열을 흡수한다.

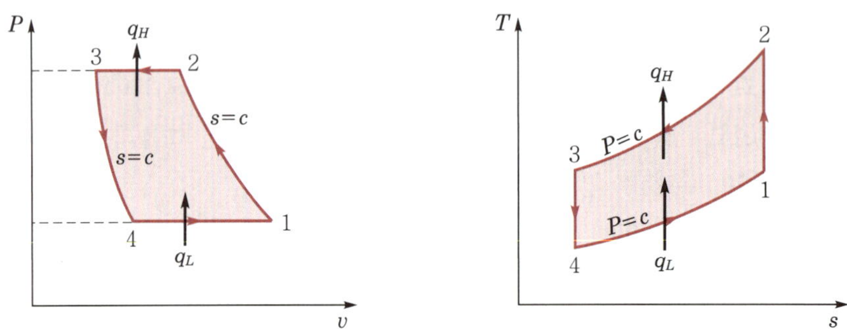

[그림 9.4] 공기 냉동사이클의 $P-v$, $T-s$ 선도

공기 냉동사이클
(air refrigeration cycle) 이상과 같은 과정으로 사이클을 이루는 경우를 공기 냉동사이클(air refrigeration cycle)이라 하며, 공기 이외의 가스도 같은 상태과정의 사이클로 취급할 수가 있다. 이때, 압축기 및 팽창밸브에서 단열변화를 행한다면 냉동기가 소비하는 일과 팽창기에서 발생한 일의 차이로 공기의 순환량은 시간당 단위 질량 1.0kg/h에 대하여 다음과 같이 이 사이클의 압축일 w_c를 구할 수 있다.

$$w_c = q_H - q_L = C_p(T_2 - T_3) - C_p(T_1 - T_4)$$
$$= C_p[(T_2 - T_3) - (T_1 - T_4)]\,[\mathrm{kJ/s}] \tag{9.7}$$

냉각기의 방출한 열량 q_H 는 정압과정으로 운전하는 것으로 가정할 때 다음 식으로부터 구할 수 있다.

$$q_H = C_p(T_2 - T_3)\,[\mathrm{kJ/s}] \tag{9.8}$$

냉동기의 흡수열량 q_L 도 역시 정압과정으로 가정할 때 다음 식으로부터 구할 수 있다.

$$q_L = C_p(T_1 - T_4)\,[\mathrm{kJ/s}] \tag{9.9}$$

따라서, 성능계수 ε_r 는 입력인 압축일에 대하여 출력의 냉동효과에 대한 관계식으로부터 그 비를 구하면 다음 식과 같다.

$$\varepsilon_r = \frac{q_L}{w_c} = \frac{T_1 - T_4}{(T_2 - T_3) - (T_1 - T_4)}$$

$$= \frac{1}{\dfrac{T_2 - T_3}{T_1 - T_4} - 1} \tag{9.10}$$

여기서, $\dfrac{T_2}{T_1} = \left(\dfrac{P_2}{P_1}\right)^{\frac{\kappa-1}{\kappa}} = \left(\dfrac{P_3}{P_4}\right)^{\frac{\kappa-1}{\kappa}} = \dfrac{T_3}{T_4}$

$\rightarrow \dfrac{T_2 - T_3}{T_1 - T_4} = \left(\dfrac{P_2}{P_1}\right)^{\frac{\kappa-1}{\kappa}}$ 이므로 위 식은 다음과 같이 쓸 수도 있다.

$$\therefore \varepsilon_r = \frac{1}{\left(\dfrac{P_2}{P_1}\right)^{\frac{\kappa-1}{\kappa}} - 1} \tag{9.11}$$

예제 9.4

압력 1kPa와 5kPa 간에서 작동하는 공기냉동기에서 주위 온도가 30℃이며 냉동실 온도가 −15℃일 때 다음 값을 구하라.

(1) 공기 1kg당 냉동효과

(2) 공기 1kg당 방열량

(3) 성능계수

(4) 압축기 소비열

풀이 (1) 냉동효과

$$q_L = C_p(T_4 - T_1) = 1.004(408.625 - 303) = 106.05\text{kJ/kg}$$

단, $T_4 = T_3\left(\dfrac{P_4}{P_3}\right)^{\frac{\kappa-1}{\kappa}} = 258\left(\dfrac{5}{1}\right)^{\frac{0.4}{1.4}} = 408.625\text{K}$

(2) 냉각기에서 방출하는 열량

$$q_H = C_p(T_3 - T_2) = 1.004(258 - 191.3) = 66.9671 \text{kJ/kg}$$

$$\text{단, } T_2 = T_1\left(\frac{P_2}{P_1}\right)^{\frac{\kappa-1}{\kappa}} = 303\left(\frac{1}{5}\right)^{\frac{0.4}{1.4}} = 191.3 \text{K}$$

(3) 성능계수

$$\varepsilon_r = \frac{q_L}{q_H - q_L} = \frac{16.008}{25.35 - 16.008} = 1.7135$$

(4) 압축기가 소비한 일

$$w_c = q_H - q_L = 66.967 - 106.05 = 39.08 \text{kJ/kg}$$

9.4 증기압축 냉동사이클

  액체의 압력을 낮추면 낮은 온도에서 액체가 증발하여 주위의 공간을 냉각시킬 수 있다. 증발된 증기가 흡수한 열량은 역카르노 사이클 과정을 통해 증기를 압축하고 고온의 열원에 발산시킬 수가 있다. 이와 같이 사이클 사이에서 액체와 기체의 두 상으로 변하는 물질을 냉매로 하는 냉동사이클을 증기압축 냉동사이클(vapor compression refrigeration cycle)이라 한다.

증기압축 냉동사이클
(vapor compression
refrigeration cycle)

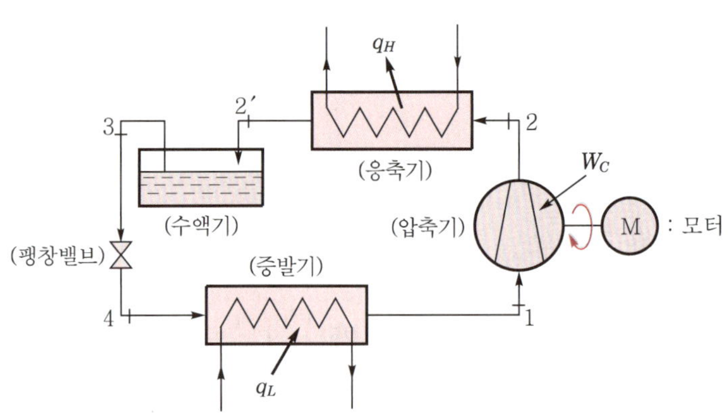

[그림 9.5] 증기압축 냉동사이클의 기본 구성

역카르노 사이클 4개의 과정 중에서 등엔트로피 과정, 즉 단열과정은 실제로 실현이 곤란하다. 따라서 실용상으로 교축 단열팽창을 채택하여 단열압축이 시작되는 점의 포화증기선을 기준으로 한다. 이 증기압축 냉동사이클은 [그림 9.5]에서와 같이 압축기(compressor), 응축기(condenser), 팽창밸브(expansion valve) 및 증발기(evaporator) 등 4가지의 기본 부품으로 구성되며, 각 과정은 다음과 같고 이것이 사이클을 수행한다.

- 과정 1→2 : 단열 압축과정으로 증발기에서 나온 저온·저압의 가스를 압축기에 의하여 냉매의 응축압력 이상으로 단열적으로 압축한다.
- 과정 2→3 : 등압 응축과정으로 압축기에 의하여 고온·고압의 냉매는 응축기에서 냉각수 또는 공기 등에 의하여 냉각되어 액화한다. 즉, 과열증기 2가 냉각됨으로써 엔트로피는 감소하고, 2′에 이르러 건포화증기가 되고 더욱 변화하여 2′에서 3으로 되는 동안 습증기를 거쳐 냉매증기는 포화액 3의 상태로 된다.
- 과정 3→4 : 단열 팽창과정으로 응축기에서 액화된 냉매는 팽창밸브를 통하여 교축팽창(throttling expansion)을 하게 된다. 이 경우 압력과 온도가 모두 떨어짐과 동시에 일부가 증발하며, 교축과정 중에는 외부와 열을 주고받는 일이 없으므로 이 과정은 단열팽창인 동시에 등엔탈피 과정이다.
- 과정 4→1 : 등온·등압 흡열과정이며, 팽창밸브를 통하여 증발기의 압력까지 팽창한 냉매는 주위로부터 증발에 필요한 잠열을 흡수하여 증발한다.

각 과정의 열역학적 해석을 살펴보면 다음과 같다. 이때, 냉매는 단위 질량 1kg당에 대하여 해석한 것이다.

- $1 \rightarrow 2$ 과정은 단열압축이며 에너지 일반식을 사용하여 압축기일의 크기 w_c는 다음과 같다.

$$w_c = h_i - h_e < 0$$
$$= h_e - h_i$$
$$\therefore w_c = h_2 - h_1 \tag{9.12}$$

- $2 \rightarrow 3$ 과정은 정압방열이며 역시 에너지 일반식을 사용하여 응축기에서 방출한 열의 크기를 구하면 열교환기가 일의 수수가 없으므로 q_H는 다음과 같다.

$$q_H = h_e - h_i < 0$$
$$= h_i - h_e$$
$$\therefore q_H = h_2 - h_3 \tag{9.13}$$

- $3 \rightarrow 4$ 과정은 교축과정으로 팽창밸브에서 단열팽창하고, 팽창하는 동안 엔탈피변화는 없다.

$$h = c$$
$$\therefore h_3 = h_4 \tag{9.14}$$

- $4 \rightarrow 1$ 과정은 등온·정압 흡열과정으로서 증발기의 흡열량 q_L의 크기는 에너지 일반식으로부터 구하고, 이 열교환기는 일의 수수가 없으므로 다음과 같다.

$$q_L = h_e - h_i > 0$$
$$\therefore q_L = h_1 - h_4 = h_1 - h_3 \tag{9.15}$$

단, $h_3 = h_4$이다.

따라서 위의 관계식을 사용하여 냉동기의 성능계수 ε_r을 구하면, 성능계수의 정의인 입력의 압축일에 대하여 출력의 냉동효과의 비로부터 그 크기는 다음 식과 같다.

$$\varepsilon_r = \frac{q_L}{w_c} = \frac{h_1 - h_4}{h_2 - h_1}$$
$$= \frac{h_1 - h_3}{h_2 - h_1} \tag{9.16}$$

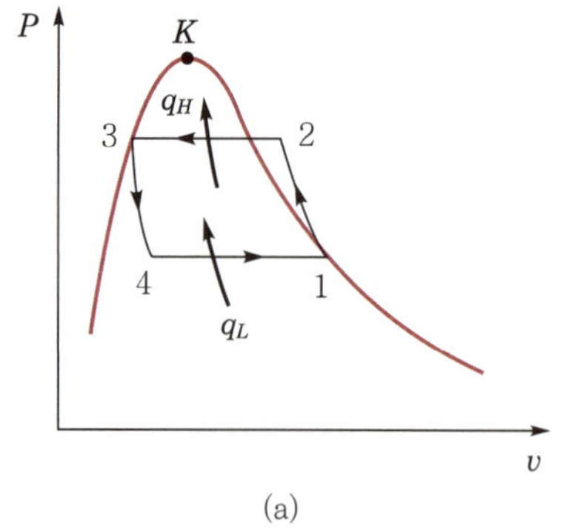

(a)

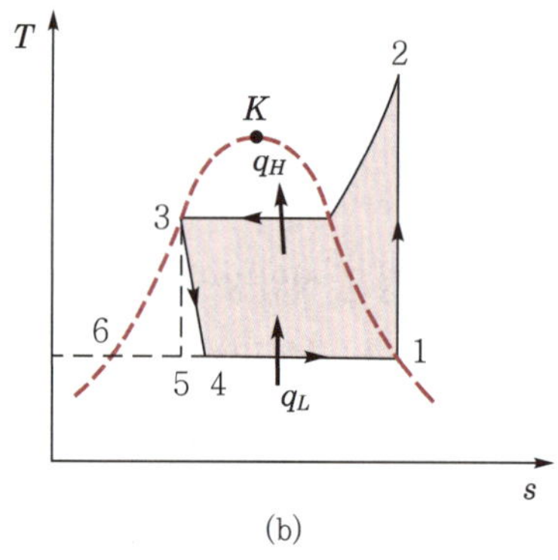

(b)

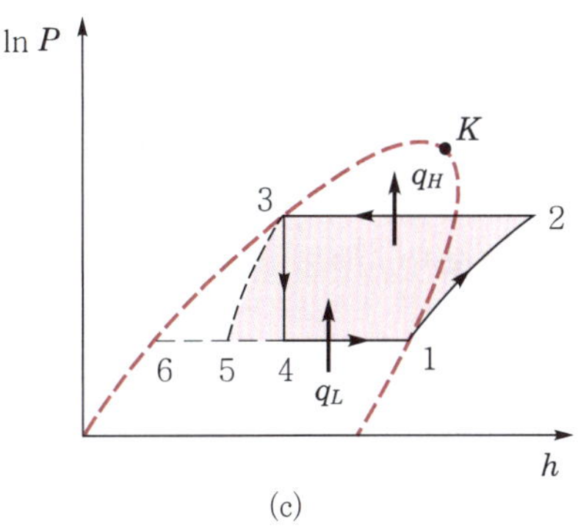

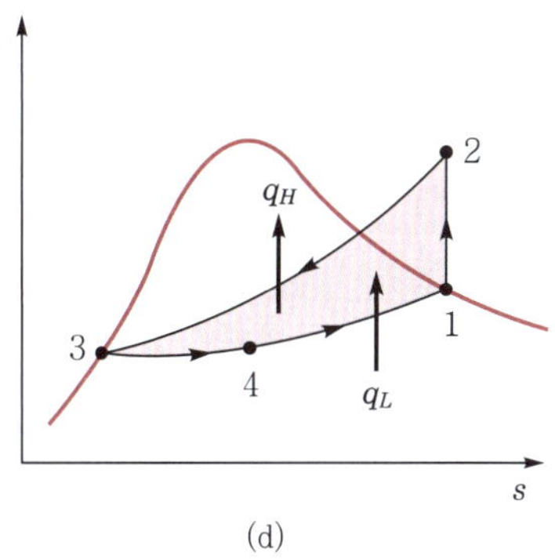

(c)   (d)

[그림 9.6] 증기압축 냉동사이클의 $P-v$, $T-s$, $P-h$, $h-s$ 선도

예제 9.5

R-410A가 냉매이고 응축온도 35℃, 증발온도 0℃, 과냉각도 및 과열도를 각각 5℃ 범위로 하는 냉동기가 회전수는 1,200r.p.m이고, $d \times s$ =10cm×10cm의 8실린더 단동압축기를 사용할 경우 냉동효과, 성능계수, 소요동력을 각각 구하라. 단, 압축기의 효율은 η_v =0.83, η_{ad} =0.80, η_m =0.90이다.

풀이 R-410A에 대한 열역학적 상태량을 온도기준 증기표에서 찾으면 다음과 같다. $h_1 = 279.12\text{kJ/kg}$, $h_2 = 308.97\text{kJ/kg}$, $s_1 = s_2 = 1.0368\text{kJ/kg} \cdot \text{K}$, $h_3 = h_4 = 114.95\text{kJ/kg}$, $v_1 = 0.03267\text{m}^3/\text{kg}$, $s_1 = s_2 = 1.0368\text{kJ/kg} \cdot \text{K}$은 과열 증기표 $P = 1,400\text{kPa}$, 35℃에서 보간법으로 찾는다. 이때 h_2값도 보간법으로 찾는다.

냉매 1kg당 냉동효과는

$$q_L = h_1 - h_4 = 164.17\text{kJ/kg}$$

압축기 일은

$$w_c = h_2 - h_1 = 29.85\text{kJ/kg}$$

성능계수는

$$\varepsilon_r = \frac{q_L}{w_c} = \frac{164.17}{29.84} = 5.5$$

압축기의 피스톤 배제량은

$$\dot{V} = \frac{\pi}{4} d^2 s\, z\, 60\, n = \frac{\pi}{4} \times 0.1^2 \times 0.1 \times 8 \times 60 \times 1,200$$
$$= 452.16\text{m}^3/\text{h}$$

냉동효과는,

$$\dot{Q}_L = \frac{V \cdot \eta_v \cdot q_L}{v_1} = \frac{452.16 \times 0.83 \times 164.17}{0.03267}$$

$$= 84.0458 \times 10^4 \mathrm{kJ/h}$$

이다. 마지막으로 소요동력을 구하면 다음과 같다.

$$H_{kW} = \frac{\dot{Q}_L w_c}{\eta_m \eta_{ad} q_L} = \frac{84.0458 \times 10^4 \times 29.85}{3,600 \times 0.9 \times 0.8 \times 164.17} = 58.96\mathrm{kW}$$

그림은 일반적인 냉장고의 구성이다. 작동유체로 R-134a를 사용하여 각 장치를 통과하는 질량 유량은 0.1kg/s, 압축기에서 소요되는 동력은 5.0kW이다. 그림의 각 위치에서의 상태량은 주어진 값과 같을 때 다음을 각각 구하라.

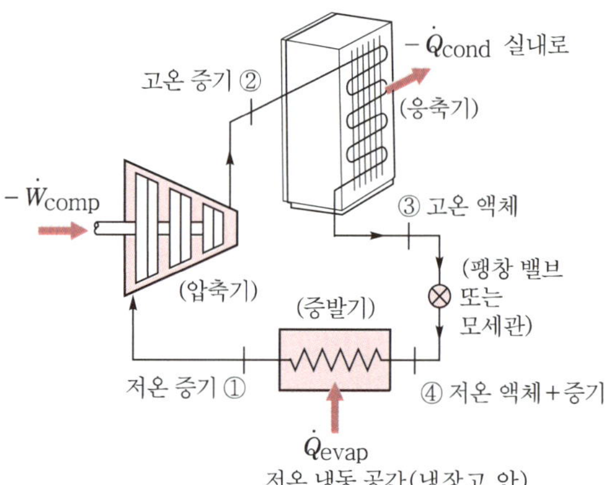

(1) 증발기 입구의 건도

(2) 증발기에서의 열전달률

(3) 압축기에서의 열전달률

단, $P_1 = 100\mathrm{kPa}$, $T_1 = -20℃$

$\quad P_2 = 800\mathrm{kPa}$, $T_2 = 50℃$

$\quad T_3 = 30℃$, $x_3 = 0.0$

$\quad T_4 = -25℃$

풀이 (1) 검사체적 팽창밸브의 교축과정 주위에 대하여 열역학 제1법칙을 적용할 경우 등엔탈피 과정이므로 다음과 같이 건분을 찾을 수가 있다.

$$h_4 = h_4{}' + x_4(h_4{}'' - h_4{}') \rightarrow x_4 = \frac{h_4 - h_4{}'}{h_4{}'' - h_4{}'}$$

$$\therefore x_4 = \frac{241.8 - 167.4}{215.6} = 0.345 = 34.5\%$$

단, $h_4 = h_3 = 241.8\text{kJ/kg}$

(2) 검사체적 증발기 주위에 열역학 제1법칙을 적용할 경우 증발기에서 열전달률 $\dot{Q}_L$ 는 다음과 같다.

$$\dot{Q}_L = \dot{m}(h_1 - h_4)$$
$$= 0.1(387.2 - 241.8) = 14.54\text{kJ/sec}$$

(3) 검사체적 압축기 주위에 제1법칙을 적용할 경우 압축기에서 열전달률 $\dot{Q}_C$ 는 다음과 같다.

$$\dot{Q}_C = \dot{m}(h_2 - h_1) + \dot{W}_c$$
$$= 0.1(435.1 - 387.2) - 5.0 = -0.21\text{kJ/sec}$$

9.5 다단압축 냉동사이클과 다효압축 냉동사이클

(1) 다단압축 냉동사이클

압축비가 클 경우에는 다단압축(multistage compression)을 실시하고 중간 냉각을 함으로써 압축 후의 과열도를 낮출 수 있으며, 필요한 정도의 소요 동력을 절약할 수가 있다. 이렇게 되면 냉동기 온도 한계 정도는 넓어져 냉매의 증발온도가 낮아지나 압축비가 커지게 되므로 압축기 출구 냉매증기의 온도가 상승하게 된다. 즉, 냉매의 온도가 너무 높아지면 압축기의 토출압력도 높아져 여러 가지 장해요인이 된다. 또한, 증기온도가 너무 낮아지면 냉동효과가 감소하게 되므로 이러한 경우에는 1단 압축으로는 힘들고 비경제적이기 때문에 다단압축으로 한다. 보통 암모니아 냉동기에서는 압축기의 온도가 100℃ 이상이고 압축비가 6을 넘을 때 2단 압축으로 하고, 20을 넘을 때는 3단 압축으로 사이클을

다단압축
(multistage compression)

구성한다. 이 다단압축 냉동사이클에 대한 해석은 다음과 같다. 즉, [그림 9.7]과 같이 2단 압축을 하고 중간에 냉각기를 사용한 냉동사이클에 대한 각 과정과 성능계수를 알아보자. 여기서, 냉매는 단위 질량 1kg에 대한 값이다.

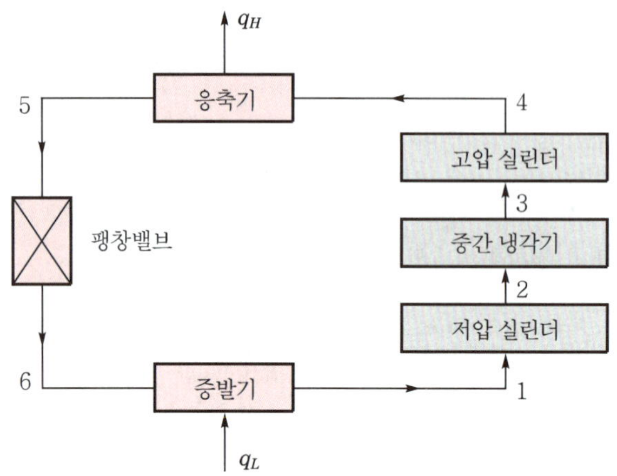

[그림 9.7] 다단압축 냉동사이클 기본 구성(2단)

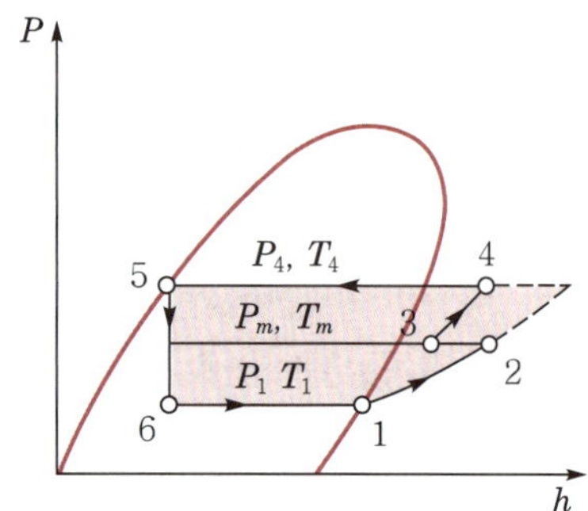

[그림 9.8] 2단 압축 냉동사이클 $P-h$ 선도

흡수열량의 크기는 에너지 일반 관계식을 적용할 경우 다음과 같다.

$$q_L = h_1 - h_2 \tag{9.17}$$

압축일의 크기는

$$w_c = (h_4 - h_3) + (h_2 - h_1) \tag{9.18}$$

이다. 따라서 성능계수 ε_r 의 크기는 다음과 같다.

$$\varepsilon_r = \frac{q_L}{w_c} = \frac{h_1 - h_6}{(h_4 - h_3) + (h_2 - h_1)} \tag{9.19}$$

다음, 냉매 단위 1kg마다의 중간압력의 크기, 즉 일의 최소가 되는 중간압력을 결정하려면 다음 식 y를 압력 P_2와 P_3에 대하여 미분하여 그 값을 0으로 놓고 P_m을 찾으면 된다. 다시 말해 $P_2 = P_3 = P_m$으로 취급 $\dfrac{dy}{dP_m} = 0$으로 놓으면 된다. 이것은 이차함수 이상의 경우 $y' = 0$인 값이 극대, 극소이므로 합당하다. 중간압력

$$y = \left(\frac{P_2}{P_1}\right)^{\frac{n-1}{n}} + \left(\frac{P_4}{P_3}\right)^{\frac{n-1}{n}}$$

여기서, $P_m = P_2 = P_3$이므로 위 식을 다시 쓰면,

$$y = \left(\frac{P_m}{P_1}\right)^{\frac{n-1}{n}} + \left(\frac{P_4}{P_m}\right)^{\frac{n-1}{n}}$$

이 되고, 이 식의 $\dfrac{n-1}{n} = x$라 놓으면 위 식은 다음과 같이 된다.

$$y = \left(\frac{P_m}{P_1}\right)^{x} + \left(\frac{P_4}{P_m}\right)^{x}$$

또, 위 식을 $\dfrac{dy}{dP_m} = 0$을 수행하여 P_m을 구하면 다음과 같이 식 (9.20)의 결과를 얻게 된다.

$$\begin{aligned}
\frac{dy}{dp_m} = \frac{dy}{dP_m} &= x\left(\frac{P_m}{P_1}\right)^{x-1} \times \frac{1}{P_1} + x\left(\frac{P_4}{P_m}\right)^{x-1} \cdot \left(-\frac{P_4}{P_m{}^2}\right) \\
&= x\left(\frac{P_m}{P_1}\right)^{x-1} \times \frac{1}{P_1} - x\left(\frac{P_4}{P_m}\right)^{x-1} \cdot \left(\frac{P_4}{P_m{}^2}\right) = 0
\end{aligned}$$

위 식에 대하여 이항 정리하면 P_m은 다음과 같다.

$$x\left(\frac{P_m}{P_1}\right)^{x-1} \times \frac{1}{P_1} = x\left(\frac{P_4}{P_m}\right)^{x-1} \cdot \left(\frac{P_4}{P_m{}^2}\right)$$

$$\rightarrow x\frac{P_m{}^{x-1}}{P_1{}^{x}} = \frac{P_4{}^{x}}{P_m{}^{x+1}} \rightarrow P_m{}^{2x} = (P_1 P_4)^{x}$$

$$\therefore \ P_m = \sqrt{P_1 P_4} \tag{9.20}$$

중간 냉각기 압력

여기서, P_m은 중간 냉각기 압력이며, 압축기 입구의 최저압력과 압축기 출구의 최고압력의 곱에 $\sqrt{\ }$ 한 값이다.

예제 9.7

암모니아를 냉매로 하는 2단 압축 1단 교축인 냉동장치의 응축기 온도가 30℃, 증발기 온도가 −30℃이다. 이 냉동사이클의 성능계수를 구하라. 또 냉동열량이 418,500kJ/h라고 하면, 필요한 암모니아의 순환량 $\dot{m}$ [kg/h]은 얼마인가? 단, 중간냉각은 30℃까지 하는 것으로 한다.

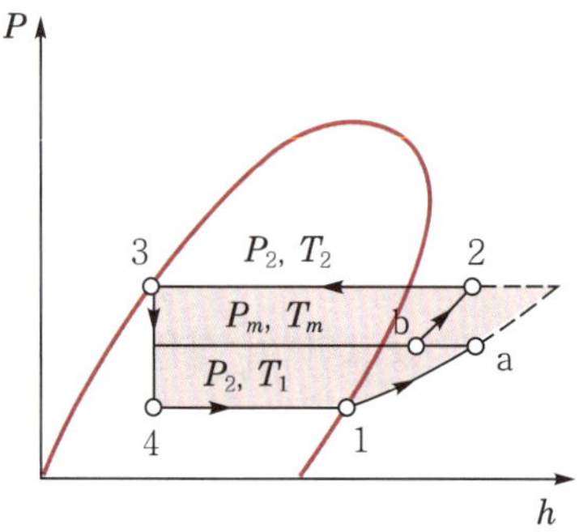

풀이 $t_1 = -30℃$, $t_2 = 30℃$에 대한 암모니아의 포화압력 P_1과 P_2는 포화증기표에서 $P_1 = 119.5$kPa, $P_2 = 1167.0$kPa이다. 따라서 중간압력은 다음과 같다.

$$\therefore \ P_m = \sqrt{P_1 P_2} = 373.44\text{kPa}$$

373.44kPa에 대응하는 포화온도는 포화상태량 표에서 보간법으로부터 −3.76℃이므로 몰리에르선도의 엔탈피 값을 찾으면 다음과 같다.

$$h_1 = 1640.1\text{kJ/kg}, \ h_a = 1791.18\text{kJ/kg}, \ h_b = 1761.048\text{kJ/kg}$$

$$h_2 = 1946.025\text{kJ/kg}, \ h_3 = h_4 = 580.878\text{kJ/kg}$$

$$\begin{aligned}
\therefore \ \varepsilon_r &= \frac{q_L}{w_c} = \frac{h_1 - h_3}{(h_a - h_1) + (h_2 - h_b)} \\
&= \frac{(1640.1 - 580.878)}{(1791.18 - 1640.1) + (1946.025 - 1761.048)} \\
&= 3.152
\end{aligned}$$

냉매의 순환량은 암모니아 단위 1kg당의 냉동효과는 $(h_1 - h_4)$이다. 이때 $h_3 = h_4$이므로 $\dot{Q}_L$ 에 대한 관계식으로부터 $\dot{m}$ 를 구하면 다음과 같다.

$$\dot{Q}_L = \dot{m}q_L = \dot{m}(h_1 - h_3) \rightarrow \dot{m} = \frac{\dot{Q}_L}{h_1 - h_3}$$

$$\therefore \dot{m} = \frac{418,500}{1059.22} = 395.1\text{kg/h}$$

(2) 다효압축 냉동사이클

저압과 고압인 2개의 압축기를 1대로 조립한 압축기를 다효압축기라 부르며, 1대의 압축기로서 2단 압축의 사이클과 거의 같은 냉동효과를 얻도록 구성한 사이클을 다효압축 냉동사이클(multiple effect compression refrigeration cycle)이라 부른다. 비교적 간단한 구성으로 냉동효과를 얻고자 할 때나, 2단의 냉동온도를 필요로 할 경우에 쓰인다. 이 사이클의 구성은 [그림 9.9]와 같이 보통의 압축기와 동일한 실린더 헤드에 흡입과 배출밸브가 붙어 있고, 실린더 하부의 벽면에 흡입구가 부착되어 있어 피스톤의 움직임에 따라서 개폐하도록 되어 있다. 이들의 흡입밸브 중에서 실린더 헤드부의 흡입밸브는 증발기로부터의 저압증기냉매를 흡입하고 실린더 하부의 흡입구는 다효 분리기로부터의 중간압력 증기냉매의 흡입을 맡고 있다.

다효압축 냉동사이클
(multiple effect
compression refrigeration
cycle)

다효 분리기

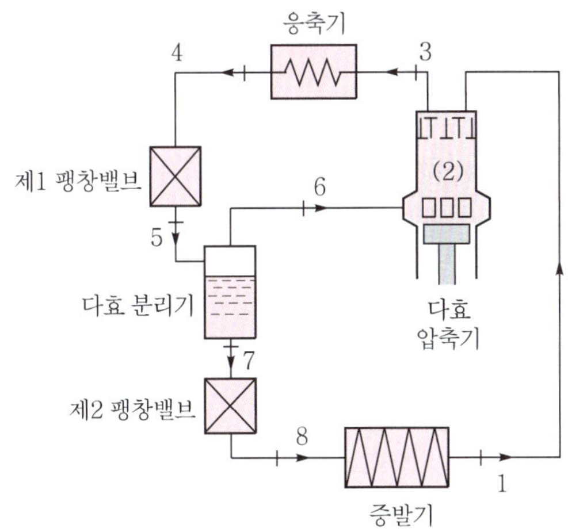

[그림 9.9] 다효압축 냉동사이클 기본 구성

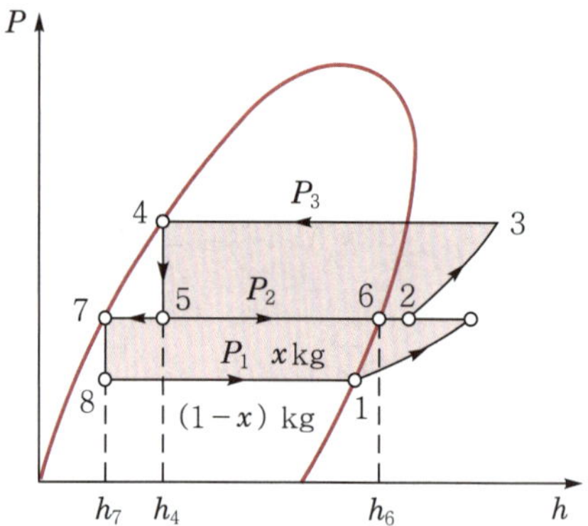

[그림 9.10] 다효압축 냉동사이클 $P-h$선도

다효압축 냉동사이클의 열역학적 해석과정은 다음과 같다. 즉, 제1 팽창밸브로부터 유출된 액체냉매 단위 1kg이 다효 분리기에서 증기냉매 x[kg]과 액체냉매 $(1-x)$[kg]으로 분리된다고 하면 4점의 엔탈피는 관계식으로부터 다음과 같다.

$$h_4 = h_7 + x(h_6 - h_7) = h_7 + x\gamma_2 \tag{a}$$

여기서, γ_2는 중간압력 P_2에서 냉매의 증발잠열이다. 따라서 위 식으로부터 증기상의 냉매량 x[kg]은 다음 식으로부터 구해진다.

$$x = \frac{h_4 - h_7}{h_6 - h_7} = \frac{h_4 - h_7}{\gamma_2} \tag{b}$$

이때, 증발기 흡입열량 Q_L은 다음 식으로 계산한다.

$$Q_L = (1 - x)(h_1 - h_8)$$
$$= (1 - x)(h_1 - h_7) = \frac{h_6 - h_4}{h_6 - h_7}(h_1 - h_7) \tag{9.21}$$

단, $h_7 = h_8$ 이다.

또, 응축기 방출열량 Q_H는 다음 식으로부터 계산한다.

$$Q_H = h_3 - h_4 = h_3 - h_5 = h_3 - [h_7 + x(h_6 - h_7)] \tag{9.22}$$

단, $h_4 = h_5$ 이다.

이 사이클에서의 압축에 필요한 일의 크기 W_c는 다음 식으로부터 구한다.

$$W_c = Q_1 - Q_2 = h_3 - xh_6 - (1-x)h_1 \tag{9.23}$$

위 결과 식들을 사용하여 다효압축 냉동사이클의 성능계수 ε_r 는 다음과 같다.

$$\varepsilon_r = \frac{Q_L}{W_c} = \frac{(1-x)(h_1 - h_7)}{h_3 - xh_6 - (1-x)h_1} \tag{9.24}$$

이러한 다효압축 사이클은 냉매가 이산화탄소(CO_2)를 사용하는 냉동기에 많이 쓰이고, 증발온도와의 온도차가 클수록 유효하다. 또한 성능계수의 증대보다는 냉동효과의 증대가 현저한 것이 특징이다.

01 냉각탑이란?

02 0℃와 100℃ 사이에서 역카르노 사이클(Inverse Carnot Cycle)로 작동하는 냉동기가 1사이클당 21kJ의 열을 흡수하였다면, 이 기관의 1사이클당의 일(W_c)과 성능계수(COP)는?

03 이상공기 냉동기의 압축 실린더 입구의 온도가 0℃이고, 출구온도가 70℃이다. 또, 팽창 실린더의 온도가 11℃이고, 그의 출구온도가 −47℃라고 하면 성능계수와 공기 1kg당 냉동능력 q_L[kJ/kg]은? 단, $C_p = 1.004$kJ/kg·K이다.

04 성능계수가 5인 어떤 냉동기가 냉매 1kg당 235kJ/kg의 압축 일을 소비한다. 이 냉동기는 1냉동톤당 냉매 순환량은 몇 kg/hr인가? 단, 1RT(U.S)=12655.44kJ/hr=3.51kW이다.

05 냉매가스 R−12인 이상 증기압축 냉동사이클에서 증발기 입구의 냉매 온도가 −20℃, 응축기 입구의 냉매 온도는 40℃로 0.05kg/s로 순환하는 냉동사이클이 있다. 단, R−12 냉매의 압축기 입구(증발기 출구)의 엔탈피가 188.11kJ/kg, 입축기 출구의 엔탈피는 251.38kJ/kg이고, 증발기 입구의 엔탈피는 55.53kJ/kg이다. 다음 질문에 답하라.
  (1) 압축기가 한 일의 크기(w_c)는 몇 kJ/kg인가?
  (2) 증발기의 냉동성능(q_c)은 몇 kJ/kg인가?
  (3) 이 냉동사이클의 성능계수(β)는?
  (4) 단위시간당 냉동용량(kW)과 냉동능력은 몇 냉동톤(RT)인가? 단, 1RT의 크기는 13,944kJ/h로 한다.

06 냉매 R−410A가 온도 20℃, 비체적 $v = 0.05$m³/kg의 상태로 용기에 저장되어 있다. 상의 상태를 결정하고 압력의 크기는 몇 kPa인지 계산하라.

07 어떤 제빙공장에서 46RT(Refrigeration Ton)의 냉동부하에 대한 냉동기를 설계하려고 한다. 이때 증발온도는 −15℃, 응축온도는 30℃, 팽창입구는 29℃이고, 냉매는 암모니아로서 등엔트로피 압축하는 것으로 가정할 때 그림을 참조하여 냉매의 순환량을 계산하면 몇 kg/hr인가? 단, 1RT(U.S)=12655.44kJ/hr=3.51kW이다.

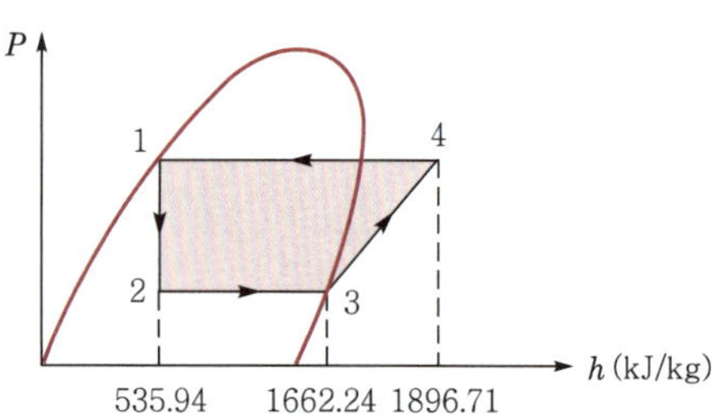

08 암모니아 냉동기의 성능계수가 3.45이고 기계효율 88%, 압축효율 70%일 때 1냉동톤의 능력을 내기 위한 실제 소요마력은 몇 PS인가?

09 15℃의 물로 0℃의 얼음을 매시간 50kg 만드는 냉동기의 능력은 몇 냉동톤인가? 단, 물의 융해 잠열은 335kJ/kg, 물의 비열은 약 4.187kJ/kg이다.

10 R-134a의 대체 냉매를 사용하는 가역과정의 증기압축 냉동기 사이클에서 증발온도 -15℃, 응축온도가 30℃이다. 성능계수(COP)와 냉동능력 q_L[kJ/kg]을 구하라.

11 역카르노 사이클로 작동하는 냉동기가 30PS의 일을 받아서 저온체로부터 85kJ/sec의 열을 흡수한다면 고온체로 방출하는 열량(kJ/sec)은 얼마인가?

01 어떤 냉장고에서 80kg/hr의 R-410A의 냉매를 사용하여 70kJ/kg의 엔탈피로 증발기에 들어가 150kJ/kg이 되어 증발기 출구로 나온다면 이 냉장고의 용량(RT)은?

02 이상 냉동사이클에서 응축기 온도가 40℃, 증발기 온도가 -20℃인 냉동사이클의 성능계수는?

03 성능계수가 3.2인 냉동기가 20톤의 냉동을 하기 위하여 공급해야 할 동력(kW)은?

04 다음 그림과 같은 냉동사이클에서 성능계수는 얼마인가? 그림은 각 점의 엔탈피의 위치를 나타낸 것으로 $h_1 = 1662.66$kJ/kg, $h_2 = 1893.36$kJ/kg, $h_3 = 555.20$kJ/kg이다.

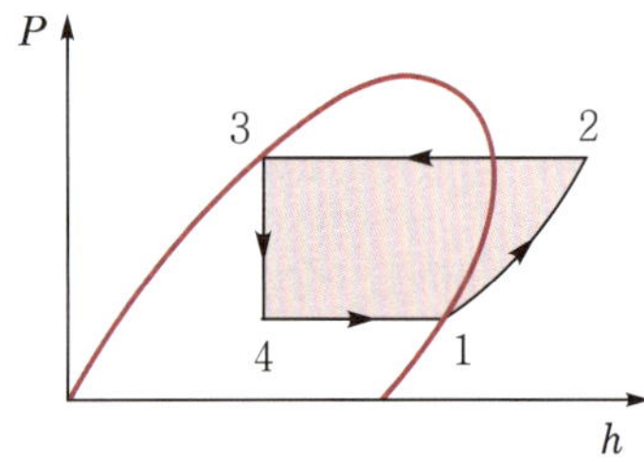

05 냉동기의 성능계수는 ε_R로 하고, 열펌프의 성능계수를 ε_H로 할 때 ε_R과 ε_H 사이에는 어떤 관계가 있는가?

06 어떤 냉동장치에서 0℃의 물을 0℃의 얼음 1ton으로 만드는 데 40kW의 일이 소요된다면 이 냉동기의 성능계수는 얼마인가? 단, 물의 융해잠열은 약 335kJ/kg으로 한다.

07 100℃와 50℃ 사이에서 냉동기를 작동한다면 최대로 도달할 수 있는 성능계수는 약 얼마 정도인가?

08 견고한 용기에 30℃의 대체냉매 R-134A가 포화상태로 들어있다. 이 냉매에 열이 전달되어 다음과 같은 상태일 때 질문에 답하라.
(1) 냉매가 50℃가 되었을 때 냉매 상태를 $P-v$ 선도상에 표시하라.
(2) 50℃에서 냉매의 압력은 몇 kPa인가?

09 냉장고가 압축기에 0.20kW의 전기를 사용하여 응축기에서 주위 실내공기로 0.50kW의 열을 방출할 때 다음을 구하라.

(1) 증발기를 통해 저온 공간으로부터 제거되는 냉각열량의 크기 $\dot{Q}_L[\text{kW}]$를 계산하라.

(2) 이 냉동기의 성능계수 β는?

(3) 1RT(US)의 크기가 약 3.52kW일 때 이 냉장고는 몇 RT인가?

10 소형 냉동기의 냉매 R-134A의 순환량이 10kg/min이고, 증발기 입구온도와 출구온도와의 차가 20℃이다. 압축기의 실제 소요마력이 3.0PS일 때 이 냉동기의 실제 성능계수는? 단, R-134A의 정압비열은 1.43kJ/kg·K이다.

11 압축기 실린더의 팽창 실린더에서 냉매인 공기의 상태변화가 가역단열변화로 작용하는 공기 냉동사이클에서 저압이 200kPa이고, 고압이 1,000kPa일 때 이 사이클의 성능계수는?

12 냉매 R-134A를 사용하는 냉동사이클을 구성하였다. 증발기 출구 냉매의 온도 -20℃, 압력 100kPa이고, 압축기 출구 냉매의 온도 50℃, 압력 800kPa이다. 응축기 출구 냉매의 온도가 40℃상태로 순환하고 있을 때 다음 질문에 답하라. 단, 증발기 입구의 냉매온도는 -25℃이고, 냉매의 순환은 0.05kg/s이다.

(1) 압축기가 한 일($\dot{W}_C$)의 크기는 몇 kW인가?

(2) 증발기의 입구의 건분 x와 증발기에서의 열흡수율 $\dot{Q}_L$는 몇 kW인가?

(3) 이 냉동사이클의 성능계수(β)는?

13 R-134A 냉매를 건분 15%, 온도 -11.20℃로 압축한 후 이동시키려고 할 때 다음을 구하라.

(1) 교재의 부록 [표 A.2]와 선도 [그림 C-4]를 이용하여 환산온도 T_r 및 압축성 인자 Z를 계산하라.

(2) 이 냉매는 압력 몇 MPa의 상태로 압축되어 있는가?

(3) 이 냉매의 비체적 $v[\text{m}^3/\text{kg}]$을 계산하라. 또 전 냉매의 질량이 35kg일 때 용기의 체적 $V[\text{m}^3]$는?

14 어느 암모니아 냉동기의 응축기 입구의 엔탈피가 1,885kJ/kg일 때 이 냉동기의 냉동효과와 성능계수는 얼마인가? 단, 압축기의 입구에서 엔탈피 1674.8kJ/kg이며, 증발기 입구에서 엔탈피 397.77kJ/kg이다.

15 냉장고가 저온에서 1,256kJ/hr의 비로 열을 흡수하여 고온체에 1,675kJ/hr의 비로 열을 방출하면 냉장고의 성능계수는?

16 이상적인 냉동사이클에서 응축기 온도와 증발기 온도가 각각 40℃ 및 −10℃인 것과 30℃ 및 −20℃인 것과는 어느 쪽이 성능계수가 좋은가?

17 온도 −10℃와 40℃ 사이에서 역카르노 사이클을 이루는 열펌프가 있다. 1사이클당 저온 열원에서 $q_L = 33.5\,\mathrm{kJ/kg}$의 열을 흡수하여 고온열원에 $q_H(q_H = w_c + q_L)$의 열을 전달한다. 이때 열펌프를 작동시키기 위해서 1사이클당 필요한 일(w_c)은 몇 kJ/kg인가?

18 성능계수가 $COP = 4.8$, 압축기 일의 크기 235kJ/kg인 냉동기에서 냉동톤당 냉매 순환량(kg/hr)은 얼마인가?

19 다음은 냉매 R−134A를 사용하는 냉동사이클이다. 냉매 유동율은 $\dot{m}_r = 0.05\,\mathrm{kg/s}$이고, 증발기(evaporator) 입구의 냉매 온도는 −20℃이며, 응축기(condenser) 입구의 냉매 온도는 40℃의 포화증기로 들어가 응축 후 30℃의 포화 액체로 나오고 있을 때 각 과정이 정상상태일 때 다음을 구하라. 단, 압축기 입구의 엔탈피는 $h_1 = 362.936\,\mathrm{kJ/kg}$이다.

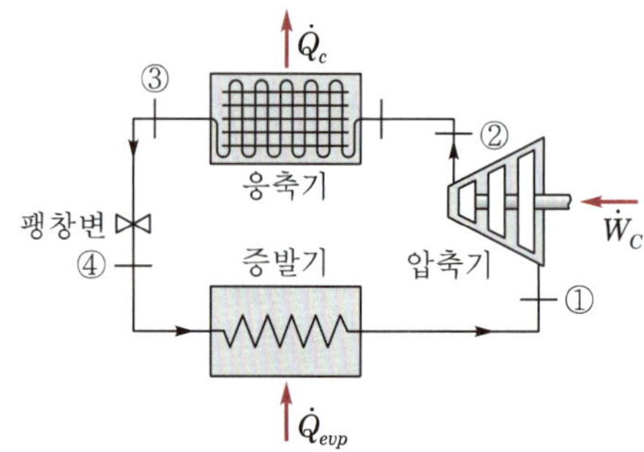

(1) 증발기 입구의 건분 x_4[%]와 h_4[kJ/kg]를 구하라.

(2) 증발기로부터 흡수한 열량 $\dot{Q}_{evp}$[kW]는?

(3) 필요한 압축기 소요동력 $\dot{W}_c$[kW]는?

(4) 응축기로부터 방출한 열량 $\dot{Q}_c$[kW]는?

(5) 이 냉동사이클의 성능계수 β(COP)는?

20 냉동효과가 118.58kJ/kg인 냉동사이클에서 2RT(냉동톤)에 필요한 냉매 순환량(kg/hr)은?

21 냉동기의 냉동능력을 표시하는 방법에 대하여 아는 대로 기술하라.

22 증기 냉동사이클에서 냉매를 사용하는 경우 구비조건을 들면?

23 친환경 냉매의 종류와 그 특징을 3~5가지 들어라.

제 **10** 장

열유체의 유동

앞서 우리는 기체의 압력, 온도 및 체적 등의 상태변화에 대한 열역학 제1법칙으로부터 검사체적과 검사질량에 대한 일과 열에 관한 관계를 생각하여 보았다. 그리고 상태변화하는 계가 사이클을 이루는 각종 열기관 및 냉동기관에 대하여도 살펴보았다. 이 장에서는 노즐(nozzle)과 통로(passages)를 통과하는 유체의 열역학적 측면을 학습하고자 한다. 예를 들어 증기터빈 내부에서는 고압 유동이 저압 고속 유동으로 변환하여 회전하는 블레이드들 사이의 통로로 유입되고, 이어서 여러 단의 블레이드 통로를 지난 후 디퓨저 형상의 챔버와 또 다른 일련의 노즐을 통과한다. 또 하나의 예로, 팬 제트 압축에서는 기체가 고속으로 흐르는 여러 위치로 존재하며, 이 경우 유동현상은 디퓨저를 먼저 지나고 이후 후방에 위치한 팬과 압축기를 지나 터빈 블레이드 사이 통로를 통과한 후 마지막으로 노즐로 빠져 나가면서 추진력을 얻는다.

이와 같이 이 장에서는 관로나 노즐 내의 가스의 상태변화나 증기의 유동작용과 기체의 속도를 고려한 운동에너지와 열에너지의 관계를 생각해 보고자 한다. 또 해석상 유체의 유동 진행과정은 이상기체 거동을 가정하고, 순수물질의 일차원 유동으로 취급하게 된다. 이러한 가정하에서 주로 노즐과 같은 단면 축소관의 경우 유동 질량과 출구 속도를 구하는 식을 유도한다.

10.1 열유체의 유동

큰 용기 속에 채워진 유체를 노즐로부터 분출시키는 경우 용기 내에는 항상 유체를 보충하여 그 속의 상태량을 일정하게 유지한다고 가정해 보자. [그림 10.1]과 같은 용기로부터 노즐 입구에 있어서 유체의 상태량을 P_1, T_1, h_1, v_1, w_1로 나타내고, 노즐 출구의 상태량을 P_2, T_2, h_2, v_2, w_2 라 한다. 이때, v는 비체적, w는 속도를 나타낸다.

정상류(steady flow)

일반적으로 노즐 내의 흐름은 정상류(steady flow)라고 가정하고, 정상 유동이 있는 노즐 내의 임의의 단면에 대하여 생각해 볼 때, 그 단면에 있어서의 유체의 상태인 P, T, h, v, w 등은 시간이 경과하더라도 일정하게 된다. 또, 그 단면을 단위시간에 흐르는 유체의 유량 $\dot{m}$(또는 $\dot{G}$) 및 에너지량은 어느 단면이나 마찬가지이다.

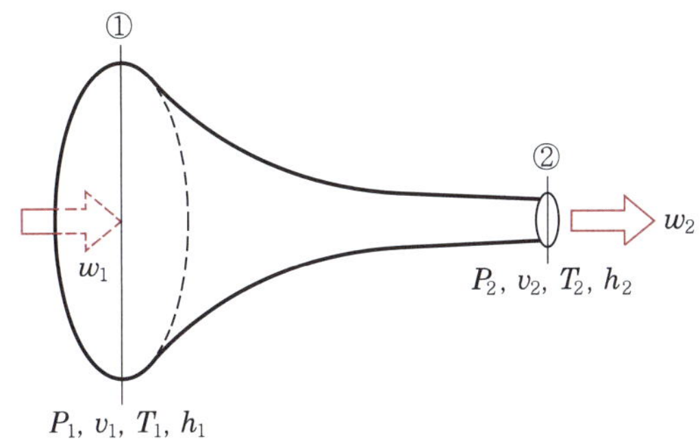

[그림 10.1] 노즐 입구와 출구의 상태량

따라서 노즐의 입구단면과 출구단면에 대해서도 마찬가지이다. 고온의 가스 또는 증기가 유동할 경우 열역학적인 관점으로 유동현상을 정리하면 다음과 같다. 즉,

① 관내운동 : 압축공기 또는 고온고압의 증기 등을 관내로 수송하는 경우의 유동
② 팽창운동 : 노즐(nozzle)이나 오리피스(orifice)에서의 유동
③ 회전운동 : 스파이럴 임펠러(spiral impeller) 안의 공기류나 터빈 임펠러 내의 증기류
④ 압축운동 : 이젝터(ejector)나 디퓨져(diffuser) 등에서의 유동

등의 유체 운동방법이 있다. 이와 같이 다양한 유동단면이 있고 각각의 부속품의 특성을 알아보면 다음과 같다.

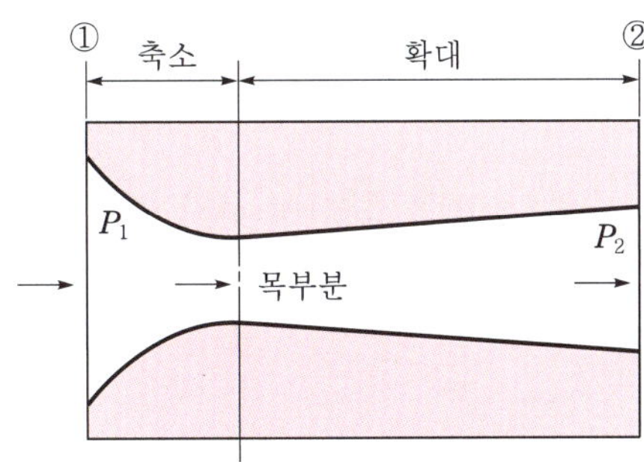

[그림 10.2] 축소-확대 노즐

노즐(nozzle)은 유체에 있어 열에너지 또는 압력에너지를 운동에너지로 변환시켜 주는 기구로서, 유량을 측정하기 위하여 사용할 경우에는 오리피스보다는

노즐(nozzle)

압력손실이 적은 편이다. 반면, 구조상으로는 설치구간 측면에서 오리피스보다 복잡하므로 제작비가 많이 드는 결점이 있다. 관내를 흐르는 흐름의 평균유속은 노즐의 곡면에 따라 흐르기 때문에 오리피스의 경우와 같은 축류는 거의 발생하지 않는다. 이러한 노즐은 사용목적에 따라 [그림 10.2]와 같이 축소, 확대 그리고 축소−확대 노즐로 구분된다. 노즐의 단면은 통상 원형이며, 축소 및 확대 각은 때에 따라 변화하나 확대 각은 보통 6~15°로 해주면 부차적 손실을 최소화할 수가 있다. 그리고 노즐의 최소 단면부를 통상 노즐목이라 한다.

디퓨져(diffuser)는 [그림 10.2]의 확대부와 같이 노즐과 그 사용가능이 반대이므로 속도를 감소시킴으로써 유체의 정압력을 증가시키는 장치이므로 유동하는 유체의 압축에 사용된다.

오리피스(orifice)는 관로 중에 단면을 갑자기 축소시켜 압력차를 발생시키고 그 압력차를 측정하여 관내의 유량을 측정하는 데 사용된다. 또한, 짧은 유동 관로에서 유동 손실이 그다지 중요하지 않을 때 저속 유체의 유량측정 목적으로도 사용된다.

10.2 유동에 대한 기본 방정식

1 유체의 유동에 관한 연속방정식

관 내부를 정상상태로 유체가 흐를 때 [그림 10.1] 또는 [그림 10.2]와 같이 유동하는 두 단면형식에 대하여 질량보존의 법칙을 적용할 때 연속방정식은 다음과 같이 나타낼 수 있다.

$$\dot{m} = \frac{A_1 w_1}{v_1} = \frac{A_2 w_2}{v_2} = \frac{A w}{v} = c \tag{10.1}$$

여기서, A : 단면적[m^2]

v : 비체적[m^3/kg]

$\dot{m}$: 질량유량[kg/sec]

w : 유속[m/sec]

2 정상류의 일반 에너지식

기체의 유동을 생각할 때 문제를 간단히 하기 위해서는 다음과 같은 가정을 필요로 한다. 그러나 이것들로 인한 오차는 적다고 본다.

① 흐름은 정상적이다. 즉, 흐름은 위치만의 함수이며 시간에 대해서 상태량 값이 한 점에서 변화하지 않는다. 따라서 흐름에 있어서 어느 단면에서도 통과하는 유체의 질량은 같다.

② 흐름에 직각인 단면상에서는 어떤 점에서도 유체의 속도, 압력, 온도, 비체적 등 모든 특성은 동일하다. 실제 유동에서는 관벽에 가까운 곳은 벽으로부터 먼 곳에 비하여 속도가 떨어지는데, 그 차가 두드러지게 나타나는 곳은 벽면에 지극히 가까운 곳에서만 일어나므로 단면에서의 평균속도가 그 단면의 속도가 된다.

③ 흐름은 한 개의 선(직선이든 곡선이든 관계가 없다)을 따라 흐른다고 보고, 이 선에 직각인 방향의 속도성분은 무시할 수 있는 것으로 한다. 따라서 흐름의 상태는 이러한 선을 따라 측정한 거리 s만의 함수가 된다.

위와 같은 가정하에서 [그림 10.3]의 임의의 두 단면 1과 2에서 흘러들어간 유체 단위 1kg당 에너지 총량은 에너지 보존의 법칙을 적용시키면 다음과 같이 나타낼 수 있다.

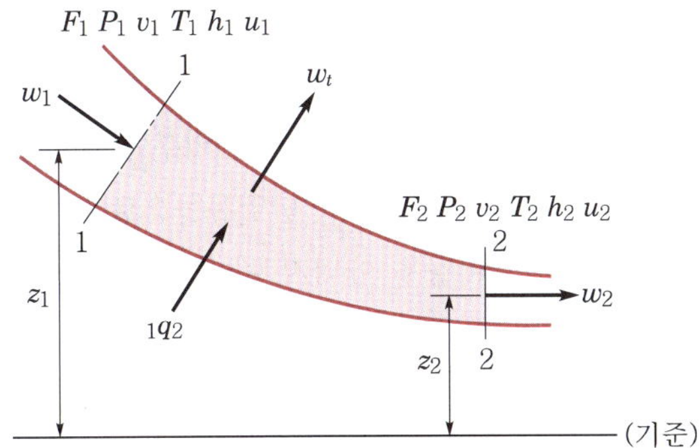

[그림 10.3] 관내의 정상유동

$$_1q_2 + u_1 + P_1 v_1 + \frac{w_1^2}{2} + gz_1 = u_2 + P_2 v_2 + \frac{w_2^2}{2} + gz_2 + w_t \qquad (10.2)$$

위 식에 대하여 $h = u + pv$의 정의 관계를 적용할 경우 1-2 단면을 통한 열의
출입량 $_1q_2$는 다음 식으로 계산된다.

$$_1q_2 = \frac{(w_2^2 - w_1^2)}{2} + (h_2 - h_1) + g(z_2 - z_1) + w_t \tag{10.3}$$

여기서, $_1Q_2 = m\,_1q_2$을 적용할 때 단면 1과 2 사이의 에너지변화의 총량은
다음 식과 같다.

$$_1Q_2 = \frac{m(w_2^2 - w_1^2)}{2} + mg(z_2 - z_1) + m(h_2 - h_1) + W_t \tag{10.4}$$

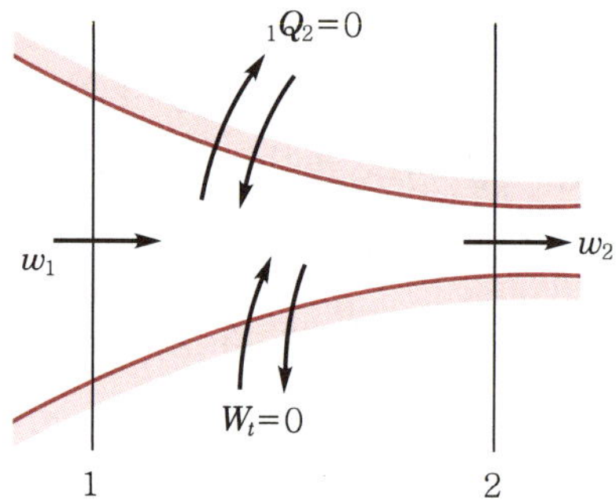

[그림 10.4] 단열노즐 내의 유동

유체가 노즐이나 오리피스를 통과하는 동안에 외부에 대하여 열이나 일의 출
입이 없고 마찰 등을 무시하게 되는 경우 단열유동으로 볼 수가 있다. 따라서
[그림 10.4]와 같은 단열유동의 경우 에너지 관계식 (10.4)로부터 다음과 같이
쓸 수 있다.

단, $_1Q_2 = 0$, $W_t = 0$, $z_1 = z_2$로 가정할 때,

$$0 = 0 + \frac{m(w_2^2 - w_1^2)}{2} + 0 + m(h_2 - h_1) \tag{a}$$

이 된다. 위 식으로부터 단열노즐의 출구와 입구의 엔탈피 차는 다음과 같다.

$$h_1 - h_2 = \frac{(w_2^2 - w_1^2)}{2} \tag{b}$$

따라서, 노즐의 출구속도 w_2는 다음 식으로 구할 수가 있다.

$$w_2 = \sqrt{2(h_1 - h_2) + w_1^2} \tag{10.5}$$

이 식은 입구의 속도를 무시할 수 없을 때 출구속도를 구하는 식이다. 만약, 노즐의 입구단면에 있어서의 속도 w_1이 출구단면에서의 속도 w_2에 비하여 매우 작아서 입구단면의 운동에너지는 출구단면의 운동에너지에 비하여 무시할 수가 있다면 위 식 (10.5)는 다음과 같이 간단히 정리된다.

$$w_2 = \sqrt{2,000(h_1 - h_2)} \fallingdotseq 44.72\sqrt{(h_1 - h_2)}\,[\text{m/sec}] \tag{10.6a}$$

단, h : kJ/kg

$$w_2 = \sqrt{\frac{2g}{A}(h_1 - h_2)} \fallingdotseq 91.5\sqrt{(h_1 - h_2)}\,[\text{m/sec}] \tag{10.6b}$$

단, h : kcal/kg, $A = \dfrac{1}{427}\text{kcal/kg}\cdot\text{m}$

위 두 식 모두에서 엔탈피 차 $h_1 - h_2$의 크기를 단열변화에서 단열 열낙차 (adiabatic heat drop)라고 한다. 이런 방법으로 SI 단위와 공학단위에 대하여 비교하여 정리해 보면 노즐 출구에서의 속도 w_2는 다음의 [표 10-1]에 나타낸 식으로 표시된다.

단열 열낙차
(adiabatic heat drop)

[표 10-1] 노즐 출구단면의 속도 w_2를 구하는 식

SI 단위	공학단위
$w_2 = \sqrt{2(h_1 - h_2)}\,[\text{m/s}]$ 여기서, h의 SI 단위는 [J/kg] $w_2 = 44.72\sqrt{(h_1 - h_2)}\,[\text{m/s}]$ 여기서, h의 SI 단위는 [kJ/kg]	$w_2 = \sqrt{\dfrac{2g}{A}(h_1 - h_2)}$ $= 91.5\sqrt{h_1 - h_2}\,[\text{m/s}]$ 여기서, h의 공학단위는 [kcal/kg] $A = \dfrac{1}{427}[\text{kcal/kg}\cdot\text{m}]$: 일의 열상당량

지름이 40mm인 수평관내를 매시 72kg의 공기가 흐르고 있다. 공기의 압력 및 온도가 관 입구에서는 200kPa과 20℃, 관 출구에서는 175kPa과 15℃이다. 관내를 흐르는 동안 외부로부터 1,260kJ/h의 열량이 가해진다면 공기의 엔탈피 증가는 얼마인가? 단, 마찰일은 무시한다.

풀이 관 입구 및 출구에서의 비체적 v_1 및 v_2를 구하면,

$$v_1 = \frac{RT_1}{P_1} = \frac{0.287 \times 293}{200} = 0.42\,\mathrm{m^3/kg}$$

$$v_2 = \frac{RT_2}{P_2} = \frac{0.287 \times 288}{175} = 0.472\,\mathrm{m^3/kg}$$

따라서, 관 입구 및 출구에서의 속도 w_1 및 w_2는,

$$w_1 = \frac{\dot{m}\,v_1}{A} = \frac{72 \times 0.4205}{\pi/4 \times 0.04^2 \times 3,600} = 6.695\,\mathrm{m/s}$$

$$w_2 = \frac{\dot{m}\,v_2}{A} = \frac{72 \times 0.472}{\pi/4 \times 0.04^2 \times 3,600} = 7.516\,\mathrm{m/s}$$

공기 1kg당 공급되는 열량은,

$$_1q_2 = \frac{1,260}{72} = 17.5\,\mathrm{kJ/kg}$$

이 된다. 따라서, 엔탈피의 증가는 다음과 같다.

$$\therefore h_1 - h_2 = {_1q_2} - \frac{w_2^2 - w_1^2}{2,000}$$

$$= \left[(17.5) - \frac{(7.516)^2 - (6.695)^2}{2,000} \right] \mathrm{kJ/kg}$$

$$= 17.49\,\mathrm{kJ/kg}$$

예제 10.2

압력 1,200kPa, 온도 290℃인 과열증기를 압력 200kPa까지 단열적으로 분출시킬 때 그 유출유량 $\dot{m}=500\text{kg/hr}$를 갖기 위한 분출구의 면적을 구하라.

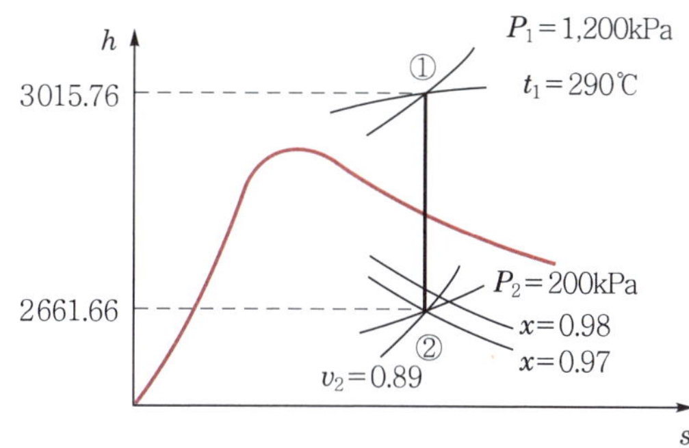

① $\dot{m}=\dfrac{A_1 w_1}{v_1}=\dfrac{A_2 w_2}{v_2}=c$

② $w_2=\sqrt{2,000(h_1-h_2)}$

③ $v_2=v_{\ell 2}+x_2(v_{g2}-v_{\ell 2}),\ A_2=\dfrac{\dot{m}\,v_2}{w_2}$

여기서, 미지수는 w_2와 v_2이다. 그런데, $w_2=\sqrt{2000(h_1-h_2)}$ 이므로 h_1과 h_2는 위 $h-s$선도 또는 증기 상태량 표로부터 구한다.

풀이 $h-s$선도에서 $P_1=1,200\text{kPa}$, $t_1=290℃$일 때 h_1과 s_1을 찾는다. 1점에 수선($s=c$)을 그어서 $P_2=200\text{kPa}$과의 교점을 찾는다. 즉, $s_1=s_2$와 $P_2=200\text{kPa}$일 때 그림과 같이 h_2와 그 점에서의 비체적을 찾는다. 또는 과열증기표에서 h_1과 s_1을 찾은 후 s_1의 값이 s_2와 같을 때 $P_2=200\text{kPa}$에 대하여 압력기준 포화증기표의 s_ℓ과 s_g로부터 건분 x_2를 찾고 비체적을 구하면 $v_2=0.89\text{m}^3/\text{kg}$이다. 또, 같은 방법으로 h_2를 구한 후 출구 속도를 구하면 다음과 같다.

$$\therefore w_2=\sqrt{2,000(3015.76-2661.66)}=841.55\text{m/sec}$$

따라서, 출구의 면적을 구하면 다음과 같다.

$$\therefore A_2=\frac{5,000\times0.89}{3,600\times841.55}=0.00146885\text{m}^2=14.6885\text{cm}^2$$

1 노즐 속의 흐름

노즐 속에서 유체가 흐를 때는 유체로 열의 출입량이 극히 적기 때문에 단열 팽창으로 보아도 무방하므로 앞 식 (10.5)를 정리하여 다시 쓰면 다음과 같다.

$$
\frac{(w_2{}^2 - w_1{}^2)}{2} = h_1 - h_2 = C_p(T_1 - T_2)
$$

$$
= \frac{\kappa}{\kappa - 1} R(T_1 - T_2)
$$

$$
= \frac{\kappa}{\kappa - 1}(P_1 v_1 - P_2 v_2)
$$

$$
= \frac{\kappa}{\kappa - 1} P_1 v_1 \left(1 - \frac{P_2 v_2}{P_1 v_1}\right)
$$

$$
= \frac{k}{k - 1} P_1 v_1 \left(1 - \frac{T_2}{T_1}\right) \tag{a}
$$

가역 단열변화의 경우 이상기체 관계식을 이용하여 위 식 (a)의 우변을 고쳐 쓰고, 출구 속도를 구하면 다음 식 (b)가 된다.

$$
\text{온도와 압력과의 관계식 : } \frac{T_2}{T_1} = \left(\frac{P_2}{P_1}\right)^{\frac{\kappa - 1}{\kappa}}
$$

$$
\frac{(w_2{}^2 - w_1{}^2)}{2} = \frac{\kappa}{\kappa - 1} P_1 v_1 \left[1 - \left(\frac{P_2}{P_1}\right)^{\frac{\kappa - 1}{\kappa}}\right] \tag{b}
$$

$w_1 = 0$으로 가정하여 노즐출구 속도 w_2를 구하면 다음 식과 같다.

$$
w_2 = \sqrt{2 \frac{\kappa}{\kappa - 1} P_1 v_1 \left[1 - \left(\frac{P_2}{P_1}\right)^{\frac{\kappa - 1}{\kappa}}\right]} \tag{10.7}
$$

위의 식 (10.7)을 이용하여 노즐 내의 유동이 정상유동일 때 연속방정식으로부터 유량 $\dot{m}\,[\mathrm{kg/sec}]$을 구하면 다음과 같은 식이 만들어진다. 즉,

$$\dot{m} = \frac{A_2}{v_2} w_2 = \frac{A_2}{v_2} \sqrt{2\frac{\kappa}{\kappa-1} P_1 v_1 \left[1 - \left(\frac{P_2}{P_1}\right)^{\frac{\kappa-1}{\kappa}}\right]}$$

$$= A_2 \sqrt{2\frac{\kappa}{\kappa-1} \frac{v_1^2}{v_2^2} \frac{P_1 v_1}{v_1^2} \left[1 - \left(\frac{P_2}{P_1}\right)^{\frac{\kappa-1}{\kappa}}\right]}$$

$$= A_2 \sqrt{2\frac{\kappa}{\kappa-1} \frac{P_1}{v_1} \left(\frac{v_1}{v_2}\right)^2 \left[1 - \left(\frac{P_2}{P_1}\right)^{\frac{\kappa-1}{\kappa}}\right]}$$

$$= A_2 \sqrt{2\frac{\kappa}{\kappa-1} \frac{P_1}{v_1} \left(\frac{P_2}{P_1}\right)^{\frac{2}{\kappa}} \left[1 - \left(\frac{P_2}{P_1}\right)^{\frac{\kappa-1}{\kappa}}\right]} \tag{c}$$

따라서 위 식 (c)를 정리하여 다시 쓰면 $\dot{m}$을 구하는 식이 다음과 같다.

$$\therefore \dot{m} = A_2 \sqrt{2\frac{\kappa}{\kappa-1} \frac{P_1}{v_1} \left[\left(\frac{P_2}{P_1}\right)^{\frac{2}{\kappa}} - \left(\frac{P_2}{P_1}\right)^{\frac{\kappa+1}{\kappa}}\right]} \ [\text{kg/sec}] \tag{10.8}$$

이러한 유출유량을 최대로 하기 위한 P_2의 임계압력 P_c를 알아보면, 위 식 (10.8)에 대하여 $\dfrac{d\dot{m}}{dP_2} = 0$으로 놓고 다음과 정리할 경우 $\dfrac{P_c}{P_1}$의 비를 구할 수가 있다. 이를 위해 위 식 (10.8)의 $\left[\left(\dfrac{P_2}{P_1}\right)^{\frac{2}{\kappa}} - \left(\dfrac{P_2}{P_1}\right)^{\frac{\kappa+1}{\kappa}}\right]$으로부터 $\left(\dfrac{P_2}{P_1}\right) = \rho$로 놓고 양변 미분하면 다음과 같이 된다.

$$\frac{d}{d\rho}\left(\rho^{\frac{2}{\kappa}} - \rho^{\frac{\kappa+1}{\kappa}}\right) = \frac{2}{\kappa} \rho^{\frac{2-\kappa}{\kappa}} - \frac{\kappa+1}{\kappa} \rho^{\frac{1}{\kappa}}$$

$$= \rho^{\frac{1}{\kappa}}\left(\frac{2}{\kappa} \rho^{\frac{1-\kappa}{\kappa}} - \frac{\kappa+1}{\kappa}\right) = 0$$

따라서, 위 식의 괄호 안의 $\left(\dfrac{2}{\kappa} \rho^{\frac{1-\kappa}{\kappa}} - \dfrac{\kappa+1}{\kappa}\right) = 0$으로 하여 일단 다음과 같이 정리해보자.

$$\frac{2}{\kappa} \rho^{\frac{1-\kappa}{\kappa}} = \frac{\kappa+1}{\kappa}$$

$$\rightarrow \; \rho^{\frac{1-\kappa}{\kappa}} = \frac{(\kappa+1)/\kappa}{2/\kappa} = \frac{(\kappa+1)}{2}$$

$$\rightarrow \; \rho = \left(\frac{\kappa+1}{2}\right)^{\frac{\kappa}{1-\kappa}} = \left(\frac{2}{\kappa+1}\right)^{\frac{\kappa}{\kappa-1}}$$

앞에서 $\rho = \dfrac{P_2}{P_1}$ 로 놓고 미분하였으므로, 이 식의 P_2를 출구 임계압력 P_c로 하여 다음과 같이 고쳐 쓸 수가 있다.

$$\therefore \frac{P_c}{P_1} = \left(\frac{2}{\kappa+1}\right)^{\frac{\kappa}{\kappa-1}} \tag{10.9}$$

단, P_c를 임계압력(critical pressure)이라 하고, $\dfrac{P_c}{P_1}$를 임계 압력비라고 한다. 그리고 κ의 값은 공기의 경우 $\kappa=1.4$, 과열증기의 경우 $\kappa=1.3$, 건포화증기의 경우 $\kappa=1.135$ 정도이다.

최대유량 $\dot{m}_{\max}$ 는 식 (10.8)을 식 (10.9)로 고쳐쓰면 된다. 즉, $\dfrac{P_2}{P_1} = \left(\dfrac{2}{\kappa+1}\right)^{\frac{\kappa}{\kappa-1}}$ 을 대입하여 정리하면 다음과 같이 쓸 수가 있다.

$$
\begin{aligned}
\dot{m} &= A_2 \sqrt{2\frac{\kappa}{\kappa-1}\frac{P_1}{v_1}\left[\left(\frac{P_2}{P_1}\right)^{\frac{2}{\kappa}} - \left(\frac{P_2}{P_1}\right)^{\frac{\kappa+1}{\kappa}}\right]} \\[2mm]
&= A_2 \sqrt{2\frac{\kappa}{\kappa-1}\frac{P_1}{v_1}\left[\left(\frac{2}{\kappa+1}\right)^{\frac{\kappa}{\kappa+1}\cdot\frac{2}{\kappa}} - \left(\frac{2}{\kappa+1}\right)^{\frac{\kappa+1}{\kappa}\cdot\frac{\kappa}{\kappa-1}}\right]} \\[2mm]
&= A_2 \sqrt{2\frac{\kappa}{\kappa-1}\frac{P_1}{v_1}\left[\left(\frac{2}{\kappa+1}\right)^{\frac{2}{\kappa-1}} - \left(\frac{2}{\kappa+1}\right)^{\frac{\kappa+1}{\kappa-1}}\right]} \\[2mm]
&= A_2 \sqrt{2\frac{\kappa}{\kappa-1}\frac{P_1}{v_1}\left(\frac{2}{\kappa+1}\right)^{\frac{2}{\kappa-1}}\left(\frac{\kappa+1-2}{\kappa+1}\right)} \\[2mm]
&= A_2 \sqrt{2\frac{P_1}{v_1}\left(\frac{\kappa}{\kappa+1}\right)\left(\frac{2}{\kappa+1}\right)^{\frac{2}{\kappa-1}}} \tag{d}
\end{aligned}
$$

따라서 위 (d)식을 정리하여 다시 쓰면 $\dot{m}_{\max}$를 구하는 식이 다음과 같다.

$$\dot{m}_{\max} = A_2 \sqrt{\kappa \cdot \left(\frac{P_1}{v_1}\right) \cdot \left(\frac{2}{\kappa+1}\right)^{\frac{\kappa+1}{\kappa-1}}}$$

$$= A_2 \sqrt{\kappa \frac{P_c}{v_c}} \ [\text{kg/sec}] \tag{10.10}$$

또, 임계 압력비를 가질 때 최대 속도 $w_{\max}$를 구할 수 있다. 그 관계는 (10.7) 식으로부터 다음과 같다.

즉, 식 (10.7)에 식 (10.9)의 $\dfrac{P_2}{P_1} = \left(\dfrac{2}{\kappa+1}\right)^{\frac{\kappa}{\kappa-1}}$를 대입하면 된다.

$$w_2 = \sqrt{2\frac{\kappa}{\kappa-1}(P_1 v_1)\left[1 - \left(\frac{P_2}{P_1}\right)^{\frac{\kappa-1}{\kappa}}\right]}$$

$$= \sqrt{2\frac{\kappa}{\kappa-1}P_1 v_1\left[1 - \left(\frac{2}{\kappa+1}\right)\right]}$$

$$= \sqrt{2\frac{\kappa}{\kappa+1}P_1 v_1} = \sqrt{\kappa P_2 v_2} \tag{e}$$

그러므로 $w_{\max}$를 구하는 식은 위 식 (e)에 상태방정식을 적용할 경우 다음 식과 같이 쓸 수가 있다.

$$\therefore w_{\max} = \sqrt{\kappa R T_2} \ : \ (R\text{이 SI 단위}) \tag{10.11a}$$

$$= \sqrt{\kappa g R T_2} \ : \ (R\text{이 중력단위}) \tag{10.11b}$$

위 식 (10.11)로부터 노즐 내의 최대속도는 유체 내의 음속의 식과 같게 됨을 알 수 있다.

이번에는 임계압력 관계식으로부터 임계비체적 v_c와 임계압력 P_c를 찾아보면, 단열변화의 관계식들을 적용할 경우 다음과 같다.

임계비체적은   임계비체적

$$v_c = v_1\left(\frac{P_1}{P_c}\right)^{\frac{1}{\kappa}} = v_1\left(\frac{\kappa+1}{2}\right)^{\frac{1}{\kappa-1}} \tag{10.12}$$

이 되고, 임계압력 P_c는, $P_1 v_1^{\kappa} = P_c v_c^{\kappa}$ 로부터 다음과 같이 된다.

$$P_c = P_1\left(\frac{v_1}{v_c}\right)^{\kappa} \tag{10.13}$$

2 노즐단면의 형상

(1) 단면축소 노즐

노즐의 출구압력 P_2가 임계압력 P_c에 비해 높을 때를 말하며, 노즐형상은 [그림 10.5]와 같이 단면적이 점차 감소하는 것을 말한다. 즉,

$$P_2 \leq P_c = P_1\left(\frac{2}{\kappa+1}\right)^{\frac{\kappa}{\kappa-1}} \tag{10.14}$$

가 성립한다.

(2) 단면확대 노즐

노즐의 출구압력 P_2가 임계압력 P_c보다 낮은 경우이며, [그림 10.6]과 같이 단면적이 점점 증가하는 노즐을 말한다. 즉,

$$P_2 \geq P_c = P_1\left(\frac{2}{\kappa+1}\right)^{\frac{\kappa}{\kappa-1}} \tag{10.15}$$

가 성립한다.

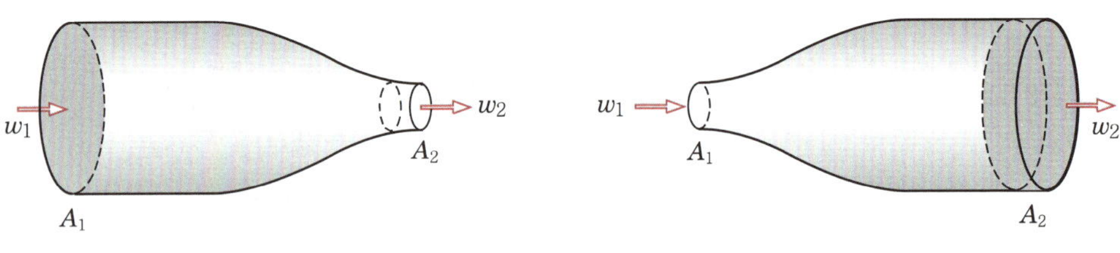

[그림 10.5] 단면축소 노즐   [그림 10.6] 단면확대 노즐

다음 노즐 출구의 단면적과 노즐 목의 단면적의 비를 알아보면 다음과 같다. 노즐 출구의 유량은 앞서

$$\dot{m} = A_2 \sqrt{2\frac{\kappa}{\kappa-1}\frac{P_1}{v_1}\left[\left(\frac{P_2}{P_1}\right)^{\frac{2}{\kappa}} - \left(\frac{P_2}{P_1}\right)^{\frac{\kappa+1}{\kappa}}\right]} \tag{f}$$

이었다. 여기서, 식 (10.10)을 적용할 때 유량 $\dot{m}$ 은 다음 식과 같다. 즉, 앞서의 유도과정을 그대로 사용하고, A_2 를 노즐 목의 면적 A_c 이라 고쳐서 쓰면 다음과 같다.

$$\dot{m} = A_c \sqrt{2\frac{\kappa}{\kappa-1}\frac{P_1}{v_1}\left(\frac{2}{\kappa+1}\right)^{\frac{2}{\kappa-1}}\left(\frac{\kappa+1-2}{\kappa+1}\right)}$$

$$= A_c \sqrt{2\frac{P_1}{v_1}\left(\frac{\kappa}{\kappa+1}\right)\left(\frac{2}{\kappa+1}\right)^{\frac{2}{\kappa-1}}} \tag{10.16}$$

따라서 노즐 출구의 단면적 A_2 와 목의 단면적 A_c 와의 비 $\rho = \dfrac{A_2}{A_c}$ 를 노즐의 확대율(expansion ratio of nozzle)이라 할 때, 식 (10.8)과 식 (10.16)의 비가 되므로 그 비는 다음과 같다.

$$\rho = \frac{A_2}{A_c} = \sqrt{\frac{2\dfrac{\kappa}{\kappa+1}\dfrac{P_1}{v_1}\left(\dfrac{2}{\kappa+1}\right)^{\frac{2}{\kappa-1}}}{2\dfrac{\kappa}{\kappa-1}\dfrac{P_1}{v_1}\left[\left(\dfrac{P_2}{P_1}\right)^{\frac{2}{\kappa}} - \left(\dfrac{P_2}{P_1}\right)^{\frac{\kappa+1}{\kappa}}\right]}}$$

$$= \sqrt{\frac{(\kappa-1)\left(\dfrac{2}{\kappa+1}\right)^{\frac{2}{\kappa-1}}}{(\kappa+1)\left[\left(\dfrac{P_2}{P_1}\right)^{\frac{2}{\kappa}} - \left(\dfrac{P_2}{P_1}\right)^{\frac{\kappa+1}{\kappa}}\right]}} \tag{10.17}$$

이번에는, 출구속도 일반식 w_2 와 노즐 목의 임계속도 w_c 와의 비를 구하면, 역시 앞에서 구한 식을 적용하여 찾으면 다음과 같다.

$$\frac{w_2}{w_c} \simeq \sqrt{\frac{\kappa+1}{\kappa-1}\left[1 - \left(\frac{P_2}{P_1}\right)^{\frac{\kappa-1}{\kappa}}\right]} \tag{10.18}$$

압력 1,600kPa인 건포화증기가 축소노즐에 의하여 압력 100kPa까지 팽창하였다. 이때, 증기유량을 매시 2,000kg이라 하면 출구에서 임계압력, 임계비체적, 임계단면적, 임계속도를 각각 구하라. 단, $\kappa = 1.135$이다.

풀이 (1) 임계압력 : 압력기준 포화수증기표에서 보간법으로부터 $P_1 = 1,600\text{kPa}$ 일 때 $v_1 = 0.124458\text{m}^3/\text{kg}$이다.

$$P_c = \left(\frac{2}{\kappa + 1}\right)^{\frac{\kappa}{\kappa - 1}} \times P_1 = \left(\frac{2}{1.135 + 1}\right)^{\frac{1.135}{1.135 - 1}} \times 1,600$$

$$= 923.89\text{kPa}$$

(2) 임계비체적

$$v_c = v_1 \left(\frac{P_1}{P_c}\right)^{\frac{1}{\kappa}} = 0.124458 \times \left(\frac{1,600}{923.89}\right)^{\frac{1}{1.135}}$$

$$= 0.2019\text{m}^3/\text{kg}$$

(3) 임계단면적(＝임계출구단면적)

$$A_c = \frac{\dot{m_2}}{\sqrt{\kappa\dfrac{P_c}{v_c}}} = \frac{(2,000/3,600)}{\sqrt{1.135 \times \dfrac{923.89 \times 10^3}{0.2019}}}$$

$$= 2.4377 \times 10^{-4}\text{m}^2$$

(4) 임계속도

$$w_c = \sqrt{\kappa P_c v_c} = \sqrt{1.135 \times 923.89 \times 10^3 \times 0.2019}$$

$$= 460.125\text{m/sec}$$

압력과 온도가 80kPa(게이지압), 650℃인 연소가스가 출구면적 40cm^{2}의 단면축소노즐에서 입구의 속도는 출구의 속도보다 매우 작고, 연소가스가 대기압까지 등엔트로피 과정(isentropic process)으로 팽창할 때 분출속도 및 분출유량을 구하라. 단, $\kappa = 1.25$, $R = 0.298\text{kJ/kg} \cdot \text{K}$, $P_1(abs) = P_g + P_o$이다.

풀이 (1) 분출속도

$$w_2 = \sqrt{2\frac{\kappa}{\kappa-1}P_1 v_1\left[1-\left(\frac{P_2}{P_1}\right)^{\frac{\kappa-1}{\kappa}}\right]}$$

$$= \sqrt{2\frac{\kappa}{\kappa-1}RT_1\left[1-\left(\frac{P_2}{P_1}\right)^{\frac{\kappa-1}{\kappa}}\right]}$$

$$= \sqrt{2\times\frac{1.25}{0.25}\times0.298\times10^3\times(273+650)\times\left[1-\left(\frac{101.325}{181.325}\right)^{\frac{0.25}{1.25}}\right]}$$

$$\fallingdotseq 549.73\,\mathrm{m/sec}$$

$$\fallingdotseq 549.73\times10^{-3}\mathrm{km/sec}$$

(2) 분출유량

$$\dot{m} = \frac{A_2 w_2}{v_2} = \frac{A_2 w_2 P_2}{RT_2} = \frac{40\times10^{-4}\times549.73\times101.325}{0.298\times821.58}$$

$$= 0.91\,\mathrm{kg/sec}$$

$$단,\ \ T_2 = T_1\left(\frac{P_2}{P_1}\right)^{\frac{\kappa-1}{\kappa}} = 821.58\mathrm{K}$$

예제 10.5

압력 1,470kPa인 건포화증기를 팽창노즐을 통하여 대기 중으로 분출시킬 경우, 증기 단위 1kg이 하는 일과 분출속도를 구하라. 단, 이 변화는 $Pv^{1.135} = c$를 따른다.

풀이 압력 1,470kPa인 건포화증기에 보간법을 적용할 경우 비체적은 $v_{g1} = 0.134491\mathrm{m}^3/\mathrm{kg}$, 엔탈피는 $h_1 = h_{g1} = 27991.505\mathrm{kJ/kg}$이다. 따라서 출구의 비체적은,

$$v_2 = v_{1g}\left(\frac{P_1}{P_2}\right)^{\frac{1}{n}} = 0.134491\times\left(\frac{1,470}{101.325}\right)^{\frac{1}{1.135}} = 1.419\mathrm{m}^3/\mathrm{kg}$$

따라서 증기 1kg당 하는 일량을 구하면 다음과 같다.

$$w = \frac{n}{n-1}(P_1 v_1 - P_2 v_2)$$

$$= \frac{1.135}{0.135}(1,470 \times 0.134491 - 101.325 \times 1.419)$$

$$= 453.34 \text{kJ/kg} \fallingdotseq 453,340 \text{J/kg}$$

또, 노즐 분출속도를 구하면 다음과 같다.

$$w_2 = \sqrt{2\frac{n}{n-1}(P_1 v_1 - P_2 v_2)} = \sqrt{2 \times 453,340}$$

$$\fallingdotseq 952.19 \text{m/sec}$$

10.4 노즐 속의 마찰손실

노즐 속의 흐름에서는 엄밀한 뜻에서 유체를 가역 단열팽창시킬 수 없으며, 항상 표면의 저항, 와류(eddy flow) 등에 의한 마찰저항이 따르기 마련이다. 이 마찰저항은 노즐의 형상, 크기, 굽은 정도, 구조, 표면의 거칠기 정도, 증기의 유속, 건조도의 상태 등에 따라서 그 영향을 받으므로 이론적으로 간단히 해석하는 것은 불가능하다.

다음 [그림 10.7]의 $h-s$ 선도에서는 압력 P_1이 원상태 A로부터 노즐을 통과하여 압력 P_2까지 팽창하는 과정을 나타낸다. 가역 단열과정에서는 엔트로피 s가 일정하므로 그 변화는 A로부터 최종압 P_2까지 수직선 AB로 나타난다. 그러나, 실제의 마찰손실을 고려해 보면 그 변화는 AC선을 따라가게 되고 C점은 P_2의 정압선 위에서 B보다 높은 위치에 오게 된다. 따라서 마찰에 의한 에너지 손실은 단열 열낙차 $(h_A - h_B)$와 실제 열낙차 $(h_A - h_C)$와의 차이, 즉 $(h_A - h_B) - (h_A - h_D)$ $= h_D - h_B$이다. 이때, 노즐효율(nozzle efficiency)은 실제 열낙차와 단열 열낙차와의 비를 말하고, 이것을 η_n로 정의할 때 그 값은 다음 식으로부터 구한다. 즉,

$$\eta_n = \frac{h_A - h_C}{h_A - h_B} = \frac{h_A - h_D}{h_A - h_B} \tag{10.19}$$

으로 구한다.

또, 에너지 손실에 대한 단열 열낙차와의 비를 노즐의 손실계수(coefficient of loss) κ_n 라 하고 다음 식으로부터 구한다.

손실계수
(coefficient of loss)

$$\kappa_n = \frac{h_D - h_B}{h_A - h_B} = 1 - \eta_n \tag{10.20}$$

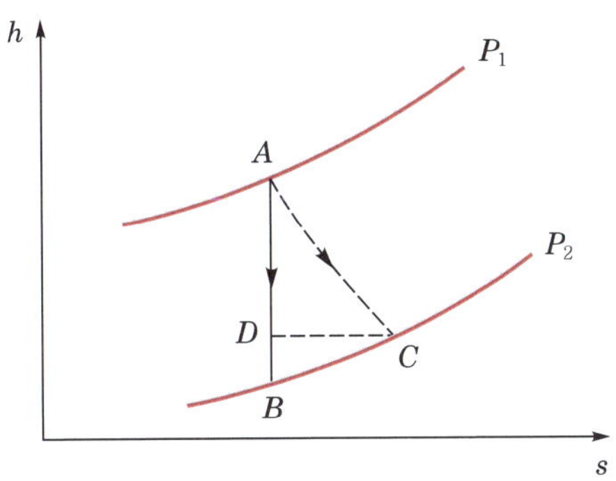

[그림 10.7] 노즐 속의 마찰손실

다음에 가역 단열팽창의 경우 유출속도는 $w_2 = \sqrt{2(h_A - h_B)}$ 이고, 실제로 마찰 손실을 동반하는 유출속도를 $w_2{}'$ 라 할 때 그 크기는 다음 식으로부터 구한다.

유출속도

$$w_2{}' = \sqrt{2(h_A - h_C)} \quad : \text{SI 단위} \tag{10.21a}$$

$$w_2{}' = \sqrt{\frac{2g}{A}(h_A - h_C)} \quad : \text{중력단위} \tag{10.21b}$$

$$\text{단, } A = \frac{1}{427}\text{kcal/kg} \cdot \text{m}$$

이 경우 속도계수 ψ 라 할 때 그 크기는 다음과 같다.

속도계수

$$\psi = \frac{w_2{}'}{w_2} = \sqrt{\frac{h_A - h_C}{h_A - h_B}} = \sqrt{\eta_n} = \sqrt{1 - \kappa_n} \tag{10.22}$$

따라서 $1 - \psi^2 = 1 - \eta_n = \kappa_n$ 의 관계가 성립된다.

유체가 관 내부를 흐를 때 유동 중에 좁은 곳이 있게 되면 유속이 빨라지므로 압력은 저하되고 일이나 열의 전달이 미처 발생하지 못하며 결국은 단열 유동을 하게 되는 상태변화를 교축과정(throttling)이라 말한다. 정상류 검사체적에 대한 에너지 방정식으로부터 교축과정에 대한 열역학적 해석은 다음과 같다. 즉,

교축과정(throttling)

$$_1Q_2 = m\frac{(w_2{}^2 - w_1{}^2)}{2} + mg(z_2 - z_1) + m(h_2 - h_1) + W_t \tag{10.23}$$

교축과정에서 $W_t = 0$, $_1Q_2 = 0$, $z_2 - z_1 = 0$으로 가정할 때, 위 식 (10.23)은 간단히 정리되어 $\frac{1}{2}(w_2{}^2 - w_1{}^2) = h_1 - h_2$만 남게 된다. 여기서, 속도에너지의 변화도 미소하므로 $\frac{1}{2}(w_2{}^2 - w_1{}^2)$항도 0으로 취급할 경우 결국, 위 에너지 방정식은 다음 값만 존재한다.

$$h_1 - h_2 = 0 \rightarrow h_1 = h_2$$

$$\therefore h = c \tag{10.24}$$

따라서 교축과정은 입구와 출구의 엔탈피 변화가 없다. 즉, 교축에서는 등엔탈피 과정이 된다. 만약, 포화증기의 교축을 생각해보면 교축 후의 건분 x_2를 찾을 경우 다음 식과 같이 된다.

$$h_1 = h_{\ell 1} + x_1(h_{g1} - h_{\ell 1}) = h_{\ell 1} + x_1\gamma_1 \tag{a}$$

$$h_2 = h_{\ell 2} + x_2(h_{g2} - h_{\ell 2}) = h_{\ell 2} + x_2\gamma_2 \tag{b}$$

여기서, 교축의 경우 $h_1 = h_2$이므로 위 식으로부터 x_2는

$$x_2 = \frac{h_{\ell 1} - h_{\ell 2}}{\gamma_2} + x_1\frac{\gamma_1}{\gamma_2} \tag{10.25}$$

이 됨을 알 수 있다.

포화수에서는 엔탈피 차가 $h_{\ell 1} - h_{\ell 2} \simeq t_1 - t_2$ 이므로 x_2 는

$$x_2 = \frac{t_1 - t_2}{\gamma_2} + \frac{\gamma_1}{\gamma_2} x_1 \tag{10.26}$$

으로 쓸 수 있다.

교축의 원리를 이용하여 건도가 그리 낮지 않은 포화증기에 가까운 증기의 건도 측정기구를 교축 건도계 또는 교축 열량계라 부른다.

01 디퓨저란?

02 임계속도를 w_c, 임계압력을 P_c, 비체적을 v_c, 비열비를 κ라 할 때 이들 사이의 관계식을 보여라.

03 노즐을 통해 증기를 단열팽창시켜서 200m/s의 속력을 얻으려면, 최소 열낙차(heat drop) $h_1 - h_2$는 얼마로 되겠는가?

04 초기온도를 T_1, 비열비를 κ라 할 때 임계상태에서의 온도를 구하는 관계식은?

05 어느 노즐에서 단열 열낙차는 389.372kJ/kg이고, 노즐의 속도계수는 0.943이다. 실제의 열낙차는 몇 kJ/kg인가?

06 압력 1,600kPa, 400℃의 과열증기를 이상적인 단열분류로서 500kPa로 분출할 경우 최대 속도를 구하라. 단, 초기 속도는 무시되고, $h_1 = 3254.17$kJ/kg, $h_2 = 3064.20$kJ/kg 이다.

07 압력 2,500kPa, 온도 450℃인 과열증기를 157kPa로 단열적으로 분출할 경우 출구의 속도가 1,060m/s일 때 속도계수는 얼마인가?
단, 초기 속도는 무시하고, $h_1 = 3351.35$kJ/kg, $h_2 = 2694.34$kJ/kg이다.

08 노즐 내에서 증기가 가역 단열과정으로 팽창한다. 팽창 중 열낙차가 340kJ/kg이라면 노즐입구에서의 증기속도를 무시할 때 출구의 속도는 몇 m/sec인가?

09 축소 확대노즐에서 노즐 안으로 포화증기가 가역 단열과정으로 흐른다. 유동 중 엔탈피 감소는 460.548kJ/kg이고 입구에서의 속도 w_1은 무시할 정도로 작다면 노즐의 출구속도 w_2는 몇 m/sec인가?

10 압력 2,450kPa, 비체적 $v = 0.0826$m³/kg인 건포화증기의 한계속도는 몇 m/sec인가? 단, 건포화증기의 $\kappa = 1.135$이다.

11 임계압력 1,600kPa의 건포화증기에 대한 임계속도는 몇 m/sec인가? 단, $\kappa = 1.135$, $v_c = 0.1263$m³/kg이다.

12 축소 확대노즐의 목에서의 목적은?

13 압력이 784kPa, 온도가 600℃인 공기가 노즐에서 등엔트로피 과정으로 팽창하여 압력이 98kPa, 온도가 150℃로 되었다면 출구상태의 마하수(mach number)는? 단, $C_p = 1.004$kJ/kg·K이다.

14 노즐의 최소 단면적 a_c, 임계압력 P_c, 비체적 v_c, 비열비 κ라 할 때 최대유량 G_{max} [kg/sec]를 구하는 식을 보여라.

15 노즐로 유체가 25m/sec의 속도로 들어가서 400m/sec의 속도로 분출된다. 열손실이 없다고 할 때 엔탈피변화는 몇 kJ/kg으로 되는가?

16 노즐출구의 공기 온도가 30℃ 일 때 음속은 몇 m/s인가? 단, 공기의 단열비와 기체상수는 $\kappa = 1.4$, $R = 287$J/kg·K이다.

17 상온상태의 공기 속을 500m/sec로 비행하는 비행체의 표면온도의 증가는 이론적으로 몇 도[℃]인가? 단, 공기의 기체상수 $R = 287$J/kg·K, 비열비 $\kappa = 1.4$이다.

01 490kPa인 120℃의 압축 공기가 98kPa로 분출할 때 이 변화는 $Pv^{1.3}=c$과정일 때 열전달은 몇 kJ/kg인가? 단, $w_2=550.5$m/sec, $T_2=271$K, $C_p=1.004$kJ/kg·K이다.

02 압력 784kPa, 온도 400℃인 상태의 공기가 노즐 내에서 98kPa까지 등엔트로피 팽창한다면 출구속도는 몇 m/sec인가? 단, 노즐의 계수가 0.90이라고 한다.

03 압력 78.4kPa, 온도 700℃인 연소가스의 단열지수는 $\kappa=1.35$, 기체상수 $R=279.3$J/kg·K이다. 출구면적 60cm^{2}의 단면축소노즐에서 대기압까지 등엔트로피 팽창할 때 유량은 몇 kg/sec인가? 단, 입구의 속도는 무시한다.

04 압력 980kPa, 온도 280℃인 과열증기를 외기압력 49kPa을 향하여 분출하는 단면축소 확대노즐에서 매초 1kg의 증기를 분출시키려 할 때 노즐 목의 지름(cm)은 얼마로 하면 되는가? 단, $P_c=535.08$kPa, $v_c=0.4032$m^3/kg, $\kappa=1.3$이다.

05 노즐 내의 유량을 0.5kg/sec, 출구에서의 비체적을 6.5m^3/kg, 출구에서의 속도를 950m/sec라 하면 노즐 출구의 단면적(cm^2)은?

제11장

연소

우리 주위에서 열역학으로 해결해야 하는 많은 문제의 경우 화학반응을 수반하고, 연소에 의한 동력 발생장치의 연소과정에 사용되는 연료는 대부분 탄화수소 연료이므로 이러한 연소과정도 화학반응의 한 형태가 된다. 그 외의 인체 안에서 일어나는 과정을 포함하여 화학반응이 일어나는 다른 연소과정도 얼마든지 생각할 수가 있다.

이 장에서는 화학반응이 일어나는 연소과정을 자세히 다루게 된다. 이것은 첫째 공학자의 관심 대상인 많은 공학적 문제 또는 장치에서 연소과정이 매우 중요하기 때문이고, 둘째는 연소과정을 통해 화학반응과 관련된 열역학의 기본 원리를 잘 배울 수 있기 때문이다. 특별히 열역학에서는 열역학적 시스템을 해석하는데 있어서 열역학 제1법칙과 제2법칙 및 필요에 따라 열역학 제3법칙을 도입하여 해석하게 된다. 따라서 이 장에서는 연소에 대한 새로운 용어도 소개하며, 연료의 종류와 특성 그리고 열역학 제 법칙과의 연계성도 소개된다. 주로 탄화수소 연료에 대한 내용이 간략히 언급되며, 그 외에 연소에 필요한 공기량과 최적 연소조건에 대하여도 배운다.

11.1 연료(Fuel)

어떤 물질이 산화작용을 일으킬 때 다량의 열과 빛을 발생하는 현상을 연소(combustion)라 하며, 연소열을 경제적으로 이용할 수 있는 물질을 연료(fuel)라 한다. 일반적으로 육상용 보일러에서는 고체연료가, 선박용 보일러에서는 액체연료가 많이 사용되며, 특수한 경우에는 기체연료도 사용된다. 열역학적 시스템에 사용되는 연료는 대부분 석탄(coal), 액체 탄화수소(liquid hydrocarbons), 기체 탄화수소(gaseous hydrocarbons)의 세 범주 안에 들어간다.

연료(fuel)

1 고체연료

(1) 석탄(coal)

고체연료

고체연료의 대표적인 것으로 보일러용 연료로 가장 널리 사용된다. 석탄은 그 성분이 극히 광범위하여 명확히 구별이 어려우나, 주로 다음의 두 가지 방법으로 분석한다. 그 하나는 현재 주로 공업분석(proximate analysis) 방법의 연료비(fuel ratio＝고정탄소/ 휘발분)를 분류하는 방법이 취해지고 있고, 또 하나는 원소분석 방법으로 탄소, 황, 수소, 질소, 산소, 회분의 상대적인 양을 질량 기준으로 명기하는 방법이다. 이 외에도 주어진 용도에 맞는 석탄을 평가하는데, 그중 몇 가지는 회분의 용해성(fusibility), 연마성(grindability), 즉 분쇄(pulverization)의 용이성, 건조 특성(weathering characteristics), 크기 등을 들 수가 있다.

(2) 공업분석(proximate analysis)

이 공업분석은 수분, 휘발성 물질, 고정탄소, 회분(ash)의 상대적인 양을 질량 기준으로 명기한다. 석탄에는 상당한 물이 부착되어 있으며, 대략은 다음과 같 이 분류된다.

공업분석
(proximate analysis)

① 습분 : 석탄의 대기 중에서 자연적으로 감소된 양이 습분을 차지한다.
② 수분 : 대기에서 감소된 습분 외에 다시 105℃~110℃에서 1시간 정도 건조 시켰을 때의 석탄으로부터 감소된 양을 말한다.
③ 휘발분 : 시료를 공기와 차단하여 950(±20)℃에서 7분간 건류했을 때 상 실된 성분 중 수분을 제외한 성분을 휘발분이라 하며, 건류가스가 될 성분 이다. 무연탄은 소량, 역청탄 및 갈탄의 순으로 휘발분을 함유하고 있다.
④ 고정탄소 : 석탄을 건류하고 난 나머지를 말하며, 코크스 등과 같은 가연성 분을 말한다.
⑤ 회분 : 석탄을 서서히 가열하여 750(±20)℃에서 연소시켰을 때에 남는 양이다.

(3) 원소분석(elementary analysis)

원소분석은 탄소, 황, 수소, 질소, 산소, 회분의 상대적인 양을 질량 기준으로 명기한다. 이 분석 결과에는 공업분석의 경우와는 달리 수분이 포함되어 있지 않다. 고체연료의 조성은 항상 원소 분석을 기초로 하여 각 원소의 중량비(%)로 표시한다. 연료의 유효 성분으로는 발열량의 대부분을 발생시켜 주는 탄소(C)와 점화성 및 연소성의 양부를 결정하는 수소(H)를 들 수가 있다. 이에 대하여 불필요한 성분으로 공기량의 손실을 초래하는 산소(O)와 연소열을 발생하지 않는 질소(N) 및 회분과 연료에 있는 수분이다. 원소의 분석은 각종 열량계산을 하는 데 필요하다.

원소분석
(elementary analysis)

(4) 미분탄

증기원동소에서 많이 사용되는 연료가 미분탄이다. 이는 석탄을 미분화한 것 이며, 효율을 좋게 연소시킬 수 있을 뿐 아니라 회분이 많아 연소가 힘든 경우도 충분히 연소시킬 수 있는 역할을 한다.

미분탄

[표 11-1] 석탄의 분류

명칭	연료비	고정탄소 중량(%)	휘발분 중량(%)	연소상태	점결성
무연탄	12 이상	92.3 이하	7.7 이하	청색 단염	불점결
반무연탄	7~12	87.5~92.3	7.7~12.5	매연이 적은 단염	불점결
반역청탄	4~7	75.0~87.5	12.5~25	광이 있는 단염	점결~불점결
고도 역청탄	1.8~4	67.7~75.0	25~34.3	매연이 있는 장염	대개 점결
저도 역청탄	1~1.8	50.0~65.7	34.3~50	매연이 있는 장염	점결~불점결
흑색 갈탄	1 이하	50 이하	50 이상	-	불점결
갈색 갈탄	1 이하	50 이하	50 이상	-	불점결

2 액체연료

액체연료 — 액체 탄화수소 연료가 대부분이며, 서로 다른 여러 가지 탄화수소의 혼합물이다. 예를 들어 가솔린은 혼합물로 약 40종의 탄화수소가 주성분이고, 이외의 여러 가지 다른 물질들이 극소량 들어 있다. 액체연료 중에서 보일러용 연료로 가장 중요한 것은 중유이며, 이 밖에 타르(tar oil)를 사용한다. 액체연료의 평균성분은 대략 다음 [표 11-2]와 같다.

[표 11-2] 액체연료의 성분(중량 %)

종류	탄소(%)	수소(%)	유황, 산소, 질소(%)
원유	85	13	2
중유	85	13	2
타르	90	6	4
타르유	90	7	3

[표 11-3] 액체연료의 물리적 성질

종류	비중	증류온도[℃]	저발열량[kJ/kg]
가솔린	0.6~0.78	45~100	46,000~47,000
등유	0.78~0.83	123~300	44,800~47,000
경유	0.82~0.86	250~300	44,000~46,000
중유	0.85~0.95	350 이상	37,700~41,000

3 기체연료

　상온에서 기체 상태인 연료를 말하며, 간단하게 착화가능하고 취급이 쉬운 것이 장점이지만 가스누출 시 알기가 어렵고 폭발하기 쉬우며, 중독되는 등의 단점이 있다. 이 기체연료(gaseous fuel)의 대표적인 것으로는 액화 천연가스(LNG: liquefied natural gas), 액화 석유가스(LPG: liquefied petroleum gas), 오일가스, 석탄가스 등의 인공가스 등이 있고, 연소 시 조절이 용이하나 저장이나 수송에 경비가 많이 들고 폭발 위험성이 크다.

기체연료(gaseous fuel)

액화 천연가스

액화 석유가스

(1) 천연가스

　천연가스(natural gas)는 지하에 기체 상태로 매장된 화석연료로서 메탄이 주성분이며, 가스전에서 천연적으로 직접 채취한 상태에서 바로 사용할 수 있는 가스 에너지이다. 땅속에 퇴적한 유기물이 변동되어 생긴 화학연료라는 점에서는 석유와 같다. 천연가스도 석유를 채굴하는 것과 마찬가지로 시추공을 땅속이나 바다밑에 관을 깊이 박아 채굴한다. 주로 CH_4(메탄가스)가 80~90%를 차지하고 있으며, 나머지는 에탄(C_2H_6), 프로판(C_3H_8) 등의 불활성 기체를 포함하고 있다. 지질학적으로는 석유계 가스, 석탄계 가스, 수용성 가스의 3종류가 있으며, 그 조성이 조금씩 다르다.

(2) 제조가스

제조가스

　천연가스와 다르게 석탄가스(도시가스), 코크스로가스, 용광로가스, 발생로가스 등이 이에 속하고, 그 대표적인 가스들의 주성분은 다음 [표 11-4]와 같다.

[표 11-4] 기체연료의 성분(체적 %)

종류	일산화탄소	수소	메탄	에틸렌	탄산가스	산소	질소
석탄가스	8	50	30	3	2.2	0.5	6
코크스로가스	6	52	30	3	1.5	0.5	7
용광로가스	27	2	–	–	11	–	60
발생로가스	24	13	3	–	5	–	55

연소과정은 연료 중 가연 성분의 산화과정이므로, 이 과정을 화학식으로 나타낼 수가 있다. 이때 **완전연소**란 연료가 공기 중의 산소와 접촉하여 가연성 물질이 완전히 연소되는 것을 말한다. 연소과정 중에는 각 원소의 질량이 일정하게 유지된다. 따라서 화학식을 쓰고 각 구성 성분의 양에 관한 문제를 풀 때는 각 원소의 질량 보존을 기본적으로 이용한다. 이러한 내용을 연소과정에 특별히 적용하여 간단히 다음과 같이 탄소와 산소가 반응하는 것을 반응식으로 살펴보기로 하자.

$$C + O_2 \rightarrow CO_2 \qquad\qquad\qquad (11.1)$$
$$\text{(반응물)} \qquad \text{(생성물)}$$

이 식은 1kmol의 탄소와 1kmol의 산소가 반응하여 1kmol의 이산화탄소를 생성한다는 것을 나타낸다. 또한 12kg의 탄소와 32kg의 산소가 반응하여 44kg의 이산화탄소를 생성한다는 것도 의미한다. 이때 연소과정을 겪는 모든 초기 물질을 **반응물(substrate)**이라 하며, 연소과정의 결과로 생기는 모든 물질을 **생성물 (product)**이라 한다.

탄화수소 연료를 연소시킬 때는 탄소와 수소 모두가 산화된다. 이러한 예로 메탄의 연소에 대해 고찰해 보자.

$$CH_4 + 2O_2 \rightarrow CO_2 + 2H_2O \qquad\qquad\qquad (11.2)$$

여기서, 연소 생성물은 이산화탄소와 물 모두가 되고, 이 과정에서 물은 연소 생성물의 온도와 압력에 따라서 증기상, 액체상, 고체상으로 존재할 수 있다. 연소과정의 화학반응 도중에 많은 중간 생성물이 만들어지지만 여기서는 그 중간 생성물은 제외하고 초기 반응물과 최종 생성물만을 생각해보자. 대부분의 실제 연소과정에서는 산소를 순수 산소로만 사용되는 것이 아니라 공기로 공급한다. 공기는 몰 기준으로 21%의 산소, 78%의 질소, 1%의 아르곤으로 구성되어 있다. 여기서 연소 시 질소와 아르곤은 화학반응을 겪지 않는다고 가정한다. 내연기관에서 이루어지는 고온하에서는 실제로 산소와 질소의 반응이 어느 정도 일어나고, 이로 인해 기관으로부터 배출되는 질소 산화물에 의한 대기 오염 문제도 어느 정도 발생한다.

공기와 관련된 연소 계산에서 이 교재에서 아르곤은 무시하며, 공기가 체적 기준으로 21%의 산소와 79%의 질소로 구성되어 있다고 생각한다. 이 경우 1mol 의 산소에 대해 질소는 79.0/21.0＝3.76mol 동반된다는 사실에 부합한다. 따라 서 메탄에서 연소에 필요한 산소를 공기로 공급한다는 가정일 때, 그 반응은 다 음과 같이 쓸 수 있다. 즉,

$$CH_4 + 2O_2 + 2(3.76)N_2 \rightarrow CO_2 + 2H_2O + 7.52N_2 \tag{11.3}$$

이 된다.

연료 중의 모든 탄소, 수소 및 그 외의 산화 가능한 원소를 완전연소시키기에 충분한 산소를 공급하기 위해 필요한 최소 공기량을 이론 공기량(theoretical air)이라고 한다. 이론 공기량으로 완전연소시켰을 경우에 생성물에는 산소가 남아 있지 않다. 따라서 탄화수소 연료와 공기의 일반적인 연소 반응식은 다음 과 같다.

이론 공기량
(theoretical air)

연소 반응식

$$C_xH_y + \lambda_{O_2}(O_2 + 3.76N_2)$$
$$\rightarrow \lambda_{CO_2}CO_2 + \lambda_{H_2O}2H_2O + \lambda_{N_2}N_2 \tag{11.4}$$

위 식 (11.4)에서 각 물질의 계수를 화학양론 계수(stoichiometry coefficient) 라고 한다. 이론 공기량은 다음과 같은 원자 균형 식으로부터 구한다.

화학양론 계수
(stoichiometry coefficient)

$$C : \lambda_{CO_2} = x$$
$$H : 2\lambda_{H_2O} = y$$
$$N_2 : \lambda_{N_2} = 3.76 \times \lambda_{O_2}$$
$$O_2 : \lambda_{O_2} = \lambda_{CO_2} + \lambda_{H_2O}/2 = x + y/4$$

따라서 연료 1 mole당 공기의 총몰수는 다음과 같다.

$$n_{air} = \lambda_{O_2} \times 4.76 = 4.76(x + y/4)$$

이렇게 계산된 공기량은 100% 이론 공기량에 속한다. 실제로는 공급 공기량이 이론 공기량보다 상당량 작으며 완전연소를 이루기는 어렵다. 연료와 공기의 비를 나타내기 위해 종종 쓰이는 두 개의 중요한 변수가 공기연료비(일명 공연비, AF : air-fuel ratio)와 이의 역수인 연료공기비(일명 연공비, FA : fuel-air ratio) 가 있다. 이것은 대개 질량기준으로 표현하지만 때로는 몰비로 표현하는 경우도 있다. 즉, 다음과 같은 관계식으로 계산한다.

공기연료비

$$AF_{mass} = \frac{m_{air}}{m_{fuel}} \tag{11.5}$$

$$AF_{mole} = \frac{n_{air}}{n_{fuel}} \tag{11.6}$$

만약, 분자량을 이용하여 이들을 표현하면 다음과 같다.

$$AF_{mass} = \frac{m_{air}}{m_{fuel}} = \frac{n_{air}\,M_{air}}{n_{fuel}\,M_{fuel}} = AF_{mole}\frac{M_{air}}{M_{fuel}} \tag{11.7}$$

또한 100% 이론 공기량을 공급하여 화학양론 혼합물(stoichiometry mixture)을 이루게 하는 경우는 다음 식 (11.8)과 같이 아래첨자 s 를 써서 나타낸다. 실제 연소과정에서는 공기의 양을 이론 공기량과의 비로 표시한 백분율 이론 공기량으로 나타내며, 한편 당량비(equivalence ratio) ϕ는 실제 연료 공기비를 이론 연료 공기비로 나눈 값으로 다음 식으로 정의하여 사용된다. 이 백분율은 이론 공기량의 역수이다. 따라서 150% 이론 공기량이란 실제로 공급된 공기량(AF_r)이 이론 공기량의 1.5배이며 당량비가 2/3임을 의미한다.

$$\phi = \frac{FA_r}{FA_s} = \frac{AF_s}{AF_r} \tag{11.8}$$

1 탄소(C)의 완전연소

탄소(C)는 완전연소할 때 탄산가스를 발생한다.
화학반응식 :

$$C + O_2 = CO_2 + 393.8 \times 103 \text{kJ/kmol} \tag{11.9}$$

① 반응물의 중량(단위 체적당 12kg)

$$12\text{kg} + 32\text{kg} = 44\text{kg}$$
$$12.4\text{Nm}^3 = 22.4\text{Nm}^3$$

② 탄소 1kg당(단위 중량 1kg당)

$$1kg + 2.667kg = 3.667kg + 8,100kcal/kg$$
$$1.867Nm^3 = 1.867Nm^3$$

③ 탄소 1kmol당

$$1kmol + 1kmol = 1kmol$$

위 식은 1kmol의 탄소가 1kmol의 산소와 결합해서 1kmol의 이산화탄소가 되면서 97,200kcal의 연소열을 발생한다는 것을 나타낸다.

이번에는 위 ①에 있는 식의 무게(=질량)를 양변에 12로 나누면,

$$\frac{12}{12}kg(C) + \frac{32}{12}kg(O_2) = \frac{44}{12}kg(CO_2)$$
$$1kg(C) + 2.667kg(O_2) = 3.667kg(CO_2)$$

이 된다. 이때의 발열량은 $\frac{97,200}{12} = 8,100kcal/kg$이다. 아보가드로의 법칙에 의하면 가스 1kmol의 표준상태($0℃$, 760mmHg)에서의 비체적은 $22.4Nm^3$를 차지한다. 그러므로 반응물, 생성물 모두 $\frac{22.4}{12} = 1.867Nm^3$가 되는 것이다.

2 탄소(C)의 불완전연소

탄소가 불완전연소할 때는 일산화탄소를 발생하고, 발생열량이 매우 감소된다.
화학반응식 :

$$C + \frac{1}{2}O_2 = CO + 110.6 \times 103kJ/kmol \tag{11.10}$$

① 반응물의 중량(12kg) 비체적

$$12kg + 16kg = 28kg$$
$$\frac{1}{2} \times 22.4Nm^3 = 22.4Nm^3$$

② 탄소 1kg당(중량 1kg당) 비체적

$$1\text{kg} + 1.33\text{kg} = 2.33\text{kg} + 2433.3\text{kcal/kg}$$
$$0.933\text{N}\,\text{m}^3 = 1.867\text{N}\,\text{m}^3$$

③ 탄소 1kmol당 생성물

$$1\text{kmol} + \frac{1}{2}\text{kmol} = 1\text{kmol}$$

위 ①에 있는 무게와 관련된 식의 양변을 12로 나누면

$$\frac{12}{12}\text{kg(C)} + \frac{16}{12}\text{kg(O}_2) = \frac{28}{12}\text{kg(CO)}$$
$$1\text{kg(C)} + 1.333\text{kg(O}_2) = 2.333\text{kg(CO)}$$

아보가드로의 법칙에 의해서 단위 중량당 비체적은 다음과 같다.

$$\frac{\frac{1}{2} \times 22.4}{12} = 0.9333\text{N}\,\text{m}^3$$
$$\frac{22.4}{12} = 1.8667\text{N}\,\text{m}^3$$

3 수소(H_2)의 완전연소

수소가 완전연소되면 증기를 발생한다. 즉, $H_2 \rightarrow H_2O$ 관계이다.
화학반응식 :

$$H_2 + O_2 = H_2O(\text{기체}) + 240.77 \times 10^3 \text{kJ/kmol} \tag{11.11}$$

$$H_2 + O_2 = H_2O(\text{액체}) + 286.0 \times 10^3 \text{kJ/kmol} \tag{11.12}$$

① 반응물의 중량(단위 체적당 2kg)

$$2\text{kg} + 16\text{kg} = 18\text{kg}$$
$$\frac{1}{2} \times 22.4\text{N}\,\text{m}^3 = 22.4\text{N}\,\text{m}^3$$

② 수소 1kg당(단위 중량 1kg당)

$$1\text{kg} + 8\text{kg} = 9\text{kg} + 28,800\text{kcal/kg}(기체)$$

$$1\text{kg} + 8\text{kg} = 9\text{kg} + 34,200\text{kcal/kg}(액체)$$

$$5.6\text{Nm}^3 = 11.2\text{Nm}^3$$

③ 1kmol당

$$1\text{kmol} + \frac{1}{2}\text{kmol} = 1\text{kmol}$$

위 ①에 있는 무게에 대하여 양변을 2로 나누면,

$$\frac{2}{2}\text{kg}(\text{H}_2) + \frac{16}{2}\text{kg}(\frac{1}{2}\text{O}_2) = \frac{18}{2}\text{kg}(\text{H}_2\text{O})$$

$$1\text{kg}(\text{H}_2) + 8\text{kg}(\text{O}_2) = 9\text{kg}(\text{H}_2\text{O})$$

가 된다. 아보가드로의 법칙에 의해서 단위 중량당 비체적은 다음과 같다.

$$\frac{\frac{1}{2} \times 22.4}{2} = 5.6\text{Nm}^3$$

$$\frac{22.4}{2} = 11.2\text{Nm}^3$$

4 탄화수소($C_m H_n$)의 연소

기체연료에서는 탄소와 수소가 화합하여 메탄(CH_4), 에틸렌(C_2H_4) 등과 같은 탄화수소로서 존재한다.

(1) 메탄(CH_4)의 연소

화학반응식 :

$$CH_4 + 2O_2 = CO_2 + 2H_2O + 191,900\text{kcal/kmol} \tag{11.13}$$

① 반응물 중량

$$16\text{kg} + 64\text{kg} = 44\text{kg} + 36\text{kg}$$

$$22.4\text{Nm}^3 + 2 \times 22.4\text{Nm}^3 = 22.4\text{Nm}^3 + 2 \times 22.4\text{Nm}^3$$

② 1kmol당

$$1\text{kmol} + 2\text{kmol} = 1\text{kmol} + 2\text{kmol}$$

에틸렌(C_2H_4)의 연소

(2) 에틸렌(C_2H_4)의 연소

화학반응식 :

$$C_2H_4 + 3O_2 = 2CO_2 + 2H_2O + 312,400\text{kcal/kmol} \tag{11.14}$$

① 반응물 중량

$$28\text{kg} + 96\text{kg} = 88\text{kg} + 36\text{kg}$$
$$22.4\text{Nm}^3 + 3 \times 22.4\text{Nm}^3 = 2 \times 22.4\text{Nm}^3 + 2 \times 22.4\text{Nm}^3$$

② 1kmol당

$$1\text{kmol} + 3\text{kmol} = 2\text{kmol} + 2\text{kmol}$$

[표 11-5] 연소반응의 요약

가연원소 명칭	기호	− 연소반응의 방정식 − 분자량에 의한 중량[kg] − 분자량에 의한 체적[Nm³]	가연원소 1kg에 대하여 연소생성물 명칭	기호	양	소비산소 기호	양	잔존질소 기호	양	연소가스 기호	양
탄소	C	$C + O_2 = CO_2 + 97,200$kcal/kmol 12kg 32kg 44kg 22.4Nm³ 22.4Nm³	탄산가스	CO_2	3.667kg 1.867 Nm³	O_2	2.667kg 1.867 Nm³	N_2	8.827kg 7.002 Nm³	CO_2 및 N_2	12.49kg 8.89 Nm³
		$C + \frac{1}{2}O_2 = CO + 29,400$kcal/kmol 12kg 16kg 28kg $\frac{1}{2}$22.4Nm³ 22.4Nm³	일산화탄소	CO	2.33kg 1.867 Nm³	O_2	1.33kg 0.933 Nm³	N_2	4.414kg 3.511 Nm³	CO 및 N_2	6.75kg 5.38 Nm³
수소	H	$H_2 + \frac{1}{2}O_2 = H_2O$(기)57,600kcal/kmol (액)68,400kcal/kmol 2kg 16kg 18kg $\frac{1}{2}$22.4Nm³ 22.4Nm³	수증기	H_2O	9kg 11.2 Nm³	O_2	8kg 5.6 Nm³	N_2	26.48kg 21.07 Nm³	H_2O 및 N_2	35.5kg 32.2 Nm³
유황	S	$S + O_2 = SO_2 + 80,000$kcal/kmol 32kg 32kg 64kg 22.4Nm³ 22.4Nm³	아황산가스	SO_2	2kg 0.7Nm³	O_2	1kg 0.7Nm³	N_2	3.31kg 2.63 Nm³	SO_2 및 N_2	5.31kg 3.33 Nm³

11.3 발열량(Calorific value)

연료의 단위량 1kg 또는 $1Nm^3$이 완전연소할 때 발생되는 열량을 그 연료의 발열량이라 한다. 고체와 액체연료에서의 단위로는 kJ/kg(또는 kcal/kg)이고, 기체연료에서의 단위로는 kJ/Nm^3(또는 $kcal/Nm^3$)이다.

(1) 고위발열량과 저위발열량

고위발열량은 연소가스가 실온까지 냉각되어 "가스" 중의 수증기가 액체상으로 복수됨으로써 증발잠열을 방출할 때의 발열량이다. 또 저위발열량은 보일러 등 실제의 가열장치에서 연소 "가스"가 200℃~300℃ 이상의 온도로 기상의 수증기를 포함한 채로 배출될 때의 발열량이다.

고위발열량

저위발열량

(2) 발열량의 계산식(calorific value equation)

고체 또는 액체연료인 경우 발열량은 보통 봄(bomb) 열량계로, 기체연료의 경우는 윤켈스 열량계로 측정한다. 대부분의 고체·액체연료에 있어서 화합열의 크기가 중요하지 않은 경우는 원소분석의 결과로부터 근사계산하는 경우가 많다. 연료 1kg 중의 탄소·유황·수소·산소 및 수분의 중량을 각각 C·S·H·O·W[kg]이라 하면, 연료의 화학 성분 분석을 이용하는 방법은 다음과 같다. 이때 고위발열량 H_h와 저위발열량 H_l은 다음 식으로 나타낼 수가 있다.

① 액체나 고체연료의 경우(Dulong의 대표 식)

$$H_l = H_h - 600(9h + w) \tag{11.15a}$$

$$H_h = 8,100c + 34,000(h - o/8) + 2,500s \, [\text{kcal/kg}] \tag{11.15b}$$

H_l : 연료의 저위발열량, H_h : 연료의 고위발열량

단, 저위발열량(kcal/kg) = 고위발열량 $- 600(9h + w)$

여기서, 600은 물의 증발잠열이 25℃일 때 대략 590[kcal/kg]이 된다고 생각해서 나온 숫자인데, 600으로 많이 계산한다. $9h$는 수소 1g이 완전연소할 때 물이 9g이 만들어지므로 연료 중의 수소함량에 9배를 곱해서 계산하며 w는 연료 중에 포함된 수분 %을 말한다.

② 기체연료의 경우

기체연료는,　저위발열량$(kcal/m^3)$＝고위발열량$-480(H_2+2CH_4+4C_3H_8+\cdots)$
이 식의 우변에서 수소, 메탄 앞에 붙는 상수는 수증기 몰수를 나타낸다.

③ 기타 발열량의 계산식

　㉠ Dulong 식

$$H_h = 8,100c + 34,250(h - o/8) + 2,250s \, [\text{kcal/kg}] \qquad (11.16)$$

이 식은 석탄 등과 같은 탄소를 주성분으로 하는 연료의 계산에 이용되며,
오니의 계산에도 적합하다. Dulong의 식에서는 산소성분(O) 모두가 수소
성분(H)과 결합하여서 물(H_2O)로 존재한다고 가정하고 발열량을 계산하는
관계식으로 수소성분 중 산소성분과 결합되어 있는 부분을 빼주기 위해
$(h - o/8)$로 나타내게 된다. 이것을 유효산소라고 한다. 또 식 중에 있는
$8,100$ 혹은 $34,250$은 각 원소의 연소 시 연소열 값을 말한다.

$$C + O_2 \rightarrow CO_2 + 8,100\text{kcal/kg}$$
$$H_2 + O_2 \rightarrow H_2O + 34,250\text{kcal/kg}$$
$$S + O_2 \rightarrow SO_2 + 2,250\text{kcal/kg}$$

　㉡ Sheuer-Kestner 식

$$H_h = 8,100\left(c - \frac{3}{4}o\right) + 34,250h + 2,250s$$
$$+ 5,700 \times \frac{3}{4}o \, [\text{kcal/kg}] \qquad (11.17)$$

　㉢ Steuer 식

$$H_h = 8,100\left(c - \frac{3}{8}o\right) + 5,700 \times \frac{3}{8}o$$
$$+ 34,500h \times \left(h - \frac{1}{16}o\right) + 2,500s \, [\text{kcal/kg}] \qquad (11.18)$$

목재와 셀룰로스질의 연료에 식 (11.18)은 잘 맞는다.
위 식들의 발열량값을 SI 단위로 나타내려면 위 항에 각각 변환상수 4.187을
곱하여 kJ/kg값으로 나타낼 수 있다.

예제 11.1

분자식 C_3H_7ON의 생성열을 구하라. 단, 증발열은 155.33cal/g(25℃)이다.

풀이 분자량은 : 73

C의 질량 백분율 : $36/73 = 0.49315$

H의 질량 백분율 : $7/73 = 0.0959$

O의 질량 백분율 : $16/73 = 0.2192$

가연물 전체를 백분율로 계산하면 다음과 같다.

$$H_h = 8,100c + 34,000(h - o/8) + 2,500s$$
$$= 8,100 \times 0.49315 + 34,000 \times (0.0959 - 0.2192/8)$$
$$= 6323.52 \text{kcal/kg}$$

고위발열량에서 증발열을 빼면 생성열이 된다.

즉, $6323.52 - 155.33 = 6168.19 \text{kcal/kg}$이다.

또, 저위발열량은 $H_l = H_h - 5.9(9h + w)$라는 공식을 적용하여 계산하면 된다.

예제 11.2

다음과 같은 조성의 고체연료의 고발열량 및 저위발열량을 구하라. 단, 중량비가 C=73%, H=4.5%, O=8%, S=2%, W=4%이다. (단, 1kcal≒4.187kJ이다.)

풀이 ① 고위발열량

$$H_h = 8,100c + 34,000\left(h - \frac{o}{8}\right) + 2,500s$$
$$= 8,100 \times 0.73 + 34,000\left(0.045 - \frac{0.08}{8}\right) + 2,500 \times 0.02$$
$$= 7,153 \text{kcal/kg}$$

② 저위발열량

$$H_l = H_h - 600(9h + w)$$
$$= 7,153 - 600(9 \times 0.045 + 0.04) = 6,886 \text{kcal/kg}$$

연료의 연소에 필요한 공기량 및 연소가스의 양은 연료를 구성하는 가연원소, 즉 탄소(C), 수소(H) 및 유황(S)의 3원소의 연소에 필요한 산소량 및 생성된 연소가스의 양으로부터 구할 수 있다. 따라서 이들은 연소 반응식으로부터 산출할 수가 있다. 그 예로 탄소인 경우 필요한 산소(O_2)는 2.667kg, 체적으로 나타내면 1.867Nm^3이고, 연소가스에 상당하는 이산화탄소(CO_2)는 3.667kg, 체적은 1.867Nm^3이다. 그런데 실제의 연소가스는 산소 대신 공기를 많이 사용한다. 여기서 N은 표준상태의 압력 103.25kPa, 온도 25℃일 때를 말한다.

탄소(C) 1kg의 연소에 필요한 공기량은 11.49kg(=2.667/0.232)이고, 체적은 8.89Nm^3(=1.867/0.21)이다.

[표 11-6] 건공기의 조성(0℃, 760mmHg)

조직	N_2	O_2	Ar	CO_2	Ne	He
체적[%]	78.10	20.93	0.933	0.030	1.8×10^{-3}	5.2×10^{-4}
중량[%]	75.51	23.15	1.286	0.046	1.2×10^{-3}	0.7×10^{-4}

1 고체 및 액체연료의 연소에 필요한 공기량

연료 1kg을 완전연소시키기 위하여 필요한 이론 공기량(theoretical amount of air)을 L_0라 할 때, 그의 중량 kg 및 체적 Nm^3을 구하면 다음 식과 같다.

L_0를 중량(kg)으로 구하면,

$$L_0 = \frac{\dfrac{32}{12}c + \dfrac{16}{2}h + \dfrac{32}{32}s - o}{0.232} \tag{11.19}$$

$$= 11.49c + 34.5\left(h - \frac{o}{8}\right) + 4.31s\,[\text{kg}]$$

L_0를 체적(Nm^3)으로 구하면,

$$L_0 = \frac{1}{0.21}(1.867c + 5.6h - 0.7o + 0.7s)$$

$$= 8.89c + 26.7\left(h - \frac{o}{8}\right) + 3.33s \, [Nm^3] \tag{11.20}$$

와 같다.

이상은 완전연소에 필요한 이론 공기량인데, 실제로는 이보다 많은 공기를 필요하며, 연료 1kg 또는 $1Nm^3$을 연소할 때 일반적으로 실제 공기량 L은 L_0보다 크므로 $L = \mu L_0$ 관계가 성립하며 $\mu < 1$이고, μ를 공기 과잉계수라 한다. 따라서 과잉 공기량 $L - L_0 = (\mu - 1)L_0$이 되고 $(\mu - 1)$을 공기 과잉률(excess air factor)이라 한다. 그런데, 이론 공기량은 연료 중의 탄소를 완전연소한다고 할 때 공기 중의 산소는 전부 CO_2로 되며, 연소가스 중의 CO_2의 비율은 최대가 된다. 이것을 연소가스의 백분율(%)로 나타낸 값을 $(CO_2)_{max}$로 표기하고, 이 최고 탄산가스량 $(CO_2)_{max}$는 연소가스의 분석에서 구할 수 있다. 이산화탄소 및 산소의 [%]를 CO_2 및 O_2로서 표시할 경우 $(CO_2)_{max}$는 다음 식으로부터 구한다.

$$(CO_2)_{max} = \frac{CO_2}{\text{건연소가스의 체적} - \text{과잉공기의 체적}} \times 100\% \tag{11.21}$$

여기서, 건연소가스는 연소가스 중의 수증기분, 수분을 공제한 것이므로 이 가스를 100%라고 한다면 다음과 같다.

$$(CO_2)_{max} = \frac{(CO_2)}{100 \dfrac{(O_2)}{0.21}} \times 100 = \frac{21(CO_2)}{21 - O_2} \% \tag{11.22}$$

또한, 공기 과잉계수 μ는 $(CO_2)_{max}$를 알 때 다음과 같다.

$$\mu = \frac{100 - (CO_2)}{\dfrac{[100 - (CO_2)_{max}]CO_2}{0.79(CO_2)_{max}}} + 0.21 \tag{11.23}$$

2 기체연료의 연소에 필요한 공기량

연소가스 1Nm^3 중의 각 성분 기체 가스를 (H_2), (CO), (CH_4), $(C_2H_4)[\text{m}^3]$ 및 $(O_2)[\text{m}^3]$라고 할 때 연료 1Nm^3의 연소에 필요한 O_2의 체적은 다음과 같다.

$$\frac{1}{2}(H_2)+\frac{1}{2}(CO)+2(CH_4)+3(C_2H_4)-O_2+\cdots\,[\text{Nm}^3] \qquad (11.24)$$

따라서 이론 공기량 L_0는 다음 식으로부터 구한다.

$$L_0=\frac{1}{0.21}\left[\frac{1}{2}(H_2)+\frac{1}{2}(CO)+2(CH_4)+3(C_2H_4)-O_2+\cdots\right][\text{Nm}^3]$$

$$(11.25)$$

예제 11.3

다음과 같은 조성에서 조성비의 석탄 1kg을 완전연소시키는 데 필요한 이론 공기량의 크기는 중량 및 체적으로 얼마인가? 단, 탄소 30%, 수소 4%, 산소 16%, 황 1%, 수분 28%, 회분 15%이다.

풀이 ① $L_w=\dfrac{1}{0.232}(2.67c+8h-o+s)=11.5c+34.5h+4.3(s-o)$

$\qquad\quad =11.5\times0.3+34.5\times0.04+4.3(0.01-0.16)=4.185\text{kg}$

$\quad$ ② $L_0=0.774\times L_w=0.774\times4.185=3.24\text{Nm}^3/\text{kg}$

01 중량조성 C=0.78, H=0.05, O=0.08, S=0.01, W=0.02의 석탄 1kg을 완전연소한다고 할 때 석탄의 저위발열량은?

02 저위발열량이 29,310kJ/kg인 석탄을 매시 30ton씩을 소비하여 매시간 50,000kW를 발생시키는 화력 발전소의 열효율은 몇 %인가?

03 열효율 20%, 출력 148PS인 기관이 있다. 여기에 사용되는 연료의 발열량이 28,472kJ/kg이라면, 이 연료의 1시간당 소비량은 몇 톤(ton)인가?

04 연료의 공업분석이란?

05 $S+O_2 \rightarrow SO_2$에서 반응물과 생성물은?

06 연소 시 과잉공기(excess air)란?

07 3kmol의 탄소(C)를 완전연소하는 데 필요한 최소 산소량은 몇 kmol인가? 또 질량의 크기(kg)는?

08 연료 1kg 중의 성분 C=0.73kg, O=0.16kg, H=0.04kg, S=0.02kg, W=0.05kg일 때 고위발열량 및 저위발열량을 구하라.

01 연료에서 저발열량이란?

02 어느 석탄의 성분이 중량비로 탄소 50%, 수소 5%, 산소 15%, 황 1%, 질소 2%, 수분 12%, 회분 15%이라면 석탄의 저발열량은 몇 kJ/kg인가?

03 석탄의 분석결과가 함수시료에 대하여 다음과 같은 경우, 이 석탄 1kg당의 연소에 필요한 이론 공기량은?
단, C=64.0%, H=5.3%, S=0.1%, O=8.8%, N=0.8%, W=9.0%, 회분=12%이다.

04 탄소 1kg이 완전연소될 때 생성되는 이산화탄소의 양은 대략 몇 kg인가?

05 옥탄의 완전연소 방정식은 다음과 같다. 옥탄 1kg을 완전연소시키는 데 필요한 산소량은 몇 kg인가?

$$C_8H_{18} + 12.5O_2 \rightarrow 8CO_2 + 9H_2O$$

06 숯이 타서 탄산가스(CO_2)가 될 때 필요 산소량과 생성된 표준상태에서의 체적비를 각각 계산하라.

07 28kg의 일산화탄소가 완전연소하는 데 필요한 최소 산소량(kg)은?

08 열효율 18%, 출력 138PS인 기관이 있다. 여기에 사용되는 연료의 발열량이 28471.6 kJ/kg이라면, 이 연료의 1시간당 소비량(kg)은 얼마나 되겠는가?

제12장

열역학 응용 열전달

1 개요

앞서 우리는 계와 주위와의 에너지 상호작용과 그 관계성에 대한 열역학의 기본 이론에 대하여 알아보았다. 이때, 상호작용이란 일과 열의 작용 관계를 말하며, 상태변화의 과정 동안 양 끝점에서 각 상태량 크기만을 비교하였다. 즉, 열역학에서는 중간 과정의 열전달 메커니즘은 관심이 없고 오롯이 일과 열의 주고받는 에너지 크기 관계만을 비교한 것이다.

이제는 중간 과정의 열에너지 전달방식과 관계식의 유도 및 열전달률(heat transfer rate) 등을 학습하여 열역학을 더 확장시켜 보고자 하며, 이와 같은 열역학의 확장 중 하나가 열전달이다.

2 열전달의 기본개념

열전달이란 온도차가 있는 물체(=물질) 사이의 열에너지 이동 현상을 말한다. 즉, 온도차가 있는 매질 사이에는 항상 열이동의 열전달 현상이 존재하며, 열이동의 열전달은 한 가지 또는 그 이상의 복합적인 방식으로 발생한다. 이러한 열전달 방식을 간단히 알아보면 다음과 같다.

열전달 현상

열전달 방식

[그림 12.1] (a)와 같이 고체 내부 매질 사이에 온도차(온도구배)가 있을 때의 열전달을 전도(conduction)라 하며, [그림 12.1] (b)와 같이 정지된 고체와 유동하는 유체 사이에 온도차가 있을 때의 열전달을 대류(convection)라 한다. 또 [그림 12.1] (c)와 같이 유한 온도차가 있는 물질 사이에 중간 매질이 없을 때 전자기파 형식의 열전달을 열복사(thermal radiation)라고 한다.

전도(conduction)
대류(convection)

열복사(thermal radiation)

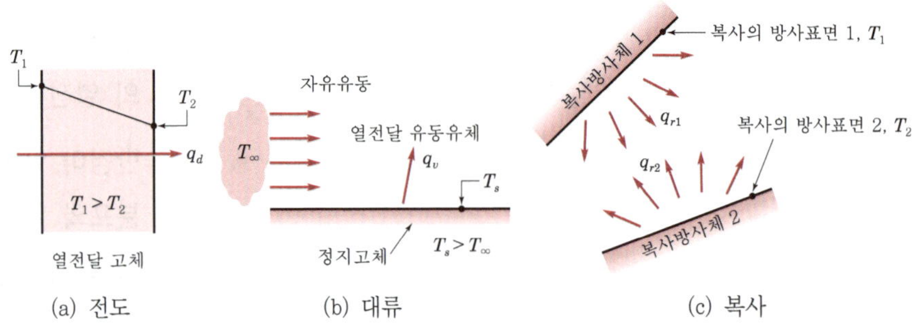

[그림 12.1] 대표적인 열전달 현상

12.2 열역학과 열전달의 관계성

앞서 살펴본 바와 같이 열역학과 열전달은 매우 보완적이며 상호 밀접한 관계가 있지만 중요한 차이점이 있다. 열역학은 한 상태에서 다른 상태로 변화되는 연속된 과정에서 열을 하나의 에너지로 계산할 수가 있으나, 열교환 과정이나 열전달 물질의 특성 등에 대하여는 언급하지 않고 있다. 이와 달리 열전달은 열 이동 과정의 열전달 방식과 열전달 관계식으로부터 열전달률을 정량적으로 알아 보는 학문이라고 할 수가 있다. 그 예는 다음과 같다.

발전소와 같은 기초 설계 시에는 보통 열역학 이론만을 적용시킬 수가 있으나, 실제 사이클에서는 열전달 현상까지 고려해야 발전소의 크기와 효율적인 설비 설계가 가능하다. 따라서 열역학과 열전달의 학문적 관계는 매우 중요하며 열역학 제법칙인 열역학 제1법칙(에너지 보존법칙)은 열전달 문제의 해결을 위해서 유효하고, 열역학 제2법칙은 가역사이클인 카르노 사이클(Carnot cycle)과 비가역사이클인 실제 열기관 사이클을 비교하는 데 유효하다.

실제 사이클

1 열역학 제1법칙과 열전달과의 관계

(1) 열역학 제1법칙

열역학 제1법칙은 계의 상태변화 전후의 에너지는 보존된다는 것으로, [그림 12.2]와 같이 임의의 검사면과 계, 주위를 구분할 경우, 열은 검사면의 경계를 통해 주위로 이동하고 각 상태량의 크기는 변할 수가 있으나 그 총량은 항상 같다는 것이다. 이때, 에너지가 경계를 통과하는 방식과 물질의 종류에 따라 그 값이 다르게 표현 가능한지를 살펴볼 필요가 있다. 따라서 [그림 12.2]와 같은 밀폐계 또는 개방계의 상태변화에 대한 열역학 제1법칙의 관계는 다음 식 (12.1)과 같다.

열역학 제1법칙

밀폐계

개방계

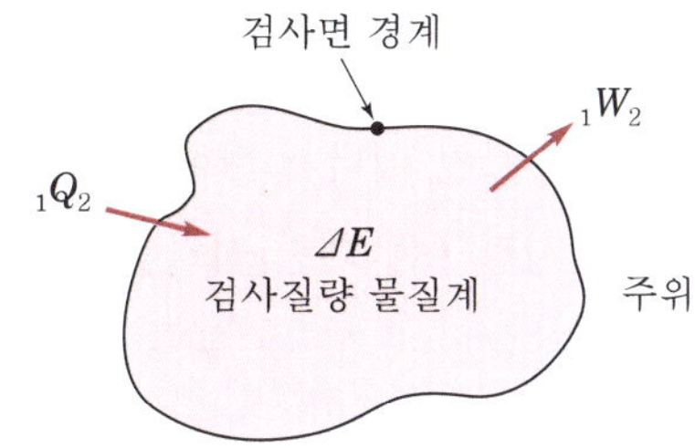

[그림 12.2] 열역학 제2법칙과 사이클 기관의 구성

$$\Delta E = {}_1Q_2 - {}_1W_2 \tag{12.1}$$

여기서, ΔE : 계 내의 총 에너지 변화, ${}_1Q_2$: 열에너지 변화, ${}_1W_2$: 일에너지 변화이다.

이때 계와 주위 사이의 검사면을 통해 검사체적으로 물질의 질량과 에너지가 <u>검사체적</u> 운반되며 식 (12.1)과 같은 열역학 제1법칙이 정의된다. 즉, 검사체적 내에 저장된 에너지의 총 변화량은 검사체적 내의 열에너지 총 변화량에서 일량의 총 변화량 차이와 같게 된다.

<u>열적 형태</u> 열전달에서는 에너지의 열적 형태와 역학적 형태를 취급한다. 이때, 열에너지 <u>역학적 형태</u> 와 역학적에너지의 합은 보존되지 않을 수가 있으며, 이것을 다른 형태의 열에너지의 관계로부터 열전달 해석을 위한 열역학 제1법칙은 다음과 같이 설명할 수가 있다. 즉, [그림 12.3]과 같이 검사체적 내의 계에 저장된 에너지의 증가량 $\Delta E_{c.v}$의 크기는 검사체적 내로 들어간 에너지 E_{in}에서 검사체적 밖으로 나간 <u>발생한 에너지</u> 에너지 E_{out}을 빼고 난 후 검사체 내에서 발생한 에너지 E_g를 합한 양의 크기이다. 여기서, 에너지 양은 열에너지와 역학적에너지의 합을 말한다.

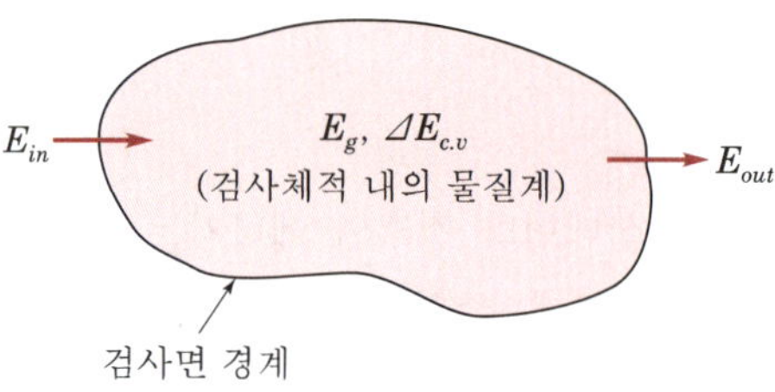

[그림 12.3] 에너지 이동과 보존 관계

위와 같은 관계 설명으로부터 열역학 제1법칙을 다시 쓰면,

$$\Delta E_{c.v} = E_{in} - E_{out} + E_g \tag{12.2}$$

<u>에너지 변화량</u> 이다. 위 식을 시간 간격 Δt에 걸친 에너지 변화량으로 표현이 가능하고, 이것의 극한을 취한 후 모든 순간 시간 t에 대한 시간율로 나타내면 다음 식 (12.3)과 같다.

$$\dot{E}_{c.v} = \frac{dE_{c.v}}{dt} = \dot{E}_{in} - \dot{E}_{out} + \dot{E}_g \tag{12.3}$$

위 식 (12.3)은 열전달 문제를 해석하는 데 중요한 기본 식이다. 위 식에서 물질계 내의 에너지 발생률 $\dot{E}_g$는 다른 형태의 에너지인 화학에너지, 전자기에너지, 핵에너지로부터 열에너지로의 변환을 말한다. 따라서 에너지 발생은 검사체적 내에서 일어나므로 검사체적의 크기에 비례한다. 이때 에너지 발생을 체적현상(volumetric phenomenon)이라고 할 수가 있다. 예를 들어 검사체적 내의 물질은 화학반응 과정에서 내부 열에너지 $\dot{E}_g$로 변환하기도 하고, 또 전기가 도체를 흐를 때 저항에 의해 발생되는 열에 의한 에너지의 변환도 검사체적 내의 열에너지 발생률 $\dot{E}_g$가 된다.

에너지 발생률

체적현상(volumetric phenomenon)

일반적으로 검사체적 내의 전 에너지 $E_{c.v}$는 운동에너지(KE), 위치에너지(PE)와 같은 역학적에너지와 내부에너지의 합이다. 보통 열전달 문제를 취급할 때 운동에너지의 변화(ΔKE)와 위치에너지의 변화(ΔPE)는 내부에너지의 변화(ΔU)에 비해 작아 무시하는 경우가 많다. 이때, 내부에너지로는 물질 분자와 원자들의 병진운동과 회전 그리고 진동의 발생에 의한 현열 성분과 액체와 기체의 상변화 과정의 잠열 성분 그리고 원자 간 화학적 결합에서 저장된 에너지 및 원자핵 내부의 결합과정에서 발생된 에너지 등으로 구성되는 것으로 알려져 있다. 열전달 과정의 해석에서는 주로 내부에너지를 구성하는 것 중 현열과 잠열 성분에 관심을 가지는데, 현열이란 상변화는 없으나 온도변화에 관여하는 에너지이고, 잠열이란 온도는 일정하나 상변화에 관여하는 에너지이다. 이것 중 열전달에 관여하는 에너지에는 많은 경우 현열 성분(sensible component)의 에너지뿐인 것으로 판단하고 있다.

내부에너지

현열

잠열

위의 설명을 하나의 식으로 공식화할 경우 검사체적 내의 전 에너지는 다음 식 (a)와 같다.

$$E_{c.v} = U + KE + PE \qquad\qquad\qquad (a)$$

여기서, $U = U_s + U_l$ (내부에너지의 합)

$\quad\quad U_s$: 현열(sensible)

$\quad\quad U_l$: 잠열(latent heat)

$\quad\quad KE$: 운동에너지(kinetic energy)

$\quad\quad PE$: 위치에너지(potential energy)

다음, [그림 12.4]와 같이 검사체적의 검사면을 통해 유동하는 검사질량계에 대한 열역학 제1법칙의 에너지 변환 관계식은 앞서 [제2장 일과 열]에서 보았듯이 다음과 같다. 즉,

$$\dot{Q}_{c.v} + \sum \dot{m}_{in}\left(u + Pv + \frac{1}{2}V^2 + gz\right)_{in}$$
$$= \sum \dot{m}_{out}\left(u + Pv + \frac{1}{2}V^2 + gz\right)_{out} + \dot{W}_{c.v} \tag{12.4}$$

여기서, h : 엔탈피(enthalpy), u : 내부에너지(internal energy), Pv : 유동일(flow work)이다.

엔탈피(enthalpy)의 정의 $h = u + Pv$를 사용하고, 정상상태에서는 $\sum \dot{m}_{in}$ = $\sum \dot{m}_{out}$ = $\sum \dot{m}$로 대신할 때 식 (12.4)는 다음 식 (12.5)와 같이 쓸 수 있다.

$$\dot{Q}_{c.v} + \sum \dot{m}\left(h_i + \frac{1}{2}V_i^{\ 2} + gz_i\right) - \sum \dot{m}\left(h_e + \frac{1}{2}V_e^{\ 2} + gz_e\right)$$
$$- \dot{W}_{c.v} = 0 \tag{12.5}$$

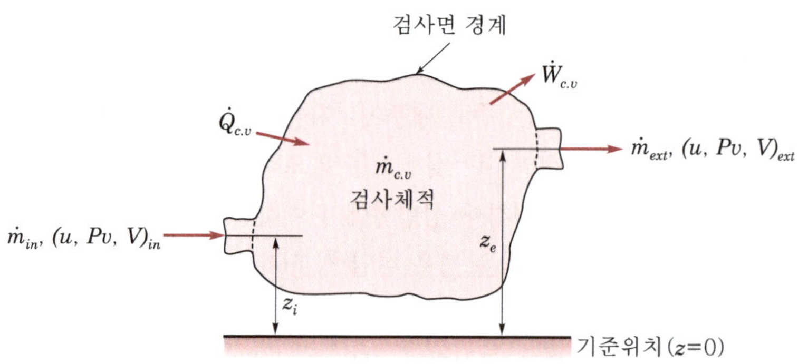

[그림 12.4] 유동계 검사체적에 대한 에너지 보존의 변환 관계

만약, 이상기체로 한정할 경우 위 식에서 엔탈피의 변화량 $\Delta h = h_e - h_i$는 정압비열에 온도차를 곱한 크기와 같다. 즉, $\Delta h = C_p(T_e - T_i)$이고, T_e는 검사체적 출구, T_i는 검사체적 입구에서 열전달 물질의 온도이다. 액체와 같은 비압축성 유체일 때 비열이 $C_p = C_v = C$로 일정하다면 $\Delta h = C(T_e - T_i)$가 된다.

위 식 (12.5)에서 엔탈피의 변화 $\Delta h = h_e - h_i = (u_e - u_i) + (P_e v_e - P_i v_i)$의 관계로부터 압력 변화가 거의 없는 $P_e \approx P_i$의 경우는 유동일 변화량이 무시되므로 $\Delta h = h_e - h_i = u_e - u_i$의 관계가 성립하며 엔탈피의 변화는 현열 변화 $(u_e - u_i)$와 같게 된다. 따라서 정상유동에서 내부에너지 변화가 없고 잠열변화와 역학적에너지의 변화가 없다면 검사체적 내의 검사질량에 대한 열역학 제1법칙 식은 단순화되어 다음 식 (12.6)과 같이 된다.

$$\dot{Q}_{c.v} = \dot{m}(h_e - h_i) = \dot{m} C_p (T_e - T_i) \tag{12.6}$$

여기서, 유체의 질량유동률은 $\dot{m} = \rho VA$로 나타낼 수 있고, ρ는 유체의 밀도, V는 유동하는 물질입자의 평균속도, A는 유동 단면적이다.

질량유동률

예제 12.1

직각좌표계의 3차원 열전도 방정식이 다음과 같다.

$$\frac{\partial}{\partial x}\left(k\frac{\partial T}{\partial x}\right) + \frac{\partial}{\partial y}\left(k\frac{\partial T}{\partial y}\right) + \frac{\partial}{\partial z}\left(k\frac{\partial T}{\partial z}\right) + \dot{q}_G = \rho c \frac{\partial T}{\partial t}$$

(단, T : 온도, t : 시간, c : 비열, k : 열전도율, ρ : 밀도, $\dot{q}_G$: 내부 열발생율)

위 결과 식을 사용하여 벽두께 $L = 0.5$m이고 전열면적은 $A = 10\text{m}^2$인 내부 열 발생이 없는 조건에서 1차원 벽으로의 온도분포 $T(x)$가 다음과 같이 주어질 때 아래 질문을 각각 계산하라. 여기서, 온도분포는 $T(x) = a + bx + cx^2$, $a = 200℃$, $b = -200℃/\text{m}$, $c = -50℃/\text{m}^2$경우이고, 또 벽 재료의 물성치는 $\rho = 1{,}200\text{kg/m}^3$, $\kappa = 5\text{W/m·K}$, $C_p = 4.5\text{kJ/kg·K}$이다.

(1) 벽으로의 유입되는 전 열량(Q_{in})과 유출되는 전열량(Q_{out})의 크기는 각각 몇 kW인가?

(2) 벽에 저장되는 전 에너지($\dot{E}_{st}$)는 몇 kW인가?

(3) 벽의 임의 위치에서 온도 기울기 $\dfrac{\partial T}{\partial t}$를 계산하라?

풀이 1차원이고, 내부 열방생이 없는 경우이면 $\dot{q}_G = 0$이므로 문제의 열전도 방정식은 다음과 같이 간단히 정리할 수 있다. 즉, $c = c_p$를 적용하면 식은 다음과 같다.

$$\frac{dT}{dt} = \frac{k_1}{\rho c_p}\frac{d^2 T}{dx^2} \quad\text{────────────────} \quad \text{(a)}$$

이 식에서 비정상이면 $\dfrac{dT}{dt} \neq 0$, 정상이면 $\dfrac{dT}{dt} = 0$이다.

이 문제에서는 온도분포가 $T(x) = a + bx + cx^2$이므로 x에 대하여 미분하면,

$$\frac{dT}{dx} = b + 2cx, \quad \frac{d^2 T}{dx^2} = 2c \quad\text{────────────} \quad \text{(b)}$$

여기서, $b = -200℃/\text{m}$, $c = -50℃/\text{m}^2$

(1) $Q_{in} = Q_{in})_{x=0} = -kA\left(\dfrac{dT}{dx}\right)_{x=0} = -kA(b + 2cx)_{x=0}$

$$= -kAb = -\left[5\text{W/m·K} \times 10\text{m}^2 \times (-200℃/\text{m})\right]$$

$$= 10{,}000\text{W} = 10\text{kW}$$

$$Q_{out} = Q_{out})_{x=L} = -kA\frac{dT}{dx})_{x=L} = -kA(b+2cx)_{x=L}$$

$$= -kAb(b+2cL)$$

$$= -5\text{W/m} \cdot \text{K} \times 10\text{m}^2 \times \left[(-200\text{℃/m}) + 2 \times (-50\text{℃/m}^2) \times 0.5\text{m}\right]$$

$$= 12{,}500\text{W} = 12.5\text{kW}$$

(2) $\dot{E}_{st} = \dot{E}_{in} + \dot{E}_g - \dot{E}_{out} = \dot{E}_{in} - \dot{E}_{out} = Q_{in} - Q_{out}$

단, 문제에서 $\dot{E}_g = 0$으로 주어졌으므로,

$\therefore \dot{Q}_{st} = \dot{E}_{st} = Q_{in} - Q_{out} = 10\text{kW} - 12.5\text{kW} = -2.5\text{kW}$

(3) $\dfrac{dT}{dt} = \dfrac{k}{\rho c_p}\dfrac{d^2 T}{dx^2} = \dfrac{k}{\rho c_p}(2c)$. 여기서, c는 주어진 상수 c_p는 정압비열이다.

단, $\dfrac{d^2 T}{dx^2} = 2c$이므로,

$\therefore \dfrac{dT}{dt} = \dfrac{k}{\rho c_p}2c = \dfrac{5\text{W/m} \cdot \text{K} \times 2(-50\text{℃/m}^2)}{1{,}200\text{kg/m}^3 \times 4.5 \times 10^3\text{J/kg} \cdot \text{K}} ≒ -9.26 \times 10^{-5}\text{℃/s}$

(− : 온도는 시간에 대하여 감소)

2 열역학 제2법칙의 열전달 관계

(1) 열역학 제2법칙에서 열전달과 열효율

열역학 제2법칙

열역학 제2법칙은 열역학적 지식을 기본으로 더 넓은 범위의 에너지 변환장치에서 그 효율을 올리고 열관리를 어떻게 잘 할 것인가 하는 문제에 대하여 설명하는 것이다. 따라서 열손실을 말해주는 열역학 제2법칙은 열전달 과정이 보다 중요하다는 것을 말해 준다. 그 예로 발전소, 내연기관, 전기기구 등에서 열효율이 좋은 장치를 어떻게 잘 만들어서 주어진 연료에 대하여 최대의 일을 만들어 낼 수 있도록 설계할 것인가 하는 문제가 매우 중요하다. 이때 연료를 소모하고 난 후 배기가스를 잘 처리하여 오염물질을 줄이고자 하는 점도 고려해야 할 것이다. 이러한 열역학적 시스템의 모든 과정에서는 열전달과 같은 에너지 손실을 수반하게 되므로 열효율은 100%가 될 수가 없게 되는 것이다. 이는 열기관 사이클에 대한 열역학 제2법칙의 표현으로 캘빈-프랑크 서술(Kelvin-Plank statement) 방식이라고 한다.

배기가스

에너지 손실

캘빈-프랑크 서술
(Kelvin-Plank statement)

또 다른 열역학 제2법칙에 대한 서술로는 냉동기관과 같은 사이클 표현인 클라우지우스 서술(Clausius statement) 방식이 있다. 냉동사이클의 경우 낮은 온도의 장치로부터 흡수한 열을 보다 높은 온도의 장치로 전달하여 냉동공간을 만들거나 열공간을 만들게 되고 이 과정이 모두 열전달 과정이 된다. 여기서 열을 흡수

클라우지우스 서술
(Clausius statement)

・저장・운반・방출하는 물질을 냉매(refrigerant)라고 하며, 열전달 장치를 열교환기(condenser)라고 한다. 열은 스스로 저온체로부터 고온체로 열전달이 불가능하므로 압축기와 같은 외부 일이 필요하게 되고 성능계수가 무한대인 냉동기는 존재할 수가 없게 되는 것이다.

냉매(refrigerant)

열교환기(condenser)

성능계수

위와 같은 열역학 제2법칙에 대한 표현을 식으로 공식화하면 다음과 같다. 아래 [그림 12.5]에서 살펴보면 1법칙에서는 $Q = W$이지만, 2법칙에서는 열과 일을 단순 비교할 때 $Q > W$와 같이 쓸 수가 있다. 즉, 더 확장된 열역학 제2법칙의 캘빈–프랑크 서술에서는 $W = Q_{in} - Q_{out}$이고 $Q_{out} \neq 0$의 관계가 성립하므로 $Q_{in} > W$이다. 여기서, Q_{in}은 고온부로부터 기관의 일 변환장치로 전달된 열에너지이고, Q_{out}은 기관의 저온부로 열전달된 후 버려지는 무용에너지이다.

무용에너지

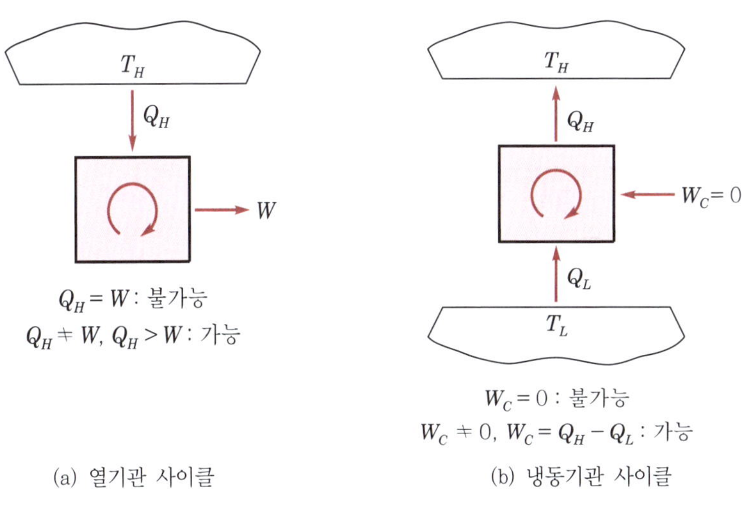

[그림 12.5] 열역학 제2법칙의 표현 방식

위와 같은 열역학 제2법칙에 대한 설명을 열기관에 적용하여 열효율(thermal efficiency) η_{th}로 쓴다면 다음 식 (12.7a)와 같이 정의식을 세울 수 있다.

열효율(thermal efficiency)

$$\eta_{th} = \frac{W_{net}}{Q_{in}} = \frac{Q_{in} - Q_{out}}{Q_{in}} = 1 - \frac{Q_{out}}{Q_{in}} \tag{12.7a}$$

또 [그림 12.6]과 같은 가역사이클인 카르노 사이클(Carnot cycle)에서 열효율과 성능계수는 가장 크다. 따라서 그림 [그림 12.5] (a)와 같은 가역 열기관 사이클의 열효율은 식 (12.7b)와 같다.

카르노 사이클
(Carnot cycle)

$$\eta_c = 1 - \frac{Q_{out}}{Q_{in}} = 1 - \frac{T_{out}}{T_{in}} = 1 - \frac{T_C}{T_H} \tag{12.7b}$$

가역사이클

위 식에서 가역사이클이라면 $\dfrac{Q_{out}}{Q_{in}} = \dfrac{T_{out}}{T_{in}} = \dfrac{T_C}{T_H}$ 의 비가 서로 같고 열효율

성능계수

이 가장 큰 기관이 된다. 위의 [그림 12.5] (b)와 같은 가역 냉동사이클에서 성능계수를 알아보면 식 (12.8)과 같다.

$$
\begin{aligned}
\varepsilon_R &= COP)_R \\[4pt]
&= \frac{Q_L}{W_{net}} = \frac{Q_C}{Q_H - Q_C} = \frac{1}{\dfrac{Q_H}{Q_C} - 1} = \frac{1}{\dfrac{T_H}{T_C} - 1} \ (냉동기) \\[10pt]
\varepsilon_H &= COP)_H = \frac{Q_H}{W_{net}} = \frac{Q_H}{Q_H - Q_C} = \frac{1}{1 - \dfrac{Q_C}{Q_H}} \\[10pt]
&= \frac{1}{1 - \dfrac{T_C}{T_H}} \ (열펌프)
\end{aligned}
\tag{12.8}
$$

즉, 두 개의 기관(열기관과 냉동기관)의 열량비를 온도비로 대신할 수가 있다. 따라서 가장 이상적인 사이클은 가역사이클이고 대표적인 것은 카르노 사이클 (Carnot cycle)이다. 실제 사이클 기관은 비가역 기관이므로 같은 입력에너지에 대하여 열효율 또는 성능계수가 가역사이클보다 작다. 이는 열전달 손실과 같은

비가역성

비가역성이 존재하기 때문이다.

[그림 12.6] 열역학 제2법칙과 사이클 기관의 구성

식 (12.8)에서 T_H는 고온 열저장소의 절대온도이고, T_L은 저온 열저장소의 절대온도이다. 앞의 식과 같이 열전달이 가역적으로 일어나기 위해서는 기관과 열저장소 사이에서 0(zero)이 아닌 무수히 작은 온도차의 사이클이 수행되어야만 비가역성을 줄이고 가역에 가깝게 됨을 예상할 수가 있다.

(2) 열역학 제2법칙에서 열전달과 열저항

내부 고온부 열저항을 $R_{i,h}$, 내부 저온부 열저항을 $R_{i,l}$라고 할 때 전 열저항은 $R_{tot} = R_{i,h} + R_{i,l}$이다. 이러한 열저항은 전도, 대류, 복사 등에 의해 기관과 열저장소 사이의 0(zero)이 아닌 유한 온도차를 통해 발생하는 열전달과 관련된다. 만약, 두 개의 열저장소의 절대온도가 각각 T_h, T_l이고, 내부 카르노 사이클 기관의 절대온도가 각각 $T_{i,h}$, $T_{i,l}$일 때 비가역 열기관에서 수정(modified)된 열효율 $\eta_{th)m}$은 식 (12.9)와 같다.

$$\eta_{th_m} = 1 - \frac{Q_{out}}{Q_{in}} = 1 - \frac{Q_{out}{}'}{Q_{in}{}'} = 1 - \frac{T_{i,l}}{T_{i,h}} \tag{12.9}$$

식 (12.9)에서 열저항의 정의를 이용한 열기관 내외로의 열전달 $Q_{in}{}'$와 $Q_{out}{}'$는 식 (a)와 같다.

$$Q_{in}{}' = \frac{T_h - T_{i,h}}{R_{i,h}}$$
$$Q_{out}{}' = \frac{T_{i,l} - T_l}{R_{i,l}} \tag{a}$$

따라서 실제 열기관 내부의 온도에 대하여도 다음과 같이 쓸 수가 있다.

$$T_{i,h} = T_h - Q_{in}{}' R_{i,h}$$
$$T_{i,l} = T_l + Q_{out}{}' R_{i,l} \tag{b}$$

이때, 식 (12.9)를 식 (b)에 적용할 경우 $T_{i,l} = T_l + Q_{out}{}' R_{i,l} = T_l + Q_{in}{}'(1 - \eta_{th)m}) R_{i,l}$이 된다. 이상과 같은 관계식을 비가역 실제 기관의 열효율 식 (12.9)에 적용하여 다시 쓰면 식 (12.10)과 같이 표현이 가능하다.

$$\eta_{th)m} = 1 - \frac{T_{i,l}}{T_{i,h}} = 1 - \frac{T_l + Q_{out}{}' R_{i,l}}{T_h - Q_{in}{}' R_{i,h}}$$

$$= 1 - \frac{T_l + Q_{in}{}'(1 - \eta_{th)m}) R_{i,l}}{T_h - Q_{in}{}' R_{i,h}} \tag{12.10}$$

또 위 식 (12.10)에 전 열저항 $R_{tot} = R_{i,h} + R_{i,l}$의 관계식을 적용하여 비가역 실제 기관의 열효율 식 $\eta_{th)m}$ 에 대하여 다시 식을 정리하면 아래의 식 (12.11)과 같이 쓸 수도 있다.

$$\eta_{th)m} = 1 - \frac{T_l}{T_h - Q_{in}{}' R_{tot}} \tag{12.11}$$

실제 기관의 열효율 식 만약, 열저항 $R_{i,h}$ 와 $R_{i,l}$ 가 매우 작아 무시되는 경우 수정된 실제 기관의 열효율 식 (12.11)은 결국 가역사이클 기관(카르노 기관)의 열효율 η_c 와 같아짐을 알 수 있다.

위 식에서 전 열저항 R_{tot} 가 0(zero)이 아닌 실제 기관의 열효율과 이상 기관인 카르노 사이클의 열효율 관계는 $\eta_{th)m} < \eta_c$ 이다. 식 (12.11)에서는 R_{tot} 와 $Q_{in}{}'$ 가 증가할수록 실제 사이클 기관의 열효율 $\eta_{th)m}$ 은 감소함을 알 수 있다.

출력일률 이번에는 열효율에 추가하여 실제 기관의 출력일률 $\dot{W}_{th)m}$ 을 생각해 보면 다음 식과 같다.

$$\dot{W}_{th)m} = Q_{in}{}' \eta_{th)m} = Q_{in}{}' \left(1 - \frac{T_l}{T_h - Q_{in}{}' R_{tot}}\right) \tag{12.12}$$

위 식에서 열전달률 $Q_{in}{}'$ 가 0(zero)이면 열효율 관계에서 $\eta_{th)m} = \eta_c$ 이고, 출력일률은 $\dot{W}_{th)m} = 0$ 이 된다. 따라서 $\dot{W}_{th)m}$ 을 증가시키기 위해서는 $Q_{in}{}'$ 가 커져야 되고 이때 열효율은 감소한다. 이러한 실제 기관의 해석으로부터 효율을 최대로 하기 위한 것과 출력을 최대로 하기 위한 두 가지 방식의 검토가 필요하다. 즉, 연료가 저렴하여 열공급이 원만한 경우라면 열효율 감소를 감내하고라도 출력을 최대로 할 수가 있어야 하며, 연료가 비싸 열공급이 원만하지 않을 때는 출력보다는 에너지 변환 정도를 의미하는 열효율이 더 중요한 변수가 된다. 이러한 점들이 실무에서의 검토대상이 된다.

12.3 전도에 의한 열전달 방식

1 전도 열전달 방정식

(1) 개요

전도(conduction)는 매질 내에서 온도차(온도 기울기)가 존재할 때 열에너지 전달을 말하는 것으로, 열이동 기구는 고체 또는 정지유체 내의 원자나 분자의 불규칙한 운동 등에 의한 것이다. 이와 같이 각 기구에 의한 에너지 전달이 발생할 때의 열이동을 전도에 의한 열전달 방식이라고 말할 수 있다.

전도(conduction)

열이동 기구

앞서 [2장 2절]에서 보았듯이 전도에 의한 열전달량의 크기 Q_x(또는 q_x)는 기본적으로 푸리에(Fourier)의 법칙으로 정의된다. 여기서, 매질 내의 온도분포의 형태를 알아야만 열전달의 크기가 결정되고, 푸리에 법칙은 복잡한 형태의 매질과 과도과정에서도 전도 관련식들이 성립한다. 이때, 푸리에 열전도 방정식으로부터 비례상수 κ 의 열전도율의 물리적 성질에 따라 물질의 열유속량이 어떻게 달라지는지 살펴보아야 하고, 또 매질 내에서 온도분포를 지배하는 열전달 지배 방정식에 대해서도 알아보아야 한다. 그리고 물질 내에서 물질의 단면 형태에 따른 온도분포와 그때의 열전달량의 크기도 결정해야 한다.

푸리에(Fourier)의 법칙

열전도율

온도분포

(2) 푸리에(Fourier)의 열전도 법칙

열전도의 가장 기초적인 기본 법칙은 앞서 [2장 2절]에서 설명하였다. 이 푸리에 열전도 법칙은 열유속의 어떠한 법칙으로부터 유도된 것이라기 보다는 실험과 관찰된 현상을 하나의 식으로 도출한 것이다. 즉, 온도 기울기가 있을 때 일반화된 식이라고 볼 수가 있다.

푸리에 열전도 법칙

다시 한 번 푸리에의 열전도 법칙을 알아보면, [그림 12.7]과 같은 매질에서 정상상태 전도에 대한 열유속 Q_x 는 다음 식 (12.13)과 같다. 즉, 매질 양 끝점의 온도가 T_1 과 T_2 이고, $T_1 > T_2$ 의 크기는 계속 유지된다고 가정할 때 온도차에 따른 전도 전 열량 Q_x 는 식 (12.13)과 같이 $\Delta T/\Delta x$ 와 열전달 표면적 A 에 비례한다.

열유속

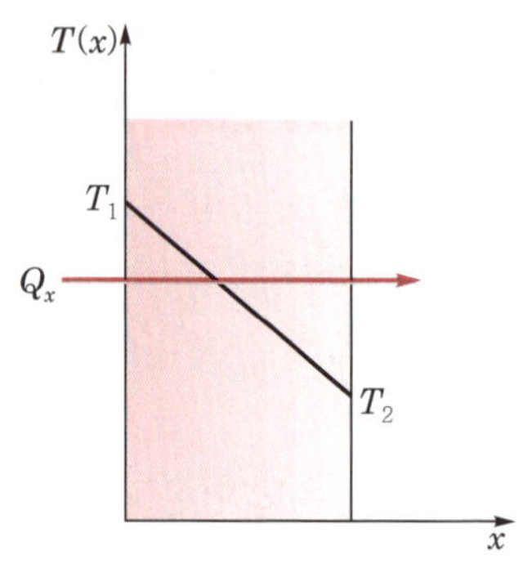

[그림 12.7] 1차원 전도에 의한 열전달 현상

$$Q_x \propto A \frac{\Delta T}{\Delta x} \tag{12.13}$$

위 식으로부터 ΔT와 Δx가 일정할 때 표면적 A가 변화하는 경우 즉, A_x에 따라서 전도 열유속 Q_x도 정비례하여 크게 나타남을 알 수 있다. 또 A가 일정할 때는 전도 열유속 Q_x는 Δx에 반비례 관계임도 확인할 수가 있다. 그리고 단면적 A와 매질의 두께 Δx가 일정할 때는 전도 열유속 Q_x는 ΔT에 정비례함도 알 수 있다. 이러한 푸리에의 열전도 방정식은 매질의 종류와 관계없이 어느 경우든 적용 가능한 식이다.

앞의 식 (12.13)에 비례상수를 적용하면 열유속 Q_x를 등식화할 수가 있고, 따라서 식 (12.14)와 같이 쓸 수 있다. 이때의 비례상수를 κ라 놓을 때 이 상수를 전도 열전달 과정에서 열전도율(thermal conductivity)라 부르며, 단위는 W/m・K로 물질(매질)이 가지는 고유한 물성값이다.

전도 열유속

비례상수

열전도율
(thermal conductivity)

매질

물성값

$$Q_x = -\kappa A \frac{\Delta T}{\Delta x} \tag{12.14}$$

위 식에 극한 $\Delta x \rightarrow 0$를 취하면 전도에 의한 열전달률(heat transfer rate)은 식 (12.15a)와 같게 된다. 이때, [그림 12.7]에서 보듯이 온도 기울기가 음($-$, negative)의 방향일 때 전도 열전달이 발생되므로 식에 ($-$)부호가 필요하며, 결국 Q_x는 양(+)의 값을 갖게 된다.

열전달률
(heat transfer rate)

$$Q_x = -\kappa A \frac{\partial T}{\partial x} \tag{12.15a}$$

만약, 매질이 전 길이에 걸쳐 균질($\rho = c$)한 경우 위 식 편미분의 온도 기울기
는 상미분식으로 쓸 수가 있고, 단위면적당 전도 열전달 양 q_x 는 다음 식
(12.15b)와 같다.

$$q_x = \frac{Q_x}{A} = -\kappa \frac{dT}{dx} \tag{12.15b}$$

식 (12.15b)는 [그림 12.8]과 같이 온도구배(temperature gradient) dT/dx
가 음($-$)의 기울기를 갖는 평면벽 내에서 x의 한 방향에 대한 열유속 q_x 를 나
타낸 식으로 q_x 는 양($+$)의 크기를 나타낸다. 따라서 열유속은 벡터적 표현이
가능하고, 3차원 직각좌표계에서 식 (12.16a)로 나타낼 수가 있다.

온도구배
(temperature gradient)

벡터적 표현

$$\vec{q} = -\kappa \nabla T = -\kappa \left(\frac{\partial T}{\partial x} i + \frac{\partial T}{\partial y} j + \frac{\partial T}{\partial z} k \right) \tag{12.16a}$$

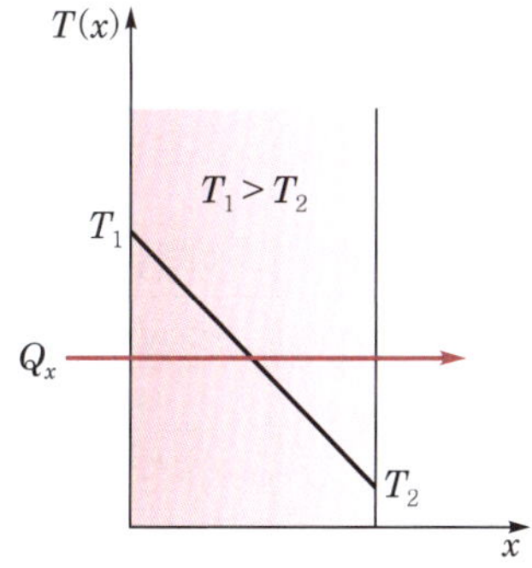

[그림 12.8] 온도기울기와 1차원 열전도 현상

위 식에서 $\nabla(del) = \left(\dfrac{\partial}{\partial x} i + \dfrac{\partial}{\partial y} j + \dfrac{\partial}{\partial z} k \right)$는 벡터 연산자(vector operator)
의 표현이며, 온도분포는 $T(x, y, z)$와 같이 각 방향으로의 온도 장을 말해
주는 것이다. 식 (12.16a)에서 각 방향으로의 열유속량을 나타내면 다음 식
(12.16b)와 같다.

벡터 연산자
(vector operator)

온도 장

열유속량

$$q_x = -\kappa \frac{\partial T}{\partial x}, \quad q_y = -\kappa \frac{\partial T}{\partial y}, \quad q_z = -\kappa \frac{\partial T}{\partial z} \tag{12.16b}$$

이 식은 각 방향 단면으로의 열유속, 즉 전도 열전달 양을 구하는 식이다. 식에서 매질은 균질한 물질로써 밀도 ρ 가 일정한 등방성 매질임을 말해주는 식이다. 또 식 (12.16a, b)는 등방성 모든 물질 고체, 액체, 기체에서 열유속을 구하는 식이며, 몇 가지 매질(물질)의 열전도율 κ값을 알아보면 다음 [표 12-1]과 같다.

[표 12-1] 온도가 300K(일정)일 때 각 물질(매질)의 밀도(ρ), 정압비열(C_p), 열전도율(κ)값

종류	밀도(ρ) [kg/m³]	비열(C_p) [J/kg·K]	열전도율(κ) [W/m·K]	종류	밀도(ρ) [kg/m³]	비열(C_p) [J/kg·K]	열전도율(κ) [W/m·K]
순 알루미늄	2,702	903	237	납	11,340	129	35.3
베릴륨	1,850	1,825	200	마그네슘	1,740	1,024	156
비스무트	9,780	122	7.86	몰리브덴	10,240	251	138
코발트	8,862	421	99.2	순수 니켈	8,900	444	90.7
순 구리	8,933	385	401	팔라디움	12,020	244	71.8
청동 (Cu 90%, Sn 10%)	8,800	420	52	규소	2,330	712	148
황동 (Cu 90%, Zn 10%)	8,530	380	110	은	10,500	235	429
금	19,300	129	317	티타늄	4,500	522	21.9
순철	7,870	447	80.2	지르코늄	6,570	278	22.7
보통강 (Mn≤1%, Si≤0.1)	7,854	434	60.5	합판	545	1,215	0.12
스테인리스강 AISI 302	8,055	480	15.1	건축용 하드보드	640	1,170	0.094
시멘트 모르타르	1,860	780	0.72	유리섬유	32	835	0.038
석고 플라스터	1,680	1,085	0.22	나무(목재)	350	1,590	0.087

2 물질에 따른 열전도율

푸리에(Fourier)의 열전도 방정식에서 매질에 따른 열확산 과정의 열에너지 전달률을 나타내는 κ값에 대한 성질에 대하여 알아보면 다음과 같다. 즉, 앞의 식 (12.16b)에서 물질의 물성값 κ 는 다음 식 (12.16c)와 같이 각 방향으로 나타낼 수가 있다.

$$\kappa_x = - \frac{q_x}{\partial T/\partial x}, \quad \kappa_y = - \frac{q_y}{\partial T/\partial y}, \quad \kappa_z = - \frac{q_z}{\partial T/\partial z} \qquad (12.16c)$$

등방성 재질을 갖는 매질에 대하여 열전도율은 모두 같은 값을 갖는다   등방성 재질
($\kappa_x = \kappa_y = \kappa_z$). 앞서 열전도 방정식 (12.16a)에서 보았듯이 열유속 양 $\vec{q}$ 의 크기는 같은 온도 기울기에 대하여 열전도율 κ에 따라 일반적으로 고체 > 액체 > 기체 순이다. 이것은 κ값이 고체가 액체보다, 액체가 기체보다 밀도 ρ가 크기 때문으로 분자 간 간격의 차이에 따른 것이다. 따라서 각 상(phase)에 따른 열전도율에 대하여 알아보면 다음과 같다.

(1) 고체상태의 열전도율

고체는 원자의 핵과 주변의 자유전자로 구성되고, 그 중 원자의 핵은 양성자와   자유전자
중성자로 되어 있다. 이러한 원자들은 격자라 불리는 일정한 배열에 의해 구속되어 있다. 이와 같은 고체 내의 열유동은 고체 내부 격자의 진동과 자유전자의 이   격자의 진동
동에 의해 열에너지가 전달된다. 여기서, 격자 진동 양자를 포논(phonon)이라고   포논(phonon)
부르며, 절연체와 반도체에서 열전달은 포논에 의한 것이 더 지배적이다. 반면   순수 금속
순수 금속의 경우는 열전달이 자유전자가 더 지배적인 것으로 알려져 있다.

위와 같이 고체 내에서 열에너지가 이동할 때 분자의 운동론에 의하면 열전도   분자의 운동론
율은 다음 식으로 나타낼 수 있다.

$$\kappa = \frac{1}{3} C_e \, \bar{c} \, \lambda_e \qquad (12.17a)$$

여기서, $C_e = C$: 단위체적당 전자 비열

       $\bar{c}$: 전자의 평균 전자속도

       $\lambda_e = \lambda_{mfp}$(mean free path) : 전자의 평균자유행로

이때, 전자의 평균자유행로란 물질 내에서 전자가 결함 없이 포논과 충돌하기   평균자유행로
전 외부 운동량 없이도 이동이 가능한 거리의 평균값이다. 식 (12.17a)에서 비전   외부 운동량
도성 고체 내에서는 $C_e = C_{ph}$(포논의 비열), $\bar{c}$ 는 평균음속, $\lambda_e = \lambda_{mfp}$와 같아   평균음속
포논의 평균자유행로값과 같다. 모든 물질의 경우 열에너지의 운반자인 전자와 포논의 평균자유행로가 증가하면 열전도율도 증가한다. 따라서 고체 물질에서 κ 는 다음과 같이 쓸 수가 있다.

$$\kappa = \kappa_e + \kappa_{ph} \qquad (12.17b)$$

여기서, κ_e : 전자의 열전도율

κ_{ph} : 포논의 열전도율

여기서, κ_e는 전기 고유저항 ρ_e에 반비례한다. 즉, 전기의 고유저항 ρ_e가 증가하면 전자의 κ_e는 감소하고 열전달도 감소한다는 뜻이다. 따라서 ρ_e가 매우 큰 합금의 경우는 κ_e를 무시할 수가 없다. 이때, 전기 고유저항이란 물질에 따라 전기(여기서는 열에너지)가 얼마나 잘 흐를 수 있느냐를 알아보는 것으로 열흐름을 얼마나 방해하는지를 나타내주는 값으로 이해하면 된다. 그 예로 수정, 다이아몬드, 산화베릴륨 등과 같은 결정체로 된 비금속 고체의 경우는 격자배열의 규칙성이 κ_{ph}에 큰 영향을 주어 매우 큰 값을 나타낸다. 순수 비철금속인 순수 알루미늄은 양도체보다 κ 값이 더 커질 수가 있다.

[그림 12.9]는 여러 가지 고체인 금속과 비금속의 온도변화에 따른 κ값의 크기를 도시한 것이다. 그림에서 비철 귀금속의 κ 값은 금속의 κ 값보다 크고 온도변화에는 큰 변화가 없다. 반면 철과 산화알루미늄의 κ 값이 비철 귀금속보다 작고 온도증가에 따라 감소하는 경향을 보이며, 스테인리스강은 온도의 증가에 따라 증가함을 알 수 있다. 이와 같은 결과로부터 열전달 과정을 이용하는 기계 부속품류에서는 비철 귀금속류인 은, 구리, 금, 알루미늄, 텅스텐 등이 보다 유리하다. 따라서 경제성과 내구성 기계적 성질 등을 고려하여 열전달 재료를 선택하여야 한다.

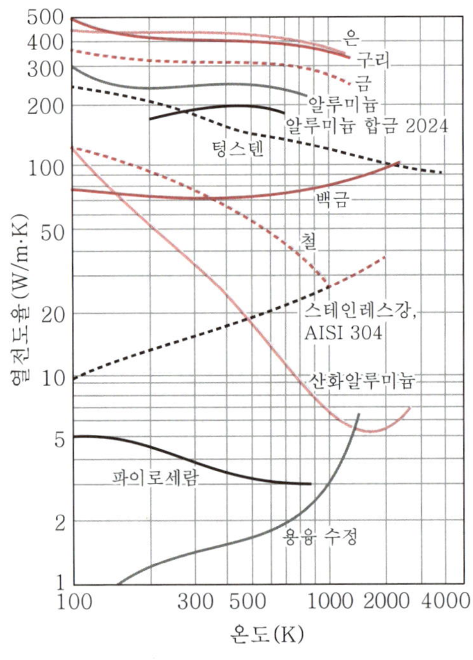

[그림 12.9] 각종 고체의 온도변화에 따른 열전도율 κ의 변화

(2) 유체상태의 열전도율

유체는 액체와 기체를 모두 포함하며, 고체보다 분자 사이의 간격이 매우 넓고 분자운동도 불규칙하다. 따라서 유체에서는 고체보다 열에너지 이동에 대한 이론값보다 덜 능동적이기 때문에 통상 유체 내의 열전도율은 고체의 열전도율보다 작다.

유체 중 기체의 열전도율에 대한 온도와 압력 그리고 격자성분의 효과는 기체 운동학 이론에 따르면 열전도율은 다음 식 (12.18)과 같이 기체의 밀도(ρ), 분자의 평균속도($\bar{c}$), 충돌 전 에너지 운반에 참여한 분자가 이동한 평균자유행로(λ_{mfp})에 비례하는 것으로 알려져 있다.

기체의 열전도율

기체 운동학 이론

평균자유행로

$$\kappa = \frac{1}{3} C_v \, \rho \, \bar{c} \, \lambda_{mfp} \tag{12.18}$$

여기서, $\lambda_{mfp}(= \lambda_e)$는 기체 내에서 분자의 평균자유행로이다. 그리고 λ_{mfp}는 이상기체의 이론에 따라 다음 식으로부터 구해진다.

분자의 평균자유행로

$$\lambda_{mfp} = \lambda_e = \frac{K_B T}{\sqrt{2} \, \pi d^2 P} \tag{12.19}$$

위 식에서 K_B는 볼츠만 상수(Boltzmann constant)값으로 $K_B = 1.381 \times 10^{-23}$J/K이고, d는 분자의 지름, P는 기체 내의 압력을 말한다.

볼츠만 상수
(Boltzmann constant)

일반적으로 기체에서 분자의 평균자유행로의 크기는 압력이 높거나 온도가 낮으면 감소하고 분자의 크기가 클수록 충돌이 많아 역시 감소한다. 또 분자의 크기가 극히 미세한 경우 분자의 평균자유행로는 무한대의 값을 갖는다고 가정할 수 있다.

기체분자의 운동 이론에 따르면 기체의 열전도율은 다음 식 (12.20)과 같이 나타낼 수가 있고, [그림 12.10]는 대기압에서 온도변화에 따른 각 기체의 열전도율을 보여주고 있다.

기체의 열전도율

$$\kappa = \left(\frac{9\gamma - 5}{4} \right) \left(\frac{C_v}{\pi d^2} \right) \sqrt{\frac{M K_B T}{N_A \, \pi}} \tag{12.20}$$

단, C_v : 정적비열

γ : 정적비열과 정압비열의 비열비($\gamma = C_p / C_v$)

N_A : 아보가드로 수(Avogadro's number), 통상 $N_A = 6.022 \times 10^{23}$ 개/mol

M : 기체의 분자량(kg)

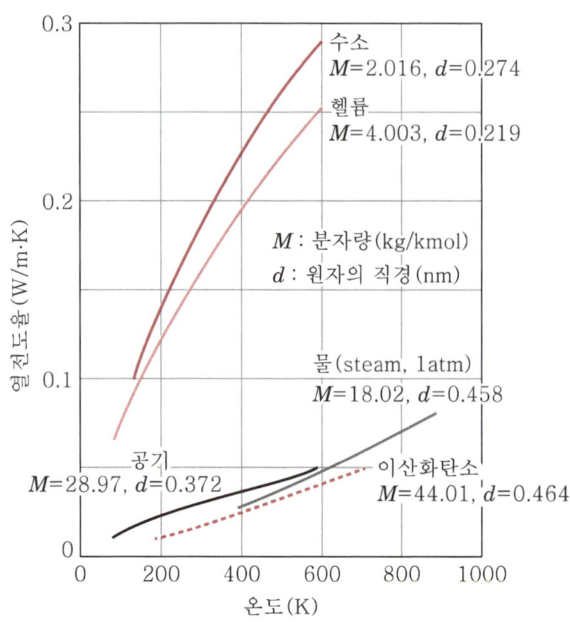

[그림 12.10] 대기압 상태에서 각종 기체의 온도변화에 따른 열전도율의 크기

일반적으로 기체의 열전도율은 압력의 영향을 거의 받지 않아 독립적인 값을 유지하며, 분자량의 증가 시 열전도율 감소를 수반하는 것으로 알려져 있다. 또 액체상태에서 열전도율을 설명하는 데는 매우 제한적이다. 따라서 비금속 액체의 경우 열전도율은 기체와 같이 압력의 영향은 없으나 온도증가에 따라서 감소하는 것으로 알려져 있다. 그리고 액체의 열전도율은 분자량이 증가하는 경우 감소하는 것이 일반적이며, 이미 알려진 값들도 액체가 포화상태에 있을 때 온도의 함수로 계산한 것이다.

비금속 액체

액체의 열전도율

(3) 단열 시스템에서 열전도율

단열 시스템이란 열전도율이 낮은 재료로 시스템을 구성하여 더 낮은 열전도율을 얻기 위한 단일재료 혹은 재료들을 조합한 특수 재료로 구성된 열적 시스템을 말한다. 이러한 것으로는 섬유질, 분말형식, 얇은 조각형식 등과 함께 공기와 같은 기체도 포함한다. 일반적으로 단열재로는 고체를 많이 사용하고 있다.

단열 시스템

열적 시스템

단열 시스템에서는 유효 열전도율(effective thermal conductivity)이 중요하다. 이것에 영향을 주는 인자로는 재료 사이의 공간의 성질과 체적분율, 각 고체 물질의 열전도율과 표면복사 및 그 성질 등이며, 시스템의 체적밀도, 즉 시스템의 전체 체적에 대한 고체 재료의 질량의 비가 매우 중요한 매개변수이다.

유효 열전도율
(effective thermal
conductivity)

시스템의 체적밀도

이러한 단열 시스템의 구성에는 고체와 고체를 결합한 후 그 사이를 아주 작은 빈 공간으로 압축 성형시켜 밀폐시킨 세포형(cellular) 단열재로, 단단한 플라스틱이나 유리 재질로 만드는 포말형(foamed) 단열 시스템, 그리고 반사율이 큰 다층구조로 된 평행하고 비교적 얇은 판형과 매우 얇은 박판(foil)으로 만들어진 반사(reflective) 단열재료 등이 있다. 여기서, 박판(얇은 판)이라든지 얇은 평행평판 사이의 공기 흐름을 차단시키거나, 고성능의 박판 구조의 경우는 공간을 진공으로 구성하기도 한다.

위와 같이 단열 시스템을 통한 열전달은 고체 물질을 통한 열전달 방식과 중공 체적 내의 기체 공기의 전도나 대류에 의한 열전달 방식과 고체 결합의 매트릭스 표면을 통한 복사 열교환 방식도 있다.

세포형(cellular) 단열재

포말형(foamed) 단열 시스템

박판(foil)

고성능의 박판 구조

고체 결합의 매트릭스

(4) 열전도 과정의 각종 열물성치

전도 과정에서 열유동에 관여하는 열물성치는 크게 두 가지로 구분된다. 그 첫 번째가 전달 물성치인데, 대표적인 것으로 열전도율과 운동량 전달에 관여하는 동점성계수 ν 이다. 두 번째 열물성치로는 시스템의 평형상태에 관여하는 밀도 ρ 와 정압비열 C_p 등이다. 이들은 열역학적 해석에서 중요한 인자들이다. 이와 같은 열물성치들의 결합형태 중에는 $\rho C_p \, [\text{J/m}^3 \cdot \text{K}]$ 와 같은 물질의 열에너지를 저장하는 능력의 크기를 나타내는 체적 열용량(volumetric heat capacity)이 있다. 이 열물성치들의 결합은 열전달 시스템 구성 시 밀도가 큰 고체와 액체는 열에너지 저장능력이 큰 반면, 밀도가 작은 기체의 경우는 열에너지 저장능력이 작다는 특징이 있다. 따라서 열저장 물질로는 고체 혹은 액체를 이용하는 것이 유리하다. 체적 열용량의 크기는 고체와 액체는 $\rho C_p > 1\text{MJ/m}^3 \cdot \text{K}$ 범위이고, 기체는 $\rho C_p \simeq 1\text{kJ/m}^3 \cdot \text{K}$ 범위 정도로 알려져 있다.

위에서 언급한 체적 열용량 ρC_p 와 열전도율의 열물성치 결합의 비를 열확산율(thermal diffusivity) α 로 정의하고 다음 식 (12.21)과 같다.

전달 물성치

동점성계수

열물성치

체적 열용량
(volumetric heat capacity)

열확산율
(thermal diffusivity)

$$\alpha = \frac{\kappa}{\rho C_p} \tag{12.21}$$

여기서, ρ : 물질의 밀도

$\quad\quad C_p$: 정압비열

$\quad\quad \kappa$: 열전도율

위 식과 같이 물질(매질)의 열물성치 결합의 비 α 는 물질의 열에너지를 전도 (conduction)하는 능력과 열에너지를 저장하는 능력(여기서는 $\rho\,C_p$)의 상대적 비를 나타낸 것으로 물질이 열적 환경변화에 대응하는 정도를 표현하는 것이다. 즉, α 가 큰 물질일수록 열적 환경변화에 빠르게 반응하며, α 가 작은 물질의 경열적평형 우는 열적 환경변화에 느리게 반응하여 열적평형에 도달하는 시간이 더 필요하게 된다. 따라서 열확산율 α 는 열전달 시스템을 구성하여 열흐름을 해석하는 데 있어서 매우 중요한 값이라고 말할 수가 있다.

예제 12.2

두께 0.2m인 콘크리트 벽의 외부표면이 −5℃, 내부표면이 20℃로 유지되고 있다. 콘크리트의 열전도율 $\kappa = 1.2\text{W/m}\cdot\text{K}$일 때 벽을 통한 열손실량 q_c 는? 또 벽의 길이와 높이가 각각 10m×3m일 때 전 열손실량 $Q_c[\text{W}]$를 계산하라.

풀이
$$q_c = \frac{k}{L}\Delta T = \frac{1.2\text{W/m}\cdot\text{K}}{0.2\text{m}} \times [20℃ - (-5℃)] = 150\text{W/m}^2$$
$$\therefore\ Q_c = q_c A = 150\text{W/m}^2 \times (10 \times 3\text{m}^2) = 4{,}500\text{W}$$

예제 12.3

순수 구리로 된 평판 열전달 재료의 두께가 35mm이다. 열전달 입구 한 면은 온도 218℃이고 출구 표면의 온도는 36℃로 유지된다면 구리 평판을 통과하는 열유속 양은 몇 MW/m²인지 계산하라. 단, 평판의 평균온도 127℃에서의 구리의 열전도율 $\kappa = 393\text{W/m}\cdot\text{K}$이다.

풀이
$$q_c = -\frac{\Delta T}{\Delta x} = -k\frac{T_2 - T_1}{L} = -393\text{W/m}\cdot\text{K} \times \frac{(36-218)\text{K}}{0.035\text{m}}$$
$$= 2{,}043{,}600\text{W/m}^2 \fallingdotseq 2.0436\text{MW/m}^2 \ (\text{단, } 1\text{M}=10^6)$$

예제 12.4

난방을 위한 원형의 증기관이 있다. 관 내부의 증기로부터 열손실을 최소화하기 위하여 단열재로 보온상태를 유지하고 있다. 단열벽의 내부 반지름은 13mm, 바깥 반지름은 25mm이고, 단열벽 내부온도는 200℃로 유지되면서 외부 표면온도 5℃로 정상상태 열전달이 발생하고 있을 때 다음을 계산하라. 여기서, 단열층의 열전도율 $\kappa = 0.5$W/m · ℃이다.

(1) 단위길이당 열손실량 q_{tot} 은 몇 W/m인가?

(2) 설비 설계도면상의 증기난방 관은 전 길이가 500m로 추정될 경우 전 열손실량 Q_{tot} 은 몇 kW인가?

풀이 (1) $q_{tot} = \dfrac{T_1 - T_2}{R}$

$$= \dfrac{T_1 - T_2}{\ln(b/a)/2\pi kH} = \dfrac{200 - 5}{\ln(25/13)/2\pi \times 0.5 \times 1} \fallingdotseq 936.34 \text{W/m}$$

(2) $Q_{tot} = q_{tot}L = 936.34\text{W/m} \times 500\text{m} = 468.172 \times 10^3 \text{W} = 468.172\text{kW}$

12.4 열전도 방정식의 확장

단면이 변하는 매질에서 열전도 현상을 해석하기 위해서는 푸리에(Fourier)의 열전도 방정식을 확장시켜 살펴볼 필요가 있다. 즉, 매질 내의 위치에 따라 온도가 어떻게 변하는지 알 수 있다면 물질 표면의 온도를 알아낼 수가 있고, 또 그 표면에 푸리에의 열전도 방정식을 적용하면 열전달량을 예측할 수도 있다. 따라서 매질 내의 온도분포도를 통해 구조물의 열응력, 처짐 양, 물질의 수축팽창 등을 해석하게 되면 구조체의 안전성을 확보하는 데 큰 도움을 줄 수 있다. 그러나 열역학 교과목에 포함한 12장의 열전달 내용에서는 해석에 필요한 기본적인 방정식만을 소개하는 것으로 만족할 수밖에 없으며, 더 깊이 있는 내용을 알고자 할 때는 열전달 교과목으로부터 확인하기를 바란다. 따라서 기본 열확산 방정식을 알아보면 다음과 같다. 먼저, 매질 내의 온도분포를 결정하기 위하여 두 가지의 미소 검사체적을 구성한 후 에너지 보존법칙을 확장시키면 다음과 같다. 첫 번째는 [그림 12.11]과 같은 직각좌표계 내의 미소 입방체적에 대한 열전달량의 크기를 구하고자 할 경우 테일러 급수(Taylor series) 전개를 각 방향으로 적용할 때 다음 식 (12.22a, b, c)와 같이 표현 가능하다.

열확산 방정식

직각좌표계

테일러 급수(Taylor series) 전개

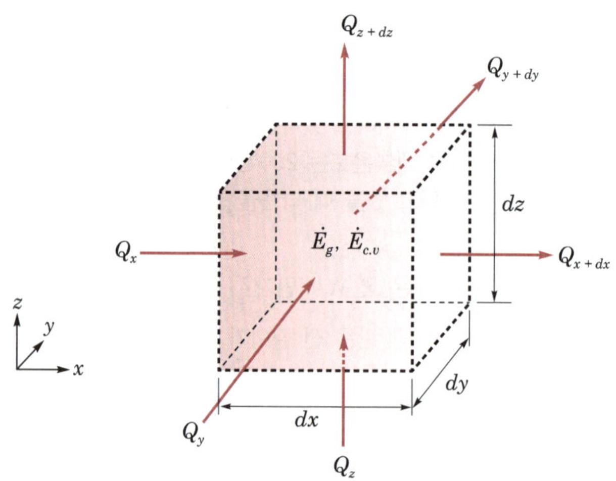

[그림 12.11] 열전달 물질의 3차원 직각좌표계의 구성과 열유동 관계

$$x\text{방향}:\ Q(x+dx)=Q_x+\frac{\partial Q_x}{\partial x}dx \tag{12.22a}$$

$$y\text{방향}:\ Q(y+dy)=Q_y+\frac{\partial Q_y}{\partial y}dy \tag{12.22b}$$

$$z\text{방향}:\ Q(z+dz)=Q_z+\frac{\partial Q_z}{\partial z}dz \tag{12.22c}$$

다음은 물체 내의 온도분포를 알아보기 위하여 물질 내의 검사체적 내로 에너지 유동관계를 적용시킬 경우 식 (12.23a)와 같다. 이 식은 단위시간 t일 때 내부 열발생률(energy soure) $\dot{E}_g$, 검사체적 유입에너지율 $\dot{E}_{in}$, 검사체적 유출에너지율 $\dot{E}_{out}$ 등이 존재할 때 에너지 보존에 대한 일반식 (12.2)를 시간율로 표현한 것이다.

내부 열발생률
(energy soure)

에너지 보존에 대한 일반식

$$\Delta \dot{E}_{c.v}=\dot{E}_{in}-\dot{E}_{out}+\dot{E}_g \tag{12.23a}$$

위 식 (12.23a)에 $\Delta \dot{E}_{c.v}=\rho\,C_p\dfrac{\partial T}{\partial t}(dx\,dy\,dz)$, $\dot{E}_g(dx\,dy\,dz)=\dot{Q}_g(dx\,dy\,dz)$와

$\dot{E}_{in}-\dot{E}_{out}=-\dfrac{\partial Q_x}{\partial x}dx-\dfrac{\partial Q_y}{\partial y}dy-\dfrac{\partial Q_z}{\partial z}dz$ 등을 적용하고, 푸리에 열전도 방

정식 $Q_x = -\kappa \dfrac{dT}{dx} dA_x$, $Q_y = -\kappa \dfrac{dT}{dy} dA_y$, $Q_z = -\kappa \dfrac{dT}{dz} dA_z$와 내부의 열

발생률 $\dot{E}_g (dx\,dy\,dz)$ 등을 결합하면 식 (12.23b)와 같이 최종 열확산 방정식을

얻을 수 있다. 여기서, 미소 체적요소는 각각 $dA_x = dy\,dz$, $dA_y = dx\,dz$,

$dA_z = dx\,dy$이다.

열확산 방정식

$$\frac{\partial}{\partial x}\left(\kappa \frac{\partial T}{\partial x}\right) + \frac{\partial}{\partial y}\left(\kappa \frac{\partial T}{\partial y}\right) + \frac{\partial}{\partial z}\left(\kappa \frac{\partial T}{\partial z}\right) + \dot{E}_g = \rho\, C_p \frac{\partial T}{\partial t} \qquad (12.23b)$$

위 (12.23b) 식은 열전도 해석을 위한 기본 방정식이다. 이 식에 경계조건

(B.C)을 적용하여 풀이하면 물질 내의 온도분포 $T(x,\ y,\ z)$를 알아낼 수가 있

고, 식에서 열전도율이 일정하다고 가정할 경우 다음의 식 (12.24)와 같이 단순

화된다.

물질 내의 온도분포

$$\frac{\partial^2 T}{\partial x^2} + \frac{\partial^2 T}{\partial y^2} + \frac{\partial^2 T}{\partial z^2} = \frac{1}{\alpha}\frac{\partial T}{\partial t} \qquad (12.24)$$

여기서, $\alpha = \kappa / \rho C_p$값으로 열확산율을 나타낸 것이다.

두 번째는 [그림 12.12]와 같이 원통좌표계(cylindrical coordinate)의 미소

검사체적 내에 에너지 방정식과 열전도 방정식을 적용할 경우 위 직각좌표계의

해석방법과 동일한 방식으로 해석이 가능하다. 따라서 원통좌표계에서 열확산

방정식의 일반식은 직각좌표계의 유도방식을 적용할 때 식 (12.25)와 같이 쓸 수

있다.

원통좌표계
(cylindrical coordinate)

열확산 방정식의 일반식

$$\frac{1}{r}\frac{\partial}{\partial r}\left(\kappa\, r\, \frac{\partial T}{\partial r}\right) + \frac{1}{r^2}\frac{\partial}{\partial \phi}\left(\kappa \frac{\partial T}{\partial \phi}\right) + \frac{\partial}{\partial z}\left(\kappa \frac{\partial T}{\partial z}\right) + \dot{E}_g$$
$$= \rho\, C_p \frac{\partial T}{\partial t} \qquad (12.25)$$

여기서, ϕ는 원주 방향의 각으로 [그림 12.12]에 표시되어 있다.

마지막, 또 하나의 좌표계인 구좌표계(spherical coordinate)에 대한 열확산

방정식의 소개는 생략한다. 그 내용을 더 알고자 할 때는 열전달 교과목을 참조

하기 바란다.

구좌표계
(spherical coordinate)

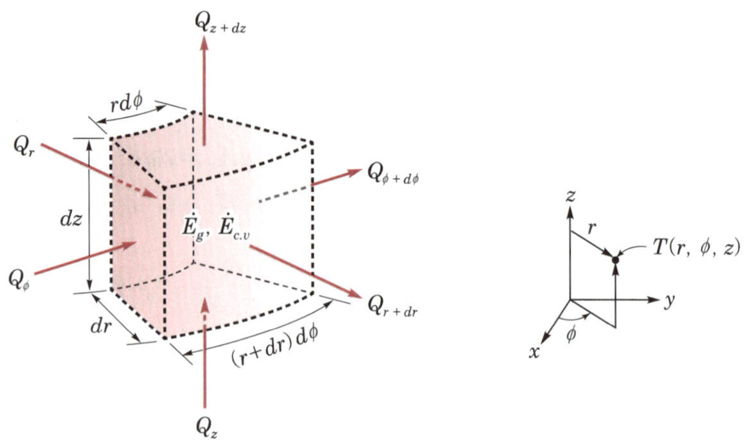

[그림 12.12] 열전달 물질의 원통좌표계의 구성과 열유동 관계

예제 12.5

원형 단면을 갖는 증기관을 통해 과열증기를 운반하려는 관이 있다. 이때, 증기관의 내경 160mm, 외경 170mm이고 증기관의 외부에는 두께 35mm의 단열 보온재로 싸여 있다. 증기관의 내면과 보온재의 외면온도가 각각 250℃, 60℃일 때 증기관의 외면온도 T_2[℃]와 증기관 단위길이(1m)당 열손실량 Q_c[W]를 각각 구하라. 여기서 증기관의 내부 표면의 온도는 T_1으로 정의하고, 증기관 및 보온재의 열전도율은 각각 $\kappa_{st}=48\,\text{W/m}\cdot\text{K}$, $\kappa_{ad}=0.161\,\text{W/m}\cdot\text{K}$ 로 계산하라.

풀이 반경이 일정한 원형 관과 외부에 단열재로 피복된 경우 열전달(열유동)을 구하는 식은 다음과 같고, 반경 방향의 열전달량은 항상 일정하다. 즉, $q_1=q_2$ 관계로부터 다음 식과 같이 쓸 수가 있다.

$$\Rightarrow \frac{\kappa_{st}}{\ln\left(\dfrac{r_2}{r_1}\right)}(T_1-T_2)=\frac{\kappa_{ad}}{\ln\left(\dfrac{r_3}{r_2}\right)}(T_2-T_3)$$

$$\Rightarrow \frac{48}{\ln\left(\dfrac{85}{80}\right)}(250-T_2)=\frac{0.161}{\ln\left(\dfrac{120}{85}\right)}(T_2-60)$$

$$\Rightarrow 791.7575(250-T_2)=0.4668825(T_2-60)$$

$$\Rightarrow T_2(0.4668825+791.7575)=(791.7575\times250)+(0.4668825\times60)$$

$$\therefore\ T_2=\frac{(791.7575\times250)+(0.4668825\times60)}{(0.4668825+791.7575)}\fallingdotseq 249.89\,℃$$

또, 단위길이($L=1$m)에 대하여 열전달량 Q_c는 다음과 같이 계산된다.

$$\therefore\ Q_c=\frac{2\pi\kappa_{st}L}{\ln\left(\dfrac{r_2}{r_1}\right)}(T_1-T_2)=\frac{2\pi\times48\times1}{\ln\left(\dfrac{85}{80}\right)}(250-249.89)\fallingdotseq 546.95\,\text{W}$$

12.5 대류 열전달 방식

1 대류 경계층

(1) 대류에 대한 개요

앞의 [2장 2절]에서 대류(convection) 열전달의 기본 개념을 간단하게 설명하였다. 즉, 대류란 고체표면과 그 위를 유동하는 유체 사이에 온도차(온도 기울기)가 존재할 때 열에너지의 이동으로 정의하였다. 이때, 대류에 의한 열전달 현상은 유체의 체적운동과 유체입자 또는 분자들의 불규칙한 운동에 의한 열에너지의 전달까지 포함한다.

이러한 대류에 의한 열전달 해석에서는 두 가지에 목표를 두고 있는데, 그 첫 번째는 대류 열전달의 물리적 열이동에 대한 메카니즘을 이해하는 데 있고, 두 번째는 대류 열전달량의 크기를 계산하는 방법을 알아보는 데 목표를 두고 있다. 대류 열전달에서는 고체면과 접촉하고 있는 유체 경계층 내의 열전달 메카니즘을 이해하는 것이 매우 중요한 개념 중 하나이다. 따라서 이 절에서는 속도 및 온도 경계층에 대하여 알아보고, 이에 따르는 열경계층 개념도 소개한다. 또 위와 같은 속도 및 온도 경계층뿐 아니라 뉴턴(Newton)의 냉각법칙, 대류 열전달계수, 층류와 난류의 정의, 경계층 방정식 등도 살펴보고자 한다.

(2) 속도 경계층과 온도 경계층

① 속도 경계층(velocity boundary layer)

다음 [그림 12.13]은 속도 경계층 개념을 알아보기 위하여 평판 위 유동 유체를 층류로 가정하여 모델화한 것이다. 그림의 속도 경계층 내의 유체입자는 고체표면에서 속도는 0(zero)으로 가정하였다. 이러한 것은 점성을 가지고 있는 유체의 경우 인접한 유체 간에 점성으로 인하여 유동을 방해하려는 성질 때문이며, 또 고체 표면에서는 점착 이론에 의해 유동입자는 정지된 상태로 있다는 가정도 가능하다. 이 현상은 고체 표면으로부터 유체의 두께 δ_x까지 계속되며 고체에서 점성의 영향으로부터 벗어나면 유체의 속도는 자유 유동속도 u_∞로 일정하게 유지된다. 여기서, 하첨자로 사용하는 ∞의 기호는 자유흐름(free stream)을 상징적으로 나타낸 것으로 경계층을 벗어난 곳의 유체유동을 말하는 것이다.

대류(convection) 열전달

대류 열전달량

온도 경계층
열경계층

속도 경계층

점착 이론
유체의 두께
자유 유동속도
자유흐름(free stream)

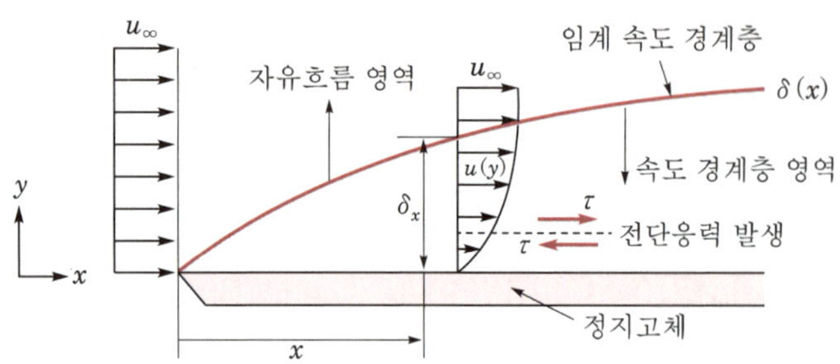

[그림 12.13] 고체 평판 위에서 대류 열유동 관계와 속도 경계층

속도분포
유체의 전단응력

그림과 같이 속도분포는 경계층 내에서 포물선이고 유체의 전단응력 τ_s 는 고체 표면에서 최대이며 자유흐름의 경계층 밖에서는 직선적으로 0(zero)까지 감소하게 된다. 이때, 정의된 경계층의 두께 δ_x 는 유체 유동속도 u 가 자유 유동속도 u_∞ 의 99%까지 유체의 두께 크기를 말한다. 따라서 속도 경계층은 이러한 점들을 연결한 선이 된다. 이 속도 경계층의 두께는 고체평판의 선단으로부터 멀어짐에 따라 점성효과로 인해 증가하게 되며, 유체의 점성과 유동속도는 서로 깊은 관계가 있다.

경계층의 두께
점성효과

대류 열전달 과정

위와 같이 고체 표면 위를 흐르는 유체가 존재한다면 대류 열전달 과정은 매우 중요한 내용이다. 특히, 유체역학적 측면에서는 경계층 내의 유동속도와 점성은 유체 전단응력의 크기를 결정하게 되고 더 나아가 기계 구성품 설계과정에서 중요한 인자로써 취급하게 되는데, 그 이유는 마찰력에 의해 저항력의 크기가 결정되기 때문이다. 따라서 고체 표면 위를 유동하는 유체에 의한 표면 전단응력(shearing stress) τ_s 를 알고 있다면 국소 마찰계수(friction coefficient) C_f 의 크기는 다음 식 (12.26)으로부터 구해지며, 이 식은 고체표면 위 유체에 의한 마찰저항을 결정하는 데 매우 중요한 무차원 변수가 된다.

국소 마찰계수
(friction coefficient)

무차원 변수

$$C_f = \frac{\tau_s}{\rho u_\infty^2 / 2} \tag{12.26}$$

뉴턴 유체(Newton fluid)

위 식에서 유체입자가 갖는 전단응력 τ_s 는 뉴턴 유체(Newton fluid) 조건을 갖는 경우 뉴턴 점성법칙에 따라 유체 속도장 기울기와 점성에 의해 결정되며, 그 크기는 식 (12.27)과 같다.

$$\tau_s = \mu \frac{\partial u}{\partial y}\bigg|_{y=0} \tag{12.27}$$

고체 표면 위에서는 전단응력이 최대 $\tau_{s)max}$가 되므로 속도분포와 관련된 식이 주어지면 y에 대하여 미분한 후 $y=0$을 대입한다. 여기서, μ는 점성계수(viscosity coefficient)를 말하며, 유체의 경계층 두께는 고체 선단으로부터 거리 x에 따라 증가하므로 표면에서의 유체 전단응력과 유체 마찰계수는 모두 x의 함수관계에 있게 된다.

② 온도 경계층(temperature boundary layer or thermal boundary layer)

고체표면 위로 유체가 흐를 때 속도 경계층이 형성되는 것과 같이 유동하는 유체의 온도와 고체표면의 온도가 서로 다를 경우 유동하는 유체 내에는 온도 경계층(temperature boundary layer)이 발달하여 나타난다. 즉, [그림 12.14]와 같이 평판 위의 온도 T_s는 일정하게 유지되는 것으로 가정하고, 유동유체가 고체 선단으로부터 온도 T_∞로 들어오고 있을 경우 평판과 접촉한 유체는 평판과 열적평형이 유지되며, 평판 위 유체온도는 평판 전 길이에 걸쳐 동일한 y 점에서 온도는 일정하게 된다.

점성계수
(viscosity coefficient)

유체 마찰계수

온도 경계층(temperature boundary layer)

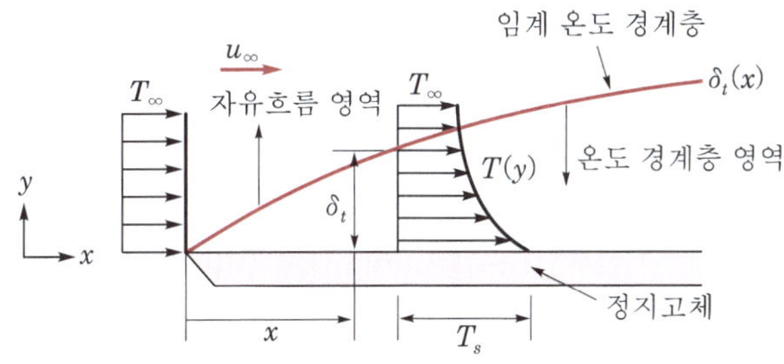

[그림 12.14] 고체 평판 위에서 대류 열유동 관계와 온도 경계층

위 그림과 같이 평판 위로 진입한 유체는 평판 위의 유체입자들과 인접된 유체 간에 연속적으로 열에너지를 교환하면서 유체의 두께 방향으로 온도구배가 형성되어 발달하는 층이 존재하게 되는데, 이러한 유체의 온도분포 영역을 온도경계층 또는 열경계층(temperature boundary layer or thermal boundary layer)이라고 한다. 이때, 형성된 온도구배층의 두께를 δ_t 라 정의하고 온도비 $(T_s - T(y))/(T_s - T_\infty) = 0.99$까지가 유체의 y 방향의 두께이다. 따라서 [그림 12.14]와 같이 형성된 온도경계층은 고체 선단으로부터 x 방향의 거리가 증가할수록 유체의 자유흐름 영향으로 열의 깊숙한 침투로 인하여 층이 계속 두껍게 형성된다. 반면, 온도는 그림에서 보듯이 경계층 두께 방향으로 낮아진다. 이러한 온도분포(temperature distribution)는 y축 방향으로 경계층 부근의 온도 T_∞에 도달할 때까지 포물선 모양으로 감소한다.

열경계층
(thermal boundary layer)

온도분포
(temperature distribution)

이러한 고체 표면과 유체 경계층 내에서 열전달 관계를 알아보면 다음 식과 같다. 즉, 고체 표면 $y=0$인 곳의 열전달은 전도현상으로 푸리에(Fourier) 열전도 방정식을 적용하면, 다음 식 (12.28a)와 같다.

전도현상

$$\dot{Q}_{cd} = -\kappa_f A_f \left.\frac{\partial T}{\partial y}\right|_{y=0} \ [\text{J/S}] \tag{12.28a}$$

이때, κ_f 는 고체 표면에서는 열전도율이고, A_f 는 고체표면의 단면적이다. 그리고 Q_{cd} 는 고체표면을 통과한 전도 전 열전달량을 말한다. 만약, 표면 단위면적당 전도에 의한 열전달 크기 q_{cd} 로 나타내면 다음 식 (12.28b)와 같이 쓸 수 있다.

단위면적당 전도

$$q_{cd} = -\kappa_f \left.\frac{\partial T}{\partial y}\right|_{y=0} \ [\text{W/m}^2] \tag{12.28b}$$

위 식 (12.28b)는 고체 표면의 전도 열유속량으로써 유동하고 있는 유체로 전달되는 대류 열전달값과 동일하다. 따라서 앞의 [2장 2절]에서 언급한 뉴턴의 냉각법칙을 적용할 때 대류 열전달은 다음 식 (12.29a)와 같다.

뉴턴의 냉각법칙

$$q_{cv} = h(T_s - T_\infty) \tag{12.29a}$$

여기서, 열유속의 크기는 전도와 대류에 의한 열전달양이 서로 같은 크기이므로 식 (12.28b)와 식 (12.29a)를 같게 놓고 유체의 열전달 계수 h를 구해보면 다음 식 (12.29b)와 같다.

열유속의 크기

$$h = \frac{-\kappa_f (\partial T/\partial y)|_{y=0}}{T_s - T_\infty} \tag{12.29b}$$

위 식에서 T_∞ 는 자유유동으로 들어오는 유체의 온도이므로 항상 일정한 값이고, T_s 역시 고체 표면의 온도로 일정하게 유지되는 경우이므로 분모의 $(T_s - T_\infty)$값은 거리와 무관하게 일정하다. 결국, h에 영향을 주는 것은 온도 기울기 $(\partial T/\partial y)|_{y=0}$이며, 경계층을 가로지르는 열전달량의 크기를 결정하는 것은 온도 기울기이다. 또 [그림 12.14]의 온도분포에서 보듯이 온도 기울기(온도 구배)는 고체 선단으로부터 거리 x의 증가에 따라 감소하고, 열전달량의 크기와 열전달계수도 고체 입구 선단으로부터 거리 x에 따라 감소한다.

고체 입구 선단

이상과 같이 경계층 해석으로부터 임의의 형상을 갖는 점성유동에서는 속도 경계층이 존재하고 표면 마찰도 존재한다. 또 유동하는 유체와 고체 표면 사이에 온도차가 존재할 때는 유동하는 유체 내에 온도 경계층도 존재하게 되며, 이로 인해 대류 열전달도 존재하게 됨을 알 수가 있었다. 이때, 온도 경계층의 두께는 $\delta_t(x)$이고, 이 범위 내에서 온도 기울기 $(\partial T/\partial y)|_{y=0}$가 존재하게 되면 열전달은 발생하게 된다. 여기서 속도 경계층의 크기와 온도 경계층 크기는 같은 x의 위치에 대하여 반드시 같은 것은 아니다. 즉, 동일한 선단거리 x에서 δ_x와 δ_t가 같은 크기를 갖는 것이 아님을 말하는 것이다.

경계층 해석

이제 우리의 더 큰 관심은 경계층 매개변수인 표면 마찰계수 C_f와 대류 열전달계수 h이다. 이에 대하여 다음의 예제들을 통해 알아보자.

경계층 매개변수

예제 12.6

평판 바닥에 평행하게 20℃의 공기가 자유 유동속도 $u_\infty = 1.5\,\text{m/s}$로 유동할 때 다음 질문에 답하라.

(1) 천이가 발생하는 곳은 평판 선단으로부터 어느 위치(cm)에 있는가? 단, 동점성계수는 $\nu = 15.7 \times 10^{-6}\,[\text{m}^2/\text{s}]$이다.

(2) 위의 천이 발생 시점을 층류유동의 최대 임계값으로 할 때 층류유동에서 경계층 최대 두께 $\delta[\text{cm}]$와 경계층 내에서의 최대 속도 $u_{\max}[\text{m/s}]$를 구하라?

(3) 경계층이 발달하여 완전히 난류로 바뀌는 곳은 평판 선단으로부터 어느 위치 (cm)에 있는가?

풀이 (1) $T = 20℃,\ u_\infty = 1.5\,\text{m/s},\ \nu = 15.7 \times 10^{-6}\,\text{m}^2/\text{s}$

$$Re_x = \frac{u_\infty x_c}{\nu} = 10^5 \quad \text{천이 발생이 시작되는 레이놀즈수}$$

$$\Rightarrow x_e = \frac{Re_x \nu}{u_\infty} = \frac{10^5 \times 15.7 \times 10^{-6}\,\text{m}^2/\text{s}}{1.5\,\text{m/s}} \fallingdotseq 1.046\,\text{m} \fallingdotseq 104.6\,\text{cm}$$

(2) $$\delta = \frac{5x_c}{Re_x^{1/2}} = \frac{5x_c}{(u_\infty x_c/\nu)^{1/2}} = 5 \times \left(\frac{\nu x_c}{u_\infty}\right)^{\frac{1}{2}}$$

$$= 5 \times \left(\frac{15.7 \times 10^{-6}\,\text{m}^2/\text{s} \times 1.046\,\text{m}}{1.5\,\text{m/s}}\right)^{\frac{1}{2}} \fallingdotseq 0.01655\,\text{m} \fallingdotseq 1.655\,\text{cm}$$

(3) 완전 난류영역의 레이놀즈수 $Re_x = 5 \times 10^5$이다.

$$Re_x = \frac{u_\infty x_c}{\nu} = 5 \times 10^5 \Rightarrow x_c = \frac{(5 \times 10^5) \times \nu}{u_\infty}$$

$$\therefore x_c = \frac{(5 \times 10^5) \times 15.7 \times 10^{-6}\,\text{m}^2/\text{s}}{1.5\,\text{m/s}} \fallingdotseq 5.233\,\text{m} \fallingdotseq 523.3\,\text{cm}$$

그림과 같은 알루미늄 관 내부에 고온의 유체가 흐르고 외부에 재료의 원형 핀을 2개 달아 열을 전달하려고 할 때 핀을 통한 열손실은 몇 W인가? 여기서 관 바탕 온도가 100℃, 주위 온도는 25℃의 정상유동, 자연대류에 의한 열손실이

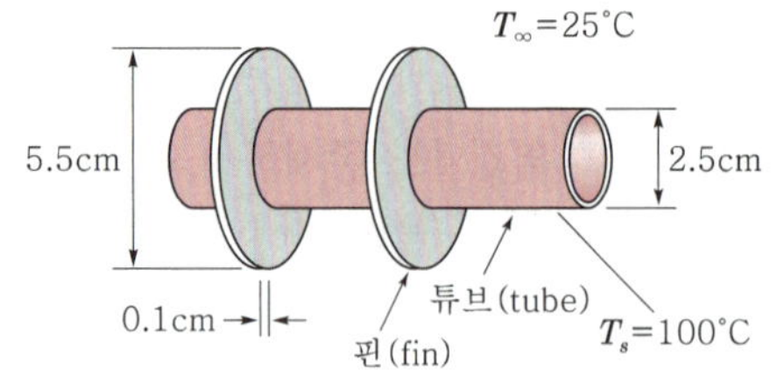

다. 단, 알루미늄의 열전도율 $k = 200\mathrm{W/m \cdot K}$이고, 핀과 유체 사이의 평균 열전달계수는 $h = 65\mathrm{W/m^2 \cdot K}$이며 핀의 효율은 91%이다.

풀이 핀(fin) 2개를 통한 대류 열손실 q_{fin}은 다음 식으로부터 구해진다. 먼저, 핀 1개에 대한 열손실을 구하면 다음과 같다.

$$q_{fin} = \eta_{fin}\overline{h}A_{fin}(T_s - T_\infty)$$
$$= 0.91 \times 65\mathrm{W/m^2 \cdot K} \times \pi(7.84 - 1.5625) \times 10^{-4}\mathrm{m^2} \times 75\mathrm{K}$$
$$= 8.744\mathrm{W}$$

여기서, $\eta_{fin} = 91\%, \overline{h} = 65\mathrm{W/m^2 \cdot K},\ A_{fin} = \pi\left[\left(r_o + \dfrac{t}{2}\right)^2 - r_i^2\right]$

단, $\left(r_o + \dfrac{t}{2}\right)^2 = \left(\dfrac{5.5}{2} \times 10^{-2} + \dfrac{0.1 \times 10^{-2}}{2}\right)^2 = 7.84 \times 10^{-4}\mathrm{m^2}$

또, $r_i^2 = \left(\dfrac{2.5}{2} \times 10^{-2}\right)^2 = 1.5625 \times 10^{-4}\mathrm{m^2}$

2개 핀(fin)을 통한 전 열손실 $q_{fin})_{tot} = 2q_{fin}$

$\therefore\ q_{fin})_{tot} = 2 \times 8.744\mathrm{W} \fallingdotseq 17.5\mathrm{W}$

2 대류 평균 열전달계수의 결정

(1) 층류유동의 경우

다음 [그림 12.15(a)]와 같이 임의 단면을 갖는 물체 주위로 유체가 일정 평균유속 V, 일정 온도 T_∞로 유동하고 있다. 또 [그림 12.15(b)]와 같이 평판 위를 자유흐름의 속도 u_∞와 온도 T_∞로 유동하고 있는 경우도 같이 살펴보자. 두 가지 모두 고체 표면의 면적 A_s와 고체 표면의 온도 T_s가 일정하게 유지되면서 유동할 때 고체로부터 대류 열전달이 발생하는 것으로 본 경우이다.

만약, 고체의 국소 표면적 dA_s일 때 고체 전 표면적을 통한 전 열전달률(total heat transfer rate) $\dot{Q}$는 식 (12.30a)와 같이 국소 표면적의 열전달량을 적분하여 계산할 수가 있다.

전 열전달률

$$\dot{Q} = \int_{A_s} q_{cv}\, dA_s \tag{12.30a}$$

여기서, 앞의 식 (12.29a)의 대류 열전달을 적용하여 다시 쓰면 다음 식 (12.30b)와 같다. 이때, T_s와 T_∞는 일정하게 유지된다고 가정한다.

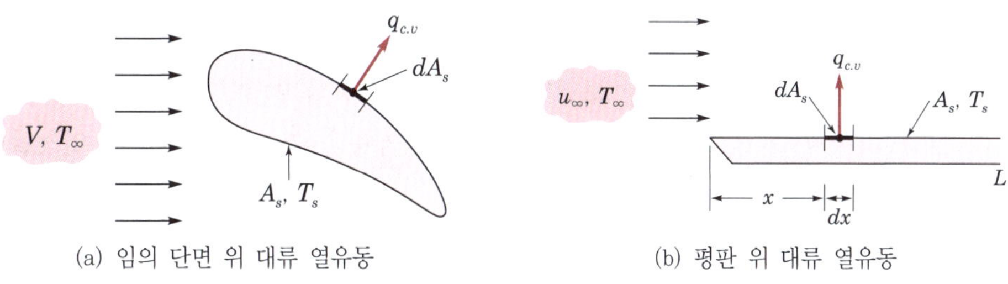

(a) 임의 단면 위 대류 열유동　　　　(b) 평판 위 대류 열유동

[그림 12.15] 임의의 단면과 평판 위를 유동하는 유체에 의한 열전달 관계

$$\dot{Q} = (T_s - T_\infty) \int_{A_s} h\, dA_s \tag{12.30b}$$

위 식을 면적적분한 고체 표면의 전체 표면적을 A_s라 하고 평균 대류 열전달계수를 $\bar{h}$라고 할 때 전체 열전달률 $\dot{Q}$는 다음 식 (12.31)로 계산할 수 있다.

평균 대류 열전달계수

$$\dot{Q} = \bar{h}\, A_s (T_s - T_\infty) \tag{12.31}$$

단, $\bar{h}$: 평균 대류 열전달계수[W/m$^2 \cdot$ K]이다.

이번에는 위 [그림 12.15]의 (a)와 같이 임의의 단면 모양을 가지는 경우 평균 대류 열전달계수 $\bar{h}$를 구해보자. 미소 면적요소의 대류 열전달계수를 h, 국소 면적요소를 dA_s 그리고 고체 전체 표면적을 A_s라 할 때 평균 대류 열전달계수 $\bar{h}$는 다음 식 (12.32a)를 적분하여 구한다.

$$\bar{h} = \frac{1}{A_s} \int_{A_s} h\, dA_s \tag{12.32a}$$

그리고 [그림 12.15]의 (b)와 같은 평판의 경우는 평판 선단으로부터 거리 x 에 따라 h 가 다르므로 식 (12.32b)에서 h_x 를 알 때 평판의 길이 L 에 대하여 적분하면 $\bar{h}$ 를 구할 수가 있다.

$$\bar{h} = \frac{1}{L} \int_0^L h_x \, dx \tag{12.32b}$$

다음 [그림 12.16]은 평판 위를 유동하는 유체가 평판 표면의 선단으로부터 국소 열전달계수가 $h_x = ax^{-0.1}$ 일 때 선단으로부터 거리 x 에 따른 대류 열전달계수를 계산하여 나타낸 것이다. 그림에서 보듯이 실선으로 나타낸 국소 열전달계수 h_x 와 점선으로 나타낸 평균 열전달계수 $\bar{h}_x$ 값 모두 선단으로부터 거리 x 의 증가에 따라 감소하는 경향을 보인다. 따라서 경계층의 발달(경계층 두께의 증가)로 인하여 h 가 감소하게 되면 x 에 따라 경계층을 가로지르는 대류 열전달량 $q_{c.v}$ 도 감소하게 될 것이다.

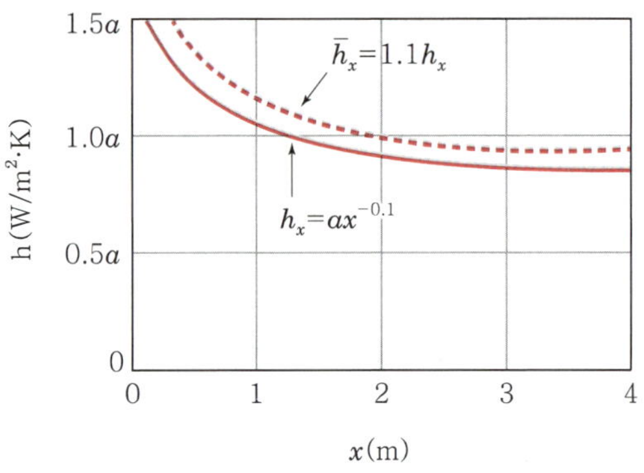

[그림 12.16] 평판 위에서 거리 x 에 따른 대류 열전달 관계

(2) 층류유동 및 난류유동의 구분과 대류 열전달 관계

대류 열전달 문제에서 유체의 흐름이 층류인지 난류인지를 알아 보는 것도 중요하다. 그 이유는 흐름이 층류인지 난류인지에 따라 대류 열전달의 크기를 결정하는 데 있어 더 정확한 해석이 가능하기 때문이다. 이러한 흐름의 상태는 유체 내의 x 와 y 의 위치에 따라 속도분포가 다르게 나타나면 열전달량도 다르기 때문이다.

　[그림 12.17]은 동일한 자유 유동속도에 대하여 속도 경계층 내의 층류와 난류 유동의 속도분포를 보여주는 것이다. 층류는 경계층 내에서는 유체입자의 유동 상태가 질저정연한 데 비하여 난류는 경계층 내에서 유체입자가 매우 불규칙적으로 다차원 유동현상으로 발달하여 유동하는 형태이다.

층류

난류

다차원 유동현상

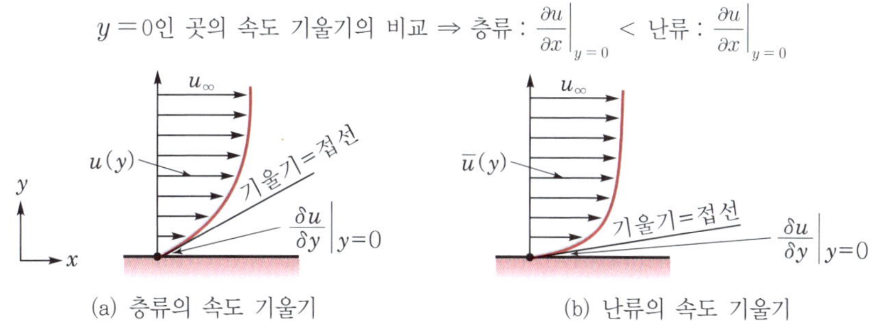

[그림 12.17] 속도 경계층 내의 층류와 난류유동의 속도분포

　[그림 12.17] (a)과 같이 층류 경계층 내에서 유체입자의 속도분포는 y 에 따라 포물선 모양으로 유속이 증가하고 있다. 앞서 우리는 경계층 두께의 성장에 따라 속도구배는 연속적으로 감소하고 유동거리 x 의 증가에 따라 속도 경계층의 두께는 성장함을 알 수가 있었다. 이러한 현상은 천이영역(transition zone)까지 계속되며 천이영역을 벗어나면 [그림 12.17] (b)와 같은 난류유동이 시작된다. 이 난류유동은 유체입자가 무질서하게 난동하는 유동상태를 말한 것으로 난류의 속도기울기 du/dy 는 같은 y 위치에서 층류보다 크다. 이와 같은 평판 위 유체입자 유동이 층류·천이·난류유동 중 어느 영역인지는 식 (12.33a)의 레이놀즈수(Reynolds number)라는 무차원 수에 의존하여 구분하고 있다.

천이영역(transition zone)

레이놀즈수
(Reynolds number)

$$Re_x = \frac{\rho\, u_\infty\, x}{\mu} \tag{12.33a}$$

단, ρ : 유체밀도(kg/m^3)

　　u_∞ : 유체입자의 자유 유동속도(m/s)

　　x : 평판 선단으로부터 거리(m)

　　μ : 유체입자의 점성계수$(kg/m \cdot s$ 또는 $N \cdot s/m^2)$

　식 (12.33a)를 이용하여 계산된 레이놀즈수가 천이영역을 기준으로 층류유동과 난류유동을 구분하는 Re_x 의 수를 임계 레이놀즈수라고 하며, 최소와 최대 임계범위는 $Re_x \simeq 1\times10^5 \sim 3\times10^6$ 정도로 알려져 있다. 이때, 임계흐름의 위치

임계 레이놀즈수

임계흐름

를 x_c라 할 때 일반적으로 임계 레이놀즈수의 최댓값 $Re_{x.c}=5\times10^5$값을 계산에 사용하고 있다. 따라서 임계 레이놀즈수 $Re_{x.c}=5\times10^5$값을 기준으로 천이영역의 최대 위치점 x_c를 알아낼 수 있고, 이 위치는 난류의 시작점이며, 이것을 기준으로 평균 열전달계수 $\overline{h}$를 구할 수가 있다.

먼저, 천이구역의 임계점 위치 x_c는 식 (12.33b)로부터 계산하여 찾는다. 즉,

$$x_c = \frac{Re_{x.c}\,\mu}{\rho\,u_\infty} = \frac{(5\times10^5)\,\mu}{\rho\,u_\infty} \tag{12.33b}$$

이다. 또 x_c 값을 기준으로 식 (12.33b)를 이용하여 평균 열전달계수 $\overline{h}$를 구해보면 아래의 식 (12.34)와 같이 적분으로부터 계산하면 찾을 수가 있다.

$$\overline{h} = \frac{1}{L}\int_0^L h\,dx = \frac{1}{L}\left[\int_0^L h_{laminar}\,dx + \int_0^L h_{tubulent}\,dx\right] \tag{12.34}$$

위와 같은 $\overline{h}$의 계산값을 사용할 경우 임계 천이영역에서 대류에 의한 열전달률 $\dot{Q}_c$[W]와 $q_{c.v}$[W/m^2]를 계산할 수 있다.

천이영역에서 유체입자의 속도가 더욱 발달하여 난류가 된 이후 난류층 내에서 속도분포가 층류유동과 같은 선형적인 층이 평판 위 가까운 곳에 존재하게 되는데 이것을 층류저층(laminar sublayer) 또는 점성저층(viscous sublayer)이라고 한다.

12.6 유체 경계층 방정식

1 경계층 방정식의 중요성

앞서 [그림 12.13]의 속도 경계층과 [그림 12.14]의 온도 경계층으로부터 유동하는 유체의 속도분포와 온도분포를 알 수 있었다. 그리고 유체 내의 점성의 영향과 온도의 영향에 대해서도 상세히 살펴볼 수가 있었다. 즉, 고체 표면과 자유흐름의 속도 기울기에 의해 속도 경계층이 존재하였고, 고체표면 위의 온도와 자유흐름 내의 유체 온도차에 의해 온도 경계층이 존재하였다.

이번에는 다음 [그림 12.18]과 같이 경계층 조건을 지배하고 있는 지배 방정식을 알아보고자 한다. 이것들로부터 유체 경계층 내에서 거동하고 있는 물리적

영향을 더 잘 이해하게 되고 더 나아가 물리적 물성치들과 대류 열전달과의 관계성을 깊게 알게 됨으로써 각종 열전달 물질의 열유동현상을 적용하면 열전달 시스템의 구조설계 시 결정적 요인을 제공하게 될 것이다.

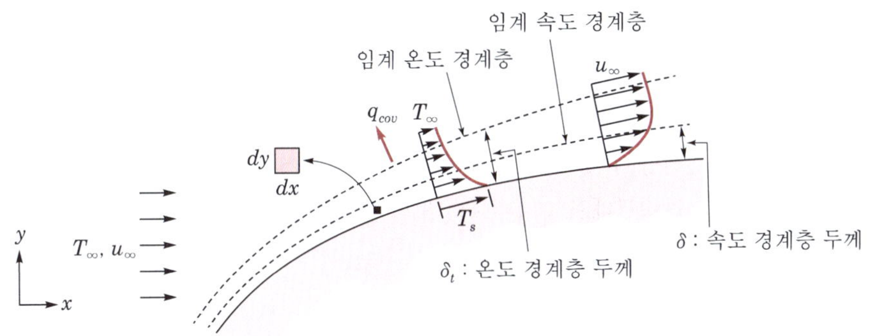

[그림 12.18] 임의의 형상을 갖는 고체 표면에서 온도 및 속도 경계층의 발달 현상

2 층류유동에서의 경계층 기초 방정식

이 교재에서는 기초 방정식 해석 시 평판 위를 흐르는 층류의 평형유동에만 한정하고, 압축성 유동과 경계층 상사 및 매개변수의 고려사항 등은 생략하였다.

[그림 12.18]은 임의 형상의 고체표면에서 속도 및 온도 경계층의 발달단계를 보여주고 있다. 그림과 같은 유체거동의 각 점에서는 질량보존, 에너지보존, 뉴턴의 제2법칙을 만족해야 한다. 따라서 물리법칙을 유체 내의 미소 검사체적 $dx\,dy\,dz$에 적용하여 경계층 방정식을 유도할 경우 다음과 같게 된다. 이렇게 유도된 방정식들은 층류유동의 경계층 해석에서 가장 기본이 되겠지만, 난류유동의 경우는 본질적으로 난류이므로 시간평균에서 벗어난 값들을 평균으로 계산하여 해결할 수밖에 없다. 그리고 난류유동에서는 층류의 지배 방정식에 새롭게 추가된 항들이 존재하는 형식이 된다. 사실, 경계층 두께는 일반적으로 경계층을 형성하는 대상 물체의 크기와 비교할 때 상대적으로 매우 작은 편이다. 즉, x 방향의 속도 경계층 두께 및 온도 경계층 두께를 결정하는 자유흐름의 범위까지는 매우 짧은 위치에서 변화가 일어나고 있다는 것이다.

입자의 거동 해석을 위한 경계층 내의 미소 검사체적 내에서 열발생 $\dot{Q}_g$는 없고 체적력도 무시한다는 가정하에 y 방향의 각종 기울기는 유동방향보다 훨씬 크므로 x 방향의 운동량의 확산과 열에너지 항들은 무시할 수가 있다. 즉, 점성

유체거동

경계층 방정식

유체를 지배하는 방정식은 식 (12.35)와 같이 구별하여 각 방향으로 비교하여 나타낼 수가 있다.

$$\text{나비에－스토코스 방정식 : } \frac{\partial^2 u}{\partial x^2} \ll \frac{\partial^2 v}{\partial y^2}$$

$$\text{열전도 방정식 : } \frac{\partial^2 T}{\partial x^2} \ll \frac{\partial^2 T}{\partial y^2} \tag{12.35}$$

압력구배

또 x 방향의 전단응력 항과 전도 열전달 항은 생략하고, 경계층이 매우 얇기 때문에 x 방향의 압력구배도 자유흐름 내의 압력구배로 대신할 경우는 다음 식 (12.36a)와 같이 근사화할 수가 있다.

$$\frac{\partial P}{\partial x} \simeq \frac{dP_\infty}{dx} \tag{12.36a}$$

2차원 연속방정식

여기서, 압력 P가 x 방향에 대하여 지배적이며 따라서 편미분은 상미분식으로 대신할 수 있다. 또 2차원 연속방정식(질량보존의 법칙)은 다음 식 (12.36b)와 같다.

$$\frac{\partial u}{\partial x} + \frac{\partial v}{\partial y} = 0 \tag{12.36b}$$

운동량 방정식

위와 같은 가정에 의해 만들어진 결과식을 x 방향에 적용하여 기초 방정식을 세워보면 다음과 같다. 먼저, 운동량 방정식에 적용할 경우 다음 식 (12.36c)와 같이 비교적 간단히 쓸 수 있다.

$$\rho\left(u\frac{\partial u}{\partial x} + v\frac{\partial u}{\partial y}\right) = -\frac{\partial P}{\partial x} + \mu\frac{\partial^2 u}{\partial y^2}$$

$$u\frac{\partial u}{\partial x} + v\frac{\partial u}{\partial y} = -\frac{1}{\rho}\frac{\partial P_\infty}{\partial x} + \nu\frac{\partial^2 u}{\partial y^2} \tag{12.36c}$$

단, $\nu = \dfrac{\mu}{\rho}$: 동점성계수

위 식의 우변의 첫 번째 항은 정미압력을, 두 번째 항은 점성 전단응력에 의한 정미힘을 나타낸 것이다. 따라서 식 (12.36c)는 유동하는 유체 내의 미소 체적요소에 뉴턴(Newton)의 운동의 법칙을 적용한 것 중 x 방향의 정미 운동량을 보여주는 식이다.

정미 운동량

이번에는 유동장 내의 미소 체적요소 $dx\,dy\,dz$ 에 작용하는 x 방향 성분의 에너지 보존 방정식을 쓰면 다음 식 (12.37a, b)와 같다.

에너지 보존 방정식

$$\rho\, c_p \left(u\,\frac{\partial T}{\partial x} + v\,\frac{\partial T}{\partial y} \right) = \kappa \left(\frac{\partial^2 T}{\partial y^2} \right) + \mu \left(\frac{\partial u}{\partial y} \right)^2 \tag{12.37a}$$

$$u\,\frac{\partial T}{\partial x} + v\,\frac{\partial T}{\partial y} = \alpha\,\frac{\partial^2 T}{\partial y^2} + \frac{\nu}{C_p} \left(\frac{\partial u}{\partial y} \right)^2 \tag{12.37b}$$

단, $\alpha = \dfrac{\kappa}{\rho\,c_p}$: 열확산율(thermal diffusivity)

위 식에서 좌변의 항들은 유동하는 유체의 대류에 기인한 정미 열에너지율을 나타낸 것이며, 식 (12.37b)의 우변의 첫 번째항 $\alpha\,\dfrac{\partial^2 T}{\partial y^2}$ 는 y 방향 전도에 의한 정미 열에너지 유입량을 말하고, 또 우변의 두 번째항 $\dfrac{\nu}{C_p}\left(\dfrac{\partial u}{\partial y}\right)^2$ 은 점성소산 항을 단순화한 형태이다. 이 점성소산 항은 공기 역학적 가열을 수반하는 초음속과 같은 고속 비행물체에서는 매우 중요한 항이다.

정미 열에너지율

점성소산

이상 식 (12.36a, b, c)와 (12.37a, b)는 경계층 내를 유동하는 유체의 해석을 위하여 필요한 경계층 방정식이며 위 식들을 풀면 u, v, T 의 공간상 흐름의 상태량 변화를 결정할 수가 있다. 그리고 이 식들은 각 위치 점에서 등온이 유지된다고 가정할 때 평판 위 평행유동의 해석에만 한정하는 식이다.

12.7 대류 열전달 과정에서 무차원량의 적용

1 대류 열전달 과정의 무차원화 필요성

무차원화

앞 [12장 6절]의 대류 경계층 해석에 대한 모든 해를 열역학 교과목의 한 부분에 다 포함하기에는 무리가 있다. 따라서 주로 등온 평판 위를 유동하는 층류의 평행이동에 대한 해로 한정하여 살펴보려고 한다. 보통 공학적 문제들은 난류일 때의 대류 열전달 해석과정도 포함하고 있는데, 난류의 대류 열전달 문제는 물리적으로나 수학적으로 층류의 대류 열전달 문제에 비하면 훨씬 더 복잡하다.

따라서 이 절에서는 난류의 대류 열전달 문제는 대부분 생략하였고, 일부 실험 식만을 소개한다.

유체운동과 관련해서는 압력변화에 의한 밀도변화가 수반되는 압축성 유동 현상도 취급하여야 하나, 압축성 유동의 대류 열전달 과정도 이 교과목에서는 생략하였다. 즉, 고체와 액체는 비압축성 물질이지만 기체와 같은 물질은 유속이 음속에 가까워지거나 음속을 넘어서면 기체의 밀도를 고려하여야 더 정확한 열유동 해석이 가능하다. 따라서 압축성 유체와 비압축성 유체를 구분하는 유속의 임계점은 마하수(Mach number) $Ma \geq 0.3$를 기준으로 정하여 사용되며, 마하수 0.3 이하의 비압축성 유동의 대류 열전달 해석과 관련하여서는 열전달 교과목을 참고하길 바란다.

다음 상사성과 무차원화의 필요성을 알아보면, 앞의 식 (12.36)과 식 (12.37) 간에는 서로 깊은 상사성(similarity)이 있음을 알 수가 있다. 즉, 두 식에서 압력구배 항과 점성소산 항을 무시할 경우 결국 같은 형식이 됨을 알 수 있고, 두 식의 좌변에는 대류 유동항이 우변에는 확산항이 존재함도 확인이 된다. 이 식들은 저속의 강제 대류에 대하여 기술하고 있으며, 이것은 상사성이 있음을 말해주는 것으로 각 지배 방정식을 무차원하여 전개할 수 있음도 예측하게 해준다. 따라서 상사성과 무차원량에 대하여 좀 더 알아보면 다음과 같다.

2 경계층에서 몇 가지 상사화와 무차원량의 검토

경계층 방정식들을 다음과 같은 무차원 독립변화로 정의하여 정규화할 수 있다. 즉,

$$x^* \simeq \frac{x}{L}, \; y^* \simeq \frac{y}{L} \tag{a}$$

이고, 또 무차원 종속변수들도 다음과 같이 정의하였다.

$$u^* \simeq \frac{u}{V}, \; v^* \simeq \frac{v}{V}, \; T^* = \frac{T - T_s}{T_\infty - T_s} \tag{b}$$

위 식 (a)의 무차원 변수 정의 L은 평판 표면의 특성길이(평판의 길이), 식 (b)에서 V는 평판 표면 상류에서의 속도이다.

이와 같은 상사 매개변수는 조합된 하나의 대류조건일 때 임의 형상 표면에 대해 얻어진 결과를 다른 조건일 때 기하학적 상사의 표면에도 적용할 수 있게 되므로 상사의 정규화는 중요한 원리이다. 대표적인 무차원 상사화 중에는 레이놀즈(Reynolds)수의 상사와 프란틀(Prandtl)수 상사가 있다. 대류 열전달계수에 대하여도 상사화 적용 시 유사하게 표현할 수가 있다. 통상 열전달계수 h 는 유체의 물성치 κ, C_p, μ, ρ 와 유속 V, 그리고 평판의 특성길이 L 과 같은 표면의 기하학적 형상에 의존한다는 예측이 가능하므로 다음과 같은 무차원 변수들과 상관관계가 있음을 가정할 수 있다. 먼저, T^* 에 대하여 그 함수 관계성을 알아보면,

$$T^* = f\left(x^*,\ y^*,\ Re_L,\ Pr,\ \frac{dP^*}{dx^*}\right) \tag{c}$$

이다. 여기서, $\dfrac{dP^*}{dx^*}$ 는 압력구배를 나타내는 것으로 표면의 기하학적 형상의 영향을 보이는 것이다. 따라서 대류 열전달계수 h 는 다음과 같이 정의된 무차원 변수의 상관관계로 나타낼 수가 있다.

$$h = -\frac{\kappa}{L}\frac{(T_\infty - T_s)}{(T_s - T_\infty)}\left.\frac{\partial T^*}{\partial y^*}\right|_{y^*=0} = \frac{\kappa}{L}\left.\frac{\partial T^*}{\partial y^*}\right|_{y^*=0} \tag{12.38}$$

위 식에서 누셀수(Nusselt number)로 정의되는 무차원 종속 매개변수에도 적용할 수 있다. 즉, 평판 표면에서 무차원 온도구배를 나타내는 것으로 누셀(Nusselt)수 Nu 는 다음 식 (12.39)와 같다.

$$Nu = \frac{hL}{\kappa} \simeq \left.\frac{\partial T^*}{\partial y^*}\right|_{y^*=0} \tag{12.39}$$

따라서 기하학적 형상에 대하여 누셀수는 다음과 같은 함수관계에 있음을 알 수 있다.

$$Nu = f(x^*,\ Re_L,\ Pr) \tag{12.40a}$$

위 결과들로부터 평균 누셀수 $\overline{Nu}$ 는 다음 함수관계에 의존함을 확인할 수가 있다.

$$\overline{Nu} = \frac{\overline{h}L}{\kappa} = f(Re_L, \ Pr) \qquad (12.40b)$$

이상과 같은 과정으로부터 저속의 강제대류에 대한 무차원 변수들의 상사화를 통해 무차원수를 얻을 수 있음을 확인하였다.

3 대류 열전달에 영향을 주는 무차원 수

(1) 레이놀즈수(Reynolds number, Re)

레이놀즈수

레이놀즈수는 층류 유동과 난류 유동의 존재 여부를 결정하는 무차원 수이다. 이것은 관 유동과 평판유동 모두 적용할 수가 있고, 층류와 난류를 구분하는 임계값은 관 내부 유동과 평판 위 유동에서 서로 다르다. 이 레이놀즈수를 나타내

점성력

관성력

강제대류의 상사성

는 식은 평판 위 자유 유동에서는 다음 식 (12.41)과 같고, 이것은 점성력(분모)에 대한 관성력(분자)의 비를 나타낸 것으로 강제대류의 상사성에도 적용할 수 있다. 따라서 평판 입구로부터 임의점 L일 때 Re를 구하는 식은 다음과 같다.

$$Re = \frac{\rho u_\infty L}{\mu} = \frac{u_\infty L}{\nu} \qquad (12.41)$$

표면 위 고정 점에서 레이놀즈수가 증가할수록 관성력에 비하여 점섬력은 상대적으로 약하게 되어 점성효과가 자유흐름 깊이 침투하지 못하고 점점 소멸하게 되며 속도경계층 두께 δ에도 영향을 미칠 수가 있다.

(2) 프란틀수(Prandtl number, Pr)

프란틀수

프란틀수는 식 (12.42)과 같이 운동량 확산계수 α와 동점성계수 ν의 비로 정의되며, 속도경계층과 온도경계층에서 운동량과 열에너지 상대적인 확산 정도의 유효성을 보여주는 척도이다. 따라서 평판 위 유동하는 유체의 Pr를 구하는 식은 다음과 같다.

$$Pr \simeq \frac{\rho C_p \nu}{\kappa} = \frac{\nu}{\alpha} \qquad (12.42)$$

여기서, ρ : 밀도, $\alpha = \dfrac{\kappa}{\rho C_p}$: 열확산계수

ν : 동점성계수, κ : 열전도율(열전도도)

(3) 누셀수(Nusselt number, Nu)

누셀수는 평판 표면에서 무차원 온도 구배와 같고, 그 크기는 표면에서 일어나는 대류 열전달의 정도를 나타내 준다. 즉, 열전달과 열전도율의 비로써 유체의 유동에서 물체 표면을 통해 열이 출입하는 비율을 나타내는 것으로 Nu를 구하는 식은 다음과 같다.

$$Nu \simeq \frac{qL}{\kappa(T_\infty - T_s)} = \frac{hL}{\kappa} \tag{12.43}$$

여기서, κ : 열전도율(열전도도), h : 유체의 열전달계수

$\quad\quad\quad L$: 물체의 대표길이, T_s : 고체의 표면온도

$\quad\quad\quad T_\infty$: 자유흐름의 온도, q : 열전달량(열유속 양)

따라서 누셀수는 어떤 평판을 통과하는 전도에 의해 발생하는 열전달량에 대한 평판 위 유체를 통과하는 대류에 의해 발생하는 열유속량 크기의 비이다.

(4) 그라스호프수(Grashof number, Gr)

그라스호프수는 주로 자연대류 열전달의 경우에 사용되는 무차원 수의 하나이며, 식 (12.44)로 구한다. 점성력에 대한 부력의 비의 근사값을 나타내는 것으로 자연대류의 특성을 보여주는 무차원 수이다. 따라서 강제대류에서 열전달이 발생되면 그라스호프수의 영향은 감소하여 레이놀즈수의 영향이 더 지배적이다. Gr를 구하는 식은 다음과 같다.

$$Gr \simeq \frac{g\beta(T_s - T_\infty)L^3}{\nu^2} \tag{12.44}$$

여기서, g : 중력가속도, $\beta = \dfrac{1}{K}$: 열에 의한 체적 팽창계수, L : 대표길이

$\quad\quad\quad \nu = \dfrac{\mu}{\rho}$: 유체의 동점성계수, T_s : 표면 온도, T_∞ : 자유 유동의 온도

이상과 같이 대류 열전달 과정에 영향을 주는 4가지 대표적인 무차원 수 간에는 다음 관계가 성립한다. 즉, 대류 열전달 관계에 영향을 주는 무차원 누셀수 $Nu = f(Re, \ Gr, \ Pr)$ 관계에 있다고 할 수가 있다. 이때, 강제대류가 지배적인 열전달 과정은 중력의 영향이 무시되므로 무차원 누셀수는 $Nu = f(Re, \ Pr)$ 의 관계가 성립하며, 또 자연대류에서는 $Nu = f(Gr, \ Pr)$ 가 성립한다.

4 대류 열전달 과정의 무차원 수의 적용

이번에는 위에서 살펴본 무차원 수를 대류 열전달 과정의 적용사례와 영향에 대하여 알아보고자 한다. 이때, 유동은 외부유동(external flow) 과정으로 한정하고 표면으로부터 또는 표면으로 열전달률을 구하는 데 중심을 두고 평판 위에서의 유체 유동 뿐 아니라 원통과 구 그리고 익형(airfoil) 및 터빈 블레이드(turbine blade) 위와 같은 곡면 유동의 대류 열전달(열유동) 과정도 살펴보게 된다.

(1) 등온 수평 평판상 층류 유동의 경우

① 경계층 두께(δ)

$$\delta = \frac{5\,x}{\sqrt{Re_x}} \qquad\qquad (12.45a)$$

② 국소 마찰계수($C_{f,x}$)

$$C_{f,x} = \frac{\tau_{s,x}}{\rho\,u_\infty^2/2} = 0.664\,(Re_x)^{-1/2} \qquad\qquad (12.45b)$$

③ 누셀수(Nu_x)

$$Nu_x = \frac{h_x x}{\kappa} = 0.332\,Re_x^{\,1/2}Pr^{\,1/3} \quad (Pr \geq 0.6) \qquad (12.45c)$$

④ 온도 경계층 두께와 속도 경계층 두께의 비$\left(\dfrac{\delta}{\delta_t}\right)$

$$\frac{\delta}{\delta_t} = Pr^{\,1/3} \qquad\qquad (12.45d)$$

여기서, δ : 속도 경계층 두께, δ_t : 온도 경계층 두께

⑤ 평균 경계층 매개변수

다음의 평균 경계층 매개변수들은 위에서의 국소 경계층 매개변수들을 적용하여 다음과 같이 쓸 수가 있다.

ⓐ 평균 마찰계수($\overline{C}_{f,x}$)

$$\overline{C}_{f,x} = \frac{\overline{\tau}_{s,x}}{\rho\,u_\infty^2/2} = 1.328\,Re_x^{\,-1/2} \qquad\qquad (12.46a)$$

여기서, $\overline{\tau}_{s,x} \simeq \dfrac{1}{x} \displaystyle\int_0^x \tau_{s,x}\, dx$ 이고, $\tau_{s,x}$ 는 국소점 x 의 전단응력($\mathrm{N/m^2 = Pa}$)이다.

ⓑ 평균 열전달계수($\overline{h}_x$)

$$\overline{h}_x \simeq \frac{1}{x}\int_0^x h_x\, dx$$

$$= 0.332\left(\frac{\kappa}{x}\right)(Pr)^{1/3}\left(\frac{u_\infty}{\nu}\right)^{1/2}\int_0^x \frac{dx}{x^{1/2}} \fallingdotseq 2h_x \qquad (12.46\mathrm{b})$$

ⓒ 평균 누셀수($\overline{Nu}_x$)

$$\overline{Nu}_x = \frac{\overline{h}_x\, x}{\kappa} = 0.664\, Re_x^{1/2}\, Pr^{1/3} \quad (Pr \geq 0.6) \qquad (12.46\mathrm{c})$$

⑥ 액체금속에서의 누셀수(N_x)

대류 열전달 물질 중에 액체금속과 같이 프란틀수가 작은 액체의 경우는 보통 온도 경계층 발달이 속도 경계층 발달보다 매우 빠르기 때문에 누셀수 Nu_x 를 구하는 경우에는 앞의 식 (12.45c)를 적용할 수가 없다. 따라서 경계층 전역에서 액체금속의 속도 u 를 자유 유동속도 u_∞ 와 같다고 보고 온도 경계층 방정식의 해로부터 정리한 Nu_x 를 구하는 식은 다음과 같다. 즉,

$$Nu_x = 0.564\, Pe_x^{1/2} \quad (Pe_x \geq 100,\ Pr \leq 0.05) \qquad (12.47\mathrm{a})$$

으로 구한다. 위 식에서 $Pe_x = \dfrac{V x}{\alpha} = Re_x Pr$ 값으로 대류의 분자 이류항(다항식에서 동류항이 되지 않는 항)과 분모 확산항의 비로 정의되며, 대류 열전달 과정에서 안정화 정도를 평가하는 기준으로 통상 1 이하이면 안정하고, 1 이상이면 불안정하다고 평가된다. 여기서, Pe_x 는 임의점 x에서 페클렛수(Peclet number)이다.

⑦ Churchill & Ozoe의 누셀 무차원 수(모든 프란틀수에 대한 Nu_x)

모든 프란틀수에 대하여 평판 위 층류 유동의 대류 열전달 과정에서 누셀수 Nu_x 를 구하는 단일 식으로 보통 Churchill & Ozoe의 주장에 의해 알려진 다음 식을 많이 사용하고 있다.

$$Nu_x = \frac{0.3387\, Re_x^{1/2}\, Pr^{1/3}}{[1 + (0.0468/Pr)^{2/3}]^{1/4}} \tag{12.47b}$$

⑧ 수평 평판 위 자연대류에 의한 누셀수

수평으로 놓여 있는 평판으로부터 자연대류에 의한 누셀수(Nusselt number) Nu_L를 구할 때 열전달 표면이 위면인지 아래면인지에 따라 자연대류에 의한 실험 관계식이 서로 다르다. 즉, 수평 평판의 가열면이 위로 향하는 경우는 식 (12.47c)를 이용하고, 수평 평판의 가열면이 아래를 향하는 경우는 식 (12.47d)를 각각 이용하여 누셀수를 구한다.

    ⓐ 가열면이 위를 향할 때 누셀수 구하기

$$\left.\begin{array}{l} Nu_L = 0.54\, Ra_L^{1/4} \quad (10^4 \leq Ra_L \leq 10^7) \\[6pt] Nu_L = 0.15\, Ra_L^{1/3} \quad (10^7 \leq Ra_L \leq 10^{11}) \end{array}\right\} \tag{12.47c}$$

    ⓑ 가열면이 아래를 향할 때 누셀수 구하기

$$Nu_L = 0.27\, Ra_L^{1/4} \quad (10^5 \leq Ra_L \leq 10^{10}) \tag{12.47d}$$

(2) 등온 수평 평판상 난류 유동의 경우

비정상상태의 난류 경계층 문제에서 대류 열전달 과정에 대한 각종 매개변수의 엄밀한 해를 구하는 것은 본질적으로 불가능하나 $Re \simeq 10^8$ 범위에 있는 난류 유동의 경우는 실험식으로 다음과 같이 몇 가지 식이 사용되고 있다.

① 경계층 두께(δ)

$$\delta = 0.37\, x\, Re_x^{-1/5} \tag{12.48a}$$

② 국소 마찰계수($C_{f,x}$)

$$C_{f,x} = 0.0592\, Re_x^{-1/5} \quad (Re_{x,c} \leq Re_x \leq 10^8) \tag{12.48b}$$

    여기서, $Re_{x,c}$: 임계 레이놀즈수

③ 누셀수(Nu_x)

$$Nu_x = 0.0296\, Re_x^{4/5}\, Pr^{1/3} \quad (0.6 \leq Pr \leq 60),$$
$$Re_L = 5 \times (10^5 \sim 10^7) \tag{12.48c}$$

(3) 천이 혼합 경계층의 경우

천이 혼합 경계층 상황에서는 층류영역 $0 \leq x \leq x_c$와 난류영역 $x_c < x \leq L$ 에 걸쳐 앞의 식들을 적분한 결과식을 사용한다.

① 평균 열전달계수($\overline{h}_L$)

다음 식을 적분하여 구할 수 있고, 이때 천이는 $x = x_c$ 점에서 갑자기 발생한 다고 가정하였다.

$$\overline{h}_L = \frac{1}{L}\left(\int_0^{x_c} h_{lam}dx + \int_{x_c}^{L} h_{tur}dx \right)$$

$$= \frac{\kappa}{L}\left[0.332\left(\frac{u_\infty}{\nu}\right)^{1/2} \int_0^{x_c} \frac{dx}{x^{1/2}} + 0.0296\left(\frac{u_\infty}{\nu}\right)^{4/5} \int_{x_c}^{L} \frac{dx}{x^{1/5}} \right] Pr^{1/3} \tag{12.49a}$$

위 식에서 h_{lam} 는 식(12.45c), h_{tur} 는 식(12.48c)를 적용하였다.

② 평균 누셀수($\overline{Nu}_L$)

$$\overline{Nu}_L = (0.037\,Re_L^{4/5} - A)Pr^{1/3} \tag{12.49b}$$

여기서, $A = 0.037\,Re_{x,c}^{4/5} - 0.664\,Re_{x,c}^{1/2}$ 이고, $Re_{x,c}$ 는 임계 레이놀즈수이 다. 따라서 A의 값은 임계 레이놀즈수에 의해 결정된다. 단, $Re_L = 5 \times (10^5 \sim 10^7)$ 범위의 난류 영역에서는 $A = 871$ 정도의 값을 갖는다.

③ 평균 마찰계수($\overline{C}_{f,L}$)

$$\overline{C}_{f,L} = \frac{1}{L}\left(\int_0^{x_c} C_{f,x,lam}dx + \int_{x_c}^{L} C_{f,x,tur}dx \right)$$

$$= 0.074\,Re_L^{-1/5} - \frac{2A}{Re_L} \quad (Re_{x,c} \leq Re_L \leq 10^8) \tag{12.49c}$$

만약, 천이가 발달하여 완전히 난류 경계층으로 바뀔 경우 $Re_{x,c} = 0$이 되므로 $A = 0$이 된다. 이 경우는 난류 발생장치를 통한 교란 등에서 찾아 볼 수가 있다.

(4) 등온 수직 평판상 자연대류의 경우 누셀수

이번에는 수직으로 놓여 있는 평판이 가열되어 등온을 유지할 때 대류에 의한 열전달 과정을 살펴보면 다음과 같다. 통상은 열전달에 의해 평판에 가까운 유 체는 가열되어 밀도가 낮아져 부력효과로 인해 수직면을 따라 위로 상승하여 자

천이 혼합 경계층

난류 발생장치

등온 수직 평판

연대류가 발생한다. 따라서 고온벽 표면 주위에는 밀도차에 의해 속도 경계층과 온도 경계층이 형성된다. 이와 같이 수직 평판을 따라 열전달과 자연대류가 있을 경우 누셀수 Nu_L를 구하는 실험 관계식을 소개하면 다음과 같다.

① 층류가 형성된 경우

$$Nu_L = 0.59\,Ra_L^{1/4} \quad (10^4 \leq Ra_L \leq 10^9) \tag{12.50a}$$

② 난류가 형성된 경우

$$Nu_L = 0.1\,Ra_L^{1.3} \quad (10^9 \leq Ra_L \leq 10^{13}) \tag{12.50b}$$

③ 수직평판에 대류 열전달이 있을 때 모든 Ra_L에 대하여 누셀수

$$Nu_L = \left[0.825 + \frac{0.387\,Re_L^{1/6}}{[1 + (0.492/Pr)^{9/16}]^{8/27}} \right]^2 \tag{12.50c}$$

④ 수직평판이 완전히 밀폐된 공간에서 자연대류일 때 누셀수

형상비   가열되고 있는 밀폐된 평판 사이에 자연대류가 있을 때는 형상비(H/L)와 프란틀수(Pr) 그리고 레이놀즈수(Re_L)의 크기에 따라서 다음과 같은 실험 관계식이 사용되고 있다. 이때, 계산을 위해 사용되는 물성치들은 온도평균 $[(T_1 + T_2)/2]$에 해당하는 값을 찾아 사용하면 된다.

$$Nu_L = 0.22 \left(\frac{Pr \cdot Ra_L}{0.2 + Pr} \right)^{0.29} \left(\frac{H}{L} \right)^{-1/4} \quad (2 < H/L < 10),$$
$$Ra_L < 10^{10} \tag{12.50d}$$

$$Nu_L = 0.42\,Ra_L^{1/4}\,Pr^{0.012} \left(\frac{H}{L} \right)^{-0.3} \quad (10 < H/L < 40),$$
$$1 < Pr < 2 \times 10^4, \ 10^4 < Ra_L < 10^7 \tag{12.50e}$$

$$Nu_L = 0.46\,Ra_L^{1/3} \quad (1 < H/L < 40),$$
$$1 < Pr < 20, \ 10^6 < Ra_L < 10^9 \tag{12.50f}$$

(5) 직교 원통 주위의 외부유동의 경우

외부유동 중에는 [그림 12.19]와 같이 원통의 축에 수직한 유체유동이 있다. 그림에서 보듯이 자유유동 중의 유체는 압력의 증가와 함께 원통 전방 중앙부 A 의 정체점(stagnation point)에서는 정지된다. 이 정체점으로부터 유선 좌표상 x 의 증가에 따라 정상유동일 때 속도는 증가하면 압력은 감소한다. 즉, 속도 임계점까지 압력은 $\dfrac{dP}{dx} < 0$ 이 되고 최소압력까지 경계층은 발달한다. 이후 계속 유동하는 유체는 경계층에서 순압력구배의 증가 $\left(\dfrac{dP}{dx} \gg 0\right)$ 로 이어지고 어느 시점에서 유속의 감소로 압력구배 $\dfrac{dP}{dx} = 0$ 이 되는 점이 존재하는데, 이 점을 박리점(separation point)이라고 한다. 박리점 이후 유동은 하류영역에서 압력의 감소로 인한 역압력구배로 후류(wake)가 발생한다. 후류영역은 [그림 12.19]에서 보듯이 층류보다 난류에서 좁아진다. 이것은 난류에서 유체의 유속증가로 박리점 위치가 뒤에 나타나기 때문이다.

외부유동

정체점(stagnation point)

순압력구배

박리점(separation point)

역압력구배

후류(wake)

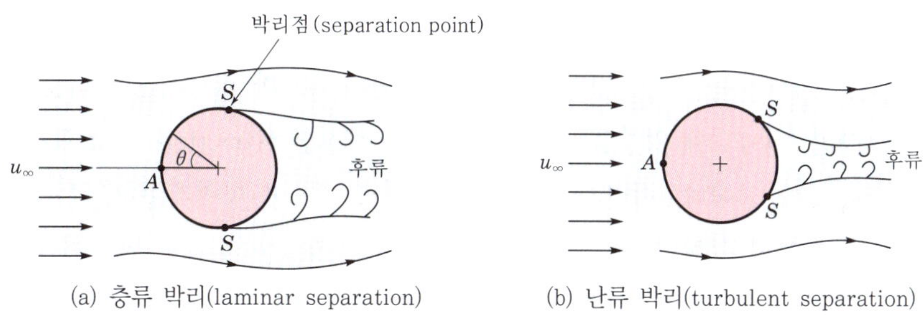

[그림 12.19] 입구 자유유동의 경우 원형단면 주위 경계층 형성과 속도구배와 압력구배, 정체점, 박리, 후류

① 유체의 원통 주위 직교유동에서 국소 누셀수(Nu_D)

ⓐ 정체점($\theta = 0$)에서 누셀수

$$Nu_D = 1.15 \, Re_D^{\,1/2} \, Pr^{1/3} \quad (Pr \geq 0.6) \tag{12.51a}$$

ⓑ 평균 누셀수 : Hilpert's 식

$$\overline{Nu}_D = \frac{\overline{h}D}{\kappa} = C(Re_D)^m \, Pr^{1/3} \quad (Pr \geq 0.7) \tag{12.51b}$$

여기서, 원통관 위 대류 열전달 유체의 레이놀즈수는 $Re_D = \dfrac{VD}{\nu} = \dfrac{\rho VD}{\mu}$ 로부터 구하고, D는 원통관의 직경이다.

위 식에서 원형관상의 직교유동에 대한 C와 m은 실험상수로 [표 12-2]에서 보는 바와 같고, 비원형 단면의 사각단면과 육각단면 방향에 따른 C와 m의 수정값도 [표 12-2]에서 찾아 사용하면 된다.

[표 12-2] 직교유동에 대한 원형단면 및 비원형단면 방향에 따른 상수 C와 m의 값

원형단면				비원형단면			
Re_D	C	m		Re_D	C	m	
0.4~4	0.989	0.330		6,000~60,000	0.304	0.590	
4~40	0.911	0.385		5,000~60,000	0.158	0.660	
40~4,000	0.683	0.466		5,200~20,400	0.164	0.638	
4,000~40,000	0.193	0.618		20,400~105,000	0.039	0.780	
40,000~400,000	0.027	0.805		4,500~90,700	0.150	0.638	

기타, 원통상의 직교유동에 대한 추가 식으로는 Zhukauskas 식이 알려져 있으나, 본 교재에서는 생략하였다. 그리고 원통형의 단면에 작용하는 항력을 F_D라고 한다면, 이 F_D에 영향을 주는 항력으로는 마찰항력(friction drag)과 형상항력(shape drag)이다. 따라서 항력 F_D를 알고 있다면 항력계수 C_D는 다음 식 (12.52)로부터 구한다.

$$C_D \simeq \frac{F_D}{A_f (\rho V^2/2)} \tag{12.52}$$

여기서, A_f는 원통의 자유흐름의 방향에서 바라본 투영면적(frontal area)이다.

(6) 구 주위의 외부유동의 경우

구(sphere) 모양의 물체를 지나는 유동과 관련된 경계효과는 그 특성이 원통 주위의 유동과 매우 유사하다. 만약, 레이놀즈수(Reynolds number)가 매우 작은 유동의 경우라면 항력계수 C_D를 구하는 식은 다음 식 (12.53)와 같고, 평균 누셀수 $\overline{Nu}_D$를 구하는 관련 식은 다음 식 (12.54a, b)와 같다.

$$C_D = \frac{24}{Re_D} \quad (Re_D \leq 0.5) \tag{12.53}$$

① 구 주위에서 평균 누셀수(Whitaker 식)

$$\overline{Nu}_D = 2 + (0.4\,Re_D^{\,1/2} + 0.06\,Re_D^{\,2/3})Pr^{0.4}\left(\frac{\mu}{\mu_s}\right)^{1/4} \quad (12.54a)$$

여기서, $0.71 \le Pr \le 380$, $3.5 \le Re_D \le 7.6 \times 10^4$, $1.0 \le (\mu/\mu_s) \le 3.2$ 범위값을 가질 때 적용할 수 있다. 그리고 μ_s 는 구 표면 위의 유체의 점성계수, μ_s 는 유체가 T_∞ 값을 가질 때 유체의 점성계수이다.

② 자유낙하 액체 물방울과 같은 특수한 구의 평균 누셀수

자유낙하 하는 물방울과 같은 특수한 구의 외부유동에서 평균 누셀수 $\overline{Nu}_D$ 를 구하는 식은 다음 식 (12.54b)와 같다.

자유낙하 액체 물방울

$$\overline{Nu}_D = 2 + 0.6\,Re_D^{\,1/2}\,Pr^{1/3} \quad (12.54b)$$

예제 12.8

그림과 같이 열교환기의 알루미늄 핀(fin)이 대기의 유동방향과 같은 방향으로 장착되어 있다. 핀의 바탕면 온도가 100℃이고, 공기의 자유 흐름속도는 $u_\infty = 8$m/s, 대기의 온도는 40℃ 라면 다음 질문에 답하라. 단, 공기의 동점성계수 $\nu = 2.005 \times 10^{-5}$m^2/s, 밀도 $\rho = 1.061$kg/m^3, 열전도율 $\kappa_{air} = 0.0295$W/m·K, $Pr = 0.699$, 평판 알루미늄의 열전도율은 $\kappa_{Al} = 238$W/m·K의 값을 가진다.

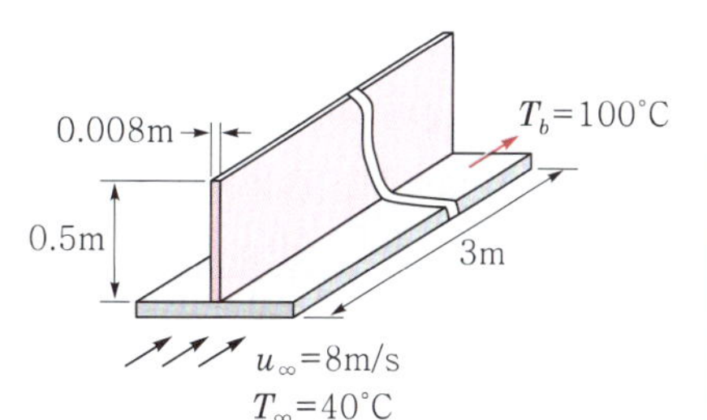

(1) 천이점 위치 x_c 는 평판 입구로부터 몇 m에서 발생하는가?

(2) 평균 마찰항력계수 $\overline{C}_f$ 는?

(3) 공기의 평판으로부터의 점성항력계수 D_f 는 몇 N인가?

(4) 평판으로부터 공기로의 평균 열전달계수 $\overline{h}_c$[W/m^2·K]은?

풀이 $Re_L = \dfrac{u_\infty L}{\nu} = \dfrac{8\text{m/s} \times 3\text{m}}{2,005 \times 10^{-5}\text{m}^2/\text{s}} = 1{,}197{,}007 > 5 \times 10^5$

난류 유동이다. 따라서 난류 관련식을 이용하여 답을 구한다.

(1) $Re_x = \dfrac{u_\infty x_c}{\nu} = 5 \times 10^5$(난류 임계점) $\Rightarrow x_c = \dfrac{(5 \times 10^5) \times \nu}{u_\infty}$

$\therefore x_c = \dfrac{(5 \times 10^5) \times (2.005 \times 10^{-5}\text{m}^2/\text{s})}{8\text{m/s}} = 1.253\,\text{m}$

$$(2)\quad \overline{C_f} = 0.072\left(Re_L^{-1/5} - \frac{0.0464x_c}{L}\right)$$

$$= 0.072\left[(11.97\times10^5)^{-1/5} - \left(\frac{0.0464\times1.253}{3}\right)\right] = 2.987\times10^{-3}$$

$$(3)\quad D_f = 2\tau_s A = \overline{C_f}\rho u_\infty^2 A\left(\text{단},\ C_f = \frac{\tau_s}{\rho u_\infty^2/2}\right)$$

$$\therefore\ D_f = 2.987\times10^{-3}\times1.061\mathrm{kg/m^3}\times(8\mathrm{m/s})^2\times(0.5\times3)\mathrm{m^2} = 0.304\mathrm{N}$$

$$(4)\quad \overline{h_c} = \frac{k}{L}0.036Pr^{1/3}\left[Re_L^{4/5} - 23{,}200\right]$$

$$= \frac{0.0295\mathrm{W/m\cdot K}}{3\mathrm{m}}\times0.036\times(0.699)^{1/3}\times\left[(11.97\times10^5)^{0.8} - 23{,}200\right]$$

$$= 15.6\mathrm{W/m^2\cdot K}$$

예제 12.9

항공기가 고도 1.5km 상공에서 대기압을 측정하였을 때 90kPa이고, 대기온도는 −10℃이었다. 만약, 이 공기가 항공기의 날개 위 엔진 설치 특정 부위 평판표면 온도 60℃ 위를 유속 10m/s로 흐를 때 특정 평판의 크기는 2.5m×3.0m이다. 평판으로부터 대류 전 열전달량 Q[W]를 계산하라. (단, 공기의 열전도율 $\kappa = 0.0303\mathrm{W/m\cdot K}$, 프란틀수 $Pr = 0.71$, 동점성계수 $\nu = 3.102\times10^{-5}\mathrm{m^2/s}$이다.)

풀이 평판 위에서 평행하게 유동하는 유체가 층류, 천이, 난류 유동 여부를 확인한 후 관련식을 적용하여 답한다.

$$Re_L = \frac{u_\infty L}{\nu} = \frac{10\mathrm{m/s}\times3.0\mathrm{m}}{3.102\times10^{-5}\mathrm{m^2/s}} \fallingdotseq 9.67\times10^5$$

$$\Rightarrow Re_L = 9.67\times10^5 > 5\times10^5\ :\ \text{난류유동이다.}$$

유동은 난류유동 형태이므로 관계식을 적용하여 $\overline{Nu}_L$과 $\overline{h}$, Q를 각각 구한다. 단, $Re_L = 5\times(10^5\sim10^7)$ 범위일 때 A=871 정도의 값을 갖는다.

식(12.49b)로부터 : $\overline{Nu}_L = (0.037Re_L^{4/5} - A)Pr^{1/3}$

$$\Rightarrow \overline{Nu}_L = \left[0.037\times(9.67\times10^5)^{0.8} - 871\right]\times(0.71)^{1/3}$$

$$= 1251.38$$

따라서,

$$\overline{Nu}_L = \frac{\overline{h}L}{\kappa} \rightarrow \overline{h} = \frac{\overline{Nu}_L\cdot\kappa}{L} = \frac{1251.38\times0.0303\mathrm{W/m\cdot K}}{3.0\mathrm{m}} \fallingdotseq 12.64\mathrm{W/m^2\cdot K}$$

$$\therefore\ Q = \overline{h}A_s(T_s - T_\infty)$$

$$= 12.64\mathrm{W/m^2\cdot K}\times(2.5\times3)\mathrm{m^2}\times(60+10)\mathrm{K}$$

$$\fallingdotseq 6.636\times10^3\mathrm{W} = 6.636\mathrm{kW}$$

예제 12.10

전기로가 설치되어 있는 실내공간에 0.8m×0.8m의 얇은 정사각 판형이 노와 실내의 나머지 공간과 격리를 위해 설치되어 있다. 나머지 공간의 실내 공기 온도는 34℃로 일정하게 유지되고, 격리 평판의 한쪽 면은 노에 가까이 놓여 있어 88℃의 비교적 높은 온도를 유지하고 있을 때 다음 질문에 답하라. 단, 판의 평균온도 즉, 61℃(=334K)에서 공기의 동점성계수 $\nu = 1.812 \times 10^{-5} m^2/s$, 열전도율 $\kappa_a = 0.0250 W/m \cdot K$, 프란틀수 $Pr = 0.71$, 압축율 $\beta = 1/334$이다.

(1) 이 판이 수직으로 설치된 경우 자연대류에서의 열전달계수 $h[W/m^2 \cdot K]$와 자연대류에 의한 판형으로부터 전 열전달량 $Q[W]$를 각각 계산하라?

(2) 만약, 뜨거운 면이 위로 향하게 아래 바닥쪽에 놓이도록 수평으로 설치한 경우의 자연대류에 의한 열전달계수 $h[W/m^2 \cdot K]$와 자연대류에 의한 판형으로부터 전 열전달량 $Q[W]$를 각각 계산하라?

풀이 여기서, $\beta = \dfrac{1}{T_{av}} = \dfrac{1}{\left(\dfrac{88+34}{2}\right)+273} = \dfrac{1}{334}$ 값을 사용한다.

(1)
$$G_r = \frac{g\beta(T_s - T_\infty)L^3}{\nu^2} = \frac{9.8 \times \left(\dfrac{1}{334}\right) \times (88-34) \times (0.8)^3}{(1.812 \times 10^{-5})^2}$$

$$= 2,470 \times 10^6 \Rightarrow Ra_L = G_r \cdot P_r = 2,470 \times 10^6 \times (0.71)$$

$$\fallingdotseq 17.54 \times 10^8 \text{이다.}$$

식 (12.50c)와 같이 수직평판 위 모든 Re_L일 때 누셀수 $\overline{Nu}_L$는 다음과 같이 구한다.

$$\Rightarrow \overline{Nu}_L = \left[0.825 + \frac{0.387 Ra_L^{1/6}}{\left[1+(0.492/Pr)^{9/16}\right]^{8/27}}\right]^2$$

$$= \left[0.825 + \frac{0.387 \times (17.54 \times 10^8)^{1/6}}{\left[1+(0.492/0.71)^{9/16}\right]^{8/27}}\right]^2 \fallingdotseq 163.61$$

식 (12.43)으로부터 평균 열전달계수 $\overline{h}$를 구하면 다음과 같다.

$$\overline{Nu}_L = \frac{\overline{h}L}{\kappa}$$

$$\Rightarrow \overline{h} = \frac{\overline{Nu}_L \cdot \kappa}{L} = \frac{163.61 \times 0.0250 W/m \cdot K}{0.8m} \fallingdotseq 5.113 W/m^2 \cdot K$$

$$\therefore Q = \overline{h}A(T_s - T_\infty)$$

$$= 5.113 W/m^2 \cdot K \times 0.64 m^2 \times (88-34)K \fallingdotseq 176.70 W$$

(2) 평판이 수평이면서 가열면이 위를 향하는 형식일 때 다음과 같이 구한다. 이 경우는 평판이 바닥에 있을 때이다. 먼저, 특성거리 L_p를 구한 후 Re_L를 구한다. 즉,

$$L_p = \frac{A}{P} = \frac{L^2}{4L} = \frac{L}{4} = \frac{0.8}{4} = 0.2m$$

[여기서, A : 면적, P : 접수길이]

$$\Rightarrow Ra_L = Gr \cdot Pr = \frac{g\beta(T_s - T_\infty)L_p^3}{\nu^2} \cdot Pr$$

$$= \frac{9.8 \times \dfrac{1}{334} \times (88-34) \times (0.2)^3}{(1.812 \times 10^{-5})^2} \times 0.71 \fallingdotseq 2.741 \times 10^7$$

이 경우는 평판이 바닥에 설치되어 가열면이 위를 향할 때이므로 식 (12.47c)로부터 $\overline{Nu}_L$를 구한다. 즉,

$$\Rightarrow \overline{Nu}_L = 0.15 Ra_L^{1/3} = 0.15 \times (2.741 \times 10^7)^{1/3} \fallingdotseq 45.20$$

따라서, 식 (12.43)으로부터 평균 열전달 계수 $\overline{h}$를 구하면 다음과 같다. 단, L은 특성길이 L_p로 대신한다.

$$\overline{Nu}_L = \frac{\overline{h}L}{\kappa} \Rightarrow \therefore \overline{h} = \frac{\overline{Nu}_L \cdot \kappa}{L_p} = \frac{45.20 \times 0.0250 \text{W/m} \cdot \text{K}}{0.2\text{m}}$$

$$\fallingdotseq 5.65 \text{W/m}^2 \cdot \text{K}$$

$$\therefore \quad Q = \overline{h}A(T_s - T_\infty)$$

$$= 5.65\text{W/m}^2 \cdot \text{K} \times 0.64\text{m}^2 \times (88-34)\text{K} \fallingdotseq 195.26\text{W}$$

예제 12.11

실내의 벽체에 겨울철 높이 0.9m, 폭 1.40m의 크기로 수직 2중 유리창이 서로 2.0cm만큼 떨어져 설치되어 있고, 두 장의 유리 사이는 대기 공기가 밀폐 단열층을 구성하고 있다. 이때, 단열 공기층을 향한 각 유리면의 온도는 공기층 내부 표면온도가 13℃, 외부 공기와 접하는 유리면의 온도가 3℃일 때 유리창을 통한 열전달량 Q[W]를 구하라. 여기서, 실내 공기의 온도는 25℃로 실내 유리면의 온도와 같다.

풀이 단열층 공기 평균온도 $(13+3)/2 = 8℃ = 281\text{K}$이다. 따라서 공기의 물성치는 $g = 9.8\text{m/s}^2$, $k_a = 0.02541\text{W/m} \cdot \text{K}$, $Pr = 0.74$, $\nu = 1.311 \times 10^{-5}\text{m}^2/\text{s}$이다.

또, $A = (0.9 \times 1.40)\text{m}^2$, $\beta = \dfrac{1}{T_{av}} = \dfrac{1}{281}$ 값을 적용한다.

식 (12.44)로부터,

$$Ra_L = Gr \cdot Pr$$

$$= \frac{g\beta(T_1 - T_2)L^3}{\nu^2} \cdot Pr = \frac{9.8 \times \dfrac{1}{281} \times (13-3) \times (0.02)^3}{(1.311 \times 10^{-5})^2} \times 0.74$$

$$= 1.2012 \times 10^4 : 10^4 < Ra_L < 10^7 \quad (\text{단, } L = 2.0\text{cm} = 0.02\text{m})$$

의 경우이다.

밀폐공간의 자연대류의 경우이므로 다음 관계식을 적용하여 누셀수를 구한 후 유리창을 통한 열손실량 Q를 계산한다. 먼저, 형상 종횡비(H/L)를 구하면 다음과 같다.

$$\frac{H}{L} = \frac{0.9}{0.03} = 30 \to 10 < \frac{H}{L} < 40$$ 일 때는 다음 관계식을 사용하여 $\overline{Nu}_L$를 구한다.

$$\Rightarrow \overline{Nu}_L = 0.42 Ra_L^{1/4} Pr^{0.012}\left(\frac{H}{L}\right)^{-0.3} = 1.579 \fallingdotseq 1.58$$

$$\text{단, } \overline{Nu}_L = \frac{\overline{h}L}{k_a} \Rightarrow \overline{h} = \frac{\overline{Nu}_L \cdot k_a}{L} \text{ 이다.}$$

$$\therefore \ Q = \overline{h}A(T_1 - T_2) = \frac{\overline{Nu}_L \cdot k_a}{L}A(T_1 - T_2)$$

$$= \left(\frac{1.58 \times 0.02541 \text{W/m} \cdot \text{K}}{0.02\text{m}}\right) \times (0.9 \times 1.4)\text{m}^2 \times (13-3)\text{K} \fallingdotseq 25.26\text{W}$$

12.8 단면이 일정한 평면판과 원통관의 열전달 및 열저항

1차원 정상상태(steady state)일 때 열전달 물질이 오롯이 1차원 온도구배만 존재하면서 균질한 매질로써 매질의 내부에는 열발생 $\dot{Q}_g$가 전혀 없는 경우에 대한 열전도 관계식들을 유도하고자 한다. 따라서 1차원 열전달 방정식을 이용하여 균일 단면의 평판 및 단면이 일정한 원통관 내의 온도분포 $T(x)$와 이러한 온도분포식으로부터 단위면적당 열전달률 q_x를 푸리에(Fourier)의 열전도 법칙으로부터 구하는 과정을 알아본다. 이때, 열저항 개념도 소개하고 열저항 회로망을 구성하여 다중의 복합 직렬평판과 다중의 직·병렬평판 그리고 다중의 복합 원통관에 대한 관계식과 열전달률도 동시에 구해보고자 한다. 열저항 개념은 대류 열전달 과정에도 적용할 수가 있고, 대류를 포함한 확장된 열저항 식을 추가로 세워서 다중 복합재료의 전도 및 대류 그리고 복사 열전달률을 합산한 계산과정도 알아보게 된다.

온도분포

열전달률

열저항 개념

열저항 회로망

확장된 열저항

1 평면벽의 1차원 열전달 과정의 온도분포와 열전달률

다음 [그림 12.20]과 같은 평면벽에서 정상상태이고 1차원 열전도 과정의 온도분포를 알아보면, 앞의 식 (12.23b)에서 내부 열발생이 없는 것으로 가정할 때 다음과 같이 요약된다. 즉, 정상상태의 경우 $\frac{\partial T}{\partial x} = 0$이고, 내부 열발생이 없는 경우 $\dot{E}_g = 0$이며, 1차원, 즉 x방향만의 열전도일 때 $\frac{\partial}{\partial y}\left(\kappa\frac{\partial T}{\partial y}\right) = 0$와 $\frac{\partial}{\partial z}\left(\kappa\frac{\partial T}{\partial z}\right) = 0$이다. 따라서 3차원 열확산 방정식에서 x항과 관련된 온도분포항만 남게 되고 남은 항의 편미분도 상미분식으로 고쳐 쓸 수가 있다. 따라서 나머지는 다음 식 (12.55)과 같다.

1차원 열전도 과정

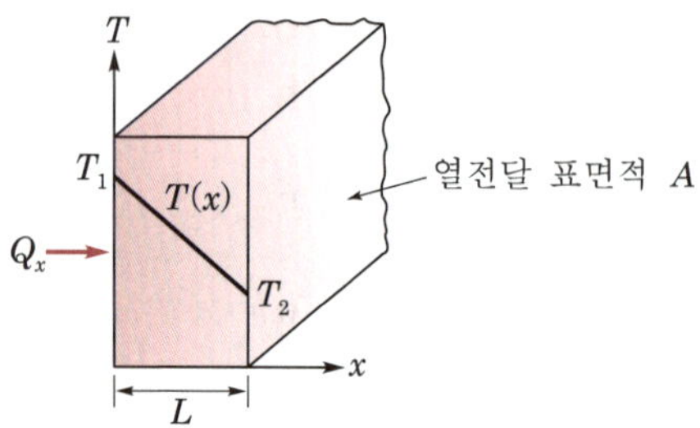

[그림 12.20] 1차원 열전도와 재료 내의 온도분포

$$\frac{d}{dx}\left(\kappa\frac{dT}{dx}\right) = 0 \tag{12.55}$$

온도분포의 일반식

위 식에서 재료의 열전도율 κ가 일정하다고 가정할 때 이것을 상수로 놓고 두 번 적분하면 두 개의 적분상수가 포함된 온도분포의 일반식이 구해지며 이는 다음 식 (a)와 같다.

$$\frac{d^2 T}{dx^2} = 0$$

$$\rightarrow \text{적분} \ \frac{dT}{dx} = C$$

$$\rightarrow \text{적분} \ T(x) = C_1 x + C_2 \tag{a}$$

경계조건
(boundary condition)

위 식으로부터 적분상수를 구하기 위해 경계조건(boundary condition)을 적용할 경우 완전한 온도분포식이 구해진다. 즉, $x = 0$일 때 평면벽의 온도는 T_1이고, $x = L$인 출구 평면벽의 온도는 T_2로 가정하고 있다. 따라서 경계조건 (B.C)를 위 식 (a)에 적용하면 적분상수 C_2, C_1은 각각 다음과 같다.

$$x = 0 \text{일 때}, \ T(0) = T_1 = 0 + C_2$$

$$\rightarrow \ C_2 = T_1 \tag{b}$$

$$x = L \text{일 때}, \ T(L) = T_2 = C_1 L + C_2 = C_1 L + T_1$$

$$\rightarrow \ C_1 = \frac{T_2 - T_1}{L} \tag{c}$$

위 식 (b), (c)를 온도분포의 일반식 (a)에 대입할 경우 온도분포 $T(x)$는 다음 식 (12.56)으로 계산한다.

$$T(x) = \left(\frac{T_2 - T_1}{L} \right) x + T_1 \tag{12.56}$$

이러한 온도분포 식은 1차원 정상상태이고 재료의 내부에서 열발생이 없을 때의 x 값의 변화에 따른 온도분포를 나타내는 식으로 같은 x점 위치에서 y, z점의 변화와 관계없이 온도는 모두 동일한 것이다.

이번에는 평면벽에서 전도(conduction)에 의한 열전도율을 찾아보면 다음과 같다. 즉, 푸리에의 열전도 방정식을 위의 식 (12.56)에 적용하여 평면벽을 통한 열전달률 Q_x를 구하면 다음 식 (12.57a)와 같다.

평면벽에서 전도
(conduction)

$$Q_x = -\kappa A \frac{dT}{dx} = \frac{\kappa A}{L}(T_1 - T_2) \tag{12.57a}$$

여기서, $\dfrac{dT}{dx} = \dfrac{T_2 - T_1}{L} + 0 = -\left(\dfrac{T_1 - T_2}{L} \right)$의 경우이고, $T_1 > T_2$와 같이 온도차가 존재할 때 평면벽 1의 단면으로부터 2의 단면으로 열전달이 발생한다. 만약, 평면벽의 면적을 A라 할 경우 단위면적당 열전달률 q_x는 다음 식 (12.57b)와 같이 쓸 수가 있다.

단위면적당 열전달률

$$q_x(x) = \frac{Q_x(x)}{A} = \frac{\kappa}{L}(T_1 - T_2) \tag{12.57b}$$

실제, 열유동 간에는 평면벽의 입구온도 T_1과 출구의 온도 T_2는 다른 대류 상태의 온도로부터 시작하지만 위 식의 경계조건에서는 $x = 0$과 $x = L$에서 온도 T_1 및 T_2의 경계조건만을 가정하여 설정한 경우이다. 따라서 이후는 평면벽 입구 전의 열유동 시점의 대류 온도와 출구 평면벽 밖의 열유동 종점의 대류 온도까지 고려한 열전달 과정도 고려된 열전달률을 열저항 개념으로부터 구해보고자 한다.

② 1차원 열전달 과정에서 열저항 개념

(1) 열저항 개념

열저항 개념

위와 같은 열유동 과정에서는 1차원 정상상태 열전달 과정으로 재료 내부에는 열발생이 없는 평면벽에 대한 온도분포와 열전달률식을 알아보았다. 사실 열과 전기도선 내의 전하들 사이에도 유사한 성질이 존재한다. 즉, 전기저항이 전기

전도와 관계가 있고, 열저항도 열전도와 관계가 있다. 따라서 위의 식 (12.57a)
을 [그림 12.21] (a)와 같은 평면벽 내의 1차원 전도 열전달 현상에 대하여 [그림
12.21] (b)와 같이 열회로망을 구성한 후 등가 열저항(thermal resistance) 개념
으로 표현할 경우 다음 식 (12.58a)와 같이 전도 열저항 $R_{t,cond}$로 놓고 쓸 수가
있다. 따라서 이러한 방식들은 다중의 복합물체의 전도 열유동과 대류 열유동
해석에도 적용이 가능하다.

등가 열저항
(thermal resistance)

$$R_{t,cond} = \frac{T_1 - T_2}{Q_x} = \frac{L}{\kappa A} \tag{12.58a}$$

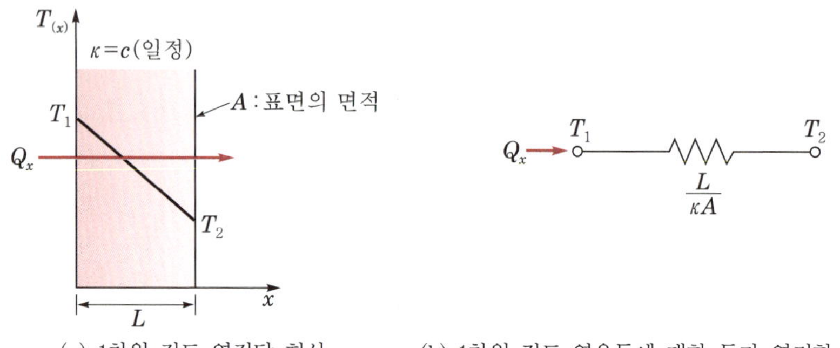

(a) 1차원 전도 열전달 현상 (b) 1차원 전도 열유동에 대한 등가 열저항 회로망

[그림 12.21] 1차원 열전도 현상과 열저항 회로망 구성

열전달 물질계
옴(Ohm)의 법칙

이번에는 열전달 물질계 내에 전기저항과 비교하기 위하여 전기전도에 대한
옴(Ohm)의 법칙을 적용하여 전기저항 R_e 식을 쓰면은 다음 식 (12.58b)와 같다.

$$R_e = \frac{E_1 - E_2}{I} = \frac{L}{CA} \tag{12.58b}$$

여기서, $E_1 - E_2 = V$(전위차)이고, 전류 I는 단위시간당, 단위면적당 전하의
양을 쿨롱(C)으로 나타낸 것이며, A는 도선의 면적 L은 도선의 길이를 말한다.

전하량의 크기
전기저항의 개념

이때, 1쿨롱이란 약 6.24×10^{18}개의 전자나 양성자에 의한 전하량의 크기이다.
 위와 같은 전기저항의 개념을 대류 열전달 과정에 적용하여 뉴턴 냉각법칙에
적용할 경우 다음과 같이 된다. 즉, 대류 열전달에 대한 냉각법칙식을 다시 써보
면 $Q_{c.v} = hA(T_s - T_\infty)$이고, 이 식을 열저항 개념에 적용할 때 식 (12.58c)와
같이 나타낼 수가 있다.

$$R_{t,conv} = \frac{T_s - T_\infty}{Q_{c.v}} = \frac{1}{hA} \tag{12.58c}$$

이상, 전기 회로의 전기저항 회로망과 같이 열전달 과정에서 열저항 회로망을 적절히 이용한다면 열전달의 다양한 문제를 개념적으로 정량화하는 데 매우 유용한 하나의 도구로 사용할 수가 있고 매우 편리한 부분이 있다.

(2) 1차원 열저항 개념의 응용 예

위와 같은 열저항 개념을 [그림 12.22] (a)와 같은 다중의 열전달 과정에 적용하여 열회로망을 개념화하고 그것을 정량화할 경우 다음과 같다. 즉, 열유동에 대한 등가 열저항 회로망 [그림 12.22] (b)로부터 대류 및 전도 과정에 각각 적용하면 열전달률은 다음 식 (12.59a)와 같게 된다.

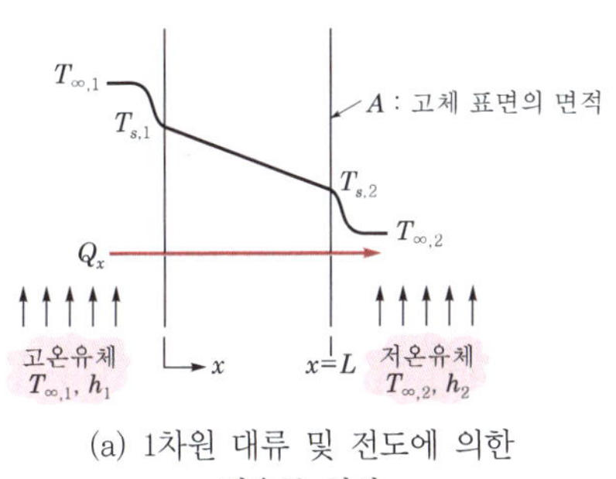

(a) 1차원 대류 및 전도에 의한 열유동 현상

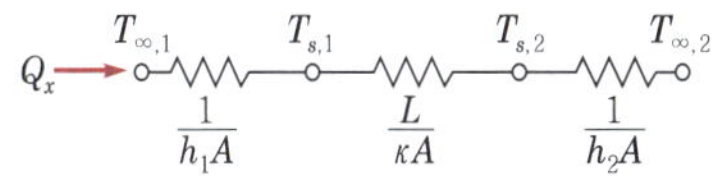

(b) 1차원 대류 및 전도에 의한 등가 열저항 회로망

[그림 12.22] 1차원 대류 및 전도 모두 고려한 열유동 현상과 열저항 회로망

$$Q_x = \frac{T_{\infty,1} - T_{s,1}}{1/h_1 A} = \frac{T_{s,1} - T_{s,2}}{L/\kappa A} = \frac{T_{s,2} - T_{\infty,2}}{1/h_2 A} \tag{12.59a}$$

위 식을 최종 온도차 $T_{\infty,1} - T_{\infty,2}$와 전 열저항 R_{tot}을 사용하여 정리하면 다음과 같다. 즉, 식 (12.59a)에 대하여 모든 우변 항들을 서로 합한 후 최종 결과만을 정리하여 쓰면 식 (12.59b)와 같은 전 열전달률 Q_x 형식만 남게 된다.

$$Q_x = \frac{T_{\infty,1} - T_{\infty,2}}{R_{tot}} \tag{12.59b}$$

여기서, 전 열저항 R_{tot}은 다음과 같다.

$$R_{tot} = \frac{1}{h_1 A} = \frac{L}{\kappa A} = \frac{1}{h_2 A} \tag{12.59c}$$

위 식 (12.59c)에서 우변의 첫 번째 항은 입구의 대류 열저항이고, 두 번째 항은 전도 열저항 그리고 세 번째 항은 출구의 대류 열유동에 의한 열저항이다. 기체 내에서 종종 자유대류에 의한 대류 열전달계수가 작은 값일 때는 복사 열교환도 중요한 값으로 취급될 수가 있다. 이 경우 앞의 식 (12.59a)를 복사 열저항 개념에 적용할 경우 $R_{t,rad}$는 다음 식 (12.59d)와 같다.

$$Q_{rad} = h_r A(T_s - T_{surr})$$

$$\rightarrow R_{t,rad} = \frac{T_s - T_{surr}}{Q_{rad}} = \frac{1}{h_r A} \tag{12.59d}$$

(3) 1차원 다중 직렬평판의 열저항 응용 예

열저항의 응용 예의 하나로는 [그림 12.23] (a)와 같이 1차원 2중(다중) 직렬평판의 복합 열전달현상이 있을 경우 열전달률에 대한 열저항 개념을 적용하여 살펴볼 수 있다. 그림 (a)와 같이 다중의 직렬평판으로 구성되어 있을 때 열전달률을 구하기 위하여 그림 (b)와 같이 열저항 개념의 열회로망을 구축하여 식을 세울 수가 있다. 이때, 열저항 회로망으로부터 1차원 열전달 과정의 구성을 살펴보면, 열유동 입구는 출구보다 고온의 자유흐름의 대류 열전달로부터 시작하고 이어서 2개의 평판이 직렬로 겹쳐져 전도 열전달이 발생한다. 마지막 열전달 출구는 입구보다 저온의 자유흐름의 대류 열유동으로 계속되며 전체를 하나의 열전달 검사계로 볼 수가 있다. 모든 위치에서 Q_x는 같게 되므로 전체 열전달률의 관계식은 식 (12.60a)와 같이 쓸 수 있다.

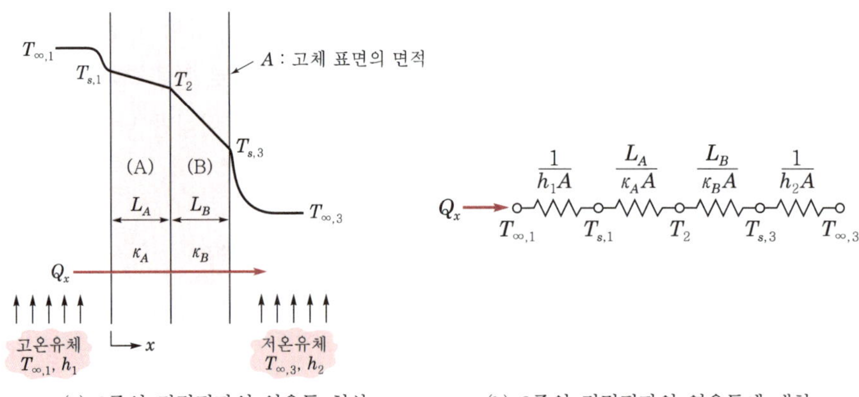

(a) 2중의 직렬평판의 열유동 현상 (b) 2중의 직렬평판의 열유동에 대한 등가 열저항 회로망

[그림 12.23] 다중의 직렬평판의 열유동 현상과 열저항 회로망

$$Q_x = \frac{T_{\infty,1} - T_{s,1}}{1/h_1 A} = \frac{T_{s,1} - T_2}{L_1/\kappa_1 A} = \frac{T_2 - T_3}{L_2/\kappa_2 A}$$

$$= \frac{T_{s,3} - T_{\infty,3}}{1/h_2 A} \tag{12.60a}$$

위 식의 각 항을 서로 합하면 분자에는 $T_{\infty,1} - T_{\infty,3}$의 온도차만 남게 되고, 분모는 열저항의 합이 되면서 그 합을 $\sum_i R_i$로 놓을 때 전 열전달률 Q_x는 다음 식 (12.60b)와 같다.

전 열전달률

$$Q_x = \frac{T_{\infty,1} - T_{\infty,3}}{\sum_i R_i} \tag{12.60b}$$

여기서, 전 열저항 R_{tot}은 다음 식 (12.60c)와 같다.

전 열저항

$$\sum_i R_i = R_{tot} = \frac{1}{h_1 A} + \frac{L_1}{\kappa_1 A} + \frac{L_2}{\kappa_2 A} + \frac{1}{h_2 A} \tag{12.60c}$$

위와 같은 복합 열전달계에서는 편리상 뉴턴의 냉각법칙과 유사한 표현방식인 열관류계수(overall heat transfer) U를 사용하여 다음 식 (12.61a)과 같이 쓰기도 한다.

열관류계수
(overall heat transfer)

$$Q_x = UA\,\Delta T \tag{12.61a}$$

여기서, ΔT는 열전달 시스템의 최종 온도차를 나타낸 것으로 $T_{\infty,1} - T_{\infty,3}$ 이고, $UA = \dfrac{1}{R_{tot}}$ 관계로부터 열관류계수는 $U = \dfrac{1}{R_{tot} A}$ 이다. 따라서 [그림 12.23] (a)와 같은 직렬의 복합벽에서 열관류계수 U의 최종 식은 다음 식 (12.61b)와 같음을 알 수 있다.

직렬의 복합벽에서
열관류계수

$$U = \frac{1}{R_{tot} A} = \frac{1}{\dfrac{1}{h_1} + \dfrac{L_1}{\kappa_1} + \dfrac{L_2}{\kappa_2} + \dfrac{1}{h_2}} \tag{12.61b}$$

(4) 1차원 다중의 직-병렬평판의 열저항 응용 예

이번에는 [그림 12.24] (a)와 같은 다중의 직렬과 병렬평판이 결합된 형태의 1차원 열유동 현상에 대하여 열저항 개념을 적용한 [그림 12.24] (b)와 같이 열저항 회로망을 구성한 후 열전달률을 계산하면 다음과 같게 된다. 그림 (a)에서 보는 바와 같이 직렬과 병렬평판이 번갈아 배열되어 있고, 열전달 현상은 다중의 복합 열전달 현상이다. 그림 (a)와 같은 임의점 x 위치의 수직면에서는 모두 다등온이라 가정할 때 열전달률 Q_x는 다음 식 (12.62a)와 같다.

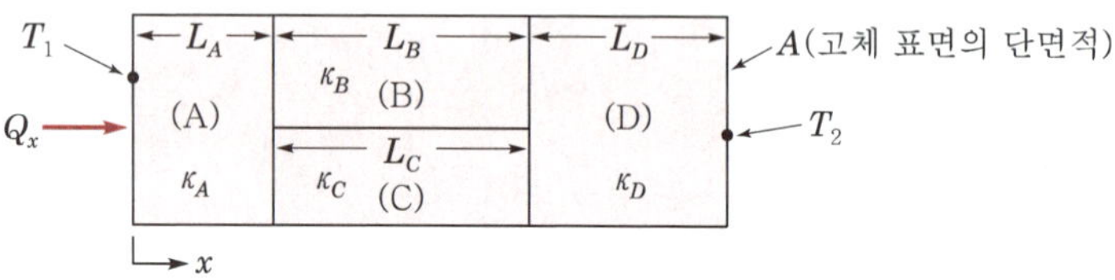

(a) 직-병렬평판이 혼합된 열유동 현상

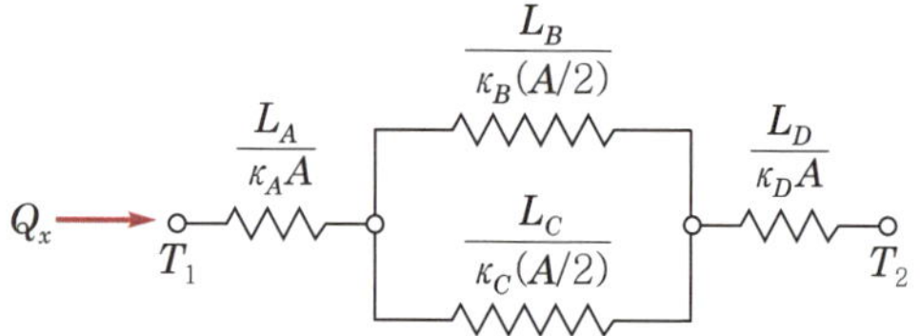

(b) 직-병렬평판이 혼합된 열유동 현상

[그림 12.24] 다중의 1차원 직·병렬평판의 열유동 현상과 열저항 회로망

$$Q_x = \frac{\Delta T}{\sum_i R_i} = \frac{\Delta T}{R_{tot}} \tag{12.62a}$$

이와 같은 직·병렬평판의 복합 열전달 과정에서 외부 자유흐름을 고려하지 않을 때는 온도차가 $\Delta T = T_1 - T_2$뿐이다. 이때, 열저항은 오롯이 직렬과 병렬의 전도에 의한 열저항의 결합뿐이다. 따라서 그림 (b)와 같은 열저항 회로망으로부터 전 열저항 R_{tot}은 다음 식 (12.62b)와 같다. 즉,

$$\begin{aligned} R_{tot} &= \frac{L_A}{\kappa_A A} + \frac{1}{L_B/\kappa_B A} + \frac{1}{L_c/\kappa_C A} + \frac{L_D}{\kappa_D A} \\ &= \frac{L_A}{\kappa_A A} + \frac{\kappa_B A}{L_B} + \frac{\kappa_C A}{L_c} + \frac{L_D}{\kappa_D A} \end{aligned} \tag{12.62b}$$

이다. 위 식에서 열저항의 크기는 고정된 L_B와 L_C에 대하여는 열전도율 κ_B와 κ_C에 의해 크기가 달라진다. 만약, 입구와 출구의 대류 열유동까지 고려할 경우 전체 열저항 R_{tot}은 앞의 식 (12.60c)와 같이 대류 열유동 부분을 추가하여 식을 세우면 된다.

3 열접촉면에 대한 접촉저항의 고려

다음은 [그림 12.25]과 같은 열접촉 평판의 구조체로부터 고려해야 할 사항 중 하나는 접촉하고 있는 재료들을 열 Q가 통과하여 이동할 경우 접촉부에서 미세한 온도 강하가 어느 정도 존재하게 된다. 이러한 접촉저항을 고려하는 것 이 더 정확한 열전달량을 계산하는 데 있어 바람직한 방법이라고 할 수가 있다.

접촉저항

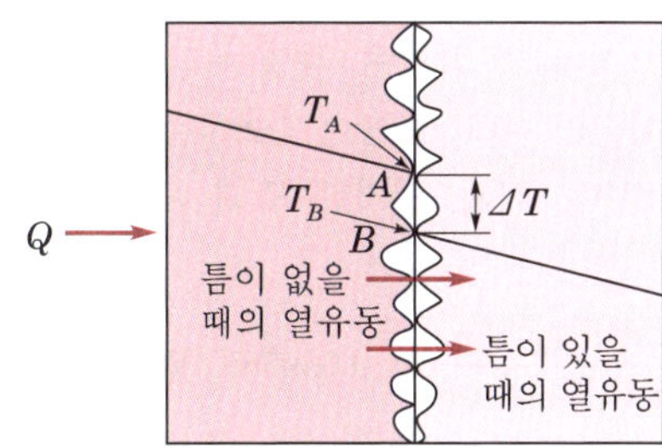

[그림 12.25] 열유동에서 복합재료들 사이의 열접촉저항의 개념

위의 설명과 같이 복합재료들의 접촉면 사이에서 발생하는 추가 열저항의 크 기를 열접촉저항(thermal contact resistance) 크기를 $R_{t,c}$로 놓는다면, 접촉면 의 단위면적당 접촉면에 대한 열저항은 다음 식 (12.63)으로로부터 구해진다.

열접촉저항
(thermal contact resistance)

$$q_x = \frac{\Delta T}{R_{t,c}} \rightarrow R_{t,c} = \frac{T_A - T_B}{q_x} \tag{12.63}$$

위와 같은 복합재료의 접촉과정에서 열접촉저항의 크기는 열전달률의 계산과 정에서 분모항의 열저항 합산에 적용할 경우 열전달 양의 계산값은 좀 더 실제 에 접근하게 될 것이다.

열접촉저항의 크기

두께가 80mm인 콘크리트 벽이 하나 있을 때와, 또 두께 40mm 크기의 목재판 앞·뒤 양쪽으로 두께 20mm의 단열재로 피복된 벽 전체 두께 80mm의 경우에 대한 두 가지 형태의 열전달 벽의 단열효과를 비교 검토하라. 이때, 열저항의 개념을 적용하여 전열의 크기를 비교하는 방법으로 열전달 효과를 검토하도록 한다. 단, 콘크리트 벽의 열전도율 $\kappa_c = 1.15 \text{W/m} \cdot \text{K}$이고, 목재의 열전도율 $\kappa_{wo} = 0.05 \text{W/m} \cdot \text{K}$이며, 단열재의 열전도율은 $\kappa_{ad} = 0.95 \text{W/m} \cdot \text{K}$이다.

풀이 두께 80mm 콘크리트 벽으로만 단열층을 구성한 경우 열저항을 R_1이라 하고, 두께 40mm 목재와 목재의 전·후 양면에 두께 20mm 단열재를 피복한 경우 열저항을 R_2라고 할 때 열저항의 값을 계산한 결과가 크면 단열효과도 크다. 즉, 열저항 개념의 경우 열전달량의 크기는 $Q = \dfrac{\Delta T}{R}$ 관계로부터 열저항에 따라 같은 온도차에 대하여 다른 값이 된다. 이 문제의 경우 아래 계산과 같이 $R_1 = 0.06956 \text{K/W}$, $R_2 = 0.8421 \text{K/W}$이다. 따라서 $R_1 < R_2$이고 열유동의 크기는 $q_1 > q_2$가 되므로, 동일 두께에 대하여 다중의 단열재로 구성할 때 단열효과가 더 크다. 단열의 효과만을 고려한다면 다중의 벽으로 설계 시공하면 유리하다. 이때, 열저항 R_1과 R_2의 계산은 다음과 같다.

① 콘크리트 벽만 있을 때

$$R_1 = \frac{L_1}{\kappa_c} = \frac{80 \times 10^{-3} \text{m}}{1.15 \, \text{W/m} \cdot \text{K}} = 0.06956 \text{K/W}$$

② 단열재+목재+단열재일 때

$$R_2 = \frac{L_1}{\kappa_{ad}} + \frac{L_2}{\kappa_{wo}} + \frac{L_3}{\kappa_{ad}}$$

$$= \frac{20 \times 10^{-3} \text{m}}{0.95 \, \text{W/m} \cdot \text{K}} + \frac{40 \times 10^{-3} \text{m}}{0.05 \, \text{W/m} \cdot \text{K}} + \frac{20 \times 10^{-3} \text{m}}{0.95 \, \text{W/m} \cdot \text{K}}$$

$$= 0.8421 \text{K/W}$$

내화벽돌로 둘러싸인 노의 두께는 두께 500mm이다. 노 내의 연소가스 내부온도 1,300℃가 유지되고, 외부온도는 50℃로 유지될 때 벽 내부 열전달계수 $h_1 = 45 \text{W/m}^2 \cdot \text{K}$, 외부 열전달계수 $h_2 = 15 \text{W/m}^2 \cdot \text{K}$이다. 내화벽돌의 열전도율이 $\kappa = 0.22 \text{W/m} \cdot \text{K}$일 때 다음 질문에 답하라.

(1) 벽을 통과하는 열량 $q_{tot}[\text{W/m}^2]$를 구하라.

(2) 벽의 내부 표면과 외부 표면의 온도(℃)를 각각 구하라.

풀이 주어진 값은, $T_1 = 300℃$, $T_2 = 50℃$, $h_1 = 45 \text{W/m}^2 \cdot \text{K}$, $h_2 = 15 \text{W/m}^2 \cdot \text{K}$, $L_1 = 500\text{mm} = 0.5\text{m}$, $k_1 = 0.22 \text{W/m} \cdot \text{K}$, $k_2 = 0$, $L_2 = 0$이다.

먼저, 열저항 관련 $K = \dfrac{1}{R_{tot}}$ 를 구하면,

$$K = \frac{1}{R_{tot}} = \cfrac{1}{\cfrac{1}{h_1} + \cfrac{L_1}{k_1} + \cfrac{1}{h_2} + \cfrac{L_2}{k_2}}$$

$$= \cfrac{1}{\cfrac{1}{45} + \cfrac{0.5}{0.22} + \cfrac{1}{15} + 0} = \frac{1}{2.3616} \fallingdotseq 0.42344\,\mathrm{W/m^2 \cdot K}$$

(1) 단위면적당 열전달량 q_{tot} 은 다음과 같이 구한다.

$$q_{tot} = \frac{1}{R_{tot}}(T_1 - T_2) = K(T_1 - T_2)$$

$$= 0.42344\,\mathrm{W/m^2 \cdot K} \times (1{,}300 - 50)\mathrm{K} \fallingdotseq 529.30\,\mathrm{W/m^2}$$

(2) 내부 표면의 온도 T_{s1} 와 외부 표면의 온도 T_{s2} 는 다음과 같이 구한다.

$$q_{tot} = h_1(T_1 - T_{s1}) \rightarrow T_{s1} = T_1 - \frac{q_{tot}}{h_1}$$

$$\therefore \ T_{s1} = (1{,}300 + 273)\mathrm{K} - \frac{529.30\,\mathrm{W/m^2}}{45\,\mathrm{W/m^2 \cdot K}} \fallingdotseq 1561.23\mathrm{K} \fallingdotseq 1288.23\,℃$$

또, $q_{tot} = h_2(T_{s2} - T_2) \rightarrow T_{s2} = T_2 + \dfrac{q_{tot}}{h_2}$

$$\therefore \ T_{s2} = (50 + 273)\mathrm{K} + \frac{529.30\,\mathrm{W/m^2}}{15\,\mathrm{W/m^2 \cdot K}} \fallingdotseq 358.29\mathrm{K} \fallingdotseq 85.29\,℃$$

예제 12.14

추운 겨울날 폭(W)×높이(H)=1m×2m이고, 두께 t=5mm인 이중 유리창으로 단열 시공했을 때 안쪽 내부 공기는 25℃이고, 유리 내부표면의 온도는 20℃, 바깥쪽 유리 표면의 온도 −15℃, 그리고 외부 공기의 온도는 −20℃이다. 열저항의 개념을 사용하여 열저항 회로망을 개략적으로 그린 후 열전달 현상에 대하여 다음 질문에 답하라. 단, 유리의 열전도율 κ=1.4W/m・K 이고, 단열층 공기의 열전도율 κ_a=0.024W/m・K 이다.

(1) 이중창 구조를 사용하여 유리창 사이에는 단열층 공기(공기의 두께 10mm)와 접촉하고, 단열층 공기와 접촉하는 유리의 표면온도는 각각 5℃와 −5℃일 때 복층유리를 통한 열관류율 U[W/m²・K]을 구하라. 여기서, 내부 공기의 열전달계수 h_c=5W/m²・K, 외부 공기의 열전달계수 h_c=15W/m²・K이며, 대류의 열복사 현상은 무시한다.

(2) 위와 같은 경우에서 열손실량 Q_x[W]를 계산하라.

풀이 열관류율 U는 다음 관계가 성립한다. 단. R_{tot} 은 전 열저항이다.

(1) $U = \dfrac{1}{R_{tot}A} \ \cdots ⓐ$

$$R_{tot} = \left(\frac{1}{h_{a1}A}\right) + \left(\frac{L_A}{k_A A}\right) + \left(\frac{L_B}{k_B A}\right) + \left(\frac{L_B}{k_B A}\right) + \left(\frac{1}{h_{a2}A}\right) \ \cdots ⓑ$$

ⓑ식을 ⓐ식에 적용하여 U를 구한다. 여기서, $A = 1$의 단위면적이다.

$$\therefore \; U = \frac{1}{\left(\dfrac{1}{h_{a1}}\right) + \left(\dfrac{L_A}{k_A}\right) + \left(\dfrac{L_B}{k_B}\right) + \left(\dfrac{L_B}{k_B}\right) + \left(\dfrac{1}{h_{a2}}\right)}$$

$$= \frac{1}{\left[\left(\dfrac{1}{5}\right) + \left(\dfrac{0.05}{1.4}\right) + \left(\dfrac{0.01}{0.024}\right) + \left(\dfrac{0.005}{1.4}\right) + \left(\dfrac{1}{15}\right)\right](\mathrm{m^2 \cdot K/W})}$$

$$= \frac{1}{0.6905} \, \mathrm{W/m^2 \cdot K} \fallingdotseq 1.4482 \mathrm{W/m^2 \cdot K}$$

(2) $Q_x = UA\Delta T$

$$= 1.4882 \mathrm{W/m^2 \cdot K} \times (1 \times 2)\mathrm{m^2} \times [25 - (-20)]\mathrm{K} \fallingdotseq 130.34\mathrm{W}$$

12.9 반경이 일정한 원형단면의 온도분포와 열전달률

1 내부가 비어 있는 반경방향 열전달계

[그림 12.26]과 같이 내부가 비어 있고 내부 표면과 외부 표면의 온도가 서로 다른 원통에서 열유동이 존재할 경우 열전도 방정식과 온도분포를 알아보면 다음과 같다. 즉, 그림에서 내부 열발생은 없고($\dot{E}_g = 0$), 정상상태$\left(\dfrac{dT}{dt} = 0\right)$의 열전달 과정으로 가정한 후 열확산 방정식 (12.25)를 원통좌표계에 적용하여 반경 r 방향에 대한 1차원 열전도 방정식을 세우면 다음 식 (12.64)와 같다.

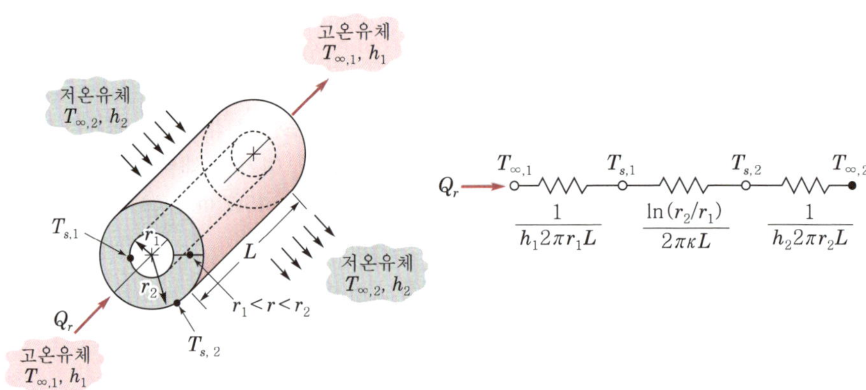

(a) 속이 빈 원통관의 반경방향 열유동 현상   (b) 속이 빈 열통관의 반경방향 열유동에 대한 등가 열저항 회로망

[그림 12.26] 속이 빈 원통관의 반경방향 열유동 현상과 열회로망

$$\frac{1}{r}\frac{d}{dr}\left(\kappa r\frac{dT}{dr}\right) = 0 \qquad\qquad (12.64)$$

위 식 (12.64)는 원주 방향과 축 방향은 고려하지 않은 경우이다. 즉, 변수는 반경 r 이 되고 원주 방향과 축 방향의 위치와는 무관하게 반경 r 점이 같은 경우는 어느 곳에서도 온도와 열전달률은 같다고 가정한다. 따라서 1차원 푸리에 (Fourier)의 열전도 방정식을 반경 방향 r 에 대하여 식을 세우면 다음 식 (12.65a)와 같게 된다. 이때, 반경 r 의 범위는 $r_1 < r < r_2$ 이다.

열전도 방정식

$$Q_r = -\kappa A\frac{dT}{dr} \qquad\qquad (12.65a)$$

만약, 원통의 열전달 방향이 r 이고, 원통의 길이가 L 라면 반경에 수직한 원통 표면의 단면적 크기는 $A = 2\pi r L$ 이다. 따라서 단위면적당 열전달률 q_r 은 다음 식 (12.65b)와 같고 크기는 반지름 방향으로 일정한 값이 유지되는 경우이다.

$$q_r = -\kappa\frac{dT}{dr} \qquad\qquad (12.65b)$$

이번에는 온도분포 $T(r)$ 을 알아보자. 즉, 위의 식 (12.64)를 두 번 적분하면 다음 식 (12.66a)와 같이 적분상수가 포함된 반경방향 온도분포의 일반식을 구할 수 있다.

반경방향 온도분포

$$T(r) = C_1\ln r + C_2 \qquad\qquad (12.66a)$$

이때, 열전달 재료의 성질이 균질한 것으로 가정할 때는 열전도율 κ 는 일정하게 된다. 경계조건 (B.C)을 적용하면 위 온도분포의 일반식으로부터 적분상수를 찾게 되고, 완전한 온도분포와 관련된 식을 구할 수가 있다. 이때의 경계조건으로는 속이 빈 원통의 내부 반경이 r_1 일 때 내부표면의 온도는 $T_{s,1}$ 이고, 외부 반경이 r_2 일 때 외부표면의 온도는 $T_{s,2}$ 로 각각의 온도는 항상 일정하게 유지된다. 따라서 위 식 (12.66a)에 적용하여 각 표면의 온도를 구하면 적분상수가 포함된 일반식은 다음 식 (a), (b)와 같다.

온도분포의 일반식

$$T_{s,1} = C_1\ln r_1 + C_2 \qquad\qquad\qquad (a)$$

$$T_{s,2} = C_1\ln r_2 + C_2 \qquad\qquad\qquad (b)$$

위 식 (a), (b)를 연립으로 풀면 적분상수 C_1과 C_2를 찾을 수 있고, 결국은 최종 온도분포 $T(r)$은 다음 식 (12.66b)와 같다.

$$T(r) = \frac{(T_{s,1} - T_{s,2})}{\ln\left(\dfrac{r_1}{r_2}\right)} \ln\left(\frac{r}{r_2}\right) + T_{s,2} \tag{12.66b}$$

여기서, $T_{s,1} > T_{s,2}$일 때 열전달은 반경 $+r$ 방향으로 발생하게 된다.

이번에는 열전달률을 구하기 위해 푸리에 관계식에 적용할 경우 다음과 같다. 먼저, 온도분포 식 (12.66b)를 r에 대하여 미분한 후 관계식에 대입하면 열전달률 $Q(r)$은 아래 식 (12.67)과 같게 된다.

$$Q_r = -\kappa A\left(\frac{dT}{dr}\right) = \kappa A \frac{(T_{s,1} - T_{s,2})}{\ln\left(\dfrac{r_2}{r_1}\right)} = \frac{\kappa(2\pi L)(T_{s,1} - T_{s,2})}{\ln\left(\dfrac{r_2}{r_1}\right)} \tag{12.67}$$

위 식 (12.67)로부터 속이 빈 원통좌표계에서 전도에 의한 열저항의 크기 R_{cond}를 찾으면 다음 식 (12.68a)와 같다.

$$R_{cond} = \frac{\ln(r_2/r_1)}{(2\kappa L)\kappa} \tag{12.68a}$$

만약, 열저항의 개념을 [그림 12.26] (a)와 같은 하나의 속 빈 원통에 대하여 전도뿐만 아니라 내부 대류 및 외부 대류가 존재하는 것을 모두 고려할 경우 열저항 회로망 [그림 12.26] (b)로부터 전 열전달률 Q_r에 대하여 식을 세우면 식 (12.68b)와 같게 된다.

$$Q_r = \frac{1}{R_{tot}}(T_{\infty,1} - T_{\infty,2})$$

$$= \frac{(T_{\infty,1} - T_{\infty,2})}{\dfrac{1}{h_1(2\pi r_1 L)} + \dfrac{\ln(r_2/r_1)}{\kappa(2\pi L)} + \dfrac{1}{h_2(2\pi r_2 L)}} \tag{12.68b}$$

이번에는 [그림 12.27]과 같이 2중의 원통벽으로 되어 있는 경우를 고려해 보자. 내부는 비어 있고 A, B의 2중(다중) 원통벽으로부터는 전도 열전달이 존재하며, 내부 및 외부에는 대류 열유동이 있을 때 열저항 개념을 적용하면 열전달률 크기 Q_r은 다음과 같다.

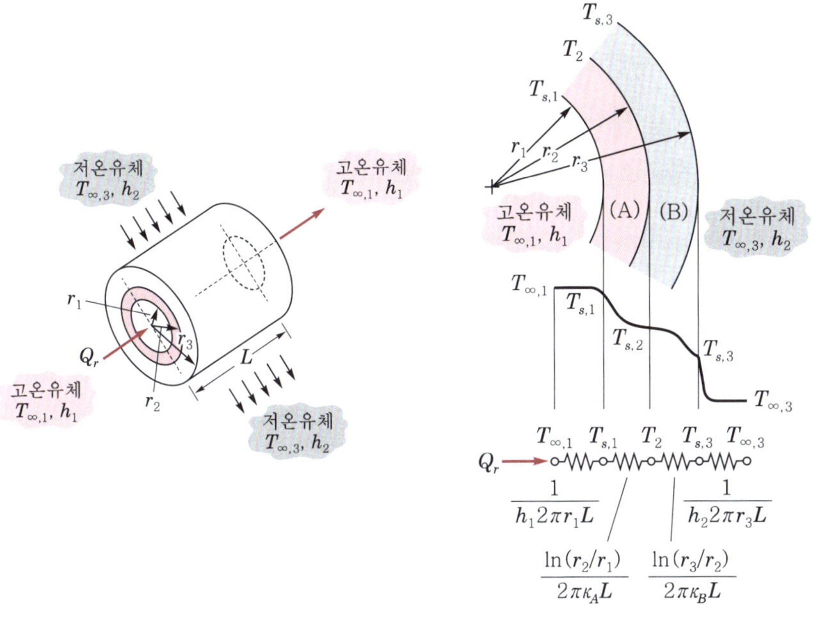

(a) 속이 빈 2중 원통관의 반경방향 열유동 현상　(b) 속이 빈 2중 원통관의 반경방향 열유동에 대한 등가 열저항 회로망

[그림 12.27] 속이 빈 다중 원통관에서 반경방향의 열유동 현상과 열회로망 구성

먼저, 내부 및 외부의 대류 열유동까지 고려한 열회로망으로부터 전 열저항 　**전 열저항**
R_{tot} 을 구하면 다음 식 (12.69a)와 같다.

$$R_{tot} = \frac{1}{h_1(2\pi r_1)L} + \frac{\ln(r_2/r_1)}{(2\pi\kappa_A)L} + \frac{\ln(r_3/r_2)}{(2\pi\kappa_B)L} + \frac{1}{h_2(2\pi r_3)L} \quad (12.69a)$$

따라서 열관류계수 $U = \dfrac{1}{\displaystyle\sum_i R_i}$ 관계를 적용하여 다중의 원통벽에서 열전달률 　**다중의 원통벽**
Q_r 에 대하여 식을 세우면 다음 식 (12.69b)와 같다.

$$\begin{aligned}
Q_r &= \frac{1}{R_{tot}}(T_{\infty,1} - T_{\infty,3}) \\[2mm]
&= UA(T_{\infty,1} - T_{\infty,3}) \\[2mm]
&= U_1(2\pi r_1 L)(T_{\infty,1} - T_{\infty,3}) \\[2mm]
&= \frac{T_{\infty,1} - T_{\infty,3}}{\dfrac{1}{h_1} + \dfrac{r_1}{\kappa_A}\ln\left(\dfrac{r_2}{r_1}\right) + \dfrac{r_1}{\kappa_B}\ln\left(\dfrac{r_3}{r_2}\right) + \dfrac{r_1}{r_3}\left(\dfrac{1}{h_2}\right)}
\end{aligned} \quad (12.69b)$$

여기서, r_1일 때 표면의 면적이 $A_1 = 2\pi r_1 L$로 일정한 것에 대하여 정리된 U_1으로 쓸 수가 있다. 나머지 반경일 때의 표면적에 대하여 $A_2 = 2\pi r_2 L$, $A_3 = 2\pi r_3 L$로 각각 대신한다면 U_2, U_3 등으로 정리할 수도 있다. 따라서 U_1에 대한 열관류계수를 구하는 식만 쓴다면 다음 식 (12.69c)와 같다.

$$U_1 = \cfrac{1}{\cfrac{1}{h_1} + \cfrac{r_1}{\kappa_A}\ln\left(\cfrac{r_2}{r_1}\right) + \cfrac{r_1}{\kappa_B}\ln\left(\cfrac{r_3}{r_2}\right) + \cfrac{r_1}{r_3}\left(\cfrac{1}{h_2}\right)} \tag{12.69c}$$

예제 12.15

가열 증기관을 통해 증기를 통과시키려고 할 때 관의 외경 $d_e = 300$mm이고 관 외부 표면온도는 350℃이다. 이 관을 보온재를 이용하여 두께 100mm 크기로 둘러싸 열손실을 줄이려고 한다. 만약, 보온재의 외부 표면온도가 55℃로 유지되고 있다면 이 관로로부터 반경방향 단위길이당 열손실량 q_r[W/m]을 구하라. 단, 보온재의 열전도율 $\kappa = 0.058$W/m・K 이다.

풀이 $q_r = \dfrac{Q}{L}$[W/m] $= \dfrac{2\pi\kappa}{\ln\left(\dfrac{r_2}{r_1}\right)}(T_1 - T_2)$: 보온재 단위길이당

(단, Q는 식 12.67을 적용)

$\therefore\ q_r = \dfrac{2\pi \times 0.058\text{W/m}\cdot\text{K}}{\ln(250/150)}\times(350-55)\text{K} \fallingdotseq 210.688\text{W/m}$

여기서. $r_1 = d_e/2$, $r_2 = \left(\dfrac{d_e}{2}\right)+t$, $T_1 = (350+273)\text{K}$, $T_2 = (55+273)\text{K}$

예제 12.16

건축 난방을 위해 원형의 동관이 지하층 실내를 통과하고 있다. 동관의 내경은 25mm이고, 내부에는 150℃의 과열증기가 흐르고 있다. 관 내부의 난방용 증기로부터 열손실을 최소화하기 위하여 동관의 외부는 단열재로 보온되어 있다. 단열재의 내부지름 30mm, 바깥지름 70mm이고, 외부 공기의 온도는 5℃로 정상 열전달이 발생할 때 다음을 구하라. 단, 과열증기의 열전달계수 $h_v = 300$W/m²・K, 동관의 열전도율 $\kappa_c = 400$W/m・K, 단열재의 열전도율 $\kappa_i = 0.055$W/m・K, 외부 공기의 열전달계수 $h_a = 20$W/m²・K 이다.

(1) 단위 길이 당 열손실량 q_1[W/m]는?

(2) 건축설비설계 도면상의 증기난방관 전 길이가 250m로 추정될 때 전 열손실량 Q_r은 몇 W인가?

(3) 단열재를 사용할 때 열손실 q_2[W/m]를 구한 후 단열재를 사용하지 않을 때와 열손실을 비교 설명하라.

풀이 (1) 열저항 개념을 적용하여 계산한다. 즉, $q_1 = \dfrac{1}{R_{tot}}\Delta T$이므로 R_{tot}을 먼저 구하면 다음과 같다. 단, $R_{tot} = R_1 + R_2 + R_3 + R_4$이다.

$$R_1 = \frac{1}{2\pi r_1 L h_v} = \frac{1}{2\pi \times 0.0125 \times 1 \times 300} \fallingdotseq 0.0424 \mathrm{m \cdot K/W}$$

$$R_2 = \frac{\ln(r_2/r_1)}{2\pi L k_c} = \frac{\ln(0.015/0.0125)}{2\pi \times 1 \times 400} \fallingdotseq 0.0073 \mathrm{m \cdot K/W}$$

$$R_3 = \frac{\ln(r_3/r_2)}{2\pi L k_i} = \frac{\ln(0.035/0.015)}{2\pi \times 1 \times 0.055} \fallingdotseq 2.452 \mathrm{m \cdot K/W}$$

$$R_4 = \frac{1}{2\pi r_3 L h_a} = \frac{1}{2\pi \times 0.035 \times 1 \times 20} \fallingdotseq 0.2274 \mathrm{m \cdot K/W}$$

$$\Rightarrow R_{tot} = R_1 + R_2 + R_3 + R_4$$
$$= 0.0424 + 0.00073 + 2.452 + 0.2274$$
$$= 2.721873 \mathrm{m \cdot K/W}$$

$$\therefore q_1 = \frac{1}{R_{tot}}\Delta T = \frac{(150-5)\mathrm{K}}{2.721873 \mathrm{m \cdot K/W}} \fallingdotseq 53.27 \mathrm{W/m}$$

(2) $Q_r = q_1 L = 53.27 \mathrm{W/m} \times 250\mathrm{m} \fallingdotseq 13317.5 \mathrm{W}$

(3) 단열재를 사용하지 않을 때 열유동, 즉 열전달량이 q_2라면 열저항 중 단열재 합이 제거되면 계산은 다음과 같다. 단, $R_1 = 0.0424 \mathrm{m \cdot K/W}$, $R_2 = 0.0000725 \mathrm{m \cdot K/W}$는 위와 동일하고, R_3는 외부 공기의 대류 열저항만 구하여 사용한다.

$$R_3 = \frac{1}{2\pi r_2 L h_a} = \frac{1}{2\pi \times 0.015 \times 20} = 0.531 \mathrm{m \cdot K/W}$$

$$\Rightarrow R_{tot} = R_1 + R_2 + R_3$$
$$= 0.0424 + 0.0000725 + 0.531$$
$$\fallingdotseq 0.5734725 \mathrm{m \cdot K/W}$$

$$\therefore q_2 = \frac{1}{R_{tot}}\Delta T = \frac{(150-5)\mathrm{K}}{0.5734725 \mathrm{m \cdot K/W}} = 252.846 \fallingdotseq 252.85 \mathrm{W/m}$$

따라서, 단열재를 사용한 경우와 비교하면,

$$\frac{252.85 - 53.27}{252.85} \times 100 \fallingdotseq 78.9\% \ \text{정도 단열재 사용 시 이득이다.}$$

예제 12.17

증기관을 통해 증기를 이동시키려고 할 경우 외경 $d_e = 350\mathrm{mm}$, 외측 표면온도 300℃로 유지될 때 두 개의 단열 보온재를 이용하여 열손실을 최소화하려고 한다. 이때, 하나의 보온재는 두께 75mm, 열전도율 $\kappa_1 = 0.058\mathrm{W/m \cdot K}$이고, 또 하나의 보온재는 두께 35mm, 열전도율 $\kappa_2 = 0.15\mathrm{W/m \cdot K}$의 상태로 관 외부를 둘러싼 경우 단위 길이당 보온재만을 통한 열손실량 $q_r[\mathrm{W/m}]$를 구하라. 단, 보온재의 최종 표면온도는 40℃로 유지되고 있다.

$$\boxed{\text{풀이}}\quad q_r = \frac{Q_r}{L}\,[\text{W/m}] = \frac{2\pi k}{\ln\!\left(\dfrac{r_2}{r_1}\right)}\,\Delta T = \frac{2\pi}{\dfrac{1}{k}\ln\!\left(\dfrac{r_2}{r_1}\right)}\,\Delta T \text{를 두 개의 보온재를 사용할}$$

경우 열저항 개념을 모두 적용하면 다음과 같다.

즉, $q_r = \dfrac{2\pi}{R_{tot}}(T_1 - T_2) = K(2\pi)(T_1 - T_2)$ 로부터 계산한다.

먼저, $K = \dfrac{1}{R_{tot}}$

$$= \frac{1}{\dfrac{1}{k_1}\ln\!\left(\dfrac{r_2}{r_1}\right) + \dfrac{1}{k_2}\ln\!\left(\dfrac{r_3}{r_2}\right)}$$

$$= \frac{1}{\dfrac{1}{0.058}\ln\!\left(\dfrac{250}{175}\right) + \dfrac{1}{0.15}\ln\!\left(\dfrac{285}{250}\right)}$$

$$\fallingdotseq 0.142387\,\text{W/m}\cdot\text{K}$$

여기서, $k_1 = 0.058\,\text{W/m}\cdot\text{K}$, $k_2 = 0.15\,\text{W/m}\cdot\text{K}$, $T_1 = 300\,℃$, $T_2 = 40\,℃$

$$r_1 = \frac{d_e}{2} = \frac{350}{2} = 175\,\text{mm}$$

$$r_2 = \left(\frac{d_e}{2} + t_1\right) = (175 + 75) = 250\,\text{mm}$$

$$r_3 = r_2 + t_2 = 250 + 35 = 285\,\text{mm}$$

이다.

$$\therefore\ q_r = \frac{2\pi}{R_{tot}}(T_1 - T_2)\ \left(\text{단},\ K = \frac{1}{R_{tot}}\right)$$

$$= K(2\pi)(T_1 - T_2)$$

$$= 0.142387\,\text{W/m}\cdot\text{K} \times (2\pi) \times (300 - 40)\,\text{K}$$

$$\fallingdotseq 232.49\,\text{W/m}$$

12.10 복사 열전달 형식

복사 열전달

1 복사 열전달 기본 개념

(1) 개요

앞서 전도 및 대류 열전달 과정에서는 열전달 매질이 존재하여야 하고 매질 내에서 온도차가 있어야 열유속 이동이 가능함을 알게 되었다. 그러나 열복사 (thermal radiation)에 의한 열에너지 전달은 열전달 매질이 없이도 발생하며,

열복사(thermal radiation)

이 열복사 현상도 열유동의 중요한 형식 중 하나이다. 이러한 열복사는 주위에서 다양하게 일어나고 있는데, 복사의 예로는 화석연료의 연소과정 또는 태양열을 이용한 에너지 변환의 열전달뿐 아니라 산업현장의 가열과 냉각, 건조 등에서 많이 볼 수가 있다. 사실 열복사는 뚜렷한 현상으로 살펴보기에는 힘든 부분이 있다. 따라서 이 [12장 7절]에서는 열복사의 생성방식과 열복사의 물리적 성질, 복사와 매질과의 상호작용 등을 알아보고자 한다. 특히, 하나의 표면으로부터 복사작용의 현상과 이 현상을 설명하기 위한 물성치들도 취급하게 된다.

열복사의 생성방식

(2) 열복사의 기본 개념

열복사의 기본 개념을 성명하기 위하여 [그림 12.28]과 같이 주위와 진공상태의 검사체적을 기준으로 주위 온도는 T_{surr} 이고, 고체 방사체의 물체표면 온도는 T_s 이며 그 사이는 진공이 유지된다는 가정일 때 어떠한 형태의 전도나 대류에 의한 열전달은 없다. 만약, 시간이 흘러 열교환 후 물체 표면의 온도 T_s 와 주위의 온도 T_{surr} 가 같아져 물체와 주위와 열적평행에 도달된 경우 이 열평형은 열복사의 방사(emission)에 의한 것이라고 직관할 수가 있다. 만약, $T_s > T_{surr}$ 라면 복사에 의한 순(정미) 열전달(net heat transfer)은 내부 물체 표면으로부터 발생하고 그 순(정미) 열복사 양 $q_{rad.net}$ 는 $T_s = T_{surr}$ 까지 계속된다. 따라서 열복사란 물체와 주위 사이의 유한한 온도차에 의해 방사되는 에너지율이라 할 수가 있다. 이러한 현상은 지금 이 순간에도 물체와 주위 사이에 방사되는 에너지에 의해 복사는 일어나고 있다. 실제 전기 기구와 벽 사이 또는 지면과 건축물, 대기와 태양 등에서 방사에 의한 열복사 현상은 발생하고 있다. 모든 형태의 물질들은 열복사에 의한 방사는 계속된다.

열복사의 기본 개념

열복사의 방사(emission)

순(정미) 열전달
(net heat transfer)

열복사 현상

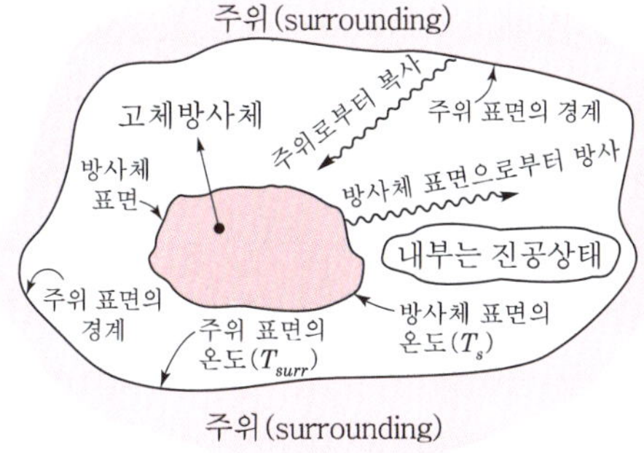

[그림 12.28] 복사와 방사에너지의 전달 현상

기체나 고온의 유리 또는 소금 결정체와 같은 반투과성 고체로부터의 방사는 체적현상(volumetric phenomenon)이며, 유한한 체적으로부터의 복사는 국부적 복사에 대하여 적분한 양이다. 이 절에서는 이러한 표면현상(surface phenomenon)만을 취급한다. 일반적으로 고체 또는 액체로부터 방사에 의한 열복사는 노출면으로부터 $1\mu\mathrm{m}$ 이내에 있는 분자들에 기인하는 것으로 볼 수 있고 따라서 복사는 표면현상이며 복사 열전달 과정에서는 어떤 물질도 필요치 않다.

위와 같은 열복사는 광자(photon) 또는 양자(quanta)라고 불리는 입자 집합체의 전달이라는 견해가 있다. 또 다른 이론에 따르면 복사는 전자기파(electro-magnetic wave)의 이동에 의한 것으로 간주되기도 한다. 어떤 경우든 파동의 기본 물성치인 진동수 n과 광속 c를 복사에 적용시킬 때 파장 λ는 다음 관계가 성립한다.

$$\lambda = \frac{c}{n} \tag{12.70}$$

여기서, c는 매질 내의 광속(빛의 속도)를 나타내며, 일반적으로 진공상태에서 광속을 c_0라고 할 때 $c_0 = 2.9979 \times 10^8 \mathrm{m/s}$이다. 이때, 파장의 단위는 $\mu\mathrm{m}$이고, $1\mu\mathrm{m} = 10^{-6}\mathrm{m} = 0.001\mathrm{mm}$ 정도이다. 따라서 복사 시 파장은 약 $0.1 \sim 100\mu\mathrm{m}$ 범위에 있으며 이 범위의 파장이 복사의 열전달과 관련된다. 여기서, 복사량의 크기는 파장에 따라 변화하며, 방사하는 표면의 성질과 온도에 따라 그 파장의 범위도 다르다.

이번에는 흑체로부터의 방사율 또는 흡수율의 크기 E_b를 알아보자. 이때, 흑체(black body)란 모든 파장의 복사 에너지를 완전하게 흡수하는 이상적인 열복사 물체로써 반사는 전혀 없다. 따라서 흑체는 열복사 현상을 이론적으로 연구하는 가상물체이다. 진공 중에 있는 흑체의 단색방사도 $E_{b\lambda}$는 온도 T, 파장 λ라 할 때 플랭크의 복사식(Planck's radiation equation)은 다음과 같이 그 크기를 나타내고 있다.

$$E_{b\lambda} = \frac{C_1 \lambda^{-5}}{e^{C_2/\lambda T} - 1} \tag{12.71}$$

여기서, λ : 파장($\mu\mathrm{m}$)

T : 복사체의 표면온도(K)

$C_1 = 3.74 \times 10^{-16} \mathrm{W \cdot m^2}$

$C_2 = 1.439 \times 10^{-2} \mathrm{m \cdot K}$

다음 흑체의 표면으로부터 단위시간당 방사율 $E_b[\text{W/m}^2]$를 알아보면 다음과 같다. 즉, 위 식 (12.71)을 전 파장 구간에서 적분하여 구하면 식 (12.72)와 같다. 이 식을 스테판–볼츠만 법칙(Stefan–Boltzmann law)이라고 한다.

$$E_b = \int_0^\infty E_{b\lambda}\, d\lambda = \sigma\, T_b^{\,4} [\text{W/m}^2] \tag{12.72}$$

여기서, σ : 스테판–볼츠만 상수$(\sigma \fallingdotseq 5.670 \times 10^{-8}\text{W/m}^2 \cdot \text{K}^4)$

$\quad\quad\ T_b$: 흑체 표면의 온도(K)

(3) 윈(Wien's)의 변위법칙

플랭크(Planck's)의 식 (12.71)을 이용하여 단색방사도(분광방사도)가 최대로 되는 파장을 λ_m, 그때 온도를 T라고 할 때 다음 식 (12.73)의 관계식을 얻을 수가 있고, 이러한 관계식을 윈의 변위법칙(Wien's displacement law)이라고 한다. 여기서, 파장 λ_m은 온도에 의존하며, 흑체의 온도가 높아짐에 따라서 단색방사도의 최댓값도 높게 나타난다. 즉, 파장이 짧아지는 쪽으로 이동하면 흑체 스펙트럼 단색방사도는 높게 나타난다.

$$\lambda_m T = c = 2.898 \times 10^{-3}\text{K} \cdot \text{m} \tag{12.73}$$

각각의 온도에 있어서 단색방사도의 최댓값도 온도의 상승과 더불어 커지며, 흑체인 태양 열복사의 경우 방사는 가시 스펙트럼 범위 약 $\lambda_m = 0.4{\sim}0.6\,\mu\text{m}$의 중간 정도의 파장 $\lambda_m = 0.50\,\mu\text{m}$에서 일어난다. 따라서 상당량의 방사는 가시 스펙트럼 범위 내에서 일어난다고 볼 수 있다. 이미 잘 알고 있는 텅스텐 필라멘트 전구의 경우 파장 $\lambda_m = 1.0\,\mu\text{m}$ 범위에서 일어나며 온도는 2,900K 정도의 방사로 대부분 적외선 영역에서 발생하고 백색광을 보인다.

2 복사 열유속의 종류와 순(정미) 복사 열유속

복사 열전달의 경우 여러 가지 열유속 이동방식이 있다. 일반적으로 다음 4가지 열복사 형식이 존재하는데, 첫 번째는 방사력(emissive power)이며, 그 크기를 구하는 관계식은 다음 식 (12.74)와 같다. 즉, 방사력은 표면의 단위면적당 방사되는 열유속(W/m^2)의 크기를 말하는 것으로 회체(gray body)가 모든 방향에 걸쳐 나오는 전 방사력 E_g를 말하는 것이다.

$$E_g = \varepsilon \sigma T_s^{\,4} \, [\mathrm{W/m^2}] \tag{12.74}$$

여기서, ε : 방사율(emissivity, 0~1 범위의 값)

σ : 스테판–볼츠만 상수($\sigma \fallingdotseq 5.67 \times 10^{-8} \mathrm{W/m^2 \cdot K^4}$)

T_s : 방사체 표면의 온도(K)

대부분의 공학적 문제에서 복사 열전달 과정에서 액체는 불투명하고, 그에 비해 기체는 투명하다고 가정한다. 고체의 경우는 불투명 혹은 반투명일 수 있다. 만약, [그림 12.28]과 같이 작은 방사체 표면의 온도 T_s, 그것을 둘러싸고 있는 보다 큰 주위의 온도 T_{surr} 일 때 흡수율과 방사율이 동일($\alpha_a = \varepsilon$)한 작은 회체표면 (gray surface)으로부터 단위면적당 주위로의 순(정미) 복사 열전달률 $q_{rad}[\mathrm{W/m^2}]$ 의 크기는 위의 식 (12.74)를 적용할 경우 다음 식 (12.75a)와 같게 된다. 여기서, α_a 는 흡수율 ε 는 방사율이다.

$$q_{rad} = \frac{Q_{rad}}{A} = \varepsilon \sigma \left(T_s^{\,4} - T_{surr}^{\,4} \right) [\mathrm{W/m^2}] \tag{12.75a}$$

실제의 많은 경우 위 식은 응용과정에서 다음 식 (12.75b)와 같이 대류에 의한 열전달률을 구하는 식과 같은 형식으로 나타내는 것이 더 바람직하다.

$$Q_{rad} = h_r \, A \, (T_s - T_{surr}) \tag{12.75b}$$

두 번째 복사 열유속에 관여하는 에너지에는 조사(irradiation) 열유속 $G_i[\mathrm{W/m^2}]$ 가 있다. 조사는 표면의 단위면적당 나가는 복사 열유속의 크기를 말하는 것으로 반사, 흡수, 투과되는 양의 합이다.

세 번째는 출사(radiosity) 열유속 $J_r[\mathrm{W/m^2}]$이다. 이 출사는 모든 파장과 모든 방향에 걸쳐 복사체 표면의 단위면적당 들어오는 복사율의 크기를 말하는 것으로 다음 식 (12.76)과 같은 관계식이 성립한다.

$$J_r = E_g + \rho_r G_i \, [\mathrm{W/m^2}] \tag{12.76}$$

여기서, E_g : 방사($\mathrm{W/m^2}$)

G_i : 조사($\mathrm{W/m^2}$)

ρ_r : 반사율(reflectivity)

마지막, 네 번째 복사 열유속으로는 순(정미)복사 열유속을 말하는 $q_{rad.net}$ 가 있다. 이것은 복사체 표면의 단위면적당 나가는 순복사 열유속(net radiative flux) 양을 말하며 그 크기는 식 (12.77)로 계산한다.

$$q_{rad.net} = \varepsilon \sigma \, T_s{}^4 - \alpha_a G_i \,[\mathrm{W/m}^2] \qquad (12.77)$$

여기서, α_a : 흡수율(absorptivity)

위에서 $q_{rad.net}\,[\mathrm{W/m}^2]$ 는 불투명(opaque) 복사체 표면으로부터의 값이다. 실제의 현상과 유사한 반투명체 표면에 입사된 복사 열유속은 반사, 흡수, 투과하게 된다.

이와 같이 복사체 표면에 조사된 복사 열유속 중에서 일부는 반사, 일부는 흡수, 일부는 투과한다면 반사율(reflectivity) ρ_r 과 흡수율(absorptivity) α_a, 그리고 투과율(transmissivity) τ_t 라고 정의할 때 다음 식 (12.78a)와 같은 표현이 가능하다.

$$\rho_r + \alpha_a + \tau_t = 1 \qquad (12.78a)$$

만약, 불투명 매체라면 투과율은 $\tau_t = 0$ 이므로 위의 식 (12.78a)는 다음 식 (12.78b)와 같다.

$$\rho_r + \alpha_a = 1 \qquad (12.78b)$$

여기서, 반투명체란 [그림 12.29] (a)에서 보듯이 조사(G_i)된 복사 열에너지가 일부는 반사(G_{ref})되고 일부는 흡수(G_{abs})되며, 일부는 투과(G_{tr})되는 매체를 말한다. 또 불투명체란 [그림 12.29 (b)]에서 보듯이 조사(G_i)된 복사 열에너지가 반사(G_{ref})와 방사(E_g)로 합산되어 출사(J_r)되는 복사매체를 말한다. 이때, 출사(J_r)란 복사체 표면을 떠나는 모든 복사 열에너지를 말한다. 이것을 식으로 나타내면 다음 식 (12.79)와 같다.

$$J_r = E_g + G_{ref} = E_g + \rho_r G_i \,[\mathrm{W/m}^2] \qquad (12.79)$$

이와 같은 정의식으로부터 복사체의 표면에서 순복사 열유속의 크기 $q_{rad.net}$ 는 다음 식 (12.80a)와 같이 쓸 수가 있다. 즉, 순복사 열유속의 크기는 나가는 복사 열에너지인 출사(J_r)에서 들어오는 복사 열에너지인 조사(G_i)와의 차이가 됨을 알 수 있다.

$$q_{rad.net} = J_r - G_i \,[\mathrm{W/m}^2] \qquad (12.80a)$$

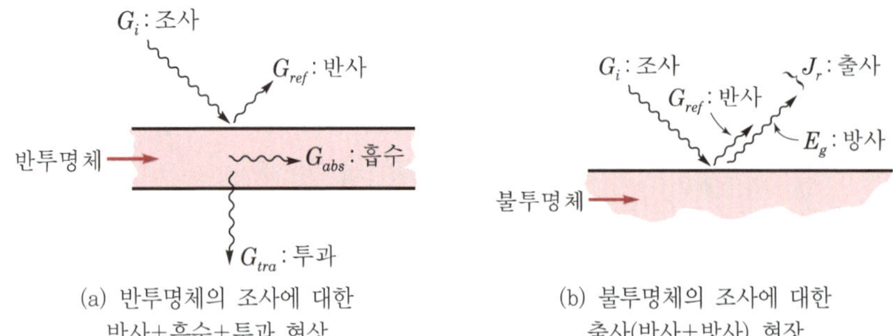

[그림 12.29] 반투명체 및 불투명체의 조사에 대한 제현상

순복사 열유속   다음 불투명 복사체의 표면으로부터 순복사 열유속 $q_{rad.net}$의 크기는 위 식 (12.80a)에 식 (12.79)와 식 (12.78b)를 적용할 경우 다음 식 (12.80b)가 됨을 알 수가 있다.

$$q_{rad.net} = J_r - G_i = (E_g + \rho_r G_i) - G_i = E_g - G_i(1 - \rho_r)$$

$$= E_g - \alpha_a G_i = \varepsilon \sigma T_s^{\,4} - \alpha_a G_i \; [\text{W/m}^2] \tag{12.80b}$$

단, α_a : 흡수율, ρ_r : 반사율, σ : 스테판–볼츠만 상수, ε : 방사율(0~1범위의 값)

여기서, $E_g = \varepsilon \sigma T_s^{\,4}$는 식 (12.74)로부터, $\alpha_a = 1 - \rho_r$는 식 (12.78b)로부터 정의된 식을 적용하였다. 이때, 전 순복사 열유속(total net radiative flux) $Q_{rad.net}$의 크기는 $q_{rad.net} \cdot A_s$이고, A_s는 복사체 전 표면적(m^2)이다.

예제 12.18

완전 흑체의 표면온도가 120℃일 때 방사율 E_b은 몇 W/m²인가? 단, 스테판–볼츠만 상수는 $\sigma = 5.67 \times 10^{-8}\text{W/m}^2 \cdot \text{K}^4$이다.

풀이 $E_b = \sigma T^4 = 5.67 \times 10^{-8}\text{W/m}^2 \cdot \text{K}^4 \times (273 + 120)^4 \text{K}^4 \fallingdotseq 1352.48\text{W/m}^2$

예제 12.19

방사체가 평행으로 놓여 있는 두 개의 회체로 된 판이 있다. 하나의 방사 평판의 표면온도는 310K이고, 또 하나의 방사 평판의 표면온도는 423K을 유지하면서 열을 방사하고 있을 때 두 회체로부터 단위 면적당 복사 열이동량 $q_b[\text{W/m}^2]$를 구하라. 단, 두 방사체의 방사율 $\varepsilon = 0.85$이고, 스테판–볼츠만 상수 $\sigma = 5.67 \times 10^{-8}\text{W/m}^2 \cdot \text{K}^4$이다.

풀이 $q_b = \sigma \varepsilon (T_1^{\,4} - T_2^{\,4}) = 5.67 \times 10^{-8}\text{W/m}^2 \cdot \text{K}^4 \times 0.85 \times (423^4 - 310^4)\text{K}^4$

$\fallingdotseq 1097.9\text{W/m}^2$

예제 12.20

같은 표면적을 갖는 두 개의 흑체 평판 A, B가 평행하게 진공 상태에 놓여 있다. 만약, 두 평판 사이에 두께를 무시할 수 있을 정도의 얇은 평판 n개를 평행으로 끼워 넣었을 때 판 A로부터 판 B로 전달되는 복사 열전달량 $_A(q_r)_B$의 계산식을 보이고, 평가해 보아라. 단, 두 개의 흑체 평판 A, B의 온도는 각각 T_A, T_B이고, 두 개의 평판 A, B와 n개의 얇은 박판 모두 흑체로 가정한다. 여기서, 두 평판의 온도 관계는 $T_A > T_B$이며, 스테판 볼츠만 상수는 σ이다.

풀이 흑체인 A와 B평판은 서로 나란하고, 그 사이에 n개의 얇은 박판이 끼워져 있을 때 각 평판 사이의 열전달량은 어느 곳에서도 모두 같다. 이때, 각 평판 사이의 온도는 T_1, T_2, T_3, T_4, $\cdots T_n$이고, 각 점의 열전달량은 각각 다음과 같다. 즉, $q = c(일정) = \sigma(T_A^4 - T_1^4) = \sigma(T_1^4 - T_2^4) = \sigma(T_2^4 - T_3^4) = \sigma(T_3^4 - T_4^4) = \cdots = \sigma(T_n^4 - T_B^4)$이다. 각 항들을 합하면 그 결과는 $\sigma(T_A^4 - T_B^4) = q(n+1)$만 남는다. 따라서 열전달량을 비교하면 다음과 같다.

- A와 B 평판 사이에 n개의 박판이 끼워져 있을 때 열전달량

$$_A(q_r)_B = \sigma \frac{T_A - T_B}{n+1}$$

- A와 B 평판 사이에 박판이 없을 때 열전달량

$$_A(q_r)_B = \sigma(T_A - T_B)$$

결론은, 두 평판 사이에 박판(얇은 판) n개가 있을 때 열전달량의 크기는 $\dfrac{1}{n+1}$배 작다. 즉, 같은 두께일 때 그 사이 판의 수가 많을수록 열저항이 크게 되므로 단열효과는 커진다.

예제 12.21

대기의 온도가 10℃인 지하실에 표면온도가 150℃인 과열증기를 운반하는 파이프가 있다. 파이프로 부터의 복사와 대류에 의한 열손실은 각각 W/m²인가? 단, 방사율 $\varepsilon = 0.6$, 평균 열전달계수 $h_c = 25$W/m²·K이다.

풀이 ① 복사 열손실

$$q_r = \varepsilon\sigma(T_1^4 - T_2^4) = \varepsilon\sigma(T_s^4 - T_\infty^4)$$
$$= 0.6 \times 5.67 \times 10^{-8}\text{W/m}^2 \cdot \text{K}^4 \times (423^4 - 283^4)\text{K}^4$$
$$\fallingdotseq 870.96\text{W/m}^2$$

② 대류 열손실

$$q_c = h_c(T_s - T_\infty) = 25\text{W/m}^2 \cdot \text{K} \times (423 - 283)\text{K} = 3,500\text{W/m}^2$$

③ 전체 열손실량

$$q_{tot} = q_r + q_c = 870.96 + 3,500 \fallingdotseq 4,370.96\text{W/m}^2$$

3 복사강도와 방사와의 관계성

복사체 표면으로부터의 복사 열유속은 모든 방향으로 방사되어 전파되고 또 모든 방향으로부터 입사·흡수된다. 이때, 입사 복사에 대한 반응도 방향성을 가지며 이러한 방향성이 있는 정미복사 열전달률을 복사강도(radiation intensity)라 한다. 보통은 스펙트럼 복사강도 $I_{\lambda,e}$로 정의한다.

[그림 12.30] (a), (b)와 같은 복사체에서 $I_{\lambda,e}$는 파장 λ에서 θ, ϕ의 방향으로 수직인 방사표면의 단위면적당, 단위체적당, 단위파장 $d\lambda$당 방사되는 복사에너지의 비율로 정의된다. 따라서 복사강도 $I_{\lambda,e}$와 방사체로부터 전체 방사력 E_g를 알아보면 다음과 같다. 그림 (a)와 같이 복사 미소 면적요소를 dA_1이라 할 때 관측자 투영된 면적은 $dA_1\cos\theta$이다. 이것은 dA_1의 면적 중 관측자가 바라보는 면적을 말하는 것이다. 따라서 스펙트럼 복사강도 $I_{\lambda,e}[\mathrm{W/m^2 \cdot sr \cdot \mu m}]$는 다음 식 (12.81a)와 같이 쓸 수 있다.

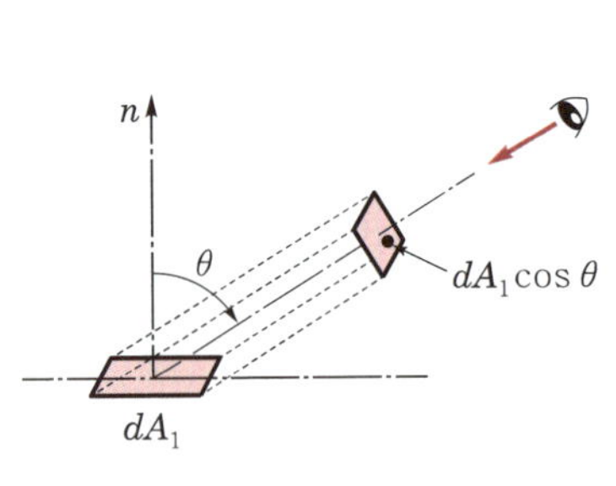

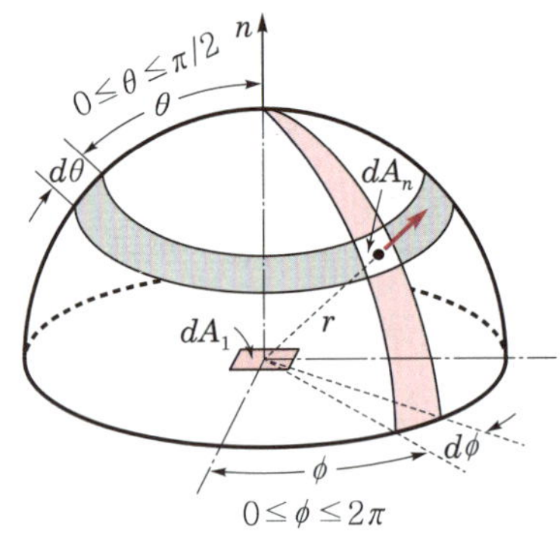

(a) 복사에 수직인 미소면적 dA_1에 대한
관측자 방향 표면의 투영

(b) 반구 내의 미소면적 dA_1에 대한
가상 반구의 반경방향 표면의 방사

[그림 12.30] 복사에 대한 투영과 가상 반구에서의 방사

$$I_{\lambda,e}(\lambda,\ \theta,\ \phi) = \frac{dq}{(dA_1\cos\theta)(d\omega)(d\lambda)} \tag{12.81a}$$

여기서, $dq_\lambda = \dfrac{dq}{d\lambda}$라 놓을 경우 이것은 파장 λ가 복사 미소 표면적 dA_1을 떠나 n방향의 미소 면적요소 dA_n을 통과하는 방사된 복사 열유속을 말한다. 즉, 위의 식 (12.81a)를 다시 쓰면 다음 식 (12.81b)와 같이 쓸 수 있고, 한 복사 미소 표면적에서 방사된 복사가 θ, ϕ방향의 둘레로 입체각 $d\omega$의 공간에 전파되는 방사된 복사 열에너지 $dq_\lambda[\mathrm{W/\mu m}]$를 나타낸다. 이때 입체각 $d\omega$는 [그림

12.31]을 참조바란다.

$$dq_\lambda = I_{\lambda,e}\, dA_1 \cos\theta\, d\omega \qquad\qquad (12.81b)$$

여기서, 방사된 스펙트럼 복사강도 $I_{\lambda,e}$ 는 λ, θ, ϕ 의 관계에 있고, 이 식에서 방사된 복사강도 $I_{\lambda,e}$ 를 알아야만 미소 표면에서 방사된 복사 열유속 dq_λ 를 알 수가 있다. 또 흑체의 복사강도 $I_{\lambda,b}$ 는 다음 식 (12.82)와 같은 정의식을 사용하기로 한다. 이때, 자세한 유도과정은 열전달 교과목을 참조바란다.

흑체의 복사강도

$$I_{\lambda,b} = \frac{2h\,c_0^{\,2}}{\lambda^5\left[\exp(h_0 c_0/\lambda K_B T_b)-1\right]} \qquad\qquad (12.82)$$

여기서, $h_0 = 6.626 \times 10^{-34}\,\text{J}\cdot\text{s}$ (플랭크상수)

$\qquad\quad K_B = 1.381 \times 10^{-23}\,\text{J/K}$ (볼쯔만상수)

$\qquad\quad c_0 = 2.998 \times 10^8\,\text{m/s}$ (진공상태에서 빛의 속도)

$\qquad\quad T_b$: 흑체 표면의 온도(K)

이번에는 식 (12.81b)에 대하여 방사 표면의 단위표면적당으로 나타내면 다음 식 (12.83a)와 같이 쓸 수 있고, 이것을 스펙트럼의 복사 열유속(radiation heat flux) $dq_\lambda{}'$[W/μm]라고 한다.

스펙트럼의 복사 열유속 (radiation heat flux)

$$dq_\lambda{}' = I_{\lambda,e} \cos\theta \sin\theta\, d\theta\, d\phi \qquad\qquad (12.83a)$$

위 식을 2중 적분하면 유한 입체각 내로 또는 어떤 유사한 파장 구간에서 방사에 의한 복사 열유속량의 크기를 알 수 있고, 이 식을 이용하면 방사체로부터 방사도를 찾을 수 있다. 따라서 [그림 12.30] (b)와 같은 가상의 반구로부터 스펙트럼 전체 방사도 E_λ[W/m$^2\cdot\mu$m]는 다음 식 (12.83b)로부터 계산할 수 있다. 즉,

스펙트럼 전체 방사도

$$E_\lambda(\lambda) = q_\lambda{}'(\lambda) = \int_0^{2\pi}\int_0^{\frac{\pi}{2}} I_{\lambda,e}(\lambda,\,\theta,\,\phi)\cos\theta\sin\theta\,d\theta\,d\phi \qquad (12.83b)$$

이다. 여기서, $I_{\lambda,e}$ 는 투영된 면적에 기초를 두고 계산한 복사강도이고, $E_\lambda(\lambda)$ 는 실제 방사 표면적에 대한 스펙트럼 반구 방사도이다. 따라서 [그림 12.30] (b)와 같은 반구(hemispherical)의 전 방사도 E_g[W/m^2]는 열복사가 가능한 모든 파장에 대한 모든 방향으로의 단위면적당 방사되는 복사 열에너지율이 된다. 그 크기는 다음 식 (12.84a)와 같이 $E_\lambda(\lambda)$ 를 파장 λ 에 대하여 적분하여 구한다.

전 방사도

$$E_g = \int_0^\infty E_\lambda(\lambda)\, d\lambda \tag{12.84a}$$

또 위의 식 (12.84a)에 식 (12.83b)를 적용할 경우에는 다음 식 (12.84b)와 같이 E_g의 크기를 3중적분으로 계산할 수도 있다.

$$E_g = \int_0^\infty \int_0^{2\pi} \int_0^{\frac{\pi}{2}} I_{\lambda,e}(\lambda,\ \theta,\ \phi)\cos\theta \sin\theta\, d\theta\, d\phi\, d\lambda \tag{12.84b}$$

위 식 $E_g\,[\mathrm{W/m^2}]$는 전 방사도로써 모든 방향의 방사력을 보여주는 것으로 반구라는 용어는 생략해도 무방하다. 실제 방사 표면의 분포는 그 특성이 다르다. 이

확산 방사체 와 같은 합리적 가정이 가능하다면 방사 표면의 방향과 관계가 없는 물체를 확산 방사체라고 부른다.

위와 같은 관계를 알 때 복사강도 $I_{\lambda,e}(\lambda,\ \theta,\ \phi)\,(=I_{\lambda,e}(\lambda))$와 스펙트럼 방사도 $E_\lambda\,[\mathrm{W/m^2 \cdot \mu m}]$는 방사체의 단위면적당 전체 방사율의 크기 $E_g\,[\mathrm{W/m^2}]$와의 관계는 각각 다음 식 (12.85ab)와 같다. 즉,

$$E_\lambda(\lambda) = \pi I_{\lambda,e}(\lambda) \tag{12.85a}$$

$$E_g = \pi I_e \tag{12.85b}$$

전 복사강도 이다. 여기서 I_e는 방사된 복사의 전 복사강도(total radiation intensity)를 말
(total radiation intensity) 하며, π의 단위는 sr(스테라디안)이다.

4 조사에 의한 복사 열유속

앞에서는 물체 표면에서 방사되는 복사에 대하여 설명하였다면, 이번에는 복사

조사 물체에 입사되는 복사 열유속의 크기인 조사에 대하여 알아보고자 한다. 조사에 의한 복사 열유속은 입사된 복사강도의 중요한 인자이며 [그림 12.31]에 적용하면 다음과 같다.

스펙트럼 조사(incident) 스펙트럼 조사(incident)를 $G_\lambda\,[\mathrm{W/m^2 \cdot \mu m}]$라고 정의할 때 이것은 복사의 파장을 λ로 가정하고 단위면적에 대한 미소 단위파장$(d\lambda)$당 복사 표면에 입사되

스펙트럼 복사강도 는 복사율로 정의된다. 따라서 G_λ는 다음 식 (12.86)과 같이 스펙트럼 복사강도 $I_{\lambda,i}$에 대하여 2중 적분식으로 놓고 계산하면 구할 수 있다.

$$G_\lambda(\lambda) = \int_0^{2\pi} \int_0^{\frac{\pi}{2}} I_{\lambda,i}(\lambda,\ \theta,\ \phi)\cos\theta \sin\theta\, d\theta\, d\phi \tag{12.86}$$

이때, $I_{\lambda,i}$ 는 스펙트럼 복사강도로 λ, θ, ϕ 에 의해 결정되는 값이며, 스펙트럼 분포와 방향적 분포를 갖는다. 또 적분 식 내의 $\sin\theta\,d\theta\,d\phi$ 는 [그림 12.31]에서 보듯이 입사된 복사의 단위 입체각이다. 그리고 식 (12.86)에서 $G_\lambda(\lambda)$ 는 표면적을 기초로 한 조사 열유속이기 때문에 식에는 $\cos\theta$ 항이 존재한다.

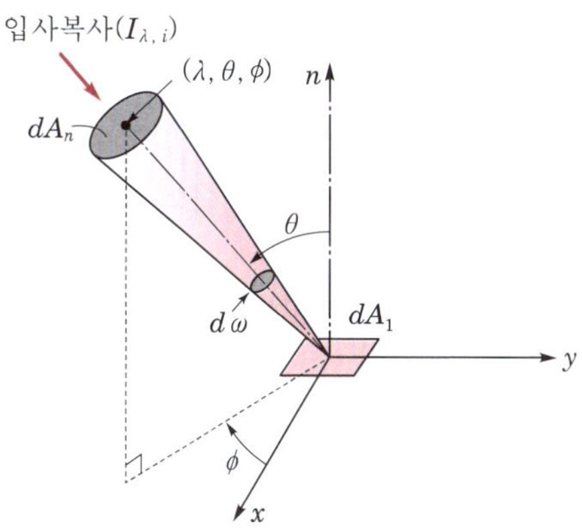

[그림 12.31] 입사된 복사율(조사)과 방향 특성

다음 모든 파장의 모든 방향에 대하여 단위면적당 입사되는 복사율을 전 조사 (total irradition) G_i 라고 할 때 다음 식 (12.87a)와 같은 적분식으로 쓸 수가 있다.

전 조사(total irradition)

$$G_i = \int_0^\infty G_\lambda(\lambda)\,d\lambda \tag{12.87a}$$

따라서 식 (12.86)을 위 식 (12.87a)에 적용하여 다시 정리해서 쓰면 전 조사의 크기 G_i 는 다음 식 (12.87b)와 같이 3중 적분으로 계산하면 구할 수 있다.

$$G_i = \int_0^\infty \int_0^{2\pi} \int_0^{\frac{\pi}{2}} I_{\lambda,i}(\lambda,\ \theta,\ \phi)\cos\theta\sin\theta\,d\theta\,d\phi\,d\lambda \tag{12.87b}$$

만약, $I_i[\mathrm{W/m^2 \cdot sr}]$ 를 조사 전 복사강도(total radiation intensity)라고 할 경우 전 조사 G_i 는 다음 식 (12.87c)와 같이 놓고 구할 수도 있다.

조사 전 복사강도
(total radiation intensity)

$$G_i = \pi I_i \tag{12.87c}$$

여기서, π 는 sr(스테라디안)값이다.

또 스펙트럼 조사 $G_\lambda(\lambda)$는 입사 복사가 확산적일 경우 스펙트럼 복사강도 $I_{\lambda,i}$ 가 복사 표면의 입사각 θ 및 ϕ에는 무관하므로 다음 식 (12.88)과 같이 된다.

$$G_\lambda(\lambda) = \pi I_{\lambda,i}(\lambda) \tag{12.88}$$

이상과 같이 이 12장에서는 1차원 내부 열발생이 없는 정상상태일 때 3가지 전도, 대류 복사 열전달 메커니즘으로부터 열유동 현상과 온도분포, 열전달률, 열저항 개념 등을 알아보았다. 차후에는 내부 열발생이 존재하는 경우의 해석 및 각종 확장표면의 열전달 현상과 비정상상태의 열전달에 대하여는 열전달 교과목을 참고하길 바란다.

예제 12.22

태양으로부터의 단색 방사도를 측정한 결과 파장이 $\lambda_m = 0.50\mu\text{m}$에서 방사도 최댓 값을 나타냈다. 지구의 공기층에서 열복사선은 흡수되지 않는다고 가정할 경우 태양을 하나의 완전 흑체로 볼 때 태양 표면온도(K)를 대략적으로 계산하여 보아라.

풀이 $\lambda_m = 0.50\mu\text{m}$이고, T_s를 태양의 표면온도라고 할 때 식 (12.72)를 적용하여 태양표면의 온도(K)를 구할 수 있다.

$$\Rightarrow \lambda_m T_s = 2.898 \times 10^{-3}\text{K} \cdot \text{m}$$

$$\therefore T_s = \frac{2.898 \times 10^{-3}\text{K} \cdot \text{m}}{\lambda_m[\mu m]} = \frac{2.898 \times 10^{-3}\text{K} \cdot \text{m}}{0.5 \times 10^{-6}\text{m}} \doteqdot 5{,}796\text{K}$$

예제 12.23

직경 100mm, 높이 350mm인 원통형 난로가 큰 실내에 설치되어 있다. 이 난로의 표면온도는 450℃, 실내온도는 25℃로 일정하게 유지될 때 난로의 표면으로부터 단위 시간당 방사되는 정미 복사열전달량 $Q_{rad.net}$[kW]를 계산하라. 단, 방사율 $\varepsilon = 0.80$이다.

풀이 $Q_{12} = \sigma(T_1{}^4 - T_2{}^4)\dfrac{A_1}{\dfrac{1}{\varepsilon_1} + \dfrac{A_1}{A_2}\left(\dfrac{1}{\varepsilon_2} - 1\right)}$ 의 관련식으로부터 구한다.

여기서, $\dfrac{A_1}{A_2} = 0$이 되므로 식은 간단히 다음만 남는다.

$Q_{12} = \sigma\varepsilon_1 A_1(T_1{}^4 - T_2{}^4)$ 단, $A_1 = \pi d H = \pi \times 0.1 \times 0.35 = 0.1099\text{m}^2$

$$\therefore Q_{rad.net} = Q_{12}$$
$$= 5.67 \times 10^{-8}\text{W/m}^2 \cdot \text{K}^4 \times 0.80 \times 0.1099\text{m}^2 \times (724^4 - 298^4)\text{K}^4$$
$$= 1322.83\text{W} \doteqdot 1.323\text{kW}$$

01 다음은 열전달 방식의 대표적인 전도, 대류, 복사이다. 각각의 근본적인 차이점과 열전달 특성에 대하여 설명하라.
(1) 전도(conduction)
(2) 대류(convection)
(3) 복사(radiation)

02 건축물의 창문이 유리로 되어 있다. 유리 외부표면의 온도 $-5℃$, 내부표면의 온도 $20℃$로 유지되고 있을 때 유리창의 폭과 높이는 각각 $150cm \times 100cm$라면 다음 질문에 답하라. 단, 유리의 열전도율 $\kappa = 0.78W/m \cdot K$이다.
(1) 유리를 통한 열손실 Q_x은 몇 kW인가?
(2) 1일 중 8시간에 대한 전 손실열 Q_t는 몇 kW−h정도로 열전달 손실이 발생하는가?

03 두께가 $0.2m$인 콘크리트 벽의 외부표면 온도는 $-10℃$, 내부표면 온도는 $15℃$로 계속 유지되고 있다. 콘크리트의 열전도율이 $\kappa_c = 1.2W/m \cdot K$일 때 이 벽을 통한 열손실 $q_{cd}[W/m^2]$은? 또 콘크리트 벽의 길이가 $7m$, 높이가 $3m$일 때 전 열손실 $Q_{cd}[kW]$는 얼마인지 각각 계산하라.

04 두께가 $15cm$인 석면 단열재의 표면적이 $4m^2$일 때 단열재 표면을 통해 $0.1kW$의 크기로 열전달 손실이 발생하고 있다. 고온부의 표면온도가 $60℃$라면 저온부 표면온도 T_2는 몇 $℃$인가? 단, 석면 단열재의 열전도율은 $\kappa = 0.2W/m \cdot K$ 정도의 값을 갖는다.

05 가열로의 외측 벽 표면으로부터 깊이 $40mm$와 $80mm$ 위치에서 벽 내부의 온도를 측정하였더니 각각 $90℃$와 $250℃$이었다. 이 구간에서 벽을 통한 외부로의 열손실 $q_c[kW/m^2]$를 계산하라. 단, 열전도율 $\kappa = 0.781W/m \cdot K$이다.

06 내경이 d_1, 외경이 d_2인 중공구(hollow sphere)에서 구의 내면과 외면의 온도는 각각 T_1, T_2이다. 열전달 재료의 열전도율은 κ로 일정할 때 구의 표면을 통한 열유동량 $Q_c[W]$를 구하는 식을 내·외경 및 온도 함수의 관계로 보여라. 단, 구의 표면적은 $A = 4\pi r^2$이고, $T_1 > T_2$의 경우이다.

07 두께 50mm의 내화벽돌의 외면을 단열재 25mm 두께 크기로 피복된 노가 있다. 내화벽돌의 노 내측 표면온도가 1,100℃, 단열재의 외기 쪽 표면온도를 65℃라고 할 때 노벽으로부터 열손실 q_c[W/m^2]와 내화벽돌과 단열재 경계면의 온도 T_2[℃]를 각각 구하라. 단, 내화벽돌의 열전도율 $\kappa_{wa}=0.83$ W/m · K이고 단열재의 열전도율 $\kappa_{ad}=0.055$W/m · K 이다.

08 다음과 같은 전도 열전달 문제의 질문에 답하라.

(1) 두께 0.2m인 콘크리트 벽의 외부표면이 -5℃, 내부표면이 20℃로 유지되고 있다. 콘크리트의 열전도율 $\kappa=1.2$W/m · K일 때 벽을 통한 열손실(q_x)은? 또 벽의 폭 $(W)\times$높이$(H)=10$m$\times2.5$m일 때 전 열손실량 Q_x은 몇 kW인가?

(2) 면적이 3m^{2}이고 두께가 5cm인 글라스울(glass wool) 단열재를 통하여 0.1kW로 열전달이 일어나고 있다. 고온측 표면온도가 70℃일 때 저온측 표면의 온도는 몇 ℃인가? 단, 글라스울 단열재의 밀도 $\rho=100$kg/m^3, 열전도율 $\kappa=0.5$W/m · K 이다.

09 폭$(W)\times$높이$(H)=1.5$m$\times2.0$m이고, 두께 $t=10$mm인 이중구조의 유리창이 추운 겨울날 실내 내부 공기의 온도 25℃이고 내부 유리 표면의 온도가 20℃가 유지되고 있다. 실외 외부 공기의 온도 -15℃이고 바깥쪽 유리 표면의 온도가 -10℃로 유지되고 있을 때 다음 질문에 답하라. 단, 유리의 열전도율 $\kappa=1.4$W/m · K, 단열층 공기의 열전도율 $\kappa_a=0.024$W/m · K, 내부 공기의 열전달계수 $h_c=5$W/m^2 · K, 외부 공기의 열전달계수 $h_c=15$W/m^2 · K이다. 이때, 대류 열복사는 무시된다고 가정한다.

(1) 복층 유리구조를 사용하여 유리창 사이에는 정체된 단열층 공기(공기의 두께 20mm)와 접촉하고, 단열층 공기와 접촉하는 유리의 표면온도가 5℃와 -5℃일 때 열저항의 개념을 사용하여 개략적인 열전달 현상과 열저항 회로망을 대략적으로 도시하여 보아라.

(2) 복층 유리를 통한 열관류율 U[W/m^2 · K]와 전 열손실량 Q_x[W]를 각각 구하라.

10 과열증기를 운반하는 20mm 파이프가 대기의 온도가 20℃인 지하실에 매달려 있다. 표면온도가 60℃인 파이프로부터 다음 질문에 답하라. 단, 방사율 $\varepsilon=0.7$, 평균 열전달계수 $h=80$W/m^2 · K, 스테판–볼츠만 상수 $\sigma=5.67\times10^{-8}$W/m^2 · K^{4}이다.

(1) 대류에 의한 열손실 q_c[W/m^2]는 얼마인가?

(2) 복사에 의한 열손실 q_r[W/m^2]는 얼마인가?

11 정상상태 1차원 전열벽의 내부 열발생이 없는($\dot{q}_G = 0$) 조건에서 벽으로의 온도 $T(x)$가 아래와 같이 주워질 때 다음 질문에 답하라. 이때, 전열벽의 두께 $L = 0.4\text{m}$, 면적 $A = (3 \times 4)\text{m}^2$이고, 기타 물성치는 $\rho = 1{,}200\text{kg/m}^3$, $\kappa = 4\text{W/m} \cdot \text{K}$, $C_p = 4.5\text{kJ/kg} \cdot \text{K}$ 이다.

$$T(x) = a + bx + cx^2 \text{이고,} \ a = 150℃, \ b = -120℃/\text{m}, \ c = -40℃/\text{m}^2$$

(1) 전열벽으로 유입되는 전 열량(Q_{in})과 유출되는 전 열량(Q_{out})의 크기는 각각 몇 kW인가?

(2) 전열벽에 저장되는 전 에너지($\dot{E}_{st}$)는 몇 kW인가?

(3) 전열벽 임의의 위치에서 온도 기울기 $\dfrac{dT}{dt}$[℃/sec]를 계산하라?

12 원형 덕트 내를 유동하는 유체가 $q = 1{,}400\text{W/m}^2$의 크기로 일정하게 가열되어 덕트 내부를 강제로 압송되어 지나고 있다. 유체 평균속도 $V_m = 0.15\text{m/s}$이고, 동점성계수는 $\nu = 0.47 \times 10^4 \text{m}^2/\text{s}$이다. 유체와 관 사이의 온도차($T_\infty - T_w$)는 몇 ℃인가? 단, 재료의 열전도율 $\kappa = 0.145\text{W/m} \cdot \text{K}$, 관의 내경 $d = 5\text{cm}$이다.

13 가열 평판이 수평으로 놓여 있을 때 평판 위로 공기가 자유 유동속도 $u_\infty = 0.15\text{m/s}$, 온도 $T_\infty = 35℃$로 유동하고 있다. 이때, 가열 평판의 표면온도가 $T_s = 250℃$라면 평판 선단으로부터 $x = 300\text{mm}$의 위치에서의 열전달계수 h_x와 평판으로부터 공기로 대류에 의한 열유속 양 q_c[kW/m^2]를 각각 구하라. 단, 공기의 열전도율 $\kappa_a = 0.030\text{W/m} \cdot \text{K}$, 동점성계수 $\nu = 0.24 \times 10^{-4}\text{m}^2/\text{s}$, 프란틀 수 $Pr = 0.71$값이다.

14 공기가 평판 위를 따라 흐르면서 열유동이 발생하고 있다. 이때, 유동 공기의 레이놀즈(Reynolds)수가 2,100일 때 평판 선단으로부터 300mm 위치에서 국소 열전달계수 h_x[W/m^2 $\cdot$ K]를 구하라. 단, 공기의 열전도율 $\kappa_a = 0.025\text{W/m} \cdot \text{K}$, 프란틀수는 $Pr = 0.70$ 이다.

15 공기가 내경 75mm의 관 내를 유속 20m/s로 흐르고 있을 때 공기의 평균 열전달계수 $\overline{h}$ [W/m^2 $\cdot$ K]를 구하라. 여기서, 공기의 온도 25℃일 때 물리량은 각각 열전도율 $\kappa = 0.0259\text{W/m} \cdot \text{K}$, 동점성계수 $\nu = 0.16 \times 10^{-4}\text{m}^2/\text{s}$, 프란틀 수 $Pr = 0.71$이다.

16 평판 위로 평행하게 유동하는 공기가 있다. 평판에 평행하게 공기가 유속 3.51m/s 로 흐르고 있을 때 유동 방향의 길이 2.5m인 곳에서 판 위의 공기에 대한 평균 열전 달계수 $\overline{h}_a$[W/m^2·K]을 구하라. 단, 열전도율 $\kappa=0.0257$ W/m·K, 동점성계수 $\nu=0.196\times10^{-4}$m^2/s, 프란틀 수 $Pr=0.70$이다.

17 점성유체가 자유 유동속도 u_∞로 평판 주위를 지날 때 다음 질문에 대하여 그림으로 도시하고 기술하라.
(1) 속도 경계층
(2) 온도 경계층(열경계층)

18 노 내의 연소상태를 관찰하기 위해서 노 벽의 일부에 직경 30mm의 구멍이 뚫려있다. 노 내 온도가 1,100℃일 때 방사에너지 E_b[W/m^2]와 구멍의 표면으로부터 복사에너지 Q_r[W]를 각각 구하라. 단, 스테판-볼츠만 상수 $\sigma=5.67\times10^{-8}$W/m^2·K^{4}이다.

19 두 개의 평행 평판의 표면온도는 각각 120℃, 25℃이다. 이때, 두 평면의 면적은 매우 크고 방사율은 두 평판 모두 0.18일 때 평판의 단위면적당 복사 열전달량 q_r[W/m^2]를 구하라. 단, $\sigma=5.67\times10^{-8}$W/m^2·K^{4}이다.

20 강판의 크기가 150cm×150cm인 판이 수직으로 놓여 있고 강판의 표면온도는 427K이 다. 주위 공기의 온도가 303K라 할 때 강판의 표면으로부터 방사에 의한 복사에 의한 열전달량의 크기 Q[W]를 구하라. 단, 방사율 $\varepsilon=0.75$, 스테판-볼츠만 상수 $\sigma=5.67\times10^{-8}$W/m^2·K^{4}이다.

21 평판 위로 평행하게 20℃의 공기가 자유 유동속도 $u_\infty=1.5$m/s로 유동할 때 다음 질 문에 답하라. 이때, 공기의 동점성계수는 $\nu=15.7\times10^{-6}$m^2/s이다.
(1) 평판 선단으로부터 1.05m 위치에서 레이놀즈수(Re_x)는?
(2) 이때를 층류 임계값으로 하여 경계층 두께 δ[m]를 구하라.
(3) 경계층이 발달하여 완전히 난류로 바뀌는 곳은 평판 선단으로부터 어느 위치(cm) 에 있는가?

01 직각좌표계의 3차원 열전도 방정식이 다음과 같이 됨을 유도하고, 이 식이 정상상태, 내부 열발생이 없는 경우 $\nabla^2 T = 0$이 됨을 설명하여라.

$$\frac{\partial}{\partial x}\left(k\frac{\partial T}{\partial x}\right) + \frac{\partial}{\partial y}\left(k\frac{\partial T}{\partial y}\right) + \frac{\partial}{\partial z}\left(k\frac{\partial T}{\partial z}\right) + \dot{G} = \rho c\frac{\partial T}{\partial t}$$

단, T : 온도, t : 시간, c : 비열, k : 열전도율, ρ : 밀도, $\dot{G}$: 열발생률

02 면적이 2m^2이고, 두께가 5cm인 글라스울 단열재를 통하여 0.1kW로 열전달이 발생하고 있다. 고온부의 표면온도가 70℃일 때 저온부 표면온도는 몇 ℃인가? 단, 글라스울 단열재의 $\rho = 100\,\text{kg/m}^3$이고, $\kappa = 0.5\,\text{W/m}\cdot\text{K}$이다.

03 원통 단열벽의 안지름이 20cm, 바깥지름 45cm일 때 내부 표면온도는 300℃로 유지되면서 외부 표면온도는 -15℃에 노출되어 있는 정상상태를 유지하는 증기관이 있다. 증기관 길이 20m 정도에서 증기로부터 증기관을 통해 주위로의 전 열손실 Q는 몇 kW인가? 단, 증기관의 열전도율은 $0.4\,\text{W/m}\cdot\text{K}$이다.

04 단열재료의 열전도율 κ가 온도 t[℃]의 함수로서 $0.0475 + 0.000145t$[W/m·K]이다. 두께 100mm의 판형 단열벽의 양 표면온도가 각각 110℃, 25℃일 때 평균 열전도율 κ_{av}[W/m·K]과 두께 방향으로의 열유속의 크기 q_x[W/m²]를 각각 계산하라.

05 두께 40mm인 매우 큰 철판의 한쪽 벽 표면온도가 150℃이고 또 다른 벽 표면온도가 110℃로 일정하게 유지되고 있다. 두께의 중앙부의 온도 T_o[℃]와 그 위치에서의 열전달 q_c[kW/m²]을 구하라. 단, 철판의 열전도율 $\kappa = 35\,\text{W/m}\cdot\text{K}$이다.

06 내경 50mm의 원관 내를 질량 유동률 0.167kg/s의 물이 흐르고 있다. 관 입구와 출구의 물의 온도는 각각 15℃와 30℃일 때 관 내 표면온도는 90℃로 일정하게 유지되고 있을 때 원관 내 물의 평균 열전달계수 $\bar{h}_w$[W/m²·K]을 구하라. 단, 물의 밀도 $\rho_w = 997.5\,\text{kg/m}^3$, 동점성계수 $\nu = 0.55\times10^{-6}\,\text{m}^2/\text{s}$, 열전도율 $\kappa = 0.61\,\text{W/m}\cdot\text{K}$, $Pr = 0.71$이다.

07 과열증기를 운반하는 20mm 파이프가 대기의 온도 20℃인 지하실에 매달려 있다. 표면온도가 60℃인 파이프로부터 다음을 구하라. 단, 방사율 $\varepsilon=0.6$, 평균 열전달계수 $\overline{h}_c=80\text{W/m}^2\cdot\text{K}$, 슈테판–볼츠만 상수 $\sigma=5.6697\times10^{-8}\text{W/m}^2\cdot\text{K}^4$이다.

(1) 복사에 의한 열손실 q_r은 얼마(W/m^2)인가?

(2) 자연대류에 의한 열손실 q_c는 얼마(W/m^2)인가?

(3) 전 열손실 q_{tot}은 얼마(W/m^2)인가?

08 그림과 같은 단순 슬라브형 지붕을 갖는 경우 지붕 전 면적을 통한 주위 공기로 자연대류에 의한 열전달 양 q_c은 몇 kW인가? 단, 지붕 표면의 온도는 17℃이고, 주위 공기 평균온도는 5℃이며, 공기의 평균 열전달계수 $h_c=15\text{W/m}^2\cdot\text{K}$이다.

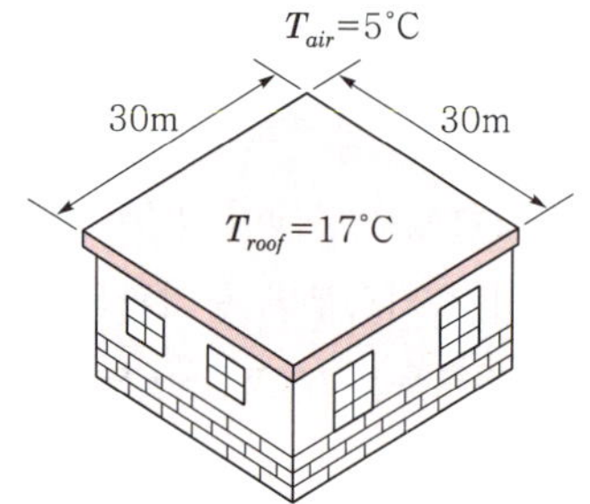

09 건축물 내의 난방을 위해 원형의 난방 증기관이 설치되어 있다. 관 내부는 난방용 증기로부터 열손실을 최소화하기 위하여 단열재로 보온되어 있을 때 관 내부지름은 20mm, 바깥지름은 25mm 그리고 단열벽의 두께는 20mm이다. 과열증기에 의해 관 내부표면의 온도가 200℃로 유지되면서 외부 표면온도 5℃로 정상 열전달이 발생할 경우 다음을 구하라. 단, 단열재의 열전도율 $\kappa_a=0.1\text{W/m}\cdot\text{K}$이며, 관의 열전도율은 $k_p=0.5\text{W/m}\cdot\text{K}$이다.

(1) 단위길이당 열손실량 $q_c[\text{W/m}]$는?

(2) 증기 난방관 전 길이가 1,500m로 추정될 때 전 열손실 Q_c은 몇 kW인가?

10 증기를 운반하는 강관의 내경 65mm, 두께 7mm인 강관 내부를 온도 300℃의 증기가 흐르고 있다. 관의 외기온도는 10℃이며, 관의 전 길이 100m 동안 관 표면으로부터 전 열유동 양 $Q[\text{kW}]$의 크기를 열저항 개념을 적용하여 구하라. 이때, 열유동의 계산과정은 관 내부 고온부 및 관 외부 저온부의 대류까지 고려한 열저항 개념으로부터 계산하라. 단, 관 내부 증기의 열전달계수 $h_{in}=55\text{W/m}^2\cdot\text{K}$이고, 강관의 열전도율 $\kappa=62\text{W/m}\cdot\text{K}$이며, 관 외부표면 외기의 열전달계수 $h_{ex}=9.21\,\text{W/m}^2\cdot\text{K}$이다. 여기서, 복사열에 의한 열유동은 무시할 정도의 크기이다.

11 대기의 온도가 10℃인 지하실에 관 표면온도가 150℃인 과열증기를 운반하는 단열되지 않은 증기관이 있다. 다음 질문에 답하라. 여기서, 방사율 $\varepsilon = 0.6$, 스테판-볼츠만 상수 $\sigma = 5.67 \times 10^{-8} \text{W/m}^2 \cdot \text{K}^4$, 공기 평균 열전달계수 $h_c = 25 \text{W/m}^2 \cdot \text{K}$이다.

(1) 관으로부터의 복사(q_r)와 대류(q_c)에 의한 열손실은 각각 얼마(W/m²)인가?

(2) 관의 직경이 100mm이고, 관의 전 길이가 15m일 때 관 표면을 통한 전 열손실 $Q_x)_{tot}$[kW]은?

12 원형 관의 크기가 다음과 같을 때 다음 질문에 각각 답하라. 여기서, $\sigma = 5.67 \times 10^{-8}$ W/m² · K⁴이다.

(1) 외경 20cm의 원형 관의 외부 표면의 온도는 400℃이고 복사율은 0.8이다. 만약, 외경 40cm 관이 내부 표면 온도는 50℃ 상태로 감싸고 있을 때 복사율이 0.5라면 방사되는 복사에너지 $_1(Q_r)_2$[W]를 구하라.

(2) 만약, 외경 20cm 관의 외부에는 공기가 온도 20℃로 일정하게 유지되며 외부 40mm 관은 없고 오롯이 외부에는 공기만 있을 때 관 표면으로부터 외부 공기로 방사되는 복사에너지 $_1(Q_r)_2$[W]는 어떻게 되는지 계산하라.

13 전도(conduction)에 의한 열전달 메커니즘에서 기체, 액체, 고체에 따른 열전도율(열전도도)의 특성을 기술하라.

14 공기가 압력 100kPa, 온도 303K 상태로 내경 50mm인 원관 내를 유속 10m/s로 흐르면서 관의 길이의 수직한 반경 방향으로 열전달되고 있다. 열전달 후 관 외벽은 주위 온도보다 항상 40℃만큼 높은 상태로 유지될 때 공기의 평균 열전달계수 $\bar{h}$ [W/m² · K]과 관으로부터 단위길이당 가열량 q[W/m]를 각각 구하라. 여기서, 관의 두께는 관경에 비해 얇고, 공기의 온도가 303K일 때 물성치는 동점성계수 $\nu = 1.61 \times 10^{-5} \text{m}^2/\text{s}$, 열전도율 $\kappa = 0.0312 \text{W/m} \cdot \text{K}$, 프란틀수 $Pr = 0.71$이다.

15 과열증기를 운반하는 20mm 파이프가 대기온도 20℃인 지하실에 매달려 있다. 표면온도가 60℃인 파이프로부터 다음을 계산하라. 단, 방사율 $\varepsilon = 0.7$, 평균 열전달계수 $h = 80 \text{W/m}^2 \cdot \text{K}$, 스테판-볼츠만 상수 $\sigma = 5.67 \times 10^{-8} \text{W/m}^2 \cdot \text{K}^4$이다.

(1) 복사에 의한 열손실은 얼마(W/m²)인가?

(2) 자연대류에 의한 열손실은 얼마(W/m²)인가?

(3) 복사 및 대류에 의한 전 열손실량은 얼마(W/m²)인가?

(4) 파이프의 길이가 150m일 때 관 표면을 통한 전 열손실량은 몇 kW인가?

16 다음은 전도 열전달 문제이다. 각각의 질문에 답하라.

(1) 두께 0.2m인 콘크리트 벽이 외부표면의 온도 $-5℃$, 내부표면의 온도 $20℃$로 유지되고 있다. 이 콘크리트의 열전도율 $\kappa=1.2\,\mathrm{W/m\cdot K}$일 때 벽을 통한 열손실 q_c는 몇 $\mathrm{W/m^2}$인가?

(2) 만약, 면적이 $3\mathrm{m^2}$이고, 두께 5cm인 글라스울 단열재를 통해 100W의 크기로 열전달이 발생하고 있을 때 고온측 표면온도가 $70℃$라면 저온측의 표면온도 T_2는 몇 $℃$인가? 단, 글라스울 단열재의 열전도율 $\kappa=0.5\,\mathrm{W/m\cdot K}$이다.

17 공조기를 이용하여 건물 내를 냉방하려고 한다. 이때, 냉동기로부터 공조기의 열교환기 내로 냉매가 지름 2.5cm, 길이 50m 관로를 통해 평균온도 $20℃$, 질량유동 $0.01\mathrm{kg/s}$의 상태로 유동할 때 다음을 구하라. 단, 냉매의 물성치로는 점성계수 $\mu=2.65\times10^{-4}\,\mathrm{kg/m\cdot s}$, 밀도 $\rho=1{,}330\mathrm{kg/m^3}$, 열전도율 $\kappa=0.073\,\mathrm{W/m\cdot K}$이다.

(1) 관 내의 유체 평균속도 $V_{av}[\mathrm{m/s}]$는?

(2) 레이놀즈수 Re를 구하고, 층류와 난류를 구분하라.

(3) 평균 열전달계수 $h_c[\mathrm{W/m^2\cdot K}]$은?

(4) 관 마찰계수 f은?

(5) 관 내의 냉매의 압력강하 $\Delta P[\mathrm{Pa}]$은?

(6) 압력강하 ΔP를 회복하기 위한 소요 동력 H_L은 몇 $\mathrm{W(=J/s)}$인가?

18 열전달 과정의 접촉 열저항(thermal contact resistance)개념에 대한 다음 질문에 답하라.

(1) 물리적 정의는?

(2) 물리적 기구로부터 열전달 현상 및 접촉부의 온도분포 등을 그림으로 도시하고 그 현상을 기술해라.

(3) 하나의 접촉부를 갖는 경우 접촉계수 h_c를 구하는 일반식을 재료의 길이, 단면적, 열전도율의 함수로 나타내라.

19 항공기 조정실 내 난방을 위해 동관 내경 25mm에 과열증기가 $150℃$로 흐르고 있다. 관 내부의 과열증기로부터 열손실을 최소화하기 위하여 단열재로 보온된 경우이다. 이때, 단열재의 내부지름이 30mm이고, 바깥지름은 40mm이며, 항공기 조정실 내의 공기 온도는 $15℃$로 일정한 정상상태 열전달이 발생되고 있을 때 다음 질문에 답하라. 단, 과열증기의 열전달계수 $h_{c,v}=300\,\mathrm{W/m^2\cdot K}$, 공기의 열전달계수 $h_{c,a}=20\,\mathrm{W/m^2\cdot K}$이고, 동관의 열전도율 $\kappa_c=400\,\mathrm{W/m\cdot K}$, 단열재의 열전도율 $\kappa_i=0.055\,\mathrm{W/m\cdot K}$이다.

20 열손실을 최소화하기 위해 항공기 조종실을 폭$(W)\times$높이$(H)=1\mathrm{m}\times2\mathrm{m}$, 두께 $t=$ 7mm 크기의 2중 유리창으로 제작하였다. 조종실 내부 공기는 15℃, 내부 유리 표면의 온도 13℃, 2중창 구조의 유리창 사이 공기 단열층의 두께 5mm이다. 이때, 공기와 접촉하는 유리의 표면온도는 7℃와 -5℃이며, 바깥쪽 유리 표면의 온도는 -15℃이고, 항공기 외부의 공기 온도는 -20℃이다. 이와 같을 때 다음 질문에 답하라. 단, 유리의 열전도율은 $\kappa=1.4\mathrm{W/m\cdot K}$이고, 단열층 공기 열전도율 $\kappa_a=0.024\mathrm{W/m\cdot K}$이며, 내부 공기의 열전달계수 $h_c=5\mathrm{W/m^2\cdot K}$, 외부 공기의 열전달계수 $h_c=15\mathrm{W/m^2\cdot K}$이다. 이때, 대류 열복사는 무시한다.

(1) 열전달 현상을 스케치하고, 열저항의 개념을 사용하여 복층유리를 통한 열관류율 $U[\mathrm{W/m^2\cdot K}]$을 계산하라.

(2) 2중 유리창을 통한 열손실량 $Q_x[\mathrm{W}]$를 구하라.

21 냉장고와 같은 냉동기가 성능 저하로 제대로 작동하지 않을 때 통상은 냉장고 내의 칸막이 벽 표면에 서리가 끼어 있다. 만약, 서리가 그림과 같이 3mm로 형성되어 있고, 서리 표면은 주위 공기 25℃의 자연대류에 노출되어 냉장고문이 열린 상태로 서리를 녹이려 한다면 완전히 녹이는 데 걸리는 시간 t_m(hour)을 계산하라.

단, 자연대류의 공기 열전달계수 $h=2\mathrm{W/m^2\cdot K}$, 성에 서리의 밀도 $\rho_f=705\mathrm{kg/m^3}$, 융해 잠열의 크기 $h_{sf}=h_f-h_s=338\mathrm{kJ/kg}=338\times10^3\mathrm{J/kg}$이다. 여기서, 계산과정의 가정 (assumption)으로는 서리 고체가 녹는 동안 온도 T_f는 일정하고, 녹은 물은 노출 표면으로부터 아래로 떨어지며, 서리와 주변의 서리 간에 복사 열교환은 무시된다. 또 서리 고체 뒷면으로는 단열되어 있다는 가정이 필요하다.

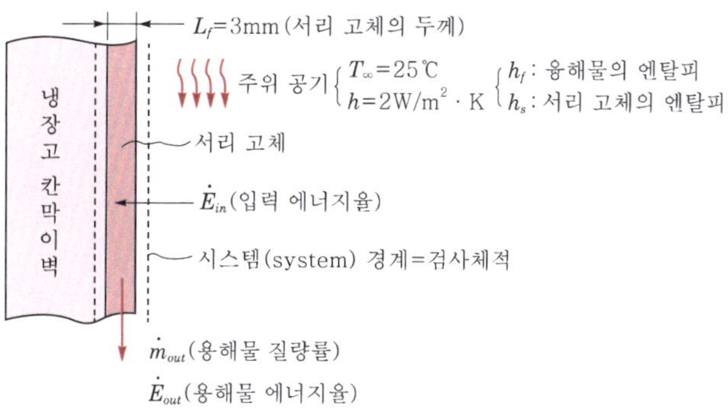

Thermodynamics

부록

[표 A.1] 단위 환산 인자

면적(A)

$1mm^2 = 1.0 \times 10^{-6} m^2$

$1cm^2 = 1.0 \times 10^{-4} m^2 = 0.1550 in^2$

$1m^2 = 10.7639 ft^2$

$1in^2 = 6.4516 cm^2 = 6.4516 \times 10^{-4} m^2$

$1ft^2 = 0.092903 m^2$

열전도도(k)

$1W/m \cdot K = 1J/s \cdot m \cdot K$
$\quad\quad\quad = 0.577789 Btu/h \cdot ft \cdot R$

$1Btu/h \cdot ft \cdot R = 1.730735 W/m \cdot K$

밀도(ρ)

$1kg/m^3 = 0.06242797 lbm/ft^3$

$1g/cm^3 = 1000 kg/m^3$

$1g/cm^3 = 1kg/L$

$1lbm/ft^3 = 16.01846 kg/m^3$

에너지(E, U)

$1J = 1N \cdot m = 1kg \cdot m^2/s^2$

$1J = 0.737562 lbf \cdot ft$

$1cal(Int.) = 4.18681 J$

$1erg = 1.0 \times 10^{-7} J$

$1eV = 1.60217733 \times 10^{-19} J$

$1lbf \cdot ft = 1.355818 J$
$\quad\quad\quad = 1.28507 \times 10^{-3} Btu$

$1Btu(Int.) = 1.055056 kJ$
$\quad\quad\quad\quad = 778.1693 lbf \cdot ft$

힘(F)

$1N = 0.224809 lbf$

$1kp = 9.80665 N(1kgf)$

$1lbf = 4.448222 N$

중력 가속도(g)

$g = 9.80665 m/s^2$

$g = 32.17405 ft/s^2$

비열(C_p, C_v, C), 엔트로피(s)

$1kJ/kg \cdot K = 0.238846 Btu/lbm \cdot R$

$1Btu/lbm \cdot R = 4.1868 kJ/kg \cdot K$

단위 면적당 열유속

$1W/m^2 = 0.316998 Btu/h \cdot ft^2$

$1Btu/h \cdot ft^2 = 3.15459 W/m^2$

* [표 A.1]~[표 B.7.2]는 Claus Borgnakke & Richard E. Sonnatag, *Fundamentals of Thermodynamics*, 7th Edition, Wiley, Inc.의 자료를 인용한 것임.

* [그림 C.1]~[그림 C.5]는 Yunus A. Cengel *et al.*, *Thermodynamics an Engineering Approach*, McGraw-Hill의 자료를 인용한 것임.

[표 A.1] 단위 환산 인자(계속)

열전달 계수(h)

$1W/m^2 \cdot K = 0.17611Btu/h \cdot ft^2 \cdot R$

$1Btu/h \cdot ft^2 \cdot R = 5.67826W/m^2 \cdot K$

길이(L)

$1mm = 0.001m = 0.1cm$

$1cm = 0.01m = 10mm = 0.3970in$

$1in = 2.54cm = 0.0254m$

$1m = 3.28084ft = 39.370in$

$1ft = 0.3048m$

$1km = 0.621371mi$

$1mi = 1.609344km$

$1mi = 1609.3m(US\ statute)$

$1yd = 0.9144m$

질량(m)

$1kg = 2.204623lbm$

$1lbm = 0.453592kg$

$1tonne = 1000kg$

$1slug = 14.5939kg$

$1grain = 6.47989 \times 10^{-5}kg$

$1ton = 2000lbm$

모멘트(토크, T)

$1N \cdot m = 0.737562lbf \cdot ft$

$1lbf \cdot ft = 1.355818N \cdot m$

운동량(mV)

$1kg \cdot m/s = 7.23294lbm \cdot ft/s$

$= 0.224809lbf \cdot s$

$1lbm \cdot ft/s = 0.138256kg \cdot m/s$

동력($Q,\ W$)

$1W = 1J/s = 1N \cdot m/s$

$= 0.737562lbf \cdot ft/s$

$1lbf \cdot ft/s = 1.355818W$

$= 4.62624Btu/h$

$1kW = 3412.14Btu/h$

$1Btu/s = 1.055056kW$

$1hp(metric) = 0.735499kW$

$1hp(UK) = 0.7457kW$

$= 550lbf \cdot ft/s$

$= 2544.43Btu/h$

$1ton\ of\ refrigeration = 3.51685kW$

$1ton\ of\ refrigeration = 12000Btu/h$

압력(P)

$1Pa = 1N/m^2 = 1kg/m \cdot s^2$

$1lbf/in^2 = 6.894757kPa$

$1bar = 1.0 \times 10^5 Pa = 100kPa$

$1arm = 101.325kPa$

$1atm = 14.69594lbf/in^2$

$= 1.01325bar$

$= 29.921in\ Hg[32°F]$

$= 760mmHg[0°C]$

$= 33.8995ft\ H_2O[4°C]$

$= 10.33256mH_2O[4°C]$

$1torr = 1mmHg[0°C]$

$1mmHg[0°C] = 0.133322kPa$

$1mH_2O[4°C] = 9.80638kPa$

에너지($e,\ u$)

$1kJ/kg = 0.42992Btu/lbm$

$= 334.552lbf \cdot ft/lbm$

$1Btu/lbm = 2.326kJ/kg$

$1lbf \cdot ft/lbm = 2.98907 \times 10^{-3}kJ/kg$

$= 1.28507 \times 10^{-3}Btu/lbm$

운동 에너지($V^2/2$)

$1\text{m}^2/\text{s}^2 = 0.001\text{kJ/kg}$

$1\text{kJ/kg} = 1000\text{m}^2/\text{s}^2$

$1\text{ft}^2/\text{s}^2 = 3.9941\times10^{-5}\text{Btu/lbm}$

$1\text{Btu/lbm} = 25037\text{ft}^2/\text{s}^2$

위치 에너지(gZ)

$1\text{m}\cdot g_{std} = 9.80665\times10^{-3}\text{kJ/kg}$
$\qquad\quad = 4.21607\times10^{-3}\text{Btu/lbm}$

$1\text{ft}\cdot g_{std} = 1.0\text{lbf}\cdot\text{ft/lbm}$
$\qquad\quad = 0.001285\text{Btu/lbm}$
$\qquad\quad = 0.002989\text{kJ/kg}$

비체적(v)

$1\text{cm}^3/\text{g} = 0.001\text{m}^3/\text{kg}$

$1\text{cm}^3/\text{g} = 1\text{L/kg}$

$1\text{m}^3/\text{kg} = 16.01846\text{ft}^3/\text{lbm}$

$1\text{ft}^3/\text{lbm} = 0.062428\text{m}^3/\text{kg}$

온도(T)

$1\text{K} = 1\text{℃} = 1.8\text{R} = 1.8\text{F}$

$\text{TC} = \text{TK}-273.15$
$\quad\ = (\text{TF}-32)/1.8$

$\text{TK} = \text{TR}/1.8$

$1\text{R} = (5/9)\text{K}$

$\text{TF} = \text{TR}-459.67$
$\quad\ = 1.8\text{TC}+32$

$\text{TR} = 1.8\text{TK}$

일반 기체 상수

$R_u = N_0 k = 8.31451\text{kJ/kmol}\cdot\text{K}$
$\quad = 1.98589\text{kcal/kmol}\cdot\text{K}$
$\quad = 82.0578\text{atm}\cdot\text{L/kmol}\cdot\text{K}$

$R_u = 1.98589\text{Btu/lbmol}\cdot\text{R}$
$\quad = 1545.36\text{lbf}\cdot\text{ft/lbmol}\cdot\text{R}$
$\quad = 0.73024\text{atm}\cdot\text{ft}^3/\text{lbmol}\cdot\text{R}$
$\quad = 10.7317(\text{lbf/in}^2)\cdot\text{ft}^3/\text{lbmol}\cdot\text{R}$

속도(V)

$1\text{m/s} = 3.6\text{km/h}$
$\qquad = 3.28084\text{ft/s}$
$\qquad = 2.23694\text{mi/h}$

$1\text{km/h} = 0.27778\text{m/s}$
$\qquad = 0.91134\text{ft/s}$
$\qquad = 0.62137\text{mi/h}$

$1\text{ft/s} = 0.681818\text{mi/h}$
$\qquad = 0.3048\text{m/s}$
$\qquad = 1.09728\text{km/h}$

$1\text{mi/h} = 1.46667\text{ft/s}$
$\qquad = 0.44704\text{m/s}$
$\qquad = 1.609344\text{km/h}$

체적(V)

$1\text{m}^3 = 35.3147\text{ft}^3$

$1\text{L} = 1\text{dm}^3 = 0.001\text{m}^3$

$1\text{Gal(US)} = 3.785412\text{L}$
$\qquad = 3.785412\times10^{-3}\text{m}^3$

$1\text{ft}^3 = 2.831685\times10^{-2}\text{m}^3$

$1\text{in}^3 = 1.6387\times10^{-5}\text{m}^3$

$1\text{Gal(UK)} = 4.546090\text{L}$

[표 A.2] 임계 상수

물질	화학식	분자량 (kg/kmol)	온도 (K)	압력 (MPa)	체적 (m^3/kg)
암모니아	NH_3	17.031	405.5	11.35	0.00426
아르곤	Ar	39.948	150.8	4.87	0.00188
브롬	Br_2	159.808	588	10.30	0.000796
이산화탄소	CO_2	44.01	304.1	7.38	0.00212
일산화탄소	CO	28.01	132.9	3.50	0.00333
염소	Cl_2	70.906	416.9	7.98	0.00175
불소	F_2	37.997	144.3	5.22	0.00174
헬륨	He	4.003	5.19	0.227	0.0143
수소(정상)	H_2	2.016	33.2	1.30	0.0323
크립톤	Kr	83.80	209.4	5.50	0.00109
네온	Ne	20.183	44.4	2.76	0.00206
일산화질소	NO	30.006	180	6.48	0.00192
질소	N_2	28.013	126.2	3.39	0.0032
이산화질소	NO_2	46.006	431	10.1	0.00365
아산화질소	N_2O	44.013	309.6	7.24	0.00221
산소	O_2	31.999	154.6	5.04	0.00229
이산화황	SO_2	64.063	430.8	7.88	0.00191
물	H_2O	18.015	647.3	22.12	0.00317
제논	Xe	131.30	289.7	5.84	0.000902
아세틸렌	C_2H_2	26.038	308.3	6.14	0.00433
벤젠	C_6H_6	78.114	562.2	4.89	0.00332
n−부탄	C_4H_{10}	58.124	425.2	3.80	0.00439
R−142b	CH_3CClF_2	100.495	410.3	4.25	0.00230
R−22	$CHClF_2$	86.469	369.3	4.97	0.00191
R−141	CH_3CCl_2F	116.95	481.5	4.54	0.00215
R−123	$CHCl_2CF_3$	152.93	456.9	3.66	0.00182
R−152a	CHF_2CH_3	66.05	386.4	4.52	0.00272
R−32	CF_2H_2	52.024	351.3	5.78	0.00236
에탄	C_2H_6	30.070	305.4	4.88	0.00493
에탄올	C_2H_5OH	46.069	513.9	6.14	0.00363
에틸렌	C_2H_4	28.054	282.4	5.04	0.00465
n−헵탄	C_7H_{16}	100.205	540.3	2.74	0.00431
n−헥산	C_6H_{14}	86.178	507.5	3.01	0.00429
메탄	CH_4	16.043	190.4	4.60	0.00615
메탄올	CH_3OH	32.042	512.6	8.09	0.00368
n−옥탄	C_8H_{18}	114.232	568.8	2.49	0.00431
R−125	CHF_2CF_3	120.022	339.2	3.62	0.00176
n−펜탄	C_5H_{12}	72.151	469.7	3.37	0.00421
프로판	C_3H_8	44.094	369.8	4.25	0.00454
프로펜	C_3H_6	42.081	364.9	4.60	0.00430
혼합냉매	R−410A	72.585	344.5	4.90	0.00218
R−134a	CF_3CH_2F	102.03	374.2	4.06	0.00197

[표 A.3] 각종 고체의 25℃에서의 상태량

물질	ρ [kg/m³]	C_p [kJ/kg·K]
아스팔트	2120	0.92
일반벽돌	1800	0.84
다이아몬드	3250	0.51
탄소(흑연)	2000~2500	0.61
석탄	1200~1500	1.26
콘크리트	2200	0.88
판유리	2500	0.80
유리솜	20	0.66
화강암	2750	0.89
얼음(0℃)	917	2.04
종이	700	1.2
플라스틱 유리	1180	1.44
폴리스티렌	920	2.3
폴리염화비닐(PVC)	1380	0.96
(부드러운)고무	1100	1.67
건조 모래	1500	0.8
암염	2100~2500	0.92
실리콘	2330	0.70
단단한 눈(snow)	560	2.1
단단한 나무(오크)	720	1.26
연한 나무(소나무)	510	1.38
양모	100	1.72

금속류

물질	ρ [kg/m³]	C_p [kJ/kg·K]
알루미늄	2700	0.90
황동, 60~40	8400	0.38
구리	8300	0.42
금	19300	0.13
주철	7272	0.42
강철	7820	0.46
납	11340	0.13
마그네슘, 2% Mn	1778	1.00
니켈, 10% Cr	8666	0.44
은 99.9% Ag	10524	0.24
나트륨	971	1.21
주석	7304	0.22
텅스텐	19300	0.13
아연	7144	0.39

[표 A.4] 각종 액체의 25℃*에서의 상태량

(* 또는 높은 경우 용융 온도)

물질	ρ [kg/m³]	C_p [kJ/kg·K]
암모니아	604	4.84
벤젠	879	1.72
부탄	556	2.47
사염화탄소	1584	0.83
이산화탄소	680	2.9
에탄올	783	2.46
가솔린	750	2.08
글리세린	1260	2.42
등유	815	2.0
메탄올	787	2.55
n-옥탄	692	2.23
엔진 오일	885	1.9
경오일	910	1.8
프로판	510	2.54
R-12	1310	0.97
R-22	1190	1.26
R-32	961	1.94
R-125	1191	1.41
R-134a	1206	1.43
R-410A	1059	1.69
물	997	4.18

액체 금속류

물질	ρ [kg/m³]	C_p [kJ/kg·K]
창연, Bi	10040	0.14
납, Pb	10660	0.16
수은, Hg	13580	0.14
NaK(56/44)	887	1.13
칼륨, K	828	0.81
나트륨, Na	929	1.38
주석, Sn	6950	0.24
아연, Zn	6570	0.50

[표 A.5] 각종 이상기체의 25℃, 100kPa*에서의 상태량(* 또는 100kPa 이하인 경우 포화 압력)

기체	화학식	분자량 [kg/kmol]	R [kJ/kg·K]	ρ [kg/m³]	C_{p0} [kJ/kg·K]	C_{v0} [kJ/kg·K]	$k=\dfrac{C_p}{C_v}$
수증기	H_2O	18.015	0.4615	0.0231	1.872	1.410	1.327
아세틸렌	C_2H_2	26.038	0.3193	1.05	1.699	1.380	1.231
공기	–	28.97	0.287	1.169	1.004	0.717	1.400
암모니아	NH_3	17.031	0.4882	0.694	2.130	1.642	1.297
아르곤	Ar	39.948	0.2081	1.613	0.520	0.312	1.667
부탄	C_4H_{10}	58.124	0.1430	2.407	1.716	1.573	1.091
이산화탄소	CO_2	44.01	0.1889	1.775	0.842	0.653	1.289
일산화탄소	CO	28.01	0.2968	1.13	1.041	0.744	1.399
에탄	C_2H_6	30.07	0.2765	1.222	1.766	1.490	1.186
에탄올	C_2H_5OH	46.069	0.1805	1.883	1.427	1.246	1.145
에틸렌	C_2H_4	28.054	0.2964	1.138	1.548	1.252	1.237
헬륨	He	4.003	2.0771	0.1615	5.193	3.116	1.667
수소	H_2	2.016	4.1243	0.0813	14.209	10.085	1.409
메탄	CH_4	16.043	0.5183	0.648	2.254	1.736	1.299
메탄올	CH_3OH	32.042	0.2595	1.31	1.405	1.146	1.227
네온	Ne	20.183	0.4120	0.814	1.03	0.618	1.667
일산화질소	NO	30.006	0.2771	1.21	0.993	0.716	1.387
질소	N_2	28.013	0.2968	1.13	1.042	0.745	1.400
아산화질소	N_2O	44.013	0.1889	1.775	0.879	0.690	1.274
n-옥탄	C_8H_{18}	114.23	0.07279	0.092	1.711	1.638	1.044
산소	O_2	31.999	0.2598	1.292	0.922	0.662	1.393
프로판	C_3H_8	44.094	0.1886	1.808	1.679	1.490	1.126
R-12	CCl_2F_2	120.914	0.06876	4.98	0.616	0.547	1.126
R-22	$CHClF_2$	86.469	0.09616	3.54	0.658	0.562	1.171
R-32	CF_2H_2	52.024	0.1598	2.125	0.822	0.662	1.242
R-125	CHF_2CF_3	120.022	0.06927	4.918	0.791	0.722	1.097
R-134a	CF_3CH_2F	102.03	0.08149	4.20	0.852	0.771	1.106
R-410A	–	72.585	0.11455	2.967	0.809	0.694	1.165
이산화황	SO_2	64.059	0.1298	2.618	0.624	0.494	1.263
삼산화황	SO_3	80.053	0.10386	3.272	0.635	0.531	1.196

[표 A.6] 각종 이상기체의 정압 비열*   * 근사식의 적용 범위 : 250K~1200K
[†] 최고 500K까지 사용가능

$$C_{p0} = C_0 + C_1\theta + C_2\theta^2 + C_3\theta^3 \ [\text{kJ/kg}\cdot\text{K}] \qquad \theta = T[\text{K}]/1000$$

기체	화학식	C_0	C_1	C_2	C_3
수증기	H_2O	1.79	0.107	0.586	−0.20
아세틸렌	C_2H_2	1.03	2.91	−1.92	0.54
공기	−	1.05	−0.365	0.85	−0.39
암모니아	NH_3	1.60	1.4	1.0	−0.7
아르곤	Ar	0.52	0	0	0
부탄	C_4H_{10}	0.163	5.70	−1.906	−0.049
이산화탄소	CO_2	0.45	1.67	−1.27	0.39
일산화탄소	CO	1.10	−0.46	1.0	−0.454
에탄	C_2H_6	0.18	5.92	−2.31	0.29
에탄올	C_2H_5OH	0.2	4.65	−1.82	0.03
에틸렌	C_2H_4	0.136	5.58	−3.0	0.63
헬륨	He	5.193	0	0	0
수소	H_2	13.46	4.6	−6.85	3.79
메탄	CH_4	1.2	3.25	0.75	−0.71
메탄올	CH_3OH	0.66	2.21	0.81	−0.89
네온	Ne	1.03	0	0	0
일산화질소	NO	0.98	−0.031	0.325	−0.14
질소	N_2	1.11	−0.48	0.96	−0.42
아산화질소	N_2O	0.49	1.65	−1.31	0.42
$n-$옥탄	C_8H_{18}	−0.053	6.75	−3.67	0.775
산소	O_2	0.88	−0.0001	0.54	−0.33
프로판	C_3H_8	−0.096	6.95	−3.6	0.73
R−12[†]	CCl_2F_2	0.26	1.47	−1.25	0.36
R−22[†]	$CHClF_2$	0.2	1.87	−1.35	0.35
R−32[†]	CF_2H_2	0.227	2.27	−0.93	0.041
R−125[†]	CHF_2CF_3	0.305	1.68	−0.284	0
R−134a[†]	CF_3CH_2F	0.165	2.81	−2.23	1.11
이산화황	SO_2	0.37	1.05	−0.77	0.21
삼산화황	SO_3	0.24	1.7	−1.5	0.46

[표 A.7] 이상기체 공기의 상태량 및 압력 0.1MPa(1bar)에서의 표준 엔트로피

T [K]	u [kJ/kg]	h [kJ/kg]	s_T^0 [kJ/kg·K]	T [K]	u [kJ/kg]	h [kJ/kg]	s_T^0 [kJ/kg·K]
200	142.77	200.17	6.46260	1100	845.45	1161.18	8.24449
220	157.07	220.22	6.55812	1150	889.21	1219.30	8.29616
240	171.38	240.27	6.64535	1200	933.37	1277.81	8.34596
260	185.70	260.32	6.72562	1250	977.89	1336.68	8.39402
280	200.02	280.39	6.79998	1300	1022.75	1395.89	8.44046
290	207.19	290.43	6.83521	1350	1067.94	1455.43	8.48539
298.15	213.04	298.62	6.86305	1400	1113.43	1515.27	8.52891
300	214.36	300.47	6.86926	1450	1159.20	1575.40	8.57111
320	228.73	320.58	6.93413	1500	1205.25	1635.80	8.61208
340	243.11	340.70	6.99515	1550	1251.55	1696.45	8.65185
360	257.53	360.86	7.05276	1600	1298.08	1757.33	8.69051
380	271.99	381.06	7.10735	1650	1344.83	1818.44	8.72811
400	286.49	401.30	7.15926	1700	1391.80	1879.76	8.76472
420	301.04	421.59	7.20875	1750	1438.97	1941.28	8.80039
440	315.64	441.93	7.25607	1800	1486.33	2002.99	8.83516
460	330.31	462.34	7.30142	1850	1533.87	2064.88	8.86908
480	345.04	482.81	7.34499	1900	1581.59	2126.95	8.90219
500	359.84	503.36	7.38692	1950	1629.47	2189.19	8.93452
520	374.73	523.98	7.42736	2000	1677.52	2251.58	8.96611
540	389.69	544.69	7.46642	2050	1725.71	2314.13	8.99699
560	404.74	565.47	7.50422	2100	1774.06	2376.82	9.02721
580	419.87	586.35	7.54084	2150	1822.54	2439.66	9.05678
600	435.10	607.32	7.57638	2200	1871.16	2502.63	9.08573
620	450.42	628.38	7.61090	2250	1919.16	2565.73	9.11409
640	465.83	649.53	7.64448	2300	1968.79	2628.96	9.14189
660	481.34	670.78	7.67717	2350	2017.79	2692.31	9.16913
680	496.94	692.12	7.70903	2400	2066.91	2755.78	9.19586
700	512.64	713.56	7.74010	2450	2116.14	2819.37	9.22208
720	528.44	735.10	7.77044	2500	2165.48	2883.06	9.24781
740	544.33	756.73	7.80008	2550	2214.93	2946.86	9.27308
760	560.32	778.46	7.82905	2600	2264.48	3010.76	9.29790
780	576.40	800.28	7.85740	2650	2314.13	3074.77	9.32228
800	592.58	822.20	7.88514	2700	2363.88	3138.87	9.34625
850	633.42	877.40	7.95207	2750	2413.73	3203.06	9.36980
900	674.82	933.15	8.01581	2800	2463.66	3267.35	9.39297
950	716.76	989.44	8.07667	2850	2513.69	3331.73	9.41576
1000	759.19	1046.22	8.13493	2900	2563.80	3396.19	9.43818
1050	802.10	1103.48	8.19081	2950	2613.99	3460.73	9.46025
1100	845.45	1161.18	8.24449	3000	2664.27	3525.36	9.48198

	질소, 이원자(N_2) $R=0.2968\text{kJ/kg}\cdot\text{K}$ $M=28.013\text{kg/kmol}$			산소, 이원자(O_2) $R=0.2598\text{kJ/kg}\cdot\text{K}$ $M=31.999\text{kg/kmol}$		
T [K]	u [kJ/kg]	h [kJ/kg]	s_T^0 [kJ/kg·K]	u [kJ/kg]	h [kJ/kg]	s_T^0 [kJ/kg·K]
200	148.39	207.75	6.4250	129.84	181.81	6.0466
250	185.50	259.70	6.6568	162.41	227.37	6.2499
300	222.63	311.67	6.8463	195.20	273.15	6.4168
350	259.80	363.68	7.0067	228.37	319.31	6.5590
400	297.09	415.81	7.1459	262.10	366.03	6.6838
450	334.57	468.13	7.2692	296.52	413.45	6.7954
500	372.35	520.75	7.3800	331.72	461.63	6.8969
550	410.52	573.76	7.4811	367.70	510.61	6.9903
600	449.06	627.24	7.5741	404.46	560.36	7.0768
650	488.34	681.26	7.6606	441.97	610.86	7.1577
700	528.09	735.86	7.7415	480.18	662.06	7.2336
750	568.45	791.05	7.8176	519.02	713.90	7.3051
800	609.41	846.85	7.8897	558.46	766.33	7.3728
850	650.98	903.26	7.9581	598.44	819.30	7.4370
900	693.13	960.25	8.0232	638.90	872.75	7.4981
950	735.85	1017.81	8.0855	679.80	926.65	7.5564
1000	779.11	1075.91	8.1451	721.11	980.95	7.6121
1100	867.14	1193.62	8.2572	804.80	1090.62	7.7166
1200	957.00	1313.16	8.3612	889.72	1201.53	7.8131
1300	1048.46	1434.31	8.4582	975.72	1313.51	7.9027
1400	1141.35	1556.87	8.5490	1062.67	1426.44	7.9864
1500	1235.50	1680.70	8.6345	1150.48	1540.23	8.0649
1600	1330.72	1805.60	8.7151	1239.10	1654.83	8.1389
1700	1426.89	1931.45	8.7914	1328.49	1770.21	8.2088
1800	1523.90	2058.15	8.8638	1418.63	1886.33	8.2752
1900	1621.66	2185.58	8.9327	1509.50	2003.19	8.3384
2000	1720.07	2313.68	8.9984	1601.10	2120.77	8.3987
2100	1819.08	2442.36	9.0612	1693.41	2239.07	8.4564
2200	1918.62	2571.58	9.1213	1786.44	2358.08	8.5117
2300	2018.63	2701.28	9.1789	1880.17	2477.79	8.5650
2400	2119.08	2831.41	9.2343	1974.60	2598.20	8.6162
2500	2219.93	2961.93	9.2876	2069.71	2719.30	8.6656
2600	2321.13	3092.81	9.3389	2165.50	2841.07	8.7134
2700	2422.66	3224.03	9.3884	2261.94	2963.49	8.7596
2800	2524.50	3355.54	9.4363	2359.01	3086.55	8.8044
2900	2626.62	3487.34	9.4825	2546.70	3210.22	8.8478
3000	2729.00	3619.41	9.5273	2554.97	3334.48	8.8899

[표 A.8] 각종 물질의 이상기체 상태량 및 압력 0.1MPa(1bar)에서의 엔트로피(질량 기준)(계속)

	이산화탄소(CO_2) $R=0.1889kJ/kg \cdot K$ $M=44.010kg/kmol$			물(H_2O) $R=0.4615kJ/kg \cdot K$ $M=18.015kg/kmol$		
T [K]	u [kJ/kg]	h [kJ/kg]	s_T^0 [kJ/kg·K]	u [kJ/kg]	h [kJ/kg]	s_T^0 [kJ/kg·K]
200	97.49	135.28	4.5439	276.38	368.69	9.7412
250	126.21	173.44	4.7139	345.98	461.36	10.1547
300	157.70	214.38	4.8631	415.87	554.32	10.4936
350	191.78	257.90	4.9972	486.37	647.90	10.7821
400	228.19	303.76	5.1196	557.79	724.40	11.0345
450	266.69	351.70	5.2325	630.40	838.09	11.2600
500	307.06	401.52	5.3375	704.36	935.12	11.4644
550	349.12	453.03	5.4356	779.79	1033.63	11.6522
600	392.72	506.07	5.5279	856.75	1133.67	11.8263
650	437.71	560.51	5.6151	935.31	1235.30	11.9890
700	483.97	616.22	5.6976	1015.49	1338.56	12.1421
750	531.40	673.09	5.7761	1097.35	1443.49	12.2868
800	579.89	731.02	5.8508	1180.90	1550.13	12.4244
850	629.35	789.93	5.9223	1266.19	1658.49	12.5558
900	676.69	849.72	5.9906	1353.23	1768.60	12.6817
950	730.85	910.33	6.0561	1442.03	1880.48	12.8026
1000	782.75	971.67	6.1190	1532.61	1994.13	12.9192
1100	888.55	1096.36	6.2379	1719.05	2226.73	13.1408
1200	996.64	1223.34	6.3483	1912.42	2466.25	13.3492
1300	1106.68	1352.28	6.4515	2112.47	2712.46	13.5462
1400	1218.38	1482.87	6.5483	2318.89	2965.03	13.7334
1500	1331.50	1614.88	6.6394	2531.28	3223.57	13.9117
1600	1445.85	1748.12	6.7254	2749.24	3489.69	14.0822
1700	1561.26	1882.43	6.8068	2972.35	3756.95	14.2454
1800	1677.61	2017.67	6.8841	3200.17	4030.92	14.4020
1900	1794.78	2153.73	6.9577	3432.28	4309.18	14.5524
2000	1912.67	2290.51	7.0278	3668.24	4591.30	14.6971
2100	2031.21	2427.95	7.0949	3908.08	4877.29	14.8366
2200	2150.34	2565.97	7.1591	4151.28	5166.64	14.9712
2300	2270.00	2704.52	7.2206	4397.56	5459.08	15.1012
2400	2390.14	2843.55	7.2798	4646.71	5754.37	15.2269
2500	2510.74	2983.04	7.3368	4898.49	6052.31	15.3485
2600	2631.73	3122.93	7.3917	5152.73	6352.70	15.4663
2700	2753.10	3263.19	7.4446	5409.24	6655.36	15.5805
2800	2874.81	3403.79	7.4957	5667.86	6960.13	15.6914
2900	2996.84	3544.71	7.5452	5928.44	7266.87	15.7990
3000	3119.18	3685.95	7.5931	6190.86	7575.44	15.9036

물질	화학식	M [kg/kmol]	상태	$\overline{h}_f^0$ [kJ/kmol]	$\overline{s}_f^0$ [kJ/kmol · K]
아세틸렌	C_2H_2	26.038	기체	+226 731	200.958
암모니아	NH_3	17.031	기체	−45 720	192.572
벤젠	C_6H_6	78.114	기체	+82 980	269.562
이산화탄소	CO_2	44.010	기체	−393 522	213.795
탄소(흑연)	C	12.011	고체	0	5.740
일산화탄소	CO	28.011	기체	−110 527	197.653
에탄	C_2H_6	30.070	기체	−84 740	229.597
에텐	C_2H_4	28.054	기체	+52 467	219.330
에탄올	C_2H_5OH	46.069	기체	−235 000	282.444
에탄올	C_2H_5OH	46.069	액체	−277 380	160.554
헵탄	C_7H_{16}	100.205	기체	−187 900	427.805
헥산	C_6H_{14}	86.178	기체	−167 300	387.979
과산화수소	H_2O_2	34.015	기체	−136 106	232.991
메탄	CH_4	16.043	기체	−74 873	186.251
메탄올	CH_3OH	32.042	기체	−201 300	239.709
메탄올	CH_3OH	32.042	액체	−239 220	126.809
n−부탄	C_4H_{10}	58.124	기체	−126 200	306.647
이산화질소	N_2O	44.013	기체	+82 050	219.957
니트로메탄	CH_3NO_2	61.04	액체	−113 100	171.80
n−옥탄	C_8H_{18}	114.232	기체	−208 600	466.514
n−옥탄	C_8H_{18}	114.232	액체	−250 105	360.575
오존	O_3	47.998	기체	+142 674	238.932
펜탄	C_5H_{12}	72.151	기체	−146 500	348.945
프로판	C_3H_8	44.094	기체	−103 900	269.917
프로펜	C_3H_6	42.081	기체	+20 430	267.066
황	S	32.06	고체	0	32.056
이산화황	SO_2	64.059	기체	−296 842	248.212
삼산화황	SO_3	80.058	기체	−395 765	256.769
T−T−디젤	$C_{14.4}H_{24.9}$	198.06	액체	−174 000	525.90
물	H_2O	18.015	기체	−241 826	188.834
물	H_2O	18.015	액체	−285 830	69.950

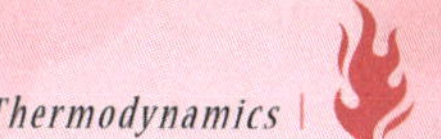

B 열역학 상태량표(SI 단위계)

[표 B.1] 물의 열역학 상태량
[표 B.1.1] 물의 포화 상태량 : 온도 기준

온도 (℃)	압력 (kPa)	비체적(m^3/kg)			내부에너지(kJ/kg)		
		포화 액체 v_ℓ	증발 $v_{\ell g}$	포화 증기 v_g	포화 액체 u_ℓ	증발 $u_{\ell g}$	포화 증기 u_g
0.01	0.6113	0.001000	206.131	206.132	0	2375.33	2375.33
5	0.8721	0.001000	147.117	147.118	20.97	2361.27	2382.24
10	1.2276	0.001000	106.376	106.377	41.99	2347.16	2389.15
15	1.705	0.001001	77.924	77.925	62.98	2333.06	2396.04
20	2.339	0.001002	57.7887	57.7897	83.94	2318.98	2402.91
25	3.169	0.001003	43.3583	43.3593	104.86	2304.90	2409.76
30	4.246	0.001004	32.8922	32.8932	125.77	2290.81	2416.58
35	5.628	0.001006	25.2148	25.2158	146.65	2276.71	2423.36
40	7.384	0.001008	19.5219	19.5229	167.53	2262.57	2430.11
45	9.593	0.001010	15.2571	15.2581	188.41	2248.40	2436.81
50	12.350	0.001012	12.0308	12.0318	209.30	2334.17	2443.47
55	15.758	0.001015	9.56734	9.56835	230.19	2219.89	2450.08
60	19.941	0.001017	7.66969	7.67071	251.09	2205.54	2456.63
65	25.03	0.001020	6.19554	6.19656	272.00	2191.12	2463.12
70	31.19	0.001023	5.04114	5.04217	292.93	2176.62	2469.55
75	38.58	0.001026	4.13021	4.13123	313.87	2162.03	2475.91
80	47.39	0.001029	3.40612	3.40715	334.84	2147.36	2482.19
85	57.83	0.001032	2.82654	2.82757	355.82	2132.58	2488.40
90	70.14	0.001036	2.35953	2.36056	376.82	2117.70	2494.52
95	84.55	0.001040	1.98082	1.98186	397.86	2102.70	2500.56
100	101.3	0.001044	1.67185	1.67290	418.91	2087.58	2506.50
105	120.8	0.001047	1.41831	1.41936	440.00	2072.34	2512.34
110	143.3	0.001052	1.20909	1.21014	461.12	2056.96	2518.09
115	169.1	0.001056	1.03552	1.03658	482.28	2041.44	2523.72
120	198.5	0.001060	0.89080	0.89186	503.48	2025.76	2529.24
125	232.1	0.001065	0.76953	0.77059	524.72	2009.91	2534.63
130	270.1	0.001070	0.66744	0.66850	546.00	1993.90	2539.90
135	313.0	0.001075	0.58110	0.58217	567.34	1977.69	2545.03
140	361.3	0.001080	0.50777	0.50885	588.72	1961.30	2550.02
145	415.4	0.001085	0.44524	0.44632	610.16	1944.69	2554.86
150	475.9	0.001090	0.39169	0.39278	631.66	1927.87	2559.54
155	543.1	0.001096	0.34566	0.34676	653.23	1910.82	2564.04
160	617.8	0.001102	0.30596	0.30706	674.85	1893.52	2568.37
165	700.5	0.001108	0.27158	0.27269	696.55	1875.97	2572.51
170	791.7	0.001114	0.24171	0.24283	718.31	1858.14	2576.46
175	892.0	0.001121	0.21568	0.21680	740.16	1840.03	2580.19
180	1002.2	0.001127	0.19292	0.19405	762.08	1821.62	2583.70
185	1122.7	0.001134	0.17295	0.17409	784.08	1802.90	2586.98
190	1254.4	0.001141	0.15539	0.15654	806.17	1783.84	2590.01

[표 B.1.1] 물의 포화 상태량 : 온도 기준(계속)

온도 (℃)	압력 (kPa)	엔탈피(kJ/kg)			엔트로피(kJ/kg·K)		
		포화 액체 h_ℓ	증발 $h_{\ell g}$	포화 증기 h_g	포화 액체 s_ℓ	증발 $s_{\ell g}$	포화 증기 s_g
0.01	0.6113	0.00	2501.35	2501.35	0	9.1562	9.1562
5	0.8721	20.98	2489.57	2510.54	0.0761	8.9496	9.0257
10	1.2276	41.99	2477.75	2519.74	0.1510	8.7498	8.9007
15	1.705	62.98	2465.93	2528.91	0.2245	8.5569	8.7813
20	2.339	83.94	2454.12	2538.06	0.2966	8.3706	8.6671
25	3.169	104.87	2442.30	2547.17	0.3673	8.1905	8.5579
30	4.246	125.77	2430.48	2556.25	0.4369	8.0164	8.4533
35	5.628	146.66	2418.62	2565.28	0.5052	7.8478	8.3530
40	7.384	167.54	2406.72	2574.26	0.5724	7.6845	8.2569
45	9.593	188.42	2394.77	2583.19	0.6386	7.5261	8.1647
50	12.350	209.31	2382.75	2592.06	0.7037	7.3725	8.0762
55	15.758	230.20	2370.66	2600.86	0.7679	7.2234	7.9912
60	19.941	251.11	2358.48	2609.59	0.8311	7.0784	7.9095
65	25.03	272.03	2346.21	2618.24	0.8934	6.9375	7.8309
70	31.19	292.96	2333.85	2626.80	0.9548	6.8004	7.7552
75	38.58	313.91	2321.37	2635.28	1.0154	6.6670	7.6824
80	47.39	334.88	2308.77	2643.66	1.0752	6.5369	7.6121
85	57.83	355.88	2296.05	2651.93	1.1342	6.4102	7.5444
90	70.14	376.90	2283.19	2660.09	1.1924	6.2866	7.4790
95	84.55	397.94	2270.19	2668.13	1.2500	6.1659	7.4158
100	101.3	419.02	2257.03	2676.05	1.3068	6.0480	7.3548
105	120.8	440.13	2243.70	2683.83	1.3629	5.9328	7.2958
110	143.3	461.27	2230.20	2691.47	1.4184	5.8202	7.2386
115	169.1	482.46	2216.50	2698.96	1.4733	5.7100	7.1832
120	198.5	503.69	2202.61	2706.30	1.5275	5.6020	7.1295
125	232.1	524.96	2188.50	2713.46	1.5812	5.4962	7.0774
130	270.1	546.29	2174.16	2720.46	1.6343	5.3925	7.0269
135	313.0	567.67	2159.59	2727.26	1.6869	5.2907	6.9777
140	361.3	589.11	2144.75	2733.87	1.7390	5.1908	6.9298
145	415.4	610.61	2129.65	2740.26	1.7906	5.0926	6.8832
150	475.9	632.18	2114.26	2746.44	1.8417	4.9960	6.8378
155	543.1	653.82	2098.56	2752.39	1.8924	4.9010	6.7934
160	617.8	675.53	2082.55	2758.09	1.9426	4.8075	6.7501
165	700.5	697.32	2066.20	2763.53	1.9924	4.7153	6.7078
170	791.7	719.20	2049.50	2768.70	2.0418	4.6244	6.6663
175	892.0	741.16	2032.42	2773.58	2.0909	4.5347	6.6256
180	1002.2	763.21	2014.96	2778.16	2.1395	4.4461	6.5857
185	1122.7	785.36	1997.07	2782.43	2.1878	4.3586	6.5464
190	1254.4	807.61	1978.76	2786.37	2.2358	4.2720	6.5078

[표 B.1.1] 물의 포화 상태량 : 온도 기준(계속)

온도 (℃)	압력 (kPa)	비체적(m³/kg)			내부에너지(kJ/kg)		
		포화 액체 v_ℓ	증발 $v_{\ell g}$	포화 증기 v_g	포화 액체 u_ℓ	증발 $u_{\ell g}$	포화 증기 u_g
195	1397.8	0.001149	0.13990	0.14105	828.36	1764.43	2592.79
200	1553.8	0.001156	0.12620	0.12736	850.64	1744.66	2595.29
205	1723.0	0.001164	0.11405	0.11521	873.02	1724.49	2597.52
210	1906.3	0.001173	0.10324	0.10441	895.51	1703.93	2599.44
215	2104.2	0.001181	0.09361	0.09479	918.12	1682.94	2601.06
220	2317.8	0.001190	0.08500	0.08619	940.85	1661.49	2602.35
225	2547.7	0.001199	0.07729	0.07849	963.72	1639.58	2603.30
230	2794.9	0.001209	0.07037	0.07158	986.72	1617.17	2603.89
235	3060.1	0.001219	0.06415	0.06536	1009.88	1594.24	2604.11
240	3344.2	0.001229	0.05853	0.05976	1033.19	1570.75	2603.95
245	3648.2	0.001240	0.05346	0.05470	1056.69	1546.68	2603.37
250	3973.0	0.001251	0.04887	0.05013	1080.37	1522.00	2602.37
255	4319.5	0.001263	0.04471	0.04598	1104.26	1496.66	2600.93
260	4688.6	0.001276	0.04093	0.04220	1128.37	1470.64	2599.01
265	5081.3	0.001289	0.03748	0.03877	1152.72	1443.87	2596.60
270	5498.7	0.001302	0.03434	0.03564	1177.33	1416.33	2593.66
275	5941.8	0.001317	0.03147	0.03279	1202.23	1387.94	2590.17
280	6411.7	0.001332	0.02884	0.03017	1227.43	1358.66	2586.09
285	6909.4	0.001348	0.02642	0.02777	1252.98	1328.41	2581.38
290	7436.0	0.001366	0.02420	0.02557	1278.89	1297.11	2575.99
295	7992.8	0.001384	0.02216	0.02354	1305.21	1264.67	2569.87
300	8581.0	0.001404	0.02027	0.02167	1331.97	1230.99	2562.96
305	9201.8	0.001425	0.01852	0.01995	1359.22	1195.94	2555.16
310	9856.6	0.001447	0.01690	0.01835	1387.03	1159.37	2546.40
315	10547	0.001472	0.01539	0.01687	1415.44	1121.11	2536.55
320	11274	0.001499	0.01399	0.01549	1444.55	1080.93	2525.48
325	12040	0.001528	0.01267	0.01420	1474.44	1038.57	2513.01
330	12845	0.001561	0.01144	0.01300	1505.24	993.66	2498.91
335	13694	0.001597	0.01027	0.01186	1537.11	945.77	2482.88
340	14586	0.001638	0.00916	0.01080	1570.26	894.26	2464.53
345	15525	0.001685	0.00810	0.00978	1605.01	838.29	2443.30
350	16514	0.001740	0.00707	0.00881	1641.81	776.58	2418.39
355	17554	0.001807	0.00607	0.00787	1681.41	707.11	2388.52
360	18651	0.001892	0.00505	0.00694	1725.19	626.29	2351.47
365	19807	0.002011	0.00398	0.00599	1776.13	526.54	2302.67
370	21028	0.002213	0.00271	0.00493	1843.84	384.69	2228.53
374.1	22089	0.003155	0	0.00315	2029.58	0	2029.58

온도 (℃)	압력 (kPa)	엔탈피(kJ/kg)			엔트로피(kJ/kg·K)		
		포화 액체 h_ℓ	증발 $h_{\ell g}$	포화 증기 h_g	포화 액체 s_ℓ	증발 $s_{\ell g}$	포화 증기 s_g
195	1397.8	829.96	1959.99	2789.96	2.2835	4.1863	6.4697
200	1553.8	852.43	1940.75	2793.18	2.3308	4.1014	6.4322
205	1723.0	875.03	1921.00	2796.03	2.3779	4.0172	6.3951
210	1906.3	897.75	1900.73	2798.48	2.4247	3.9337	6.3584
215	2104.2	920.61	1879.91	2800.51	2.4713	3.8507	6.3221
220	2317.8	943.61	1858.51	2802.12	2.5177	3.7683	6.2860
225	2547.7	966.77	1836.50	2803.27	2.5639	3.6863	6.2502
230	2794.9	990.10	1813.85	2803.95	2.6099	3.6047	6.2146
235	3060.1	1013.61	1790.53	2804.13	2.6557	3.5233	6.1791
240	3344.2	1037.31	1766.50	2803.81	2.7015	3.4422	6.1436
245	3648.2	1061.21	1741.73	2802.95	2.7471	3.3612	6.1083
250	3973.0	1085.34	1716.18	2801.52	2.7927	3.2802	6.0729
255	4319.5	1109.72	1689.80	2799.51	2.8382	3.1992	6.0374
260	4688.6	1134.35	1662.54	2796.89	2.8837	3.1181	6.0018
265	5081.3	1159.27	1634.34	2793.61	2.9293	3.0368	5.9661
270	5498.7	1184.49	1605.16	2789.65	2.9750	2.9551	5.9301
275	5941.8	1210.05	1574.92	2784.97	3.0208	2.8730	5.8937
280	6411.7	1235.97	1543.55	2779.53	3.0667	2.7903	5.8570
285	6909.4	1262.29	1510.97	2773.27	3.1129	2.7069	5.8198
290	7436.0	1289.04	1477.08	2766.13	3.1593	2.6227	5.7821
295	7992.8	1316.27	1441.78	2758.05	3.2061	2.5375	5.7436
300	8581.0	1344.01	1404.93	2748.94	3.2533	2.4511	5.7044
305	9201.8	1372.33	1366.38	2738.72	3.3009	2.3633	5.6642
310	9856.6	1401.29	1325.97	2727.27	3.3492	2.2737	5.6229
315	10547	1430.97	1283.48	2714.44	3.3981	2.1821	5.5803
320	11274	1461.45	1238.64	2700.08	3.4479	2.0882	5.5361
325	12040	1492.84	1191.13	2683.97	3.4987	1.9913	5.4900
330	12845	1525.29	1140.56	2665.85	3.5506	1.8909	5.4416
335	13694	1558.98	1086.37	2645.35	3.6040	1.7863	5.3903
340	14586	1594.15	1027.86	2622.01	3.6593	1.6763	5.3356
345	15525	1631.17	964.02	2595.19	3.7169	1.5594	5.2763
350	16514	1670.54	893.38	2563.92	3.7776	1.4336	5.2111
355	17554	1713.13	813.59	2526.72	3.8427	1.2951	5.1378
360	18651	1760.48	720.52	2481.00	3.9146	1.1379	5.0525
365	19807	1815.96	605.44	2421.40	3.9983	0.9487	4.9470
370	21028	1890.37	441.75	2332.12	4.1104	0.6868	4.7972
374.1	22089	2099.26	0	2099.26	4.4297	0	4.4297

[표 B.1.2] 물의 포화 상태량 : 압력 기준

압력 (kPa)	온도 (℃)	포화 액체 v_ℓ	증발 $v_{\ell g}$	포화 증기 v_g	포화 액체 u_ℓ	증발 $u_{\ell g}$	포화 증기 u_g
		비체적(m³/kg)			내부에너지(kJ/kg)		
0.6113	0.01	0.001000	206.131	206.132	0	2375.3	2375.3
1	6.98	0.001000	129.20702	129.20802	29.29	2355.69	2384.98
1.5	13.03	0.001001	87.97913	87.98013	54.70	2338.63	2393.32
2	17.50	0.001001	67.00285	67.00385	73.47	2326.02	2399.48
2.5	21.08	0.001002	54.25285	54.25385	88.47	2315.93	2404.40
3	24.08	0.001003	45.66402	45.66502	101.03	2307.48	2408.51
4	28.96	0.001004	34.79915	34.80015	121.44	2293.73	2415.17
5	32.88	0.001005	28.19150	28.19251	137.79	2282.70	2420.49
7.5	40.29	0.001008	19.23674	19.23775	168.76	2261.74	2430.50
10	45.81	0.001010	14.67254	14.67355	191.79	2246.10	2437.89
15	53.97	0.001014	10.02117	10.02218	225.90	2222.83	2448.73
20	60.06	0.001017	7.64835	7.64937	251.35	2205.36	2456.71
25	64.97	0.001020	6.20322	6.20424	271.88	2191.21	2463.08
30	69.10	0.001022	5.22816	5.22918	289.18	2179.22	2468.40
40	75.87	0.001026	3.99243	3.99345	317.51	2159.49	2477.00
50	81.33	0.001030	3.23931	3.24034	340.42	2143.43	2483.85
75	91.77	0.001037	2.21607	2.21711	394.29	2112.39	2496.67
100	99.62	0.001043	1.69296	1.69400	417.33	2088.72	2506.06
125	105.99	0.001048	1.37385	1.37490	444.16	2069.32	2513.48
150	111.37	0.001053	1.15828	1.15933	466.92	2052.72	2519.64
175	116.06	0.001057	1.00257	1.00363	486.78	2038.12	2524.90
200	120.23	0.001061	0.88467	0.88573	504.47	2025.02	2529.49
225	124.00	0.001064	0.79219	0.79325	520.45	2013.10	2533.56
250	127.43	0.001067	0.71765	0.71871	535.08	2002.14	2537.21
275	130.60	0.001070	0.65624	0.65731	548.57	1991.95	2540.53
300	133.55	0.001073	0.60475	0.60582	561.13	1982.43	2543.55
325	136.30	0.001076	0.56093	0.56201	572.88	1973.46	2546.34
350	138.88	0.001079	0.52317	0.52425	583.93	1964.98	2548.92
375	141.32	0.001081	0.49029	0.49137	594.38	1956.93	2551.31
400	143.63	0.001084	0.46138	0.46246	604.29	1949.26	2553.55
450	147.93	0.001088	0.41289	0.41398	622.75	1934.87	2557.62
500	151.86	0.001093	0.37380	0.37489	639.66	1921.57	2561.23
550	155.48	0.001097	0.34159	0.34268	655.30	1909.17	2564.47
600	158.85	0.001101	0.31457	0.31567	669.88	1897.52	2567.40
650	162.01	0.001104	0.29158	0.29268	683.55	1886.51	2570.06
700	164.97	0.001108	0.27176	0.27286	696.43	1876.07	2572.49
750	167.77	0.001111	0.25449	0.25560	708.62	1866.11	2574.73
800	170.43	0.001115	0.23931	0.24043	720.20	1856.58	2576.79

압력 (kPa)	온도 (℃)	엔탈피(kJ/kg)			엔트로피(kJ/kg · K)		
		포화 액체 h_ℓ	증발 $h_{\ell g}$	포화 증기 h_g	포화 액체 s_ℓ	증발 $s_{\ell g}$	포화 증기 s_g
0.6113	0.01	0.00	2501.3	2501.3	0	9.1562	9.1562
1	6.98	29.29	2484.89	2514.18	0.1059	8.8697	8.9756
1.5	13.03	54.70	2470.59	2525.30	0.1956	8.6322	8.8278
2	17.50	73.47	2460.02	2533.49	0.2607	8.4629	8.7236
2.5	21.08	88.47	2451.56	2540.03	0.3120	8.3311	8.6431
3	24.08	101.03	2444.47	2545.50	0.3545	8.2231	8.5775
4	28.96	121.44	2432.93	2554.37	0.4226	8.0520	8.4746
5	32.88	137.79	2423.66	2561.45	0.4763	7.9187	8.3950
7.5	40.29	168.77	2406.02	2574.79	0.5763	7.6751	8.2514
10	45.81	191.81	2392.82	2584.63	0.6492	7.5010	8.1501
15	53.97	225.91	2373.14	2599.06	0.7548	7.2536	8.0084
20	60.06	251.38	2358.33	2609.70	0.8319	7.0766	7.9085
25	64.97	271.90	2346.29	2618.19	0.8930	6.9383	7.8313
30	69.10	289.21	2336.07	2625.28	0.9439	6.8247	7.7686
40	75.87	317.55	2319.19	2636.74	1.0258	6.6441	7.6700
50	81.33	340.47	2305.40	2645.87	1.0910	6.5029	7.5939
75	91.77	384.36	2278.59	2662.96	1.2129	6.2434	7.4563
100	99.62	417.44	2258.02	2675.46	1.3025	6.0568	7.3593
125	105.99	444.30	2241.05	2685.35	1.3739	5.9104	7.2843
150	111.37	467.08	2226.46	2693.54	1.4335	5.7897	7.2232
175	116.06	486.97	2213.57	2700.53	1.4848	5.6868	7.1717
200	120.23	504.68	2201.96	2706.63	1.5300	5.5970	7.1271
225	124.00	520.69	2191.35	2712.04	1.5705	5.5173	7.0878
250	127.43	535.34	2181.55	2716.89	1.6072	5.4455	7.0526
275	130.60	548.87	2172.42	2721.29	1.6407	5.3801	7.0208
300	133.55	561.45	2163.85	2725.30	1.6717	5.3201	6.9918
325	136.30	573.23	2155.76	2728.99	1.7005	5.2646	6.9651
350	138.88	584.31	2148.10	2732.40	1.7274	5.2130	6.9404
375	141.32	594.79	2140.79	2735.58	1.7527	5.1647	6.9174
400	143.63	604.73	2133.81	2738.53	1.7766	5.1193	6.8958
450	147.93	623.24	2120.67	2743.91	1.8206	5.0359	6.8565
500	151.86	640.21	2108.47	2748.67	1.8606	4.9606	6.8212
550	155.48	655.91	2097.04	2752.94	1.8972	4.8920	6.7892
600	158.85	670.54	2086.26	2756.80	1.9311	4.8289	6.7600
650	162.01	684.26	2076.04	2760.30	1.9627	4.7704	6.7330
700	164.97	697.20	2066.30	2763.50	1.9922	4.7158	6.7080
750	167.77	709.45	2056.98	2766.43	2.0199	4.6647	6.6846
800	170.43	721.10	2048.04	2769.13	2.0461	4.6166	6.6627

[표 B.1.2] 물의 포화 상태량 : 압력 기준(계속)

압력 (kPa)	온도 (℃)	비체적(m³/kg)			내부에너지(kJ/kg)		
		포화 액체 v_ℓ	증발 $v_{\ell g}$	포화 증기 v_g	포화 액체 u_ℓ	증발 $u_{\ell g}$	포화 증기 u_g
850	172.96	0.001118	0.22586	0.22698	731.25	1847.45	2578.69
900	175.38	0.001121	0.21385	0.21497	741.81	1838.65	2580.46
950	177.69	0.001124	0.20306	0.20419	751.94	1830.17	2582.11
1000	179.91	0.001127	0.19332	0.19444	761.67	1821.97	2583.64
1100	184.09	0.001133	0.17639	0.17753	780.08	1806.32	2586.40
1200	187.99	0.001139	0.16220	0.16333	797.27	1791.55	2588.82
1300	191.64	0.001144	0.15011	0.15125	813.42	1777.53	2590.95
1400	195.07	0.001149	0.13969	0.14084	828.68	1764.15	2592.83
1500	198.32	0.001154	0.13062	0.13177	843.14	1751.3	2594.5
1750	205.76	0.001166	0.11232	0.11349	876.44	1721.39	2597.83
2000	212.42	0.001177	0.09845	0.09963	906.42	1693.84	2600.26
2250	218.45	0.001187	0.08756	0.08875	933.81	1668.18	2601.98
2500	223.99	0.001197	0.07878	0.07998	959.09	1644.04	2603.13
2750	229.12	0.001207	0.07154	0.07275	982.65	1621.16	2603.81
3000	233.90	0.001216	0.06546	0.06668	1004.76	1599.34	2604.10
3250	238.38	0.001226	0.06029	0.06152	1025.62	1578.43	2604.04
3500	242.60	0.001235	0.05583	0.05707	1045.41	1558.29	2603.70
4000	250.40	0.001252	0.04853	0.04978	1082.28	1519.99	2602.27
5000	263.99	0.001286	0.03815	0.03944	1147.78	1449.34	2597.12
6000	275.64	0.001319	0.03112	0.03244	1205.41	1384.27	2589.69
7000	285.88	0.001351	0.02602	0.02737	1257.51	1322.97	2580.48
8000	295.06	0.001384	0.02213	0.02352	1305.54	1264.25	2569.79
9000	303.40	0.001418	0.01907	0.02048	1350.47	1207.28	2557.75
10000	311.06	0.001452	0.01657	0.01803	1393.00	1151.40	2544.41
11000	318.15	0.001489	0.01450	0.01599	1433.68	1096.06	2529.74
12000	324.75	0.001527	0.01274	0.01426	1472.92	1040.76	2513.67
13000	330.93	0.001567	0.01121	0.01278	1511.09	984.99	2496.08
14000	336.75	0.001611	0.00987	0.01149	1548.53	928.23	2476.76
15000	342.24	0.001658	0.00868	0.01034	1585.58	869.85	2455.43
16000	347.43	0.001711	0.00760	0.00931	1622.63	809.07	2431.70
17000	352.37	0.001770	0.00659	0.00836	1660.16	744.80	2404.96
18000	357.06	0.001840	0.00565	0.00749	1698.86	675.42	2374.28
19000	361.54	0.001924	0.00473	0.00666	1739.87	598.18	2338.05
20000	365.81	0.002035	0.00380	0.00583	1785.47	507.58	2293.05
21000	369.89	0.002206	0.00275	0.00495	1841.97	388.74	2230.71
22000	373.80	0.002808	0.00072	0.00353	1973.16	108.24	2081.39
22089	374.14	0.003155	0	0.00315	2029.58	0	2029.58

[표 B.1.2] 물의 포화 상태량 : 압력 기준(계속)

압력 (kPa)	온도 (℃)	엔탈피(kJ/kg)			엔트로피(kJ/kg·K)		
		포화 액체 h_ℓ	증발 $h_{\ell g}$	포화 증기 h_g	포화 액체 s_ℓ	증발 $s_{\ell g}$	포화 증기 s_g
850	172.96	732.20	2039.43	2771.63	2.0709	4.5711	6.6421
900	175.38	742.82	2031.12	2773.94	2.0946	4.5280	6.6225
950	177.69	753.00	2023.08	2776.08	2.1171	4.4869	6.6040
1000	179.91	762.79	2015.29	2778.08	2.1386	4.4478	6.5864
1100	184.09	781.32	2000.36	2781.68	2.1791	4.3744	6.5535
1200	187.99	798.64	1986.19	2784.82	2.2165	4.3067	6.5233
1300	191.64	814.91	1972.67	2787.58	2.2514	4.2438	6.4953
1400	195.07	830.29	1959.72	2790.00	2.2842	4.1850	6.4692
1500	198.32	844.87	1947.28	2792.15	2.3150	4.1298	6.4448
1750	205.76	878.48	1917.95	2796.43	2.3851	4.0044	6.3895
2000	212.42	908.77	1890.74	2799.51	2.4473	3.8935	6.3408
2250	218.45	936.48	1865.19	2801.67	2.5034	3.7938	6.2971
2500	223.99	962.09	1840.98	2803.07	2.5546	3.7028	6.2574
2750	229.12	985.97	1817.89	2803.86	2.6018	3.6190	6.2208
3000	233.90	1008.41	1795.73	2804.14	2.6456	3.5412	6.1869
3250	238.38	1029.60	1774.37	2803.97	2.6866	3.4685	6.1551
3500	242.60	1049.73	1753.70	2803.43	2.7252	3.4000	6.1252
4000	250.40	1087.29	1714.09	2801.38	2.7963	3.2737	6.0700
5000	263.99	1154.21	1640.12	2794.33	2.9201	3.0532	5.9733
6000	275.64	1213.32	1571.00	2784.33	3.0266	2.8625	5.8891
7000	285.88	1266.97	1505.10	2772.07	3.1210	2.6922	5.8132
8000	295.06	1316.61	1441.33	2757.94	3.2067	2.5365	5.7431
9000	303.40	1363.23	1378.88	2742.11	3.2857	2.3915	5.6771
10000	311.06	1407.53	1317.14	2724.67	3.3595	2.2545	5.6140
11000	318.15	1450.05	1255.55	2705.60	3.4294	2.1233	5.5527
12000	324.75	1491.24	1193.59	2684.83	3.4961	1.9962	5.4923
13000	330.93	1531.46	1130.76	2662.22	3.5604	1.8718	5.4323
14000	336.75	1571.08	1066.47	2637.55	3.6231	1.7485	5.3716
15000	342.24	1610.45	1000.04	2610.49	3.6847	1.6250	5.3097
16000	347.43	1650.00	930.59	2580.59	3.7460	1.4995	5.2454
17000	352.37	1690.25	856.90	2547.15	3.8078	1.3698	5.1776
18000	357.06	1731.97	777.13	2509.09	3.8713	1.2330	5.1044
19000	361.54	1776.43	688.11	2464.54	3.9387	1.0841	5.0227
20000	365.81	1826.18	583.56	2409.74	4.0137	0.9132	4.9269
21000	369.89	1888.30	446.42	2334.72	4.1073	0.6942	4.8015
22000	373.80	2034.92	124.04	2158.97	4.3307	0.1917	4.5224
22089	374.14	2099.26	0	2099.26	4.4297	0	4.4297

[표 B.1.3] 물의 과열 증기 상태량

온도 (℃)	v [m³/kg]	u [kJ/kg]	h [kJ/kg]	s [kJ/kg·K]	v [m³/kg]	u [kJ/kg]	h [kJ/kg]	s [kJ/kg·K]
	$P=10$kPa(45.81℃)				$P=50$kPa(81.33℃)			
Sat.	14.67355	2437.89	2584.63	8.1501	3.24034	2483.85	2645.87	7.5939
50	4.86920	2443.87	2592.56	8.1749	–	–	–	–
100	17.19561	2515.50	2687.46	8.4479	3.41833	2511.61	2682.52	7.6947
150	19.51251	2587.86	2782.99	8.6881	3.88937	2585.61	2780.08	7.9400
200	21.82507	2661.27	2879.52	8.9037	4.35595	2659.85	2877.64	8.1579
250	24.13559	2735.95	2977.31	9.1002	4.82045	2734.97	2975.99	8.3555
300	26.44508	2812.06	3076.51	9.2812	5.28391	2811.33	3075.52	8.5372
400	31.06252	2968.89	3279.51	9.6076	6.20929	2968.43	3278.89	8.8641
500	35.67896	3132.26	3489.05	9.8977	7.13364	3131.94	3488.62	9.1545
600	40.29488	3302.45	3705.40	10.1608	8.05748	3302.22	3705.10	9.4177
700	44.91052	3479.63	3928.73	10.4028	8.98104	3479.45	3928.51	9.6599
800	49.52599	3663.84	4159.10	10.6281	9.90444	3663.70	4158.92	9.8852
900	54.14137	3855.03	4396.44	10.8395	10.82773	3854.91	4396.30	10.0967
1000	58.75669	4053.01	4640.58	11.0392	11.75097	4052.91	4640.46	10.2964
1100	63.37198	4257.47	4891.19	11.2287	12.67418	4257.37	4891.08	10.4858
1200	67.98724	4467.91	5147.78	11.4090	13.59737	4467.82	5147.69	10.6662
1300	72.60250	4683.68	5409.70	14.5810	14.52054	4683.58	5409.61	10.8382
	100kPa(99.62℃)				200kPa(120.23℃)			
Sat.	1.69400	2506.06	2675.46	7.3593	0.88573	2529.49	2706.63	7.1271
150	1.93636	2582.75	2775.38	7.6133	0.95964	2576.87	2768.80	7.2795
200	2.17226	2658.05	2875.27	7.8342	1.08034	2654.39	2870.46	7.5066
250	2.40604	2733.73	2974.33	8.0332	1.19880	2731.22	2970.98	7.7085
300	2.63876	2810.41	3074.28	8.2157	1.31616	2808.55	3071.79	7.8926
400	3.10263	2967.85	3278.11	8.5434	1.54930	2966.69	3276.55	8.2217
500	3.56547	3131.54	3488.09	8.8341	1.78139	3130.75	3487.03	8.5132
600	4.02781	3301.94	3704.72	9.0975	2.01297	3301.36	3703.96	8.7769
700	4.48986	3479.24	3928.23	9.3398	2.24426	3478.81	3927.66	9.0194
800	4.95174	3663.53	4158.71	9.5652	2.47539	3663.19	4158.27	9.2450
900	5.41353	3854.77	4396.12	9.7767	2.70643	3854.49	4395.77	9.4565
1000	5.87526	4052.78	4640.31	9.9764	2.93740	4052.53	4640.01	9.6563
1100	6.33696	4257.25	4890.95	10.1658	3.16834	4257.01	4890.68	9.8458
1200	6.79863	4467.70	5147.56	10.3462	3.39927	4467.46	5147.32	10.0262
1300	7.26030	4683.47	5409.49	10.5182	3.63018	4683.23	5409.26	10.1982
	300kPa(133.55℃)				400kPa(143.63℃)			
Sat.	0.60582	2543.55	2725.30	6.9918	0.46246	2553.55	2738.53	6.8958
150	0.63388	2570.79	2760.95	7.0778	0.47084	2564.48	2752.82	6.9299
200	0.71629	2650.65	2865.54	7.3115	0.53422	2646.83	2860.51	7.1706

온도 (℃)	v [m³/kg]	u [kJ/kg]	h [kJ/kg]	s [kJ/kg·K]	v [m³/kg]	u [kJ/kg]	h [kJ/kg]	s [kJ/kg·K]
	300kPa(133.55℃)				400kPa(143.63℃)			
250	0.79636	2728.69	2967.59	7.5165	0.59512	2726.11	2964.16	7.3788
300	0.87529	2806.69	3069.28	7.7022	0.65484	2804.81	3066.75	7.5661
400	1.03151	2965.53	3274.98	8.0329	0.77262	2964.36	3273.41	7.8984
500	1.18669	3129.95	3485.96	8.3250	0.88934	3129.15	3484.89	8.1912
600	1.34136	3300.79	3703.20	8.5892	1.00555	3300.22	3702.44	8.4557
700	1.49573	3478.38	3927.10	8.8319	1.12147	3477.95	3926.53	8.6987
800	1.64994	3662.85	4157.83	9.0575	1.23722	3662.51	4157.40	8.9244
900	1.80406	3854.20	4395.42	9.2691	1.35288	3853.91	4395.06	9.1361
1000	1.95812	4052.27	4639.71	9.4689	1.46847	4052.02	4639.41	9.3360
1100	2.11214	4256.77	4890.41	9.6585	1.58404	4256.53	4890.15	9.5255
1200	2.26614	4467.23	5147.07	9.8389	1.69958	4466.99	5146.83	9.7059
1300	2.42013	4682.99	5409.03	10.0109	1.81511	4682.75	5408.80	9.8780
	500kPa(151.86℃)				600kPa(158.85℃)			
Sat.	0.37489	2561.23	2748.67	6.8212	0.31567	2567.40	2756.80	6.7600
200	0.42492	2642.91	2855.37	7.0592	0.35202	2638.91	2850.12	6.9665
250	0.47436	2723.50	2960.68	7.2708	0.39383	2720.86	2957.16	7.1816
300	0.52256	2802.91	3064.20	7.4598	0.43437	2801.00	3061.63	7.3723
350	0.57012	2882.59	3167.65	7.6328	0.47424	2881.12	3165.66	7.5463
400	0.61728	2963.19	3271.83	7.7937	0.51372	2962.02	3270.25	7.7078
500	0.71093	3128.35	3483.82	8.0872	0.59199	3127.55	3482.75	8.0020
600	0.80406	3299.64	3701.67	8.3521	0.66974	3299.07	3700.91	8.2673
700	0.89691	3477.52	3925.97	8.5952	0.74720	3477.08	3925.41	8.5107
800	0.98959	3662.17	4156.96	8.8211	0.82450	3661.83	4156.52	8.7367
900	1.08217	3853.63	4394.71	9.0329	0.90169	3853.34	4394.36	8.9485
1000	1.17469	4051.76	4639.11	9.2328	0.97883	4051.51	4638.81	9.1484
1100	1.26718	4256.29	4889.88	9.4224	1.05594	4256.05	4889.61	9.3381
1200	1.35964	4466.76	5146.58	6.6028	1.13302	4466.52	5146.34	9.5185
1300	1.45210	4682.52	5408.57	9.7749	1.21009	4682.28	5408.34	9.6906
	800kPa(170.43℃)				1000kPa(179.91℃)			
Sat.	0.24043	2576.79	2769.13	6.6627	0.19444	2583.64	2778.08	6.5864
200	0.26080	2630.61	2839.25	6.8158	0.20596	2621.90	2827.86	6.6939
250	0.29314	2715.46	2949.97	7.0384	0.23268	2709.91	2942.59	6.9246
300	0.32411	2797.14	3056.43	7.2327	0.25794	2793.21	3051.15	7.1228
350	0.35439	2878.16	3161.68	7.4088	0.28247	2875.18	3157.65	7.3010
400	0.38426	2959.66	3267.07	7.5715	0.30659	2957.29	3263.88	7.4650
500	0.44331	3125.95	3480.60	7.8672	0.35411	3124.34	3478.44	7.7621
600	0.50184	3297.91	3699.38	8.1332	0.40109	3296.76	3697.85	8.0289

[표 B.1.3] 물의 과열 증기 상태량(계속)

온도 (℃)	v [m³/kg]	u [kJ/kg]	h [kJ/kg]	s [kJ/kg·K]	v [m³/kg]	u [kJ/kg]	h [kJ/kg]	s [kJ/kg·K]
	800kPa(170.43℃)				1000kPa(179.91℃)			
700	0.56007	3476.22	3924.27	8.3770	0.44779	3475.35	3923.14	8.2731
800	0.61813	3661.14	4155.65	8.6033	0.49432	3660.46	4154.78	8.4996
900	0.67610	3852.77	4393.65	8.8153	0.54075	3852.19	4392.94	8.7118
1000	0.73401	4051.00	4638.20	9.0153	0.58712	4050.49	4637.60	8.9119
1100	0.79188	4255.57	4889.08	9.2049	0.63345	4255.09	4888.55	9.1016
1200	0.84974	4466.05	5145.85	9.3854	0.67977	4465.58	5145.36	9.2821
1300	0.90758	4681.81	5407.87	9.5575	0.72608	4681.33	5407.41	9.4542
	1200kPa(187.99℃)				1400kPa(195.07℃)			
Sat.	0.16333	2588.82	2784.82	6.5233	0.14084	2592.83	2790.00	6.4692
200	0.16930	2612.74	2815.90	6.5898	0.14302	2603.09	2803.32	6.4975
250	0.19235	2704.20	2935.01	6.8293	0.16350	2698.32	2927.22	6.7467
300	0.21382	2789.22	3045.80	7.0316	0.18228	2785.16	3040.35	6.9533
350	0.23452	2872.16	3153.59	7.2120	0.20026	2869.12	3149.49	7.1359
400	0.25480	2954.90	3260.66	7.3773	0.21780	2952.50	3257.42	7.3025
500	0.29463	3122.72	3476.28	7.6758	0.25215	3121.10	3474.11	7.6026
600	0.33393	3295.60	3696.32	7.9434	0.28596	3294.44	3694.78	7.8710
700	0.37294	3474.48	3922.01	8.1881	0.31947	3473.61	3920.87	8.1160
800	0.41177	3659.77	4153.90	8.4149	0.35281	3659.09	4153.03	8.3431
900	0.45051	3851.62	4392.23	8.6272	0.38606	3851.05	4391.53	8.5555
1000	0.48919	4049.98	4637.00	8.8274	0.41924	4049.47	4636.41	8.7558
1100	0.52783	4254.61	4888.02	9.0171	0.45239	4254.14	4887.49	8.9456
1200	0.56646	4465.12	5144.87	9.1977	0.48552	4464.65	5144.38	9.1262
1300	0.60507	4680.86	5406.95	9.3698	0.51864	4680.39	5406.49	9.2983
	1600kPa(201.40℃)				1800kPa(207.15℃)			
Sat.	0.12380	2595.95	2794.02	6.4217	0.11042	2598.38	2797.13	6.3793
250	0.14184	2692.26	2919.20	6.6732	0.12497	2686.02	2910.96	6.6066
300	0.15862	2781.03	3034.83	6.8844	0.14021	2776.83	3029.21	6.8226
350	0.17456	2866.05	3145.35	7.0693	0.15457	2862.95	3141.18	7.0099
400	0.19005	2950.09	3254.17	7.2373	0.16847	2947.66	3250.90	7.1793
500	0.22029	3119.47	3471.93	7.5389	0.19550	3117.84	3469.75	7.4824
600	0.24998	3293.27	3693.23	7.8080	0.22199	3292.10	3691.69	7.7523
700	0.27937	3472.74	3919.73	8.0535	0.21818	3471.87	3918.59	7.9983
800	0.30859	3658.40	4152.15	8.2808	0.27420	3657.71	4151.27	8.2258
900	0.33772	3850.47	4390.82	8.4934	0.30012	3849.90	4390.11	8.4386
1000	0.36678	4048.96	4635.81	8.6938	0.32598	4048.45	4635.21	8.6390
1100	0.39581	4253.66	4886.95	8.8837	0.35180	4253.18	4886.42	8.8290
1200	0.42482	4464.18	5143.89	9.0642	0.37761	4463.71	5143.40	9.0096
1300	0.45382	4679.92	5406.02	9.2364	0.40340	4679.44	5405.56	9.1817

온도 (℃)	v [m³/kg]	u [kJ/kg]	h [kJ/kg]	s [kJ/kg·K]	v [m³/kg]	u [kJ/kg]	h [kJ/kg]	s [kJ/kg·K]
	2000kPa(212.42℃)				2500kPa(223.99℃)			
Sat.	0.09963	2600.26	2799.51	6.3408	0.07998	2603.13	2803.07	6.2574
250	0.11144	2679.58	2902.46	6.5452	0.08700	2662.55	2880.06	6.4084
300	0.12547	2772.56	3023.50	6.7663	0.09890	2761.56	3008.81	6.6437
350	0.13857	2859.81	3136.96	6.9562	0.10976	2851.84	3126.24	6.8402
400	0.15120	2945.21	3247.60	7.1270	0.12010	2939.03	3239.28	7.0147
450	0.16353	3030.41	3357.48	7.2844	0.13014	3025.43	3350.77	7.1745
500	0.17568	3116.20	3467.55	7.4316	0.13998	3112.08	3462.04	7.3233
600	0.19960	3290.93	3690.14	7.7023	0.15930	3287.99	3686.25	7.5960
700	0.22323	3470.99	3917.45	7.9487	0.17832	3468.80	3914.59	7.8435
800	0.24668	3657.03	4150.40	8.1766	0.19716	3655.30	4148.20	8.0720
900	0.27004	3849.33	4389.40	8.3895	0.21590	3847.89	4387.64	8.2853
1000	0.29333	4047.94	4634.61	8.5900	0.23458	4046.67	4633.12	8.4860
1100	0.31659	4252.71	4885.89	8.7800	0.25322	4251.52	4884.57	8.6761
1200	0.33984	4463.25	5142.92	8.9606	0.27185	4462.08	5141.70	8.8569
1300	0.36306	4678.97	5405.10	9.1328	0.29046	4677.80	5403.95	9.0291
	3000kPa(233.90℃)				4000kPa(250.40℃)			
Sat.	0.06668	2604.10	2804.14	6.1869	0.04978	2602.27	2801.38	6.0700
250	0.07058	2644.00	2855.75	6.2871	–	–	–	–
300	0.08114	2750.05	2993.48	6.5389	0.05884	2725.33	2960.68	6.3614
350	0.09053	2843.66	3115.25	6.7427	0.06645	2826.65	3092.43	6.5820
400	0.09936	2932.75	3230.82	6.9211	0.07341	2919.88	3213.51	6.7689
450	0.10787	3020.38	3344.00	7.0833	0.08003	3010.13	3330.23	6.9362
500	0.11619	3107.92	3456.48	7.2337	0.08643	3099.49	3445.21	7.0900
600	0.13243	3285.03	3682.34	7.5084	0.09885	3279.06	3674.44	7.3688
700	0.14838	3466.59	3911.72	7.7571	0.11095	3462.15	3905.94	7.6198
800	0.16414	3653.58	4146.00	7.9862	0.12287	3650.11	4141.59	7.8502
900	0.17980	3846.46	4385.87	8.1999	0.13469	3843.59	4382.34	8.0647
1000	0.19541	4045.40	4631.63	8.4009	0.14645	4042.87	4628.65	8.2661
1100	0.21098	4250.33	4883.26	8.5911	0.15817	4247.96	4880.63	8.4566
1200	0.22652	4460.92	5140.49	8.7719	0.16987	4458.60	5138.07	8.6376
1300	0.24206	4676.63	5402.81	8.9442	0.18156	4674.29	5400.52	8.8099

[표 B.1.3] 물의 과열 증기 상태량(계속)

온도 (℃)	v [m³/kg]	u [kJ/kg]	h [kJ/kg]	s [kJ/kg·K]	v [m³/kg]	u [kJ/kg]	h [kJ/kg]	s [kJ/kg·K]
	5000kPa(263.99℃)				6000kPa(275.64℃)			
Sat.	0.03944	2597.12	2794.33	5.9733	0.03244	2589.69	2784.33	5.8891
300	0.04532	2697.94	2924.53	6.2083	0.03616	2667.22	2884.19	6.0673
350	0.05194	2808.67	3068.39	6.4492	0.04223	2789.61	3042.97	6.3334
400	0.05781	2906.58	3195.64	6.6458	0.04739	2892.81	3177.17	6.5407
450	0.06330	2999.64	3316.15	6.8185	0.05214	2988.90	3301.76	6.7192
500	0.06857	3090.92	3433.76	6.9758	0.05665	3082.20	3422.12	6.8802
550	0.07368	3181.82	3550.23	7.1217	0.06101	3174.57	3540.62	7.0287
600	0.07869	3273.01	3666.47	7.2588	0.06525	3266.89	3658.40	7.1676
700	0.08849	3457.67	3900.13	7.5122	0.07352	3453.15	3894.28	7.4234
800	0.09811	3646.62	4137.17	7.7440	0.08160	3643.12	4132.74	7.6566
900	0.10762	3840.71	4378.82	7.9593	0.08958	3837.84	4375.29	7.8727
1000	0.11707	4040.35	4625.69	8.1612	0.09749	4037.83	4622.74	8.0751
1100	0.12648	4245.61	4878.02	8.3519	0.10536	4243.26	4875.42	8.2661
1200	0.13587	4456.30	5135.67	8.5330	0.11321	4454.00	5133.28	8.4473
1300	0.14526	4671.96	5398.24	8.7055	0.12106	4669.64	5395.97	8.6199
	8000kPa(295.06℃)				10000kPa(311.06℃)			
Sat.	0.02352	2569.79	2757.94	5.7431	0.01803	2544.41	2724.67	5.6140
300	0.02426	2590.93	2784.98	5.7905	—	—	—	—
350	0.02995	2747.67	2987.30	6.1300	0.02242	2699.16	2923.39	5.9442
400	0.03432	2863.75	3138.28	6.3633	0.02641	2832.38	3096.46	6.2119
450	0.03817	2966.66	3271.99	6.5550	0.02975	2943.32	3240.83	6.4189
500	0.04175	3064.30	3398.27	6.7239	0.03279	3045.77	3373.63	6.5965
550	0.04516	3159.76	3521.01	6.8778	0.03564	3144.54	3500.92	6.7561
600	0.04845	3254.43	3642.03	7.0205	0.03837	3241.68	3625.34	6.9028
700	0.05481	3444.00	3882.47	7.2812	0.04358	3434.72	3870.52	7.1687
800	0.06097	3636.08	4123.84	7.5173	0.04859	3628.97	4114.91	7.4077
900	0.06702	3832.08	4368.26	7.7350	0.05349	3826.32	4361.24	7.6272
1000	0.07301	4032.81	4616.87	7.9384	0.05832	4027.81	4611.04	7.8315
1100	0.07896	4238.60	4870.25	8.1299	0.06312	4233.97	4865.14	8.0236
1200	0.08489	4449.45	5128.54	8.3115	0.06789	4444.93	5123.84	8.2054
1300	0.09080	4665.02	5391.46	8.4842	0.07265	4660.44	5386.99	8.3783

[표 B.1.3] 물의 과열 증기 상태량(계속)

온도 (℃)	v [m³/kg]	u [kJ/kg]	h [kJ/kg]	s [kJ/kg·K]	v [m³/kg]	u [kJ/kg]	h [kJ/kg]	s [kJ/kg·K]
	15000kPa(342.24℃)				20000kPa(365.81℃)			
Sat.	0.01034	2455.43	2610.49	5.3097	0.00583	2293.05	2409.74	4.9269
350	0.01147	2520.36	2692.41	5.4420	−	−	−	−
400	0.01565	2740.70	2975.44	5.8810	0.00994	2619.22	2818.07	5.5539
450	0.01845	2879.47	3156.15	6.1403	0.01270	2806.16	3060.06	5.9016
500	0.02080	2996.52	3308.53	6.3442	0.01477	2942.82	3238.18	6.1400
550	0.02293	3104.71	3448.61	6.5198	0.01656	3062.34	3393.45	6.3347
600	0.02491	3208.64	3582.30	6.6775	0.01818	3174.00	3537.57	6.5048
650	0.02680	3310.37	3712.32	6.8223	0.01969	3281.46	3675.32	6.6582
700	0.02861	3410.94	3840.12	6.9572	0.02113	3386.46	3809.09	6.7993
800	0.03210	3610.99	4092.43	7.2040	0.02385	3592.73	4069.80	7.0544
900	0.03546	3811.89	4343.75	7.4279	0.02645	3797.44	4326.37	7.2830
1000	0.03875	4015.41	4596.63	7.6347	0.02897	4003.12	4582.45	7.4925
1100	0.04200	4222.55	4852.56	7.8282	0.03145	4211.30	4840.24	7.6874
1200	0.04523	4433.78	5112.27	8.0108	0.03391	4422.81	5100.96	7.8706
1300	0.04845	4649.12	5375.94	8.1839	0.03636	4637.95	5365.10	8.0441
	30000kPa				40000kPa			
375	0.001789	1737.75	1791.43	3.9303	0.001641	1677.09	1742.71	3.8289
400	0.002790	2067.34	2151.04	4.4728	0.001908	1854.52	1930.83	4.1134
425	0.005304	2455.06	2614.17	5.1503	0.002532	2096.83	2198.11	4.5028
450	0.006735	2619.30	2821.35	5.4423	0.003693	2365.07	2512.79	4.9459
500	0.008679	2820.67	3081.03	5.7904	0.005623	2678.36	2903.26	5.4699
550	0.010168	2970.31	3275.36	6.0342	0.006984	2869.69	3149.05	5.7784
600	0.011446	3100.53	3443.91	6.2330	0.008094	3022.61	3346.38	6.0113
650	0.012596	3221.04	3598.93	6.4057	0.009064	3158.04	3520.58	6.2054
700	0.013661	3335.84	3745.67	6.5606	0.009942	3283.63	3681.29	6.3750
800	0.015623	3555.60	4024.31	6.8332	0.011523	3517.89	3978.80	6.6662
900	0.017448	3768.48	4291.93	7.0717	0.012963	3739.42	4257.93	6.9150
1000	0.019196	3978.79	4554.68	7.2867	0.014324	3954.64	4527.59	7.1356
1100	0.020903	4189.18	4816.28	7.4845	0.015643	4167.38	4793.08	7.3364
1200	0.022589	4401.29	5078.97	7.6691	0.016940	4380.11	5057.72	7.5224
1300	0.024266	4615.96	5343.95	7.8432	0.018229	4594.28	5323.45	7.6969

[표 B.1.4] 물의 압축 액체 상태량

온도 (℃)	v [m³/kg]	u [kJ/kg]	h [kJ/kg]	s [kJ/kg·K]	v [m³/kg]	u [kJ/kg]	h [kJ/kg]	s [kJ/kg·K]
	500kPa(151.86℃)				2000kPa(212.42℃)			
Sat.	0.001093	639.66	640.21	1.8606	0.001177	906.42	908.77	2.4473
0.01	0.000999	0.01	0.51	0.0000	0.000999	0.03	2.03	0.0001
20	0.001002	83.91	84.41	0.2965	0.001001	83.82	85.82	0.2962
40	0.001008	167.47	167.98	0.5722	0.001007	167.29	169.30	0.5716
60	0.001017	251.00	251.51	0.8308	0.001016	250.73	252.77	0.8300
80	0.001029	334.73	335.24	1.0749	0.001028	334.38	336.44	1.0739
100	0.001043	418.80	419.32	1.3065	0.001043	418.36	420.45	1.3053
120	0.001060	503.37	503.90	1.5273	0.001059	502.84	504.96	1.5259
140	0.001080	588.66	589.20	1.7389	0.001079	588.02	590.18	1.7373
160	–	–	–	–	0.001101	674.14	676.34	1.9410
180	–	–	–	–	0.001127	761.46	763.71	2.1382
200	–	–	–	–	0.001156	850.30	852.61	2.3301
	5000kPa(263.99℃)				10000kPa(311.06℃)			
Sat.	0.001286	1147.78	1154.21	2.9201	0.001452	1393.00	1407.53	3.3595
0	0.000998	0.03	5.02	0.0001	0.000995	0.10	10.05	0.0003
20	0.001000	83.64	88.64	0.2955	0.000997	83.35	93.32	0.2945
40	0.001006	166.93	171.95	0.5705	0.001003	166.33	176.36	0.5685
60	0.001015	250.21	255.28	0.8284	0.001013	249.34	259.47	0.8258
80	0.001027	333.69	338.83	1.0719	0.001025	332.56	342.81	1.0687
100	0.001041	417.50	422.71	1.3030	0.001039	416.09	426.48	1.2992
120	0.001058	501.79	507.07	1.5232	0.001055	500.07	510.61	1.5188
140	0.001077	586.74	592.13	1.7342	0.001074	584.67	595.40	1.7291
160	0.001099	672.61	678.10	1.9374	0.001195	670.11	681.07	1.9316
180	0.001124	759.62	765.24	2.1341	0.001120	756.63	767.83	2.1274
200	0.001153	848.08	853.85	2.3254	0.001148	844.49	855.97	2.3178
220	0.001187	938.43	944.36	2.5128	0.001181	934.07	945.88	2.5038
240	0.001226	1031.34	1037.47	2.6978	0.001219	1025.94	1038.13	2.6872
260	0.001275	1127.92	1134.30	2.8829	0.001265	1121.03	1133.68	2.8698
280	–	–	–	–	0.001322	1220.90	1234.11	3.0547
300	–	–	–	–	0.001397	1328.34	1342.31	3.2468

[표 B.1.4] 물의 압축 액체 상태량(계속)

온도 (℃)	v [m³/kg]	u [kJ/kg]	h [kJ/kg]	s [kJ/kg·K]	v [m³/kg]	u [kJ/kg]	h [kJ/kg]	s [kJ/kg·K]
	15000kPa(342.24℃)				20000kPa(365.81℃)			
Sat.	0.001658	1585.58	1610.45	3.6847	0.002035	1785.47	1826.18	4.0137
0	0.000993	0.15	15.04	0.0004	0.000990	0.20	20.00	0.0004
20	0.000995	83.05	97.97	0.2934	0.000993	82.75	102.61	0.2922
40	0.001001	165.73	180.75	0.5665	0.000999	165.15	185.14	0.5646
60	0.001011	248.49	263.65	0.8231	0.001008	247.66	267.82	0.8205
80	0.001022	331.46	346.79	1.0655	0.001020	330.38	350.78	1.0623
100	0.001036	414.72	430.26	1.2954	0.001034	413.37	434.04	1.2917
120	0.001052	498.39	514.17	1.5144	0.001050	496.75	517.74	1.5101
140	0.001071	582.64	598.70	1.7241	0.001068	580.67	602.03	1.7192
160	0.001092	667.69	684.07	1.9259	0.001089	665.34	687.11	1.9203
180	0.001116	753.74	770.48	2.1209	0.001112	750.94	773.18	2.1146
200	0.001143	841.04	858.18	2.3103	0.001139	837.70	860.47	2.3031
220	0.001175	929.89	947.52	2.4952	0.001169	925.89	949.27	2.4869
240	0.001211	1020.82	1038.99	2.6770	0.001205	1015.94	1040.04	2.6673
260	0.001255	1114.59	1133.41	2.8575	0.001246	1108.53	1133.45	2.8459
280	0.001308	1212.47	1232.09	3.0392	0.001297	1204.69	1230.62	3.0248
300	0.001377	1316.58	1337.23	3.2259	0.001360	1306.10	1333.29	3.2071
320	0.001472	1431.05	1453.13	3.4246	0.001444	1415.66	1444.53	3.3978
340	0.001631	1567.42	1591.88	3.6545	0.001568	1539.64	1571.01	3.6074
360	–	–	–	–	0.001823	1702.78	1739.23	3.8770
	30000kPa				50000kPa			
0	0.000986	0.25	29.82	0.0001	0.000977	0.20	49.03	−0.0014
20	0.000989	82.16	111.82	0.2898	0.000980	80.98	130.00	0.2847
40	0.000995	164.01	193.87	0.5606	0.000987	161.84	211.20	0.5526
60	0.001004	246.03	276.16	0.8153	0.000996	242.96	292.77	0.8051
80	0.001016	328.28	358.75	1.0561	0.001007	324.32	374.68	1.0439
100	0.001029	410.76	441.63	1.2844	0.001020	405.86	456.87	1.2703
120	0.001044	493.58	524.91	1.5017	0.001035	487.63	539.37	1.4857
140	0.001062	576.86	608.73	1.7097	0.001052	569.76	622.33	1.6915
160	0.001082	660.81	693.27	1.9095	0.001070	652.39	705.91	1.8890
180	0.001105	745.57	778.71	2.1024	0.001091	735.68	790.24	2.0793
200	0.001130	831.34	865.24	2.2892	0.001115	819.73	875.46	2.2634
220	0.001159	918.32	953.09	2.4710	0.001141	904.67	961.71	2.4419
240	0.001192	1006.84	1042.60	2.6489	0.001171	990.69	1049.20	2.6158
260	0.001230	1097.38	1134.29	2.8242	0.001203	1078.06	1138.23	2.7860
280	0.001275	1190.69	1228.96	2.9985	0.001242	1167.19	1229.26	2.9536
300	0.001330	1287.89	1327.80	3.1740	0.001286	1258.66	1322.95	3.1200
320	0.001400	1390.64	1432.63	3.3538	0.001339	1353.23	1420.17	3.2867
340	0.001492	1501.71	1546.47	3.5425	0.001403	1451.91	1522.07	3.4556
360	0.001627	1626.57	1675.36	3.7492	0.001484	1555.97	1630.16	3.6290
380	0.001869	1781.35	1837.43	4.0010	0.001588	1667.13	1746.54	3.8100

[표 B.1.5] 물의 포화 고체 – 포화 증기 상태량

온도 (℃)	압력 (kPa)	비체적(m^3/kg)			내부 에너지(kJ/kg)		
		포화 고체 v_ℓ	승화 $v_{\ell g}$	포화 증기 v_g	포화 고체 u_ℓ	승화 $u_{\ell g}$	포화 증기 u_g
0.01	0.6113	0.0010908	206.152	206.153	−333.40	2708.7	2375.3
0	0.6108	0.0010908	206.314	206.315	−333.42	2708.7	2375.3
−2	0.5177	0.0010905	241.662	241.663	−337.61	2710.2	2372.5
−4	0.4376	0.0010901	283.798	283.799	−341.78	2711.5	2369.8
−6	0.3689	0.0010898	334.138	334.139	−345.91	2712.9	2367.0
−8	0.3102	0.0010894	394.413	394.414	−350.02	2714.2	2364.2
−10	0.2601	0.0010891	466.756	466.757	−354.09	2715.5	2361.4
−12	0.2176	0.0010888	553.802	553.803	−358.14	2716.8	2358.7
−14	0.1815	0.0010884	658.824	658.824	−362.16	2718.0	2355.9
−16	0.1510	0.0010881	785.906	785.907	−366.14	2719.2	2353.1
−18	0.1252	0.0010878	940.182	940.183	−370.10	2720.4	2350.3
−20	0.10355	0.0010874	1128.112	1128.113	−374.03	2721.6	2347.5
−22	0.08535	0.0010871	1357.863	1357.864	−377.93	2722.7	2344.7
−24	0.07012	0.0010868	1639.752	1639.753	−381.80	2723.7	2342.0
−26	0.05741	0.0010864	1986.775	1986.776	−385.64	2724.8	2339.2
−28	0.04684	0.0010861	2415.200	2415.201	−389.45	2725.8	2336.4
−30	0.03810	0.0010858	2945.227	2945.228	−393.23	2726.8	2333.6
−32	0.03090	0.0010854	3601.822	3601.823	−396.98	2727.8	2330.8
−34	0.02499	0.0010851	4416.252	4416.253	−400.71	2728.7	2328.0
−36	0.02016	0.0010848	5430.115	5430.116	−404.40	2729.6	2325.2
−38	0.01618	0.0010844	6707.021	6707.022	−408.06	2730.5	2322.4
−40	0.01286	0.0010841	8366.395	8366.396	−411.70	2731.3	2319.6

온도 (℃)	압력 (kPa)	엔탈피(kJ/kg)			엔트로피(kJ/kg·K)		
		포화 고체 h_ℓ	승화 $h_{\ell g}$	포화 증기 h_g	포화 고체 s_ℓ	승화 $s_{\ell g}$	포화 증기 s_g
0.01	0.6113	−333.40	2834.7	2501.3	−1.2210	10.3772	9.1562
0	0.6108	−333.42	2834.8	2501.3	−1.2211	10.3776	9.1565
−2	0.5177	−337.61	2835.3	2497.6	−1.2369	10.4562	9.2193
−4	0.4376	−341.78	2835.7	2494.0	−1.2526	10.5358	9.2832
−6	0.3689	−345.91	2836.2	2490.3	−1.2683	10.6165	9.3482
−8	0.3102	−350.02	2836.6	2486.6	−1.2839	10.6982	9.4143
−10	0.2601	−354.09	2837.0	2482.9	−1.2995	10.7809	9.4815
−12	0.2176	−358.14	2837.3	2479.2	−1.3150	10.8648	9.5498
−14	0.1815	−362.16	2837.6	2475.5	−1.3306	10.9498	9.6192
−16	0.1510	−366.14	2837.9	2471.8	−1.3461	11.0359	9.6898
−18	0.1252	−370.10	2838.2	2468.1	−1.3617	11.1233	9.7616
−20	0.10355	−374.03	2838.4	2464.3	−1.3772	11.2120	9.8348
−22	0.08535	−377.93	2838.6	2460.6	−1.3928	11.3020	9.9093
−24	0.07012	−381.80	2838.7	2456.9	−1.4083	11.3935	9.9852
−26	0.05741	−385.64	2838.9	2453.2	−1.4239	11.4864	10.0625
−28	0.04684	−389.45	2839.0	2449.5	−1.4394	11.5808	10.1413
−30	0.03810	−393.23	2839.0	2445.8	−1.4550	11.6765	10.2215
−32	0.03090	−396.98	2839.1	2442.1	−1.4705	11.7733	10.3028
−34	0.02499	−400.71	2839.1	2438.4	−1.4860	11.8713	10.3853
−36	0.02016	−404.40	2839.1	2434.7	−1.5014	11.9704	10.4690
−38	0.01618	−408.06	2839.0	2431.0	−1.5168	12.0714	10.5546
−40	0.01286	−411.70	2838.9	2427.2	−1.5321	12.1768	10.6447

[표 B.2] 암모니아의 열역학 상태량
[표 B.2.1] 암모니아의 포화 상태량

온도 (℃)	압력 (kPa)	비체적(m³/kg)			내부 에너지(kJ/kg)		
		포화 액체 v_ℓ	증발 $v_{\ell g}$	포화 증기 v_g	포화 액체 u_ℓ	증발 $u_{\ell g}$	포화 증기 u_g
−50	40.9	0.001424	2.62557	2.62700	−43.82	1309.1	1265.2
−45	54.5	0.001437	2.00489	2.00632	−22.01	1293.5	1271.4
−40	71.7	0.001450	1.55111	1.55256	−0.10	1277.6	1277.4
−35	93.2	0.001463	1.21466	1.21613	21.93	1261.3	1283.3
−30	119.5	0.001476	0.96192	0.96339	44.08	1244.8	1288.9
−25	151.6	0.001490	0.76970	0.77119	66.36	1227.9	1294.3
−20	190.2	0.001504	0.62184	0.62334	88.76	1210.7	1299.5
−15	236.3	0.001519	0.50686	0.50838	111.30	1193.2	1304.5
−10	290.9	0.001534	0.41655	0.41808	133.96	1175.2	1309.2
−5	354.9	0.001550	0.34493	0.34648	156.76	1157.0	1313.7
0	429.6	0.001566	0.28763	0.28920	179.69	1138.3	1318.0
5	515.9	0.001583	0.24140	0.24299	202.77	1119.2	1322.0
10	615.2	0.001600	0.20381	0.20541	225.99	1099.7	1325.7
15	728.6	0.001619	0.17300	0.17462	249.36	1079.7	1329.1
20	857.5	0.001638	0.14758	0.14922	272.89	1059.3	1332.2
25	1003.2	0.001658	0.12647	0.12813	296.59	1038.4	1335.0
30	1167.0	0.001680	0.10881	0.11049	320.46	1016.9	1337.4
35	1350.4	0.001702	0.09397	0.09567	344.50	994.9	1339.4
40	1554.9	0.001725	0.08141	0.08313	368.74	972.2	1341.0
45	1782.0	0.001750	0.07073	0.07248	393.19	948.9	1342.1
50	2033.1	0.001777	0.06159	0.06337	417.87	924.8	1342.7
55	2310.1	0.001804	0.05375	0.05555	442.79	899.9	1342.7
60	2614.4	0.001834	0.04697	0.04880	467.99	874.2	1342.1
65	2947.8	0.001866	0.04109	0.04296	493.51	847.4	1340.9
70	3312.0	0.001900	0.03597	0.03787	519.39	819.5	1338.9
75	3709.0	0.001937	0.03148	0.03341	545.70	790.4	1336.1
80	4140.5	0.001978	0.02753	0.02951	572.50	759.9	1332.4
85	4608.6	0.002022	0.02404	0.02606	599.90	727.8	1327.7
90	5115.3	0.002071	0.02093	0.02300	627.99	693.7	1321.7
95	5662.9	0.002126	0.01815	0.02028	656.95	657.4	1314.4
100	6253.7	0.002188	0.01565	0.01784	686.96	618.4	1305.3
105	6890.4	0.002261	0.01337	0.01564	718.30	575.9	1294.2
110	7575.7	0.002347	0.01128	0.01363	751.37	529.1	1280.5
115	8313.3	0.002452	0.00933	0.01178	786.82	476.2	1263.1
120	9107.2	0.002589	0.00744	0.01003	825.77	414.5	1240.3
125	9963.5	0.002783	0.00554	0.00833	870.69	337.7	1208.4
130	10891.6	0.003122	0.00337	0.00649	929.29	226.9	1156.2
132.3	11333.2	0.004255	0	0.00426	1037.62	0	1037.6

| 온도
(℃) | 압력
(kPa) | 엔탈피(kJ/kg) | | | 엔트로피(kJ/kg·K) | | |
		포화 액체 h_ℓ	증발 $h_{\ell g}$	포화 증기 h_g	포화 액체 s_ℓ	증발 $s_{\ell g}$	포화 증기 s_g
−50	40.9	−43.76	1416.3	1372.6	−0.1916	6.3470	6.1554
−45	54.5	−21.94	1402.8	1380.8	−0.0950	6.1484	6.0534
−40	71.7	0	1388.8	1388.8	0	5.9567	5.9567
−35	93.2	22.06	1374.5	1396.5	0.0935	5.7715	5.8650
−30	119.5	44.26	1359.8	1404.0	0.1856	5.5922	5.7778
−25	151.6	66.58	1344.6	1411.2	0.2763	5.4185	5.6947
−20	190.2	89.05	1329.0	1418.0	0.3657	5.2498	5.6155
−15	236.3	111.66	1312.9	1424.6	0.4538	5.0859	5.5397
−10	290.9	134.41	1296.4	1430.8	0.5408	4.9265	5.4673
−5	354.9	157.31	1279.4	1436.7	0.6266	4.7711	5.3977
0	429.6	180.36	1261.8	1442.2	0.7114	4.6195	5.3309
5	515.9	203.58	1243.7	1447.3	0.7951	4.4715	5.2666
10	615.2	226.97	1225.1	1452.0	0.8779	4.3266	5.2045
15	728.6	250.54	1205.8	1456.3	0.9598	4.1846	5.1444
20	857.5	274.30	1185.9	1460.2	1.0408	4.0452	5.0860
25	1003.2	298.25	1165.2	1463.5	1.1210	3.9083	5.0293
30	1167.0	322.42	1143.9	1466.3	1.2005	3.7734	4.9738
35	1350.4	346.80	1121.8	1468.6	1.2792	3.6403	4.9196
40	1554.9	371.43	1098.8	1470.2	1.3574	3.5088	4.8662
45	1782.0	396.31	1074.9	1471.2	1.4350	3.3786	4.8136
50	2033.1	421.48	1050.0	1471.5	1.5121	3.2493	4.7614
55	2310.1	446.96	1024.1	1471.0	1.5888	3.1208	4.7095
60	2614.4	472.79	997.0	1469.7	1.6652	2.9925	4.6577
65	2947.8	499.01	968.5	1467.5	1.7415	2.8642	4.6057
70	3312.0	525.69	938.7	1464.4	1.8178	2.7354	4.3533
75	3709.0	552.88	907.2	1460.1	1.8943	2.6058	4.5001
80	4140.5	580.69	873.9	1454.6	1.9712	2.4746	4.4458
85	4608.6	609.21	838.6	1447.8	2.0488	2.3413	4.3901
90	5115.3	638.59	800.8	1439.4	2.1273	2.2051	4.3325
95	5662.9	668.99	760.2	1429.2	2.2073	2.0650	4.2723
100	6253.7	700.64	716.2	1416.9	2.2893	1.9195	4.2088
105	6890.4	733.87	668.1	1402.0	2.3740	1.7667	4.1407
110	7575.7	769.15	614.6	1383.7	2.4625	1.6040	4.0665
115	8313.3	807.21	553.8	1361.0	2.5566	1.4267	3.9833
120	9107.2	849.36	482.3	1331.7	2.6593	1.2268	3.8861
125	9963.5	898.42	393.0	1291.4	2.7775	0.9870	3.7645
130	10892	963.29	263.7	1227.0	2.9326	0.6540	3.5866
132.3	11333	1085.85	0	1085.9	3.2316	0	3.2316

[표 B.2.2] 암모니아의 과열 증기 상태량

온도 ($\degree$C)	v [m³/kg]	u [kJ/kg]	h [kJ/kg]	s [kJ/kg·K]	v [m³/kg]	u [kJ/kg]	h [kJ/kg]	s [kJ/kg·K]
	50kPa(−46.53℃)				100kPa(−33.60℃)			
Sat.	2.1752	1269.6	1378.3	6.0839	1.1381	1284.9	1398.7	5.8401
−30	2.3448	1296.2	1413.4	6.2333	1.1573	1291.0	1406.7	5.8734
−20	2.4463	1312.3	1434.6	6.3187	1.2101	1307.8	1428.8	5.9626
−10	2.5471	1328.4	1455.7	6.4006	1.2621	1324.6	1450.8	6.0477
0	2.6474	1344.5	1476.9	6.4795	1.3136	1341.3	1472.6	6.1291
10	2.7472	1360.7	1498.1	6.5556	1.3647	1357.9	1494.4	6.2073
20	2.8466	1377.0	1519.3	6.6293	1.4153	1374.5	1516.1	6.2826
30	2.9458	1393.3	1540.6	6.7008	1.4657	1391.2	1537.7	6.3553
40	3.0447	1409.8	1562.0	6.7703	1.5158	1407.9	1559.5	6.4258
50	3.1435	1426.3	1583.5	6.8379	1.5658	1424.7	1581.2	6.4943
60	3.2421	1443.0	1605.1	6.9038	1.6156	1441.5	1603.1	6.5609
70	3.3406	1459.9	1626.9	6.9682	1.6653	1458.5	1625.1	6.6258
80	3.4390	1476.9	1648.8	7.0312	1.7148	1475.6	1647.1	6.6892
100	3.6355	1511.4	1693.2	7.1533	1.8137	1510.3	1691.7	6.8120
120	3.8318	1546.6	1738.2	7.2708	1.9124	1545.7	1736.9	6.9300
140	4.0280	1582.5	1783.9	7.3842	2.0109	1581.7	1782.8	7.0439
160	4.2240	1619.2	1830.4	7.4941	2.1093	1618.5	1829.4	7.1540
180	4.4199	1656.7	1877.7	7.6008	2.2075	1656.0	1876.8	7.2609
200	4.6157	1694.9	1925.7	7.7045	2.3057	1694.3	1924.9	7.3648
	150kPa(−25.22℃)				200kPa(−18.86℃)			
Sat.	0.7787	1294.1	1410.9	5.6983	0.5946	1300.6	1419.6	5.5979
−20	0.7977	1303.3	1422.9	5.7465	−	−	−	−
−10	0.8336	1320.7	1445.7	5.8349	0.6193	1316.7	1440.6	5.6791
0	0.8689	1337.9	1468.3	5.9189	0.6465	1334.5	1463.8	5.7659
10	0.9037	1355.0	1490.6	5.9992	0.6732	1352.1	1486.8	5.8484
20	0.9382	1372.0	1512.8	6.0761	0.6995	1369.5	1509.4	5.9270
30	0.9723	1389.0	1534.9	6.1502	0.7255	1386.8	1531.9	6.0025
40	1.0062	1406.0	1556.9	6.2217	0.7513	1404.0	1554.3	6.0751
50	1.0398	1423.0	1578.9	6.2910	0.7769	1421.3	1576.6	6.1453
60	1.0734	1440.0	1601.0	6.3583	0.8023	1438.5	1598.9	6.2133
70	1.1068	1457.2	1623.2	6.4238	0.8275	1455.8	1621.3	6.2794
80	1.1401	1474.4	1645.4	6.4877	0.8527	1473.1	1643.7	6.3437
100	1.2065	1509.3	1690.2	6.6112	0.9028	1508.2	1688.8	6.4679
120	1.2726	1544.8	1735.6	6.7297	0.9527	1543.8	1734.4	6.5869
140	1.3386	1580.9	1781.7	6.8439	1.0024	1580.1	1780.6	6.7015
160	1.4044	1617.8	1828.4	6.9544	1.0519	1617.0	1827.4	6.8123
180	1.4701	1655.4	1875.9	7.0615	1.1014	1654.7	1875.0	6.9196
200	1.5357	1693.7	1924.1	7.1656	1.1507	1693.2	1923.3	7.0239
220	1.6013	1732.9	1973.1	7.2670	1.2000	1732.4	1972.4	7.1255

온도 (℃)	v [m³/kg]	u [kJ/kg]	h [kJ/kg]	s [kJ/kg·K]	v [m³/kg]	u [kJ/kg]	h [kJ/kg]	s [kJ/kg·K]
	300kPa(−9.24℃)				400kPa(−1.89℃)			
Sat.	0.40607	1309.9	1431.7	5.4565	0.30942	1316.4	1440.2	5.3559
0	0.42382	1327.5	1454.7	5.5420	0.31227	1320.2	1445.1	5.3741
10	0.44251	1346.1	1478.9	5.6290	0.32701	1339.9	1470.7	5.4663
20	0.46077	1364.4	1502.6	5.7113	0.34129	1359.1	1495.6	5.5525
30	0.47870	1382.3	1526.0	5.7896	0.35520	1377.7	1519.8	5.6338
40	0.49636	1400.1	1549.0	5.8645	0.36884	1396.1	1543.6	5.7111
50	0.51382	1417.8	1571.9	5.9365	0.38226	1414.2	1567.1	5.7850
60	0.53111	1435.4	1594.7	6.0060	0.39550	1432.2	1590.4	5.8560
70	0.54827	1453.0	1617.5	6.0732	0.40860	1450.1	1613.6	5.9244
80	0.56532	1470.6	1640.2	6.1385	0.42160	1468.0	1636.7	5.9907
100	0.59916	1506.1	1685.8	6.2642	0.44732	1503.9	1682.8	6.1179
120	0.63276	1542.0	1731.8	6.3842	0.47279	1540.1	1729.2	6.2390
140	0.66618	1578.5	1778.3	6.4996	0.49808	1576.8	1776.0	6.3552
160	0.69946	1615.6	1825.4	6.6109	0.52323	1614.1	1823.4	6.4671
180	0.73263	1653.4	1873.2	6.7188	0.54827	1652.1	1871.4	6.5755
200	0.76572	1692.0	1921.7	6.8235	0.57321	1690.8	1920.1	6.6806
220	0.79872	1731.3	1970.9	6.9254	0.59809	1730.3	1969.5	6.7828
240	0.83167	1771.4	2020.9	7.0247	0.62289	1770.5	2019.6	6.8825
260	0.86455	1812.2	2071.6	7.1217	0.64764	1811.4	2070.5	6.9797
	500kPa(4.13℃)				600kPa(9.28℃)			
Sat.	0.25035	1321.3	1446.5	5.2776	0.21038	1325.2	1451.4	5.2133
10	0.25757	1333.5	1462.3	5.3340	0.21115	1326.7	1453.4	5.2205
20	0.26949	1353.6	1488.3	5.4244	0.22154	1347.9	1480.8	5.3156
30	0.28103	1373.0	1513.5	5.5090	0.23152	1368.2	1507.1	5.4037
40	0.29227	1392.0	1538.1	5.5889	0.24118	1387.8	1532.5	5.4862
50	0.30328	1410.6	1562.2	5.6647	0.25059	1406.9	1557.3	5.5641
60	0.31410	1429.0	1586.1	5.7373	0.25981	1425.7	1581.6	5.6383
70	0.32478	1447.3	1609.6	5.8070	0.26888	1444.3	1605.7	5.7094
80	0.33535	1465.4	1633.1	5.8744	0.27783	1462.8	1629.5	5.7778
100	0.35621	1501.7	1679.8	6.0031	0.29545	1499.5	1676.8	5.9081
120	0.37681	1538.2	1726.6	6.1253	0.31281	1536.3	1724.0	6.0314
140	0.39722	1575.2	1773.8	6.2422	0.32997	1573.5	1771.5	6.1491
160	0.41748	1612.7	1821.4	6.3548	0.34699	1611.2	1819.4	6.2623
180	0.43764	1650.8	1869.6	6.4636	0.36389	1649.5	1867.8	6.3717
200	0.45771	1689.6	1918.5	6.5691	0.38071	1688.5	1916.9	6.4776
220	0.47770	1729.2	1968.1	6.6717	0.39745	1728.2	1966.6	6.5806
240	0.49763	1769.5	2018.3	6.7717	0.41412	1768.6	2017.0	6.6808
260	0.51749	1810.6	2069.3	6.8692	0.43073	1809.8	2068.2	6.7786

[표 B.2.2] 암모니아의 과열 증기 상태량(계속)

온도 (℃)	v [m³/kg]	u [kJ/kg]	h [kJ/kg]	s [kJ/kg·K]	v [m³/kg]	u [kJ/kg]	h [kJ/kg]	s [kJ/kg·K]
	800kPa(17.85℃)				1000kPa(24.90℃)			
Sat.	0.15958	1330.9	1458.6	5.1110	0.12852	1334.9	1463.4	5.0304
20	0.16138	1335.8	1464.9	5.1328	–	–	–	–
30	0.16947	1358.0	1493.5	5.2287	0.13206	1347.1	1479.1	5.0826
40	0.17720	1379.0	1520.8	5.3171	0.13868	1369.8	1508.5	5.1778
50	0.18465	1399.3	1547.0	5.3996	0.14499	1391.3	1536.3	5.2654
60	0.19189	1419.0	1572.5	5.4774	0.15106	1412.1	1563.1	5.3471
70	0.19896	1438.3	1597.5	5.5513	0.15695	1432.2	1589.1	5.4240
80	0.20590	1457.4	1622.1	5.6219	0.16270	1451.9	1614.6	5.4971
100	0.21949	1495.0	1670.6	5.7555	0.17389	1490.5	1664.3	5.6342
120	0.23280	1532.5	1718.7	5.8811	0.18477	1528.6	1713.4	5.7622
140	0.24590	1570.1	1766.9	6.0006	0.19545	1566.8	1762.2	5.8834
160	0.25886	1608.2	1815.3	6.1150	0.20597	1605.2	1811.2	5.9992
180	0.27170	1646.8	1864.2	6.2254	0.21638	1644.2	1860.5	6.1105
200	0.28445	1686.1	1913.6	6.3322	0.22669	1683.7	1910.4	6.2182
220	0.29712	1726.0	1963.7	6.4358	0.23693	1723.9	1960.8	6.3226
240	0.30973	1766.7	2014.5	6.5367	0.24710	1764.8	2011.9	6.4241
260	0.32228	1808.1	2065.9	6.6350	0.25720	1806.4	2063.6	6.5229
280	0.33477	1850.2	2118.0	6.7310	0.26726	1848.8	2116.0	6.6194
300	0.34722	1893.1	2170.9	6.8248	0.27726	1891.8	2169.1	6.7137
	1200kPa(30.94℃)				1400kPa(36.26℃)			
Sat.	0.10751	1337.8	1466.8	4.9635	0.09231	1339.8	1469.0	4.9060
40	0.11287	1360.0	1495.4	5.0564	0.09432	1349.5	1481.6	4.9463
50	0.11846	1383.0	1525.1	5.1497	0.09942	1374.2	1513.4	5.0462
60	0.12378	1404.8	1553.3	5.2357	0.10423	1397.2	1543.1	5.1370
70	0.12890	1425.8	1580.5	5.3159	0.10882	1419.2	1571.5	5.2209
80	0.13387	1446.2	1606.8	5.3916	0.11324	1440.3	1598.8	5.2994
100	0.14347	1485.8	1658.0	5.5325	0.12172	1481.0	1651.4	5.4443
120	0.15275	1524.7	1708.0	5.6631	0.12986	1520.7	1702.5	5.5775
140	0.16181	1563.3	1757.5	5.7860	0.13777	1559.9	1752.8	5.7023
160	0.17071	1602.2	1807.1	5.9031	0.14552	1599.2	1802.9	5.8208
180	0.17950	1641.5	1856.9	6.0156	0.15315	1638.8	1853.2	5.9343
200	0.18819	1681.3	1907.1	6.1241	0.16068	1678.9	1903.8	6.0437
220	0.19680	1721.8	1957.9	6.2292	0.16813	1719.6	1955.0	6.1495
240	0.20534	1762.9	2009.3	6.3313	0.17551	1761.0	2006.7	6.2523
260	0.21382	1804.7	2061.3	6.4308	0.18283	1803.0	2059.0	6.3523
280	0.22225	1847.3	2114.0	6.5278	0.19010	1845.8	2111.9	6.4498
300	0.23063	1890.6	2167.3	6.6225	0.19732	1889.3	2165.5	6.5450
320	0.23897	1934.6	2221.3	6.7151	0.20450	1933.5	2219.8	6.6380

[표 B.2.2] 암모니아의 과열 증기 상태량(계속)

온도 (℃)	v [m³/kg]	u [kJ/kg]	h [kJ/kg]	s [kJ/kg·K]	v [m³/kg]	u [kJ/kg]	h [kJ/kg]	s [kJ/kg·K]
	1600kPa(41.03℃)				2000kPa(49.37℃)			
Sat.	0.08079	1341.2	1470.5	4.8553	0.06444	1342.6	1471.5	4.7680
50	0.08506	1364.9	1501.0	4.9510	0.06471	1344.5	1473.9	4.7754
60	0.08951	1389.3	1532.5	5.0472	0.06875	1372.3	1509.8	4.8848
70	0.09372	1412.3	1562.3	5.1351	0.07246	1397.8	1542.7	4.9821
80	0.09774	1434.3	1590.6	5.2167	0.07595	1421.6	1573.5	5.0707
100	0.10539	1476.2	1644.8	5.3659	0.08248	1466.1	1631.1	5.2294
120	0.11268	1516.6	1696.9	5.5018	0.08861	1508.3	1685.5	5.3714
140	0.11974	1556.4	1748.0	5.6286	0.09447	1549.3	1738.2	5.5022
160	0.12662	1596.1	1798.7	5.7485	0.10016	1589.9	1790.2	5.6251
180	0.13339	1636.1	1849.5	5.8631	0.10571	1630.6	1842.0	5.7420
200	0.14005	1676.5	1900.5	5.9734	0.11116	1671.6	1893.9	5.8540
220	0.14663	1717.4	1952.0	6.0800	0.11652	1713.1	1946.1	5.9621
240	0.15314	1759.0	2004.1	6.1834	0.12182	1755.2	1998.8	6.0668
260	0.15959	1801.3	2056.7	6.2839	0.12705	1797.9	2052.0	6.1685
280	0.16599	1844.3	2109.9	6.3819	0.13224	1841.3	2105.8	6.2675
300	0.17234	1888.0	2163.7	6.4775	0.13737	1885.4	2160.1	6.3641
320	0.17865	1932.4	2218.2	6.5710	0.14246	1930.2	2215.1	6.4583
340	0.18492	1977.5	2273.4	6.6624	0.14751	1975.6	2270.7	6.5505
360	0.19115	2023.3	2329.1	6.7519	0.15253	2021.8	2326.8	6.6406
	5000kPa(88.90℃)				10000kPa(125.20℃)			
Sat.	0.02365	1323.2	1441.4	4.3454	0.00826	1206.8	1289.4	3.7587
100	0.02636	1369.7	1501.5	4.5091	–	–	–	–
120	0.03024	1435.1	1586.3	4.7306	–	–	–	–
140	0.03350	1489.8	1657.3	4.9068	0.01195	1341.8	1461.3	4.1839
160	0.03643	1539.5	1721.7	5.0591	0.01461	1432.2	1578.3	4.4610
180	0.03916	1586.9	1782.7	5.1968	0.01666	1500.6	1667.2	4.6617
200	0.04174	1633.1	1841.8	5.3245	0.01842	1560.3	1744.5	4.8287
220	0.04422	1678.9	1900.0	5.4450	0.02001	1615.8	1816.0	4.9767
240	0.04662	1724.8	1957.9	5.5600	0.02150	1669.2	1884.2	5.1123
260	0.04895	1770.9	2015.6	5.6704	0.02290	1721.6	1950.6	5.2392
280	0.05123	1817.4	2073.6	5.7771	0.02424	1773.6	2015.9	5.3596
300	0.05346	1864.5	2131.8	5.8805	0.02552	1825.5	2080.7	5.4746
320	0.05565	1912.1	2190.3	5.9809	0.02676	1877.6	2145.2	5.5852
340	0.05779	1960.3	2249.2	6.0786	0.02796	1930.0	2209.6	5.6921
360	0.05990	2009.1	2308.6	6.1738	0.02913	1982.8	2274.1	5.7955
380	0.06198	2058.5	2368.4	6.2668	0.03026	2036.1	2338.7	5.8960
400	0.06403	2108.4	2428.6	6.3576	0.03137	2089.8	2403.5	5.9937
420	0.06606	2159.0	2489.3	6.4464	0.03245	2143.9	2468.5	6.0888
440	0.06806	2210.1	2550.4	6.5334	0.03351	2198.5	2533.7	6.1815

[표 B.3] 이산화탄소의 열역학 상태량
[표 B.3.1] 이산화탄소의 포화 상태량

온도 (℃)	압력 (kPa)	비체적(m³/kg)			내부 에너지(kJ/kg)		
		포화 액체 v_ℓ	증발 $v_{\ell g}$	포화 증기 v_g	포화 액체 u_ℓ	증발 $u_{\ell g}$	포화 증기 u_g
−50.0	682.3	0.000866	0.05492	0.05579	−20.55	302.26	281.71
−48	739.5	0.000872	0.05075	0.05162	−16.64	298.86	282.21
−46	800.2	0.000878	0.04694	0.04782	−12.72	295.42	282.69
−44	864.4	0.000883	0.04347	0.04435	−8.80	291.94	283.15
−42	932.5	0.000889	0.04029	0.04118	−4.85	288.42	283.57
−40	1004.5	0.000896	0.03739	0.03828	−0.90	284.86	283.96
−38	1080.5	0.000902	0.03472	0.03562	3.07	281.26	284.33
−36	1160.7	0.000909	0.03227	0.03318	7.05	277.60	284.66
−34	1245.2	0.000915	0.03002	0.03093	11.05	273.90	284.95
−32	1334.2	0.000922	0.02794	0.02886	15.07	270.14	285.21
−30	1427.8	0.000930	0.02603	0.02696	19.11	266.32	285.43
−28	1526.1	0.000937	0.02425	0.02519	23.17	262.45	285.61
−26	1629.3	0.000945	0.02261	0.02356	27.25	258.51	285.75
−24	1737.5	0.000953	0.02110	0.02205	31.35	254.50	285.85
−22	1850.9	0.000961	0.01968	0.02065	35.48	250.41	285.89
−20	1969.6	0.000969	0.01837	0.01934	39.64	246.25	285.89
−18	2093.8	0.000978	0.01715	0.01813	43.82	242.01	285.84
−16	2223.7	0.000987	0.01601	0.01700	48.04	237.68	285.73
−14	2359.3	0.000997	0.01495	0.01595	52.30	233.26	285.56
−12	2501.0	0.001007	0.01396	0.01497	56.59	228.73	285.32
−10	2648.7	0.001017	0.01303	0.01405	60.92	224.10	285.02
−8	2802.7	0.001028	0.01216	0.01319	65.30	219.35	284.65
−6	2963.2	0.001040	0.01134	0.01238	69.73	214.47	284.20
−4	3130.3	0.001052	0.01057	0.01162	74.20	209.46	283.66
−2	3304.2	0.001065	0.00985	0.01091	78.74	204.29	283.03
0	3485.1	0.001078	0.00916	0.01024	83.34	198.96	282.30
2	3673.3	0.001093	0.00852	0.00961	88.01	193.44	281.46
4	3868.8	0.001108	0.00790	0.00901	92.76	187.73	280.49
6	4072.0	0.001124	0.00732	0.00845	97.60	181.78	279.38
8	4283.1	0.001142	0.00677	0.00791	102.54	175.57	278.11
10	4502.2	0.001161	0.00624	0.00740	107.60	169.07	276.67
12	4729.7	0.001182	0.00573	0.00691	112.79	162.23	275.02
14	4965.8	0.001205	0.00524	0.00645	118.14	154.99	273.13
16	5210.8	0.001231	0.00477	0.00600	123.69	147.26	270.95
18	5465.1	0.001260	0.00431	0.00557	129.48	138.95	268.43
20	5729.1	0.001293	0.00386	0.00515	135.56	129.90	265.46
22	6003.1	0.001332	0.00341	0.00474	142.03	119.89	261.92
24	6287.7	0.001379	0.00295	0.00433	149.04	108.55	257.59
26	6583.7	0.001440	0.00247	0.00391	156.88	95.20	252.07
28	6891.8	0.001526	0.00193	0.00346	166.20	78.26	244.46
30	7213.7	0.001685	0.00121	0.00290	179.49	51.83	231.32
31.0	7377.3	0.002139	0.0	0.00214	203.56	0.0	203.56

온도 (℃)	압력 (kPa)	엔탈피(kJ/kg)			엔트로피(kJ/kg·K)		
		포화 액체 h_ℓ	증발 $h_{\ell g}$	포화 증기 h_g	포화 액체 s_ℓ	증발 $s_{\ell g}$	포화 증기 s_g
−50.0	682.3	−19.96	339.73	319.77	−0.0863	1.5224	1.4362
−48	739.5	−16.00	336.38	320.38	−0.0688	1.4940	1.4252
−46	800.2	−12.02	332.98	320.96	−0.0515	1.4659	1.4144
−44	864.4	−8.03	329.52	321.49	−0.0342	1.4380	1.4038
−42	932.5	−4.02	326.00	321.97	−0.0171	1.4103	1.3933
−40	1004.5	0	322.42	322.42	0	1.3829	1.3829
−38	1080.5	4.04	318.78	322.82	0.0170	1.3556	1.3726
−36	1160.7	8.11	315.06	323.17	0.0339	1.3285	1.3624
−34	1245.2	12.19	311.28	323.47	0.0507	1.3016	1.3523
−32	1334.2	16.30	307.42	323.72	0.0675	1.2748	1.3423
−30	1427.8	20.43	303.48	323.92	0.0842	1.2481	1.3323
−28	1526.1	24.60	299.46	324.06	0.1009	1.2215	1.3224
−26	1629.3	28.78	295.35	324.14	0.1175	1.1950	1.3125
−24	1737.5	33.00	291.15	324.15	0.1341	1.1686	1.3026
−22	1850.9	37.26	286.85	324.11	0.1506	1.1421	1.2928
−20	1969.6	41.55	282.44	323.99	0.1672	1.1157	1.2829
−18	2093.8	45.87	277.93	323.80	0.1837	1.0893	1.2730
−16	2223.7	50.24	273.30	323.53	0.2003	1.0628	1.2631
−14	2359.3	54.65	268.54	323.19	0.2169	1.0362	1.2531
−12	2501.0	59.11	263.65	322.76	0.2334	1.0096	1.2430
−10	2648.7	63.62	258.61	322.23	0.2501	0.9828	1.2328
−8	2802.7	68.18	253.43	321.61	0.2668	0.9558	1.2226
−6	2963.2	72.81	248.08	320.89	0.2835	0.9286	1.2121
−4	3130.3	77.50	242.55	320.05	0.3003	0.9012	1.2015
−2	3304.2	82.26	236.83	319.09	0.3173	0.8734	1.1907
0	3485.1	87.10	230.89	317.99	0.3344	0.8453	1.1797
2	3673.3	92.02	224.73	316.75	0.3516	0.8167	1.1683
4	3868.8	97.05	218.30	315.35	0.3690	0.7877	1.1567
6	4072.0	102.18	211.59	313.77	0.3866	0.7580	1.1446
8	4283.1	107.43	204.56	311.99	0.4045	0.7276	1.1321
10	4502.2	112.83	197.15	309.98	0.4228	0.6963	1.1190
12	4729.7	118.38	189.33	307.72	0.4414	0.6640	1.1053
14	4965.8	124.13	181.02	305.15	0.4605	0.6304	1.0909
16	5210.8	130.11	172.12	302.22	0.4802	0.5952	1.0754
18	5465.1	136.36	162.50	298.86	0.5006	0.5581	1.0588
20	5729.1	142.97	152.00	294.96	0.5221	0.5185	1.0406
22	6003.1	150.02	140.34	290.36	0.5449	0.4755	1.0203
24	6287.7	157.71	127.09	284.80	0.5695	0.4277	0.9972
26	6583.7	166.36	111.45	277.80	0.5971	0.3726	0.9697
28	6891.8	176.72	91.58	268.30	0.6301	0.3041	0.9342
30	7213.7	191.65	60.58	252.23	0.6778	0.1998	0.8776
31.0	7377.3	219.34	0.0	219.34	0.7680	0.0	0.7680

[표 B.3.2] 이산화탄소의 과열 증기 상태량

온도 (℃)	v [m³/kg]	u [kJ/kg]	h [kJ/kg]	s [kJ/kg·K]	v [m³/kg]	u [kJ/kg]	h [kJ/kg]	s [J/kg·K]
	400kPa(NA)				800kPa(−46.00℃)			
Sat.	−	−	−	−	0.04783	282.69	320.95	1.4145
−40	0.10499	292.46	334.46	1.5947	0.04966	287.05	326.78	1.4398
−20	0.11538	305.30	351.46	1.6646	0.05546	301.13	345.49	1.5168
0	0.12552	318.31	368.51	1.7295	0.06094	314.92	363.67	1.5859
20	0.13551	331.57	385.77	1.7904	0.06623	328.73	381.72	1.6497
40	0.14538	345.14	403.29	1.8482	0.07140	342.70	399.82	1.7094
60	0.15518	359.93	421.10	1.9033	0.07648	356.90	418.09	1.7660
80	0.16491	373.25	439.21	1.9561	0.08150	371.37	436.57	1.8199
100	0.17460	387.80	457.64	2.0069	0.08647	386.11	455.29	1.8714
120	0.18425	402.67	476.37	2.0558	0.09141	401.15	474.27	1.9210
140	0.19388	417.86	495.41	2.1030	0.09631	416.47	493.52	1.9687
160	0.20348	433.35	514.74	2.1487	0.10119	432.07	513.03	2.0148
180	0.21307	449.13	534.36	2.1930	0.10606	447.95	532.80	2.0594
200	0.22264	465.20	554.26	2.2359	0.11090	464.11	552.83	2.1027
220	0.23219	481.55	574.42	2.2777	0.11573	480.52	573.11	2.1447
240	0.24173	498.16	594.85	2.3183	0.12056	497.20	593.64	2.1855
260	0.25127	515.02	615.53	2.3578	0.12537	514.12	614.41	2.2252
	1000kPa(−40.12℃)				1400kPa(−30.58℃)			
Sat.	0.03845	283.94	322.39	1.3835	0.02750	285.37	323.87	1.3352
−20	0.04342	298.89	342.31	1.4655	0.02957	294.04	335.44	1.3819
0	0.04799	313.15	361.14	1.5371	0.03315	309.42	355.83	1.4595
20	0.05236	327.27	379.63	1.6025	0.03648	324.23	375.30	1.5283
40	0.05660	341.46	398.05	1.6633	0.03966	338.90	394.42	1.5914
60	0.06074	355.82	416.56	1.7206	0.04274	353.62	413.45	1.6503
80	0.06482	370.42	435.23	1.7750	0.04575	368.48	432.52	1.7059
100	0.06885	385.26	454.11	1.8270	0.04870	383.54	451.72	1.7588
120	0.07284	400.38	473.22	1.8768	0.05161	398.83	471.09	1.8093
140	0.07680	415.77	492.57	1.9249	0.05450	414.36	490.66	1.8579
160	0.08074	431.43	512.17	1.9712	0.05736	430.14	510.44	1.9046
180	0.08465	447.36	532.02	2.0160	0.06020	446.17	530.45	1.9498
200	0.08856	463.56	552.11	2.0594	0.06302	462.45	550.68	1.9935
220	0.09244	480.01	572.46	2.1015	0.06583	478.98	571.14	2.0358
240	0.09632	496.72	593.04	2.1424	0.06863	495.76	591.83	2.0770
260	0.10019	513.67	613.86	2.1822	0.07141	512.77	612.74	2.1169
280	0.10405	530.86	634.90	2.2209	0.07419	530.01	633.88	2.1558

온도 (℃)	v [m³/kg]	u [kJ/kg]	h [kJ/kg]	s [kJ/kg·K]	v [m³/kg]	u [kJ/kg]	h [kJ/kg]	s [kJ/kg·K]
	2000kPa(−19.50℃)				3000kPa(−5.55℃)			
Sat.	0.01903	285.88	323.95	1.2804	0.01221	284.09	320.71	1.2098
0	0.02193	303.24	347.09	1.3684	0.01293	290.52	329.32	1.2416
20	0.02453	319.37	368.42	1.4438	0.01512	310.21	355.56	1.3344
40	0.02693	334.88	388.75	1.5109	0.01698	327.61	378.55	1.4104
60	0.02922	350.19	408.64	1.5725	0.01868	344.14	400.19	1.4773
80	0.03143	365.49	428.36	1.6300	0.02029	360.30	421.16	1.5385
100	0.03359	380.90	448.07	1.6843	0.02182	376.35	441.82	1.5954
120	0.03570	396.46	467.85	1.7359	0.02331	392.42	462.35	1.6490
140	0.03777	412.22	487.76	1.7853	0.02477	408.57	482.87	1.6999
160	0.03982	428.18	507.83	1.8327	0.02619	424.87	503.44	1.7485
180	0.04186	444.37	528.08	1.8784	0.02759	441.34	524.12	1.7952
200	0.04387	460.79	548.53	1.9226	0.02898	457.99	544.92	1.8401
220	0.04587	477.43	569.17	1.9653	0.03035	474.83	565.88	1.8835
240	0.04786	494.31	590.02	2.0068	0.03171	491.88	587.01	1.9255
260	0.04983	511.41	611.08	2.0470	0.03306	509.13	608.30	1.9662
280	0.05180	528.73	632.34	2.0862	0.03440	526.59	629.78	2.0057
300	0.05377	546.26	653.80	2.1243	0.03573	544.25	651.43	2.0442
	6000kPa(21.98℃)				10000kPa			
Sat.	0.00474	261.97	290.42	1.0206	−	−	−	−
20	−	−	−	−	0.00117	118.12	129.80	0.4594
40	0.00670	298.62	338.82	1.1806	0.00159	184.23	200.14	0.6906
60	0.00801	322.51	370.54	1.2789	0.00345	277.63	312.11	1.0389
80	0.00908	342.74	397.21	1.3567	0.00451	312.82	357.95	1.1728
100	0.01004	361.47	421.69	1.4241	0.00530	338.20	391.24	1.2646
120	0.01092	379.47	445.02	1.4850	0.00598	360.19	419.96	1.3396
140	0.01176	397.10	467.68	1.5413	0.00658	380.54	446.38	1.4051
160	0.01257	414.56	489.97	1.5939	0.00715	399.99	471.46	1.4644
180	0.01335	431.97	512.06	1.6438	0.00768	418.94	495.73	1.5192
200	0.01411	449.40	534.04	1.6913	0.00819	437.61	519.49	1.5705
220	0.01485	466.91	556.01	1.7367	0.00868	456.12	542.91	1.6190
240	0.01558	484.52	578.00	1.7804	0.00916	474.58	566.14	1.6652
260	0.01630	502.27	600.05	1.8226	0.00962	493.03	589.26	1.7094
280	0.01701	520.15	622.19	1.8634	0.01008	511.53	612.32	1.7518
300	0.01771	538.18	644.44	1.9029	0.01053	530.11	635.37	1.7928
320	0.01840	556.37	666.80	1.9412	0.01097	548.77	658.46	1.8324

[표 B.4] R-410A의 열역학 상태량
[표 B.4.1] R-410A의 포화 상태량

온도 (℃)	압력 (kPa)	비체적(m³/kg)			내부 에너지(kJ/kg)		
		포화 액체 v_ℓ	증발 $v_{\ell g}$	포화 증기 v_g	포화 액체 u_ℓ	증발 $u_{\ell g}$	포화 증기 u_g
−60	64.1	0.000727	0.36772	0.36845	−27.50	256.41	228.91
−55	84.0	0.000735	0.28484	0.28558	−20.70	251.89	231.19
−51.4	101.3	0.000741	0.23875	0.23949	−15.78	248.59	232.81
−50	108.7	0.000743	0.22344	0.22418	−13.88	247.31	233.43
−45	138.8	0.000752	0.17729	0.17804	−7.02	242.67	235.64
−40	175.0	0.000762	0.14215	0.14291	−0.13	237.95	237.81
−35	218.4	0.000771	0.11505	0.11582	6.80	233.14	239.94
−30	269.6	0.000781	0.09392	0.09470	13.78	228.23	242.01
−25	329.7	0.000792	0.07726	0.07805	20.82	223.21	244.03
−20	399.6	0.000803	0.06400	0.06480	27.92	218.07	245.99
−15	480.4	0.000815	0.05334	0.05416	35.08	212.79	247.88
−10	573.1	0.000827	0.04470	0.04553	42.32	207.36	249.69
−5	678.9	0.000841	0.03764	0.03848	49.65	201.75	251.41
0	798.7	0.000855	0.03182	0.03267	57.07	195.95	253.02
5	933.9	0.000870	0.02699	0.02786	64.60	189.93	254.53
10	1085.7	0.000886	0.02295	0.02383	72.24	183.66	255.90
15	1255.4	0.000904	0.01955	0.02045	80.02	177.10	257.12
20	1444.2	0.000923	0.01666	0.01758	87.94	170.21	258.16
25	1653.6	0.000944	0.01420	0.01514	96.03	162.95	258.98
30	1885.1	0.000968	0.01208	0.01305	104.32	155.24	259.56
35	2140.2	0.000995	0.01025	0.01124	112.83	147.00	259.83
40	2420.7	0.001025	0.00865	0.00967	121.61	138.11	259.72
45	2728.3	0.001060	0.00723	0.00829	130.72	128.41	259.13
50	3065.2	0.001103	0.00597	0.00707	140.27	117.63	257.90
55	3433.7	0.001156	0.00482	0.00598	150.44	105.34	255.78
60	3836.9	0.001227	0.00374	0.00497	161.57	90.70	252.27
65	4278.3	0.001338	0.00265	0.00399	174.59	71.59	246.19
70	4763.1	0.001619	0.00124	0.00286	194.53	37.47	232.01
71.3	4901.2	0.00218	0	0.00218	215.78	0	215.78

[표 B.4.1] R-410A의 포화 상태량(계속)

온도 (℃)	압력 (kPa)	엔탈피(kJ/kg)			엔트로피(kJ/kg·K)		
		포화 액체 h_ℓ	증발 $h_{\ell g}$	포화 증기 h_g	포화 액체 s_ℓ	증발 $s_{\ell g}$	포화 증기 s_g
−60	64.1	−27.45	279.96	252.51	−0.1227	1.3135	1.1907
−55	84.0	−20.64	275.83	255.19	−0.0912	1.2644	1.1732
−51.4	101.3	−15.70	272.78	257.08	−0.0688	1.2301	1.1613
−50	108.7	−13.80	271.60	257.80	−0.0603	1.2171	1.1568
−45	138.8	−6.92	267.27	260.35	−0.0299	1.1715	1.1416
−40	175.0	0	262.83	262.83	0	1.1273	1.1273
−35	218.4	6.97	258.26	265.23	0.0294	1.0844	1.1139
−30	269.6	13.99	253.55	267.54	0.0585	1.0428	1.1012
−25	329.7	21.08	248.69	269.77	0.0871	1.0022	1.0893
−20	399.6	28.24	243.65	271.89	0.1154	0.9625	1.0779
−15	480.4	35.47	238.42	273.90	0.1435	0.9236	1.0671
−10	573.1	42.80	232.98	275.78	0.1713	0.8854	1.0567
−5	678.9	50.22	227.31	277.53	0.1989	0.8477	1.0466
0	798.7	57.76	221.37	279.12	0.2264	0.8104	1.0368
5	933.9	65.41	215.13	280.55	0.2537	0.7734	1.0272
10	1085.7	73.21	208.57	281.78	0.2810	0.7366	1.0176
15	1255.4	81.15	201.64	282.79	0.3083	0.6998	1.0081
20	1444.2	89.27	194.28	283.55	0.3357	0.6627	0.9984
25	1653.6	97.59	186.43	284.02	0.3631	0.6253	0.9884
30	1885.1	106.14	178.02	284.16	0.3908	0.5872	0.9781
35	2140.2	114.95	168.94	283.89	0.4189	0.5482	0.9671
40	2420.7	124.09	159.04	283.13	0.4473	0.5079	0.9552
45	2728.3	133.61	148.14	281.76	0.4765	0.4656	0.9421
50	3065.2	143.65	135.93	279.58	0.5067	0.4206	0.9273
55	3433.7	154.41	121.89	276.30	0.5384	0.3715	0.9099
60	3836.9	166.28	105.04	271.33	0.5729	0.3153	0.8882
65	4278.3	180.32	82.95	263.26	0.6130	0.2453	0.8583
70	4763.1	202.24	43.40	245.64	0.6752	0.1265	0.8017
71.3	4901.2	226.46	0	226.46	0.7449	0	0.7449

[표 B.4.2] R-410A의 과열 증기 상태량

온도 (℃)	v [m³/kg]	u [kJ/kg]	h [kJ/kg]	s [kJ/kg·K]	v [m³/kg]	u [kJ/kg]	h [kJ/kg]	s [kJ/kg·K]
	50kPa(−64.34℃)				100kPa(−51.65℃)			
Sat.	0.46484	226.90	250.15	1.2070	0.24247	232.70	256.94	1.1621
−60	0.47585	229.60	253.40	1.2225	−	−	−	−
−40	0.52508	241.94	268.20	1.2888	0.25778	240.40	266.18	1.2027
−20	0.57295	254.51	283.16	1.3504	0.28289	253.44	281.73	1.2667
0	0.62016	267.52	298.53	1.4088	0.30723	266.72	297.44	1.3265
20	0.66698	281.05	314.40	1.4649	0.33116	280.42	313.54	1.3833
40	0.71355	295.15	330.83	1.5191	0.35483	294.64	330.12	1.4380
60	0.75995	309.84	347.83	1.5717	0.37833	309.40	347.24	1.4910
80	0.80623	325.11	365.43	1.6230	0.40171	324.75	364.92	1.5425
100	0.85243	340.99	383.61	1.6731	0.42500	340.67	383.17	1.5928
120	0.89857	357.46	402.38	1.7221	0.44822	357.17	401.99	1.6419
140	0.94465	374.50	421.74	1.7701	0.47140	374.25	421.39	1.6901
160	0.99070	392.12	441.65	1.8171	0.49453	391.89	441.34	1.7372
180	1.03671	410.28	462.12	1.8633	0.51764	410.07	461.84	1.7835
200	1.08270	428.98	483.11	1.9087	0.54072	428.79	482.86	1.8289
220	1.12867	448.19	504.63	1.9532	0.56378	448.02	504.40	1.8734
240	1.17462	467.90	526.63	1.9969	0.58682	467.74	526.42	1.9172
	150kPa(−43.35℃)				200kPa(−37.01℃)			
Sat.	0.16540	236.36	261.17	1.1368	0.12591	239.09	264.27	1.1192
−40	0.16851	238.72	263.99	1.1489	−	−	−	−
−20	0.18613	252.34	280.26	1.2159	0.13771	251.18	278.72	1.1783
0	0.20289	265.90	296.33	1.2770	0.15070	265.06	295.20	1.2410
20	0.21921	279.78	312.66	1.3347	0.16322	279.13	311.78	1.2995
40	0.23525	294.12	329.40	1.3899	0.17545	293.59	328.68	1.3553
60	0.25112	308.97	346.64	1.4433	0.18750	308.53	346.03	1.4090
80	0.26686	324.37	364.40	1.4950	0.19943	324.00	363.89	1.4610
100	0.28251	340.35	382.72	1.5455	0.21127	340.02	382.28	1.5117
120	0.29810	356.89	401.60	1.5948	0.22305	356.60	401.21	1.5611
140	0.31364	374.00	421.04	1.6430	0.23477	373.74	420.70	1.6094
160	0.32915	391.66	441.03	1.6902	0.24645	391.43	440.72	1.6568
180	0.34462	409.87	461.56	1.7366	0.25810	409.66	461.28	1.7032
200	0.36006	428.60	482.61	1.7820	0.26973	428.41	482.35	1.7487
220	0.37548	447.84	504.16	1.8266	0.28134	447.67	503.93	1.7933
240	0.39089	467.58	526.21	1.8705	0.29293	467.41	526.00	1.8372
260	0.40628	487.78	548.73	1.9135	0.30450	487.63	548.53	1.8803

[표 B.4.2] R-410A의 과열 증기 상태량(계속)

온도 (℃)	v [m³/kg]	u [kJ/kg]	h [kJ/kg]	s [kJ/kg·K]	v [m³/kg]	u [kJ/kg]	h [kJ/kg]	s [kJ/kg·K]
	300kPa(−27.37℃)				400kPa(−19.98℃)			
Sat.	0.08548	243.08	268.72	1.0949	0.06475	246.00	271.90	1.0779
−20	0.08916	248.71	275.46	1.1219	−	−	−	−
0	0.09845	263.33	292.87	1.1881	0.07227	261.51	290.42	1.1483
20	0.10720	277.81	309.96	1.2485	0.07916	276.44	308.10	1.2108
40	0.11564	292.53	237.22	1.3054	0.08571	291.44	325.72	1.2689
60	0.12388	307.65	344.81	1.3599	0.09207	306.75	343.58	1.3242
80	0.13200	323.25	362.85	1.4125	0.09828	322.49	361.80	1.3773
100	0.14003	339.37	381.38	1.4635	0.10440	338.72	380.48	1.4288
120	0.14798	356.03	400.43	1.5132	0.11045	355.45	399.64	1.4788
140	0.15589	373.23	420.00	1.5617	0.11645	372.72	419.30	1.5276
160	0.16376	390.97	440.10	1.6093	0.12241	390.51	439.47	1.5752
180	0.17159	409.24	460.72	1.6558	0.12834	408.82	460.16	1.6219
200	0.17940	428.03	481.85	1.7014	0.13424	427.64	481.34	1.6676
220	0.18719	447.31	503.47	1.7462	0.14012	446.96	503.01	1.7125
240	0.19496	467.09	525.58	1.7901	0.14598	466.76	525.15	1.7565
260	0.20272	487.33	548.15	1.8332	0.15182	487.03	547.76	1.7997
280	0.21046	508.02	571.16	1.8756	0.15766	507.74	570.81	1.8422
	500kPa(−13.89℃)				600kPa(−8.67℃)			
Sat.	0.05208	248.29	274.33	1.0647	0.04351	250.15	276.26	1.0540
0	0.05651	259.59	287.84	1.1155	0.04595	257.54	285.12	1.0869
20	0.06231	275.02	306.18	1.1803	0.05106	273.56	304.20	1.1543
40	0.06775	290.32	324.20	1.2398	0.05576	289.19	322.64	1.2152
60	0.07297	305.84	342.32	1.2959	0.06023	304.91	341.05	1.2722
80	0.07804	321.72	360.74	1.3496	0.06455	320.94	359.67	1.3265
100	0.08302	338.05	379.56	1.4014	0.06877	337.38	378.65	1.3787
120	0.08793	354.87	398.84	1.4517	0.07292	354.29	398.04	1.4294
140	0.09279	372.20	418.60	1.5007	0.07701	371.68	417.89	1.4786
160	0.09760	390.05	438.85	1.5486	0.08106	389.58	438.22	1.5266
180	0.10238	408.40	459.59	1.5954	0.08508	407.98	459.03	1.5736
200	0.10714	427.26	480.83	1.6413	0.08907	426.88	480.32	1.6196
220	0.11187	446.61	502.55	1.6862	0.09304	446.26	502.08	1.6646
240	0.11659	466.44	524.73	1.7303	0.09700	466.11	524.31	1.7088
260	0.12129	486.73	547.37	1.7736	0.10093	486.42	546.98	1.7521
280	0.12598	507.46	570.45	1.8161	0.10486	507.18	570.09	1.7947
300	0.13066	528.62	593.95	1.8578	0.10877	528.36	593.62	1.8365

[표 B.4.2] R-410A의 과열 증기 상태량(계속)

온도 (℃)	v [m³/kg]	u [kJ/kg]	h [kJ/kg]	s [kJ/kg·K]	v [m³/kg]	u [kJ/kg]	h [kJ/kg]	s [kJ/kg·K]
	_800kPa(0.05℃)				1000kPa(7.25℃)			
Sat.	0.03262	253.04	279.14	1.0367	0.02596	255.16	281.12	1.0229
20	0.03693	270.47	300.02	1.1105	0.02838	267.11	295.49	1.0730
40	0.04074	286.83	319.42	1.1746	0.03170	284.35	316.05	1.1409
60	0.04429	303.01	338.44	1.2334	0.03470	301.04	335.75	1.2019
80	0.04767	319.36	357.49	1.2890	0.03753	317.73	355.27	1.2588
100	0.05095	336.03	376.79	1.3421	0.04025	334.65	374.89	1.3128
120	0.05415	353.11	396.42	1.3934	0.04288	351.91	394.79	1.3648
140	0.05729	370.64	416.47	1.4431	0.04545	369.58	415.04	1.4150
160	0.06039	388.65	436.96	1.4915	0.04798	387.70	435.68	1.4638
180	0.06345	407.13	457.90	1.5388	0.05048	406.28	456.76	1.5113
200	0.06649	426.10	479.30	1.5850	0.05294	425.33	478.27	1.5578
220	0.06951	445.55	501.15	1.6302	0.05539	444.84	500.23	1.6032
240	0.07251	465.46	523.46	1.6746	0.05781	464.80	522.62	1.6477
260	0.07549	485.82	546.21	1.7181	0.06023	485.21	545.43	1.6914
280	0.07846	506.61	569.38	1.7607	0.06262	506.05	568.67	1.7341
300	0.08142	527.83	592.97	1.8026	0.06501	527.30	592.31	1.7761
	1200kPa(13.43℃)				1400kPa(18.88℃)			
Sat.	0.02145	256.75	282.50	1.0111	0.01819	257.94	283.40	1.0006
20	0.02260	263.39	290.51	1.0388	0.01838	259.18	284.90	1.0057
40	0.02563	281.72	312.48	1.1113	0.02127	278.93	308.71	1.0843
60	0.02830	299.00	332.96	1.1747	0.02371	296.88	330.07	1.1505
80	0.03077	316.06	352.98	1.2331	0.02593	314.35	350.64	1.2105
100	0.03311	333.24	372.97	1.2881	0.02801	331.80	371.01	1.2666
120	0.03537	350.69	393.13	1.3408	0.03000	349.46	391.46	1.3199
140	0.03756	368.51	413.59	1.3915	0.03192	367.43	412.13	1.3712
160	0.03971	386.75	434.40	1.4407	0.03380	385.79	433.12	1.4208
180	0.04183	405.43	455.62	1.4886	0.03565	404.56	454.47	1.4690
200	0.04391	424.55	477.24	1.5353	0.03746	423.77	476.21	1.5160
220	0.04597	444.12	499.29	1.5809	0.03925	443.41	498.36	1.5618
240	0.04802	464.14	521.77	1.6256	0.04102	463.49	520.92	1.6066
260	0.05005	484.60	544.66	1.6693	0.04278	483.99	543.88	1.6505
280	0.05207	505.48	567.96	1.7122	0.04452	504.91	567.25	1.6936
300	0.05407	526.77	591.66	1.7543	0.04626	526.25	591.01	1.7358
320	0.05607	548.47	615.75	1.7956	0.04798	547.97	615.14	1.7772

온도 (℃)	v [m³/kg]	u [kJ/kg]	h [kJ/kg]	s [kJ/kg·K]	v [m³/kg]	u [kJ/kg]	h [kJ/kg]	s [kJ/kg·K]
	1800kPa(28.22℃)				2000kPa(32.31℃)			
Sat.	0.01376	259.38	284.15	0.9818	0.01218	259.72	284.09	0.9731
40	0.01534	272.67	300.29	1.0344	0.01321	269.07	295.49	1.0099
60	0.01754	292.34	323.92	1.1076	0.01536	289.90	320.62	1.0878
80	0.01945	310.76	345.77	1.1713	0.01717	308.88	343.22	1.1537
100	0.02119	328.84	366.98	1.2297	0.01880	327.30	364.91	1.2134
120	0.02283	346.93	388.03	1.2847	0.02032	345.64	386.29	1.2693
140	0.02441	365.24	409.17	1.3371	0.02177	364.12	407.66	1.3223
160	0.02593	383.85	430.51	1.3875	0.02317	382.86	429.20	1.3732
180	0.02741	402.82	452.16	1.4364	0.02452	401.94	450.99	1.4224
200	0.02886	422.19	474.14	1.4839	0.02585	421.40	473.10	1.4701
220	0.03029	441.97	496.49	1.5301	0.02715	441.25	495.55	1.5166
240	0.03170	462.16	519.22	1.5753	0.02844	461.50	518.37	1.5619
260	0.03309	482.77	542.34	1.6195	0.02970	482.16	541.56	1.6063
280	0.03447	503.78	565.83	1.6627	0.03095	503.21	565.12	1.6497
300	0.03584	525.19	589.70	1.7051	0.03220	524.66	589.05	1.6922
320	0.03720	546.98	613.94	1.7467	0.03343	546.49	613.35	1.7338
340	0.03855	569.15	638.54	1.7875	0.03465	568.69	637.99	1.7747
	3000kPa(49.07℃)				4000kPa(61.90℃)			
Sat.	0.00729	258.19	280.06	0.9303	0.00460	250.37	268.76	0.8782
60	0.00858	274.96	300.70	0.9933	−	−	−	−
80	0.01025	298.38	329.12	1.0762	0.00661	285.02	311.48	1.0028
100	0.01159	319.07	353.84	1.1443	0.00792	309.62	341.29	1.0850
120	0.01277	338.84	377.16	1.2052	0.00897	331.39	367.29	1.1529
140	0.01387	358.32	399.92	1.2617	0.00990	352.14	391.75	1.2136
160	0.01489	377.80	422.49	1.3150	0.01076	372.51	415.53	1.2698
180	0.01588	397.46	445.09	1.3661	0.01156	392.82	439.05	1.3229
200	0.01683	417.37	467.85	1.4152	0.01232	413.25	462.52	1.3736
220	0.01775	437.60	490.84	1.4628	0.01305	433.88	486.10	1.4224
240	0.01865	458.16	514.11	1.5091	0.01377	454.79	509.85	1.4696
260	0.01954	479.08	537.69	1.5541	0.01446	475.99	533.83	1.5155
280	0.02041	500.37	561.59	1.5981	0.01514	497.51	558.08	1.5601
300	0.02127	522.01	585.81	1.6411	0.01581	519.37	582.60	1.6037
320	0.02212	544.02	610.37	1.6833	0.01647	541.55	607.42	1.6462
340	0.02296	566.37	635.25	1.7245	0.01712	564.06	632.54	1.6879
360	0.02379	589.07	660.45	1.7650	0.01776	586.90	657.95	1.7286

[표 B.5] R-134a의 열역학 상태량
[표 B.5.1] R-134a의 포화 상태량

온도 (℃)	압력 (kPa)	비체적(m^3/kg)			내부 에너지(kJ/kg)		
		포화 액체 v_ℓ	증발 $v_{\ell g}$	포화 증기 v_g	포화 액체 u_ℓ	증발 $u_{\ell g}$	포화 증기 u_g
−70	8.3	0.000675	1.97207	1.97274	119.46	218.74	338.20
−65	11.7	0.000679	1.42915	1.42983	123.18	217.76	340.94
−60	16.3	0.000684	1.05199	1.05268	127.52	216.19	343.71
−55	22.2	0.000689	0.78609	0.78678	132.36	214.14	346.50
−50	29.9	0.000695	0.59587	0.59657	137.60	211.71	349.31
−45	39.6	0.000701	0.45783	0.45853	143.15	208.99	352.15
−40	51.8	0.000708	0.35625	0.35696	148.95	206.05	355.00
−35	66.8	0.000715	0.28051	0.28122	154.93	202.93	357.86
−30	85.1	0.000722	0.22330	0.22402	161.06	199.67	360.73
−26.3	101.3	0.000728	0.18947	0.19020	165.73	197.16	362.89
−25	107.2	0.000730	0.17957	0.18030	167.30	196.31	363.61
−20	133.7	0.000738	0.14576	0.14649	173.65	192.85	366.50
−15	165.0	0.000746	0.11932	0.12007	180.07	189.32	369.39
−10	201.7	0.000755	0.09845	0.09921	186.57	185.70	372.27
−5	244.5	0.000764	0.08181	0.08257	193.14	182.01	375.15
0	294.0	0.000773	0.06842	0.06919	199.77	178.24	378.01
5	350.9	0.000783	0.05755	0.05833	206.48	174.38	380.85
10	415.8	0.000794	0.04866	0.04945	213.25	170.42	383.67
15	489.5	0.000805	0.04133	0.04213	220.10	166.35	386.45
20	572.8	0.000817	0.03524	0.03606	227.03	162.16	389.19
25	666.3	0.000829	0.03015	0.03098	234.04	157.83	391.87
30	771.0	0.000843	0.02587	0.02671	241.14	153.34	394.48
35	887.6	0.000857	0.02224	0.02310	248.34	148.68	397.02
40	1017.0	0.000873	0.01915	0.02002	255.65	143.81	399.46
45	1160.2	0.000890	0.01650	0.01739	263.08	138.71	401.79
50	1318.1	0.000908	0.01422	0.01512	270.63	133.35	403.98
55	1491.6	0.000928	0.01224	0.01316	278.33	127.68	406.01
60	1681.8	0.000951	0.01051	0.01146	286.19	121.66	407.85
65	1889.9	0.000976	0.00899	0.00997	294.24	115.22	409.46
70	2117.0	0.001005	0.00765	0.00866	302.51	108.27	410.78
75	2364.4	0.001038	0.00645	0.00749	311.06	100.68	411.74
80	2633.6	0.001078	0.00537	0.00645	319.96	92.26	412.22
85	2926.2	0.001128	0.00437	0.00550	329.35	82.67	412.01
90	3244.5	0.001195	0.00341	0.00461	339.51	71.24	410.75
95	3591.5	0.001297	0.00243	0.00373	351.17	56.25	407.42
100	3973.2	0.001557	0.00108	0.00264	368.55	28.19	396.74
101.2	4064.0	0.001969	0	0.00197	382.97	0	382.97

[표 B.5.1] R-134a의 포화 상태량(계속)

온도 (℃)	압력 (kPa)	엔탈피(kJ/kg)			엔트로피(kJ/kg·K)		
		포화 액체 h_ℓ	증발 $h_{\ell g}$	포화 증기 h_g	포화 액체 s_ℓ	증발 $s_{\ell g}$	포화 증기 s_g
−70	8.3	119.47	235.15	354.62	0.6645	1.1575	1.8220
−65	11.7	123.18	234.55	357.73	0.6825	1.1268	1.8094
−60	16.3	127.53	233.33	360.86	0.7031	1.0947	1.7978
−55	22.2	132.37	231.63	364.00	0.7256	1.0618	1.7874
−50	29.9	137.62	229.54	367.16	0.7493	1.0286	1.7780
−45	39.6	143.18	227.14	370.32	0.7740	0.9956	1.7695
−40	51.8	148.98	224.50	373.48	0.7991	0.9629	1.7620
−35	66.8	154.98	221.67	376.64	0.8245	0.9308	1.7553
−30	85.1	161.12	218.68	379.80	0.8499	0.8994	1.7493
−26.3	101.3	165.80	216.36	382.16	0.8690	0.8763	1.7453
−25	107.2	167.38	215.57	382.95	0.8754	0.8687	1.7441
−20	133.7	173.74	212.34	386.08	0.9007	0.8388	1.7395
−15	165.0	180.19	209.00	389.20	0.9258	0.8096	1.7354
−10	201.7	186.72	205.56	392.28	0.9507	0.7812	1.7319
−5	244.5	193.32	202.02	395.34	0.9755	0.7534	1.7288
0	294.0	200.00	198.36	398.36	1.0000	0.7262	1.7262
5	350.9	206.75	194.57	401.32	1.0243	0.6995	1.7239
10	415.8	213.58	190.65	404.23	1.0485	0.6733	1.7218
15	489.5	220.49	186.58	407.07	1.0725	0.6475	1.7200
20	572.8	227.49	182.35	409.84	1.0963	0.6220	1.7183
25	666.3	234.59	177.92	412.51	1.1201	0.5967	1.7168
30	771.0	241.79	173.29	415.08	1.1437	0.5716	1.7153
35	887.6	249.10	168.42	417.52	1.1673	0.5465	1.7139
40	1017.0	256.54	163.28	419.82	1.1909	0.5214	1.7123
45	1160.2	264.11	157.85	421.96	1.2145	0.4962	1.7106
50	1318.1	271.83	152.08	423.91	1.2381	0.4706	1.7088
55	1491.6	279.72	145.93	425.65	1.2619	0.4447	1.7066
60	1681.8	287.79	139.33	427.13	1.2857	0.4182	1.7040
65	1889.9	296.09	132.21	428.30	1.3099	0.3910	1.7008
70	2117.0	304.64	124.47	429.11	1.3343	0.3627	1.6970
75	2364.4	313.51	115.94	429.45	1.3592	0.3330	1.6923
80	2633.6	322.79	106.40	429.19	1.3849	0.3013	1.6862
85	2926.2	332.65	95.45	428.10	1.4117	0.2665	1.6782
90	3244.5	343.38	82.31	425.70	1.4404	0.2267	1.6671
95	3591.5	355.83	64.98	420.81	1.4733	0.1765	1.6498
100	3973.2	374.74	32.47	407.21	1.5228	0.0870	1.6098
101.2	4064.0	390.98	0	390.98	1.5658	0	1.5658

[표 B.5.2] R-134a의 과열 증기 상태량

온도 (℃)	v [m³/kg]	u [kJ/kg]	h [kJ/kg]	s [kJ/kg·K]	v [m³/kg]	u [kJ/kg]	h [kJ/kg]	s [kJ/kg·K]
	50kPa(−40.67℃)				100kPa(−26.54℃)			
Sat.	0.36889	354.61	373.06	1.7629	0.19257	362.73	381.98	1.7456
−20	0.40507	368.57	388.82	1.8279	0.19860	367.36	387.22	1.7665
−10	0.42222	375.53	396.64	1.8582	0.20765	374.51	395.27	1.7978
0	0.43921	382.63	404.59	1.8878	0.21652	381.76	403.41	1.8281
10	0.45608	389.90	412.70	1.9170	0.22527	389.14	411.67	1.8578
20	0.47287	397.32	420.96	1.9456	0.23392	396.66	420.05	1.8869
30	0.48958	404.90	429.38	1.9739	0.24250	404.31	428.56	1.9155
40	0.50623	412.64	437.96	2.0017	0.25101	412.12	437.22	1.9436
50	0.52284	420.55	446.70	2.0292	0.25948	420.08	446.03	1.9712
60	0.53941	428.63	455.60	2.0563	0.26791	428.20	454.99	1.9985
70	0.55595	436.86	464.66	2.0831	0.27631	436.47	464.10	2.0255
80	0.57247	445.26	473.88	2.1096	0.28468	444.89	473.36	2.0521
90	0.58896	453.82	483.26	2.1358	0.29302	453.47	482.78	2.0784
100	0.60544	462.53	492.81	2.1617	0.30135	462.21	492.35	2.1044
110	0.62190	471.41	502.50	2.1874	0.30967	471.11	502.07	2.1301
120	0.63835	480.44	512.36	2.2128	0.31797	480.16	511.95	2.1555
130	0.65479	489.63	522.37	2.2379	0.32626	489.36	521.98	2.1807
	150kPa(−17.29℃)				200kPa(−10.22℃)			
Sat.	0.13139	368.06	387.77	1.7372	0.10002	372.15	392.15	1.7320
−10	0.13602	373.44	393.84	1.7606	0.10013	372.31	392.34	1.7328
0	0.14222	380.85	402.19	1.7917	0.10501	379.91	400.91	1.7647
10	0.14828	388.36	410.60	1.8220	0.10974	387.55	409.50	1.7956
20	0.15424	395.98	419.11	1.8515	0.11436	395.27	418.15	1.8256
30	0.16011	403.71	427.73	1.8804	0.11889	403.10	426.87	1.8549
40	0.16592	411.59	436.47	1.9088	0.12335	411.04	435.71	1.8836
50	0.17168	419.60	445.35	1.9367	0.12776	419.11	444.66	1.9117
60	0.17740	427.76	454.37	1.9642	0.13213	427.31	453.74	1.9394
70	0.18308	436.06	463.53	1.9913	0.13646	435.65	462.95	1.9666
80	0.18874	444.52	472.83	2.0180	0.14076	444.14	472.30	1.9935
90	0.19437	453.13	482.28	2.0444	0.14504	452.78	481.79	2.0200
100	0.19999	461.89	491.89	2.0705	0.14930	461.56	491.42	2.0461
110	0.20559	470.80	501.64	2.0963	0.15355	470.50	501.21	2.0720
120	0.21117	479.87	511.54	2.1218	0.15777	479.58	511.13	2.0976
130	0.21675	489.08	521.60	2.1470	0.16199	488.81	521.21	2.1229
140	0.22231	498.45	531.80	2.1720	0.16620	498.19	531.43	2.1479

온도 (℃)	v [m³/kg]	u [kJ/kg]	h [kJ/kg]	s [kJ/kg·K]	v [m³/kg]	u [kJ/kg]	h [kJ/kg]	s [kJ/kg·K]
	300kPa(0.56℃)				400kPa(8.84℃)			
Sat.	0.06787	378.33	398.69	1.7259	0.05136	383.02	403.56	1.7223
10	0.07111	385.84	407.17	1.7564	0.05168	383.98	404.65	1.7261
20	0.07441	393.80	416.12	1.7874	0.05436	392.22	413.97	1.7584
30	0.07762	401.81	425.10	1.8175	0.05693	400.45	423.22	1.7895
40	0.08075	409.90	434.12	1.8468	0.05940	408.70	432.46	1.8195
50	0.08382	418.09	443.23	1.8755	0.06181	417.03	441.75	1.8487
60	0.08684	426.39	452.44	1.9035	0.06417	425.44	451.10	1.8772
70	0.08982	434.82	461.76	1.9311	0.06648	433.95	460.55	1.9051
80	0.09277	443.37	471.21	1.9582	0.06877	442.58	470.09	1.9325
90	0.09570	452.07	480.78	1.9850	0.07102	451.34	479.75	1.9595
100	0.09861	460.90	490.48	2.0113	0.07325	460.22	489.52	1.9860
110	0.10150	469.87	500.32	2.0373	0.07547	469.24	499.43	2.0122
120	0.10437	478.99	510.30	2.0631	0.07767	478.40	509.46	2.0381
130	0.10723	488.26	520.43	2.0885	0.07985	487.69	519.63	2.0636
140	0.11008	497.66	530.69	2.1136	0.08202	497.13	529.94	2.0889
150	0.11292	507.22	541.09	2.1385	0.08418	506.71	540.38	2.1139
160	0.11575	516.91	551.64	2.1631	0.08634	516.43	550.97	2.1386
	500kPa(15.66℃)				600kPa(21.52℃)			
Sat.	0.04126	386.82	407.45	1.7198	0.03442	390.01	410.66	1.7179
20	0.04226	390.52	411.65	1.7342	−	−	−	−
30	0.04446	398.99	421.22	1.7663	0.03609	397.44	419.09	1.7461
40	0.04656	407.44	430.72	1.7971	0.03796	406.11	428.88	1.7779
50	0.04858	415.91	440.20	1.8270	0.03974	414.75	438.59	1.8084
60	0.05055	424.44	449.72	1.8560	0.04145	423.41	448.28	1.8379
70	0.05247	433.06	459.29	1.8843	0.04311	432.13	457.99	1.8666
80	0.05435	441.77	468.94	1.9120	0.04473	440.93	467.76	1.8947
90	0.05620	450.59	478.69	1.9392	0.04632	449.82	477.61	1.9222
100	0.05804	459.53	488.55	1.9660	0.04788	458.82	487.55	1.9492
110	0.05985	468.60	498.52	1.9924	0.04943	467.94	497.59	1.9758
120	0.06164	477.79	508.61	2.0184	0.05095	477.18	507.75	2.0019
130	0.06342	487.13	518.83	2.0440	0.05246	486.55	518.03	2.0277
140	0.06518	496.59	529.19	2.0694	0.05396	496.05	528.43	2.0532
150	0.06694	506.20	539.67	2.0945	0.05544	505.69	538.95	2.0784
160	0.06869	515.95	550.20	2.1193	0.05692	515.46	549.61	2.1033
170	0.07043	525.83	561.04	2.1438	0.05839	525.36	560.40	2.1279

[표 B.5.2] R-134a의 과열 증기 상태량(계속)

온도 (℃)	v [m³/kg]	u [kJ/kg]	h [kJ/kg]	s [kJ/kg·K]	v [m³/kg]	u [kJ/kg]	h [kJ/kg]	s [kJ/kg·K]
	800kPa(31.30℃)				1000kPa(39.37℃)			
Sat.	0.02571	395.15	415.72	1.7150	0.02038	399.16	419.54	1.7125
40	0.02711	403.17	424.86	1.7446	0.02047	399.78	420.25	1.7148
50	0.02861	412.23	435.11	1.7768	0.02185	409.39	431.24	1.7494
60	0.03002	421.20	445.22	1.8076	0.02311	418.78	441.89	1.7818
70	0.03137	430.17	455.27	1.8373	0.02429	428.05	452.34	1.8127
80	0.03268	439.17	465.31	1.8662	0.02542	437.29	462.70	1.8425
90	0.03394	448.22	475.38	1.8943	0.02650	446.53	473.03	1.8713
100	0.03518	457.35	485.50	1.9218	0.02754	455.82	483.36	1.8994
110	0.03639	466.58	495.70	1.9487	0.02856	465.18	493.74	1.9268
120	0.03758	475.92	505.99	1.9753	0.02956	474.62	504.17	1.9537
130	0.03876	485.37	516.38	2.0014	0.03053	484.16	514.69	1.9801
140	0.03992	494.94	526.88	2.0271	0.03150	493.81	525.30	2.0061
150	0.04107	504.64	537.50	2.0525	0.03244	503.57	536.02	2.0318
160	0.04221	514.46	548.23	2.0775	0.03338	513.46	546.84	2.0570
170	0.04334	524.42	559.09	2.1023	0.03431	523.46	557.77	2.0820
180	0.04446	534.51	570.08	2.1268	0.03523	533.60	568.83	2.1067
	1200kPa(46.31℃)				1400kPa(52.42℃)			
Sat.	0.01676	402.37	422.49	1.7102	0.01414	404.98	424.78	1.7077
50	0.01724	406.15	426.84	1.7237	−	−	−	−
60	0.01844	416.08	438.21	1.7584	0.01503	413.03	434.08	1.7360
70	0.01953	425.74	449.18	1.7908	0.01608	423.20	445.72	1.7704
80	0.02055	435.27	459.92	1.8217	0.01704	433.09	456.94	1.8026
90	0.02151	444.74	470.55	1.8514	0.01793	442.83	467.93	1.8333
100	0.02244	454.20	481.13	1.8801	0.01878	452.50	478.79	1.8628
110	0.02333	463.71	491.70	1.9081	0.01958	462.17	489.59	1.8914
120	0.02420	473.27	502.31	1.9354	0.02036	471.87	500.38	1.9192
130	0.02504	482.91	512.97	1.9621	0.02112	481.63	511.19	1.9463
140	0.02587	492.65	523.70	1.9884	0.02186	491.46	522.05	1.9730
150	0.02669	502.48	534.51	2.0143	0.02258	501.37	532.98	1.9991
160	0.02750	512.43	545.43	2.0398	0.02329	511.39	543.99	2.0248
170	0.02829	522.50	556.44	2.0649	0.02399	521.51	555.10	2.0502
180	0.02907	532.68	567.57	2.0898	0.02468	531.75	566.30	2.0752

온도 (℃)	v [m³/kg]	u [kJ/kg]	h [kJ/kg]	s [kJ/kg·K]	v [m³/kg]	u [kJ/kg]	h [kJ/kg]	s [kJ/kg·K]
	1600kPa(57.90℃)				2000kPa(67.48℃)			
Sat.	0.01215	407.11	426.54	1.7051	0.00930	410.15	428.75	1.6991
60	0.01239	409.49	429.32	1.7135	–	–	–	–
70	0.01345	420.37	441.89	1.7507	0.00958	413.37	432.53	1.7101
80	0.01438	430.72	453.72	1.7847	0.01055	425.20	446.30	1.7497
90	0.01522	440.79	465.15	1.8166	0.01137	436.20	458.95	1.7850
100	0.01601	450.71	476.33	1.8469	0.01211	446.78	471.00	1.8177
110	0.01676	460.57	487.39	1.8762	0.01279	457.12	482.69	1.8487
120	0.01748	470.42	498.39	1.9045	0.01342	467.34	494.19	1.8783
130	0.01817	480.30	509.37	1.9321	0.01403	477.51	505.57	1.9069
140	0.01884	490.23	520.38	1.9591	0.01461	487.68	516.90	1.9346
150	0.01949	500.24	531.43	1.9855	0.01517	497.89	528.22	1.9617
160	0.02013	510.33	542.54	2.0115	0.01571	508.15	539.57	1.9882
170	0.02076	520.52	553.73	2.0370	0.01624	518.48	550.96	2.0142
180	0.02138	530.81	565.02	2.0622	0.01676	528.89	562.42	2.0398
	3000kPa(86.20℃)				4000kPa(100.33℃)			
Sat.	0.00528	411.83	427.67	1.6759	0.00252	394.86	404.94	1.6036
90	0.00575	418.93	436.19	1.6995	–	–	–	–
100	0.00665	433.77	453.73	1.7472	–	–	–	–
110	0.00734	446.48	468.50	1.7862	0.00428	429.74	446.84	1.7148
120	0.00792	458.27	482.04	1.8211	0.00500	445.97	465.99	1.7642
130	0.00845	469.58	494.91	1.8535	0.00556	459.63	481.87	1.8040
140	0.00893	480.61	507.39	1.8840	0.00603	472.19	496.29	1.8394
150	0.00937	491.49	519.62	1.9133	0.00644	484.15	509.92	1.8720
160	0.00980	502.30	531.70	1.9415	0.00683	495.77	523.07	1.9027
170	0.01021	513.09	543.71	1.9689	0.00718	507.19	535.92	1.9320
180	0.01060	523.89	555.69	1.9956	0.00752	518.51	548.57	1.9603
	6000kPa				10000kPa			
90	0.001059	328.34	334.70	1.4081	0.000991	320.72	330.62	1.3856
100	0.001150	346.71	353.61	1.4595	0.001040	336.45	346.85	1.4297
110	0.001307	368.06	375.90	1.5184	0.001100	352.74	363.73	1.4744
120	0.001698	396.59	406.78	1.5979	0.001175	369.69	381.44	1.5200
130	0.002396	426.81	441.18	1.6843	0.001272	387.44	400.16	1.5670
140	0.002985	448.34	466.25	1.7458	0.001400	405.97	419.98	1.6155
150	0.003439	465.19	485.82	1.7926	0.001564	424.99	440.63	1.6649
160	0.003814	479.89	502.77	1.8322	0.001758	443.77	461.34	1.7133
170	0.004141	493.45	518.30	1.8676	0.001965	461.65	481.30	1.7589
180	0.004435	506.35	532.96	1.9004	0.002172	478.40	500.12	1.8009

[표 B.6] 질소의 열역학 상태량
[표 B.6.1] 질소의 포화 상태량

온도 (K)	압력 (kPa)	비체적(m^3/kg)			내부 에너지(kJ/kg)		
		포화 액체 v_ℓ	증발 $v_{\ell g}$	포화 증기 v_g	포화 액체 u_ℓ	증발 $u_{\ell g}$	포화 증기 u_g
63.1	12.5	0.001150	1.48074	1.48189	−150.92	196.86	45.94
65	17.4	0.001160	1.09231	1.09347	−147.19	194.37	47.17
70	38.6	0.001191	0.52513	0.52632	−137.13	187.54	50.40
75	76.1	0.001223	0.28052	0.28174	−127.04	180.47	53.43
77.3	101.3	0.001240	0.21515	0.21639	−122.27	177.04	54.76
80	137.0	0.001259	0.16249	0.16375	−116.86	173.06	56.20
85	229.1	0.001299	0.10018	0.10148	−106.55	165.20	58.65
90	360.8	0.001343	0.06477	0.06611	−96.06	156.76	60.70
95	541.1	0.001393	0.04337	0.04476	−85.35	147.60	62.25
100	779.2	0.001452	0.02975	0.03120	−74.33	137.50	63.17
105	1084.6	0.001522	0.02066	0.02218	−62.89	126.18	63.29
110	1467.6	0.001610	0.01434	0.01595	−50.81	113.11	62.31
115	1939.3	0.001729	0.00971	0.01144	−37.66	97.36	59.70
120	2513.0	0.001915	0.00608	0.00799	−22.42	76.63	54.21
125	3208.0	0.002355	0.00254	0.00490	−0.83	40.73	39.90
126.2	3397.8	0.003194	0	0.00319	18.94	0	18.94

온도 (K)	압력 (kPa)	엔탈피(kJ/kg)			엔트로피(kJ/kg · K)		
		포화 액체 h_ℓ	증발 $h_{\ell g}$	포화 증기 h_g	포화 액체 s_ℓ	증발 $s_{\ell g}$	포화 증기 s_g
63.1	12.5	−150.91	215.39	64.48	2.4234	3.4109	5.8343
65	17.4	−147.17	213.38	66.21	2.4816	3.2828	5.7645
70	38.6	−137.09	207.79	70.70	2.6307	2.9684	5.5991
75	76.1	−126.95	201.82	74.87	2.7700	2.6909	5.4609
77.3	101.3	−122.15	198.84	76.69	2.8326	2.5707	5.4033
80	137.0	−116.69	195.32	78.63	2.9014	2.4415	5.3429
85	229.1	−106.25	188.15	81.90	3.0266	2.2135	5.2401
90	360.8	−95.58	180.13	84.55	3.1466	2.0015	5.1480
95	541.1	−84.59	171.07	86.47	3.2627	1.8007	5.0634
100	779.2	−73.20	160.68	87.48	3.3761	1.6068	4.9829
105	1084.6	−61.24	148.59	87.35	3.4883	1.4151	4.9034
110	1467.6	−48.45	134.15	85.71	3.6017	1.2196	4.8213
115	1939.3	−34.31	116.19	81.88	3.7204	1.0104	4.7307
120	2513.0	−17.61	91.91	74.30	3.8536	0.7659	4.6195
125	3208.0	6.73	48.88	55.60	4.0399	0.3910	4.4309
126.2	3397.8	29.79	0	29.79	4.2193	0	4.2193

온도 (K)	v [m³/kg]	u [kJ/kg]	h [kJ/kg]	s [kJ/kg·K]	v [m³/kg]	u [kJ/kg]	h [kJ/kg]	s [kJ/kg·K]
	100kPa(77.24K)				200kPa(83.62K)			
Sat.	0.21903	54.70	76.61	5.4059	0.11520	58.01	81.05	5.2673
100	0.29103	72.84	101.94	5.6944	0.14252	71.73	100.24	5.4775
120	0.35208	87.94	123.15	5.8878	0.17397	87.14	121.93	5.6753
140	0.41253	102.95	144.20	6.0501	0.20476	102.33	143.28	5.8399
160	0.47263	117.91	165.17	6.1901	0.23519	117.40	164.44	5.9812
180	0.53254	132.83	186.09	6.3132	0.26542	132.41	185.49	6.1052
200	0.59231	147.74	206.97	6.4232	0.29551	147.37	206.48	6.2157
220	0.65199	162.63	227.83	6.5227	0.32552	162.31	227.41	6.3155
240	0.71161	177.51	248.67	6.6133	0.35546	177.23	248.32	6.4064
260	0.77118	192.39	269.51	6.6967	0.38535	192.14	269.21	6.4900
280	0.83072	207.26	290.33	6.7739	0.41520	207.04	290.08	6.5674
300	0.89023	222.14	311.16	6.8457	0.44503	221.93	310.94	6.6393
350	1.03891	259.35	363.24	7.0063	0.51952	259.18	363.09	6.8001
400	1.18752	296.66	415.41	7.1456	0.59392	296.52	415.31	6.9396
450	1.33607	334.16	467.77	7.2690	0.66827	334.04	467.70	7.0630
500	1.48458	371.95	520.41	7.3799	0.74258	371.85	520.37	7.1740
600	1.78154	448.79	626.94	7.5741	0.89114	448.71	626.94	7.3682
700	2.07845	527.74	735.58	7.7415	1.03965	527.68	735.61	7.5357
800	2.37532	609.07	846.60	7.8897	1.18812	609.02	846.64	7.6839
900	2.67217	692.79	960.01	8.0232	1.33657	692.75	960.07	7.8175
1000	2.96900	778.78	1075.68	8.1451	1.48501	778.74	1075.75	7.9393

[표 B.6.2] 질소의 과열 증기 상태량(계속)

온도 (K)	v [m³/kg]	u [kJ/kg]	h [kJ/kg]	s [kJ/kg·K]	v [m³/kg]	u [kJ/kg]	h [kJ/kg]	s [kJ/kg·K]
	400kPa(91.22K)				600kPa(96.37K)			
Sat.	0.05992	61.13	85.10	5.1268	0.04046	62.57	86.85	5.0411
100	0.06806	69.30	96.52	5.2466	0.04299	66.41	92.20	5.0957
120	0.08486	85.48	119.42	5.4556	0.05510	83.73	116.79	5.3204
140	0.10085	101.06	141.40	5.6250	0.06620	99.75	139.47	5.4953
160	0.11647	116.38	162.96	5.7690	0.07689	115.34	161.47	5.6422
180	0.13186	131.55	184.30	5.8947	0.08734	130.69	183.10	5.7696
200	0.14712	146.64	205.49	6.0063	0.09766	145.91	204.50	5.8823
220	0.16228	161.68	226.59	6.1069	0.10788	161.04	225.76	5.9837
240	0.17738	176.67	247.62	6.1984	0.11803	176.11	246.92	6.0757
260	0.19243	191.64	268.61	6.2824	0.12813	191.13	268.01	6.1601
280	0.20745	206.58	289.56	6.3600	0.13820	206.13	289.05	6.2381
300	0.22244	221.52	310.50	6.4322	0.14824	221.11	310.06	6.3105
350	0.25982	258.85	362.78	6.5934	0.17326	258.52	362.48	6.4722
400	0.29712	296.25	415.10	6.7331	0.19819	295.97	414.89	6.6121
450	0.33437	333.81	467.56	6.8567	0.22308	333.57	467.42	6.7359
500	0.37159	371.65	520.28	6.9678	0.24792	371.45	520.20	6.8471
600	0.44595	448.55	626.93	7.1622	0.29755	448.40	626.93	7.0416
700	0.52025	527.55	735.65	7.3298	0.34712	527.43	735.70	7.2093
800	0.59453	608.92	846.73	7.4781	0.39666	608.82	846.82	7.3576
900	0.66878	692.67	960.19	7.6117	0.44618	692.59	960.30	7.4912
1000	0.74302	778.68	1075.89	7.7335	0.49568	778.61	1076.02	7.6131
	800kPa(100.38K)				1000kPa(103.73K)			
Sat.	0.03038	63.21	87.52	4.9768	0.02416	63.35	87.51	4.9237
120	0.04017	81.88	114.02	5.2191	0.03117	79.91	111.08	5.1357
140	0.04886	98.41	137.50	5.4002	0.03845	97.02	135.47	5.3239
160	0.05710	114.28	159.95	5.5501	0.04522	113.20	158.42	5.4772
180	0.06509	129.82	181.89	5.6793	0.05173	128.94	180.67	5.6082
200	0.07293	145.17	203.51	5.7933	0.05809	144.43	202.52	5.7234
220	0.08067	160.40	224.94	5.8954	0.06436	159.76	224.11	5.8263
240	0.08835	175.54	246.23	5.9880	0.07055	174.98	245.53	5.9194
260	0.09599	190.63	267.42	6.0728	0.07670	190.13	266.83	6.0047
280	0.10358	205.68	288.54	6.1511	0.08281	205.23	288.04	6.0833
300	0.11115	220.70	309.62	6.2238	0.08889	220.29	309.18	6.1562
350	0.12998	258.19	362.17	6.3858	0.10401	257.86	361.87	6.3187
400	0.14873	295.69	414.68	6.5260	0.11905	295.42	414.47	6.4591
500	0.18609	371.25	520.12	6.7613	0.14899	371.04	520.04	6.6947
600	0.22335	448.24	626.93	6.9560	0.17883	448.09	626.92	6.8895
700	0.26056	527.31	735.76	7.1237	0.20862	527.19	735.81	7.0573
800	0.29773	608.73	846.91	7.2721	0.23837	608.63	847.00	7.2057
900	0.33488	692.52	960.42	7.4058	0.26810	692.44	960.54	7.3394
1000	0.37202	778.55	1076.16	7.5277	0.29782	778.49	1076.30	7.4614

[표 B.6.2] 질소의 과열 증기 상태량(계속)

온도 (K)	v [m³/kg]	u [kJ/kg]	h [kJ/kg]	s [kJ/kg·K]	v [m³/kg]	u [kJ/kg]	h [kJ/kg]	s [kJ/kg·K]
	1500kPa(110.38K)				2000kPa(115.58K)			
Sat.	0.01555	62.17	85.51	4.8148	0.01100	59.25	81.25	4.7193
120	0.01899	74.26	102.75	4.9650	0.01260	66.90	92.10	4.8116
140	0.02452	93.36	130.15	5.1767	0.01752	89.37	124.40	5.0618
160	0.02937	110.44	154.50	5.3394	0.02144	107.55	150.43	5.2358
180	0.03393	126.71	177.60	5.4755	0.02503	124.42	174.48	5.3775
200	0.03832	142.56	200.03	5.5937	0.02844	140.66	197.53	5.4989
220	0.04260	158.14	222.05	5.6987	0.03174	156.52	219.99	5.6060
240	0.04682	173.57	243.80	5.7933	0.03496	172.15	242.08	5.7021
260	0.05099	188.87	265.36	5.8796	0.03814	187.62	263.90	5.7894
280	0.05512	204.10	286.78	5.9590	0.04128	202.97	285.53	5.8696
300	0.05922	219.27	308.10	6.0325	0.04440	218.24	307.03	5.9438
350	0.06940	257.03	361.13	6.1960	0.05209	256.21	360.39	6.1083
400	0.07949	294.73	413.96	6.3371	0.05971	294.05	413.47	6.2500
450	0.08953	332.53	466.82	6.4616	0.06727	331.95	466.49	6.3750
500	0.09953	370.54	519.84	6.5733	0.07480	370.05	519.65	6.4870
600	0.11948	447.71	626.92	6.7685	0.08980	447.33	626.93	6.6825
700	0.13937	526.89	735.94	6.9365	0.10474	526.59	736.07	6.8507
800	0.15923	608.39	847.22	7.0851	0.11965	608.14	847.45	6.9994
900	0.17906	692.24	960.83	7.2189	0.13454	692.04	961.13	7.1333
1000	0.19889	778.32	1076.65	7.3409	0.14942	778.16	1077.01	7.2553
	3000kPa(123.61K)				10000kPa			
Sat.	0.00582	46.03	63.47	4.5032	—	—	—	—
140	0.01038	79.98	111.13	4.8706	0.00200	0.84	20.87	4.0373
160	0.01350	101.35	141.85	5.0763	0.00291	47.44	76.52	4.4088
180	0.01614	119.68	168.09	5.2310	0.00402	82.44	122.65	4.6813
200	0.01857	136.78	192.49	5.3596	0.00501	108.21	158.35	4.8697
220	0.02088	153.24	215.88	5.4711	0.00590	129.86	188.88	5.0153
240	0.02312	169.30	238.66	5.5702	0.00672	149.42	216.64	5.1362
260	0.02531	185.10	261.02	5.6597	0.00749	167.77	242.72	5.2406
280	0.02746	200.72	283.09	5.7414	0.00824	185.34	267.69	5.3331
300	0.02958	216.21	304.94	5.8168	0.00895	202.38	291.90	5.4167
350	0.03480	254.57	358.96	5.9834	0.01067	243.57	350.26	5.5967
400	0.03993	292.70	412.50	6.1264	0.01232	283.59	406.79	5.7477
500	0.05008	369.06	519.29	6.3647	0.01551	362.42	517.48	5.9948
600	0.06013	446.57	626.95	6.5609	0.01861	441.47	627.58	6.1955
700	0.07012	525.99	736.35	6.7295	0.02167	521.96	738.65	6.3667
800	0.08008	607.67	847.92	6.8785	0.02470	604.42	851.43	6.5172
900	0.09003	691.65	961.73	7.0125	0.02771	689.02	966.15	6.6523
1000	0.09996	777.85	1077.72	7.1347	0.03072	775.68	1082.84	6.7753

[표 B.7] 메탄의 열역학 상태량
[표 B.7.1] 메탄의 포화 상태량

| 온도
(K) | 압력
(kPa) | 비체적(m³/kg) | | | 내부 에너지(kJ/kg) | | |
		포화 액체 v_ℓ	증발 $v_{\ell g}$	포화 증기 v_g	포화 액체 u_ℓ	증발 $u_{\ell g}$	포화 증기 u_g
90.7	11.7	0.002215	3.97941	3.98163	−358.10	496.59	138.49
95	19.8	0.002243	2.44845	2.45069	−343.79	488.62	144.83
100	34.4	0.002278	1.47657	1.47885	−326.90	478.96	152.06
105	56.4	0.002315	0.93780	0.94012	−309.79	468.89	159.11
110	88.2	0.002353	0.62208	0.62443	−292.50	458.41	165.91
111.7	101.3	0.002367	0.54760	0.54997	−286.74	454.85	168.10
115	132.3	0.002395	0.42800	0.43040	−275.05	447.48	172.42
120	191.6	0.002439	0.30367	0.30610	−257.45	436.02	178.57
125	269.0	0.002486	0.22108	0.22357	−239.66	423.97	184.32
130	367.6	0.002537	0.16448	0.16701	−221.65	411.25	189.60
135	490.7	0.002592	0.12458	0.12717	−203.40	397.77	194.37
140	641.6	0.002653	0.09575	0.09841	−184.86	383.42	198.56
145	823.7	0.002719	0.07445	0.07717	−165.97	368.06	202.09
150	1040.5	0.002794	0.05839	0.06118	−146.65	351.53	204.88
155	1295.6	0.002877	0.04605	0.04892	−126.82	333.61	206.79
160	1592.8	0.002974	0.03638	0.03936	−106.35	314.01	207.66
165	1935.9	0.003086	0.02868	0.03177	−85.06	292.30	207.24
170	2329.3	0.003222	0.02241	0.02563	−62.67	267.81	205.14
175	2777.6	0.003393	0.01718	0.02058	−38.75	239.47	200.72
180	3286.4	0.003623	0.01266	0.01629	−12.43	205.16	192.73
185	3863.2	0.003977	0.00846	0.01243	18.47	159.49	177.96
190	4520.5	0.004968	0.00300	0.00797	69.10	67.01	136.11
190.6	4599.2	0.006148	0	0.00615	101.46	0	101.46

[표 B.7.1] 메탄의 포화 상태량(계속)

온도 (K)	압력 (kPa)	엔탈피(kJ/kg)			엔트로피(kJ/kg · K)		
		포화 액체 h_ℓ	증발 $h_{\ell g}$	포화증기 h_g	포화 액체 s_ℓ	증발 $s_{\ell g}$	포화 증기 s_g
90.7	11.7	−358.07	543.12	185.05	4.2264	5.9891	10.2155
95	19.8	−343.75	537.18	193.43	4.3805	5.6545	10.0350
100	34.4	−326.83	529.77	202.94	4.5538	5.2977	9.8514
105	56.4	−309.66	521.82	212.16	4.7208	4.9697	9.6905
110	88.2	−292.29	513.29	221.00	4.8817	4.6663	9.5480
111.7	101.3	−286.50	510.33	223.83	4.9336	4.5706	9.5042
115	132.3	−274.74	504.12	229.38	5.0368	4.3836	9.4205
120	191.6	−256.98	494.20	237.23	5.1867	4.1184	9.3051
125	269.0	−238.99	483.44	244.45	5.3321	3.8675	9.1996
130	367.6	−220.72	471.72	251.00	5.4734	3.6286	9.1020
135	490.7	−202.13	458.90	256.77	5.6113	3.3993	9.0106
140	641.6	−183.16	444.85	261.69	5.7464	3.1775	8.9239
145	823.7	−163.73	429.38	265.66	5.8794	2.9613	8.8406
150	1040.5	−143.74	412.29	268.54	6.0108	2.7486	8.7594
155	1295.6	−123.09	393.27	270.18	6.1415	2.5372	8.6787
160	1592.8	−101.64	371.96	270.35	6.2724	2.3248	8.5971
165	1935.9	−79.08	347.82	268.74	6.4046	2.1080	8.5126
170	2329.3	−55.17	320.02	264.85	6.5399	1.8824	8.4224
175	2777.5	−29.33	287.20	257.87	6.6811	1.6411	8.3223
180	3286.4	−0.53	246.77	246.25	6.8333	1.3710	8.2043
185	3863.2	33.83	192.16	226.00	7.0095	1.0387	8.0483
190	4520.5	91.56	80.58	172.14	7.3015	0.4241	7.7256
190.6	4599.2	129.74	0	129.74	7.4999	0	7.4999

[표 B.7.2] 메탄의 과열 증기 상태량

온도 (K)	v [m³/kg]	u [kJ/kg]	h [kJ/kg]	s [kJ/kg·K]	v [m³/kg]	u [kJ/kg]	h [kJ/kg]	s [kJ/kg·K]
	100kPa(111.50K)				200kPa(120.61K)			
Sat.	0.55665	167.90	223.56	9.5084	0.29422	179.30	238.14	9.2918
125	0.63126	190.21	253.33	9.7606	0.30695	186.80	248.19	9.3736
150	0.76586	230.18	306.77	10.1504	0.37700	227.91	303.31	9.7759
175	0.89840	269.72	359.56	10.4759	0.44486	268.05	357.02	10.1071
200	1.02994	309.20	412.19	10.7570	0.51165	307.88	410.21	10.3912
225	1.16092	348.90	464.99	11.0058	0.57786	347.81	463.38	10.6417
250	1.29154	389.12	518.27	11.2303	0.64370	388.19	516.93	10.8674
275	1.42193	430.17	572.36	11.4365	0.70931	429.36	571.22	11.0743
300	1.55215	472.36	627.58	11.6286	0.77475	471.65	626.60	11.2670
325	1.68225	516.00	684.23	11.8100	0.84008	515.37	683.38	11.4488
350	1.81226	561.34	742.57	11.9829	0.90530	560.77	741.83	11.6220
375	1.94220	608.58	802.80	12.1491	0.97046	608.07	802.16	11.7885
400	2.07209	657.89	865.10	12.3099	1.03557	657.41	864.53	11.9495
425	0.20193	709.36	929.55	12.4661	1.10062	708.92	929.05	12.1059

온도 (K)	v [m³/kg]	u [kJ/kg]	h [kJ/kg]	s [kJ/kg·K]	v [m³/kg]	u [kJ/kg]	h [kJ/kg]	s [kJ/kg·K]
	400kPa(131.42K)				600kPa(138.72K)			
Sat.	0.15427	191.01	252.72	9.0754	0.10496	197.54	260.51	8.9458
150	0.18233	223.16	296.09	9.3843	0.11717	218.08	288.38	9.1390
175	0.21799	264.61	351.81	9.7280	0.14227	261.03	346.39	9.4970
200	0.25246	305.19	406.18	10.0185	0.16603	302.44	402.06	9.7944
225	0.28631	345.61	460.13	10.2726	0.18911	343.37	456.84	10.0525
250	0.31978	386.32	514.23	10.5007	0.21180	384.44	511.52	10.2830
275	0.35301	427.74	568.94	10.7092	0.23424	426.11	566.66	10.4931
300	0.38606	470.23	624.65	10.9031	0.25650	468.80	622.69	10.6882
325	0.41899	514.10	681.69	11.0857	0.27863	512.82	680.00	10.8716
350	0.45183	559.63	740.36	11.2595	0.30067	558.48	738.88	11.0461
375	0.48460	607.03	800.87	11.4265	0.32264	605.99	799.57	11.2136
400	0.51731	656.47	863.39	11.5879	0.34456	655.52	862.25	11.3754
425	0.54997	708.05	928.04	11.7446	0.36643	707.18	927.04	11.5324
450	0.58260	761.85	994.89	11.8974	0.38826	761.05	994.00	11.6855
475	0.61520	817.89	1063.97	12.0468	0.41006	817.15	1063.18	11.8351
500	0.64778	876.18	1135.29	12.1931	0.43184	875.48	1134.59	11.9816
525	0.68033	936.67	1208.81	12.3366	0.45360	936.03	1208.18	12.1252
	800kPa(144.40K)				1000kPa(149.13K)			
Sat.	0.07941	201.70	265.23	8.8505	0.06367	204.45	268.12	8.7735
150	0.08434	212.53	280.00	8.9509	0.06434	206.28	270.62	8.7902
175	0.10433	257.30	340.76	9.3260	0.08149	253.38	334.87	9.1871
200	0.12278	299.62	397.85	9.6310	0.09681	296.73	393.53	9.5006
225	0.14050	341.10	453.50	9.8932	0.11132	338.79	450.11	9.7672
250	0.15781	382.53	508.78	10.1262	0.12541	380.61	506.01	10.0028
275	0.17485	424.47	564.35	10.3381	0.13922	422.82	562.04	10.2164
300	0.19172	467.36	620.73	10.5343	0.15285	465.91	618.76	10.4138
325	0.20845	511.55	678.31	10.7186	0.16635	510.26	676.61	10.5990
350	0.22510	557.33	737.41	10.8938	0.17976	556.18	735.94	10.7748
375	0.24167	604.95	798.28	11.0617	0.19309	603.91	797.00	10.9433
400	0.25818	654.57	861.12	11.2239	0.20636	653.62	859.98	11.1059
425	0.27465	706.31	926.03	11.3813	0.21959	705.44	925.03	11.2636
450	0.29109	760.24	993.11	11.5346	0.23279	759.44	992.23	11.4172
475	0.30749	816.40	1062.40	11.6845	0.24595	815.66	1061.61	11.5672
500	0.32387	874.79	1133.89	11.8311	0.25909	874.10	1133.19	11.7141
525	0.34023	935.38	1207.56	11.9749	0.27221	934.73	1206.95	11.8580
550	0.35657	998.14	1283.45	12.1161	0.28531	997.53	1282.84	11.9992

[표 B.7.2] 메탄의 과열 증기 상태량(계속)

온도 (K)	v [m³/kg]	u [kJ/kg]	h [kJ/kg]	s [kJ/kg·K]	v [m³/kg]	u [kJ/kg]	h [kJ/kg]	s [kJ/kg·K]
	1500kPa(158.52K)				2000kPa(165.86K)			
Sat.	0.04196	207.53	270.47	8.6215	0.03062	207.01	268.25	8.4975
175	0.05078	242.64	318.81	8.9121	0.03504	229.90	299.97	8.6839
200	0.06209	289.13	382.26	9.2514	0.04463	280.91	370.17	9.0596
225	0.07239	332.85	441.44	9.5303	0.05289	326.64	432.43	9.3532
250	0.08220	375.70	499.00	9.7730	0.06059	370.67	491.84	9.6036
275	0.09171	418.65	556.21	9.9911	0.06796	414.40	550.31	9.8266
300	0.10103	462.27	613.82	10.1916	0.07513	458.59	608.85	10.0303
325	0.11022	507.04	672.37	10.3790	0.08216	503.80	668.12	10.2200
350	0.11931	553.30	732.26	10.5565	0.08909	550.40	728.58	10.3992
375	0.12832	601.30	793.78	10.7263	0.09594	598.69	790.57	10.5703
400	0.13728	651.24	857.16	10.8899	0.10274	648.87	854.34	10.7349
425	0.14619	703.26	922.54	11.0484	0.10949	701.08	920.06	10.8942
450	0.15506	757.43	990.02	11.2027	0.11620	755.43	987.84	11.0491
475	0.16391	813.80	1059.66	11.3532	0.12289	811.94	1057.72	11.2003
500	0.17273	872.37	1131.46	11.5005	0.12955	870.64	1129.74	11.3480
525	0.18152	933.12	1205.41	11.6448	0.13619	931.51	1203.88	11.4927
550	0.19031	996.02	1281.48	11.7864	0.14281	994.51	1280.13	11.6346
	4000kPa(186.10K)				8000kPa			
Sat.	0.01160	172.96	219.34	8.0035	–	–	–	–
200	0.01763	237.70	308.23	8.4675	0.00412	55.58	88.54	7.2069
225	0.02347	298.52	392.39	8.8653	0.00846	217.30	284.98	8.1344
250	0.02814	349.08	461.63	9.1574	0.01198	298.05	393.92	8.5954
275	0.03235	396.67	526.07	9.4031	0.01469	357.88	475.39	8.9064
300	0.03631	443.48	588.73	9.6212	0.01705	411.71	548.15	9.1598
325	0.04011	490.62	651.07	9.8208	0.01924	463.52	617.40	9.3815
350	0.04381	538.70	713.93	10.0071	0.02130	515.02	685.39	9.5831
375	0.04742	588.18	777.86	10.1835	0.02328	567.12	753.34	9.7706
400	0.05097	639.34	843.24	10.3523	0.02520	620.38	821.95	9.9477
425	0.05448	692.38	910.31	10.5149	0.02707	675.14	891.71	10.1169
450	0.05795	747.43	979.23	10.6725	0.02891	731.63	962.92	10.2796
475	0.06139	804.55	1050.12	10.8258	0.03072	789.99	1035.75	10.4372
500	0.06481	863.78	1123.01	10.9753	0.03251	850.28	1110.34	10.5902
525	0.06820	925.11	1197.93	11.1215	0.03428	912.54	1186.74	10.7393
550	0.07158	988.53	1274.86	11.2646	0.03603	976.77	1264.99	10.8849
575	0.07495	1053.98	1353.77	11.4049	0.03776	1042.96	1345.07	11.0272

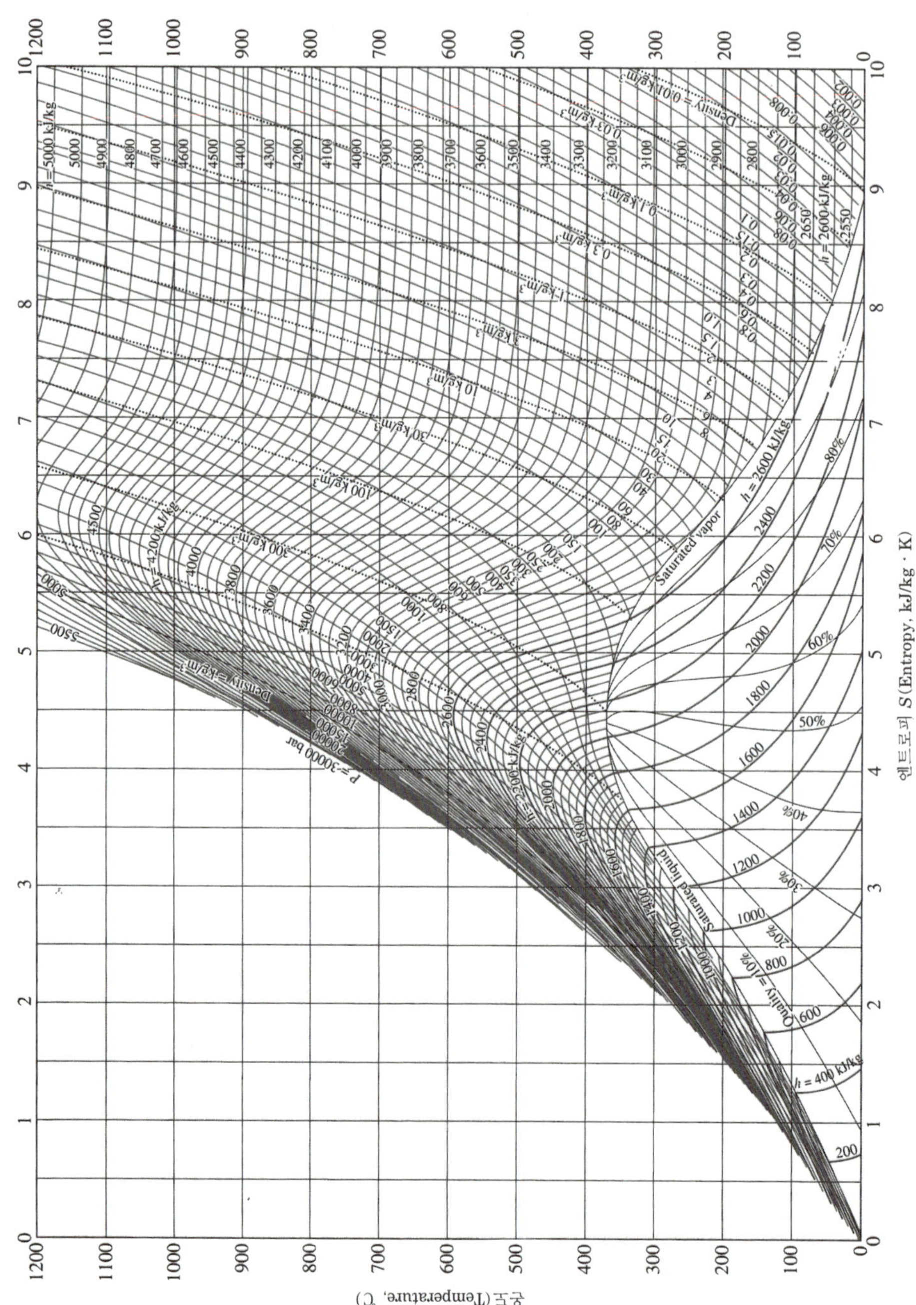

[그림 C.1] 물의 열역학적 성질: $T-s$ 선도

[그림 C.2] 물의 열역학적 성질 : Mollier의 $h-s$ 선도

h : Enthalpy(엔탈피), s : entropy(엔트로피)

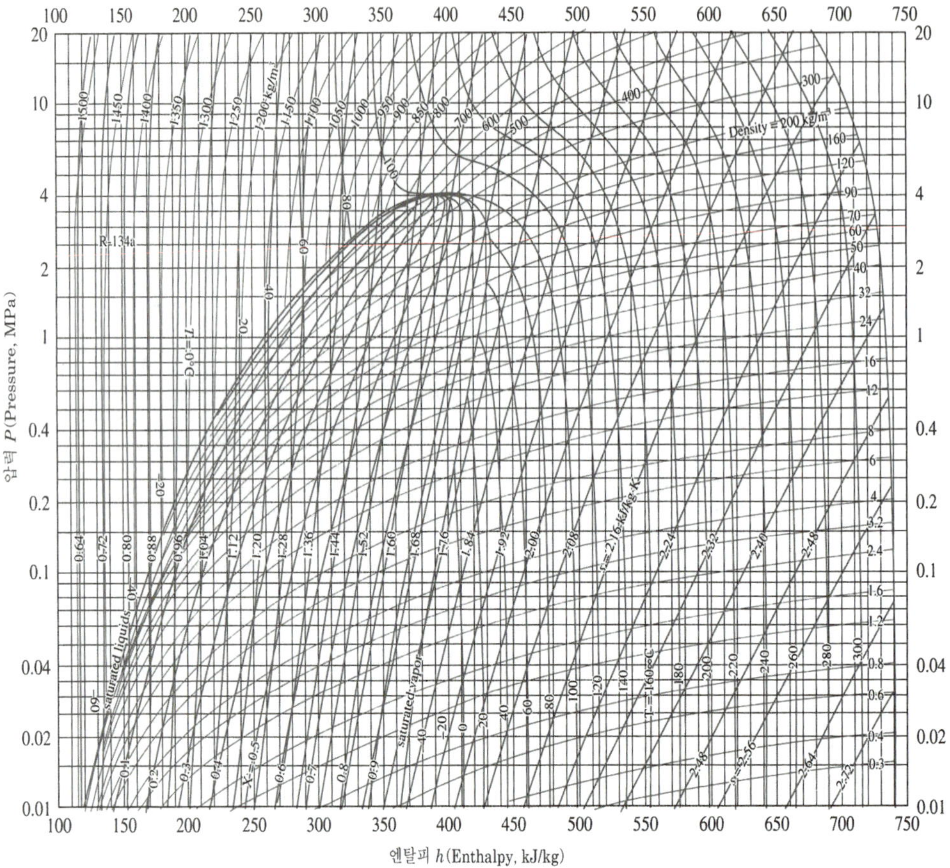

[그림 C.3] R-134a의 열역학적 성질 : $P-h$ 선도

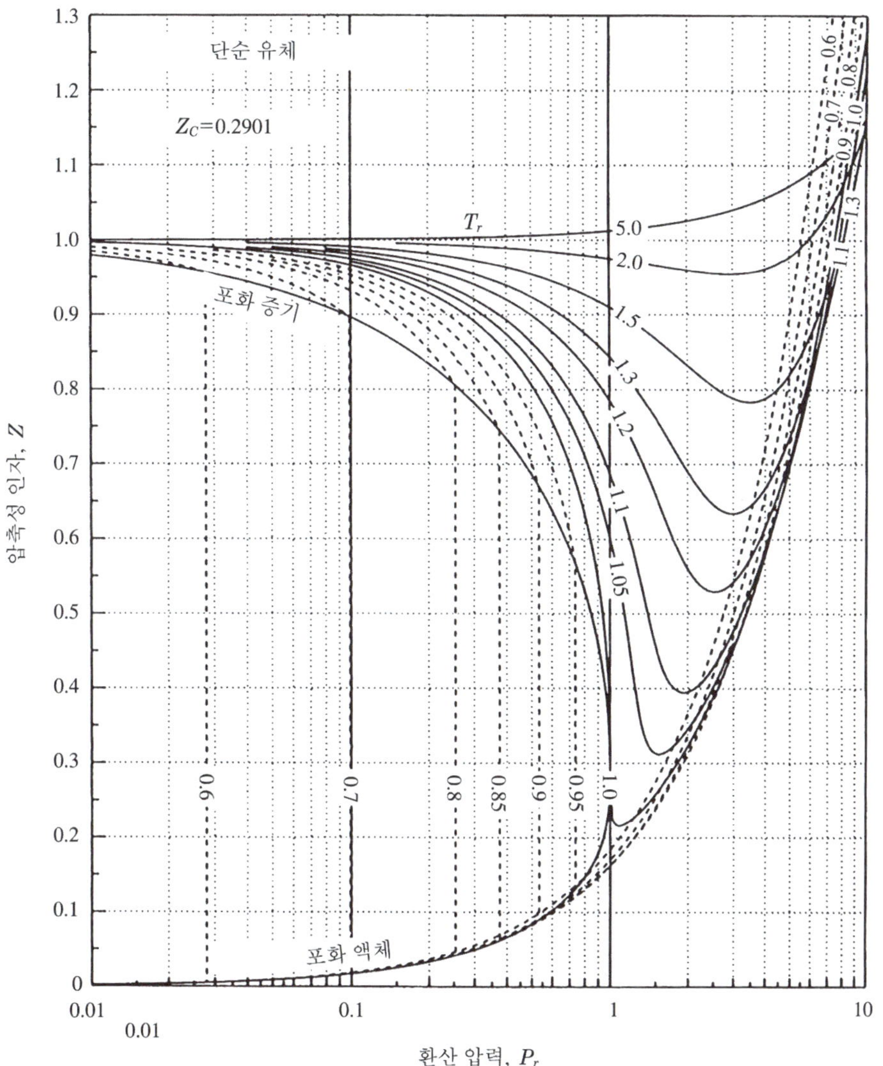

[그림 C.4] Lee–Kesler의 단순 유체 일반 압축성 인자 선도

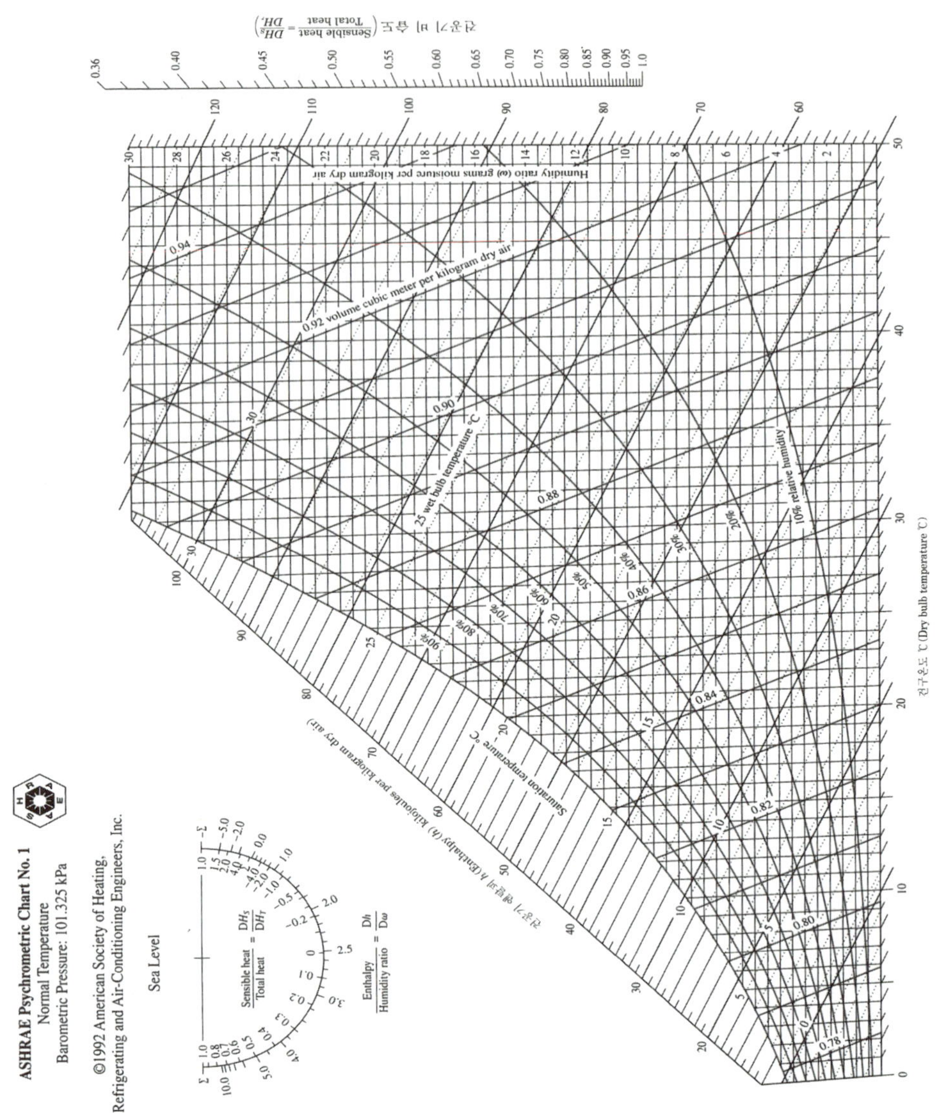

[그림 C.5] 전압력 1atm일 때 습공기 선도(1atm : 표준대기압)

참고문헌

1. Claus Borgnakke & Richard E. Sonnatag, *Fundamentals of Thermodynamics*. 7th Edition, John Wiley & Sons, Inc.
2. Moran et al., *Engineering Thermodynamics*. 7th Edition, John Wiley & Sons, Inc.
3. William S. Janna, *Design of Fluid Thermal Systems*, Cengage Learning.
4. Yunus A. Cengel et al., *Thermodynamics an Engineering Approach*, McGraw-Hill.
5. Frank P. Incropera et al., *Foundations of Heat Transfer*, 6th Edition, John Wiley & Sons, Inc.
6. 강태곤 외 역, 열유체시스템설계, 도서출판 동화기술.
7. 금종수 외 6인, 냉동공조시스템, 도서출판 GS인터비전.
8. 김동진, 그림으로 배우는 열역학, 북스힐, 2013.
9. 노승탁, 공업열역학, 문운당, 2014.
10. 박복춘 외 역, 열전달, 텍스트북스.
11. 박설현 외 역, 열역학, 도서출판 동화기술.
12. 박연무 외 역, 열역학, 텍스트북스.
13. 부준홍 외 역, CENGEL의 열역학, 교보문고.
14. 엄기찬, 최신 공업열역학, 청문각.
15. 장태익 외, 소방설비개론, 북스힐, 2013.
16. 장태익, 일반기계기사, 성안당, 2018.
17. 지창헌 외 2인, 자동차공학, 인터비전.

제1장 ▎서론

기본연습문제 정답

01 본문 참조

02 본문 참조

03 $0℃=273.16K=32°F=491.7R$

$$\therefore T[\mathrm{R}]=\frac{9}{5}\mathrm{K}=1.8\,T[\mathrm{K}]$$

또는 $T[\mathrm{K}]=\frac{5}{9}\mathrm{R}$

04 $t_m=50℃$

05 $P_{abs}≒154.3\mathrm{kPa}$

06 $t=0.67\mathrm{hour}≒40.2\mathrm{min}$

07 $_1Q_2≒875.37\mathrm{kJ}$

08 $P_{abs}≒77.33\mathrm{kPa(abs)}$

09 (1) $P_{abs}≒800.016\mathrm{hPa}$

(2) 진공도 $≒20\%$

10 $P_v($진공압$)=677.7\mathrm{mmHg}$

$≒90.35\mathrm{kPa(abs)}$

11 $v≒8.357\mathrm{m}^3/\mathrm{kg}$

12 $v≒0.06114\mathrm{m}^3/\mathrm{kg}$

13 $W=1,000\mathrm{kg}\cdot\mathrm{m}=9,800\mathrm{J}$

14 $W=31176.9\mathrm{kg}\cdot\mathrm{m}$

$=305.54\times10^3\mathrm{J}=305.54\mathrm{kJ}$

15 (1) $m=1.65\mathrm{kg},\ v=0.4727\mathrm{m}^3/\mathrm{kg}$

(2) $\dot{V}=3.9\times10^{-3}\mathrm{m}^3/\mathrm{sec}$

$\dot{m}=8.25\times10^{-3}\mathrm{kg}/\mathrm{sec}$

16 (1) $P_{abs}=0.0835\mathrm{MPa}$

(2) 진공도 $=13.02\%$

17 $\rho=1.02\mathrm{kg}/\mathrm{m}^3$

18 $v=0.0012\mathrm{m}^3/\mathrm{kg},\ \rho=833.33\mathrm{kg}/\mathrm{m}^3$

19 $T≒13,257\mathrm{J}$

20 $\dot{G}=20.27\mathrm{kg}/\mathrm{hr}$

21 $(m_p)_B=22.40\mathrm{kg}$

응용연습문제 정답

01 본문 참조

02 $P_B≒84.685\mathrm{bar}$

03 (1) 본문 참조

(2) $P_{abs}≒102.305\mathrm{kPa}$

(3) $P_{abs}≒88.0\mathrm{kPa}$, 진공도 $=13.16\%$

04 $P_A≒106.36\mathrm{kPa}$

05 $\rho_c=1.12\mathrm{kg}/\mathrm{m}^3$

06 $t_2≒94.43℃$

07 $T≒300.1\mathrm{K}≒27.1℃$

08 $\Delta t=t_2-t_1≒0.234℃$

09 $\Delta t≒4℃$

10 $F_2≒193\mathrm{kN}$

11 (1) $\gamma=0.9854\mathrm{kN}/\mathrm{m}^3$

(2) $\rho=100.40\mathrm{kg}/\mathrm{m}^3$

(3) $SG=0.1$

12 (1) $H=749.5\mathrm{mm}$

(2) $P_{abs}=201.325\mathrm{kPa}$

13 (1) $W=981\mathrm{N}$

(2) $m=1,700\mathrm{kg},\ v=1.1765\times10^{-3}\mathrm{m}^3/\mathrm{kg}$

(3) $P_{abs}=450.037\mathrm{mmHg}$, 진공도 $=60\%$

14 $\Delta t_w≒3.70℃$

15 $1\mathrm{PS}=0.735\mathrm{kW}$

$1\mathrm{PS-hr}=2,646\mathrm{kJ-hr}$

$50\mathrm{PS-hr}≒132.3\times10^3\mathrm{kJ-hr}$

16 $H=0.6176\mathrm{hr}($시간$)$

17 $Q=4.137\mathrm{kJ}$

18 ① $Q≒914.33\mathrm{kJ}$

② $C_m≒1.016\mathrm{kJ}/\mathrm{kg}\cdot℃$

19 $C_{\mathrm{Al}}≒0.899\mathrm{kJ}/\mathrm{kg}\cdot℃$

20 $t_m=24.41℃$

21 $t_s=888.53℃$

22 $C_s=\dfrac{G_2(t_2-t')}{G_1(t'-t_1)}$

23 $P=P_o+\gamma_w(S_sH-Sh)$

24 본문 참조

25 $P≒25069.48\times10^3\mathrm{Pa}$

26 $v = \dfrac{1}{\rho} = 1.33 \times 10^{-3}\,\text{kg/m}^3$

27 본문 참조

28 소요동력 ≒ 377PS

29 $v ≒ 19.8\,\text{m/s}$

30 $l' ≒ 0.1755 \times 10^2\,\text{cm}$

31 $1\text{PS} = 0.735\text{kW}$

$1\text{kW} = 1.36\text{PS}$

32 $\eta_{th} = \dfrac{2,646 H_{PS}}{H_l f_b}$

$\therefore H_{PS} = \dfrac{\eta_{th} H_l f_b}{2,646} ≒ 133\text{PS}$

33 $\eta_{th} = 26.72\%$

34 필요동력 ≒ 24PS

35 본문 참조

제2장 ┃ 일과 열

기본연습문제 정답 ▼

01 $m = -3.33 \times 10^{-11}\,\text{kg}(-:감소)$

02 $1\text{PS}-\text{hr} = 2,646\text{kJ/hr}$

03 $Q = 1,470\text{kJ}$

04 제동흡수동력 ≒ 66.67PS

05 $1\text{kW}-\text{hr} = 367,200\text{kg}\cdot\text{m/hr}$
$≒ 860\text{kcal/hr}$
$≒ 860\text{kcal}-\text{hr}$

06 $\Delta u = 17.5\,\text{kJ/kg}$

07 $\delta Q = dE + \delta W ≒ dU + \delta W$
$= dU + PAdL = dU + PdV$

또는 $\delta q = du + Pdv$

08 $\delta Q = dU + PdV|_{v=C} = dU = m C_v dT$
$\therefore \delta q = C_v dT$

09 $V_2 ≒ 750.64\,\text{m/s}$

10 (1) $\dot{Q}_L = 0.3\text{kW}$

(2) $\beta = 1.5$

(3) $(RT)_x = 0.0857 RT$

11 $\dot{Q} = 78,750\text{J/s}$

12 $\Delta U = U_2 - U_1 = 1,350\text{kJ}$

13 본문 참조

14 $Q_x = 1,620\text{kW}$

15 $\Delta H = -9\text{kJ}$

16 $\Delta U = 118\text{kJ}$

17 $_1 W_2 = 8\text{kJ}$

18 $h_1 - h_2 = 124.55\,\text{kJ/kg}$

19 (1) $q_x = 175\,\text{W/m}^2$

(2) $Q_x = 5,250\text{W}$

20 $\dot{Q}_{c.v} = 2,354\text{kW}$

21 (1) $m_w = 0.372\,\text{kg/s}$

(2) $\dot{Q} = 15.587\text{kJ/s}$

22 $\Delta U = U_2 - U_1 = 39.5\text{kJ}$

23 $H = 7,005\text{kJ}$
$h = 700.5\,\text{kJ/kg}$

24 $\Delta H = H_2 - H_1 = 220\text{kJ}$

25 $\dot{W}_{c.v} = 891\,\text{kJ/hr}$

26 $\dot{W}_t ≒ 1056.11\text{kW}$

27 (1) $q_x = 390\,\text{W/m}^2$

(2) $T_L = 28.3\,℃$

28 (1) $\dot{m} ≒ 5.357\,\text{kg/s}$

(2) $V_a ≒ 9.54\,\text{m/s}$

29 본문 참조

30 본문 참조

31 $\dot{W}_c ≒ -1\text{kW}(-:압축)$

32 $q_c = 750\,\text{W/m}^2$

33 $\dot{m} = 3245.45\,\text{kg/hr}$

34 $T_2 - T_1 = -14.357\text{K}$
$\therefore T_1 = T_2 + 14.357$
$≒ 380.357\text{K} ≒ 107.37\,℃$

35 $\dot{Q}_{c.v} = 217.35\,\text{kJ/min}$

36 $_1 Q_2 = 509.6\text{kJ}$

37 $q_r = 126.36\,\text{W/m}^2$

38 (1) $V_1 = 1.22\,\text{m/s}, \ V_2 = 19.56\,\text{m/s}$

(2) $\dot{W}_P = -4.67\text{kW}$

01 본문 참조

02 본문 참조

03 본문 참조

04 본문 참조

05 본문 참조

06 본문 참조

07 $\oint \delta Q \propto \oint \delta W$

상태변화 후 $\delta Q = dE + \delta W$

$dE = dU + d(PE) + d(KE) \fallingdotseq dU$

$\therefore \delta Q = dU + \delta W$

08 $1PS-hr = 2,646kJ/hr$

09 $\Delta U = U_2 - U_1 = 113.5kJ$

10 $\Delta U = 5kJ$

11 본문 참조

12 $_1W_2 = -210kJ$

13 $\Delta u = -2.0kJ/kg$

14 $\Delta h = h_2 - h_1 = -10kJ/kg$

15 $\Delta U = -116.7kJ$

16 $\Delta h = h_2 - h_1 = 124.55kJ/kg$

17 $_1W_2 = 10kJ$

18 $V_2 = w_2$

$\quad = \sqrt{2(h_1 - h_2)}$

$\quad = \sqrt{2\Delta h}$

$\quad = \sqrt{2,000\Delta h}\ [m/s]$

단, h_2, h_1의 단위는 kJ/kg이다.

19 (1) $h_2 = 2,992.5kJ/kg$

(2) $A_2 = 4.586 \times 10^{-4}m^2$

20 (1) $V_1 = 1.22m/s$, $V_2 = 19.56m/s$

(2) $\dot{W}_p = -4.2kW(- : 압축)$

21 (1) $h_1 = 1,524.7kJ/kg$, $h_2 = 3,066.8kJ/kg$

(2) $_1Q_2 = 771.1kJ$, $_1W_2 = 91.0kJ$

(3) $U_2 - U_1 = 680.1kJ$

22 $\Delta U = U_2 - U_1 = 107.55kJ$

23 $V_2 = 765.39m/s$

24 $\Delta u = u_2 - u_1 = 1557.26kJ/kg$

25 (1) $v_1 = 0.20m^3/kg$, $v_2 = 0.6549m^3/kg$

(2) $_1W_2 = 363.9kJ$

(3) $h_1 = 1,524.7kJ/kg$, $h_2 = 3,066.8kJ/kg$

(4) $_1Q_2 = 3,085.0kJ$

26 $\Delta U = U_2 - U_1 = 2,600kJ$

27 $\Delta h = 57.5kJ/kg$

28 본문 참조

29 $\Delta h = h_2 - h_1 = 14kJ/kg$

30 $\eta_{th} = 39.38\%$

31 $_1q_2 = 2,184kJ/kg$

$_1Q_2 = 4,368 \times 10^3 kJ/hr$

32 $_1q_2 = 20kJ/kg$

33 $C_v = 10.5kJ/kg \cdot K$

$C_p = C_v + R = 14.657kJ/kg \cdot K$

34 $t_2 - t_1 = 3.73℃$

35 (1) $P = P_o + \dfrac{m_p g}{A} + \dfrac{F_1}{A} + \dfrac{\kappa_s(V - V_0)}{A^2}$

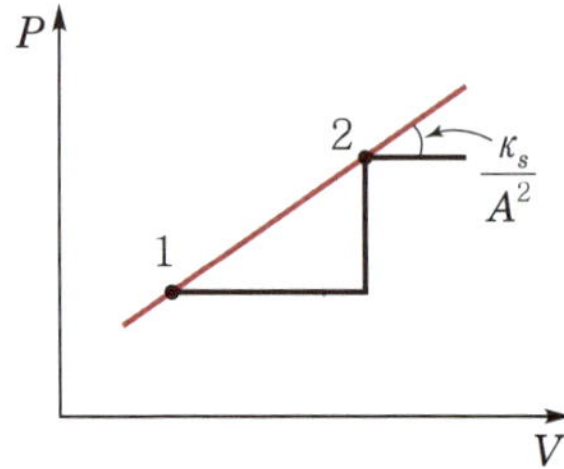

(2) $P-V$ 선도의 면적이 일의 크기이므로

$_1W_2 = \dfrac{1}{2}(P_1 + P_2)(V_2 - V_1) = 0.6kJ$

36 (1) 대류 : $q_c = 3,500W/m^2$

복사 : $q_r = 870.96W/m^2$

(2) $Q_{tot} = q_{tot} \times A = 20.59kW$

37 (1) $W_{net} = 562.5kJ$, $Q_{out} = 687.5kJ$

(2) $\beta = 1.22$, $\gamma_H = 2.22$

38 (1) $P_1 = 150kPa$, $P_2 = 100kPa$

(2) $W_c = -0.125kJ(- : 압축)$

(3) $\Delta U = -4.875kJ(- : 감소)$

39 (1) $\dot{W}=-1.4066\text{kW}, \ \dot{Q}_{t=0}=0\text{kW}$

$\dot{Q}_{t=100}=-0.178\text{kW}(-: 열손실)$

(2) $\Delta E_{t=0}=4\text{kW}, \ \Delta E_{t=100}=126.56\text{kW}$

40 (1) $\dot{m}_a=0.721\text{kg/s}$

(2) $\dot{W}_c=-119.53\text{kW}(-: 압축일)$

41 $\dot{Q}_{c.v}=2.354\text{kW}$

42 $\Delta h=h_2-h_1=57.5\text{kJ/kg}$

43 $_1Q_2=28.458\text{MW}$

44 (1) $q_c=1,375\text{W/m}^2$

(2) $q_r=215.13\text{W/m}^2$

45 (1) $q_c=7,000\text{W/m}^2$

(2) $T_s=95℃$

46 (1) $\dot{Q}_c=0.325\text{kW}$

(2) $L=75\text{mm}$

47 (1) $\dot{m}_w=0.0548\text{kg/s}$

(2) $\dot{Q}_r=-3.44\text{kW}(-: 방출열)$

48 (1) $q_x=624\text{W/m}^2$

(2) $T_L=301.3\text{K}=28.3℃$

제3장 ┃ 이상기체

기본연습문제 정답 ▼

01 본문 참조

02 본문 참조

03 $m=0.263\text{kg}$

04 $_1W_2=230.3\text{kJ}$

05 $_1W_2=31.5\text{kJ}$

06 $R=0.2896\text{kJ/kg}\cdot\text{K}$

07 $R=0.297\text{kJ/kg}\cdot\text{K}$

08 $R=0.2857\text{kJ/kg}\cdot\text{K}$

09 $v=1.551\text{m}^3/\text{kg}$

10 $R=\dfrac{R_u}{M}$ 의 관계

① $H_2 : M=2.016\text{kg/kmol}$

② $N_2 : M=28.013\text{kg/kmol}$

③ $Ar : M=39.948\text{kg/kmol}$

④ $Air : M=28.97\text{kg/kmol}$

$\therefore H_2 > N_2 > Air > Ar$

11 $V=0.0484\text{m}^3$

12 $_1W_{c2}=-1414.62\times10^3\text{J}$

13 (1) $m=11.65\text{kg}$

(2) $P_2=506.5\text{kPa}, \ T_2=1514.85\text{K}$

(3) $_1Q_2=10136.8\text{kJ}$

14 $T_2=183.86\text{K}, \ _1w_2=517.375\text{kJ/kg}$

15 본문 참조

16 (1) $T_2=988.68\text{K}$

(2) $_1w_2=419.28\text{kJ/kg}$

17 (1) $\Delta S=S_2-S_1$

$=-0.3308\text{kJ/K}(-: 감소)$

(2) $\Delta S=S_2-S_1$

$=-0.8559\text{kJ/K}(-: 감소)$

18 (1) $m=1.65\text{kg}, \ v=0.4727\text{m}^3/\text{kg}$

(2) $\dot{V}=3.9\times10^3\text{m}^3\text{kg}$

$\dot{m}=8.25\times10^{-3}\text{kg/sec}$

19 (1) $m=1.214\text{kg}$

(2) $T_2=50℃$

20 (1) $m=3.4946\times10^{-3}\text{kg}$

(2) $P_2=1215.6\text{kPa}$

(3) $_1W_2=-0.755\text{kJ}(-: 가한 일)$

(4) $_1Q_2={_1W_2}(등온)$

$=-0.755\text{kJ}(-: 감소량)$

21 $V_2=461.77\text{m/sec}$

22 $n=0 \rightarrow P=c$

$n=1 \rightarrow T=c$

$n=\kappa \rightarrow S=c$

$n=\infty \rightarrow V=c$

$\therefore T=c$

23 $_1W_2=372.33\times10^3\text{J}$

24 $T_m=26.05℃$

25 (1) $V_1=2.523\text{m}^3$

(2) $_1W_2=252.3\text{kJ}$

(3) $_1Q_2=883\text{kJ}$

26 $W_t=\dfrac{n}{n-1}(P_1v_1-P_2v_2)\,[\text{kJ/kg}]$

27 $T=C$일 때 압축일 $_1W_{c2}=-298.35\text{kJ}$

28 $u_2-u_1=-143.61\text{kJ/kg}$

29 $C_n=-0.21767\text{kJ/kg}\cdot\text{K}$

30 $v_2=1.371\text{m}^3/\text{kg}$

31 $\phi=43\%$

01 본문 참조

02 $R = 0.2617 \text{kJ/kg} \cdot \text{K}$

03 $_1Q_2|_{P=C} = 125.5 \text{kJ}$

$_1Q_2|_{V=C} = 89.625 \text{kJ}$

04 $_1W_2 = -80.4 \text{kJ}(-:$ 압축일$)$

05 본문 참조

06 (1) $P_2 = 130.7 \text{kPa} < P_1(150 \text{kPa})$이므로 내부 공기는 압력과 체적이 낮아져 피스톤은 고리에 걸린다.

(2) $_1w_2 = -96.6 \text{kJ/kg}(-:$ 압축일=외부일$)$

07 $m \fallingdotseq 4.207 \text{kg}, \ \rho \fallingdotseq 2.337 \text{kg/m}^3,$

$v = 0.428 \text{m}^3/\text{kg}$

08 $R_u = \overline{R} = 8,314 \text{J/kmol} \cdot \text{K}$

09 $R = C_p - C_v = 2.09 \text{kJ/kg} \cdot \text{K}$

10 $R = 0.20785 \text{kJ/kg} \cdot \text{K}$

$C_v = 0.5196 \text{kJ/kg} \cdot \text{K}$

11 본문 참조

12 $C_v = 1.397 \text{kJ/kg} \cdot \text{K}$

$C_p = 1.858 \text{kJ/kg} \cdot \text{K}$

13 $n = 0 \rightarrow P = c$

$n = 1 \rightarrow T = c$

$n = \kappa \rightarrow S = c$

$n = \infty \rightarrow V = c$

14 ① $\dot{Q}_B = 28.177 \times 10^6 \text{kJ/hr}$

② $\dot{W}_t = 1098.67 \text{kW}$

15 ① $m_1 = 11.892 \text{kg}$

② $m_2 = 10.787 \text{kg}$

∴ $\Delta m = 1.105 \text{kg}$

16 $P_2 = 124.27 \text{kPa}$

17 $m = 7.48 \text{kg}$

18 $Q = 15.21 \text{kJ}$

19 $Q = 129.06 \text{kJ}$

20 ① $m = 2.126 \text{kg}$

② $V_2 = 0.328 \text{m}^3$

③ $W_c = -182.166 \text{kJ}$

21 $_1W_2 = 0.462 \text{kJ}$

22 $V_2 = 1.154 \text{m}^3$

23 ① $1 \rightarrow 2$과정 : $T = C, \ _1Q_2 = -310 \text{kJ},$

$T = C$일 때 $_1W_2 = {_1Q_2} = -310 \text{kJ}$

② $2 \rightarrow 3$과정 : $P = C, \ _3Q_2 = -0.257 \text{kJ}$

24 $\dfrac{V_2}{V_1} = \dfrac{1}{5}$

25 $m = 30.89 \text{kg}$

26 $_1W_2 = 91.44 \text{kJ}$

$\Delta H = K_1 W_2 \fallingdotseq 133 \text{kJ}$

27 (1) $m = 0.4446 \text{kg}$

(2) $_1Q_2 = 29.60 \text{kJ}$

28 (1) $T_2 = 340 \text{K}, \ V_2 = 0.0572 \text{kg}$

(2) $m = 0.2323 \text{kg}$

(3) $_1W_2 = -26.67 \text{kJ}(-:$ 압축일$)$

(4) $\Delta U = 6.657 \text{kg},$

$_1Q_2 = -20.01 \text{kJ}(-:$ 압축일$)$

29 (1) $\Delta s = s_2 - s_1 = 0.19839 \text{kJ/kg} \cdot \text{K}$

(2) $\Delta s = s_2 - s_1 = 0.19204 \text{kJ/kg} \cdot \text{K}$

(3) $\Delta s = s_2 - s_1 = 0.1917642 \text{kJ/kg} \cdot \text{K}$

30 (1) $m = 3.336 \text{kg}$

(2) $V_2 = 1.5 \text{m}^3$

(3) $_1W_2 = 604.47 \text{kJ}$

31 $_1W_{c2} = -136.74 \text{kJ}$

32 ① $n = 1.234$

② $V_2 = 0.1858 \text{m}^3$

33 $\dfrac{V_2}{V_1} = 0.64$

34 $_1Q_2 = 404.39 \text{kJ}$

35 (1) $Z = 0.985$(1에 가까울수록 이상기체에 가깝다)

(2) $T_r = 1.74$(질소의 $T_c = 126.2 \text{K}$), $P_r = 0.294$(질소의 $P_c = 3.39 \text{MPa}$)

36 (1) $m = 4.453 \text{kg}$

(2) $_1W_2 = -38.34 \text{kJ}(-:$ 받는 일$)$

(3) $\Delta U = -95.797 \text{kJ}(-:$ 감소$)$

(4) $\Delta Q = -134.137 \text{kJ}(-:$ 냉각$)$

37 (1) $T_2 ≒ 396\text{K}$

(2) $_1w_2 ≒ -96\text{kJ/kg}(-: 압축일)$

(3) $_1q_2 ≒ -23.48\text{kJ/kg}(-: 손실열)$

38 (1) $Z=0.55$

(2) $T_r=1.095,\ P_r=1.355,\ Z=0.55$: 부록 [그림 C.4]
따라서 이상기체로부터 많이 벗어난 상태

39 (1) $T_2=1220.12\text{K}$

(2) $_1w_2=723.6\text{kJ/kg}$

(3) $\Delta e=307.826\text{kJ/kg}$

(4) $q=1013.426\text{kJ/kg}$

40 (1) $P_2=75\text{kPa},\ _1W_2=142.28\text{kJ}$

(2) $P_2=0.029\text{MPa},\ _1W_2=91.9\text{kJ}$

(3) (1)번 과정 $\Delta E=-143.53\text{kJ}$, (2)번 과정 $\Delta E=-93.15\text{kJ}$

(4) 등온과정($T=c$)의 일($_1w_2$)이 폴리트로픽과정($PV^n=c$)의 일($_1w_2$)보다 팽창일이 크다.

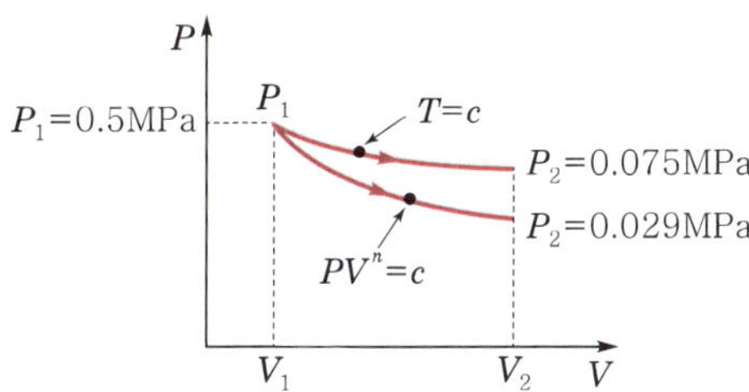

41 (1) $\dfrac{V_1}{V_2}=12.23$

(2) 등온 압축일 : $_1W_2=-869.967\text{kJ}$,
단열 압축일 : $_1W_2=-1068.379\text{kJ}$

42 (1) $T_r=1.0625,\ P_r=0.9485$, 부록 [그림 C.2]로부터 대략 $Z=0.7$(1보다 작으면 이상기체로부터 벗어남)

(2) 압축성인자를 이상기체 상태방정식으로부터 계산하면 $Z=0.7048<1,\ v=0.00614625\text{m}^3\text{/kg}$

43 (1) $m_{air}=0.2376\text{kg}$

(2) $\Delta U=-127.77\text{kJ}(-: 감소)$

(3) $_1Q_2=192.23\text{kJ}$

44 (1) $\kappa=1.498$

(2) $_1Q_2=300.8\text{kJ}$

45 (1) $P_2=1,270\text{kPa}$

(2) $_1W_2=-18.714\text{kJ}(-: 압축일)$

(3) $_1q_2=-23.4\text{kJ/kg}(-: 손실열)$

(4) $\Delta S=S_2-S_1=-4.316\times10^{-3}\text{kJ/K}$
($-: 감소$)

46 본문 참조

47 (1) ① 등온($T=C$) : $\dfrac{V_1}{V_2}=35$

② 단열($S=C$) : $\dfrac{V_1}{V_2}=12.674$

(2) $\Delta S=S_2-S_1=-2.551\text{kJ/K}(-: 감소)$

(3) $_1W_2=-942.13\text{kJ}(-: 압축일)$

제4장 ┃ 열역학 제2법칙

기본연습문제 정답

01 본문 참조

02 $\eta_c=50\%,\ \dot{W}_{net}=10\text{kW}$

03 $W_c=1.36\text{kW}$

04 본문 참조

05 $W_{net}≒17.5\text{kJ}$

06 $T_L=295.6\text{K}=22.6℃$

07 $\Delta S=S_2-S_1≒5.7\text{kJ/K}$

08 $\Delta s=s_2-s_1=-0.973\text{kJ/kg}\cdot\text{K}$

09 $\Delta S=S_2-S_1=60.475\text{kJ/K}$

10 $_1Q_2=-79.84\text{kJ}$
$\Delta S=S_2-S_1=0.069\text{kJ/K}$

11 (1) $\beta_{rev}=20$

(2) $T_H=328\text{K}(55℃)$

(3) $\beta'=21$

12 (1) $\eta_c=63\%$

(2) $COP)_R=5.26$

13 (1) $S_2-S_1=-0.3308\text{kJ/K}$

(2) $S_2-S_1=-0.8559\text{kJ/K}$

14 (1) $\dot{Q}_L=250\text{W}$

(2) $COP)_R=1.67$

(3) $COP)_H=2.67$

15 (1) $P_1 = 618.9\text{MPa}$, $P_2 = 76.5\text{MPa}$, $P_3 = 0.1\text{MPa}$(주어짐), $P_4 = 0.809\text{MPa}$, $q_L = 180.0\text{kJ/kg}$

    (2) $\eta_c)_{th} = 85\%$

16 $\Delta S = 0.137\text{kJ/K}$

    $\therefore Q_{ua} = T_o \Delta S = 39.46\text{kJ}$(무용 에너지)

17 $\Delta s = 0.537\text{kJ/kg} \cdot \text{K}$

    $\therefore q_{ua} = 146.6\text{kJ/kg}$(무용 에너지)

18 $\dot{W}_{net} = 55.9\text{kJ/s}$

19 $W_c = 58.96\text{kJ}$

응용연습문제 정답

01 본문 참조

02 $T_L = 300.61\text{K} = 27.61\text{℃}$

03 $T_H = 740.74\text{K} \fallingdotseq 467.74\text{℃}$

04 ① $v_2 = 0.8874\text{m}^3/\text{kg}$

    ② $v_3 = 10.3954\text{m}^3/\text{kg}$

    $\therefore P_3 = 8.365\text{kPa}$

05 $W_{net} = 112.56\text{kJ} = 112.56 \times 10^3\text{J}$

06 $W_{net} \fallingdotseq 504\text{kJ}$

07 $\eta_c = 47.3\%$

08 $q_{ua} = 68.654\text{kJ/kg}$(무용 에너지)

09 (1) $\eta_{rev} = 75\%$

    (2) $Q_H = 1,610\text{kJ}$, $Q_L = 610\text{kJ}$

    (3) $T_L = 600\text{K}(327\text{℃})$

10 우주 내의 엔트로피는 항상 증가하여 언젠가는 무한대가 된다.

11 $\Delta s = 3.387\text{kJ/kg} \cdot \text{K}$

12 $\Delta S \fallingdotseq 0.462\text{kJ/K}$

13 (1) $w_c = 90.23\text{kJ/kg}$

    (2) $q_L = 130.2\text{kJ/kg}$

    (3) $COP)_R = \varepsilon_R = 1.44$

14 (1) $\dot{Q}_B = 2,356.374\text{kW}$

    (2) $\eta_{th} = 40\%$

15 (1) $P-v$ 선도와 $T-s$ 선도

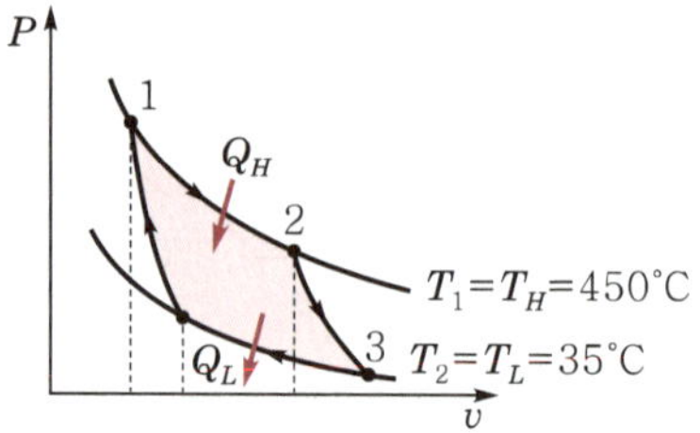

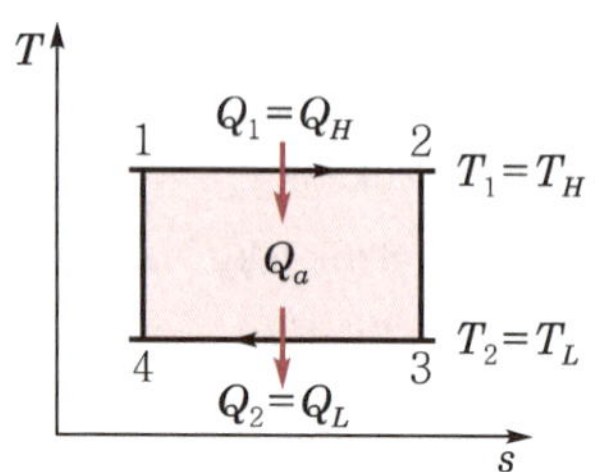

    (2) $P_3 = 32.8\text{kPa}$

    (3) $P_1 = 11890.7\text{kPa}$

    (4) $Q_1 = Q_H \fallingdotseq 1809.33\text{kJ}$

    $W_{net} \fallingdotseq 1038.56\text{kJ}$

    (5) $H_{PS} \fallingdotseq 4239.0$

16 (1) $W_{net} = 562.5\text{kJ}$, $Q_L = 687.5\text{kJ}$

    (2) $COP)_R = \gamma_R = 1.22$,

    $COP)_R = \gamma_H = 2.22$

17 $\Delta s = s_2 - s_1 \fallingdotseq 0.3434\text{kJ/kg} \cdot \text{K}$

18 $\Delta S = S_2 - S_1 \fallingdotseq 2.968\text{kJ/K}$

19 $\Delta s = s_2 - s_1 = -0.06975\text{kJ/kg} \cdot \text{K}$

20 $\Delta S = \dfrac{{}_1 Q_2}{T} = 240\text{kJ/hr} \cdot \text{K}$

21 $\Delta S = S_2 - S_1 = 0.422\text{kJ/K}$

22 $\Delta S = S_2 - S_1 = 0.8133\text{kJ/K}$

23 $s_2 - s_1 = 5.557\text{kJ/kg} \cdot \text{K}$

24 (1) $m_{N_2} = 0.2253\text{kg}$

    (2) $P_2 \fallingdotseq 468.213\text{kPa}$

    (3) $\Delta s = s_2 - s_1 \fallingdotseq 0.115\text{kJ/kg} \cdot \text{K}$

25 (1) $T_2 = 465.31\text{K}$

    (2) ${}_1 w_2 = 141.44\text{kJ/kg}$

    (3) ${}_1 q_2 \fallingdotseq 28.31\text{kJ/kg}$

    (4) $\Delta s \fallingdotseq 0.0524\text{kJ/K}$

26 $P_1 = 162.484\text{kPa} \fallingdotseq 1.6\text{atm}$

27 $\Delta s = 1.6652\text{kJ/kg} \cdot \text{K}$

$q_o = 412.97\text{kJ/kg}$

28 $Q_{av} = 321.6\text{kJ}$

29 $W_c = -1.133\text{kJ}$

30 $\dfrac{V_3}{V_2} = 22.83(단열팽창비)$

제5장 ▮ 기체의 압축

기본연습문제 정답 ▼

01 본문 참조(식 (5.17))

02 $\dot{Q} = -314.05\text{kJ/s}$

03 $N_{ad})_i = 2740.7\text{PS}$

04 $N_{ad})_e \fallingdotseq 3425.9\text{PS}$

05 $N_{ad} = 22.84\text{PS}$

06 $N_{iso})_i = 6.11\text{kW}$

07 $N_{iso})_i = 10.86\text{PS}$

08 $W_c = 75.737\text{kJ}$

09 $T_2 = 180.62℃$

10 $\eta_v \fallingdotseq 85.2\%$

11 $H_P \fallingdotseq 7.8\text{kW}$

응용연습문제 정답 ▼

01 $\eta_v = 1 + \lambda - \lambda \left(\dfrac{P_2}{P_1} \right)^{\frac{1}{n}}$

$\therefore \lambda$가 클수록 체적효율 η_v는 증가한다.

02 $\dfrac{P_2}{P_1} = 21^n = (21)^{1.3} \fallingdotseq 52.35$

03 $w_c = 75.74\text{kJ/kg}$

04 $T_2 = 452.99\text{K} \fallingdotseq 180.6℃$

05 $\eta_v = 85.16\%$

06 $N_{iso})_i = 6.85\text{PS}$

$\therefore \eta_n = 13.7\%$

07 $\eta_v = 82.66\%$

08 $\dfrac{P_2}{P_1} = 52.346$

09 $W_P = 4.99\text{kJ}$

제6장 ▮ 가스동력 사이클

기본연습문제 정답 ▼

01 본문 참조(식 (6.3))

02 $\eta_o = 39.57\%$

03 (1) $\eta_o)_{th} = 52.75\%$

(2) $\gamma_c = 6.52$

04 $\gamma_c = 19.25(압축비)$

05 $\eta_d = 60.4\%, \ \eta_c = 83.07\%$

$\therefore \dfrac{\eta_d}{\eta_c} = 0.727 = 72.7\%$

06 $V_1 = 0.0403\text{m}^3$

07 $\eta_{th} = 60\%$

08 $\eta_s = 1 - \left(\dfrac{1}{\gamma_c} \right)^{\kappa-1} \dfrac{\rho\sigma^\kappa - 1}{(\rho-1) + \kappa\rho(\sigma-1)}$

$\therefore \eta_s$는 γ_c가 클수록, ρ가 클수록, σ는 작을수록 크다(효율 증가).

09 $\gamma_c = \dfrac{0.1 + 1}{0.1} = 11$

10 $\gamma_c = 6$

$\eta_o = 51.16\%$

11 본문 참조

12 본문 참조

13 (1) $P_1 = 0.1\text{MPa}(주어진 압력), \ T_1(주어진 온도 = 288.15\text{K}), \ P_2 = 1\text{MPa}, \ T_2 = 556.3\text{K}, \ P_3 = P_2 = 1\text{MPa}, \ T_3(주어진 온도 = 1373.15\text{K}), \ P_4 = P_1 = 0.1\text{MPa}, \ T_4 = 711.24\text{K}$

(2) $w_c = 269.088\text{kJ/kg}, \ w_t = 664.22\text{kJ/kg}$

(3) $\eta_B)_{th} = 48.21\%$

01 $\gamma_c = 5 \rightarrow \eta_o = 47.47\%$

　$\gamma_c = 9 \rightarrow \eta_o = 58.48\%$

02 $Q_R = 252\text{kJ}$

　$T_2 = 300\text{K} = 27℃$

03 (1) $\gamma_c = 8.037$

　(2) $\eta_o)_{th} = 56.55\%$, $P_m = 25,945.71\text{kPa}$

04 (1) $T_1 = 288.2\text{K}$(주어진 온도)

　　$T_2 = 955.225\text{K}$

　　$T_3 = 2748.95\text{K}$

　　$T_4 = 1265.7\text{K}$

　　$q_L = 700.378\text{kJ/kg}$

　(2) $\eta_d \fallingdotseq 61.10\%$

　(3) $P_{mep} = 1.4\text{MPa}$

05 $\sigma = \dfrac{V_3}{V_2} = \dfrac{T_3}{T_2} = 2.905$

06 본문 참조(식 (6.9))

07 $\gamma_c \fallingdotseq 11$

08 $\sigma = 1.802$

09 $\eta_{th} = 35.2\%$

10 $T_2 = 1100.4\text{K} = 827.4℃$

11 $T_2 = 571.096\text{K}$

　$T_2' = 1142.2\text{K}$

　$T_3 = 2055.95\text{K}$

12 $P_2 = 3926.8\text{kPa}$

　$T_2' = 1558.8\text{K}$

　$\rho \fallingdotseq 1.81$

13 $T_4' = 549.52\text{K}$

14 $\gamma_c = 19.32$

15 $P_m = 490\text{kPa}$

16 $\eta_B = 42.65\%$

17 본문 참조 : 식 (6.20)

18 $\eta_n = 39.36\%$

19 (1) $P-v$, $T-s$ 선도

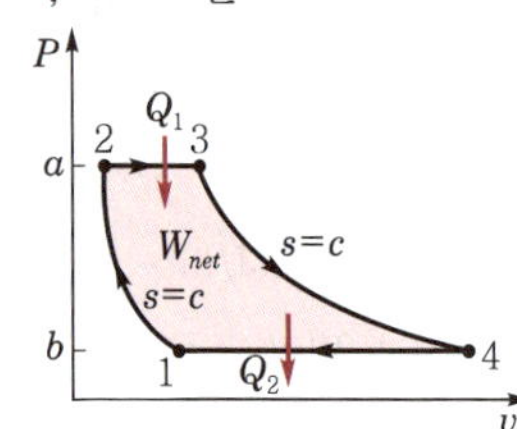

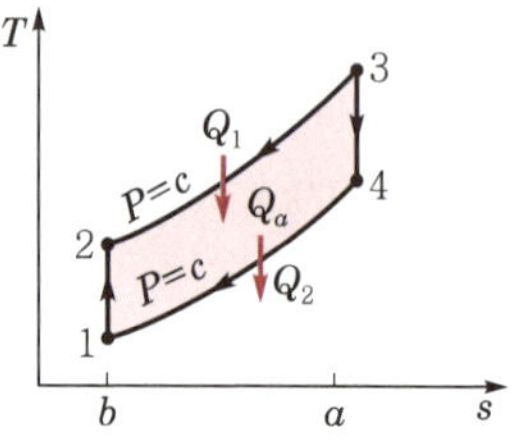

　$T_2 = 650.0\text{K}$, $w_c = 351.63\text{kJ/kg}$

　(2) $q_H = 852.574\text{kJ/kg}$

　(3) $T_4 = 691.96\text{K}$, $w_t = 813.3\text{kJ/kg}$

　(4) $q_L = -393.33\text{kJ/kg}(- : 방출열)$,

　　$w_{net} = 461.67\text{kJ/kg}$, $\eta_B)_{th} = 54.15\%$

01 본문 참조

02 본문 참조

03 (1) $x \fallingdotseq 1.49\%$

　(2) $m_l = 2463\text{kg}$

　(3) $m_g = 37\text{kg}$

　(4) $V_l = 2.7767\text{m}^3$

　(5) $V_g = 7.1888\text{m}^3$

04 $v = 0.1095653\text{m}^3/\text{kg}$

　$h = 2460.223\text{kJ/kg}$

05 $m \fallingdotseq 32.9\text{kg}$

06 $x = 39.43\%$

　$m_g = 0.71\text{kg}$

　$m_l = 1.09\text{kg}$

07 $\Delta S = S_2 - S_1 = 26.654\text{kJ/K}$

08 $\gamma \fallingdotseq 2163.65\text{kJ/kg}$

　$\psi \fallingdotseq 352.8\text{kJ/kg}$

　$\rho \fallingdotseq \gamma - \psi \fallingdotseq 1810.85\text{kJ/kg}$

09 $\Delta s = 5.557\text{kJ/kg} \cdot \text{K}$

10 (1) $h_e = 2609.75\text{kJ/kg}$, $x = 96.23\%$

　(2) $A_2 = 3.4328 \times 10^{-3}\text{m}^2$

11 (1) 과열증기 상태($T=379.83℃$)

(2) 습증기 상태($x=78.32\%$)

12 $x_2=84.03\%$

13 $\Delta m=2.73\text{kg}$

14 $T=273+250=523\text{K}$

$\Delta s=1.62267\text{kJ/kg}\cdot\text{K}$

$_1q_2=848.66\text{kJ/kg}$

15 $x=19.72\%$

16 (1) $P=c \to dP=0 \to \delta q=dh$

$\therefore\ _1q_2=\gamma=h_2-h_1$

(2) $\Delta u=u_2-u_1=2087.01\text{kJ/kg}$

17 (1) $h_1=1524.7\text{kJ/kg},\ h_2=3066.75\text{kJ/kg}$

(2) $_1Q_2=771.1\text{kJ},\ _1W_2=91.0\text{kJ}$

(3) $\Delta U=U_2-U_1=680.1\text{kJ}$

18 $x=22.48\%$

19 $x=14.88\%$

20 $_1q_2=1733.865\text{kJ/kg}$

21 $x_e=0.9747\fallingdotseq97.47\%$

응용연습문제 정답

01 본문 참조

02 $w_c\fallingdotseq476.39\text{m/s}$

03 $m=28.55\text{kg}$

04 본문 참조

05 과열도＝과열증기온도－포화온도

$=T_{sup}-T_{st}$

06 $\gamma\fallingdotseq2171.42\text{kJ/kg}$

$\psi\fallingdotseq180\text{kJ/kg}$

$\rho\fallingdotseq\gamma-\psi=1991.42\text{kJ/kg}$

07 $\Delta s=s_2-s_1=6.0513\text{kJ/kg}\cdot\text{K}$

08 $_1q_2=225.712\text{kJ/kg}$

09 $\Delta S=S_2-S_1=19.6\text{kJ/K}$

10 $m=2137.03\text{kg}$

11 (1) $u_1=2709.91\text{kJ/kg},\ m=0.43\text{kg}$

(2) $v_2=v_1=c$

$\to v_g>v_2>v_f:T_2=151.86℃$

(3) $x_2=61.95\%,\ u_2=1830.07\text{kJ/kg}$

(4) $_1Q_2=-378.13\text{kJ}(-:냉각)$

12 (1) $\Delta S=S_2-S_1\fallingdotseq-0.331\text{kJ/K}$

(2) $\Delta S=S_2-S_1\fallingdotseq-0.856\text{kJ/K}$

13 (1) $T-v$ 선도

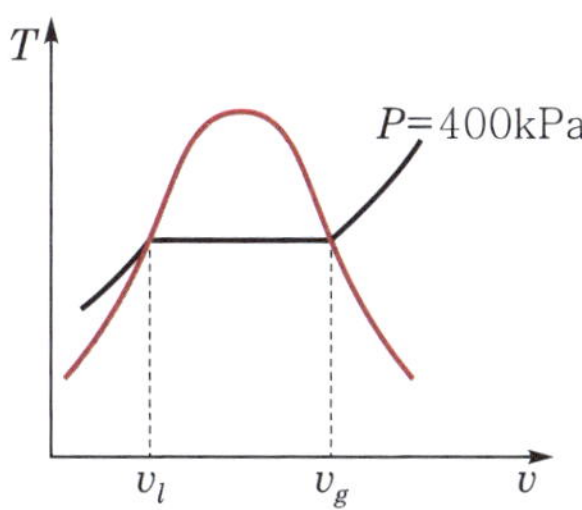

$T-v$선도에서 $v_f=0.001084\text{m}^3/\text{kg}$,

$v_g=0.46246\text{m}^3/\text{kg} \to v=1.1\text{m}^3/\text{kg}$

(과열증기)

(2) $T_x=681.48℃$

14 $\Delta s=s_2-s_1=1.3109\text{kJ/kg}\cdot\text{K}$

15 (1) $x=32.63\%$

(2) $m_l=10.1\text{kg}$

(3) $m_g=4.9\text{kg}$

(4) $V_l=0.118877\text{m}^3$

(5) $V_g=0.4881\text{m}^3$

16 (1) 습증기($x=56\%$)

(2) 과열증기($T=165.6℃$)

17 $m=69.38\text{g}$

18 (1) ① 과열증기($T=379.83℃$)

② 습증기($x=78.32\%$)

(2) $v=c \to$ 과열증기($P_2=945.3\text{kPa}$)

19 (1) $q=\gamma=h_g-h_l$

$=2676.05-419.02$

$=2257.03\text{kJ/kg}$

(2) 내부증발잠열 : $\rho=2087.58\text{kJ/kg}$

외부증발잠열 : $\psi=169.4\text{kJ/kg}$

(3) $\Delta s=s_2-s_1=6.051\text{kJ/kg}\cdot\text{K}$

(4) $x=77.695\%$

20 $\gamma=1611.623\text{kJ/kg}$

21 $q_{sup}=257.95\text{kJ/kg}$

22 $\dot{Q}_B=7100.775\text{kJ/hr}$

23 $u_2 - u_1 = 175.92\text{kJ/kg}$

24 $t_m \fallingdotseq 40.9℃$

25 $_1Q_2 = 54430.2\text{kJ}$

26 $\Delta s = 3.283\text{kJ/kg} \cdot \text{K}$

27 $m = 4.23\text{kg}$

28 본문 참조

29 $x = 34.20\%$

30 (1) $x_2 = 95.84\%$

    (2) $h_2 = 2592.12\text{kJ/kg}$

    (3) $\dot{W}_T = 3479.1\text{kW}$

제8장 ┃ 단순 증기동력 사이클

기본연습문제 정답 ▼

01 $\eta_R = 26.72\%$

02 $\eta_R = 26.70\%$

03 $\eta_{hg} = 46.36\%$

04 $\eta_R = 29.02\%$

05 $\dot{Q}_B = 2357.15\text{kJ/sec(kW)}$

06 (1) $q_H = 3071.71\text{kJ/kg}$

    (2) $w_T = 1149.88\text{kJ/kg}$

07 본문 참조

08 본문 참조

09 본문 참조

응용연습문제 정답 ▼

01 ① $\eta_R = 15.62\%$

    ② $\eta_c = 27.0\%$

    ③ $\dfrac{\eta_R}{\eta_c} = 0.5785 = 57.85\%$

02 $m \fallingdotseq 0.2273\text{kg}$

03 $\eta_{Rh} = 46.61\%$

04 $\eta_R = 27.42\%$

05 $\eta_R = 26.7\%$

06 $w_t{}' = 858.018\text{kJ/kg}$

07 $w_p{}' = 15.055\text{kJ/kg}$

08 $w_{net} = 842.963\text{kJ/kg}$

09 $q_B{}' = 3211.095\text{kJ/kg}$

10 $h_B{}'' = 123.9\text{kJ/kg}$

11 (1) $x_4 \fallingdotseq 80\%, \ \eta_R = 37.43\%$

    (2) $\eta_R = 32.04\%$

12 (1) $h_2 = 141.79\text{kJ/kg}, \ q_B = 3071.71\text{kJ/kg}$

    (2) $w_T = 1149.88\text{kJ/kg}$

    (3) $q_c = -1925.84\text{kJ/kg}$

    (4) $\eta_R = 69.86\%$

13 (1) $x_2 = 95.84\%$

    (2) $h_2 = 2592.12\text{kJ/kg}$

    (3) $\dot{W}_T = 3479.1\text{kW}$

제9장 ┃ 냉동사이클

기본연습문제 정답 ▼

01 본문 참조

02 $W_c = 7.1\text{kJ}$

03 $\varepsilon_r = 3.92$

    $q_L = 47.2\text{kJ/kg}$

04 $\dot{m}_r = 10.77\text{kg/hr}$

05 (1) $w_c = 32.77\text{kJ/kg}$

    (2) $q_c = 104.08\text{kJ/kg}$

    (3) $\beta = 3.176$

    (4) $x(RT) = 0.8RT$

06 $P(T = 20℃, \ v = 0.05\text{m}^3/\text{kg}) = 615\text{kPa}$

07 $\dot{m}_r = 516.87\text{kg/hr}$

08 $h_p)_a = 2.25\text{PS}$

09 $\dot{Q}_L = 19,890\text{kJ/hr}$

    $\therefore$ 냉동능력 $= 1.57RT$

10 ① $\varepsilon_R = 5.73$

    ② $q_L = 234.89\text{kJ/kg}$

11 $\dot{Q}_H = 107.05\text{kJ/s}$

응용연습문제 정답

01 $\dot{Q}_L = 6{,}400\text{kJ/hr}$

   용량 : RT(US)=0.506RT

02 $\varepsilon_r = COP)_r = 4.22$

03 $\dot{W}_c = 22\text{kW/hr}$

04 $\varepsilon_r = COP)_r = 4.8$

05 $\varepsilon_H = \dfrac{Q_H}{W_C} = \dfrac{W_C + Q_L}{W_C} = 1 + \dfrac{Q_L}{W_C} = 1 + \varepsilon_r$

06 $\varepsilon_r = COP)_r = 2.33$

07 $\varepsilon_r = COP)_r = 6.46$

08 (1) 냉매 상태의 $P-v$ 선도

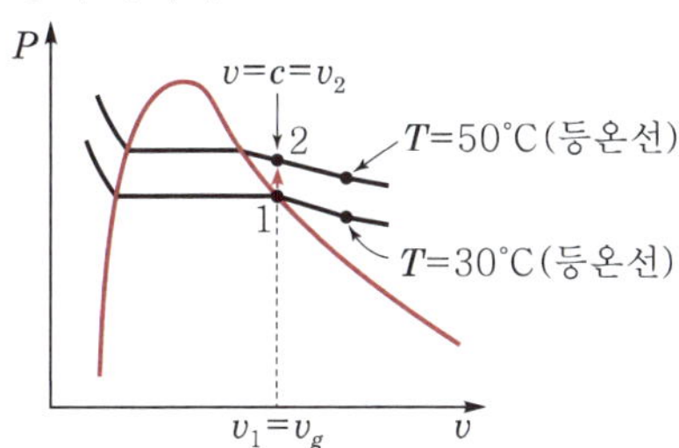

   (2) 2점은 과열증기 : $P=856.21\text{kPa}$

09 (1) $\dot{Q}_L = 0.3\text{kW}$

   (2) $\beta = 1.51$

   (3) $x(RT) = 0.085RT$

10 $\varepsilon_r = COP)_r = 2.16$

11 $\varepsilon_r = COP)_r = 1.713$

12 (1) $\dot{W}_C \fallingdotseq 2.4\text{kW}$

   (2) $x = 41.36\%, \quad \dot{Q}_L = 6.554\text{kW}$

   (3) $\beta = 2.73$

13 (1) $T_r = 0.7, \quad Z = 0.14762$

   (2) $P = 406\text{kPa}$

   (3) $v = 0.007761\text{m}^3/\text{kg}, \quad V = 0.271635\text{m}^3$

14 ① 냉동효과 : $q_L = 1277.03\text{kJ/kg}$

   ② $\varepsilon_r = COP)_r = 6.1$

15 $\varepsilon_r = COP)_r = 3.0$

16 $\varepsilon_{r1} = 5.26$

   $\varepsilon_{r2} = 6.33$

   $\therefore \varepsilon_{r1} < \varepsilon_{r2}$

17 $w_c = 6.37\text{kJ/kg}$

18 $\dot{m} = 11.22\text{kg/hr} - \text{RT}$

19 (1) $x_4 = 32.04\%, \quad h_4 = 241.7886\text{kJ/kg}$

   (2) $\dot{Q}_{evp} \fallingdotseq 6.1\text{kW}$

   (3) $\dot{W}_C \fallingdotseq -2.8442\text{kW}(- : 압축일)$

   (4) $\dot{Q}_C \fallingdotseq -8.90\text{kW}(- : 방출열)$

   (5) $\beta \fallingdotseq 2.145$

20 $\dot{m} = 213.45\text{kg/hr}$

21 본문 참조

22 본문 참조

23 본문 참조

제10장 ▌열유체의 유동

기본연습문제 정답

01 $q_{heat} = 29.04\text{kJ/kg}$

02 $w_2{}' = 700.2\text{m/s}$

03 $w_2 = 540\text{m/s}$

04 $d = 0.031084\text{m} \fallingdotseq 3.11\text{cm}$

응용연습문제 정답

01 본문 참조

02 본문 참조

03 $h_1 - h_2 = 20\text{kJ/kg}$

04 본문 참조

05 $h_1 - h_2{}' = 346.25\text{kJ/kg}$

06 $w_2 = 616.4\text{m/s}$

07 $\psi = 0.925$

08 $w_2 = 824.62\text{m/s}$

09 $w_2 = 959.74\text{m/s}$

10 $w_c = 479.26\text{m/s}$

11 $w_c = 478.92\text{m/s}$

12 본문 참조

13 $Ma = 2.3$

14 본문 참조

15 $h_2 - h_1 \fallingdotseq -79.688\text{kJ/kg}$

16 $w_a = 349\text{m/s}$

17 $\Delta T = 124.5\text{K}$

제11장 ┃ 연소

기본연습문제 정답 ▽

01 $H_l ≒ 31071.73\text{kJ/kg}$

02 $\eta_{th} = 0.2047 ≒ 20.47\%$

03 $f_b = 68.77\text{kg/hr} = 68.8 \times 10^{-3}\text{ton/hr}$

04 본문 참조

05 ① 반응물 : S와 O_2
　　② 생성물 : SO_2

06 본문 참조

07 $m(O_2) = 32\text{kg/kmol}(22.4\text{m}^3)$

08 $H_h ≒ 27814.24\text{kJ/kg}$
　　$H_l ≒ 26784.24\text{kJ/kg}$

응용연습문제 정답 ▽

01 본문 참조

02 $H_l ≒ 20078.76\text{kJ/kg}$

03 $L_W = 8.814\text{kg}$

04 $m(O_2) = 3.66\text{kg}$

05 $m(O_2) = 3.51\text{kg}$

06 $m(O_2) = 2.667\text{kg}$

$$체적비 = \frac{CO_2[\text{Nm}^3]}{O_2[\text{Nm}^3]} = \frac{1.86}{1.86} = 1$$

$$\therefore O_2[\text{Nm}^3] : CO_2[\text{Nm}^3] = 1 : 1$$

07 $최소\ 산소량 = = m\left(\frac{1}{2}O_2\right) = \frac{16}{28} = 0.57\text{kg}$

08 $f_b = 71.25\text{kg/hr}$

제12장 ┃ 열전달

기본연습문제 정답 ▽

01 본문 참조

02 (1) $Q_x = 975 \times 10^{-3}\text{kW}$
　　(2) $Q_t = 7,800 \times 10^{-3}\text{kW}-\text{h}$

03 $q_{cd} = 0.15 \times 10^3\text{W}, \quad Q_{cd} = 3.15\text{kW}$

04 $T_2 = -15℃$

05 $q_c = 3.124\text{kW/m}^2$

06 $Q_c = \dfrac{2\pi\kappa}{\dfrac{1}{d_1} - \dfrac{1}{d_2}}(T_1 - T_2)$

07 $q_c = 2010.54\text{W/m}^2, \quad T_2 = 978.88℃$

08 (1) $q_x = 150\text{W/m}^2, \quad Q_x = 3.75\text{kW}$
　　(2) $T_L = 66.67℃$

09 (1) $U = 0.8974\text{W/m}^2 \cdot \text{K}$
　　(2) $Q_x = 107.69\text{W}$

10 (1) $q_c = 3,200\text{W/m}^2$
　　(2) $q_r = 195.806\text{W/m}^2$

11 (1) $Q_{in} = 5.76\text{kW}, \quad Q_{out} = 7.296\text{kW}$
　　(2) $\dot{E}_{st} = -1.536\text{kW}$
　　(3) $\dfrac{dT}{dt} = -5.926 \times 10^{-5}℃/\text{s}$

12 $T_\infty - T_w = 110.68℃$

13 $h_x = 12.825\text{W/m}^2 \cdot \text{K}, \quad q_c)_x = 2.757\text{kW/m}^2$

14 $h_x = 1.1257\text{W/m}^2 \cdot \text{K}$

15 $\overline{h} = 67.30\text{W/m}^2 \cdot \text{K}$

16 $\overline{h}_a = 4.055[\text{W/m}^2 \cdot \text{K}]$

17 본문 참조

18 $E_b = 201.583\text{W/m}^2, \quad Q_r = 142.42\text{W}$

19 $_1(q_r)_2 = 89.66\text{W/m}^2$

20 $_1Q_2 = 2374.33\text{W}$

21 (1) $Re_x = 100318.47$
　　(2) $\delta = 0.0165\text{m}$
　　(3) $x_e = 523.3\text{cm}$

응용연습문제 정답 ▽

01 본문 참조

02 $T_l = 65℃$

03 $Q ≒ 19.515\text{kW}$

04 $\kappa_{av} ≒ 0.0573\text{W/m} \cdot \text{K}, \quad q_x ≒ 48.69\text{W/m}^2$

05 $T_0 = 130℃, \quad q_c = 35\text{kW/m}^2$

06 $\overline{h}_w = 696.31\text{W/m}^2 \cdot \text{K}$

07 (1) $q_r = 167.593 \text{W/m}^2$

    (2) $q_c = 3,200 \text{W/m}^2$

    (3) $q_{tot} = q_r + q_c = 3367.593 \text{W/m}^2$

08 $q_c = 162,000 \text{W} = 162 \text{kW}$

09 (1) $q_c = 122.44 \text{W/m}$

    (2) $Q_c)_{tot} = 183.664 \text{kW}$

10 $Q = 1.134 \text{kW}$

11 (1) $q_r = 870.96 \text{W/m}^2$, $q_c = 3,500 \text{W/m}^2$

    (2) $Q_x)_{tot} = 20.59 \text{kW}$

12 (1) $_1(Q_r)_2 = 3955.33 \text{W}$

    (2) $_1(Q_r)_2 = 5638.60 \text{W}$

13 본문 참조

14 $\overline{h} \fallingdotseq 50.24 \text{W/m}^2 \cdot \text{K}$, $q \fallingdotseq 315.5 \text{W/m}$

15 (1) $q_r = 195.52 \text{W/m}^2$

    (2) $q_c = 3,200 \text{W/m}^2$

    (3) $q_{tot} = 3395.52 \text{W/m}^2$

    (4) $Q_c = 31985.8 \text{W} \fallingdotseq 32 \text{kW}$

16 (1) $q_c = 150 \text{W/m}^2$

    (2) $T_2 = 66.67 ℃$

17 (1) $V_{av} = 0.0153 \text{m/sec}$

    (2) $Re = 1,934 < 2,100 :$ 층류

    (3) $\overline{h_c} = 12.742 \text{W/m}^2 \cdot \text{K}$

    (4) $f = 0.0331$

    (5) $\Delta P = 10.30 \text{Pa}$

    (6) $H_L)_W = 7.74 \times 10^{-5} \text{W}$

18 본문 참조

19 (1) $U = 0.7853 \text{W}$

    (2) $Q_r = 106.023 \text{W}$

20 (1) $U = 2.0618 \text{W/m}^2 \cdot \text{K}$

    (2) $Q_x = 144.33 \text{W}$

21 $t_m = 3.97$시간(hour)

ㅊ

ㅋ

기타

표준 **열역학**

2018. 8. 10. 초 판 1쇄 발행
2021. 2. 15. 제2판 1쇄 발행
2026. 2. 25. 제3판 1쇄 발행

지은이 | 장태익
펴낸이 | 이종춘
펴낸곳 | **BM** (주)도서출판 **성안당**
주소 | 04032 서울시 마포구 양화로 127 첨단빌딩 3층(출판기획 R&D 센터)
10881 경기도 파주시 문발로 112 파주 출판 문화도시(제작 및 물류)
전화 | 02) 3142-0036
031) 950-6300
팩스 | 031) 955-0510
등록 | 1973. 2. 1. 제406-2005-000046호
출판사 홈페이지 | www.cyber.co.kr
ISBN | 978-89-315-1192-5 (93550)
정가 | 32,000원

이 책을 만든 사람들

기획 | 최옥현
진행 | 이희영
교정·교열 | 류지은
전산편집 | 이지연
표지 디자인 | 박현정
홍보 | 김계향, 임진성, 김주승, 최정민
국제부 | 이선민, 조혜란
마케팅 | 구본철, 차정욱, 오영일, 나진호, 강호묵
마케팅 지원 | 장상범
제작 | 김유석